中文版 Premiere Pro CC 实用教程

时代印象 编著

人民邮电出版社
北京

图书在版编目（CIP）数据

中文版Premiere Pro CC实用教程 / 时代印象编著
. -- 北京 : 人民邮电出版社, 2019.8(2021.12重印)
ISBN 978-7-115-50143-1

Ⅰ. ①中… Ⅱ. ①时… Ⅲ. ①视频编辑软件－教材
Ⅳ. ①TN94

中国版本图书馆CIP数据核字(2018)第264760号

内 容 提 要

这是一本全面介绍 Premiere 基本功能及运用的书。本书针对零基础读者而开发，是入门级读者快速、全面掌握Premiere 技术和应用的参考书。

本书深入地阐述了 Premiere 的基本操作、工作流程、素材捕捉、素材编辑、视频过渡、视频效果、叠加画面、运动效果、字幕效果、音频编辑、颜色校正和导出影片等技术。在学习过程中，读者还可以通过大量的课堂案例、课堂练习和课后习题来进行实战操作，做到学练结合，进一步强化对软件功能的理解和掌握。

全书共有 17 章，每章分别介绍一个技术板块的内容，过程讲解详实，案例数量丰富，而且图文并茂、指导性强。同时，本书附带一套学习资源，内容包括素材及实例文件、PPT 课件，以及在线教学视频，读者可以通过在线方式获取这些资源，具体方法请参看本书前言。

本书不仅可作为普通高等院校的专业教材，还非常适合作为初、中级读者的入门及提高参考书。另外，本书所有内容均采用中文版Premiere Pro CC 2015编写，请读者注意。

◆ 编　　著　时代印象
责任编辑　张丹丹
责任印制　马振武
◆ 人民邮电出版社出版发行　　北京市丰台区成寿寺路 11 号
邮编　100164　　电子邮件　315@ptpress.com.cn
网址　http://www.ptpress.com.cn
固安县铭成印刷有限公司印刷
◆ 开本：787×1092　1/16
印张：20.75　　2019 年 8 月第 1 版
字数：590 千字　　2021 年 12 月河北第 9 次印刷

定价：59.90 元

读者服务热线：(010)81055410　印装质量热线：(010)81055316
反盗版热线：(010)81055315
广告经营许可证：京东市监广登字20170147号

前言 PREFACE

Premiere是一款功能强大的视频剪辑工具，广泛应用于广告制作和电视节目制作中，有较好的兼容性，可以与Adobe公司推出的其他软件相互协作。Premiere深受广大剪辑工作者、爱好者的青睐，在世界上已经得到了广泛的应用。它的操作简单，界面友好，用户可以根据自身喜好设置界面的外观。

本书主要面向视频制作人、视频编辑人员、电影制作人、多媒体制作者，以及每一位对使用计算机创作视频作品感兴趣的人。不论是相关专业的学生，还是入门级的视频制作人士，都可以将本书作为自己案头的学习及参考用书。

我们对本书的编写体例做了精心的设计，按照“软件功能解析→课堂案例→课堂练习→课后习题”这一思路进行编排，力求通过软件功能解析，使读者深入学习软件功能和制作技巧；力求通过课堂案例演练，使读者快速熟悉软件应用和设计思路；力求通过课堂练习和课后习题，拓展读者的实际操作能力。在内容编写方面，我们力求通俗易懂，细致全面；在文字叙述方面，我们注意言简意赅，突出重点；在案例选取方面，我们强调案例的针对性和实用性。

本书的参考学时为83学时，其中讲授环节为51课时，实训环节为32课时，各章的参考学时如下表所示。

章序	课程内容	学时分配	
		讲授	实训
第1章	视频编辑基础	2	2
第2章	Premiere Pro快速入门	2	2
第3章	视频编辑的流程	2	2
第4章	素材的捕捉	2	2
第5章	Premiere Pro首选项设置	2	2
第6章	创建项目背景	2	2
第7章	管理和编辑素材	6	2
第8章	视频过渡	6	2
第9章	视频效果	6	2
第10章	叠加画面	2	2
第11章	制作运动效果	4	2
第12章	创建字幕和图形	4	2
第13章	编辑音频素材	3	2
第14章	高级编辑技术	2	2
第15章	颜色校正	2	2
第16章	导出影片	1	1
第17章	综合实例	3	1
学时总计		51	32

本书配备所有案例的教学视频，其中详细记录了案例的操作步骤，便于读者理解。另外，为了让读者学到更多的知识和技术，我们在编排本书的时候专门设计了很多“技巧与提示”，千万不要跳读这些“小东西”，它们会给您带来意外的惊喜。

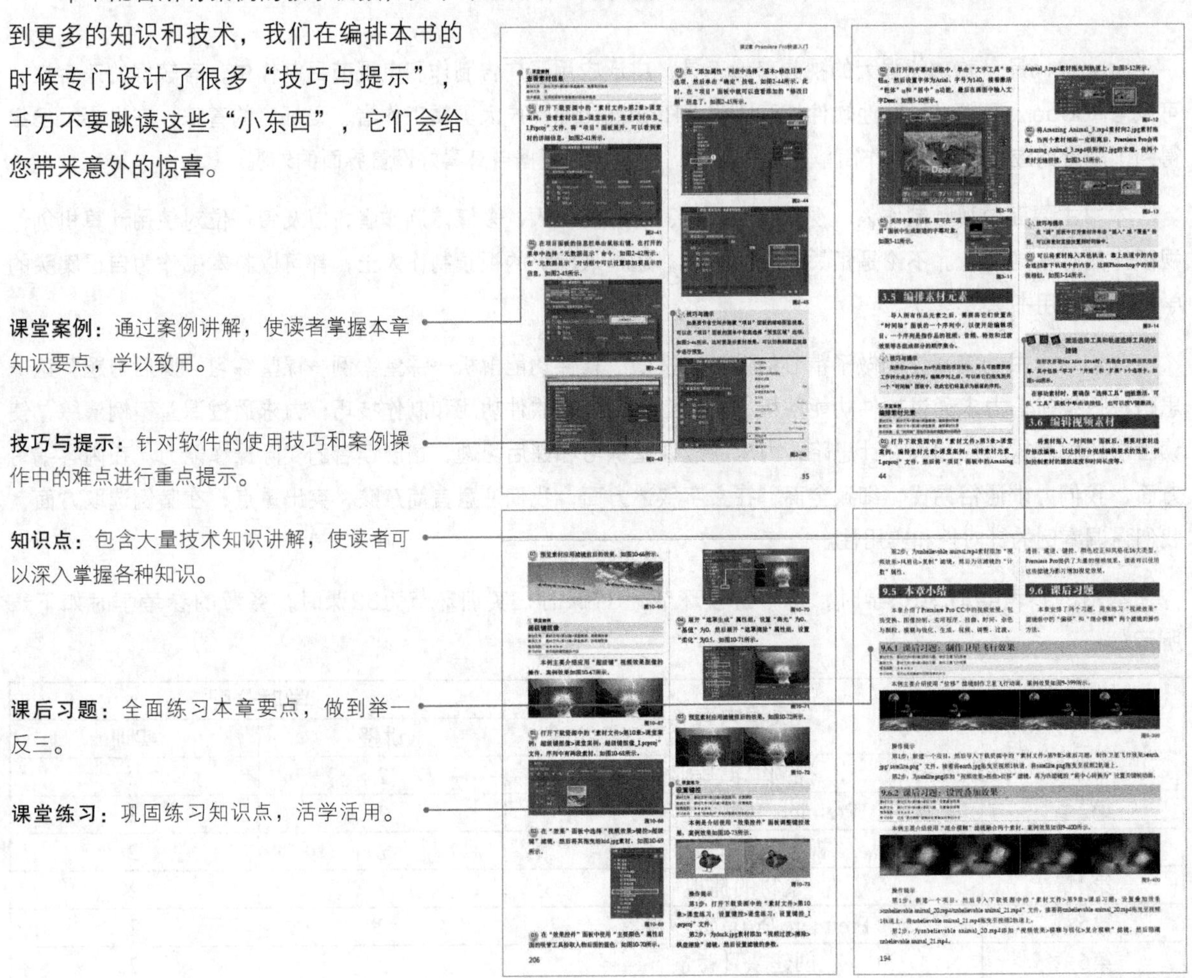

课堂案例：通过案例讲解，使读者掌握本章知识要点，学以致用。

技巧与提示：针对软件的使用技巧和案例操作中的难点进行重点提示。

知识点：包含大量技术知识讲解，使读者可以深入掌握各种知识。

课后习题：全面练习本章要点，做到举一反三。

课堂练习：巩固练习知识点，活学活用。

售后服务

本书的学习资源文件可在线获取（或在线观看视频教程），扫描“资源获取”二维码，关注“数艺社”的微信公众号，即可得到资源文件获取方式。如需资源获取技术支持，请致函szys@ptpress.com.cn。在学习的过程中，如果遇到问题，欢迎您与我们交流，客服邮箱：press@iread360.com。

资源获取

时代印象

2019年5月

目录 CONTENTS

目录 CONTENTS

目录 CONTENTS

目录 CONTENTS

目录 CONTENTS

目 录 CONTENTS

目录 CONTENTS

目 录 CONTENTS

第1章

视频编辑基础

Premiere Pro可以处理多种形式的文件，包括视频、音频和图形图像。在处理素材之前，我们需要了解一些素材的基础知识和特性，这样才能更好地剪辑影片。本章主要介绍视频的基础知识、常见的视频和音频格式、视频编辑中的常见术语，以及获取素材的相关知识等内容。

知识索引

了解数字视频和音频技术

了解线性编辑与非线性编辑的概念

1.1 视频和音频格式

在学习使用Premiere Pro进行视频编辑之前，读者首先需要了解数字视频与音频技术的一些基本知识。下面将介绍常见视频格式和常见音频格式的知识。

1.1.1 常见视频格式

数字视频包含DV格式和数字视频的压缩技术。目前对视频压缩编码的方法有很多，应用的视频格式也就有很多种，其中具有代表性的就是MPEG数字视频格式和AVI数字视频格式。下面介绍7种常用的视频存储格式。

1.AVI格式

这是一种专门为微软Windows环境设计的数字式视频文件格式，它的优点是兼容性好，调用方便，图像质量好，缺点是占用空间大。

2.MPEG格式

该格式包括MPEG-1、MPEG-2、MPEG-4。MPEG-1被广泛应用于VCD的制作和一些网络上的视频片段，使用MPEG-1的压缩算法可以把一部120分钟的视频文件压缩到1.2GB左右。MPEG-2则应用在DVD的制作方面，以及一些HDTV（高清晰电视广播）和高要求视频的编辑、处理上。MPEG-2可以制作出在画质等方面远远超过MPEG-1的视频文件，但是占用的存储空间也不小。MPEG-4是一种新的压缩算法，可以将1.2GB的文件压缩到300MB左右，以供网络播放。

3.ASF格式

这是Microsoft公司开发的一种可以直接在网上观看视频节目的流媒体文件压缩格式，即一边下载一边播放，不用存储到本地硬盘。由于它使用了MPEG-4的压缩算法，所以在压缩率和图像的质量上都非常不错。

4.nAVI格式

这是一种新的视频格式，由ASF的压缩算法修改而来。它拥有比ASF更高的帧率，但是以牺牲ASF的视频流特性作为代价，也就是说，它是非网络版本的ASF。

5.DivX格式

该格式使用的是MPEG-4压缩算法，可以在对文件尺寸进行高度压缩的同时，保留非常清晰的图像质量。用该技术制作的VCD，可以得到与DVD差不多画质的视频，而制作成本却要低廉得多。

6.QuickTime格式

QuickTime（MOV）是苹果公司创立的一种视频格式，在图像质量和文件尺寸的处理上具有很好的平衡性，无论在本地播放还是作为视频流在网络中播放，都是非常优秀的。

7.ReaL Video格式

该格式主要定位于视频流应用方面，是视频流技术的创始者。它可以在56K MODEM的拨号上网条件下实现不间断的视频播放，但必须通过损耗图像质量的方式来控制文件的大小，因此图像质量通常很低。

1.1.2 常见音频格式

音频是指一个用来表示声音强弱的数据序列，由模拟声音经采样、量化和编码后而得到。不同的数字音频设备一般对应不同的音频格式文件。下面将介绍几种常见的音频格式。

1.WAV格式

WAV格式是Microsoft公司开发的一种声音文件格式，也叫波形声音文件，Windows平台及其应用程序都支持这种格式。这种格式支持MSADPCM、CCITT A LAW等多种压缩算法，并支持多种音频位数、采样频率和声道。标准的WAV文件和CD格式一样，也是44100Hz的采样频率，速率为88kbps，量化位数为16位，因此WAV的音质和CD差不多，也是目前广为流行的声音文件格式，几乎所有的音频编辑软件都能识别WAV格式。

2.MP3格式

MP3的全称为MPEG Audio Layer-3。Layer-3是Layer-1、 Layer-2的升级版（version up）产品。与其前身相比，Layer-3 具有较好的压缩率，并被命名为MP3，其应用比较广泛。Layer-3文件尺寸小、音质好，这为MP3格式的发展提供了良好的条件。

3.Real Audio格式

Real Audio是由Real Networks公司推出的一种文件格式，最大的特点就是可以实时传输音频信息，现在主要适用于在线音乐欣赏。

4.MP3 Pro格式

MP3 Pro由瑞典Coding科技公司开发，其中包含了两大技术，一是来自于Coding科技公司所特有的解码技术，二是由MP3的专利持有者——法国汤姆森多媒体公司和德国Fraunhofer集成电路协会共同研究的一项译码技术。MP3 Pro可以在基本不改变文件大小的情况下改善原有MP3音乐的音质，在用较低的比特率压缩音频文件的条件下，最大限度地保持压缩前的音质。

5.MIDI格式

MIDI（Musical Instrument Digital Interface）又称乐器数字接口，是数字音乐电子合成乐器的国际统一标准。它定义了计算机音乐程序、数字合成器及其他电子设备交换音乐信号的方式，规定了不同厂家的电子乐器与计算机连接的电缆和硬件及设备数据传输的协议，可以模拟多种乐器的声音。

6.WMA格式

WMA（Windows Media Audio）是由Microsoft公司开发，用于因特网音频领域的一种音频格式。WMA的音质要强于MP3格式，更远胜于RA格式。它和Yamaha（雅马哈）公司开发的VQF格式一样，是以减少数据流量但保持音质的方法，来达到比MP3压缩率更高的目的。它还支持音频流（Stream）技术，适合在线播放。更方便的是，它不用像MP3那样需要安装额外的播放器，只要安装了Windows操作系统就可以直接播放WMA音乐。

7.VQF格式

VQF格式是由Yamaha公司和NTT共同开发的一种音频压缩技术，它的核心是利用减少数据流量但保持音质的方法来达到更高的压缩率。因此，在相同情况下压缩后的VQF文件体积比MP3小30%~50%，更利于网上传播，同时音质极佳，接近CD音质（16位44.1kHz立体声）。但是由于宣传不够，这种格式至今未能广泛使用。VQF可以用雅马哈的播放器播放。

1.2 线性编辑和非线性编辑

对视频进行编辑的方式可以分为两种：线性编辑和非线性编辑。

1.2.1 线性编辑

所谓线性编辑，是指在定片显示器上做传统编辑，源定片从一端进来做标记、剪切和分割，然后从另一端出来。线性编辑的主要特点是，录像带必须按照它代表的顺序编辑。因此，线性编辑只能按照视频的先后播放顺序而进行编辑工作，如早期为录DV、电影添加字幕以及对其进行剪辑的工作，使用的就是这种技术。

线性编辑又称在线编辑，传统的电视编辑就属于此类编辑，是直接用母带来进行剪辑的方式。如果要在编辑好的录像带上插入或删除视频片段，那么在插入点或删除点以后的所有视频片段都要重新移动一次，在操作上很不方便。

1.2.2 非线性编辑

非线性编辑是一种组合和编辑多个视频素材的方式。它使用户在编辑过程中，可以在任意时刻随机访问所有素材。非线性编辑技术融入了计算机和多媒体这两个先进领域的前端技术，集录像、编辑、特技、动画、字幕、同步、切换、调音和播出等多种功能于一体，改变了人们剪辑素材的传统观念，克服了传统编辑设备的缺点，提高了视频编辑的效率。

相对于线性编辑的制作途径，非线性编辑是在计算机中利用数字信息进行的视频和音频编辑，只需要使用鼠标和键盘就可以完成视频编辑的操作。数字视频素材的取得主要有两种方式：一种是先将录像带上的片段采集下来，即把模拟信号转换为数字信号，然后存储到硬盘中进行编辑（现在的电影、电视中很多特技效果的制作过程，就是采用这种方式取得数字化视频，在计算机中进行特效处理后再输出影片的）；另一种就是用数码摄像机（即现在所说的DV摄像机）直接拍摄得到数字视频。数码摄像机在拍摄中，就即时地将拍摄的内容转换成了数字信号，只需在拍摄完成后，将需要的片段输入计算机就可以了。

1.3 视频编辑中的常见术语

视频编辑中有很多专业术语，下面介绍一些常见术语。

动画：通过迅速显示一系列连续的图像而产生动作模拟效果。

帧：在视频或动画中的单个图像。

帧/秒（帧速率）：每秒被捕获的帧数或每秒播放的视频（或动画序列）的帧数。

关键帧（Key frame）：素材中一个特定的帧，它被标记的目的是为了特殊编辑或控制整个动画。当创建一个视频时，在需要大量数据传输的部分指定关键帧，有助于控制视频回放的平滑程度。

导入：将一组数据从一个程序置入另一个程序的过程。文件一旦被导入，数据将被改变以适应新的程序而不会改变源文件。

导出：这是在应用程序之间分享文件的过程。导出文件时，要使数据转换为接收程序可以识别的格式，源文件将保持不变。

转场效果：一个视频素材代替另一个视频素材的切换过程。

渲染：输出服务，应用了转场和其他效果之后，将源信息组合成单个文件的过程。

1.4 视频制作的前期准备

在进行视频制作之前，应该做好剧本的策划和收集素材的准备。

1.4.1 策划剧本

剧本的策划是制作一个优秀的视频作品的首要工作，它的重点在于创作的构思。当我们脑海中有了一个绝妙的构思后，应该马上用笔把它描述出来，这就是通常所说的影片的剧本。

在编写剧本时，首先要拟定一个比较详细的提纲，然后根据这个提纲尽量做好细节描述，以作为在Premiere中进行编辑过程的参考指导。剧本的形式有很多种，如绘画式和小说式等。

1.4.2 准备素材

素材是组成视频节目的各个部分，Premiere Pro CC所做的只是将其穿插组合成一个连贯的整体。通过DV摄像机，可以将拍摄的视频内容通过数据线直接保存到计算机中。旧式摄像机拍摄出来的影片，还需要进行视频采集才能存入计算机。

在Premiere Pro CC中，经常使用的素材有以下7种。

第1种：通过视频采集卡采集的数字视频AVI文件。

第2种：由Premiere或者其他视频编辑软件生成的AVI和MOV文件。

第3种：WAV格式和MP3格式的音频数据文件。

第4种：无伴音的FLC或FLI格式文件。

第5种：各种格式的静态图像，包括BMP、JPEG、PCX和TIFF等。

第6种：FLM（Filmstrip）格式的文件。

第7种：由Premiere制作的字幕（Title）文件。

根据脚本内容将素材收集齐备后，将这些素材保存到计算机指定的文件夹中，以便管理，然后便可以开始编辑工作了。

1.5 获取素材

想要获取素材可以直接从已有的素材库中提取，也可以实地拍摄后，通过捕获视频信号的方式来实现。

1.5.1 实地拍摄

实地拍摄是取得素材的常用的方法。在进行实地拍摄之前，应做好以下4个准备工作。

第1个：检查电池电量。

第2个：检查DV带是否备足。

第3个：如果需要长时间拍摄，应安装好三脚架。

第4个：计划拍摄的主题，实地考察现场的大小、灯光情况以及主场景的位置，然后选定自己拍摄的位置，以便确定要拍摄的内容。

在做好拍摄准备后，就可以进行实地拍摄录像了。

1.5.2 数字视频捕获

拍摄完毕后，可以在DV机中回放所拍摄的片段，也可以通过DV机器的S端子或AV输出与电视机连接，在电视上欣赏。如果要对所拍片段进行编辑，就必须将DV带里所存储的视频素材传输到计算机中，这个过程称为视频素材的采集。

1.5.3 模拟信号捕获

在计算机上通过视频采集卡可以接收来自视频输入端的模拟视频信号，对该信号进行采集、量化成数字信号，然后压缩编码成数字视频。把模拟音频转成数字音频的过程称作采样，其过程所用到的主要硬件设备便是模拟数字转换器（Analog to Digital Converter，ADC），计算机声卡中集成了模拟数字转换芯片，其功能相当于模拟数字转换器。采样的过程实际上是将通常的模拟音频信号的电信号转换成许多称作“比特（bit）”的二进制码0和1，这些0和1便构成了数字音频文件。

由于模拟视频输入端可以提供不间断的信息源，视频采集卡要采集模拟视频序列中的每帧图像，并在采集下一帧图像之前把这些数据传入PC系统，因此，实现实时采集的关键是每一帧所需的处理时间。如果每帧视频图像的处理时间超过相邻两帧之间的相隔时间，则会出现数据的丢失，也就是丢帧现象。采集卡都是把获取的视频序列先进行压缩处理，然后存入硬盘，将视频序列的获取和压缩一起完成。

第2章

Premiere Pro快速入门

Premiere Pro是一款功能强大的视频剪辑工具，深受广大剪辑工作者、爱好者的青睐。它的操作简单，界面友好，用户可以根据自身喜好设置界面的外观。本章主要介绍Premiere Pro的界面布局、各个面板的作用以及菜单中的各个命令。

知识索引

Premiere Pro的运用领域
Premiere Pro的工作方式
安装Premiere Pro CC的系统需求
启动Premiere Pro CC
认识Premiere Pro CC的工作界面
Premiere Pro CC的界面操作
认识Premiere Pro CC的功能面板
认识Premiere Pro CC的菜单命令

2.1 概述

Premiere Pro拥有创建动态视频作品所需的所有工具，无论是为Web创建一段简单的视频剪辑，还是复杂的纪录片、摇滚视频、艺术活动或婚礼视频，它都可以轻松地完成。事实上，理解Premiere Pro的最好方式是把它看作一套完整的制作设备，以前需要满满一屋子的录像带和特效设备才能做到的事，现在只要使用Premiere Pro就能做到。下面列出使用Premiere Pro可以完成的制作任务。

第1个：将数字视频素材编辑为完整的数字视频作品。

第2个：从摄像机或录像机中采集视频。

第3个：从麦克风或音频播放设备中采集音频。

第4个：加载数字图形、视频和音频素材库。

第5个：创建字幕和动画字幕特效，如滚动或旋转字幕。

2.2 Premiere Pro CC的安装要求

随着软件版本的不断更新，Premiere的功能越来越强，同时安装文件的大小也与日俱增。为了能够让用户完美地体验所有功能， Premiere Pro CC对计算机的硬件配置提出了一定要求。

操作系统：Microsoft Windows 7 Enterprise、Microsoft Windows 7 Ultimate、Microsoft Windows 7 Professional、Microsoft Windows 7 Home Premium。

浏览器：Internet Explorer 7.0或更高版本。

处理器：AMD Athlon 64、AMD Opteron、Intel Xeon、Intel Core。

内存：4GB RAM（建议8GB以上）。

显示器分辨率：1920×1080 真彩色。

磁盘空间：安装2.0GB。

.NET Framework：.NET Framework版本4.0。

显卡：NVIDIA或ATI的中低端显卡即可。

2.3 Premiere Pro的工作界面

在学习使用Premiere Pro CC进行视频编辑之前，首先需要认识其工作界面，对各个部分的功能有一个大概的了解，以便在后期的学习中，可以快速找到需要使用的功能及其所在的位置。

2.3.1 启动Premiere Pro CC

同启动其他应用程序一样，安装好Premiere Pro CC后，可以通过以下两种方法来启动Premiere Pro CC。

第1种：单击桌面上的Premiere Pro CC快捷图标 Pr ，启动Premiere Pro CC。

第2种：在“开始”菜单中找到并单击Adobe Premiere Pro CC命令，启动Premiere Pro CC。

程序启动后，将出现欢迎界面，通过该界面可以打开最近编辑的几个影片项目文件，以及执行新建项目、打开项目和开启帮助的操作。在默认状态下，Premiere Pro CC可以显示用户最近使用过的4个项目文件的路径，这些项目文件以名称列表的形式显示在“最近使用项目”一栏中，用户只需单击所要打开的项目文件名，就可以快速打开该项目文件并进行编辑，如图2-1所示。

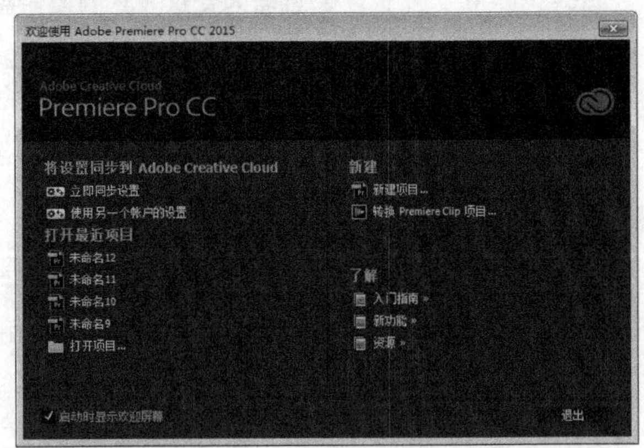

图2-1

常用功能介绍

打开最近项目：可以打开最近使用过的项目。

打开项目：可以开启一个在计算机中已有的项目文件。

新建项目：可以创建一个新的项目文件进行视频编辑。

了解：可以开启软件的帮助系统，查阅需要的说明内容。

当用户要开始一项新的编辑工作时，需要先单击“新建项目”按钮，建立一个新的项目。此时，会打开图2-2所示的“新建项目”对话框，在“新建项目”对话框中可以设置项目的名称、项目存放的位置、活动与字幕安全区域、视频的显示格式、音频的显示格式以及捕捉格式。

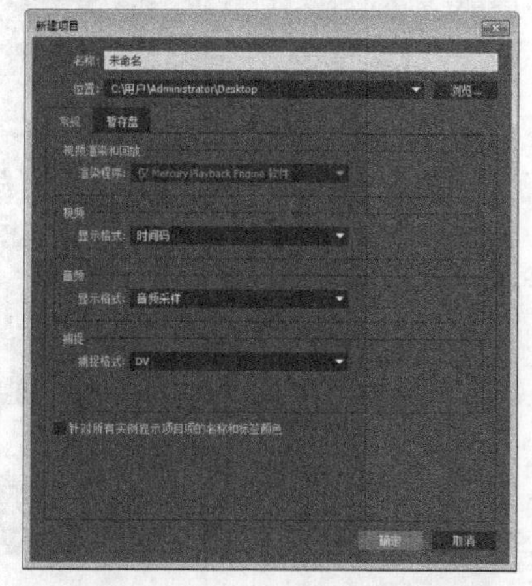

图2-2

2.3.2 了解Premiere Pro CC的工作界面

启动Premiere Pro CC之后，会有几个面板自动出现在工作界面中。Premiere Pro CC的工作界面主要由7大区域组成，如图2-3所示。

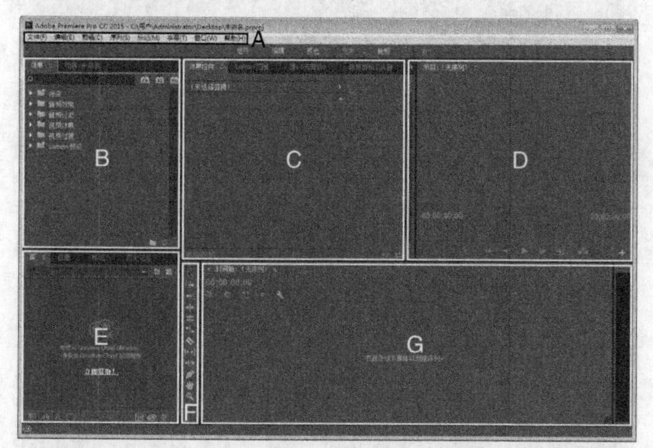

图2-3

界面介绍

区域A：菜单栏，集合了Premiere Pro CC的所有命令。

区域B：该区域主要由“效果”和“项目”面板构成。

区域C：该区域主要由“特效控制台”“源”“音轨混合器”和“元数据”面板构成。

区域D：该区域主要由“节目”面板构成。

区域E：该区域主要由“信息”“标记”和“历史”面板构成。

区域F：该区域主要由“工具”面板构成。

区域G：该区域主要由“时间轴”面板构成。

> **技巧与提示**
>
> 视频制作涵盖了多个方面的任务。完成一份作品，可能需要采集视频、编辑视频，以及创建字幕、切换效果和特效等，Premiere Pro窗口可以帮助分类及组织这些任务。

Premiere Pro中有很多工作面板并没有显示出来，可以在“窗口”菜单中执行命令打开相应的面板，如图2-4所示。

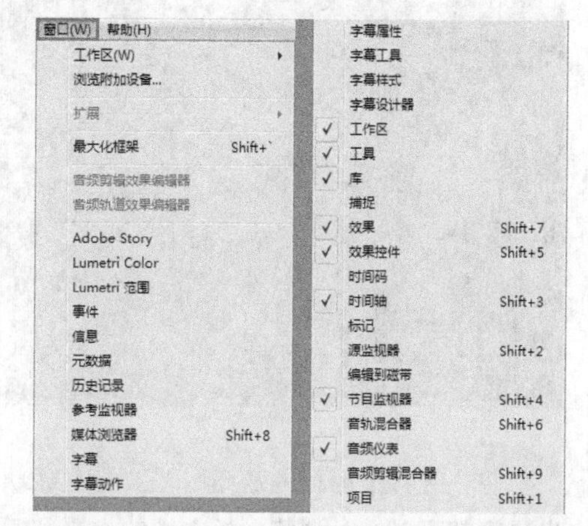

图2-4

2.3.3 Premiere Pro CC的界面操作

Premiere Pro CC的面板非常灵活，用户可以根据个人习惯和喜好随意调整。Premiere Pro的所有视频编辑工具所驻留的面板都可以任意编组或停放，停放面板时面板会连接在一起，因此调整一个面板的大小时，会改变另一个面板的大小。图2-5所示的是调整节目监视器大小前后的对比效果，扩大“节目监视器”面板时会使“效果控件”面板变小。

图2-5

1.调整面板的大小

将光标放置在两个相邻面板或群组面板之间的边界上，当光标呈状时，拖曳鼠标就可以调整相邻面板之间的水平尺寸，如图2-6所示。

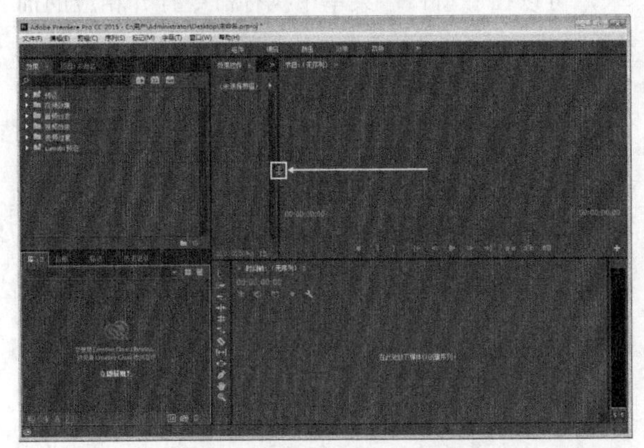

图2-6

将光标移至面板的边角，当光标呈状时，拖曳鼠标就可以同时调整面板之间的水平和垂直的尺寸，如图2-7所示。

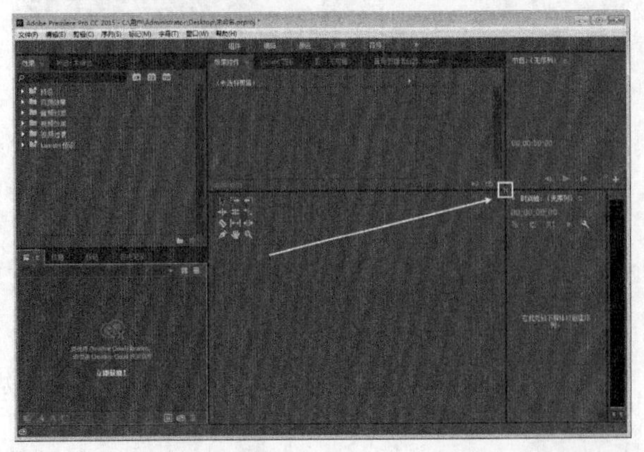

图2-7

2.面板编组与停放

将光标移至“效果控件”面板的标题处，接着按住鼠标左键并拖曳到“项目”面板的标题处，松开鼠标后，“效果控件”面板就移动到“项目”面板处了，如图2-8所示。

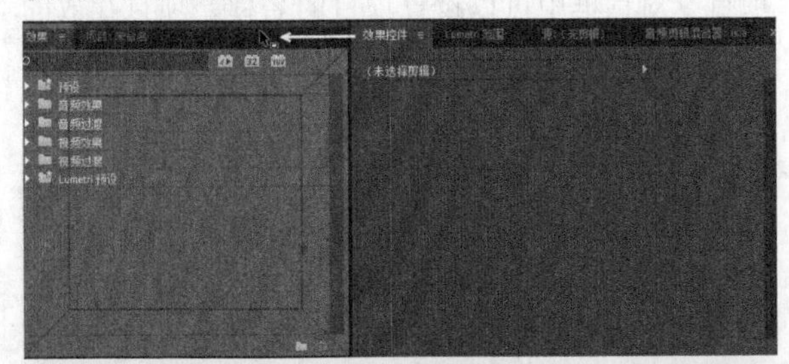

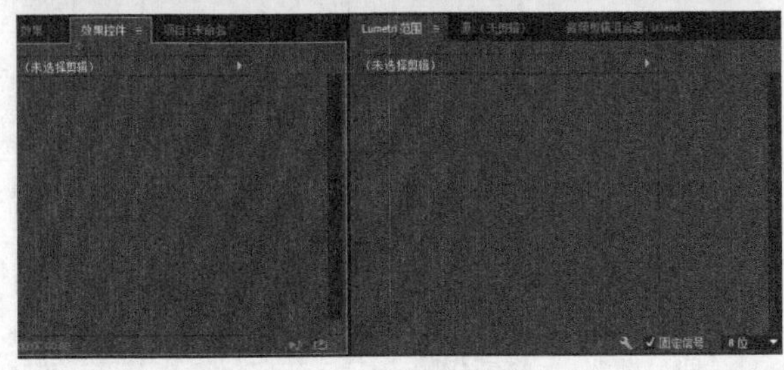

图2-8

将光标移至“效果控件”面板的标题处，接着按住鼠标左键并拖曳到“源”面板的上端，松开鼠标后，“效果控件”面板就移动到“源”面板的上端了，如图2-9所示。

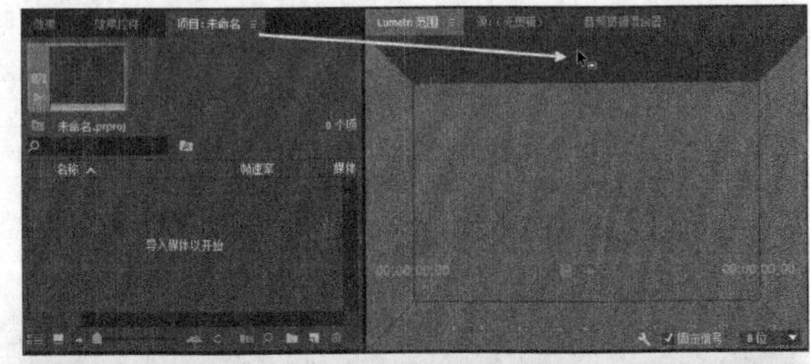

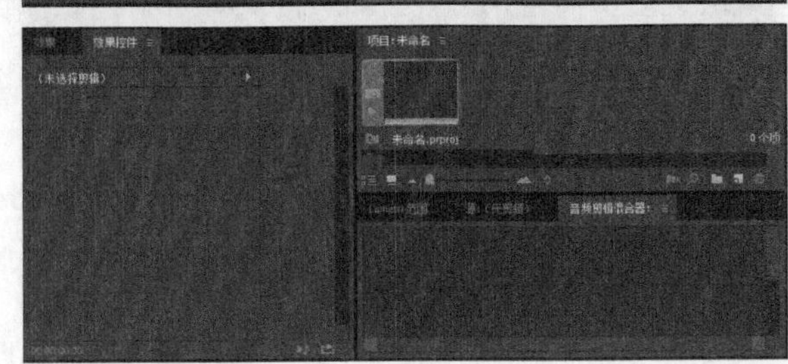

图2-9

3.创建浮动面板

在“效果控件”面板的标题处单击鼠标右键，

在打开的菜单中选择“浮动面板”命令，如图2-10所示。此时，“效果控件”面板就会成为一个独立的对话框，如图2-11所示。

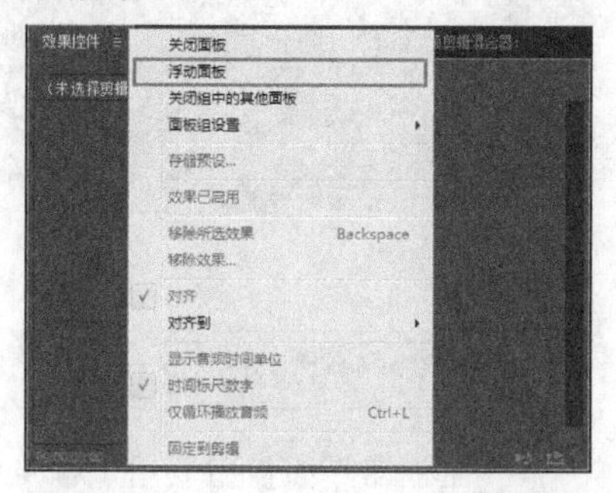

图2-10

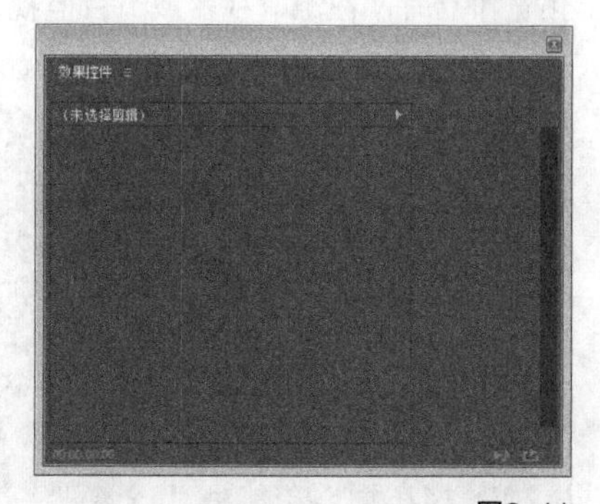

图2-11

4.打开和关闭面板

在“效果控件”面板的标题处单击鼠标右键，在打开的菜单中选择“关闭面板”命令，可以将该面板关闭，如图2-12所示。

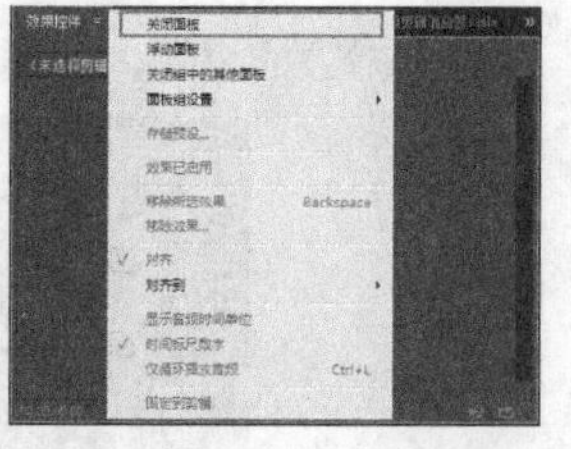

图2-12

执行“窗口>效果控件”菜单命令或按快捷键Shift+5，如图2-13所示，可以显示“效果控件”面板。

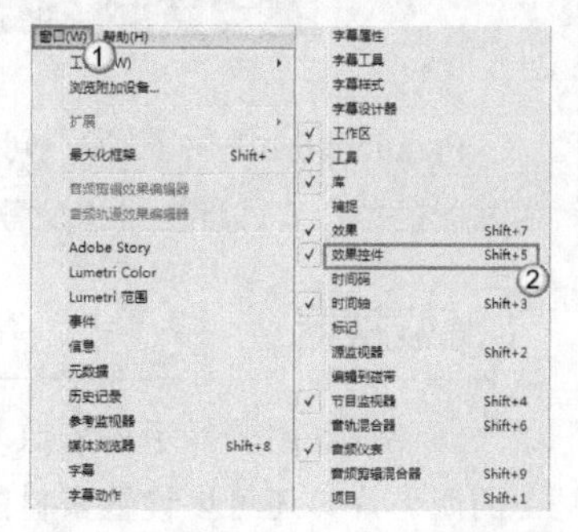

图2-13

技巧与提示

如果想将当前调整好的界面保存，可以执行“窗口>工作区>另存为新工作区”菜单命令，然后为工作区命名，接着在“窗口>工作区”菜单中可以随时调用保存的工作区。

2.4 Premiere Pro CC的功能面板

前面学习了Premiere Pro CC的工作界面，接下来学习常用面板的主要功能和相关操作。

2.4.1 项目面板

“项目”面板用来显示和管理导入的素材和项目文件，如果素材中包含视频和音频文件，那么可以单击▶按钮来播放或暂停文件，如图2-14所示。

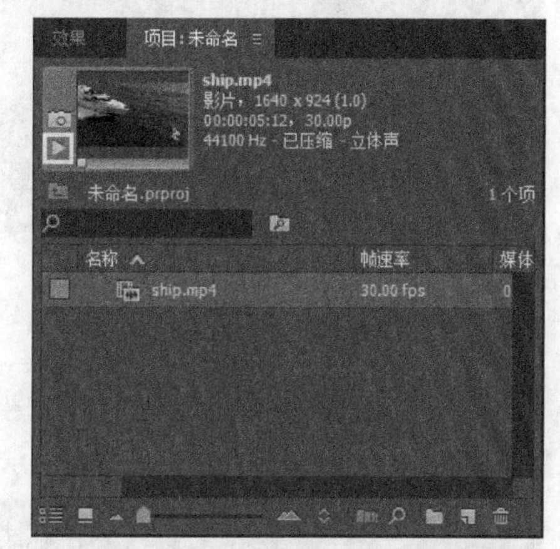

图2-14

2.4.2 效果面板

使用“效果”面板可以快速应用多种音频特效、视频效果和切换效果。例如，视频效果文件夹包含变换、图像控制、实用程序、扭曲和时间等特效类型，如图2-15所示。具体的特效放置在文件夹中，例如，“生成”文件夹中包含了“书写”“单元格图案”“吸管填充”“四色渐变”和“棋盘”等滤镜，如图2-16所示。选择并将特效拖曳到时间轴中的素材上，即可对素材添加特效，然后可使用“效果控件”面板中的控件编辑特效。

图2-15

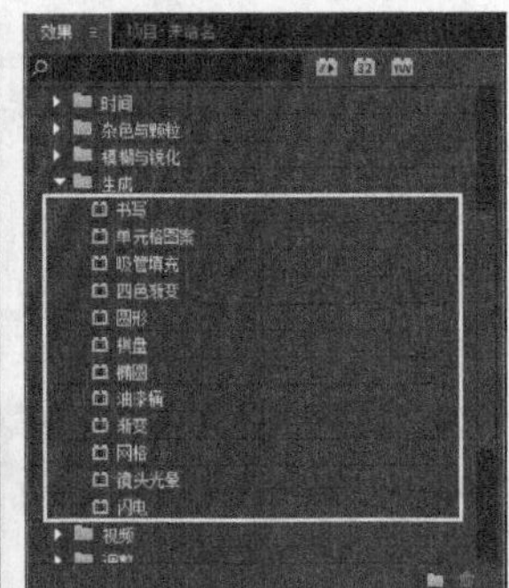

图2-16

1.打开和关闭视频轨道内容

单击视频轨道中的“切换轨道输出”图标，可以在预览作品时隐藏轨道中的内容，再次单击此图标可以使轨道的内容可见，如图2-17所示。

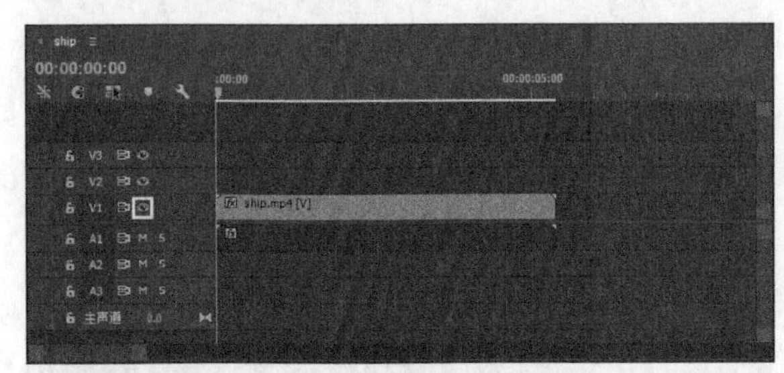

图2-17

2.打开或关闭音频轨道

单击音频轨道中的“静音轨道”图标，可以打开或关闭音频轨道内容，如图2-18所示。

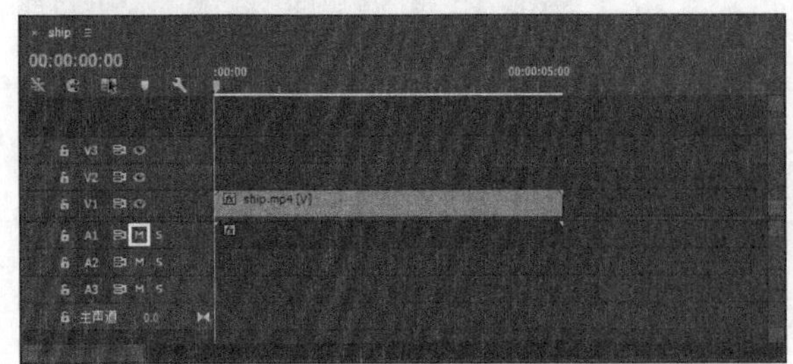

图2-18

3.缩放时间轴区域

使用“时间轴”面板左下角的时间缩放滑块，可以改变时间轴的时间间隔，如图2-19所示。缩小显示项目可以占用更少的时间轴空间，而放大显示项目将占用更大的时间轴区域。因此，如果正在时间轴中查看帧，放大可以显示更多的帧。

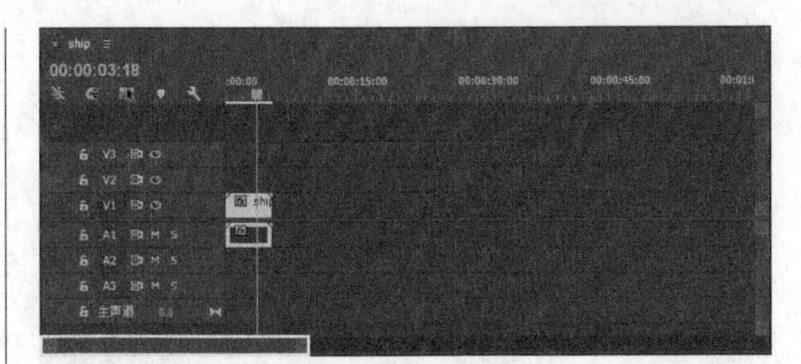

图2-19

2.4.3 监视器面板

“监视器”面板主要用于预览创建的作品。在预览作品时，在源监视器或节目监视器中单击“播放/停止切换”按钮可以播放作品，如图2-20所示。

图2-20

使用Premiere Pro进行工作时，可以拖曳时间滑块来调整当前的播放位置，也可以设置精确的时间来指定播放的位置，如图2-21所示。

图2-21

Premiere Pro提供了3种不同的监视器面板，分别为源监视器、节目监视器和参考监视器。

1.源监视器

源监视器用来显示还未放入时间轴的视频序列中的源影片，还可以设置素材的入点和出点，以及显示音频素材的音频波形，如图2-22所示。

图2-22

2.节目监视器

节目监视器用来显示在“时间轴”面板的视频序列中编辑的素材、图形、特效和切换效果，如图2-23所示。

图2-23

3.参考监视器

在许多情况下，参考监视器是另一个节目监视器，可以调整颜色和音调，因为在参考监视器中查看视频示波器（显示色调和饱和度级别）的同时，可以在节目监视器中查看实际的影片，如图2-24所示。参考监视器可以设置为与节目监视器同步播放或统调，也可以设置为不统调。

图2-24

2.4.4 音轨混合器面板

使用“音轨混合器”面板可以混合不同的音频轨道、创建音频特效和录制叙述材料，如图2-25所示。音轨混合器具有实时工作的能力，因此可以在查看伴随视频的同时，混合音频轨道并应用音频特效。

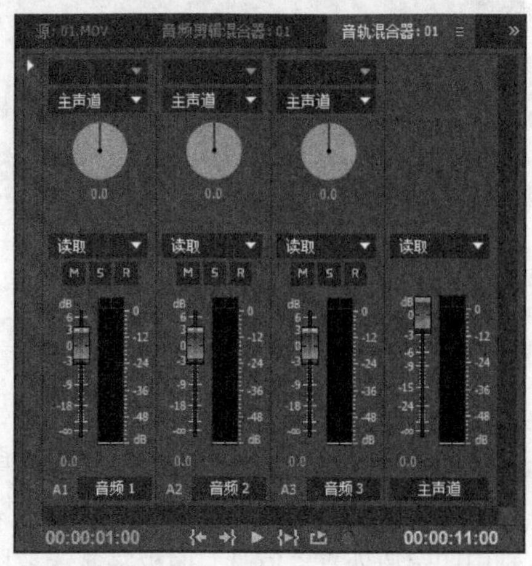

图2-25

拖曳音量衰减器控件，可以提高或降低轨道的音频级别。使用圆形、旋钮状控件可以摇动或平衡音频，拖曳旋钮可以改变设置。使用平衡控件下方的按钮可以播放所有轨道，选定想要收听的轨道，或者选定想要静音的轨道。使用音轨混合器窗口底部相似的控件，可以在音频播放时启动或停止录制。

2.4.5 效果控件面板

使用“效果控件”面板可以快速创建和控制音频、视频效果以及切换效果。例如，在“效果”面板中选定一种特效，然后将其拖曳到时间轴中的素材上，或直接拖到“效果控件”面板中，就可以对素材添加特效。图2-26所示的“效果控件”面板包含了其特有的时间轴和一个缩放时间轴的滑块控件。

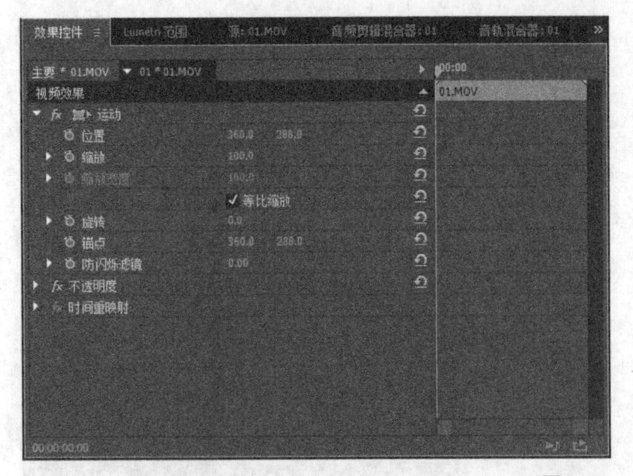

图2-26

2.4.6 信息面板

“信息”面板提供了关于素材和切换效果，乃至时间轴中空白间隙的重要信息。如果查看活动中的“信息”面板，那么单击一段素材、切换效果或时间轴中的空白处，“信息”面板将显示素材或空白间隙的大小、持续时间以及起点和终点，如图2-27所示。

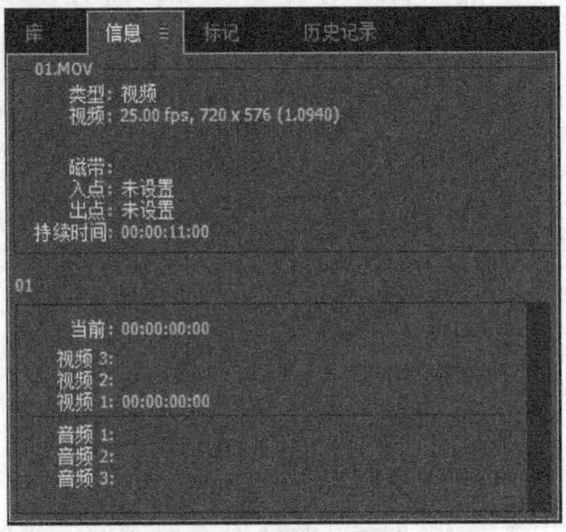

图2-27

2.4.7 历史记录面板

“历史记录”面板可以无限制地执行撤销操作。进行编辑工作时，“历史记录”面板会记录项目制作步骤，如果要返回到项目以前的状态，只需单击“历史记录”面板中的历史状态即可，如图2-28所示。

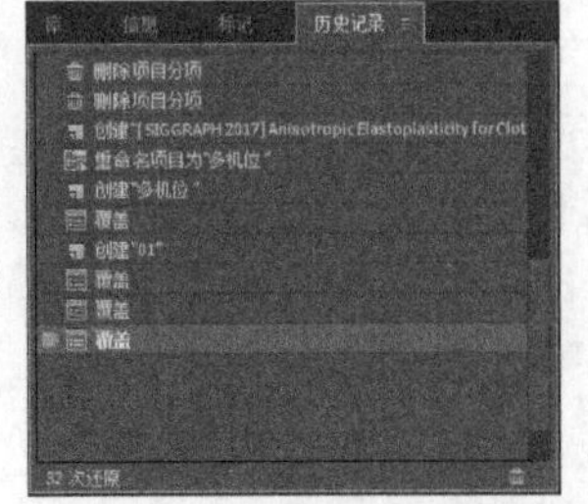

图2-28

单击并重新开始工作之后，返回历史状态的所有后续步骤都会从面板中移除，被新步骤取代。如果想在面板中清除所有历史，可以在面板中单击鼠标右键，然后选择“清除历史记录”命令，如图2-29所示。要删除某个历史状态，可以在面板中选择该记录，再单击“删除重做操作”按钮。

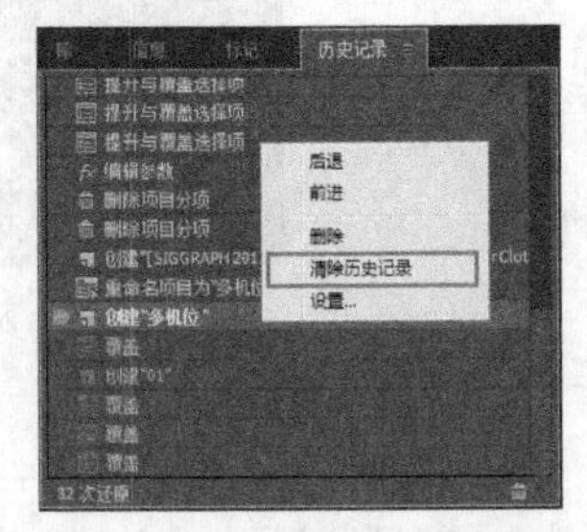

图2-29

技巧与提示

如果在“历史记录”面板中单击某个历史状态来撤销一个动作，然后继续工作，那么所单击状态之后的所有步骤都会从项目中移除。

2.4.8 工具面板

“工具”面板中的工具主要用于在时间轴中编辑素材，如图2-30所示。

图2-30

工具介绍

选择工具：该工具用于对素材进行选择和移动，还可以调节素材关键帧，以及为素材设置入点和出点。

向前选择轨道工具：该工具可以选择指定前的所有素材。

向后选择轨道工具：该工具可以选择指定后的所有素材。

波纹编辑工具：该工具可以拖曳素材的出点以改变素材的长度，而相邻素材的长度不变，项目片段的总长度改变。

滚动编辑工具：使用该工具在需要剪辑的素材边缘拖曳，可以将增加到该素材的帧数从相邻的素材中减去，也就是说，项目片段的总长度不发生改变。

速率伸缩工具：该工具可以对素材进行相应的速度调整，以改变素材长度。

剃刀工具：该工具用于分割素材。选择该工具后单击素材，会将素材分为两段，产生新的入点和出点。

错落工具：该工具用于改变一段素材的入点和出点，保持其总长度不变，并且不影响相邻的其他素材。

滑动工具：该工具可以保持要剪辑素材的入点与出点不变，通过相邻素材入点和出点的变化，改变其在序列窗口中的位置，项目片段时间长度不变。

钢笔工具：该工具主要用来设置当前素材的关键帧。

手形工具：该工具用于改变序列窗口的可视区域，有助于编辑一些较长的素材。

缩放工具：该工具用来调整时间轴显示的单位比例。按Alt键，可以在放大和缩小模式间进行切换。

2.4.9 时间轴面板

“时间轴”面板是视频作品的基础，它提供了组成项目的视频序列、特效、字幕和切换效果的临时图形总览，如图2-31所示。时间轴并非仅用于查看，也可对素材进行编辑。使用鼠标把视频和音频素材、图形和字幕从项目面板拖曳到时间轴中，即可构建自己的作品。

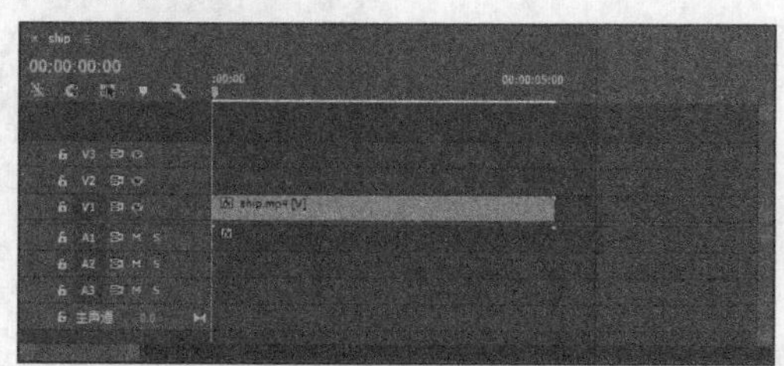

图2-31

使用“工具”面板中的工具，可以在“时间轴”面板中排列、裁剪与扩展素材。拖曳工作区条任意一端的工作区标记，可以指定Premiere Pro预览或导出的时间轴部分。工作区条下方的彩色提示条，指示项目的预览文件是否存在。红色条表示没有预览，绿色条表示已经创建了视频预览，如果存在音频预览，则会出现一条更窄的浅绿色提示条。

“时间轴”面板中较为有用的视觉表征是将视频和音频轨道表示为平行条，Premiere Pro提供了多个平行轨道以便实时预览并将作品概念化。例如，使用平行的视频和音频轨道，可以在播放音频时查看视频，时间轴也包含了用于隐藏或查看轨道的图标。

2.4.10 字幕面板

使用Premiere Pro的字幕设计可以为视频项目快速创建字幕，也可以创建动画字幕效果。为了方便字幕放置，字幕设计可以在所创建的字幕后面显示视频。

选择“窗口”菜单中的“字幕工具”“字幕样式”“字幕动作”或“字幕属性”命令，可以在屏幕上打开用于创建字幕的工具和其他选项，如图2-32所示。

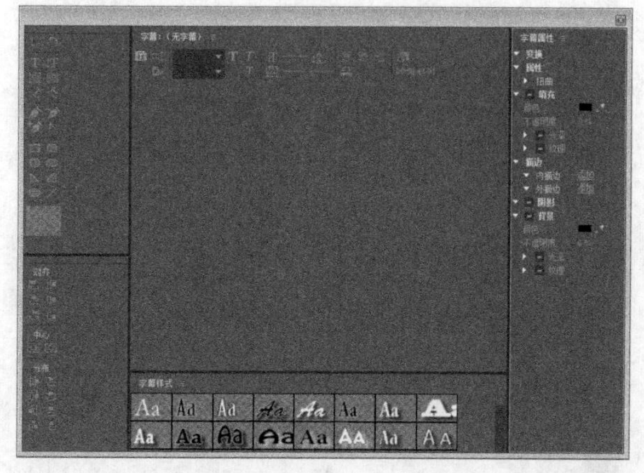

图2-32

技巧与提示

选择“文件>新建>字幕”菜单命令，可以打开字幕设计面板。如果想编辑时间轴中已存在的字幕，双击此字幕，也可以打开字幕面板，并且可以编辑其中的字幕内容。

课堂案例

创建文件夹

素材文件　素材文件>第2章>课堂案例：创建文件夹

技术掌握　在项目面板中创建文件夹

01 打开学习资源中的“素材文件>第2章>课堂案例：创建文件夹>课堂案例：创建文件夹_I.Prproj”文件，然后在“项目”面板中单击“新建素材箱”按钮创建一个文件夹，如图2-33所示。

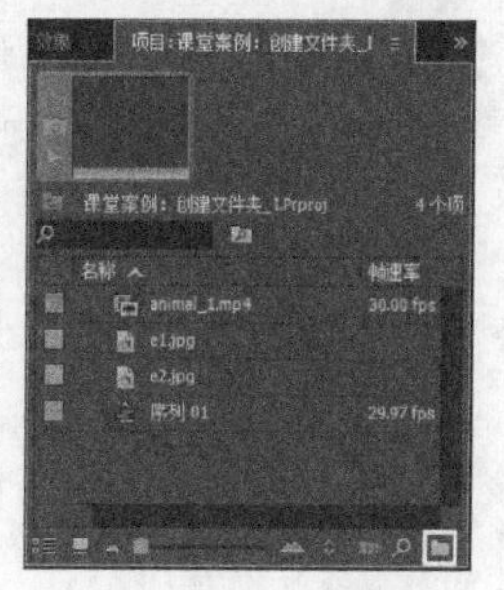

图2-33

02 将新建的文件夹命名为video，然后按Enter键完成操作，如图2-34所示。接着，将animal_1.mp4文件拖曳到video文件夹中，如图2-35所示。

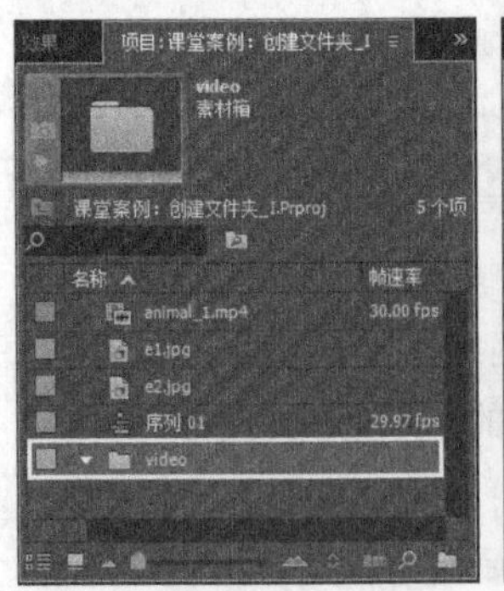

图2-34

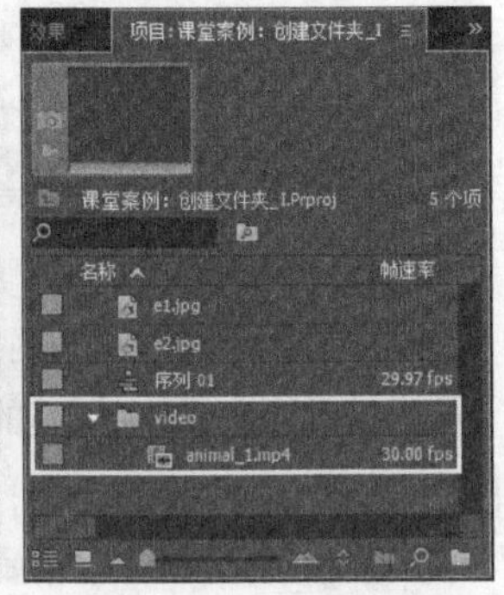

图2-35

技巧与提示

如果创建了多个文件夹，可以对文件夹中的素材进行统一管理和修改。例如，选择文件夹，然后选择“剪辑>速度和持续时间”菜单命令，可以一次性对文件夹中素材的速度和持续时间进行修改。

课堂案例

创建分项

素材文件 无

技术掌握 在项目面板中创建分项

01 新建一个项目，然后在“项目”面板中单击“新建项”按钮，接着在打开的菜单中选择“黑场视频”命令，如图2-36所示。

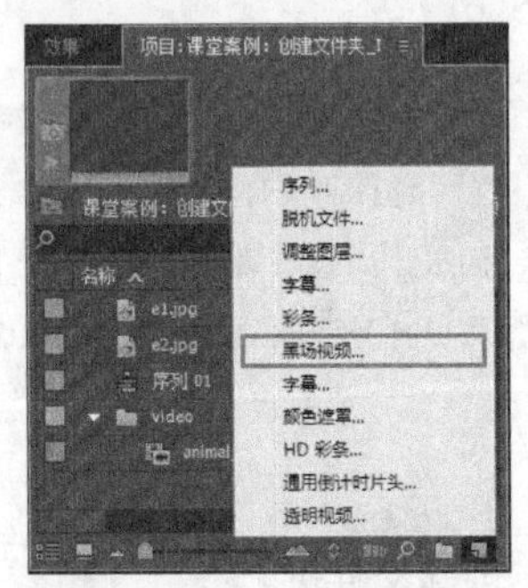

图2-36

02 在打开的“新建黑场视频”对话框中单击“确定”按钮，如图2-37所示。此时，“项目”面板中就有了新建的“黑场视频”对象，如图2-38所示。

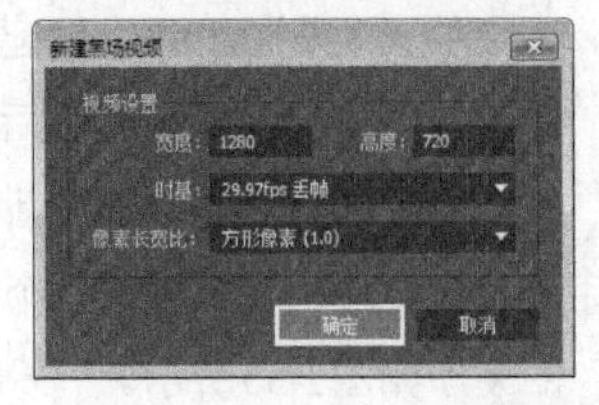

图2-37

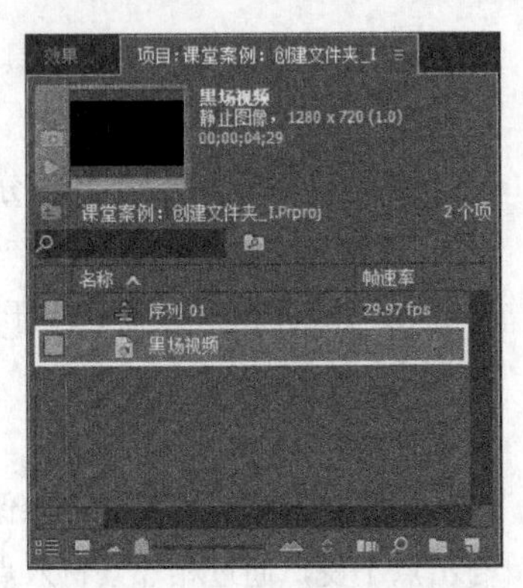

图2-38

课堂案例

进行图标和列表视图切换

素材文件 素材文件>第2章>课堂案例：进行图标和列表视图切换

技术掌握 在项目面板中进行图标和列表视图切换

01 打开学习资源中的“素材文件>第2章>课堂案例：进行图标和列表视图切换>课堂案例：进行图标和列表视图切换_I.Prproj”文件，默认情况下项目中的对象都以列表的方式显示，如图2-39所示。

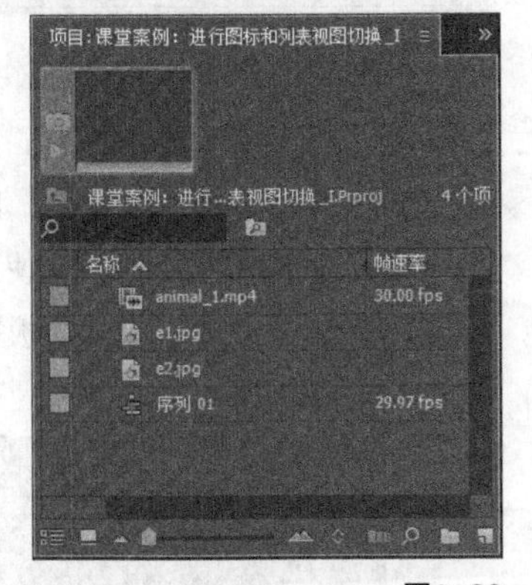

图2-39

02 在“项目”面板中单击“图标视图”按钮，可以图标的方式显示元素对象，如图2-40所示。

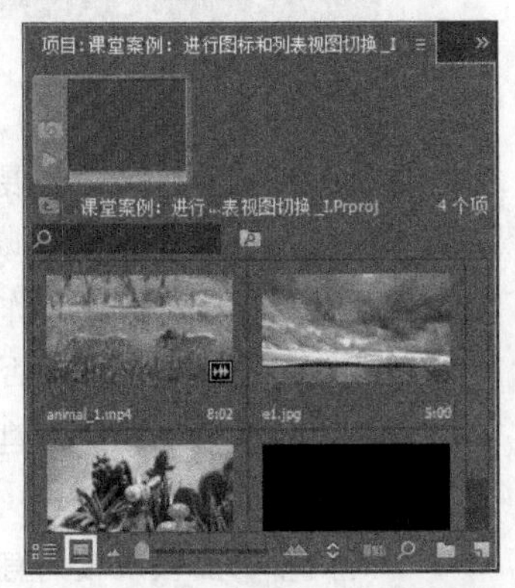

图2-40

课堂案例

查看素材信息

素材文件　素材文件>第2章>课堂案例：查看素材信息

技术掌握　在项目面板中查看素材的各种信息

01 打开学习资源中的“素材文件>第2章>课堂案例：查看素材信息>课堂案例：查看素材信息_I.Prproj”文件，将“项目”面板展开，可以看到素材的详细信息，如图2-41所示。

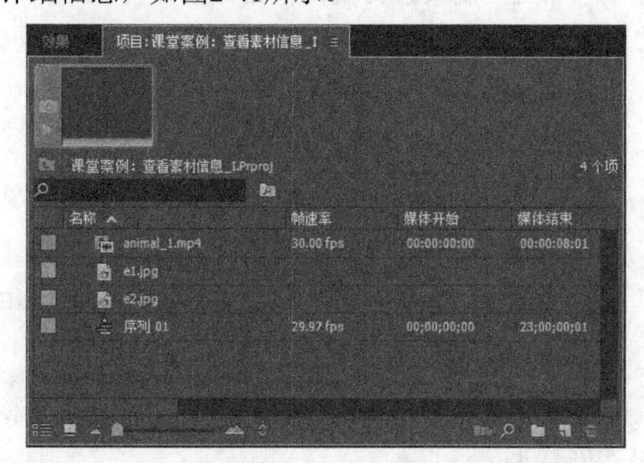

图2-41

02 在项目面板的信息栏上单击鼠标右键，在打开的菜单中选择“元数据显示”命令，如图2-42所示。在“元数据显示”对话框中可以设置添加要显示的信息，如图2-43所示。

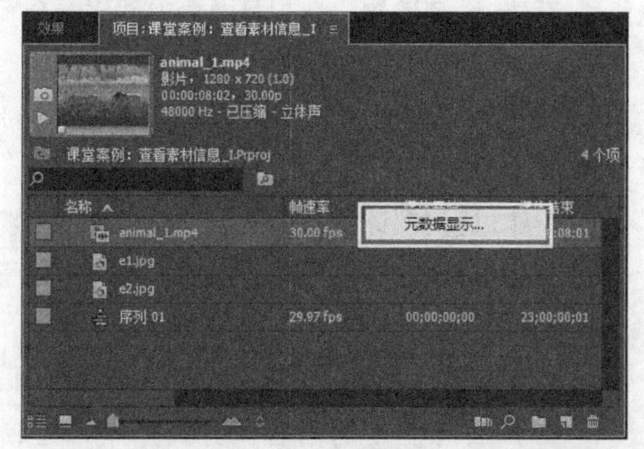

图2-42

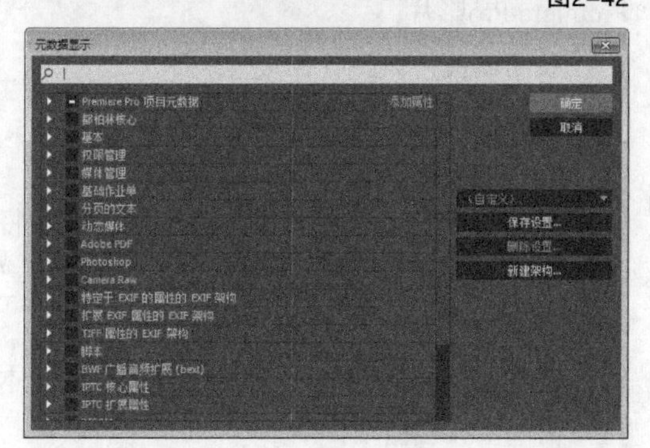

图2-43

03 在“添加属性”列表中选择“基本>修改日期”选项，然后单击“确定”按钮，如图2-44所示。此时，在“项目”面板中就可以查看添加的“修改日期”信息了，如图2-45所示。

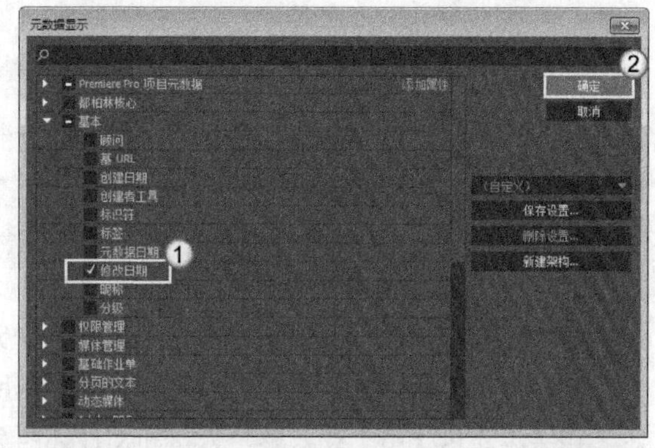

图2-44

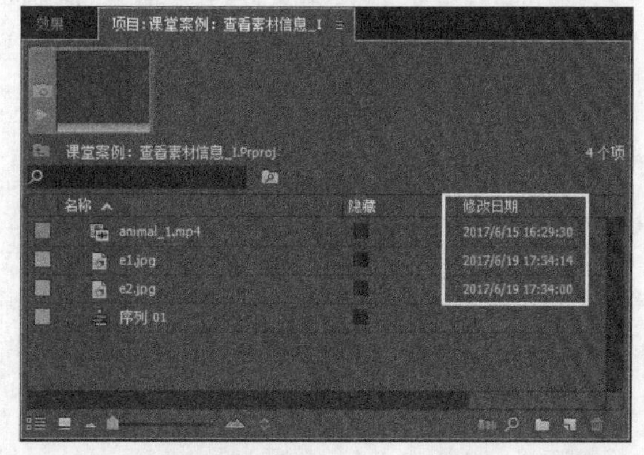

图2-45

技巧与提示

如果要节省空间并隐藏“项目”面板的缩略图监视器，可以在“项目”面板的菜单中取消选择“预览区域”选项，如图2-46所示。这时要显示素材效果，可以切换到源监视器中进行预览。

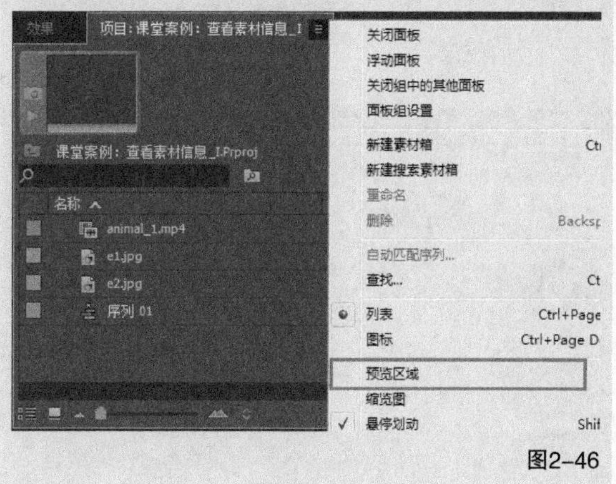

图2-46

2.5 Premiere Pro CC的菜单

Premiere Pro CC主要包含8个菜单，分别为“文件”“编辑”“剪辑”“序列”“标记”“字幕”“窗口”和“帮助”，如图2-47所示。

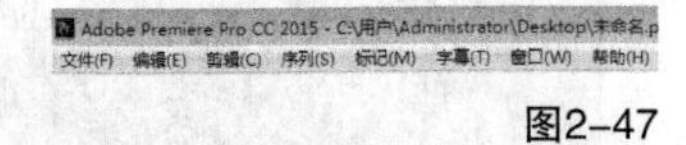

图2-47

2.5.1 文件菜单

“文件”菜单包含了标准Windows命令，如“新建”“打开项目”“关闭项目”“保存”“另存为”“还原”和“退出”等命令，如图2-48所示。该菜单还包含用于载入影片素材和文件夹的命令，如可以执行“文件>新建>序列”命令，将时间轴添加到项目中，如图2-49所示。

图2-48

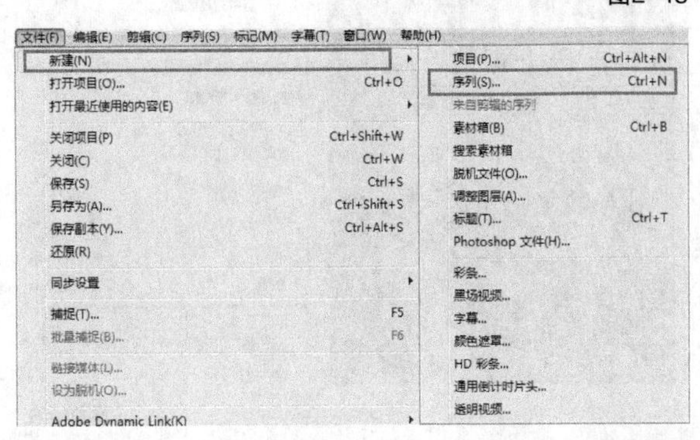

图2-49

文件菜单常用命令介绍

新建>项目： 为新数字视频作品创建新文件。

新建>序列： 为当前项目添加新序列。

新建>来自剪辑的序列： 以多个序列创建一个新的序列。

新建>素材箱： 在项目面板中创建新文件夹。

新建>搜索素材箱： 根据元数据查找、组织和排序媒体搜索素材箱。

新建>脱机文件： 在项目面板中创建新文件条目，用于采集的影片。

新建>调整图层： 为当前项目添加新调整图层。

新建>标题： 打开字幕设计以创建标题。

新建>Photoshop文件： 新建与项目大小相等的空白Photoshop文件。

新建>彩条： 在项目面板的文件夹中添加彩条和声音音调。

新建>黑场视频： 在项目面板的文件夹中添加纯黑场视频素材。

新建>字幕： 打开字幕设计对话框以创建文字或图形字幕。

新建>颜色遮罩： 在项目面板中创建一个新的颜色遮罩。

新建>HD彩条： 与彩条相似，但是符合ARIB STD-B28标准。

新建>通用倒计时片头： 自动创建倒计时素材。

新建>透明视频： 创建可以置于轨道中用于显示时间码的透明视频。

打开项目： 打开一个Premiere Pro项目文件。

打开最近使用的内容： 打开一个最近使用的Premiere Pro影片。

关闭项目： 关闭所有的项目面板。

关闭： 关闭当前的项目面板。

保存： 将项目文件保存到磁盘。

另存为： 以新名称保存项目文件，或者将项目文件保存到不同的磁盘位置。此命令将使用户停留在最新创建的文件中。

保存副本： 在磁盘上创建一份项目的副本，但用户仍停留在当前项目中。

还原： 将项目返回到以前保存的版本。

同步设置：将本地计算机的设置同步到 Creative Cloud中。

捕捉：从录像带中捕捉素材。

批量捕捉：从同一磁带中自动捕捉多个素材，此命令需要设备控制。

链接媒体：可以重新链接特定序列中使用的所有媒体，而无须重新链接项目中的所有媒体。

设为脱机：将选择的素材设置为脱机文件。

Adobe Dynamic Link：与After Effects交互。

Adobe Story：为选择对象添加脚本。

Adobe Anywhere：将项目上传到服务器中，可以使多人同时编辑项目。

与Adobe SpeedGrade链接的Direct Link：与Adobe SpeedGrade交互。

从媒体浏览器导入：从媒体浏览器导入素材。

导入：导入视频素材、音频素材或图形。

导入批处理列表：导入各种文件格式的批处理列表。

导入最近使用的文件：将最近使用的文件导入Premiere Pro。

导出：将Premiere Pro以各种形式导出。

获取属性：提供文件的大小、分辨率和其他数字信息。

退出：退出Premiere Pro。

2.5.2 编辑菜单

Premiere Pro的“编辑”菜单包含可以在整个程序中使用的标准编辑命令，如“复制”“剪切”和“粘贴”等。编辑菜单也提供了用于编辑的特定粘贴功能，以及Premiere Pro默认设置的参数，如图2-50所示。

图2-50

编辑菜单命令介绍

撤销：撤销上次操作。

重做：重复上次操作。

剪切：从屏幕上剪切选定分类，将它放置在剪贴板中。

复制：将选定分类复制到剪贴板中。

粘贴：该命令可更改已粘贴素材的出点，以适合粘贴区域。

粘贴插入：粘贴并插入一段素材。

粘贴属性：将一段素材的属性粘贴到另一段素材之中。

清除：该命令可从屏幕中剪切分类但不保存在剪贴板中。

波纹删除：删除选定素材而不在时间轴中留下空白间隙。

重复：在项目面板中复制选定元素。

全选：在项目面板中选择所有元素。

选择所有匹配项：在项目中选择所有符合条件的对象。

取消全选：在项目面板中取消选择所有元素。

查找：在项目面板中查找元素（此项目必须已经打开）。

查找下一个：查找下一个符合条件的对象。

标签：允许在项目面板中选择标签颜色。

移除未使用资源：移除项目中未使用的素材。

编辑原始：从磁盘的原始应用程序中载入选定素材或图形。

在Adobe Audition中编辑：打开一个音频文件以便在Adobe Audition中编辑。

在Adobe Photoshop中编辑：打开一个图形文件以便在Adobe Photoshop中编辑。

快捷键：指定键盘的快捷键。

首选项：选择其中的子命令可以访问多种设置参数。

2.5.3 剪辑菜单

“剪辑”菜单提供了更改素材运动和不透明度设置的选项，有助于编辑素材，如图2-51所示。

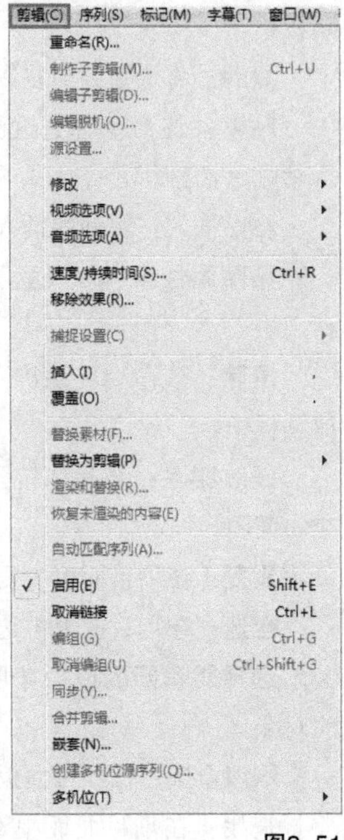

图2-51

剪辑菜单常用命令介绍

重命名： 重命名选定的素材。

制作子剪辑： 根据在源监视器中编辑的素材创建附加素材。

编辑子剪辑： 允许编辑附加素材的入点和出点。

编辑脱机： 进行脱机编辑素材。

源设置： 对素材源对象进行设置。

修改： 可以在打开的“修改素材”对话框中修改音频的声道、素材的信息或素材的时间码。

视频选项： 设置图像的帧定格、场选项、帧混合或画面大小等。

音频选项： 可以拆分音频的声道、替换音频素材以及创建新音频素材。

速度/持续时间： 允许更改速度和持续时间。

移除效果： 可以清除对素材所使用的各种特效。

插入： 将素材自动插入时间轴的当前时间指示处。

覆盖： 将影片放置到当前时间标示点处，覆盖所有已存在的影片。

替换素材： 对项目中的素材进行替换。

替换为剪辑： 以剪辑替换选择的素材。

渲染和替换： 拼合视频剪辑和 After Effects 合成，从而加快 VFX 大型序列的性能。

启用： 允许激活或禁用时间轴中的素材。禁用的素材不会显示在节目监视器中，也不能被导出。

编组： 将时间轴素材放在一组中，以便整体操作。

取消编组： 取消素材编组。

同步： 根据素材的起点、终点或时间码在时间轴上排列素材。

嵌套： 在素材中添加其他素材。

2.5.4 序列菜单

使用“序列”菜单中的命令可以在“时间轴”面板中预览素材，并能更改在时间轴文件夹中出现的视频和音频轨道数，如图2-52所示。

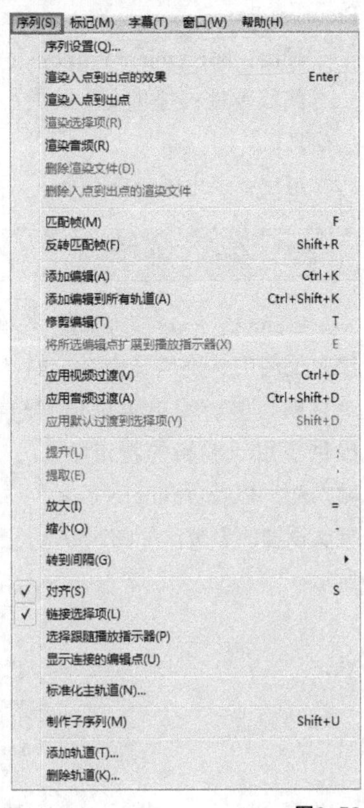

图2-52

序列菜单常用命令介绍

序列设置：可以在打开的“序列设置”对话框中对序列参数进行设置。

渲染入点到出点的效果：渲染工作区域内的效果，创建工作区预览，并将预览文件存储在磁盘上。

渲染入点到出点：渲染完整工作区域，为整个项目创建完成的渲染效果，并将预览文件存储在磁盘上。

渲染音频：只对音频文件进行渲染。

删除渲染文件：从磁盘中移除渲染文件。

删除入点到出点的渲染文件：只删除工作区域内的渲染文件。

匹配帧：可以将序列的主剪辑加载到源监视器之中。

反转匹配帧：找到源监视器中加载的帧并将其在时间轴中进行匹配。

应用视频过渡：在两段素材之间的当前时间指示器处应用默认视频切换效果。

应用音频过渡：在两段素材之间的当前时间指示器处应用默认音频切换效果。

应用默认过渡到选择项：将默认的过渡效果应用到所选择的素材对象上。

提升：移除在节目监视器中设置的从入点到出点的帧，并在时间轴中保留空白间隙。

提取：移除序列在节目监视器中设置的从入点到出点的帧，而不在时间轴中留下空白间隙。

放大：放大时间轴。

缩小：缩小时间轴。

转到间隔：跳转到轨道中的不同对象上。

对齐：打开/关闭对齐到素材边缘。

标准化主轨道：对主轨道进行标准化设置。

添加轨道：在时间轴中添加轨道。

删除轨道：从时间轴中删除轨道。

2.5.5 标记菜单

Premiere Pro的“标记”菜单提供了用于创建和编辑素材与序列标记的命令，如图2-53所示。标记表示为类似五边形的形状，位于时间轴标尺下方或时间轴中的素材内。使用标记，可以快速跳转到时间轴的特定区域或素材中的特定帧。

标记(M) 字幕(T) 窗口(W) 帮助(H)
标记入点(M) I
标记出点(M) O
标记剪辑(C) X
标记选择项(S) /
标记拆分(P)
转到入点(G) Shift+I
转到出点(G) Shift+O
转到拆分(O)
清除入点(L) Ctrl+Shift+I
清除出点(L) Ctrl+Shift+O
清除入点和出点(N) Ctrl+Shift+X
添加标记 M
转到下一标记(N) Shift+M
转到上一标记(P) Ctrl+Shift+M
清除所选标记(K) Ctrl+Alt+M
清除所有标记(A) Ctrl+Alt+Shift+M
编辑标记(I)...
添加章节标记...
添加 Flash 提示标记(F)...
波纹序列标记

图2-53

标记菜单常用命令介绍

标记入点：标记素材的入点。

标记出点：标记素材的出点。

标记剪辑：在源监视器中为素材在子菜单的指定点处设置一个素材标记。

转到入点：跳转到素材的入点处。

转到出点：跳转到素材的出点处。

转到拆分：跳转到素材的拆分处。

清除入点：清除素材的入点。

清除出点：清除素材的出点。

清除入点和出点：清除素材的出入点。

添加标记：在子菜单的指定处设置一个标记。

转到下一标记：跳转到素材的下一个标记。

转到上一标记：跳转到素材的上一个标记。

清除所选标记：清除在素材中指定的标记。

清除所有标记：清除在素材中所有的标记。

添加章节标记：在当前时间标示点处创建一个Encore章节标记。

添加Flash提示标记：在当前时间标示点处创建一个Flash提示标记。

2.5.6 字幕菜单

Premiere Pro的“字幕”菜单提供了用于设置字幕的字体、大小、方向、排列和位置等命令，如图2-54所示。在创建一个新字幕后，大多数Premiere Pro的“字幕”菜单命令都会被激活。

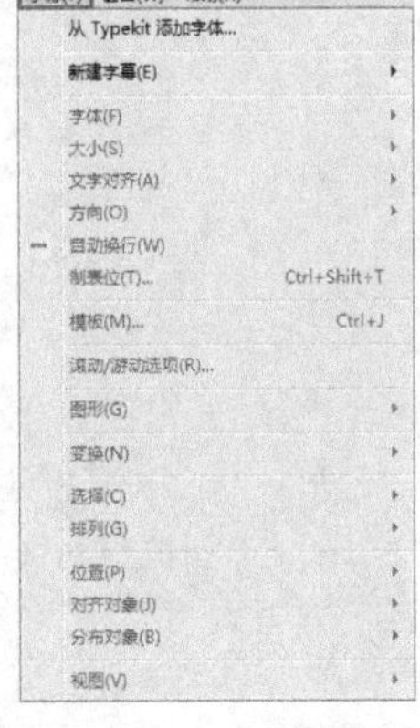

图2–54

字幕菜单常用命令介绍

从Typekit添加字体：使用Typekit中的字体。

新建字幕：为项目添加字幕素材。

字体：提供字体选择。

大小：提供文字大小选择。

文字对齐：允许文字左对齐、居中对齐和右对齐。

方向：控制对象的横向或纵向朝向。

自动换行：打开或关闭文字自动换行。

制表位：在文本框中设置跳格。

模板：允许使用和创建字幕模板。

滚动/游动选项：允许创建和控制动画字幕。

变换：提供视觉转换命令，如位置、比例、旋转和不透明度。

选择：在子菜单中提供了选择对象的多个命令。

排列：在子菜单中提供了向前或向后移动对象的命令。

位置：在子菜单中提供了将选定分类放置在屏幕上的命令。

对齐对象：在子菜单中提供了排列未选定对象的命令。

分布对象：在子菜单中提供了在屏幕上分布或分散选定对象的对象。

视图：在子菜单中提供了允许查看字幕和动作安全区域、文字基线、跳格标记和视频等命令。

2.5.7 窗口菜单

使用“窗口”菜单可以打开Premiere Pro的各个面板，如图2-55所示。Premiere Pro包含了“项目”“监视器”“时间轴”“效果”“效果控件”“事件”“历史”“信息”“工具”和“字幕”等面板。其中，大多数面板的作用很相似。

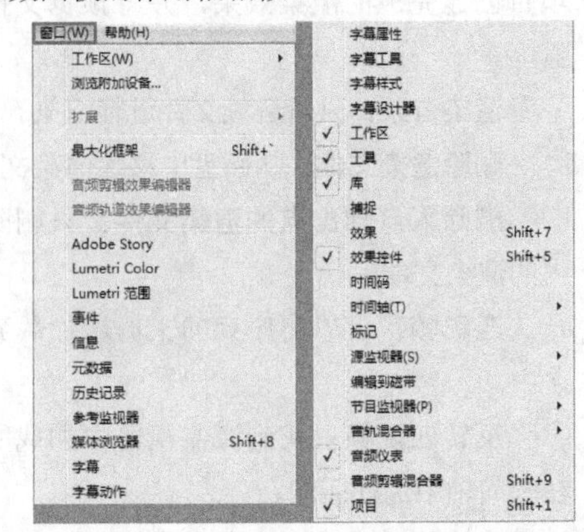

图2–55

选择“窗口>工作区”中的不同子命令，如图2-56所示，可以得到不同类型的面板模式，各种面板效果主要是为了方便当前的操作而布置的。

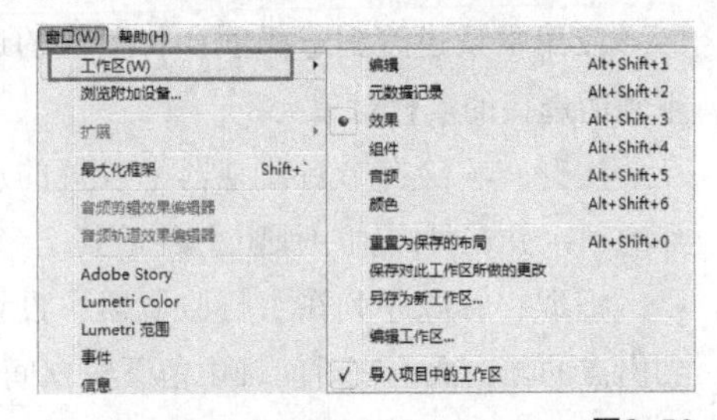

图2–56

2.5.8 帮助菜单

Premiere Pro的“帮助”菜单提供了程序应用的帮助和支持产品改进计划等命令，如图2-57所示。执行“帮助>Adobe Premiere Pro帮助”命令，可以载入主帮助屏幕，然后选择或搜索某个主题进行学习。

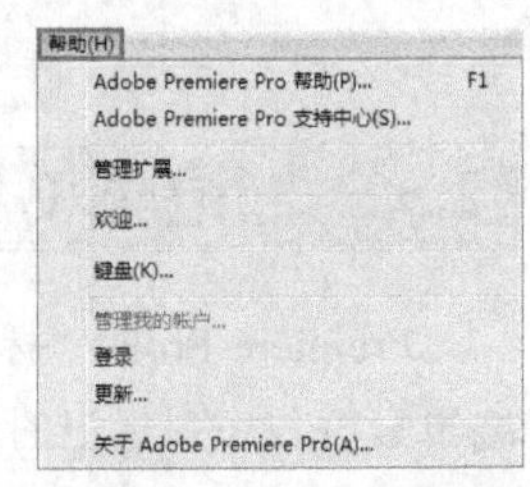

图2–57

第3章

视频编辑的流程

剪辑影片会经历很多环节，初学者可以根据一些视频剪辑的流程来学习Premiere Pro各个环节的知识点。本章主要介绍视频编辑的流程，每节内容简单、易学。需要注意的是，本章介绍的是一套常规的流程，主要作用是让读者了解视频编辑中各个环节的操作方法，而实际工作中的流程可能稍微不同。

知识索引

制定脚本和收集素材

建立Premiere Pro项目

添加字幕素材

编辑素材

生成影视文件

3.1 制定脚本和捕捉素材

要制作一部完整的影片，必须先具备创作构思和素材这两个要素。创作构思是一部影片的灵魂，素材则是组成它的各个部分，Premiere 所做的只是将其穿插组合成一个连贯的整体。

当我们脑海中有了一个绝妙的构思后，应该马上用笔把它描述出来，这就是脚本，也就是通常所说的影片的剧本。在编写脚本时，首先要拟定一个比较详细的提纲，然后根据这个提纲做尽量具体的细节描述，以作为在Premiere中进行编辑的参考指导。脚本的形式有很多种，如绘画式和小说式等。

第1章介绍了在Premiere Pro CC中可以使用的素材有图像、字幕文件、声音文件和视频文件等。通过DV摄像机，可以将拍摄的视频内容通过数据线直接保存到计算机中以获取素材。根据脚本的内容，将素材收集齐备后，可将这些素材保存到计算机中指定的文件夹，以便管理，然后就可以开始编辑工作了。

3.2 创建Premiere Pro项目

Premiere Pro数字视频作品在此称为一个项目而不是视频产品，其原因是使用Premiere Pro不仅能创建作品，还可以管理作品资源，以及创建和存储字幕、过渡效果和特效。因此，工作的文件不仅仅是一份作品，也是一个项目。在Premiere Pro中，创建一份数字视频作品的第1步是新建一个项目。

技巧与提示

如果为Web或多媒体应用程序创建项目，那么通常会以比原始项目设置更小的画幅大小、更慢的帧速率和更低分辨率的音频导出项目。一般情况下，应该先使用匹配源影片的项目设置对项目进行编辑，再将影片导出。

3.3 导入素材

在Premiere Pro项目中，可以放置并编辑视频、音频和静帧图像，因为它们是数字格式。表3-1列出了可以导入Premiere Pro的主要文件格式。所有的媒体影片，或称为素材，必须先保存在磁盘上。即使视频存储在数字摄像机上，也仍然必须转移到磁盘上。Premiere Pro可以采集数字视频素材并将它们自动存储到项目中。模拟媒体（如动画电影和录像带等）必须先数字化，才能在Premiere Pro中使用。在这种情况下，连接有采集板的Premiere Pro，可以将素材直接采集到项目中。

表3-1

媒体	文件格式
视频	Video for Windows（AVI Type 2）、QuickTime（MOV）（必须安装苹果公司的QuickTime）、MPEG和Windows Media（WMV、WMA）
音频	AIFF、WAV、AVI、MOV和MP3
静帧图像和序列	TIFF、JPEG、BMP、PNG、EPS、GIF、Filmstrip、Illustrator和Photoshop

打开Premiere Pro面板之后，就可以导入各种图形与声音元素，以组成自己的数字视频作品。所有导入的素材都出现在“项目”面板的列表中。一个图标代表一个分类。在图标旁边，Premiere Pro显示此分类是一段视频素材还是一个图形。

课堂案例

导入素材

素材文件　素材文件>第3章>课堂案例：导入素材
技术掌握　导入并查看素材的方法

01 新建一个项目，然后在“项目”面板中单击鼠标右键，在打开的菜单中选择“新建素材箱”命令，如图3-1所示，接着将文件夹命名为picture，如图3-2所示。

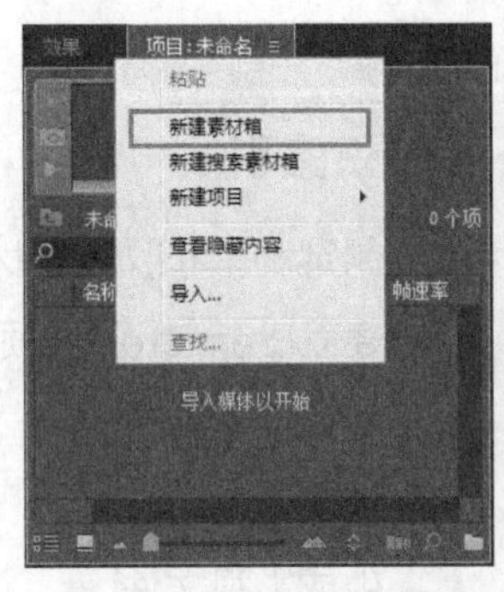

图3-1

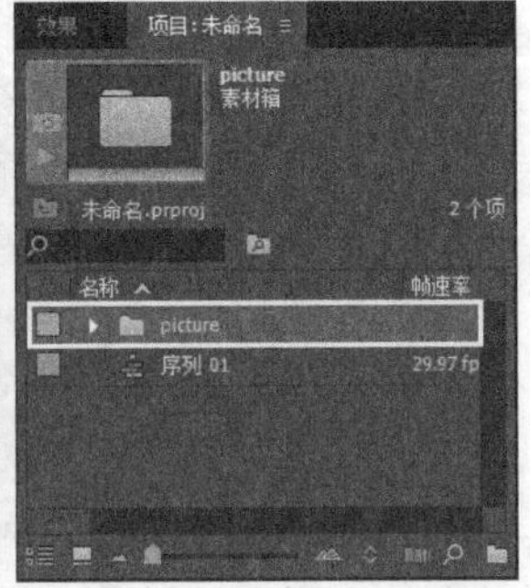

图3-2

02 选择footage文件夹，然后执行“文件>导入”菜单命令，接着在打开的“导入”对话框中选择学习资源中的“素材文件>第3章>课堂案例：导入素材>A.jpg和B.jpg”文件，最后单击“打开”按钮，如图3-3所示。

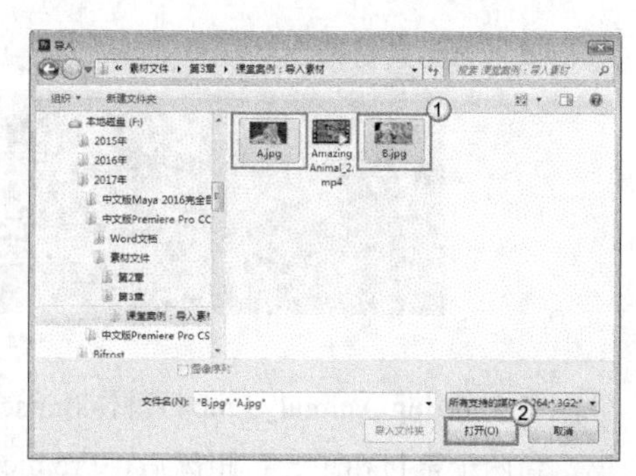

图3-3

技巧与提示

如果需要将其他项目导入当前项目，可以使用“文件>导入”菜单命令，然后在打开的“导入”对话框中选择需要导入的项目文件即可。

03 展开footage文件，可以看到之前导入的A.jpg和B.jpg文件，选择A.jpg文件，然后单击鼠标右键，在打开的菜单中选择“重命名”命令，将其命名为pic1，接着将B.jpg重命名为pic2，如图3-4所示。

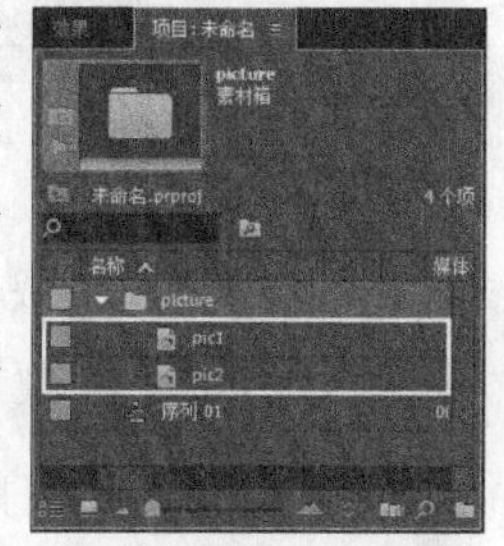

图3-4

技巧与提示

选择素材文件，然后按Enter键，也可以对其重命名。

04 使用同样的方法，导入学习资源中的“素材文件>第3章>课堂案例：导入素材>Amazing Animal_2.mp4”文件，如图3-5所示。

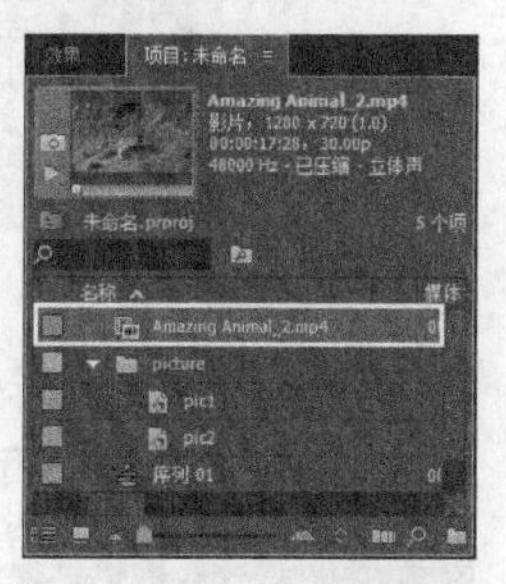

图3-5

05 在开始编排自己的作品之前，可能想查看素材或图形，或者听一听音频。这时，选择素材就可以在“项目”面板上端的预览区域中预览。如果是视频或音频文件，那么可以选择素材，然后单击“播放/停止切换”按钮▶（快捷键为Space键）来预览，如图3-6所示。

图3-6

技巧与提示

若双击项目中的素材，然后单击“源”面板中的“播放/停止切换”按钮▶也可以预览素材，如图3-7所示。

图3-7

3.4 添加字幕素材

如果存在字幕素材，那么用户可以直接将其导入“项目”面板；如果不存在字幕素材，则可以通过创建字幕的方式新建一个文字素材。

课堂案例

创建字幕素材

素材文件　素材文件>第3章>课堂案例：创建字幕素材
技术掌握　创建字幕素材的方法

本例主要介绍如何创建字幕素材，案例效果如图3-8所示。

图3-8

01 打开学习资源中的“素材文件>第3章>课堂案例：创建字幕素材>课堂案例：创建字幕素材_I.prproj”文件，然后执行“文件>新建>字幕”菜单命令，在打开的“新建字幕”对话框中设置“名称”为Deer，接着单击“确定”按钮，如图3-9所示。

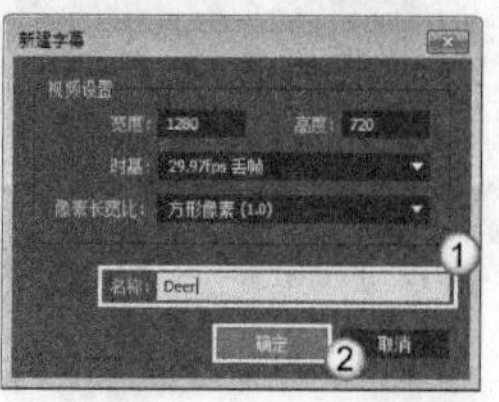

图3-9

02 在打开的字幕对话框中，单击“文字工具”按钮，然后设置字体为Arial、字号为140，接着激活“粗体”和“居中”功能，最后在画面中输入文字Deer，如图3-10所示。

图3-10

03 关闭字幕对话框，即可在“项目”面板中生成新建的字幕对象，如图3-11所示。

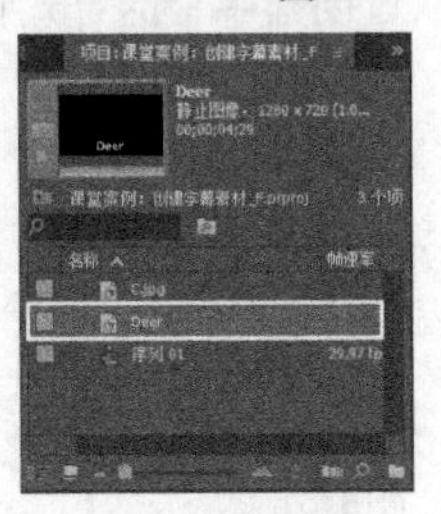

图3-11

3.5 编排素材元素

导入所有作品元素之后，需要将它们放置在“时间轴”面板的一个序列中，以便开始编辑项目。一个序列是指作品的视频、音频、特效和过渡效果等各组成部分的顺序集合。

技巧与提示

如果在Premiere Pro中处理的项目很长，可能需要将工作拆分成多个序列。编辑序列之后，可以将它们拖曳到另一个“时间轴”面板中，在此它们将显示为嵌套的序列。

课堂案例

编排素材元素

素材文件 素材文件>第3章>课堂案例：编排素材元素

技术掌握 在“时间轴”面板中添加并调整素材的顺序

01 打开学习资源中的“素材文件>第3章>课堂案例：编排素材元素>课堂案例：编排素材元素_I.prproj”文件，然后将“项目”面板中的Amazing Animal_3.mp4素材拖曳到轨道上，如图3-12所示。

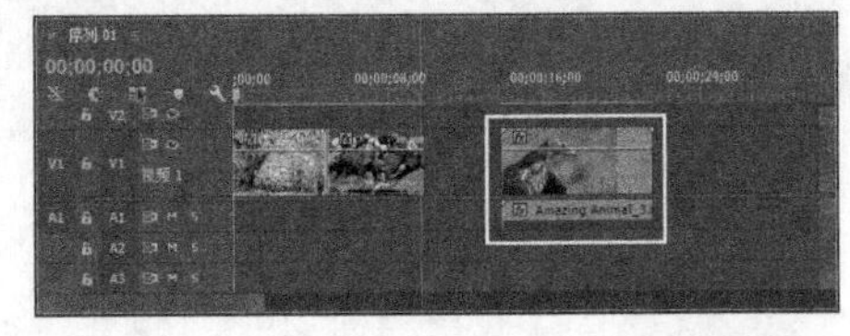

图3-12

02 将Amazing Animal_3.mp4素材向horse.jpg素材拖曳，当两个素材相距一定距离后，Premiere Pro会将Amazing Animal_3.mp4吸附到horse.jpg的末端，使两个素材无缝拼接，如图3-13所示。

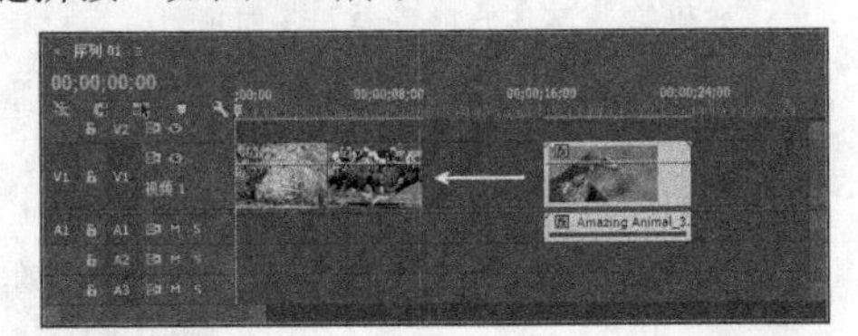

图3-13

技巧与提示

在“源”面板中打开素材并单击“插入”或“覆盖”按钮，可以将素材直接放置到时间轴中。

03 可以将素材拖入其他轨道，靠上轨道中的内容会遮挡靠下轨道中的内容，这跟Photoshop中的图层很相似，如图3-14所示。

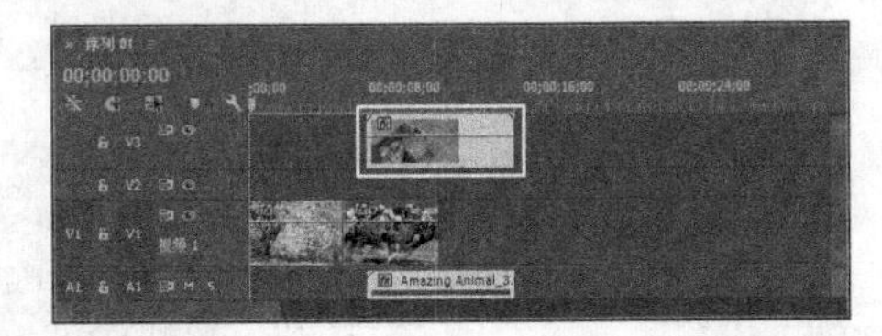

图3-14

在移动素材时，要确保“选择工具”被激活，可在“工具”面板中单击该按钮，也可以按V键激活。

3.6 编辑视频素材

将素材拖入“时间轴”面板后，需要对素材进行修改编辑，以达到符合视频编辑要求的效果，如控制素材的播放速度和时间长度等。

课堂案例

编辑视频素材

素材文件　素材文件>第3章>课堂案例：编辑视频素材

技术掌握　调整素材的播放速度和时间长度

01 打开学习资源中的“素材文件>第3章>课堂案例：编辑视频素材>课堂案例：编辑视频素材_I.prproj”文件，然后在“时间轴”面板中选择Amazing Animal_3.mp4素材，在“信息”面板中，素材的时间长度为7秒22帧，如图3-15所示。

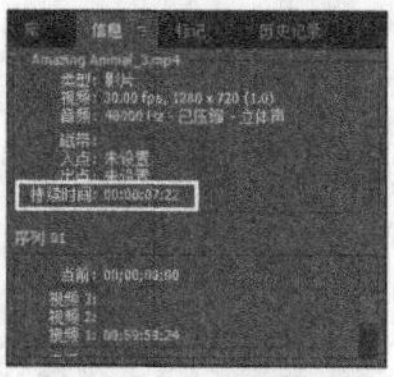

图3-15

02 在“时间轴”面板中选择Amazing Animal_3.mp4素材，然后单击鼠标右键，在打开的菜单中选择“速度/持续时间”命令，如图3-16所示。

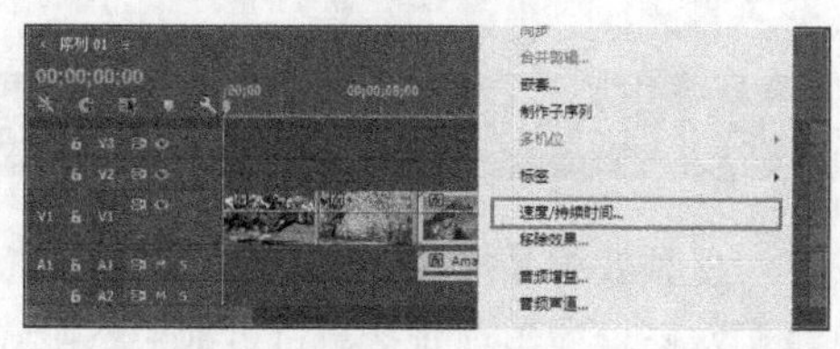

图3-16

03 在打开的“剪辑速度/持续时间”对话框中设置“速度”为80%，然后单击“确定”按钮，如图3-17所示。

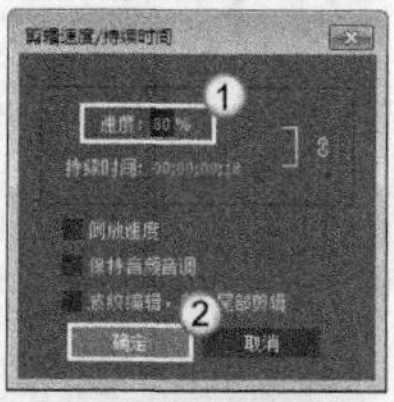

图3-17

04 此时，在“信息”面板中可以看到素材的时间长度为9秒19帧，如图3-18所示。

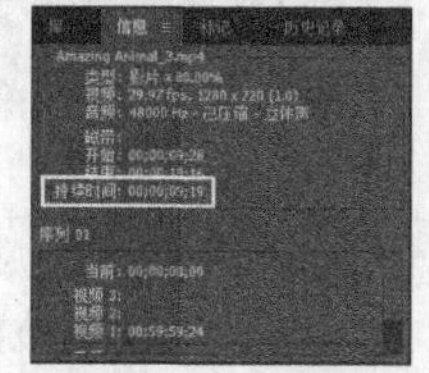

图3-18

技巧与提示

修改素材播放速度的前提是，该素材属于视频素材。如果是图片素材，只能对该素材的时间长度进行修改。另外，用户也可以在“项目”面板中修改素材的长度和持续时间。

3.7 应用过渡效果

在编辑视频节目的过程中，使用视频过渡效果能使素材间的连接更加和谐、自然。为“时间轴”面板中两个相邻的素材添加某种视频过渡效果，可以在效果面板中展开该类型的文件夹，然后将相应的视频过渡效果拖曳到“时间轴”面板中的相邻素材之间。

课堂案例

添加过渡效果

素材文件　素材文件>第3章>课堂案例：添加过渡效果

技术掌握　为素材添加过渡效果

本例主要介绍如何为素材添加过渡效果，案例效果如图3-19所示。

图3-19

01 打开学习资源中的“素材文件>第3章>课堂案例：添加过渡效果>课堂案例：添加过渡效果_I.prproj”文件，在“时间轴”面板中可以看到两段素材的衔接点在第4秒29帧处，如图3-20所示。

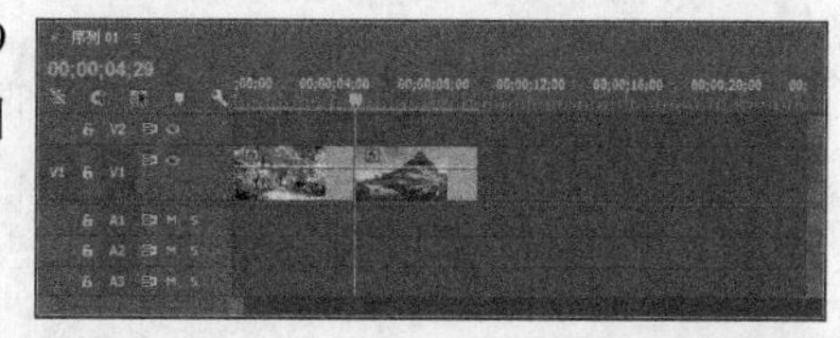

图3-20

02 在“效果”面板中选择“视频过渡>擦除>插入”滤镜，如图3-21所示，然后在第0帧处将“插入”效果拖曳到素材之间的衔接处。

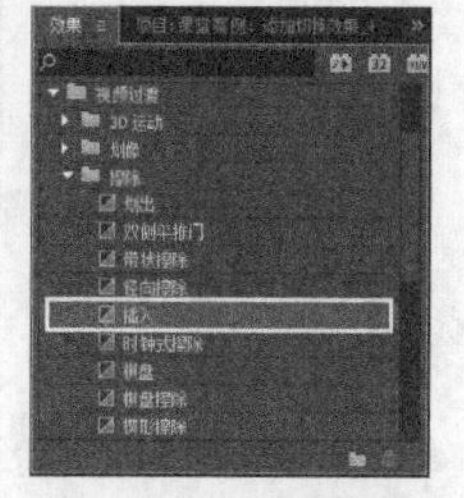

图3-21

03 在“节目”面板中单击“播放/停止切换”按钮▶播放动画，可以看到两张图切换时的效果，如图3-22所示。

图3-22

3.8 使用变换属性

使用Premiere Pro CC进行视频编辑的过程中，也可以在“效果控件”面板中修改静态图像素材的变换属性，使其具有动态效果。

课堂案例

为字幕添加运动效果

素材文件　素材文件>第3章>课堂案例：为字幕添加运动效果

技术掌握　为字幕添加运动效果的方法

本例主要介绍如何为字幕添加运动效果，案例效果如图3-23所示。

图3-23

01 打开学习资源中的“素材文件>第3章>课堂案例：为字幕添加运动效果>课堂案例：为字幕添加运动效果_I.prproj”文件，然后在“时间轴”面板中选择Deer字幕素材，接着在“效果控件”面板中展开“运动”属性组，如图3-24所示。

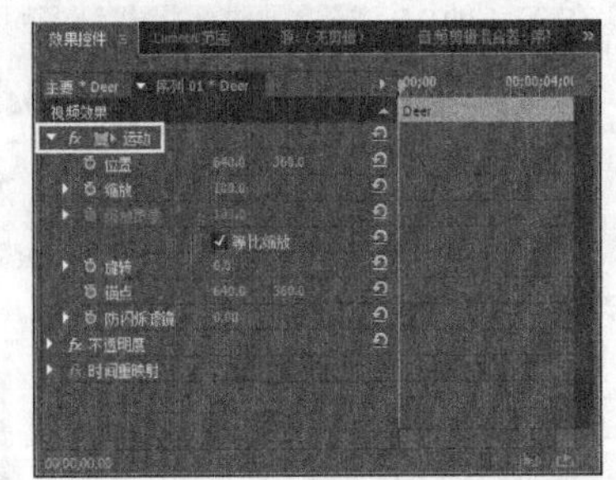

图3-24

02 在“效果控件”面板左下方的时间码处输入00:00:01:00，将时间移至第1秒处，然后设置“位置”为（640，680），接着单击“位置”属性前面的“切换动画”按钮，在该时间点添加一个关键帧，如图3-25所示。

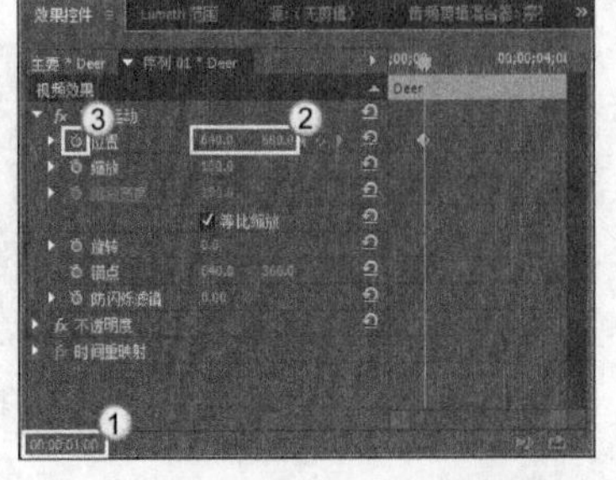

图3-25

03 在第3秒处设置“位置”为（640，360），Premiere Pro会自动在该时间点添加一个关键帧，如图3-26所示。

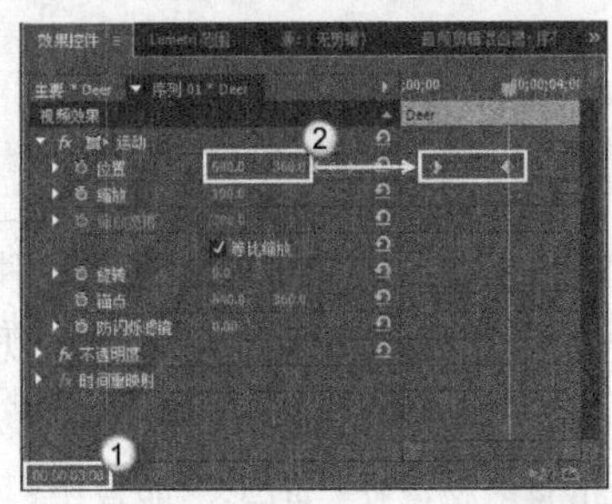

图3-26

04 单击“节目”面板中的“播放/停止切换”按钮，对添加运动效果后的字幕素材进行预览，效果如图3-27所示。

图3-27

3.9 添加视频效果

视频效果是非线性编辑系统中一个很重要的功能，对素材使用视频效果可以使一个影视片段的视觉效果更加丰富多彩。

课堂案例

为素材添加视频效果

素材文件　素材文件>第3章>课堂案例：为素材添加视频效果

技术掌握　为素材添加视频效果

本例主要介绍如何为素材添加视频效果，案例效果如图3-28所示。

图3-28

01 打开学习资源中的“素材文件>第3章>课堂案例：为素材添加视频效果>课堂案例：为素材添加视频效果_I.prproj”文件，项目效果如图3-29所示。

图3-29

02 在“效果”面板中选择“视频效果>扭曲>波形变形”效果，如图3-30所示，然后将其拖曳到“时间轴”的素材上，画面就变得扭曲了，效果如图3-31所示。

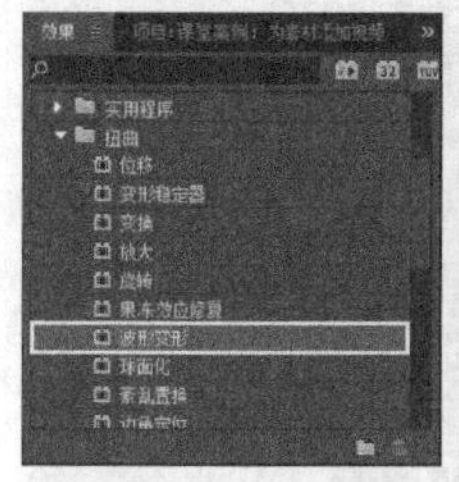
图3-30

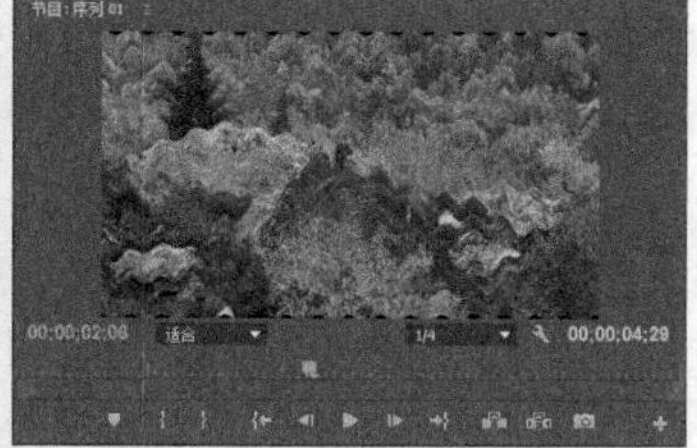
图3-31

3.10 编辑音频素材

将音频素材导入“时间轴”面板后，如果音频的长度与视频不相符，用户可以通过编辑音频的持续时间改变音频长度，但是音频的节奏也将发生相应的变化。如果音频过长，则可以通过剪切多余的音频内容来修改音频的长度。

课堂案例

编辑音频素材

素材文件　素材文件>第3章>课堂案例：编辑音频素材
技术掌握　修改音频长度的方法

01 打开学习资源中的“素材文件>第3章>课堂案例：编辑音频素材>课堂案例：编辑音频素材_I.prproj”文件，在“源”面板中可查看音频的信息，如图3-32所示。

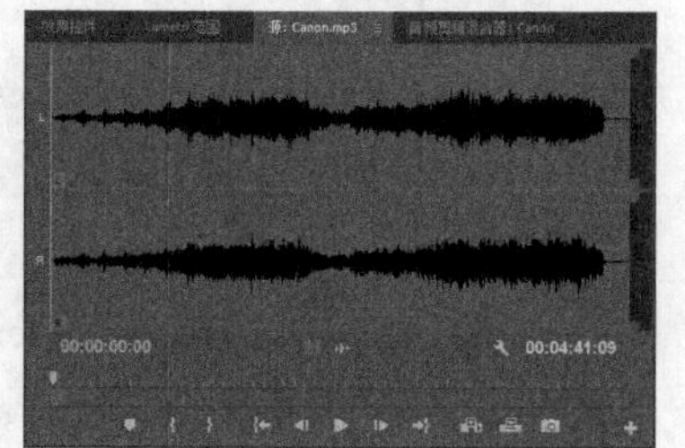
图3-32

02 在“时间轴”面板中将时间滑块移至第5秒处，然后使用“工具”面板中的“剃刀工具”剪切音频素材，如图3-33所示，接着在第20秒处剪切音频素材，如图3-34所示。

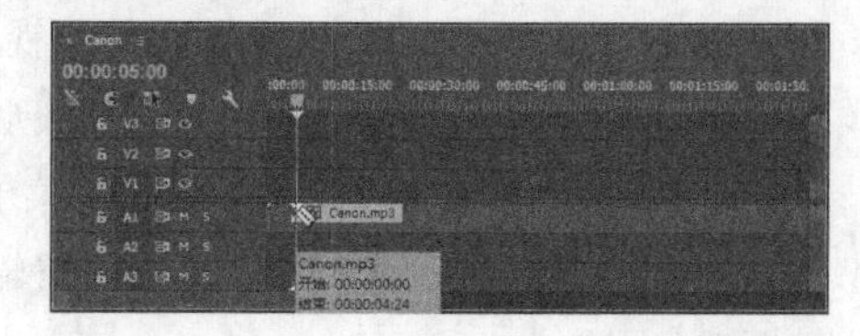
图3-33

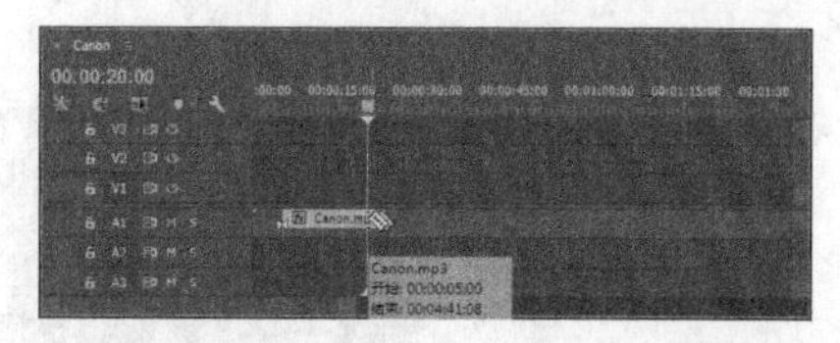
图3-34

03 使用“工具”面板中的“选择工具”选择音频首尾的片段，然后按Delete键删除，如图3-35所示。接着将截取的音频素材移至轨道的前端，这样就将需要的片段剪切完成了，如图3-36所示。

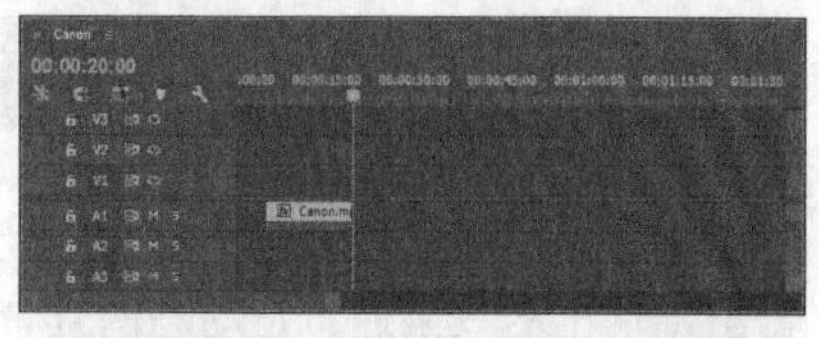
图3-35

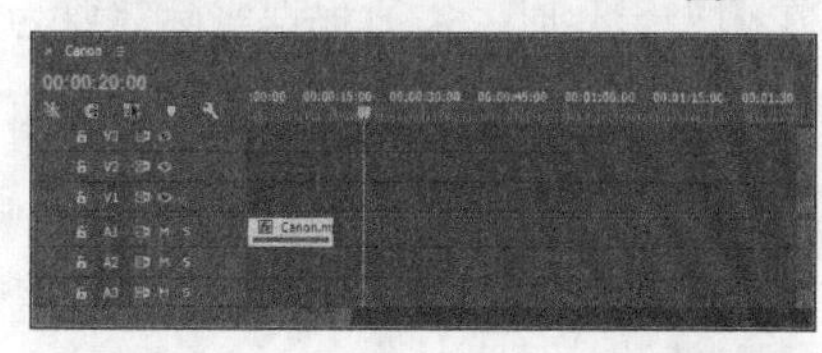
图3-36

3.11 添加音频效果

在视频的制作中，不仅可以为视频素材添加特效，也可以为音频素材添加特效。例如，用户可以为音频添加立体声或渐隐效果等。

课堂案例

添加音频特效

素材文件　素材文件>第3章>课堂案例：添加音频特效
技术掌握　添加音频特效

01 打开学习资源中的“素材文件>第3章>课堂案例：添加音频特效>课堂案例：添加音频特效_I.prproj”文件，然后在“效果”面板中选择“音频过渡>交叉淡化>指数淡化”滤镜，如图3-37所示。

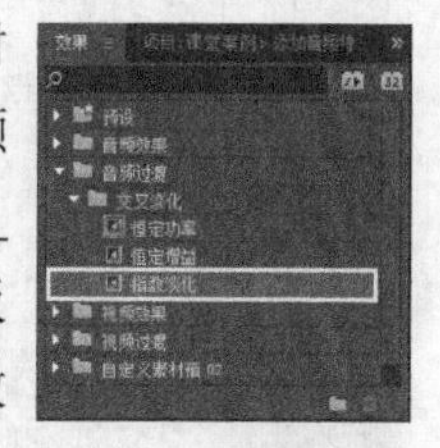
图3-37

02 将选择的音频效果拖曳到“时间轴”面板中素材的结尾处，将显示添加的音频效果名称，如图3-38所示。

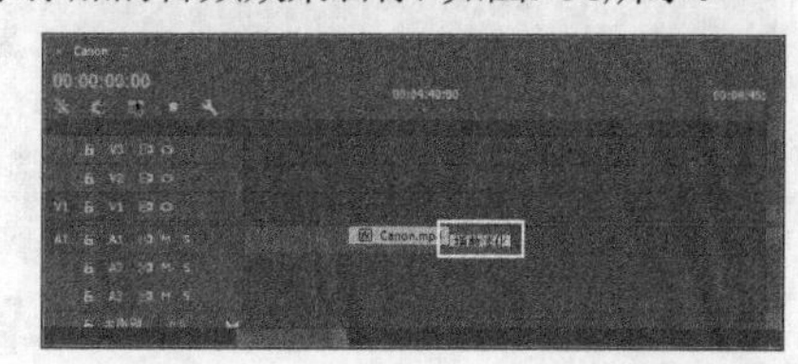
图3-38

03 在“效果控件”面板中将音频效果的“持续时间”设置为1秒24帧，如图3-39所示，这样该音频就具有了淡出的效果。

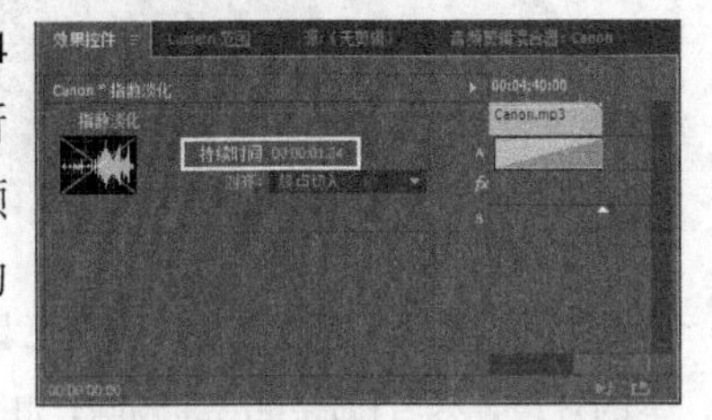

图3-39

3.12 生成影视文件

生成影片是将编辑好的项目文件以视频的格式输出，输出的效果通常是动态的且带有音频效果。在输出影片时，需要根据实际需要为影片选择一种压缩格式。在输出影片之前，应先做好项目的保存工作，并对影片效果进行预览。

课堂案例

生成影片

素材文件　素材文件>第3章>课堂案例：生成影片

技术掌握　将项目文件导出为影片的方法

本例主要介绍如何导出影片，案例效果如图3-40所示。

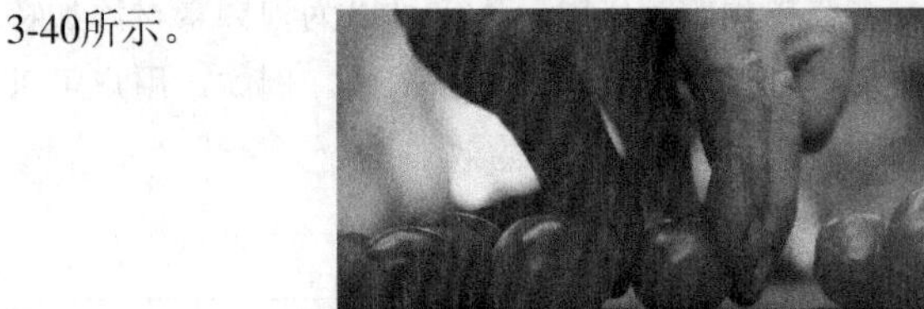

图3-40

01 打开学习资源中的“素材文件>第3章>课堂案例：生成影片>课堂案例：生成影片_I.prproj”文件，然后按快捷键Ctrl+M，接着在打开的“导出设置”对话框中设置“格式”为QuickTime，如图3-41所示。

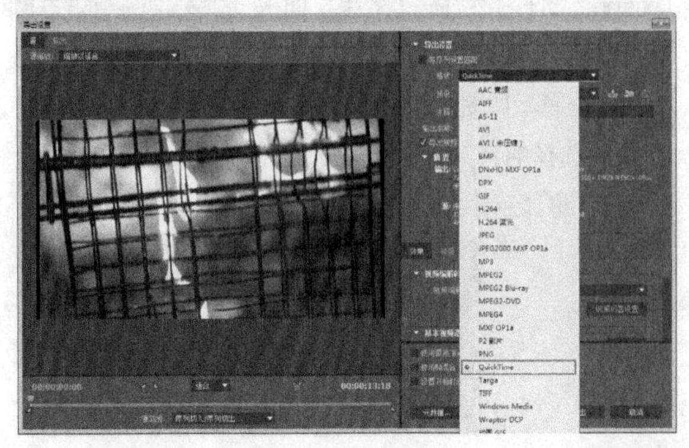

图3-41

02 单击“输出名称”属性后面的蓝色字样，如图3-42所示，在打开的“另存为”对话框中设置输出视频的位置和名称。

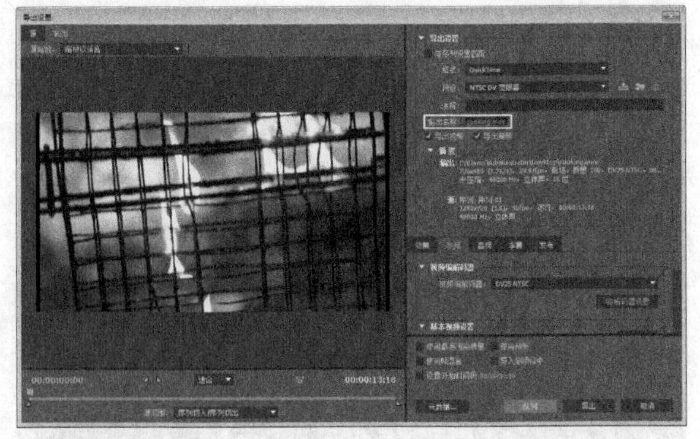

图3-42

03 单击“导出”按钮后，Premiere Pro开始输出文件，如图3-43所示。

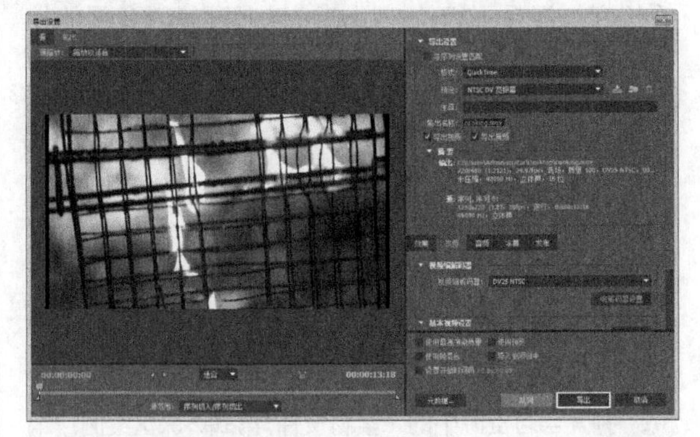

图3-43

3.13 课后习题：输出文件

素材文件　素材文件>第3章>课后习题：输出文件

技术掌握　Premiere Pro的制作流程

本例需要制作一个完整的Premiere Pro项目，读者通过本习题可以掌握Premiere Pro的制作流程。

操作提示

第1步：新建一个项目，然后导入学习资源中的“素材文件>第3章>课后习题：输出文件>unbelievable animal_1.mp4”文件。

第2步：将unbelievable animal_1.mp4素材拖曳至“时间轴”面板中，然后为素材添加“视频效果>颜色校正>RGB曲线”滤镜，接着调整曲线形状。

第3步：执行“文件>导出>媒体”菜单命令，然后在打开的“导出设置”对话框中设置输出的文件名和路径。

第4章 素材的捕捉

素材的好坏决定影片最终质量的好坏，因此前期一定要尽可能收集高质量的素材。影片剪辑的素材通常是由摄影机拍摄，然后传输到计算机中。在这个过程中需要一定的物理设备，不同的设备有着不同的设置方法。本章主要介绍捕捉的基础知识、设备的连接方法，以及捕捉的设置方法等内容。

知识索引

素材捕捉的基本知识

使用“设备控制”捕捉视频或音频

批量捕捉

使用“音轨混合器”单独捕捉音频

4.1 捕捉的基本知识

在开始为作品捕捉视频之前，首先应认识到，最终捕捉影片的品质取决于数字化设备的复杂程度和捕捉素材所使用的硬盘驱动速度。现在，市场上出售的多数设备所提供的品质都适合于Web或公司内部视频。但是，如果要创建高品质的视频作品并将它们传送到录像带中，就应该分析制作需求，并精确评估适合自己需求的硬件和软件配置。

Premiere Pro既能使用低端硬件，又能使用高端硬件捕捉音频和视频。捕捉硬件，无论是低端还是高端，通常分为如下三类。

4.1.1 FireWire/IEEE 1394

苹果计算机创建的IEEE 1394端口主要用于将数字化的视频从视频设备中快速传输到计算机中。在苹果计算机中，IEEE 1394板卡称作FireWire端口。少数PC制造商，包括索尼和戴尔，出售的计算机中预装有IEEE（索尼称其IEEE 1394端口为i.Link端口）。如果购买IEEE 1394板卡，则硬件必须是开放式主机控制器接口（Open Host Controller Interface，OHCI）。OHCI是一个标准接口，它允许Windows识别板卡使之工作。如果Windows能够识别此板卡，那么多数DV软件应用程序都可以毫无问题地使用此板卡。

如果计算机有IEEE 1394端口，那么就可以将数字化的数据从DV摄像机直接传送到计算机中。DV和HDV摄像机实际上在拍摄时就数字化并压缩了信号。因此，IEEE 1394端口是已经数字化的数据和Premiere Pro之间的一条渠道。如果设备与Premiere Pro兼容，那么就可以使用Premiere Pro的捕捉窗口启动、停止和预览捕捉过程。如果计算机上安装有IEEE 1394板卡，就可以在Premiere Pro中启动和停止摄像机或录音机，这称作设备控制。使用设备控制，就可以在Premiere Pro中控制一切动作。可以为视频源材料指定特定的磁带位置、录制时间码并建立批量会话，使用批量会话可以在一个会话中自动录制录像带的不同部分。

4.1.2 模拟/数字采集卡

此板卡可以捕捉模拟视频信号并对它进行数字化。某些计算机制造商出售的机型中，直接将这些板卡嵌入计算机。在PC上，多数模拟/数字采集卡允许进行设备控制，这便可以启动、停止摄像机或录音机，以及指定到想要录制的录像带位置。如果用户正在使用模拟/数字采集卡，则必须意识到，并非所有的板卡都是使用相同的标准设计的，某些板卡可能与Premiere Pro不兼容。

4.1.3 带有SDI输入的HD或SD采集卡

如果正在捕捉HD影片，则需要在系统中安装一张Premiere Pro兼容的HD采集卡。此板卡必须有一个串行设备接口（Serial Device Interface，SDI），Premiere Pro本身支持AJA的HD SDI板卡。

4.2 正确连接捕捉设备

在开始捕捉视频或音频之前，确保已经阅读了所有随同硬件提供的相关文档。许多板卡包含插件，以便直接捕捉到Premiere Pro中，而不是先捕捉到另一个软件应用程序，然后导入Premiere Pro。本节简要描述模拟/数字采集卡和IEEE 1394端口的连接需求。

4.2.1 IEEE 1394/FireWire的连接

要将DV或HDV摄像机连接到计算机的IEEE 1394端口非常简单，只需将IEEE 1394线缆插进摄像机的DV入/出插孔，然后将另一端插进计算机的IEEE 1394插孔。虽然这个步骤很简单，但也要保证阅读所有的文档。例如，只有将外部电源接入DV/HDV摄像机，连接才会有效。在只有DV/HDV摄像机电池的情况下，也许不会发生传送现象。

技巧与提示

用于桌面计算机和笔记本计算机的IEEE 1394线缆通常是不同的，不能够相互交换。此外，将外部FireWire硬盘驱动连接到计算机的IEEE 1394线缆，也许不同于将计算机连接到摄像机的IEEE 1394线缆。在购买IEEE 1394线缆之前，要确保它是适合计算机的正确线缆。

4.2.2 模拟到数字

多数模拟/数字采集卡使用复式视频或S视频系统，某些板卡既提供了复式视频也提供了S视频。连接复式视频系统通常需要使用三个RCA插孔的线缆，将摄像机或录音机的视频和声音输出插孔连接到计算机采集卡的视频与声音输入插孔。S视频连接提供了从摄像机到采集卡的视频输出，一般来说，这意味着只需简单地将一根线缆从摄像机或录音机的S视频输出插孔连接到计算机的S视频输入插孔。某些S视频线缆额外提供有声音插孔。

4.2.3 串行设备控制

使用Premiere Pro可以通过计算机的串行通信（COM）端口控制专业的录像带录制设备（计算机的串行通信端口通常用于调制解调器通信和打印）。串行控制允许通过计算机的串行端口传输与发送时间码信息。使用串行设备控制，就可以捕捉重放和录制视频。因为串行控制只导出时间码和传输信号，所以需要一张硬件采集卡将视频和音频信号发送到磁带。Premiere Pro支持九针串行端口、Sony RS-422、Sony RS-232、Sony RS-422 UVW、Panasonic RS-422、Panasonic RS-232和JVC-232等标准。

4.3 捕捉时的注意事项

视频捕捉对计算机来说是一项相当耗费资源的工作，要在现有的计算机硬件条件下最大限度地发挥计算机的效能，需要注意以下5点。

第1点：对现有的系统资源进行释放。关闭所有常驻内存中的应用程序，包括防毒程序、电源管理程序等，只保留运行的Premiere Pro和Windows资源管理器这两个应用程序。最好在开始捕捉前重新启动系统。

第2点：对计算机的磁盘空间进行释放。为了在捕获视频时能够有足够大的磁盘空间，建议把计算机中不常用的资料和文件备份到其他存储设备上。

第3点：对系统进行优化。如果没有进行过磁盘碎片整理，应先运行磁盘碎片整理程序和磁盘清理程序。这两个程序都可以在“开始>所有程序>附件>系统工具”中找到。磁盘碎片整理程序的界面如图4-1所示。

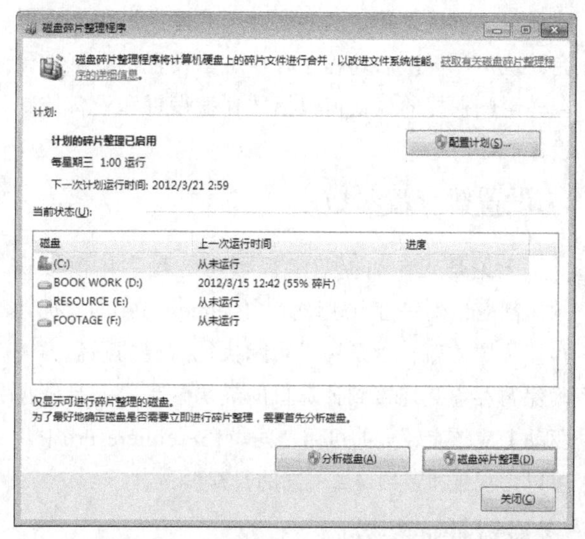

图4–1

第4点：对时间码进行校正。如果要更好地捕捉影片和更顺畅地控制设备，校正DV录像带的时间码是必须的。要校正时间码，则必须在拍摄视频前先使用标准的播放模式从头到尾不中断地录制视频，也可以在拍摄时用不透明的纸或布来盖住摄像机。

第5点：关闭屏幕保护程序。在此还有一点是需要用户特别注意的，就是一定要停止屏幕保护。因为屏幕保护在启动的时候，可能会终止捕捉工作。

4.4 捕捉设置

Premiere Pro的许多设置取决于计算机中实际安装的设备。捕捉过程中出现的对话框，取决于计算机中安装的硬件和软件。本章中出现的对话框也许与用户在屏幕上看到的不同，但是捕捉视频和音频的常规步骤是相似的。如果有一张数字化模拟视频的采集卡，且计算机中安装了IEEE 1394端口，那么其安装过程将有所不同。下一节将描述如何为这两个系统安装IEEE 1394。

技巧与提示

为了确保捕捉会话成功，建议阅读制造商的所有自述文件和文档，确切知道自己的计算机中安装了什么设备是很重要的。

4.4.1 检查捕捉设置

在开始捕捉过程之前，需要检查Premiere Pro的项目和默认设置，因为这会影响捕捉过程。设置完默认值，再次启动程序时，这些设置也会继续保存。影响捕捉的默认值包括暂存盘设置和设备控制设置。

1.设置暂存盘参数

无论是正在捕捉数字视频还是数字化模拟视频，都应该确保恰当地设置了Premiere Pro的捕捉暂存盘位置。暂存盘是用于实际执行捕捉的磁盘。请确保暂存盘是连接到计算机的最快磁盘，而且硬盘驱动上应该有较大的可用空间。在Premiere Pro中，可以为视频和音频设置不同的暂存盘。

2.设置捕捉参数

使用Premiere Pro的捕捉参数，可以指定是否因丢帧而中断捕捉、报告丢帧或者在失败时生成批量日志文件。批量日志文件是一份文本文件，其中列出了关于捕捉失败的素材信息。

选择“编辑>首选项>捕捉”菜单命令，打开“首选项”对话框的“捕捉”部分，在该对话框中可以查看捕捉参数，如图4-2所示。

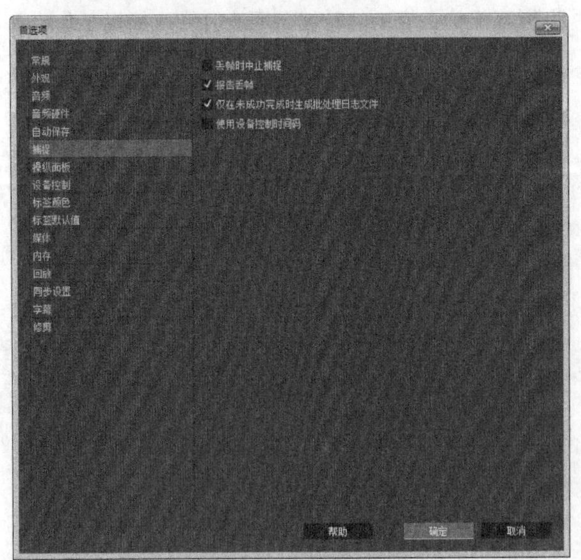

图4-2

如果想采用外部设备创建的时间码，而不是素材源材料的时间码，则在“首选项”对话框的“捕捉”部分选择“使用设备控制时间码”选项，如图4-3所示。

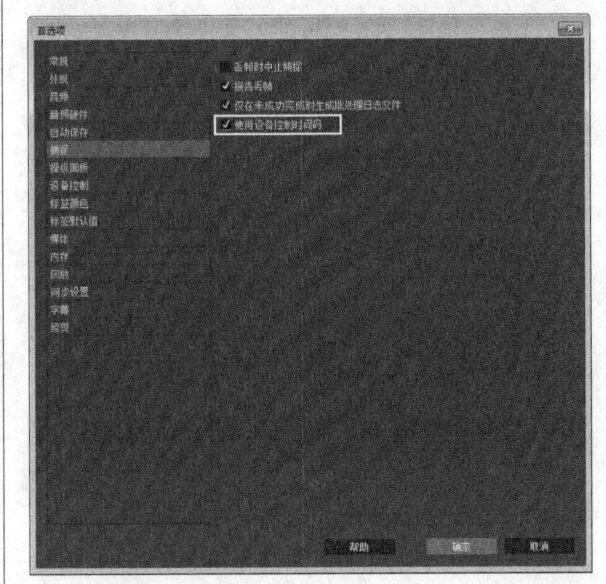

图4-3

3.使用设备控制默认设置

如果系统允许设备控制，就可以使用Premiere Pro启动或停止录制，并设置入点和出点。也可以执行批量捕捉操作，使Premiere Pro自动捕捉多个素材。

要访问设备控制的默认设置，请选择“编辑>首选项>设备控制”菜单命令，然后在打开的“首选项”对话框的“设备控制”部分，设置预卷和时间码参数，如图4-4所示。

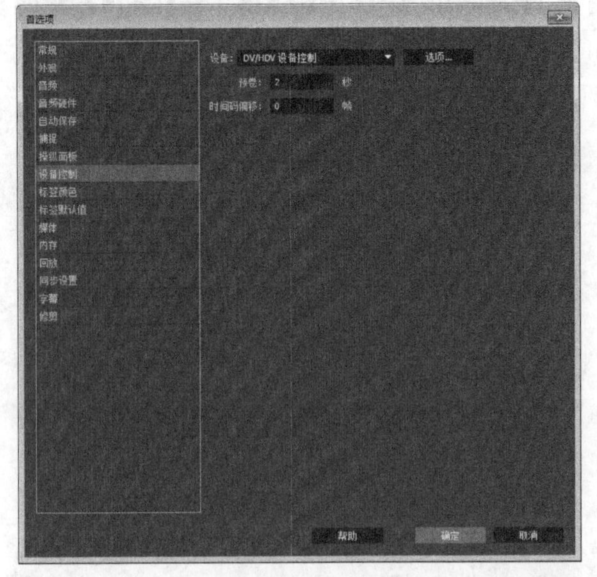

图4-4

部分属性介绍

设备：如果正在使用设备控制，则使用此下拉列表选择“DV/HDV设备控制”或由板卡制造商提供的一个设备控制选项。如果没有使用设备控制，那么可以将此选项设置为“无”。

预卷：设置预卷时间，使播放设备可以在捕捉开始之前达到指定速度。特定信息请参考摄像机和录音机的说明书。

时间码偏移：使用此设置可以更改已捕捉视频上录制的时间码，以使它精确匹配素材源录像带上相同的帧。

选项：单击“选项”按钮，可以打开“DV/HDV设备控制设置”对话框，如图4-5所示。在此可以设置特定的视频标准（NTSC或PAL）、设备品牌、设备类型（标准或HDV）和时间码格式（丢帧或无丢帧）。如果设备已经恰当连接到计算机，打开并处于VCR模式，则状态读数应该是“在线”。如果未能得到在线状态并且连接到Internet，那么单击“转到在线设备信息”按钮，将打开一个Adobe Web页面，上面有兼容性信息。

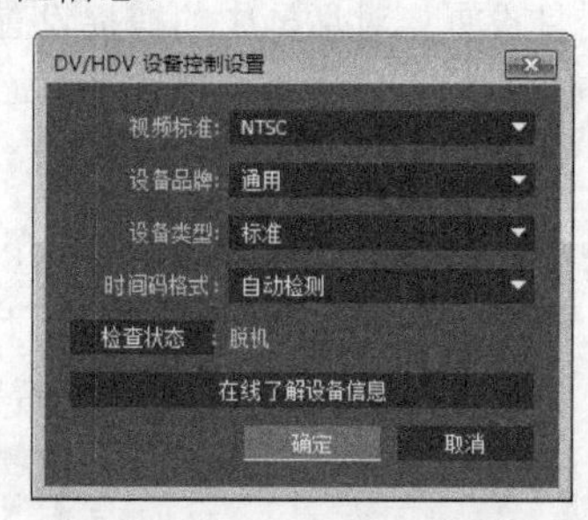

图4-5

4.捕捉项目设置

项目的捕捉设置决定了如何捕捉视频和音频，捕捉设置是由项目预置决定的。如果想从DV摄像机或DV录音机中捕捉视频，那么捕捉过程很简单，因为DV摄像机能压缩和数字化，所以几乎不需要更改任何设置。但是，为了保证最好品质的捕捉，必须在捕捉会话之前创建一个DV项目。

课堂案例

设置暂存盘

素材文件　无

技术掌握　设置暂存盘参数的方法

01 新建一个项目，然后执行“文件>项目设置>暂存盘”菜单命令，打开图4-6所示的“项目设置”对话框，接着在“暂存盘”选项卡中检查暂存盘的设置情况。

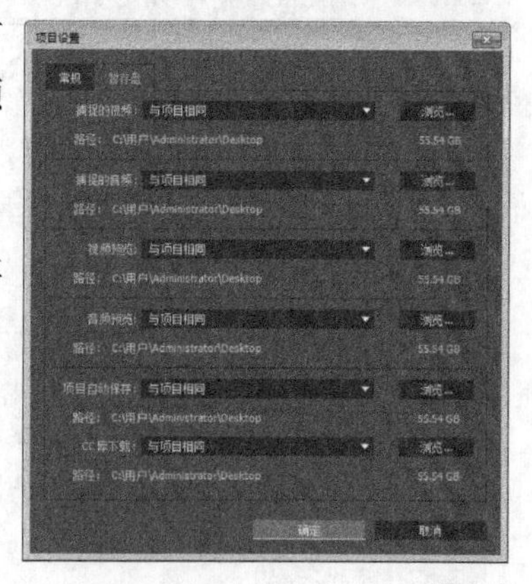

图4-6

02 要更改已捕捉视频或音频的暂存盘设置，可单击相应的“浏览”按钮，在打开的“选择文件夹”对话框中选择特定的硬盘和文件夹，以设置新的捕捉路径，如图4-7所示。

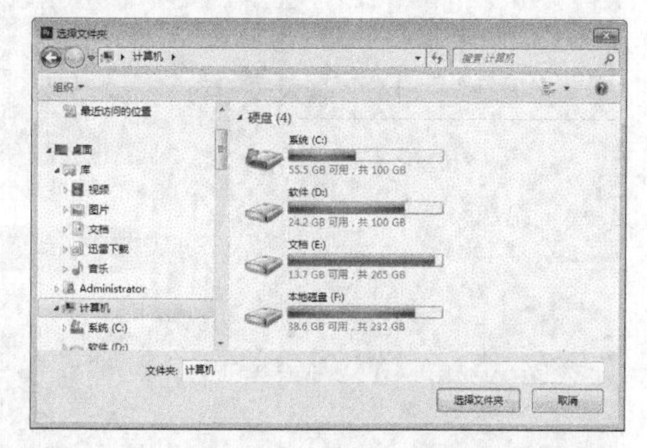

图4-7

技巧与提示

在捕捉过程中，Premiere Pro也会相应创建一个高品质音频文件，用于快速访问音频。

03 单击“视频预览”或“音频预览”对应的“浏览”按钮，可以选择用于捕捉视频和音频的硬盘，如图4-8所示。

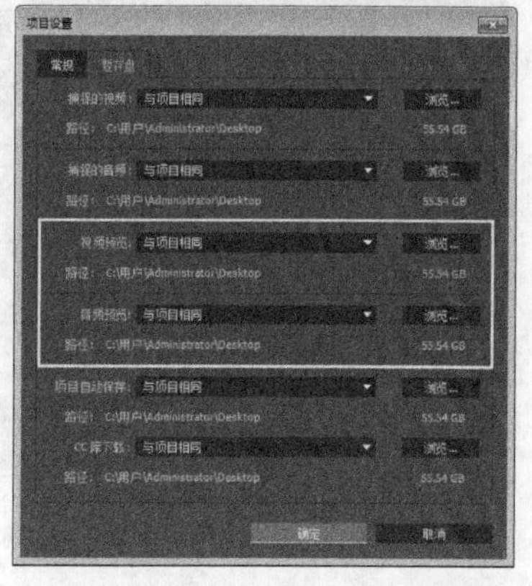

图4-8

4.4.2 捕捉窗口设置

在开始捕捉之前，首先要熟悉捕捉窗口设置，这些设置决定了是同时捕捉还是分别捕捉视频和音频，使用此窗口也可以更改暂存盘和设备控制设置。

技巧与提示

在开始捕捉会话之前，要确保除了Premiere Pro之外没有任何其他程序在运行，另外确保硬盘中没有碎片。Windows用户可以整理碎片并检查硬盘错误。选择硬盘，单击鼠标右键，然后单击“属性”命令，再单击“工具”选项卡访问硬盘的维护工具。

执行“文件>捕捉”菜单命令，即可打开图4-9所示的捕捉对话框。单击该对话框右边的“设置”选项卡，可查看捕捉设置，如图4-10所示。

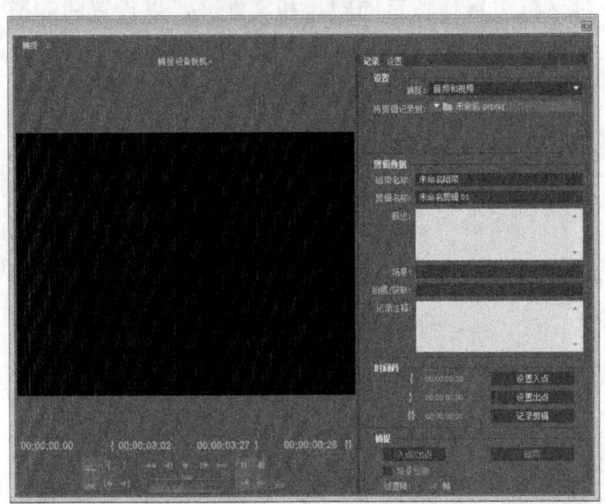

图4-9

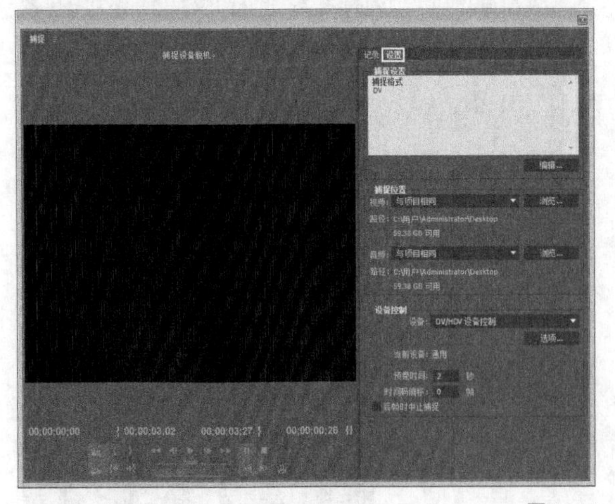

图4-10

技巧与提示

如果“捕捉”对话框中的“设置”选项卡不能访问，则说明该对话框处于折叠状态，这时单击该对话框左上角的▤按钮，选择“展开窗口”命令即可显示该标签，如图4-11所示。

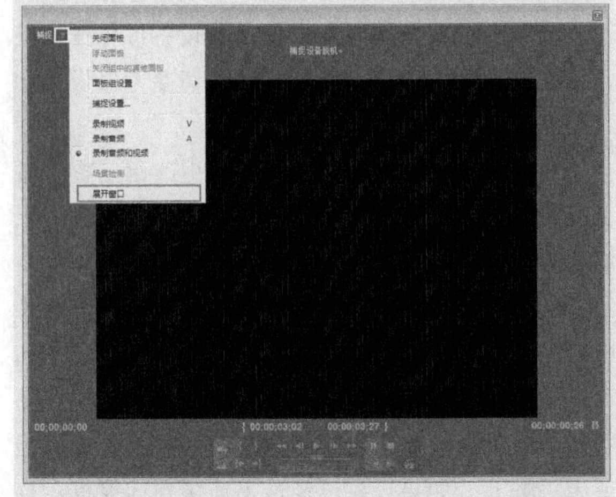

图4-11

1.捕捉设置选项

“设置”选项卡中的“捕捉设置”部分与“项目设置”对话框中的捕捉设置一致。单击“设置”选项卡，捕捉设置选项如图4-12所示。如前所述，如果正在捕捉DV，则不能更改画幅大小和音频选项，因为所有的捕捉设置遵守IEEE 1394标准。使用第三方板卡的Premiere Pro用户或许能够看到某些允许更改画幅大小、帧速率和音频取样率的设置。

图4-12

2.捕捉位置设置

“设置”选项卡中的“捕捉位置”部分显示了视频和音频的默认设置，如图4-13所示。单击对应的“浏览”按钮，可以更改视频和音频的捕捉位置。

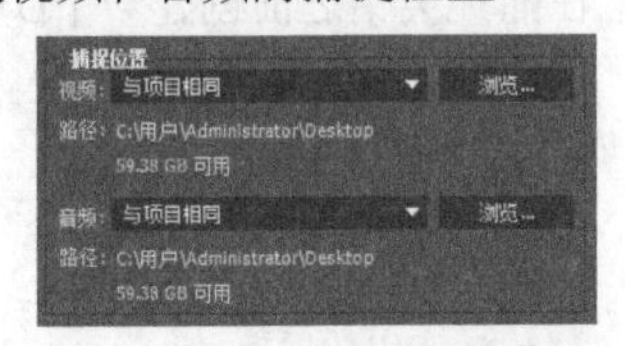

图4-13

3.设备控制器设置

“设置”选项卡中的“设备控制”部分显示了设备控制器的默认值，如图4-14所示，在此也可以更改默认值。单击“选项”按钮，然后选择播放设备并查看它是否在线，还可以选择“丢帧时中止捕捉”选项。

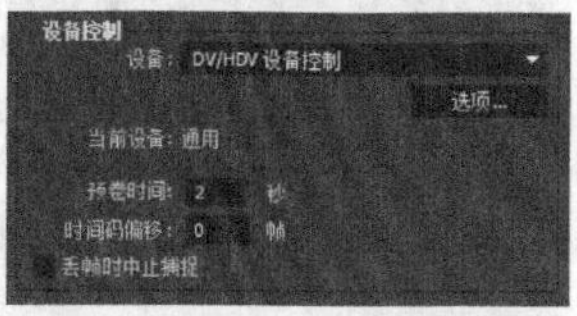

图4-14

4.捕捉窗口菜单

单击“捕捉”对话框右上角的按钮，将打开“捕捉”对话框的菜单命令，如图4-15所示。

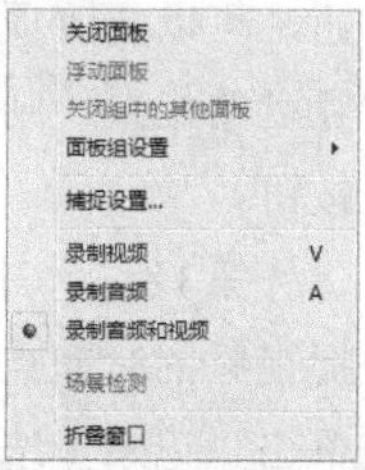

图4-15

命令介绍

捕捉设置：选择该命令，将打开“捕捉设置”对话框，在此可以检查或更改捕捉格式，如图4-16所示。

图4-16

录制视频/录制音频/录制音频和视频：在此可以选择是仅捕捉音频或视频，还是同时捕捉音频和视频。默认选择的是“录制音频和视频”选项。

场景检测：选择该命令，将打开Premiere Pro的自动场景检测，此功能在设备控制时可用。打开场景检测时，Premiere Pro会在检测到视频时间印章发生改变时自动将捕捉分割成不同的素材，按下摄像机的“暂停”按钮时，时间印章会改变。

折叠窗口：此命令将从对话框中隐藏“设置”和“记录”标签。当对话框折叠时，此菜单命令变为“展开窗口”命令。

4.5 在捕捉窗口捕捉视频或音频

如果系统不允许设备控制，那么可以打开录音机或摄像机并在捕捉窗口中查看影片以捕捉视频。通过手动启动和停止摄像机或录音机，可以预览素材源材料。

在确保已正确连接所有设备线缆后，选择“文件>捕捉”菜单命令打开“捕捉”对话框。如果仅捕捉视频或音频，可以在“捕捉”下拉菜单中选择“视频”或“音频”来更改此设置，如图4-17所示。

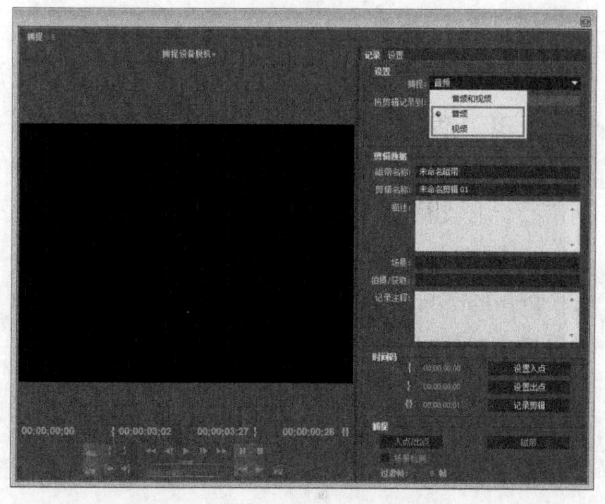

图4-17

素材捕捉完成后单击播放设备上的“停止”按钮，停止素材的捕捉，在“项目”面板中选择素材，然后单击鼠标右键选择“属性”命令，在打开的对话框中可以查看关于丢帧、数据速率和文件位置的素材信息，如图4-18所示。

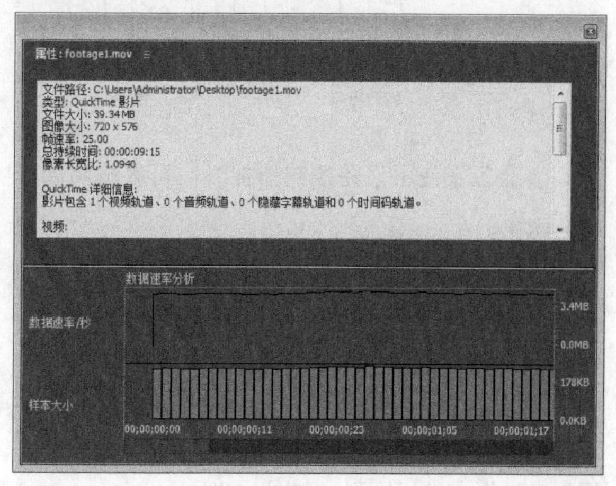

图4-18

知识点 音频的位置

如果已经捕捉了视频和音频，但是没有听到音频，那么或许需要等待Premiere Pro为已捕捉的片段创建对应的音频文件。当创建AVI视频文件时，音频会与视频交织在一起。通过创建单独的对应的高品质音频文件，Premiere Pro就可以在编辑过程中更快地访问与处理音频。对应文件的缺点是，用户必须等待其创建，并且这会占用额外的硬盘空间。

4.6 使用设备控制捕捉视频或音频

在捕捉过程中，使用设备控制可以直接在Premiere Pro中启动和停止摄像机或录音机。如果使用了IEEE 1394连接并且正从摄像机中进行捕捉，则很适合使用设备控制。否则，要使用设备控制，则需要一张支持设备控制的采集卡和精确帧录音机（由板卡控制）。如果没有DV板卡，那么可能需要一个Premiere Pro兼容的插件才能使用设备控制。如果系统支持设备控制，也可以导入时间码并自动生成批量列表，以便自动批量捕捉素材。

“捕捉”窗口底部提供的设备控制按钮，可以方便地控制摄像机或VCR，按钮如图4-19所示。使用这些按钮可启动和停止视频，以及为视频设置入点和出点。

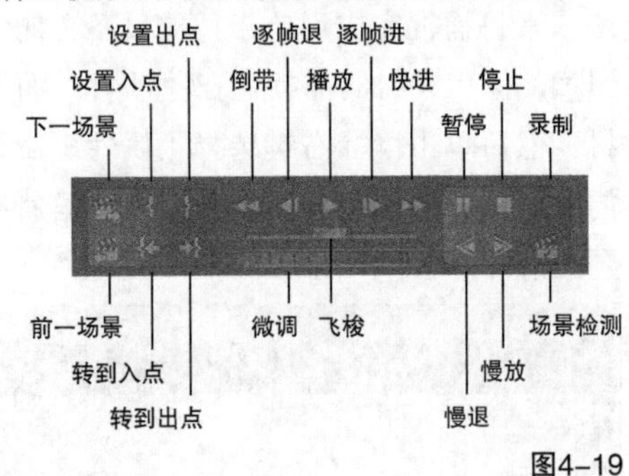

图4-19

当准备好使用设备控制捕捉时，可以按照如下步骤操作。

第1步：在“捕捉”对话框中切换到“设置”选项卡，检查捕捉设置。在“设备控制”区域中，确保将“设备”下拉菜单设置为“DV/HDV设备控制”选项。如果需要检查播放设备的状态，则单击“选项”按钮，在打开的“DV/HDV设备控制设置”对话框中进行检测，如图4-20所示。

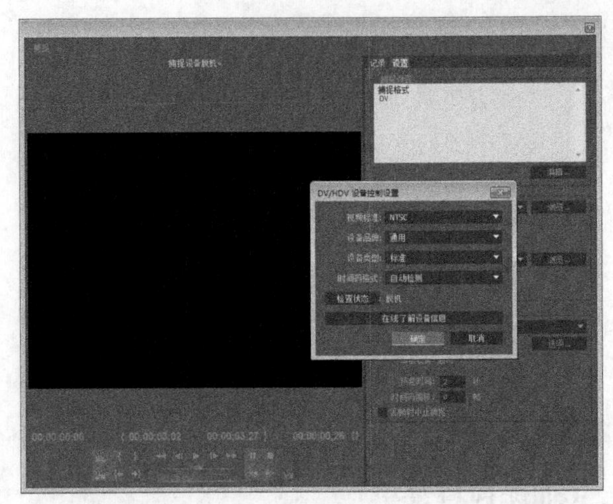

图4-20

第2步：在“捕捉设置”区域中单击“编辑”按钮，可以更改项目设置。如果要更改视频或音频暂存盘的位置，则在“捕捉位置”区域单击“浏览”按钮。

第3步：切换到“记录”选项卡，设置开始捕捉视频的时间点。单击“设置入点”按钮，或者单击“记录”选项卡的“时间码”部分的“设置入点”按钮 设置入点 ，即可完成设置。

技巧与提示

单击并向左拖曳微调控件区域可以倒放一帧，单击并向右拖曳可以快进一帧，拖曳快速搜索控件可以更改观看影片的速度。

第4步：设置停止捕捉视频的时间点，然后单击“设置出点”按钮或“时间码”部分的“设置出点”按钮 设置出点 ，此时可以单击“转到入点”或“转到出点”按钮检查入点和出点。

技巧与提示

如果打开了场景检测，那么Premiere Pro或许会在特定的入点和出点之间分割素材。

第5步：如果要在所捕捉素材的入点之前或出点之后添加帧，则在“记录”选项卡的“捕捉”区域的“手控”文本框中输入帧数。

第6步：如果要开始捕捉，那么在“捕捉”区域中单击“入点/出点”按钮，Premiere Pro将开始预卷。预卷之后，视频会出现在捕捉窗口中。Premiere Pro在入点处开始捕捉并在出点处结束。

第7步：当出现“文件名”对话框时，为素材输入一个名称。如果屏幕上打开了一个项目，则素材会自动出现在“项目”面板中。

技巧与提示

如果不想为录制过程设置入点和出点，可以只单击“播放”按钮▶，然后单击“录制”按钮■，以捕捉出现在“捕捉”窗口中的序列。

4.7 批量捕捉

如果采集卡支持设备控制，则可以设置“项目”面板中出现的批量捕捉列表，如图4-21所示。

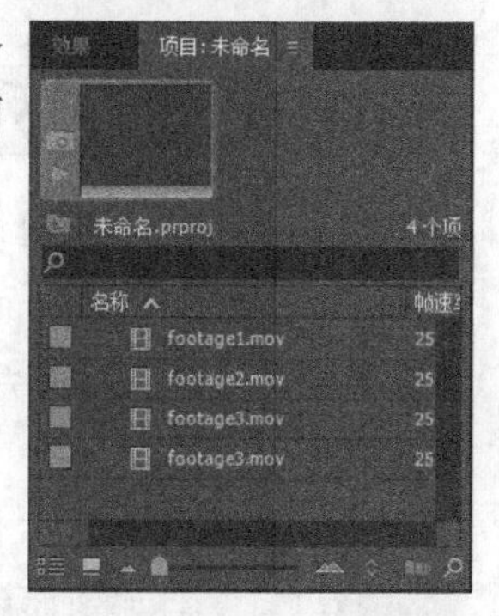

图4-21

当执行“文件>批量捕捉”菜单命令时，列表中会出现一系列使用入点和出点的脱机素材。注意：在“项目”面板中，用于脱机素材的图标与正常在线的图标是不同的。创建此列表之后，可以选择想要捕捉的素材，然后在离开或去喝杯咖啡的期间让Premiere Pro自动捕捉各个素材，也可以手动或使用设备控制创建批量捕捉列表。

如果手动创建批量列表，则需要为所有素材输入入点和出点的时间码。如果使用设备控制，在捕捉窗口记录选项卡下，单击时间码部分设置入点和设置出点的按钮时，Premiere Pro会输入开始和停止时间。

知识点 选择捕捉设置

当Premiere Pro在批量捕捉列表中进行捕捉时，它会使用当前项目设置自动捕捉。虽然大多数情况下，Premiere Pro会使用当前项目的画幅大小及其他设置批量捕捉素材，但是也可以在“项目”面板中选择一个要捕捉的素材，然后选择“素材>捕捉设置>设置捕捉设置”命令，为其选择一种捕捉设置。要清除素材的捕捉设置，请选择此素材并选择“素材>捕捉设置>清除捕捉设置”命令。

也可以在“项目”面板中选择一个脱机素材，然后单击鼠标右键，在打开的菜单中选择“批量捕捉”命令，将打开“批量捕捉”对话框，在此选择“覆盖捕捉设置”选项，接着选择另一种捕捉格式，如图4-22所示。

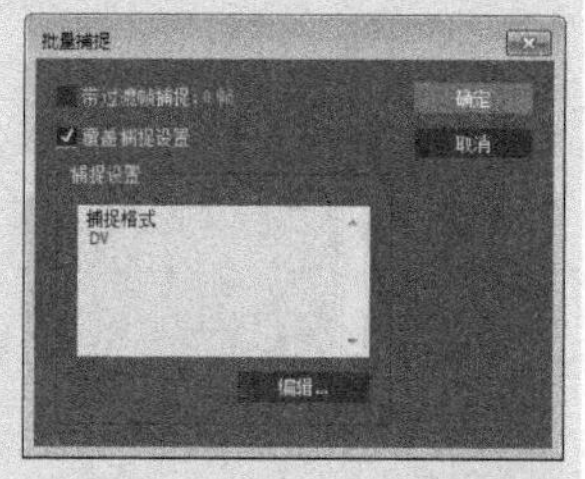

图4-22

4.7.1 手动创建批量捕捉列表

如果想让批量列表出现在“项目”面板的一个容器中，那么打开容器或单击面板底部的文件夹按钮创建一个容器；如果要创建批量捕捉列表，那么选择“文件>新建>脱机文件”菜单命令，此时会打开“新建脱机文件”对话框，如图4-23所示。

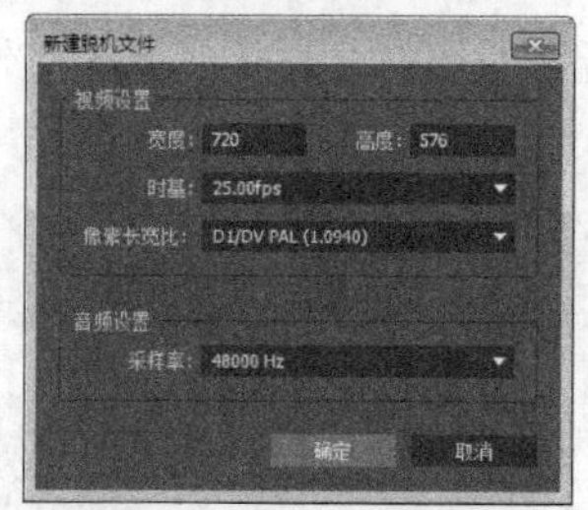

图4-23

在“新建脱机文件”对话框中设置画面大小、时间基准、像素纵横比和采样率等参数，然后单击“确定”按钮打开“脱机文件”对话框，如图4-24所示。接着为素材输入入点、出点和文件名，并添加其他描述性备注（如磁带名称），最后单击“确定”按钮，素材的信息将添加到“项目”面板中，如图4-25所示。

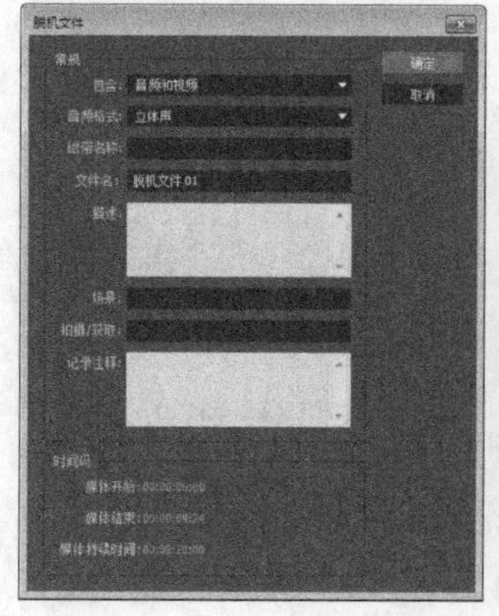

图4-24

图4-25

知识点 在“项目”面板中更改时间码读数

在“项目”面板中单击特定素材的“媒体开始”和“媒体结束”栏，然后更改时间码读数，可以编辑脱机文件的入点和出点，如图4-26所示。

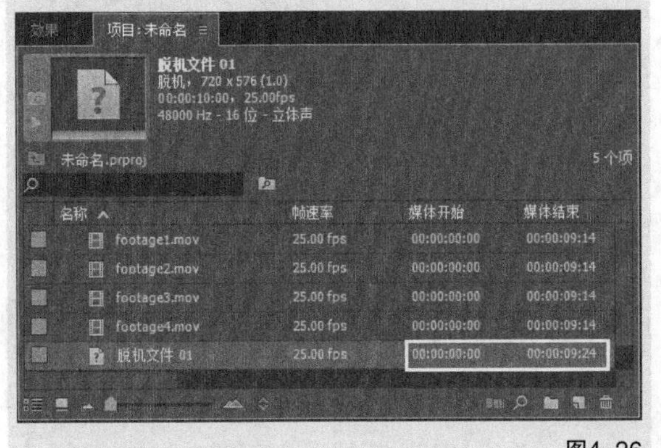

图4-26

如果想将批量列表保存到磁盘中，以便在其他时间捕捉素材，或者将此列表导入另一台计算机的程序，那么执行“文件>导出>批处理列表”菜单命令。此后可以选择“项目>导入批处理列表”菜单命令，重新载入列表开始捕捉过程。

4.7.2 使用设备控制创建批量捕捉列表

如果想创建批量捕捉列表，但又不想为所有的素材输入入点和出点，可以使用Premiere Pro的“捕捉”对话框来实现。可以按照如下步骤操作。

第1步：打开“捕捉”对话框，然后切换到“记录”选项卡，在“剪辑数据”区域输入“项目”面板中的磁带名称和剪辑名称等信息，如图4-27所示。

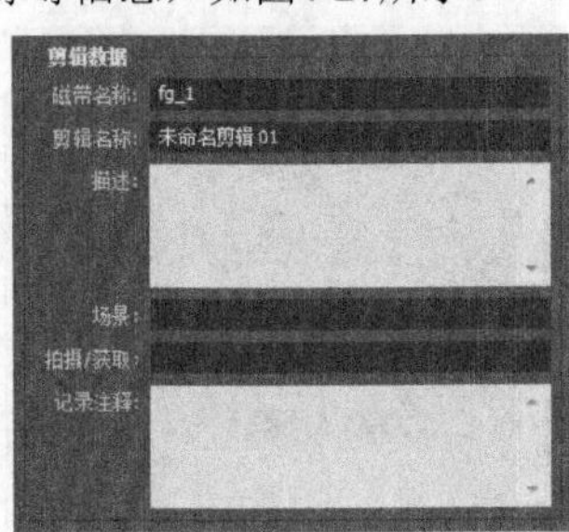

图4-27

第2步：使用捕捉控制图标定位录像带中包含了捕捉素材的部分，然后单击“设置入点”按钮  设置入点，入点出现在“记录”选项卡的入点区，接着使用“捕捉控制”按钮定位素材的出点，最后单击“设置出点”按钮  设置出点，出点出现在出点区。

第3步：在“时间码”部分单击“记录剪辑”按钮  记录剪辑，并为素材输入文件名。如果需要，可以在对话框中输入描述信息，然后单击“确定”按钮。

第4步：如果要将批量列表保存到磁盘中，可执行“文件>导出>批处理列表”菜单命令，此后可以执行“文件>导入批处理列表”菜单命令，重新载入列表开始捕捉过程。

4.7.3 使用批量列表捕捉

在创建了捕捉素材的批量列表之后，可以令Premiere Pro自动捕捉“项目”面板列表中的素材。要完成如下步骤，需要先按照上一小节描述的方法创建批量列表。

技巧与提示

只有支持设备控制的系统，才能自动捕捉批量列表。

第1步：如果脱机文件批量列表已经保存但没有载入“项目”面板，请执行“文件>导入批处理列表”菜单命令，将列表载入“项目”面板中。

第2步：如果要指定捕捉的素材，那么在“项目”面板中单击第一个素材，然后按住Shift键并单击加选其他的脱机素材，接着执行“文件>批量捕捉”菜单命令，打开图4-28所示的“批量捕捉”对话框，指定是否使用手控捕捉（设置在入点之前和出点之后想捕捉的帧数）。如果需要，可以勾选“覆盖捕捉设置”选项；否则，单击“确定”按钮。

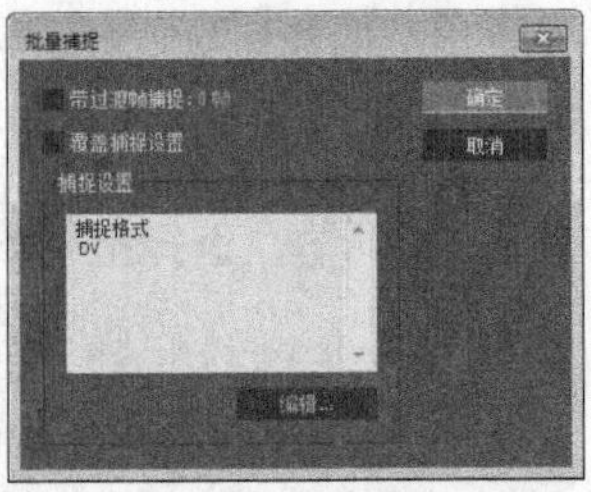

图4-28

第3步：在出现“插入磁带”对话框时，确保摄像机或重放设备中磁带没有问题，然后单击“确定”按钮，此时将打开“捕捉”窗口进行捕捉。

第4步：检查捕捉状态。批量捕捉过程结束之后会出现警告，指示素材已经捕捉。在“项目”面板中，Premiere Pro更改了文件名图标，指示它们已经链接到磁盘上的文件。如果要查看所捕捉素材的状态，那么向右滚动“项目”面板。在捕捉设置栏中，可以看到已捕捉素材的对号标记。素材的状态应该是在线，这也指示素材已经链接到磁盘文件。

技巧与提示

如果在“项目”面板中有脱机文件，并且想把它们链接到已捕捉的文件，那么选择“项目”面板中的素材，然后单击鼠标右键选择“链接媒体”，接着指定要链接的文件。

4.8 更改素材的时间码

时间码以“小时:分钟:秒钟:帧数”的格式为每个录像带帧提供了一个精确帧读数。视频制作者可以使用时间码跳转到特定位置，并设置入点和出点。在编辑过程中，广播设备使用时间码在最终节目录像带上创建素材源材料的精确帧剪辑。

课堂案例

更改素材的时间码

素材文件　素材文件>第4章>课堂案例：更改素材的时间码

技术掌握　更改素材的时间码的方法

01 打开学习资源中的“素材文件>第4章>课堂案例：更改素材的时间码>课堂案例：更改素材的时间码_I.prproj”文件，然后在“项目”面板中双击Animal_3.mp4文件，使其在“源”面板中显示，效果如图4-29所示。

图4-29

02 从图4-29中可以看到视频的起始时间是在第0帧处。选择Animal_3.mp4文件，然后执行“剪辑>修改>时间码”菜单命令，在打开的“修改剪辑”对话框中设置“时间码”为00:00:05:00，然后单击“确定”按钮，如图4-30所示。

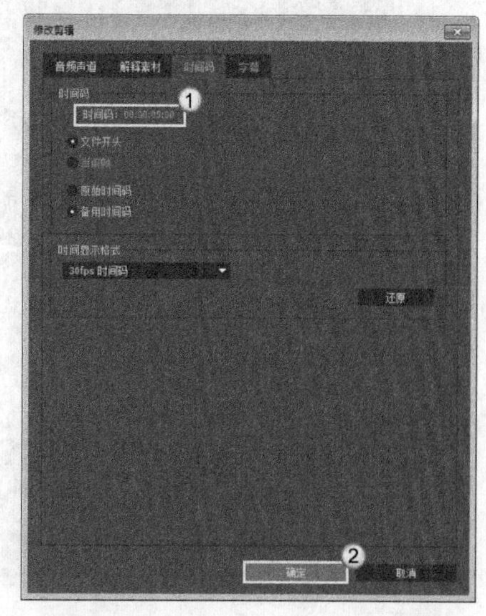

图4-30

03 此时，在“源”面板中可以看到视频的起始时间是在第5秒处，如图4-31所示。

图4-31

4.9 使用音轨混合器单独捕捉音频

使用Premiere Pro的“音轨混合器”面板可以独立于视频捕捉音频。使用音轨混合器可以直接从音频源（如麦克风或录音机）录制到Premiere Pro中，甚至可以在节目监视器中查看视频的同时录制叙述材料。在捕捉音频时，其品质基于为音频硬件设置的取样率和位数深度。

要查看这些设置，请选择“编辑>首选项>音频硬件”菜单命令，打开图4-32所示的“首选项”对话框，然后单击“设置”按钮，在打开的“声音”对话框中进行查看和设置，如图4-33所示。

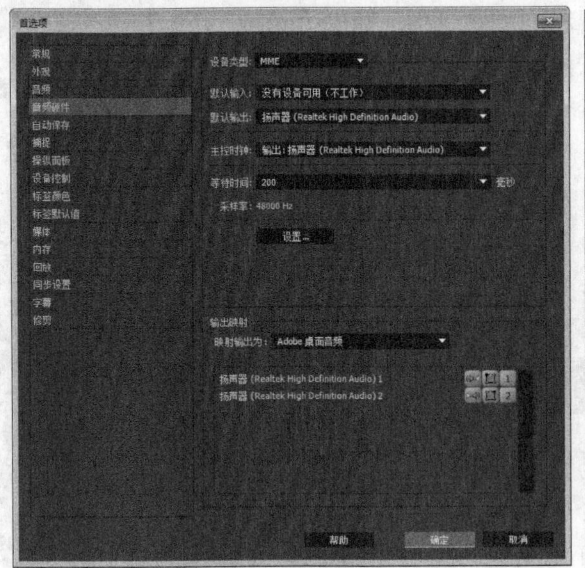

图4-32

图4-33

硬件详情通常包含关于音频取样率和位数深度的信息。取样率是每秒捕捉样本的数量，位数深度是实际数字化音频中每个样本的位数（一个字节数据包含8位）。大多数音频编解码器的最小位数深度是16。

4.10 课后习题：设备控制设置

素材文件　无

技术掌握　设备控制设置的方法

本例通过设置链接视频设备来讲解如何在“首选项”对话框中设置设备控制。

操作提示

第1步：新建一个项目，然后检查所有从视频设备到计算机的链接。

第2步：执行“编辑>首选项>设备控制”菜单命令，在打开的“首选项”对话框中设置设备的类型。

第5章

Premiere Pro首选项设置

Premiere Pro提供了大量的视频格式，可以为不同平台制作影片。在制作影片前需要做好一些必要的准备，如设置序列的模式、修改快捷键、设置首选项参数等。本章主要介绍如何设置序列、自定义快捷键，以及介绍首选项属性的作用。

知识索引

项目和序列设置

设置快捷键

设置程序参数

5.1 项目和序列设置

在对帧速率、画幅大小和压缩有了基本了解后，在Premiere Pro中创建项目时就可以更好地选择设置。仔细选择项目设置，能制作出品质更好的视频和音频。

5.1.1 项目常规设置

在启动Premiere Pro后单击欢迎画面中的“新建项目”图标，或在载入Premiere Pro后选择“文件>新建>项目”菜单命令，即可打开“新建项目”对话框，该对话框默认为“常规”选项卡设置，如图5-1所示。

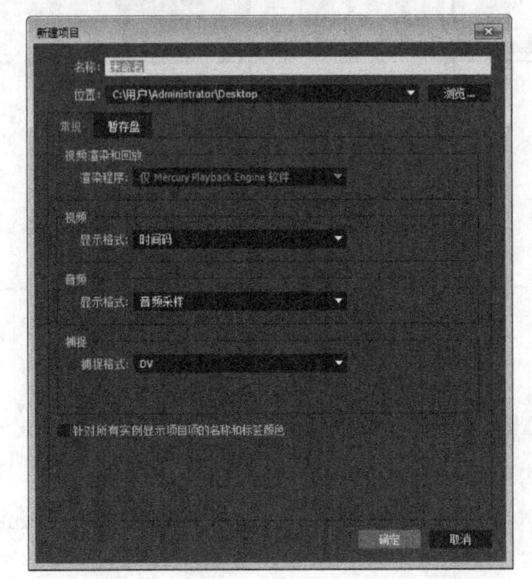

图5-1

常用属性介绍

名称：用于为该项目命名。

位置：用于选择该项目存储的位置。单击“浏览”按钮，在打开的“浏览文件夹”对话框中指定文件的存储路径即可。

视频-显示格式：本设置决定了帧在时间轴中播放时Premiere Pro所使用的帧数目，以及是否使用丢帧或不丢帧时间码。在Premiere Pro中，用于视频项目的时间显示在时间轴和其他面板中，使用的是电影电视工程师协会（Society of Motion Picture and Television Engineers，SMPTE）视频时间读数，称作时间码。在不丢帧时间码中，使用冒号分隔小时、分钟、秒钟和帧数。在不丢帧时间码中是29.97帧/秒或30帧/秒，1:01:59:29的下一帧是1:02:00:00。在丢帧时间码中，使用冒号分隔小时、分钟、秒钟和帧数。例如，1:01:59:29的下一帧是1:02:00:02。每分钟可视帧显示都会丢失数目，以补偿帧速率是29.97/秒而不是30/秒的NTSC视频帧速率。注意：视频的帧并没有丢失，丢失的只是时间码显示的数字。如果所工作的影片项目是24帧/秒，那么可以选择16mm或35mm的选项。

音频-显示格式：处理音频素材时，可以更改时间轴面板和节目监视器面板显示，以显示音频单位而不是视频帧。使用音频显示格式，可以将音频单位设置为毫秒或音频取样。就像视频中的帧一样，音频取样是用于编辑的最小增量。

捕捉-捕捉格式：在下拉列表中可以选择所要捕捉视频或音频的格式，其中包括“DV”和“HDV”两种格式。

选择“新建项目”对话框中的“暂存盘”选项卡，其设置如图5-2所示，在该选项卡中可以设置视频捕捉的路径。

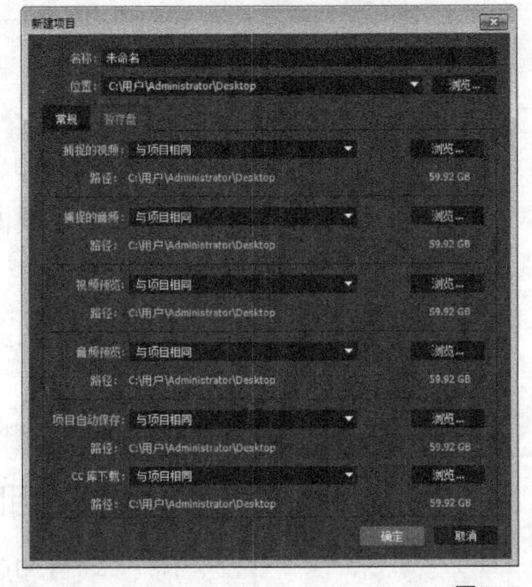

图5-2

常用属性介绍

捕捉的视频：存放视频捕捉文件的地方，默认为相同项目，也就是与Premiere Pro主程序所在的目录相同。单击“浏览”按钮可以更改路径。

捕捉的音频：存放音频捕捉文件的地方，默认为相同项目，也就是与Premiere Pro主程序所在的目录相同。单击“浏览”按钮可以更改路径。

视频预览：放置预演影片的文件夹。

音频预览：放置预演声音的文件夹。

在“新建项目”对话框中设置好各项设置后，单击“确定”按钮，可打开“新建序列”对话框，在其中可以选择一个可用的预设，也可以通过自定义序列预设，以满足制作视频和音频的需要。

5.1.2 序列预设

要选择预设，也可以在载入Premiere Pro后选择“文件>新建>序列”菜单命令，打开“新建序列”对话框，在其中的“有效预设”列表中单击一个所需的预设，如图5-3所示。

图5-3

选择序列预设后，在该对话框的“预设描述”区域中，将显示该预设的编辑模式、画面大小、帧速率、像素纵横比和位数深度设置以及音频设置等。

Premiere Pro为NTSC电视和PAL标准提供了DV（数字视频）格式预设。如果正在使用HDV或HD进行工作，也可以选择预设。

如果所工作的DV项目中的视频不准备用于宽银幕格式（16:9的纵横比），可以选择“标准48kHz”选项。该预设将声音品质指示为48kHz，它用于匹配素材源影片的声音品质。

24 P预设文件夹用于以24帧/秒拍摄且画幅大小是720×480像素的逐行扫描影片（松下和佳能制造的摄像机在此模式下拍摄）。如果有第三方视频捕捉卡，可以看到其他预设，专门用于辅助捕捉卡工作。

如果使用DV影片，无须更改默认设置。

知识点 手机和iPod视频预置

Premiere Pro为手机视频和其他移动设备（如视频iPod）提供了预设。通用中间格式（Common Intermediate Format，CIF）和四分之一通用中间格式（Quarter Common Intermediate Format，QCIF）是为视频会议创建的标准。Premiere Pro的CIF编辑预设是为支持第三代合作伙伴计划（Third Generation Partnership Project，3GP2）格式的移动设备特别设计的。3G移动网络是支持视频会议和发送与接收全动作视音频的第三代移动网络。3GP2格式是当前较通用的第三代格式。两种第三代视频格式——3GPP和3GPP2都基于MPEG-4。

Premiere Pro的CIF和QVGA（用于视频iPod）预设与视频录制设置不同。例如，标准手机屏幕是176×220，如果素材源影片符合移动标准，则应该使用CIF或QVGA预设。导出CIF或QVGA项目时，需要用Adobe Media Encoder选择H.264输出格式，因为它为QCIF和QVGA提供了输出规范。如果素材源影片不是CIF或QVGA，在为移动设备创建项目时，仍然可以使用H.264选项。

用户还可以更改预设，同时将自定义预设保存起来，用于其他项目。

5.1.3 序列常规设置

选择“文件>新建>序列”菜单命令，打开“新建序列”对话框，然后选择“设置”选项卡，其参数设置如图5-4所示。

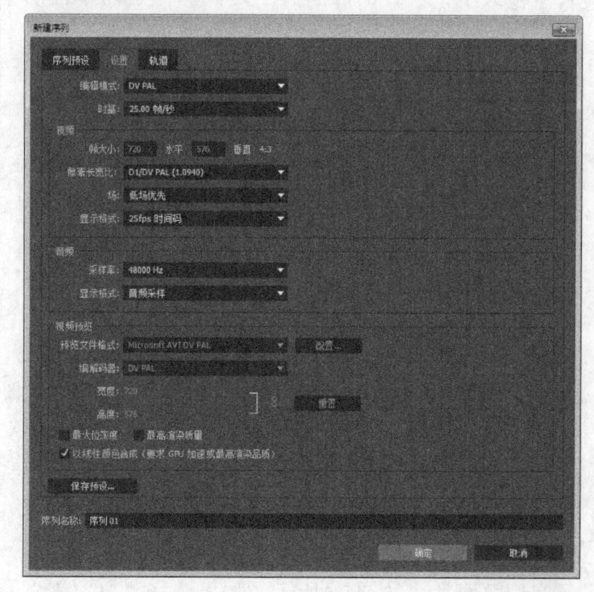

图5-4

常用属性介绍

编辑模式：编辑模式是由“序列预设”选项卡中选定的预设所决定的。使用编辑模式选项，可以设置时间轴播放方法和压缩设置。选择DV预设，编辑模式将自动设置为DV NTSC或DV PAL。如果不想挑选某种预设，那么可以从“编辑模式”下拉列表中选择一种编辑模式，选项如图5-5所示。

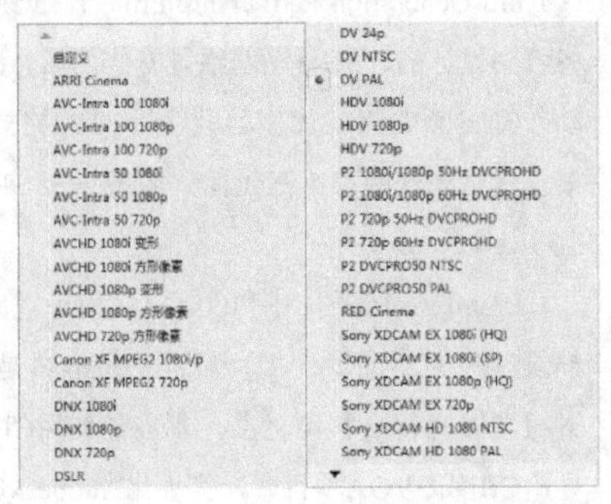

图5-5

时基：也就是时间基准。在计算编辑精度时，“时基”选项决定了Premiere Pro如何划分每秒的视频帧。在大多数项目中，时间基准应该匹配所捕捉影片的帧速率。对于DV项目来说，时间基准设置为29.97并且不能更改。应当将PAL项目的时间基准设置为25，影片项目为24，移动设备为15。“时基”设置也决定了“显示格式”区域中哪个选项可用。“时基”和“显示格式”选项，决定了时间轴窗口中的标尺核准标记的位置。

帧大小：项目的画面大小是其以像素为单位的宽度和高度。第一个数字代表画面宽度，第二个数字代表画面高度。如果选择了DV预设，则画面大小设置为DV默认值（720×480像素）。如果使用DV编辑模式，则不能更改项目画幅大小。但是，使用桌面编辑模式创建的项目，则可以更改画幅大小。如果为Web或光盘创建的项目，那么在导出项目时可以降低其画面大小。

像素长宽比：本设置应该匹配图像像素的形状——图像中一个像素的宽与高的比值。对于在图形程序中扫描或创建的模拟视频和图像，选择方形像素。根据所选择的编辑模式的不同，“像素纵横比”选项的设置也会不同。例如，如果选择了“DV NTSC”编辑模式，可以从0.9和1.2中进行选择，用于宽银幕影片，如图5-6所示。如果选择“自定义”编辑模式，则可以自由选择像素纵横比，如图5-7所示。此格式多用于方形像素。如果胶片上的视频有变形镜头拍摄的，则选择“变形2:1（2.0）”选项，这样镜头会在拍摄时压缩图像，但投影时，可变形放映镜头可以反向压缩以创建宽银幕效果。D1/DV项目的默认设置是0.9。

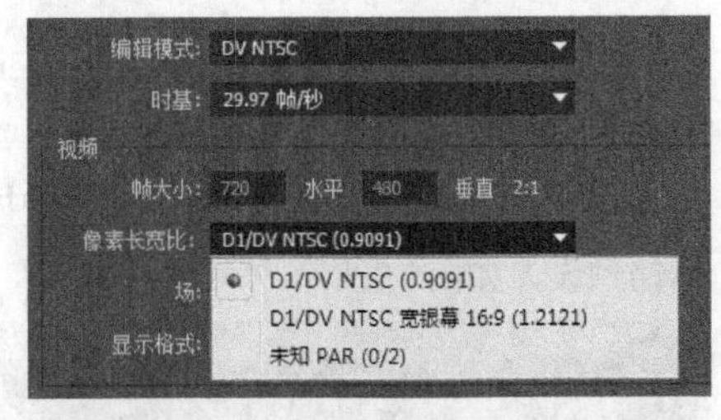

图5-6

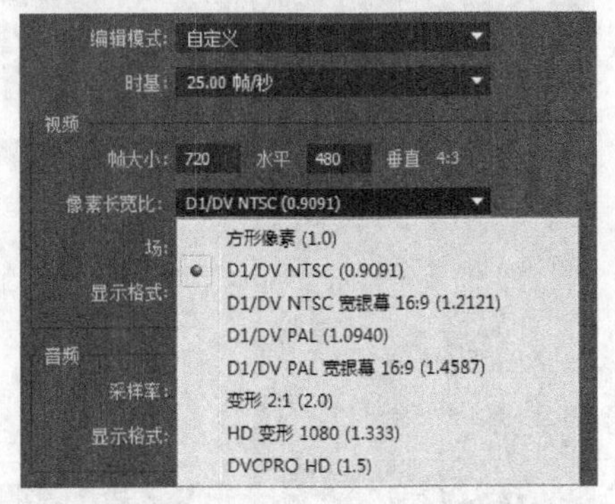

图5-7

技巧与提示

如果需要更改所导入素材的帧速率或像素纵横比（因为它们可能与项目设置不匹配），那么在项目面板中选定此素材，然后选择“素材>剪辑>解释素材”命令，打开“修改剪辑”对话框。如果要更改帧速率，那么可在该对话框中选择“假定帧速率为”单选项，然后在文本编辑框中输入新的帧速率；如果要更改像素纵横比，则单击“符合为”单选项，然后从像素纵横比列表中进行选择。设置完成后单击“确定”按钮，项目面板即指示出这种改变。

如果需要在纵横比为4∶3的项目中导入纵横比为16∶9的宽银幕影片，那么可以使用“运动”视频效果的“位置”和“比例”选项，以缩放与控制宽银幕影片。

场：在将工作的项目导出到录像带中时，就要用到场。每个视频帧都会分为两个场，它们会显示1/60秒。在PAL标准中，每个场会显示1/50秒。在“场”下拉列表中可以选择“上场优先”或“下场优先”选项，这取决于系统期望什么样的场。

采样率：音频取样值决定了音频品质。取样值越高，提供的音质就越好。最好将此设置保持为录制时的值。如果将此设置更改为其他值，就需要更多处理过程，而且还可能降低品质。

技巧与提示

因为DV项目使用的是行业标准设置，所以不应该更改像素纵横比、时间基准、画面大小或场的设置。

视频预览：用于指定使用Premiere Pro时如何预览视频。大多数选项是由项目编辑模式决定的，因此不能更改。例如，对DV项目而言，任何选项都不能更改。如果选择HD编辑模式，则可以选择一种文件格式。如果预览部分效果的选项可用，可以选择组合文件格式和色彩深度，以便在重放品质、渲染时间和文件大小之间取得最佳平衡。

5.1.4 序列轨道设置

在打开的“新建序列”对话框中选择“轨道”选项卡，该部分设置如图5-8所示。在该选项卡中可以设置时间轴窗口中的视频和音频轨道数，也可以选择是否创建子混合轨道和数字轨道。

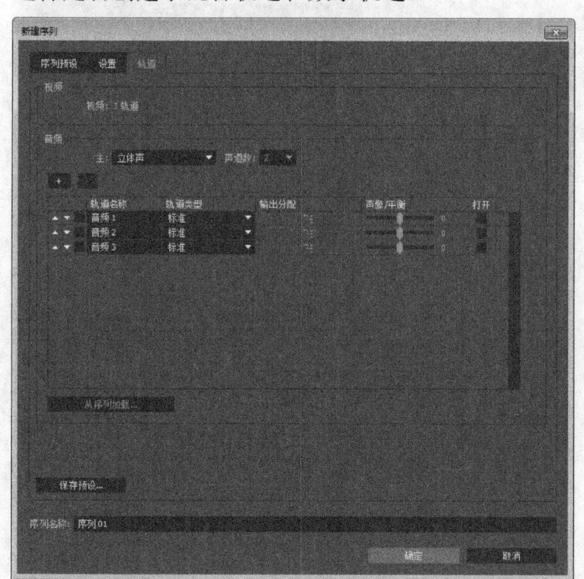

图5-8

技巧与提示

在“轨道”选项卡中更改设置并不会改变当前时间轴，不过如果通过选择“文件>新建>序列”菜单命令的方式创建一个新项目或新序列后，添加到项目中的下一个时间轴会显示新设置。

课堂案例

更改并保存序列

素材文件　无

技术掌握　更改并保存序列的方法

01 选择“文件>新建>序列”菜单命令，打开“新建序列”对话框，在“新建序列”对话框中选择“设置”选项卡，如图5-9所示。

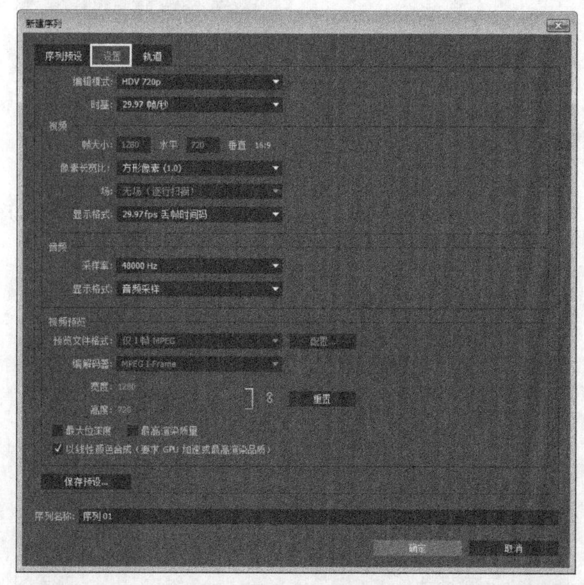

图5-9

02 设置“设置”选项卡的参数，然后单击“保存预设”按钮，如图5-10所示。

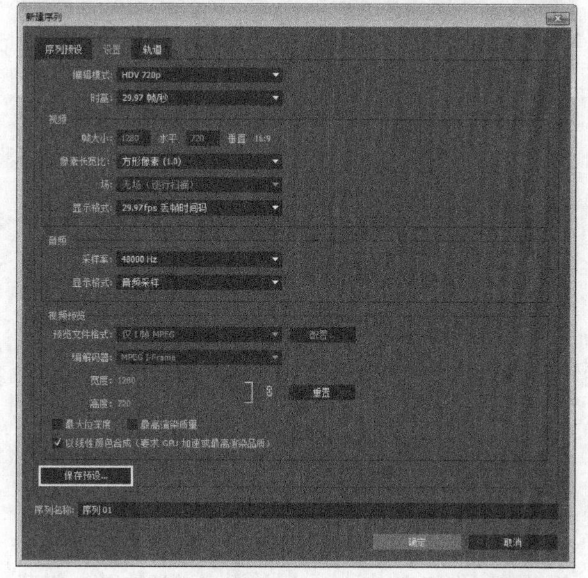

图5-10

03 在打开的“保存设置”对话框中为该自定义预设命名，也可以在“描述”文本框中输入一些该预设的说明性文字，然后单击“确定”按钮，如图5-11所示。保存的预设将出现在“序列预设”选项卡的“自定义”文件夹中，如图5-12所示。

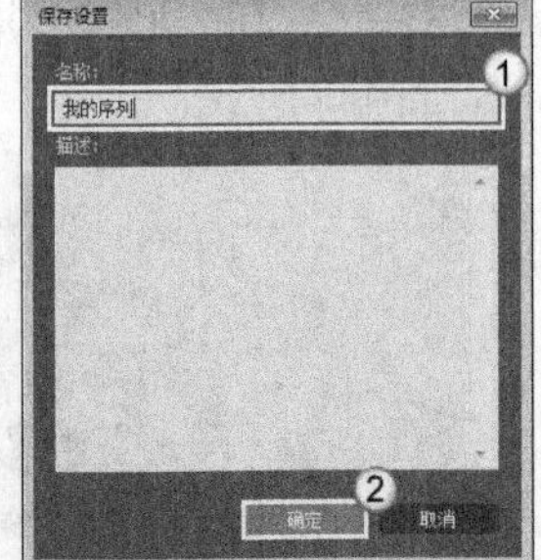

图5-11

图5-12

技巧与提示

在首次创建项目时，新建项目对话框中的所有部分都是可访问的，但是在创建项目后，大多数设置将不能被修改。如果想在创建项目之后查看项目设置，可以选择“文件>项目设置>常规”菜单命令。

5.2 设置快捷键

使用键盘快捷方式可以使重复性工作更轻松，并提高制作速度。Premiere Pro为激活工具、打开面板以及访问大多数菜单命令，提供了键盘快捷方式。这些命令是预置的，但要修改也很方便。用户还可以自己创建Premiere Pro操作的键盘命令。

执行“编辑>快捷键”菜单命令，如图5-13所示。在打开的“键盘快捷键”对话框中，用户可以修改或创建“应用”“面板”和“工具”这3个部分的快捷键，如图5-14所示。

图5-13

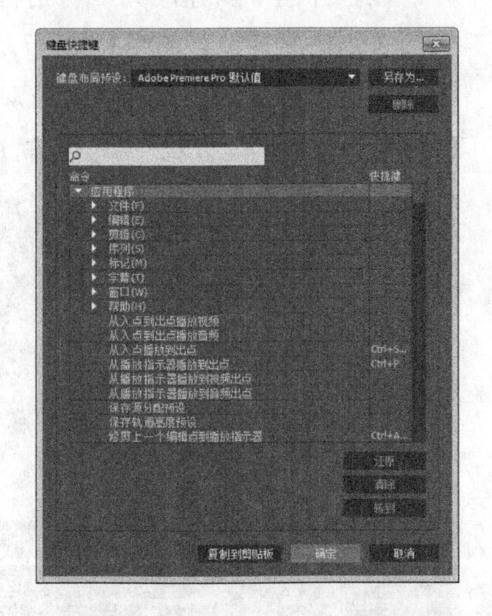

图5-14

5.2.1 修改菜单命令快捷键

在默认状态下，“键盘快捷键”对话框中显示了“应用”类型的键盘命令。如果要更改或创建其中的键盘设置，那么单击下方列表中的▶按钮，展开包含相应命令的菜单标题，然后对其进行相应的修改或创建操作即可。

5.2.2 修改面板快捷键

Premiere Pro面板命令的键盘自定义使用得非

常广泛。要创建或修改面板键盘命令，可以在“键盘快捷键”对话框的“应用”下拉菜单中选择“面板”选项。其中的键盘命令为许多命令提供了快捷方式，而执行这些命令一般需要单击完成。因此，即使不打算创建或更改现有的键盘命令，也值得花时间查看面板键盘命令，了解Premiere Pro提供的许多节省时间的快捷方式。

图5-15和图5-16所示的是项目和历史记录面板中的快捷键。如果要创建或更改面板中的快捷键，可以使用上一小节所介绍的操作方法，即单击命令行中的快捷方式，然后按下要使用的快捷键。

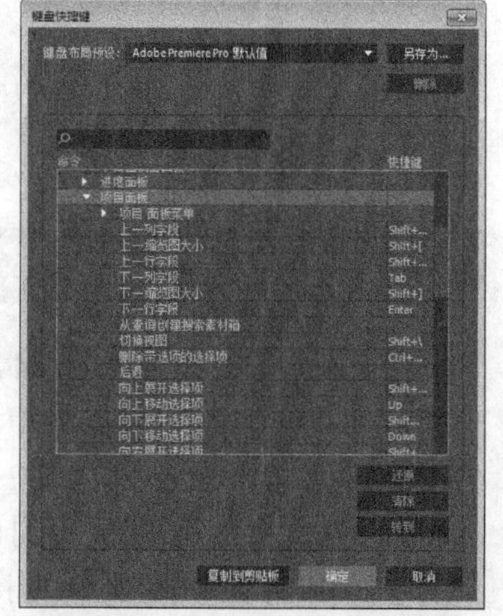

图5-15

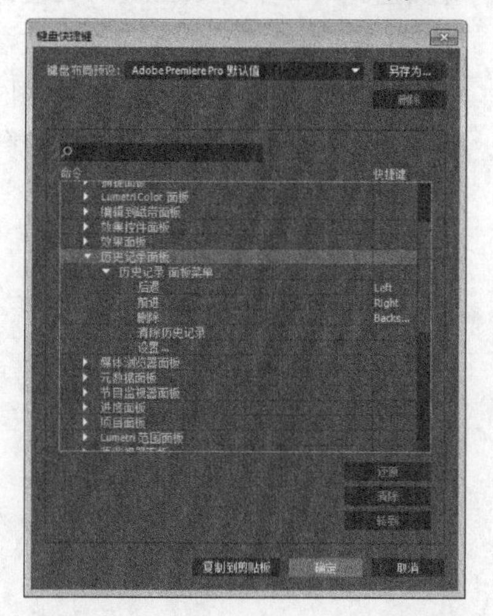

图5-16

5.2.3 修改工具快捷键

Premiere Pro为每个工具提供了快捷键。在“键盘快捷键”对话框的“应用”下拉菜单中选择“工具”选项，可以修改工具的快捷键，如图5-17所示。如果要更改“工具”部分中的键盘命令，只需要在工具行的快捷方式列中单击鼠标，然后输入新的快捷键。

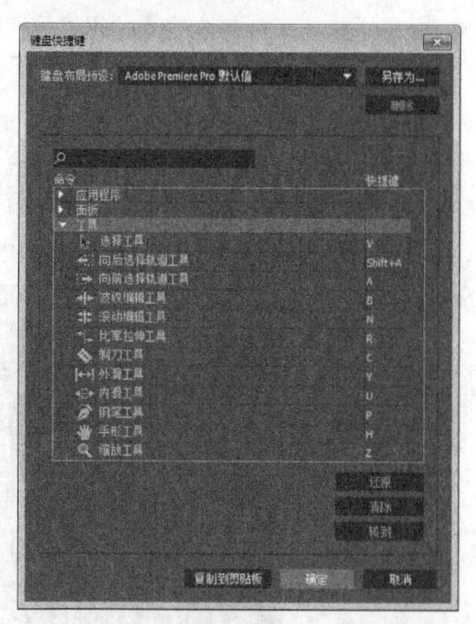

图5-17

5.2.4 保存与载入自定义快捷键

更改键盘命令后，Premiere Pro将自动在“设置”下拉菜单中添加新的自定义设置，这样可以避免改写Premiere Pro的出厂默认设置，如图5-18所示。

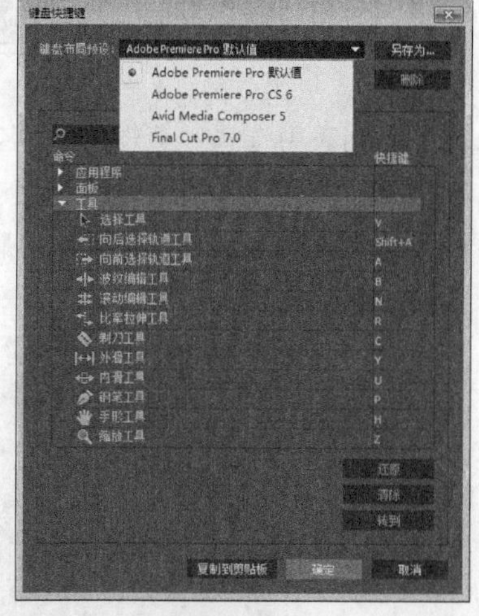

图5-18

知识点 保存设置的快捷键

如果想在新键盘命令设置中保存键盘命令，可以单击“另存为”按钮，然后在“键盘布局设置”对话框中输入名称，如图5-19所示，接着单击“保存”按钮。如果快捷键设置错误或者想删除某个命令快捷键，只需在“键盘快捷键”对话框中单击“清除”按钮。另外，用户也可以单击“键盘快捷键”对话框中的“还原”按钮，撤销快捷键的设置操作。

图5-19

课堂案例

自定义快捷键

素材文件　无
技术掌握　创建自定义键盘命令的方法

01 新建项目，然后执行“编辑>快捷键”菜单命令打开“键盘快捷键”对话框，如图5-20所示。

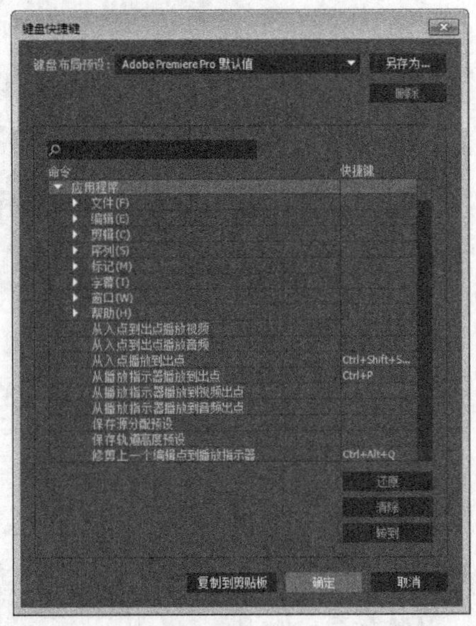

图5-20

02 在列表中选择“剪辑>重命名”选项，然后单击该选项后面的空白处激活命令设置行，接着按Shift+R键为该命令设置快捷键，最后单击“确定”按钮，如图5-21所示。

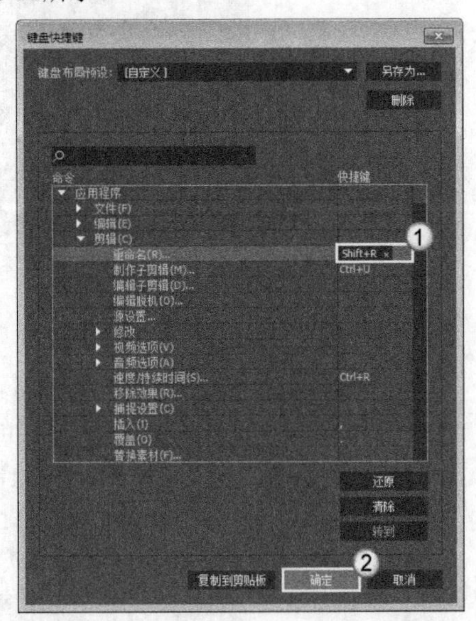

图5-21

03 选择“序列01”，然后按设置的快捷键Shift+R，此时即可为选择对象重命名，如图5-22所示。

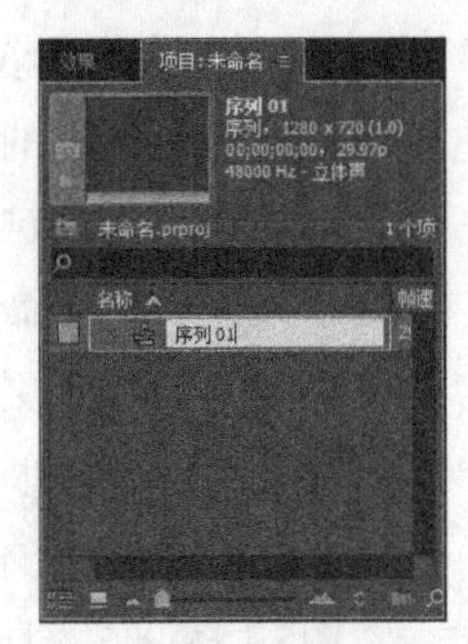

图5-22

技巧与提示

为命令指定快捷键的操作中，可以使用任何未指定的快捷方式，如Ctrl+Shift+R或Alt+Shift+R。

5.3 设置首选项参数

Premiere Pro的程序参数控制着每次打开项目时所载入的各种设置。在当前项目中，可以更改这些参数设置，但是只有在创建或打开一个新项目后，才能激活这些更改。在编辑菜单中，可以更改捕捉设备的默认值、切换效果和静帧图像的持续时间，以及标签颜色。本节介绍Premiere Pro提供的默认设置。选择“编辑>首选项”命令，然后在参数子菜单中选择一个选项即可访问这些设置，如图5-23所示。

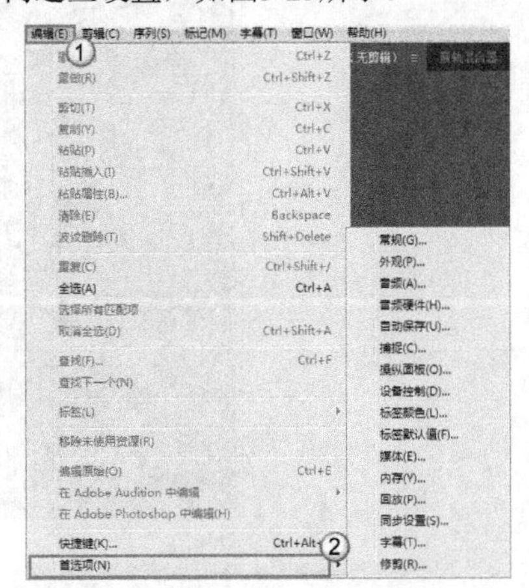

图5-23

5.3.1 常规

选择“编辑>首选项>常规”命令，打开“首选项”对话框，在该对话框中将显示“常规”参数的内容。对话框为Premiere Pro的多种默认参数提供了设置，如图5-24所示。

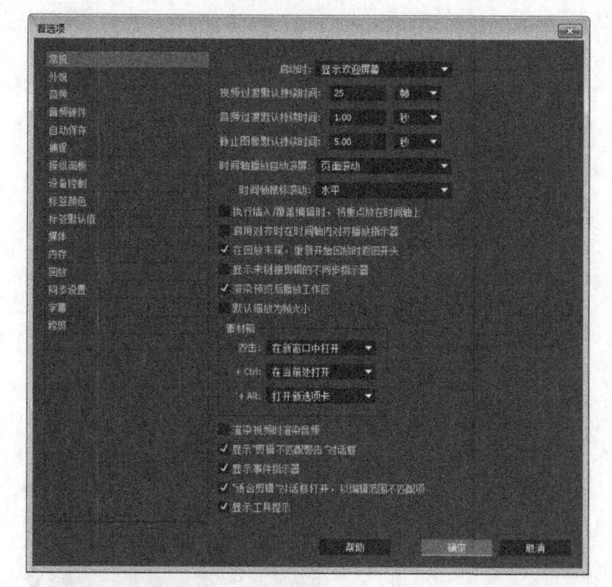

图5-24

常用属性介绍

视频过渡默认持续时间：在首次应用切换效果时，此设置用于控制其持续时间。默认情况下，此字段设置为30帧，大约为1秒。

音频过渡默认持续时间：在首次应用音频切换效果时，此设置用于控制其持续时间。默认设置是1秒钟。

静帧图像默认持续时间：在首次将静帧图像放置在时间轴上时，此设置用于控制其持续时间。默认设置是150帧（5秒），即30帧/秒。

时间轴播放自动滚屏：使用此设置可以选择播放时时间轴面板是否滚动。使用自动滚动可以在中断播放时停止在时间轴某一特定点上，并且可以在播放期间反映时间轴编辑。在右方的下拉菜单中，可以将时间轴设置为播放时不滚动、页面滚动或平滑滚动（CTI位于时间轴可视区域的中间），如图5-25所示。

图5-25

时间轴鼠标滚动：使用此设置时间轴面板中的鼠标滚动方式，在右方的下拉菜单中可以选择“水平”和“垂直”两种方式。

渲染预览后播放工作区：默认情况下，Premiere Pro在渲染后播放工作区。如果不想在渲染后播放工作区，则可以取消选择此选项。

素材箱：使用文件夹部分可以在项目面板中管理影片。单击各个选项中的下拉菜单，可以选择是在新窗口中打开、在当前处打开或是打开新标签，如图5-26所示。

在新窗口中打开
在当前处打开
打开新选项卡

图5-26

渲染视频时渲染音频：默认情况下，渲染视频将不渲染音频，选择此选项后，渲染视频时，将音频一同渲染出来。

5.3.2 外观

在“首选项”对话框的左方列表中选择“外观”选项，将显示“外观”的参数设置。将亮度滑块向左拖曳界面将变暗，向右拖曳界面则会变亮，如图5-27所示。另外，单击“默认”按钮将还原界面亮度。

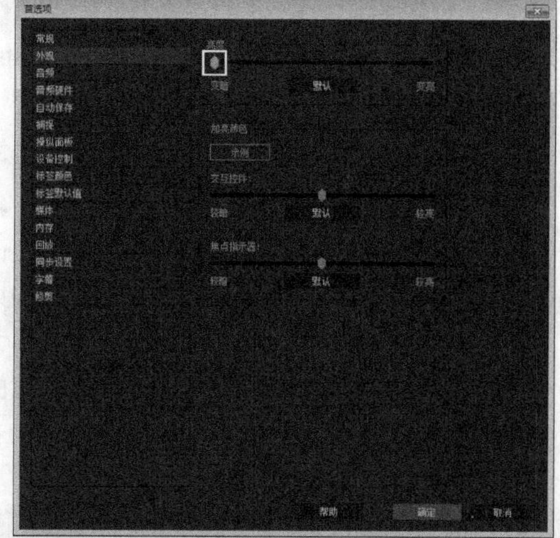

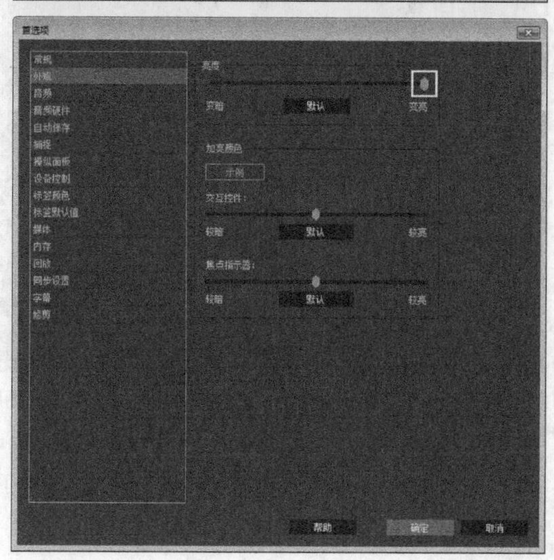

图5-27

5.3.3 音频

在“首选项”对话框的左方列表中选择“音频”选项，在对话框右方将显示相关“音频”的设置参数，如图5-28所示。

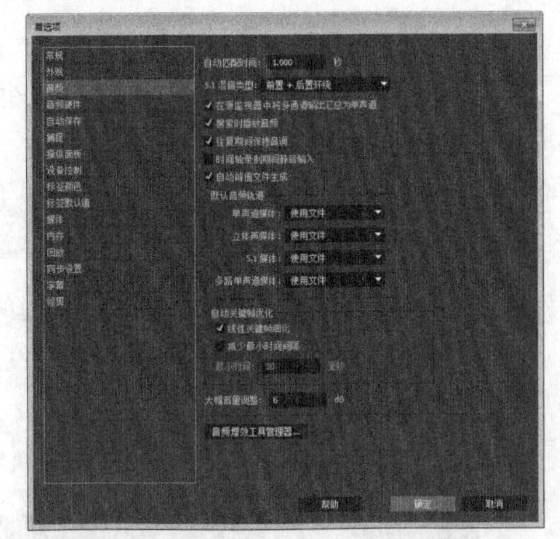

图5-28

常用属性介绍

自动匹配时间：此设置需要与音轨混合器中的“触动”选项联合使用，如图5-29所示。在音轨混合器面板中选择触动后，Premiere Pro将返回更改以前的值，但是仅在指定的秒数之后。例如，如果在调音时更改了音频1的音频级别，那么在更改后，此级别将返回到以前的设置——即记录更改之前的设置。自动匹配设置用于控制Premiere Pro返回到音频更改之前的值所需的时间间隔。

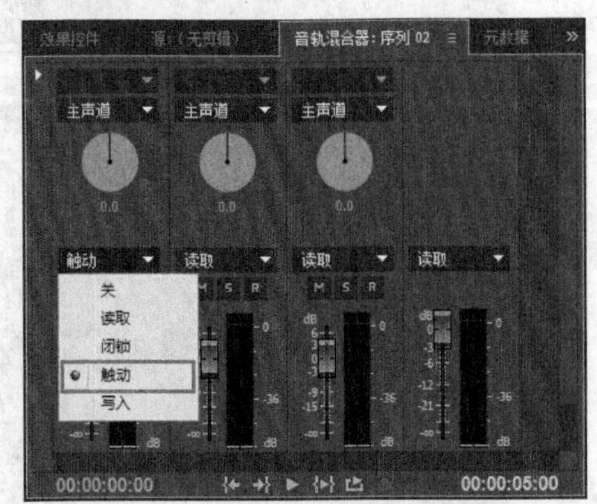

图5-29

5.1混音类型：此设置用于控制5.1环绕音轨混合。一个5.1音轨包括左、中、左后、右后和一个低频声道（LFE）。使用5.1缩混类型下拉菜单可以更改混合声道时的设置，这将降低声道的数目，如图5-30所示。

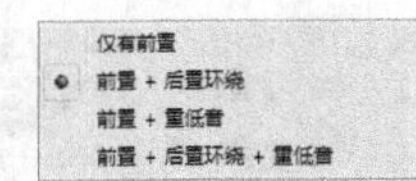

图5-30

搜索时播放音频：此设置用于控制是否在时间轴或监视器面板中搜索走带时的播放音频。

时间轴录制期间静音输入：此设置在使用“音轨混合器”进行录制时关闭音频。当计算机上连接扬声器时，选择此选项可以避免音频反馈。

默认音频轨道：单击“默认音频轨道”区域中各个选项的下拉按钮，可以在各个下拉列表中选择对应的默认轨道格式，如图5-31所示。

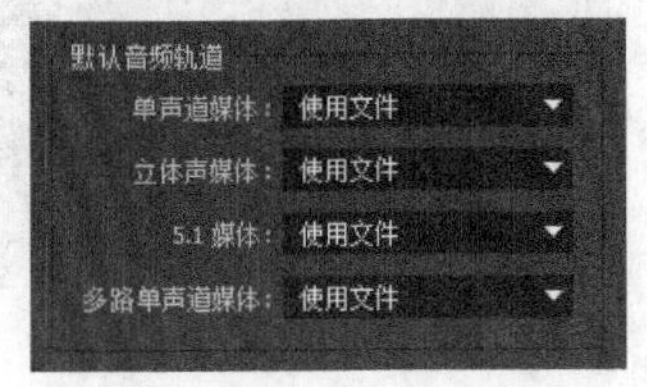

图5-31

自动关键帧优化：使用此设置可防止音轨混合器创建过多的关键帧而导致性能降低。

线性关键帧细化：此设置试图仅在直线末端创建关键帧。例如，指示音量改变的一段斜线在每端有一个关键帧。

减少最小时间间隔：使用此设置控制关键帧之间的最小时间。例如，如果将间隔时间设置为20毫秒，则只有在间隔20毫秒之后才会创建关键帧。

5.3.4 音频硬件

在“首选项”对话框的左方列表中选择“音频硬件”选项，在对话框右方将显示相关“音频硬件”的设置参数，在“默认设置”选项的下拉列表中可以选择音频硬件的默认设置，如图5-32所示。

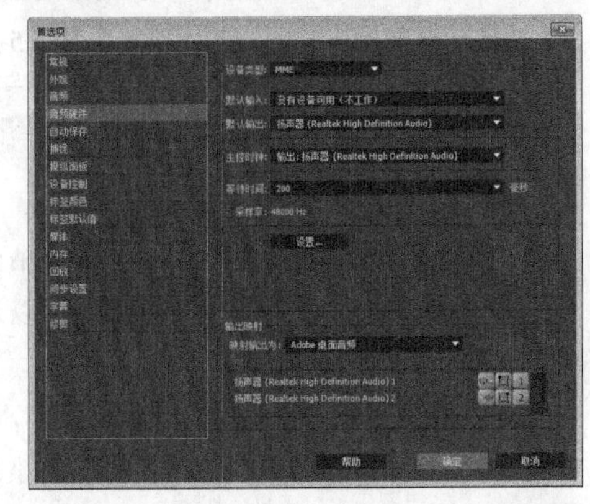

图5-32

5.3.5 自动保存

在Premiere Pro中不必过于担心工作时忘记保存项目的问题，因为Premiere Pro默认状态下会打开“自动保存”的参数。在“首选项”对话框的左方列表中选择“自动保存”选项，在此可以设置自动存储项目的间隔时间，还可以修改自动存储项目的数量，如图5-33所示。

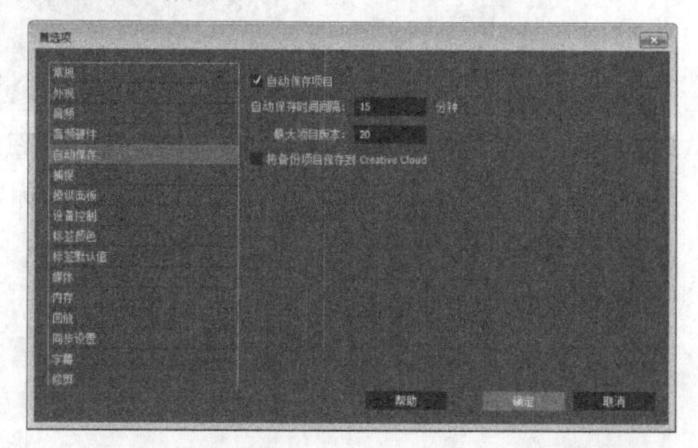

图5-33

技巧与提示

用户不必担心自动存储会消耗大量的硬盘空间。当Premiere Pro进行自动存储项目时，它仅保存与媒体文件相关的部分，并不会在每次创建作品的新版本时都重新保存文件。

5.3.6 捕捉

在“首选项”对话框的左方列表中选择“捕捉”选项，在此可以设置捕捉的相关参数，如图5-34所示。Premiere Pro的默认“捕捉”设置提供了用于视频和音频捕捉的选项。捕捉参数的作用是显而易见的，可以选择在丢帧时中断捕捉，也可以选择在屏幕上查看关于捕捉过程和丢失帧的报告。选择“仅在未成功完成时生成批量日志文件”选项，可以在硬盘中保存日志文件，列出未能成功批量捕捉时的结果。

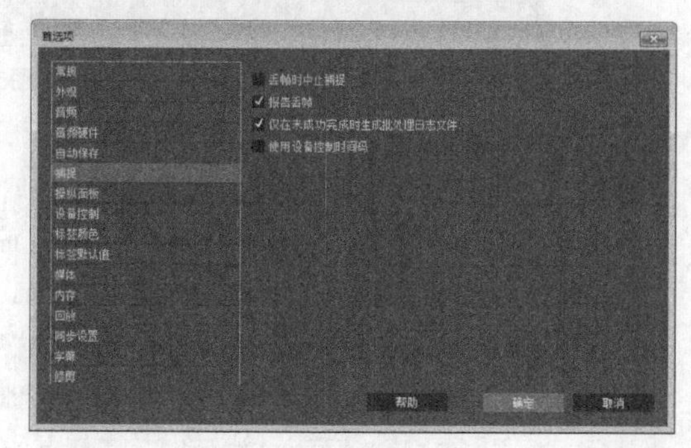

图5-34

5.3.7 操纵面板

在“首选项”对话框的左方列表中选择“操纵面板”选项，可以在对话框中配置硬件控制设备，如图5-35所示。

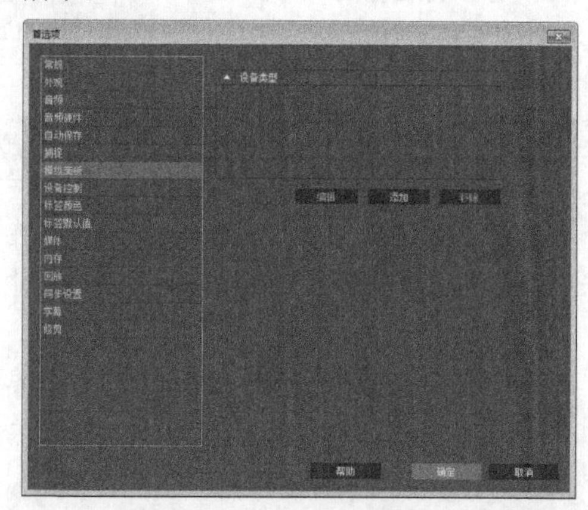

图5-35

5.3.8 设备控制

在“首选项”对话框的左侧列表中选择“设备控制”选项，可以在“设备”下拉列表中选择当前的捕捉设备，如图5-36所示。

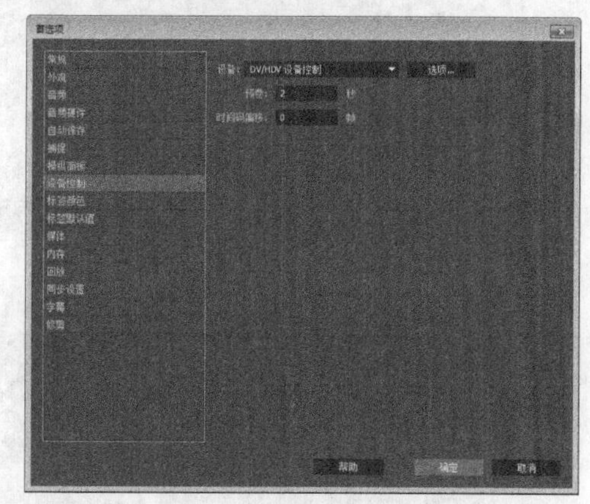

图5-36

常用属性介绍

预卷：使用“预卷”设置，可以设置磁盘卷动时间和捕捉开始时间之间的间隔。这可使录像机或VCR在捕捉之前达到应有的速度。

时间码偏移：使用“时间码偏移”选项，可以指定1/4帧的时间间隔，以补偿捕捉材料和实际磁带的时间码之间的偏差。使用此选项，可以设置捕捉视频的时间码，以匹配录像带上的帧。

选项：单击“选项”按钮可以打开“DV/HDV设备控制设置”对话框，在此可以选择捕捉设备的品牌，设置时间码格式，并检查设备的状态是在线还是离线等，如图5-37所示。

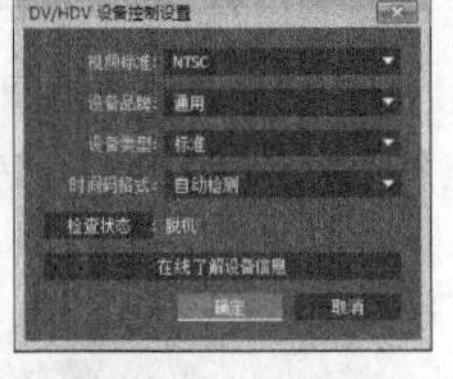

图5-37

5.3.9 标签颜色

在“首选项”对话框的左侧列表中选择“标签颜色”选项，可以在“标签颜色”参数中更改项目面板中出现的标签颜色，如图5-38所示。例如，可以在项目面板中为不同的媒体类型指定特定的颜色。单击彩色标签样本，将打开“拾色器”对话框，如图5-39所示。在矩形颜色框内单击鼠标，然后单击并拖曳垂直滑块可以更改颜色，也可以通过输入数值更改颜色。

图5-38

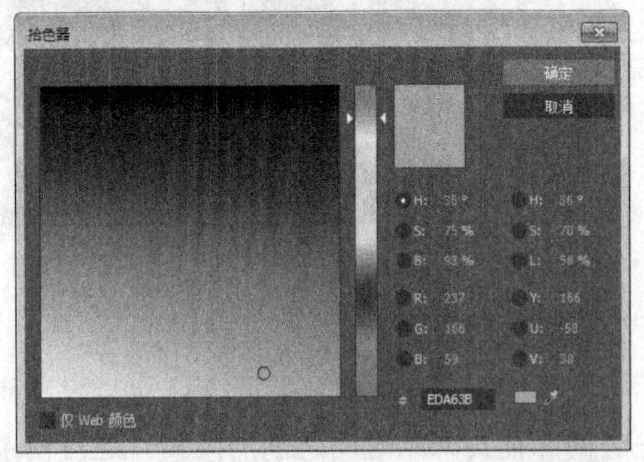

图5-39

5.3.10 标签默认值

在“首选项”对话框的左侧列表中选择“标签默认值”选项，可以在“标签默认值”参数中更改指定的标签颜色，如项目面板中出现的视频、音频、文件夹和序列标签等，如图5-40所示。

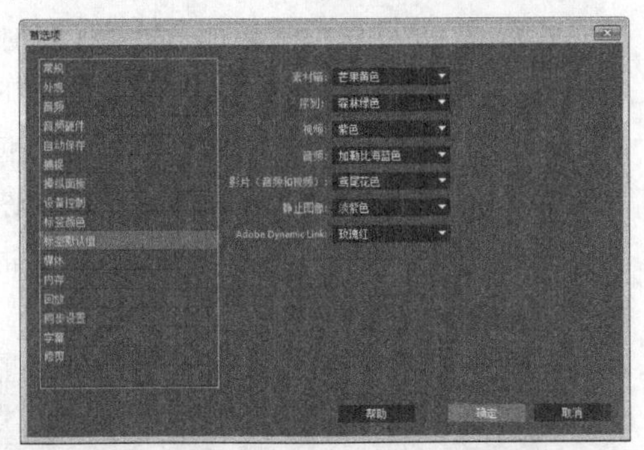

图5-40

如果不喜欢Adobe为各种媒体类型指定的标签颜色，可以更改颜色分配。例如，要更改视频的标签颜色，只需单击“视频”行的下拉菜单并选择一种不同的颜色，如图5-41所示。

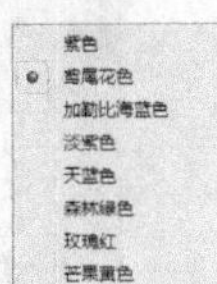

图5-41

5.3.11 媒体

在“首选项”对话框的左侧列表中选择“媒体”选项，可以使用Premiere Pro的“媒体”参数设置媒体高速缓存数据库的位置，如图5-42所示。

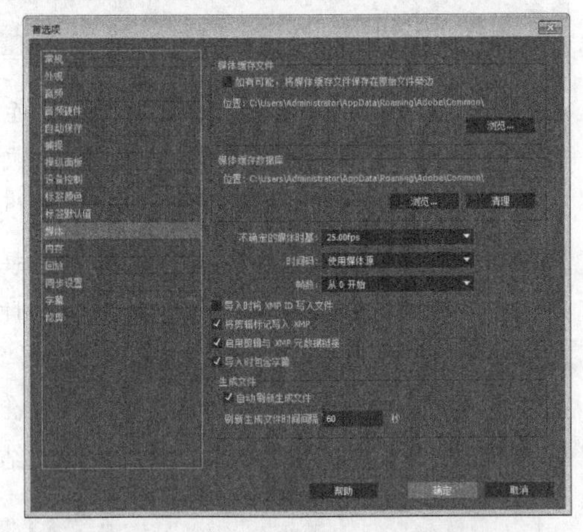

图5-42

技巧与提示

媒体高速缓存库是用于跟踪作品中所使用的缓存媒体，计算机使用缓存来快速访问最近使用的数据。Premiere Pro中可以识别的缓存数据文件有.pek（Peak音频文件）、.cfa（统一音频文件）和MPEG视频索引文件。单击“清理”按钮，可以从计算机中移除这些不必要的缓存文件。单击“清理”按钮后，Premiere Pro将审查原始文件，将它们与缓存文件比较，然后移除不再需要的文件。

媒体参数也可以设置使用媒体源的帧速率显示时间码。在“时间码”选项列表中，可以改用项目帧速率。当新建项目时，在自定义设置选项卡的时间码字段将被设置为项目帧速率。

5.3.12 内存

在“首选项”对话框的左侧列表中选择“内存”选项，可以在对话框中查看计算机安装的内存信息和可用的内存信息，还可以修改优化渲染的对象，如图5-43所示。

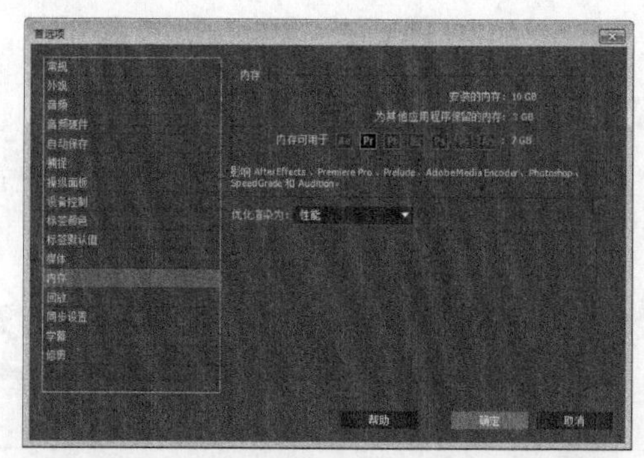

图5-43

5.3.13 回放

在“首选项”对话框的左方列表中选择“回放”选项，可以在对话框中选择默认的播放器和音频设备，如图5-44所示。其中，“预卷”和“过卷”属性可以在单击监视器中的“循环”播放按钮时，控制Premiere Pro在当前时间指示（CTI）前后播放的影片。如果在素材源监视器、节目监视器或多机位监视器中单击“循环”播放按钮，则CTI将回到预卷位置并播放到后卷位置。

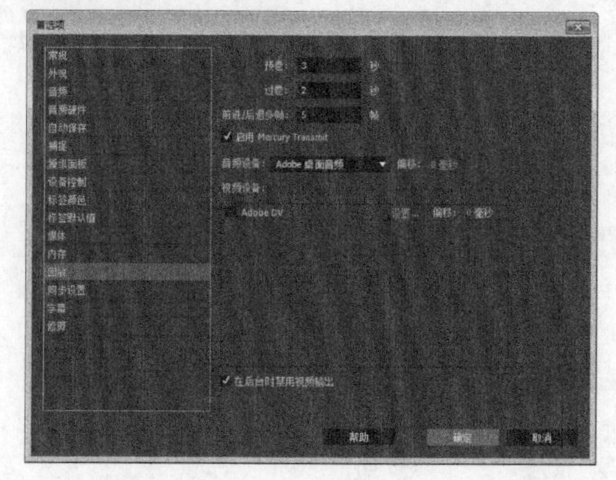

图5-44

5.3.14 同步设置

在“首选项”对话框的左方列表中选择“同步设置”选项，在对话框中可以将常规首选项、快捷键、预设和库同步到Creative Cloud，如图5-45所示。

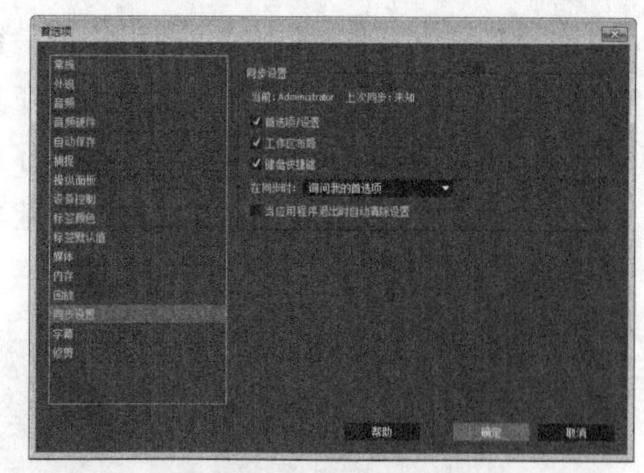

图5-45

5.3.15 字幕

在“首选项”对话框的左侧列表中选择“字幕”选项，可以在对话框中控制Adobe字幕设计中出现的样式示例和字体浏览器的显示，如图5-46所示。选择“文件>新建>字幕”命令，可以打开字幕设计窗口，如图5-47所示。

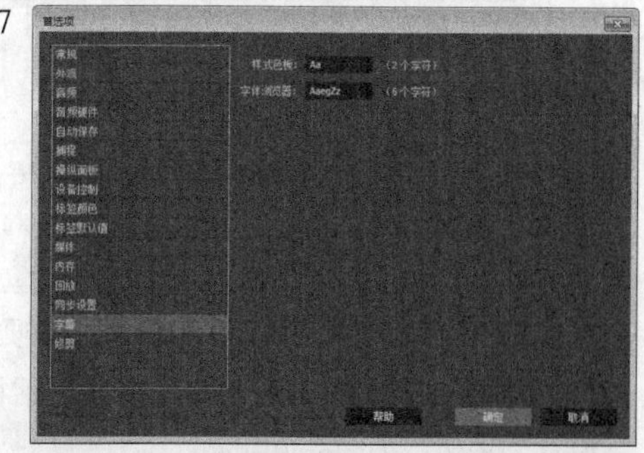

图5-46

图5-47

5.3.16 修剪

在“首选项”对话框的左侧列表中选择“修剪”选项，可以在对话框中修改最大修剪偏移的值和音频时间单位，如图5-48所示。当节目监视器面板处于修剪监视器视图中时，使用修剪参数可以更改监视器面板中出现的最大修剪偏移。在默认情况下，最大修剪偏移设置为5帧。如果更改了修剪部分的最大修剪偏移字段的值，那么下次创建项目时，此值在监视器面板中显示为一个按钮。

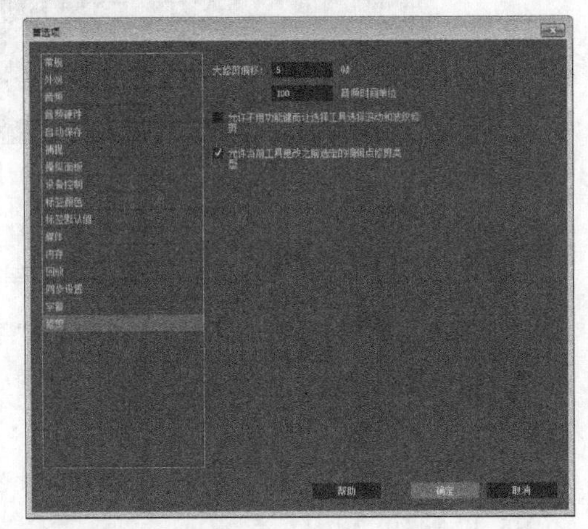

图5-48

课堂案例

设置输入或输出音频硬件

素材文件　无

技术掌握　设置输入或输出音频硬件的方法

01 新建项目，然后执行“编辑>首选项>音频硬件”菜单命令，在打开的“首选项”对话框中单击“设置”按钮，如图5-49所示。

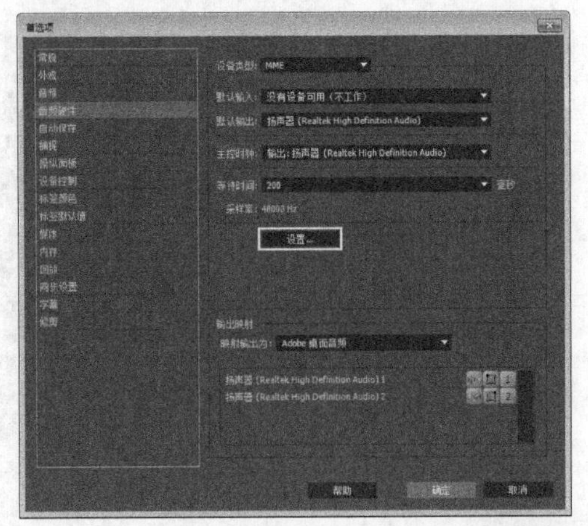

图5-49

02 在打开的“声音”对话框中可以设置连接到计算机上的音频设备，如图5-50所示。

图5-50

5.4 课后习题：修改快捷键命令

素材文件　无

技术掌握　修改快捷键命令的方法

本例主要介绍修改“打开项目”命令的快捷键的方法，读者可以掌握如何在“快捷键”对话框中修改命令的快捷键。

操作提示

第1步：新建一个项目，然后执行“编辑>快捷键”菜单命令打开“键盘快捷键”对话框。

第2步：在“键盘快捷键”对话框中修改“打开项目”命令的快捷键。

第6章 创建项目背景

影片剪辑过程中，可能需要添加一些简单的背景，Premiere Pro提供了多种背景元素，包括彩条、黑场视频、字幕、颜色遮罩、HD彩条、通用倒计时片头和透明视频。本章主要介绍如何添加和编辑Premiere Pro背景元素，以及在Photoshop中创建项目背景等内容。

知识索引

创建Premiere Pro背景

编辑Premiere Pro背景元素

使用静态帧创建背景

在Photoshop中创建项目背景

6.1 创建Premiere Pro背景

如果需要为文本或图形创建黑色、彩色或透明背景，可以使用Premiere Pro提供的相应命令来创建。用户可以通过Premiere Pro的菜单命令或“项目”面板中的“新建分项”工具来创建这些背景元素。

6.1.1 使用菜单命令创建Premiere Pro背景

选择“文件>新建”菜单命令，通过打开的菜单命令选择相应的命令，可以创建彩条、黑场视频、颜色遮罩和透明视频等背景元素，如图6-1所示。

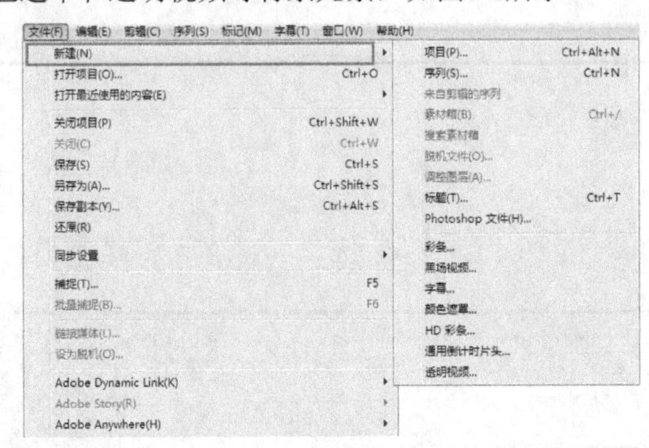

图6-1

知 识 点 修改颜色遮罩的默认持续时间

执行“编辑>首选项>常规”菜单命令，在打开的“首选项”对话框中设置“静止图像默认持续时间”，可修改颜色遮罩的默认持续时间，如图6-2所示。

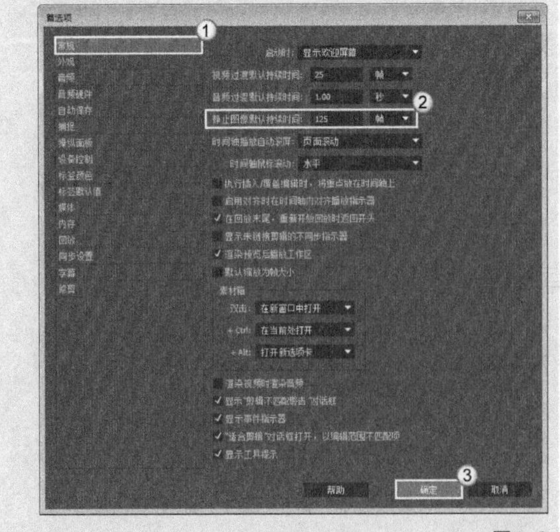

图6-2

6.1.2 在项目面板中创建Premiere Pro背景

除了可以使用菜单命令创建Premiere Pro背景元素外，还可以在Premiere Pro的“项目”面板中单击“新建分项”按钮来创建Premiere Pro背景元素。

6.1.3 编辑Premiere Pro背景元素

在Premiere Pro中创建系统自带的背景元素后，用户可以通过双击元素对象对其进行编辑。但是，彩条、黑场视频和透明视频只有唯一的状态，不能对其进行重新编辑。

课堂案例

创建透明视频

素材文件 无

技术掌握 创建透明视频的方法

01 新建一个项目，然后执行“文件>新建>透明视频”菜单命令，如图6-3所示。

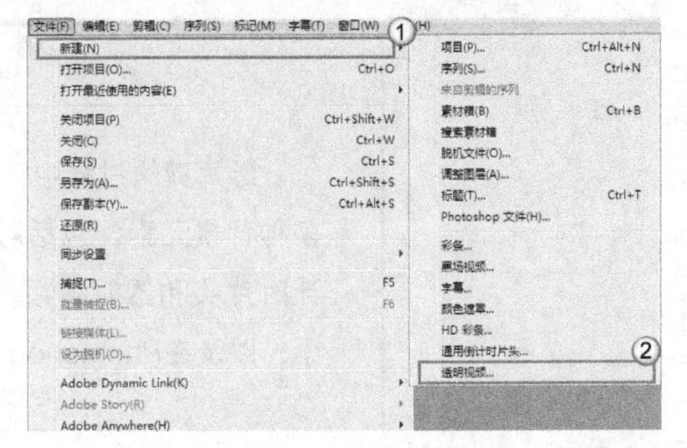

图6-3

02 在打开的“新建透明视频”对话框中单击“确定”按钮，如图6-4所示。此时，在“项目”面板中就出现了新建的透明视频，如图6-5所示。

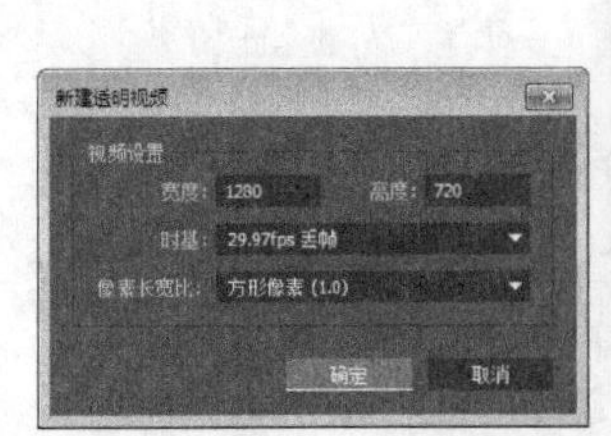

图6-4

图6-5

课堂案例

修改颜色遮罩的颜色

素材文件 无

技术掌握 修改颜色遮罩颜色的方法

01 新建一个项目，然后执行“文件>新建>颜色遮罩”菜单命令，如图6-6所示。

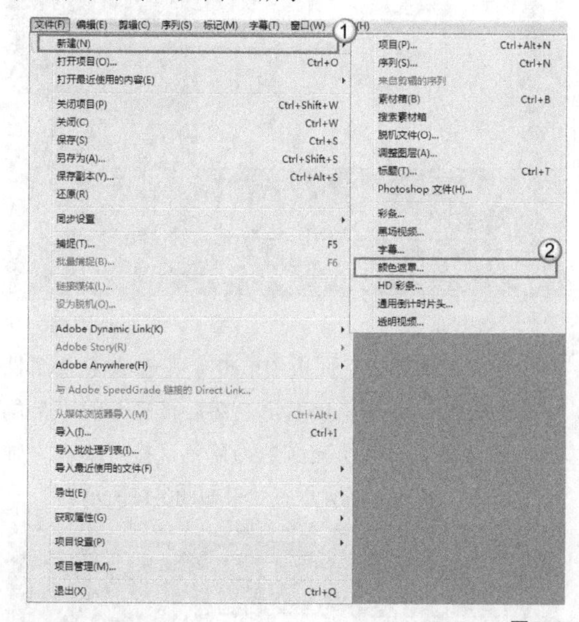

图6-6

02 在打开的“新建颜色遮罩”对话框中单击“确定”按钮，如图6-7所示。然后在打开的“拾色器”对话框中选择红色，单击“确定”按钮，如图6-8所示。

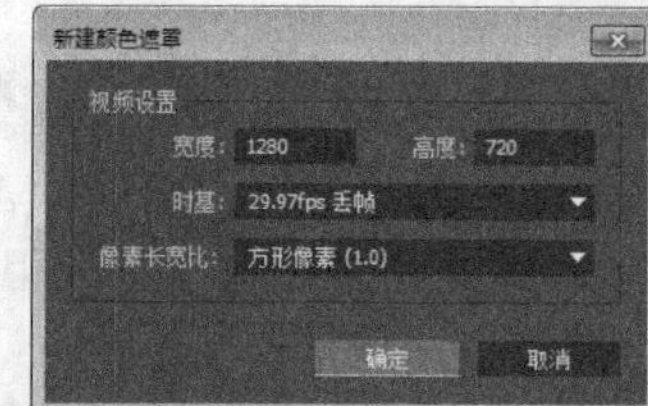

图6-7

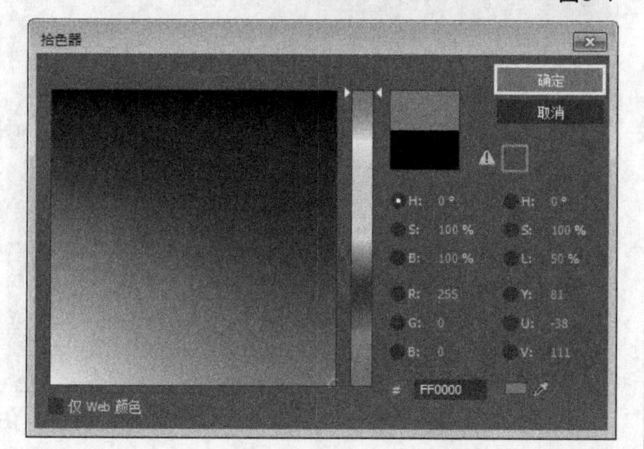

图6-8

03 在“项目”面板中双击“颜色遮罩”文件，如图6-9所示。然后在打开的“拾色器”对话框中设置颜色为蓝色，接着单击“确定”按钮即可修改遮罩的颜色，如图6-10所示。

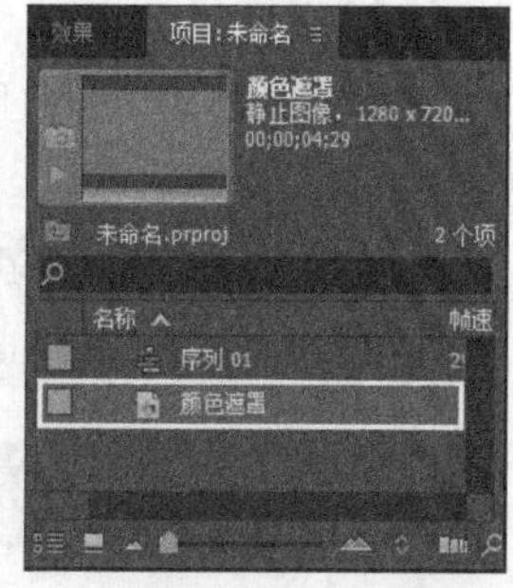

图6-9

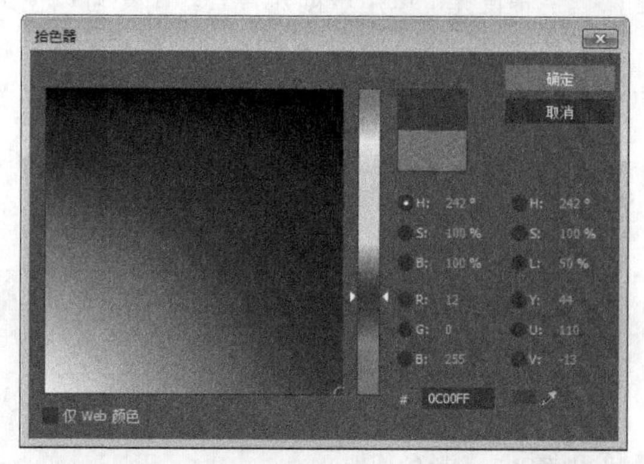

图6-10

知识点 修改时间轴面板中的颜色遮罩

将颜色遮罩放在“时间轴”面板中，如果要修改它的颜色，只需双击“时间轴”面板中的颜色遮罩素材，在出现了Premiere Pro的“拾色器”对话框后，选择一种新的颜色，然后单击“确定”按钮。在“时间轴”面板中修改颜色遮罩的颜色后，不仅选择素材中的颜色发生改变，而且轨道上所有使用该颜色遮罩素材中的颜色都会随之改变。

课堂练习

创建彩条

素材文件 无

技术掌握 创建彩条的方法

本例主要介绍如何创建彩条，案例效果如图6-11所示。

图6-11

操作提示

第1步：新建一个项目，然后执行“文件>新建>彩条”菜单命令。

第2步：在打开的“新建彩条”对话框中单击“确定”按钮，然后在“源”面板中查看彩条的效果。

6.2 在字幕窗口中创建背景

字幕设计可以用于创建背景。用户可以使用各种工具创建用作背景的艺术作品，或者使用“矩形工具”▣创建背景。下面介绍在Premiere Pro的“字幕”窗口中使用“矩形工具”▣创建背景的方法。

课堂案例

在字幕窗口中创建背景

素材文件　无

技术掌握　在“字幕”窗口中创建背景的方法

01 新建一个项目，然后执行“文件>新建>字幕”菜单命令，如图6-12所示。

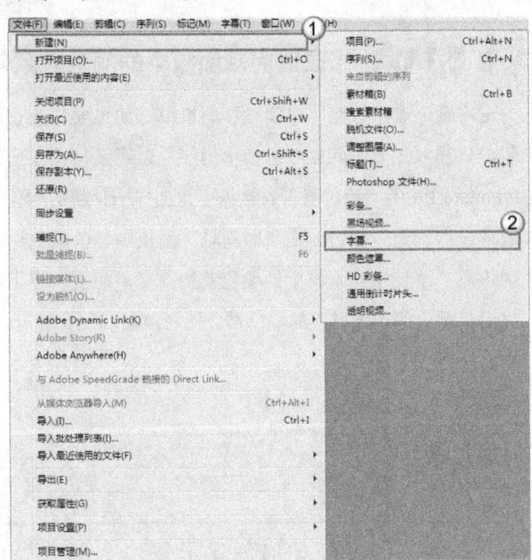

图6-12

02 在打开的“新建字幕”对话框中设置“名称”为“创建背景”，然后单击“确定”按钮，如图6-13所示。

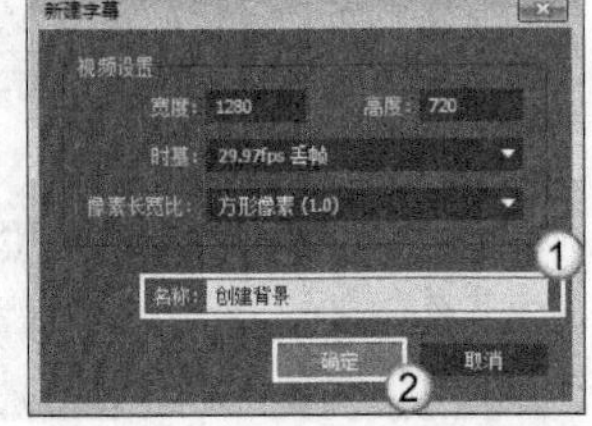

图6-13

03 在打开的对话框中单击“矩形工具”按钮▣，然后在视窗中绘制一个矩形，如图6-14所示。

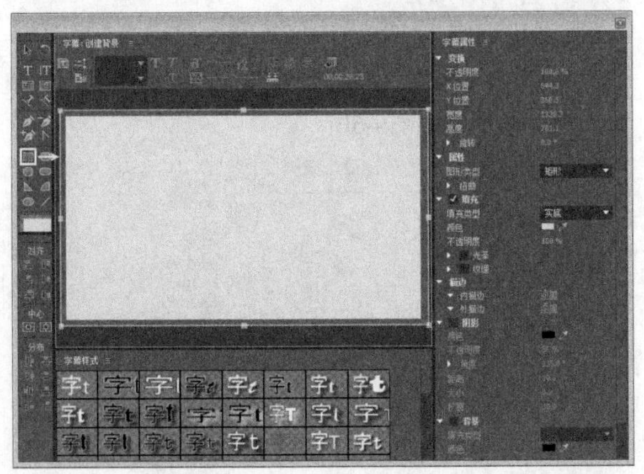

图6-14

04 在“字幕属性”面板中单击“填充>颜色”属性后面的色块，如图6-15所示。然后在打开的“拾色器”对话框中设置填充颜色为蓝色，接着单击“确定”按钮，如图6-16所示。效果如图6-17所示。

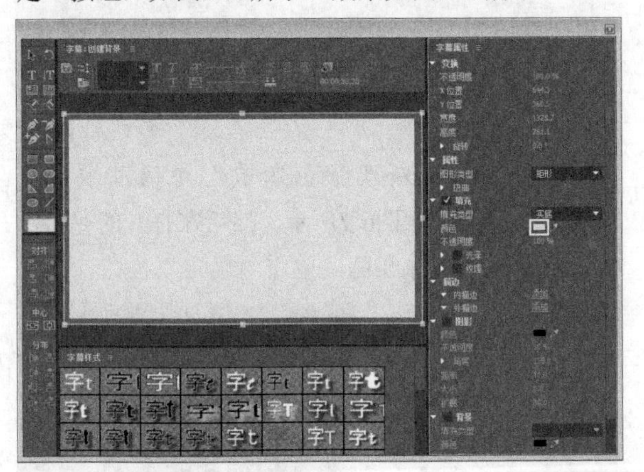

图6-15

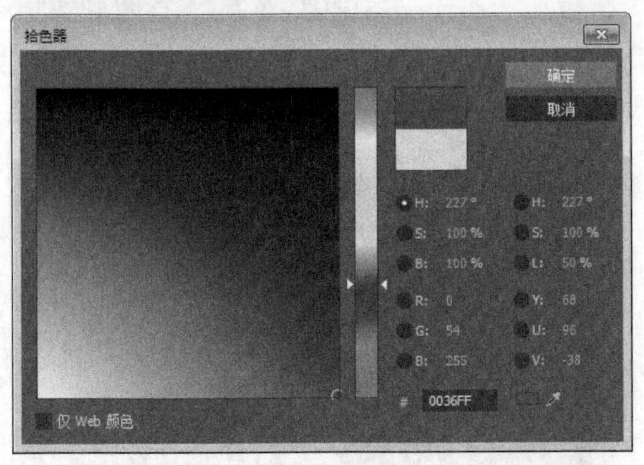

图6-16

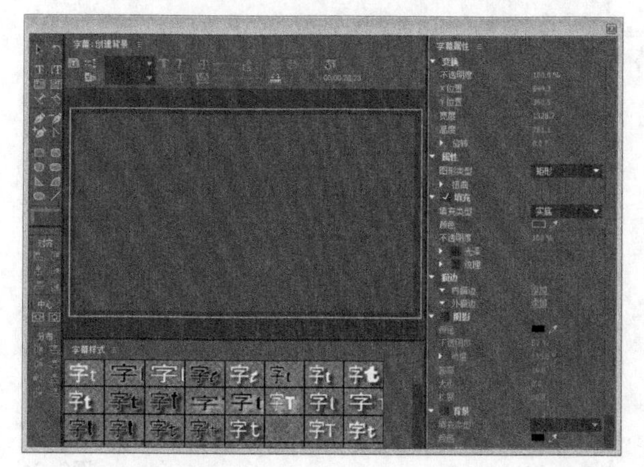

图6-17

技巧与提示

在“字幕”对话框中创建背景后，可以将视频效果应用于“时间轴”面板的视频轨道中背景所在的字幕。视频效果可以修改背景颜色或者扭曲字幕素材。

6.3 使用静态帧创建背景

使用Premiere Pro时，可能需要从视频素材中导出静态帧，并将其保存为TIFF或BMP格式，以便在Photoshop或Illustrator中打开，增强其效果，以用作背景蒙版。图6-18所示的是使用Photoshop对从Premiere Pro导出的静态帧进行绘制所获得的油画效果。

图6-18

课堂案例

创建静态帧背景

素材文件　素材文件>第6章>课堂案例：创建静态帧背景

技术掌握　创建静态帧背景的方法

01 打开学习资源中的“素材文件>第6章>课堂案例：创建静态帧背景>课堂案例：创建静态帧背景_I .prproj”文件，然后在“项目”面板中选择“序列01”文件，接着执行“文件>导出>媒体”菜单命令，如图6-19所示。

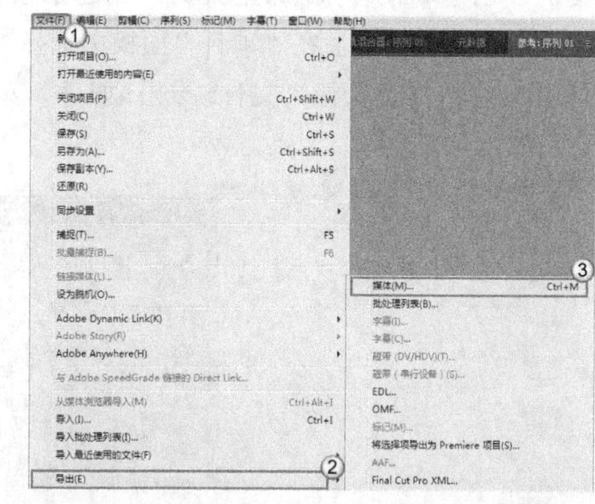

图6-19

02 在打开的“导出设置”对话框中设置“格式”为JPEG，然后设置输出的路径，接着单击“导出”按钮，如图6-20所示。

图6-20

03 输出完成后，可以在指定的目录中找到导出的文件序列，如图6-21所示。

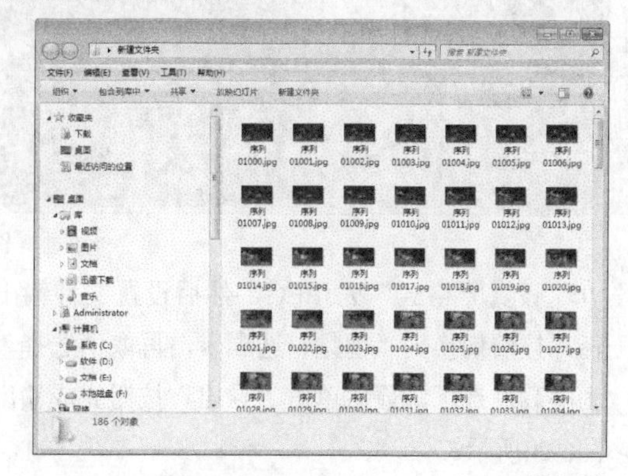

图6-21

课堂案例

创建单帧背景

素材文件　素材文件>第6章>课堂案例：创建单帧背景
技术掌握　创建单帧背景的方法

01 打开学习资源中的“素材文件>第6章>课堂案例：创建单帧背景>课堂案例：创建单帧背景_I.prproj”文件，然后在“项目”面板中选择“序列01”文件，接着执行“文件>导出>媒体”菜单命令，如图6-22所示。

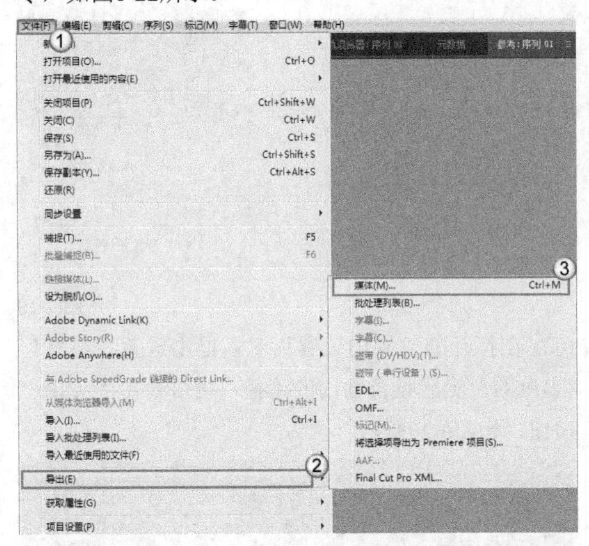

图6-22

02 在打开的“导出设置”对话框中切换到“源”选项卡，然后设置当前的时间在第11秒3帧处，如图6-23所示。

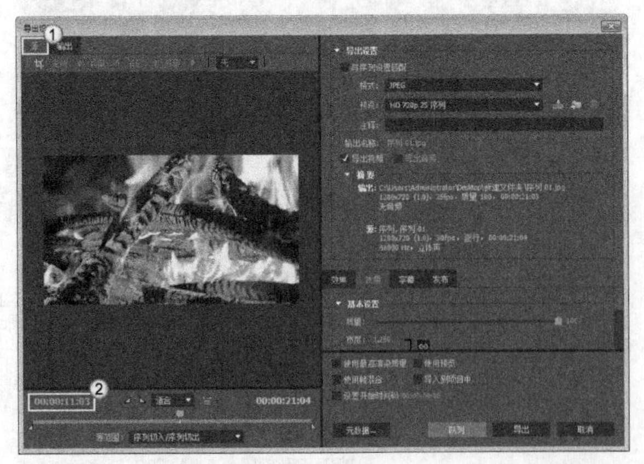

图6-23

03 设置“格式”为JPEG，然后设置文件输出的路径，接着切换到“视频”选项卡，再取消选择“导出为序列”选项，最后单击“导出”按钮完成输出，如图6-24所示。

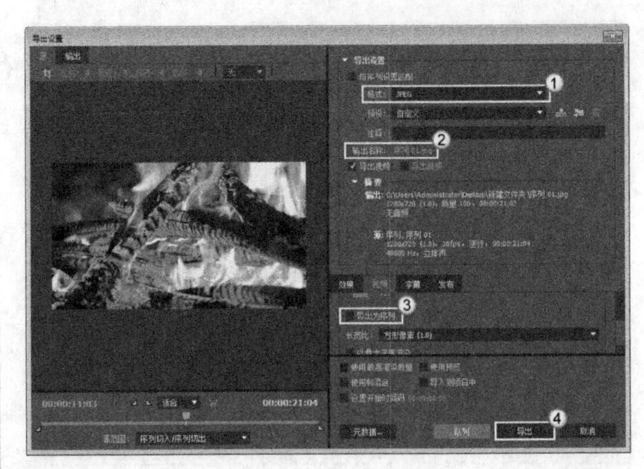

图6-24

04 输出完成后，可以在指定的目录中找到导出的文件，如图6-25所示。

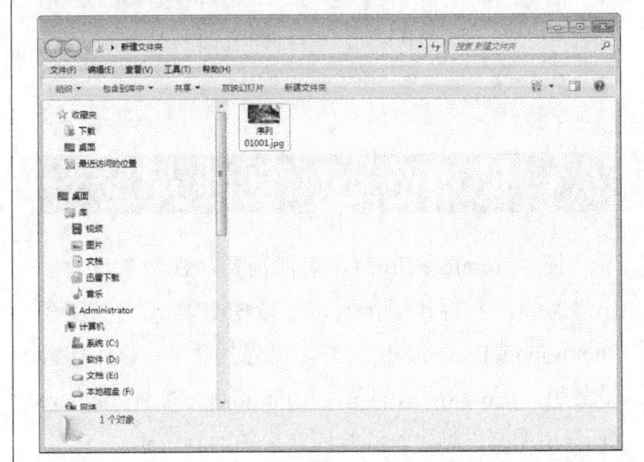

图6-25

6.4 在Photoshop中创建项目背景

对于创建全屏背景蒙版或者背景而言，Adobe Photoshop是一个功能非常强大的程序。在Photoshop中，不仅可以编辑和操作图像，还可以创建黑白、灰度或彩色图像用作背景模板。

可以用两种不同的方式创建新的Photoshop文件，分别是在Premiere Pro项目中创建和在Photoshop中创建。

6.4.1 在Premiere Pro项目中创建Photoshop背景文件

在Premiere Pro项目中创建Photoshop文件的优

点，就是不必将创建文件导入Premiere Pro，它会自动放置在Premiere Pro项目下。

6.4.2 在Photoshop中创建背景文件

Photoshop CC是Adobe公司推出的图形图像处理软件，其功能强大，操作方便，是使用范围比较广泛的平面图像处理软件之一。

课堂案例

在项目中创建Photoshop文件

素材文件 无

技术掌握 在项目中创建Photoshop文件的方法

01 新建一个项目，然后执行"文件>新建>Photoshop文件"菜单命令，如图6-26所示，接着在打开的"新建Photoshop文件"对话框中单击"确定"按钮，如图6-27所示。

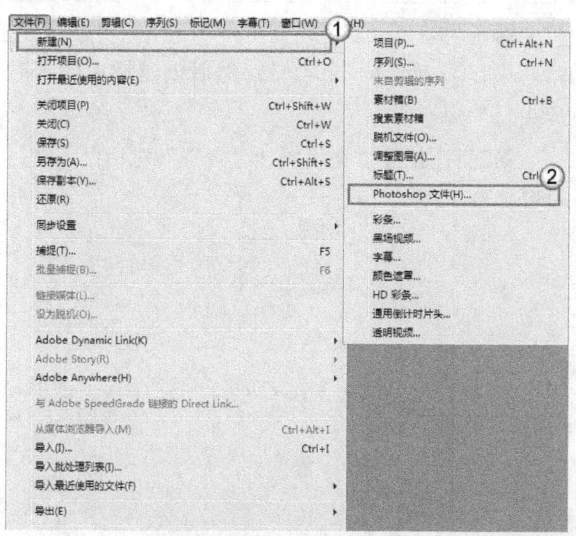

图6-26

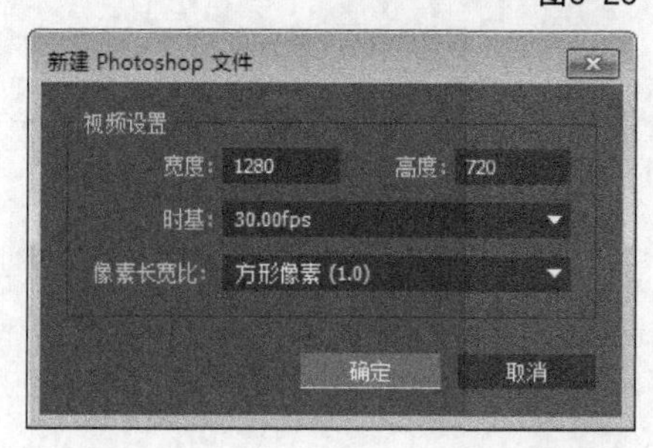

图6-27

02 在打开的"将Photoshop文件另存为"对话框中设置文件保存的路径，然后设置"文件名"为PS，接着单击"保存"按钮，如图6-28所示。

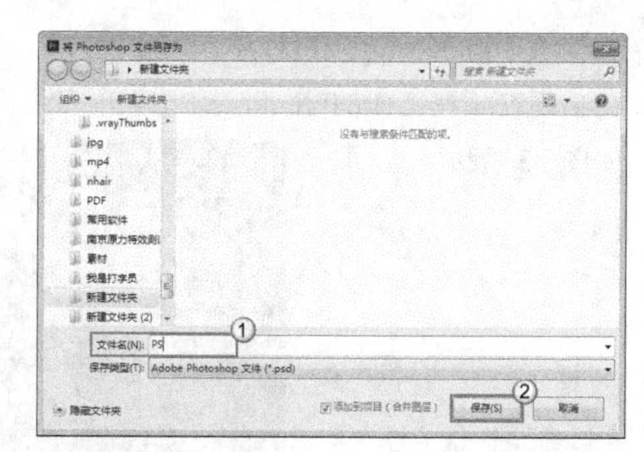

图6-28

技巧与提示

在"将Photoshop文件另存为"对话框中确保选择了"添加到项目（合并图层）"选项，这样保存文件时，它会自动保存到当前Premiere Pro项目的"项目"面板中。

03 Premiere Pro通过保存的Photoshop文件将自行启动Photoshop程序，连同动作安全框和字幕安全框一起出现在程序窗口中，如图6-29所示。

图6-29

04 在Photoshop的工具箱中单击"渐变工具"按钮■，然后在窗口的绘图区单击并拖曳来创建渐变背景，如图6-30所示，然后选择"文件>保存"命令保存创建的图像。

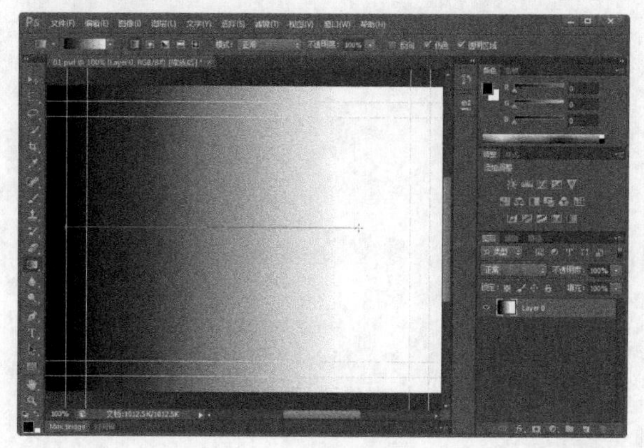

图6-30

05 关闭Photoshop应用程序，创建的Photoshop文件会出现在正在工作的Premiere Pro“项目”面板中，如图6-31所示。

图6-31

课堂练习

在Photoshop中创建背景

素材文件 无
技术掌握 在Photoshop中创建背景文件的方法

操作提示

第1步：在Photoshop中制作一个背景素材。

第2步：将制作好的Photoshop素材导入Premiere Pro。

6.5 课后习题

本章安排了两个课后习题，用来练习蒙版和倒计时向导的操作。建议读者先根据操作提示尝试制作案例中的效果，遇到困难时再观看教学视频。

6.5.1 课后习题：创建颜色遮罩

素材文件 无
技术掌握 创建颜色遮罩的方法

操作提示

第1步：新建一个项目，然后新建一个遮罩。

第2步：为遮罩设置颜色、大小和名称等属性。

6.5.2 课后习题：修改倒计时片头

素材文件 无
技术掌握 修改倒计时向导元素的方法

操作提示

第1步：新建一个项目，然后创建通用倒计时片头。

第2步：打开“通用倒计时设置”对话框，然后设置其参数。

第7章

管理和编辑素材

剪辑影片时，通常会导入大量的素材，因此要合理地管理素材。一个良好的管理方式，不仅可以大大提高制作效率，还可以避免一些麻烦。在安排完素材后，就可以在各个面板中编辑素材了，例如移动素材、切割素材，以及设置出入点等。本章主要介绍如何在项目面板中管理素材，以及在监视器和时间轴面板中编辑素材。

知识索引

使用项目管理素材

复制、重命名和删除素材

创建序列

设置出入点

7.1 使用项目面板

Premiere Pro提供了一些用于在工作时保持源素材有序化的功能。下面将介绍提高处理素材效率的各种菜单命令和选项。

7.1.1 查看素材

在Premiere Pro中，要了解导入素材的属性，可以按照以下两种方法来完成。

1.查看素材的基本信息

在“项目”面板中选择素材，然后单击鼠标右键，在打开的菜单中选择“属性”命令可查看素材的属性，如图7-1所示。在打开的“属性”对话框中将会显示该素材的基本属性，包括文件路径、类型、大小和帧速率等，如图7-2所示。

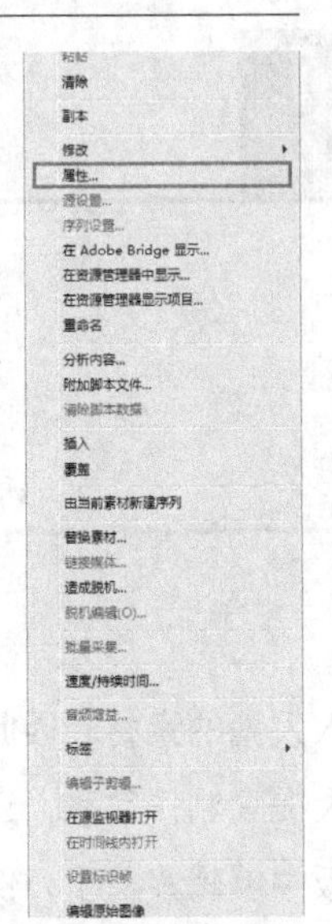

图7-1

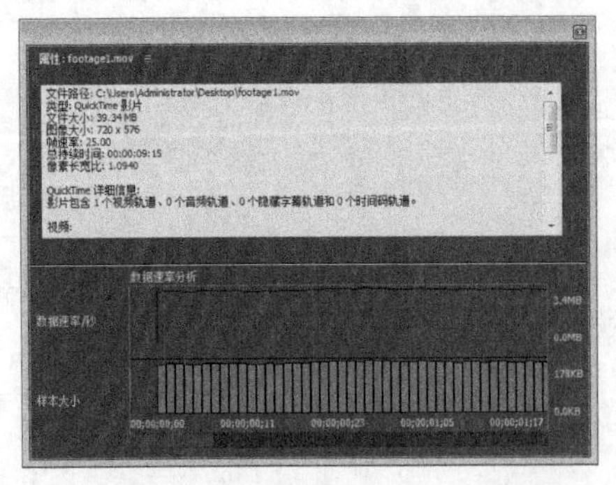

图7-2

2.查看更多的素材信息

单击“项目”面板底部的“列表视图”按钮，将显示模式设置为列表，然后将“项目”面板向右展开，即可在该面板中查看素材的帧速率、类型、媒体持续时间、音频信息、视频信息和状态等信息，如图7-3所示。

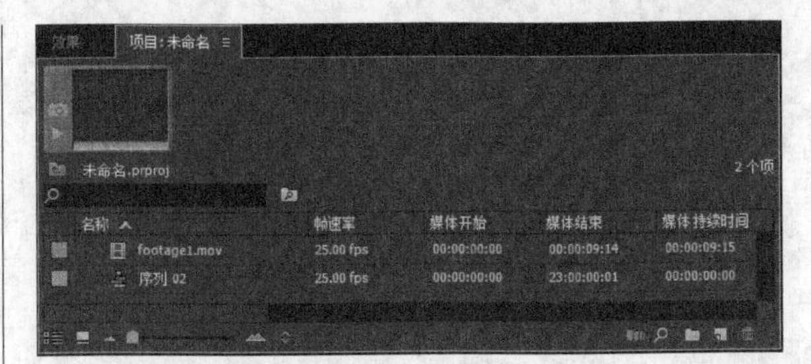

图7-3

7.1.2 分类管理素材

使用“项目”面板中的文件夹管理功能，可以帮助用户有条理地管理各种导入的素材文件。在创建了新的文件夹后，可以将同类的素材文件放入一个文件夹，以便分类管理素材。

7.1.3 使用项目管理素材

Premiere Pro的项目管理提供了一种减小项目文件大小和删除无关素材的最快方法。项目管理通过删除未使用文件以及入点前和出点后的额外帧来节省磁盘空间。项目管理提供了两种选项，即创建一个新的修整项目，或者将所有或部分项目文件复制到一个新位置。

要使用项目管理，可以执行“项目>项目管理”菜单命令，将打开图7-4所示的“项目管理器”对话框。

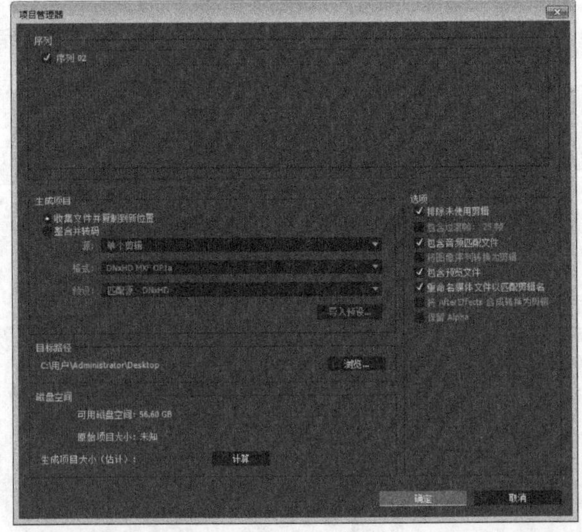

图7-4

常用参数介绍

排除未使用剪辑：此选项将从新项目中删除未使用的素材。

包含音频匹配文件：选择此选项，在新项目中保存匹配的音频文件，并且新项目将会占用更少的硬盘空间，但是Premiere Pro必须在新项目中匹配文件，这也许会花费很多时间。只有选择“收集文件并复制到新的位置”选项之后，才能选择此选项。

包含预览文件：此选项用于在新项目中包含渲染影片的预览文件。如果选择此选项，则会创建一个更小的项目，但是需要重新渲染以查看新项目中的效果。注意：只有选择“收集文件并复制到新的位置”选项之后，才能选择此选项。

重命名媒体文件以匹配剪辑名：如果重命名“项目”面板中的素材，此选项可以确保在新项目中保留这些新名称。注意：如果重命名一个素材，然后将其状态设置为脱机，则原始的文件名将会保留。

目标路径：此选项用于为包含修整项目材料的项目文件夹指定一个位置。单击“浏览”按钮，指定新的位置。

磁盘空间：此选项将原始项目的文件大小与新的修整项目进行比较。单击“计算”按钮，即可更新文件大小。

> **技巧与提示**
>
> 执行“编辑>移除未使用资源”菜单命令，可以只删除项目中未使用的素材。

课堂案例

分类管理素材

素材文件　素材文件>第7章>课堂案例：分类管理素材

技术掌握　分类管理素材的方法

01 新建一个项目，然后导入学习资源中的“素材文件>第7章>课堂案例：分类管理素材>Amazing Animal_8.mp4/Amazing Animal_10.mp4/Amazing Animal_11.mp4/Amazing Animal_12.mp4/Amazing Animal_13.mp4”文件，如图7-5所示。

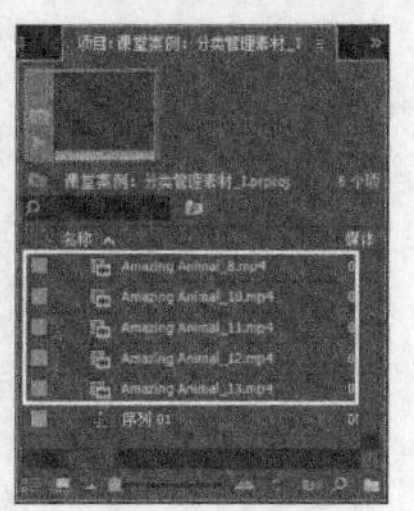

图7-5

02 单击“项目”面板下方的“新建文件夹”按钮，创建一个新的文件夹，然后将其命名为shot1，如图7-6所示，接着将素材Amazing Animal_8.mp4、Amazing Animal_10.mp4和Amazing Animal_11.mp4拖曳到shot1文件夹中，如图7-7所示。

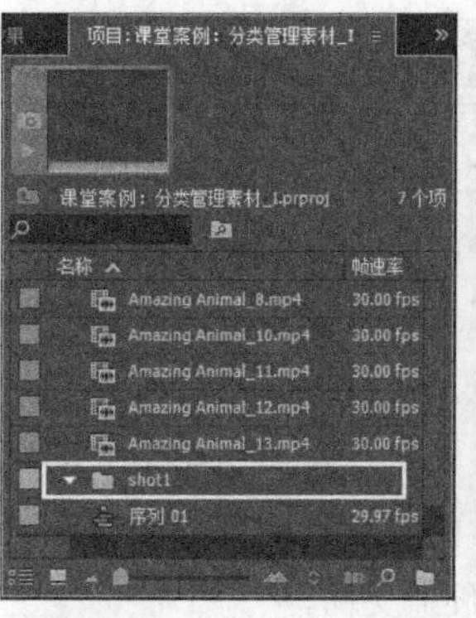

图7-6

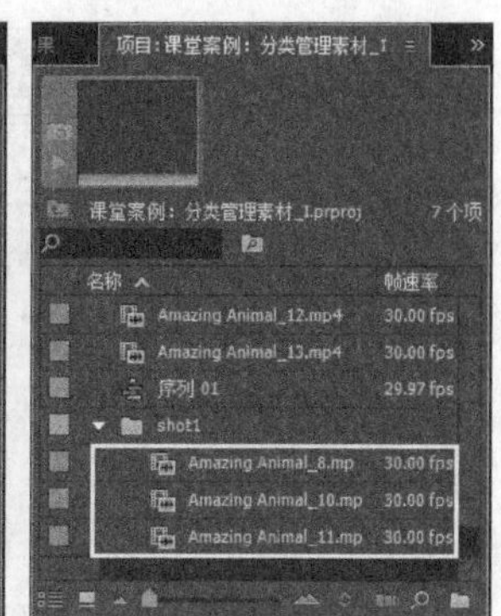

图7-7

03 单击“项目”面板下方的“新建文件夹”按钮，创建一个新的文件夹，然后将其命名为shot2，如图7-8所示，接着将素材Amazing Animal_12.mp4和Amazing Animal_13.mp4拖曳到shot2文件夹中，如图7-9所示。

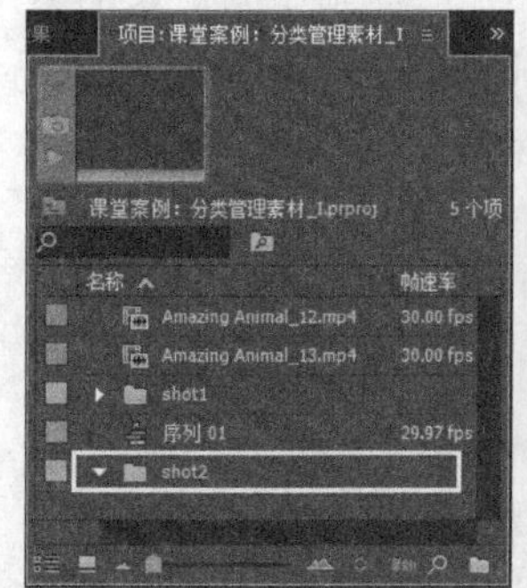

图7-8

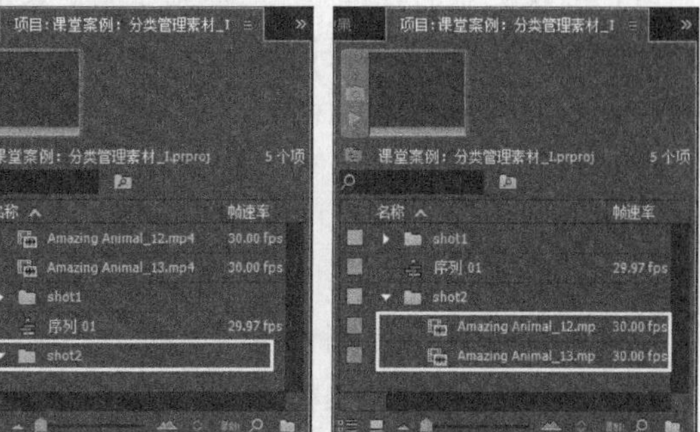

图7-9

04 将shot2文件夹拖曳到“清除”按钮处，可将文件夹及其中的文件删除，如图7-10所示。

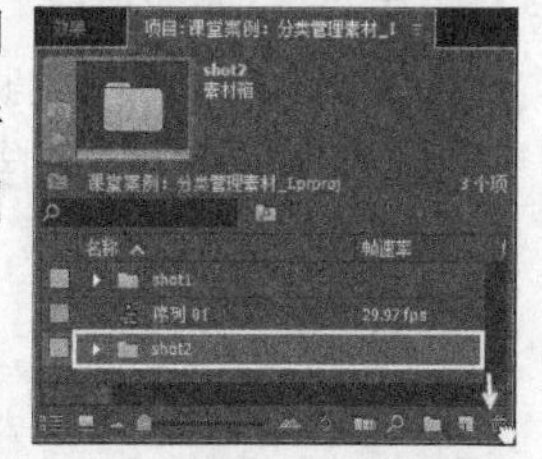

图7-10

> **技巧与提示**
>
> 用户还可以在“项目”面板中根据所要使用的素材类型，预先创建多个文件夹，然后将需要的素材文件直接导入指定的文件夹，从而快速完成对素材的分类管理。

7.2 主素材和子素材

如果正在处理一个较长的视频项目，那么有效地组织视频和音频素材将有助于确保工作效率。Premiere Pro提供了大量用于素材管理的方便特性，用户可以重命名素材，并在主素材中创建子素材。

7.2.1 了解主素材和子素材

由于子素材是父级主素材的子对象，并且它们可以同时服务于一个项目，所以必须理解它们与原始源影片之间的关系。

主素材：当首次导入素材时，它会作为“项目”面板中的主素材。主素材是媒体硬盘文件的屏幕表示。可以在“项目”面板中重命名和删除主素材，且不会影响到原始的硬盘文件。

子素材：子素材是主素材的一个更短的、经过编辑的版本，独立于主素材。例如，如果采集一个较长的访谈素材，可以将不同的主题分解为多个子素材，并在“项目”面板中快速访问它们。编辑时，处理更短的素材比在时间轴中为更长的素材使用不同的实例效率更高。如果从项目中删除主素材，它的子素材仍会保留在项目中。可以使用Premiere的批量采集选项，从“项目”面板中重新采集子素材。

在管理主素材和子素材时，需要注意以下5点。

第1点：如果造成一个主素材脱机，或者从“项目”面板中将其删除，这样并未从磁盘中将素材文件删除，子素材和子素材实例仍然是联机的。

第2点：如果造成一个素材脱机并从磁盘中删除素材文件，则子素材及其主素材将会脱机。

第3点：如果从项目中删除子素材，则不会影响到主素材。

第4点：如果造成一个子素材脱机，则它在时间轴序列中的实例也会脱机，但是其副本将会保持联机状态。基于主素材的其他子素材，也会保持联机状态。

第5点：如果重新采集一个子素材，那么它会变为主素材。子素材在序列中的实例被链接到新的子素材电影胶片，就不再被链接到旧的子素材材料。

7.2.2 使用主素材和子素材管理素材

理解了主素材、素材实例和子素材之间的关系之后，就可以在项目中使用子素材了。正如前面所述，Premiere Pro允许在一个或更多较短的素材（称为子素材）中重新生成较长素材的部分影片，此特性允许处理与主素材独立的更短子素材。

知识点 如何将子素材转换为主素材

如果要将子素材转换为主素材，那么选择“剪辑>编辑子剪辑”菜单命令，在打开的“编辑子剪辑”对话框中选择“转换到主剪辑”选项，然后单击“确定”按钮，如图7-11所示。将子素材转换为主素材后，其在“项目”面板中的图标将变为主素材图标，如图7-12所示。

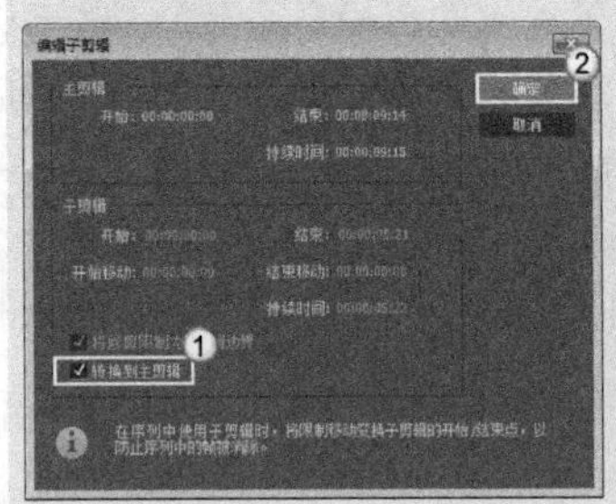
图7-11

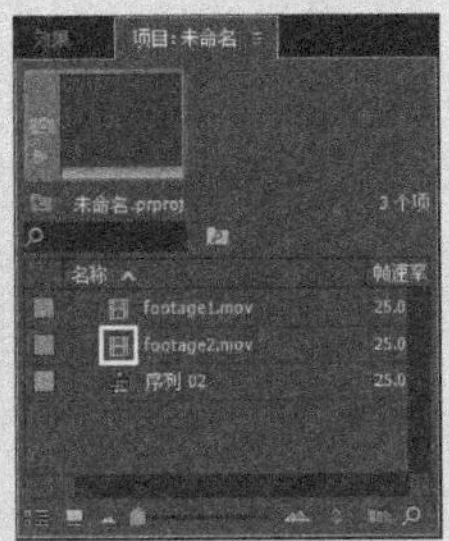

图7-12

7.2.3 复制、重命名和删除素材

尽管创建子素材的操作比复制和重命名素材效率更高，但有时也需要复制整个素材，以在“项目”面板中拥有主素材的另一个实例。

课堂案例

创建一个子素材

素材文件 素材文件>第7章>课堂案例：创建一个子素材

技术掌握 创建一个子素材的方法

01 打开学习资源中的“素材文件>第7章>课堂案例：创建一个子素材>课堂案例：创建一个子素材_I.prproj”文件，然后在“项目”面板中双击Amazing Animal_14.mp4文件，在“源”面板中显示该素材，如图7-13所示。

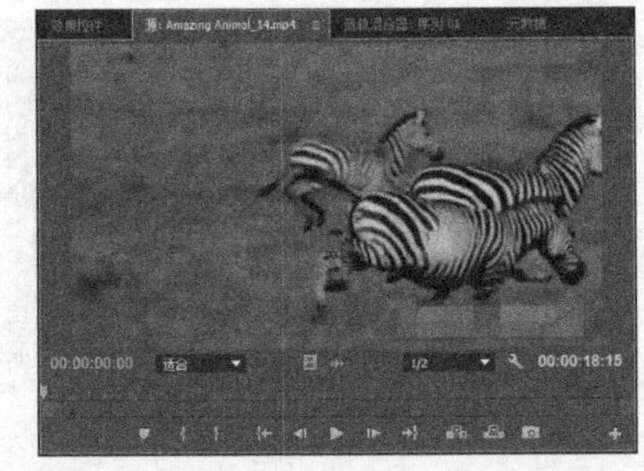
图7-13

02 在“源”面板中将时间设置在第2秒24帧处，然后单击“标记入点”按钮，如图7-14所示。接着将时间设置在第10秒处，单击“标记出点”按钮，如图7-15所示。

图7-14

图7-15

03 在“时间轴”面板中选择素材，然后执行“剪辑>制作子剪辑”菜单命令，接着在打开的“制作子剪辑”对话框中单击“确定”按钮，如图7-16所示。此时，在“项目”面板中就生成了子素材，如图7-17所示。

图7-16 图7-17

课堂案例

复制、重命名和删除素材

素材文件 素材文件>第7章>课堂案例：复制、重命名和删除素材

技术掌握 复制、重命名和删除素材的方法

01 打开学习资源中的“素材文件>第7章>课堂案例：复制、重命名和删除素材>课堂案例：复制、重命名和删除素材_I.prproj”文件，然后选择Amazing Animal_15.mp4文件，执行“编辑>复制”菜单命令，接着执行“编辑>粘贴”菜单命令复制文件，如图7-18所示。

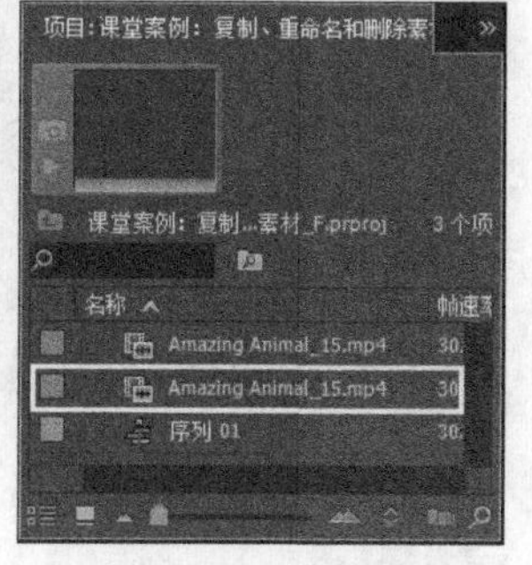

图7-18

02 选择复制出来的文件，然后执行“剪辑>重命名”菜单命令，将其命名为new，如图7-19所示。

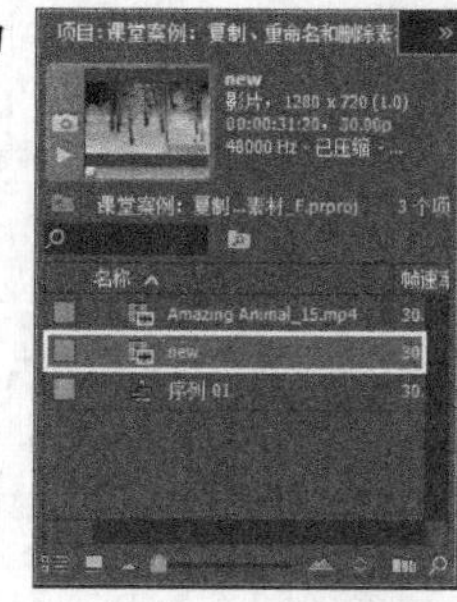

图7-19

03 选择new文件，然后执行“编辑>清除”菜单命令，即可将选择的素材删除，如图7-20所示。

图7-20

技巧与提示

在“项目”面板中按住Ctrl键，将主素材拖曳到面板中的空白处，释放鼠标后可以复制主素材。如果想要从“项目”面板或“时间轴”面板中删除素材，可以选择素材并按Backspace键，或者执行“编辑>清除”命令。

7.3 使素材脱机或联机

处理素材时，如果让素材的位置发生变化，将会出现素材脱机的现象，Premiere Pro将删除“项目”面板中从素材到其磁盘文件的链接。另外，用户也可以通过删除此链接，对素材进行脱机修改。当素材造成脱机情况，则在打开项目时，Premiere Pro将不再尝试访问影片。在素材脱机之后，可以将其重新链接到硬盘媒体并在一个批量采集会话中对其重新采集。

课堂案例

素材脱机和联机

素材文件 素材文件>第7章>课堂案例：素材脱机和联机

技术掌握 将素材脱机和将脱机素材联机的方法

01 打开学习资源中的“素材文件>第7章>课堂案例：素材脱机和联机>课堂案例：素材脱机和联机_I.prproj”文件，然后选择Amazing Animal_16.mp4文件，接着执行“文件>设为脱机”命令，如图7-21所示。

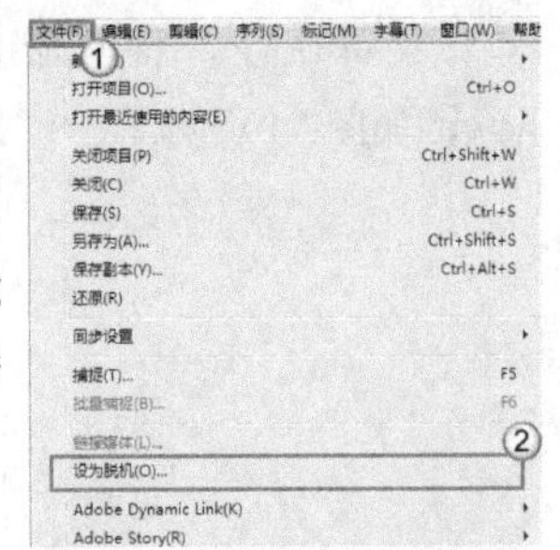

图7-21

02 在打开的“设为脱机”对话框中单击“确定”按钮，如图7-22所示。脱机素材在“项目”面板中将显示为?状，如图7-23所示。

图7-22

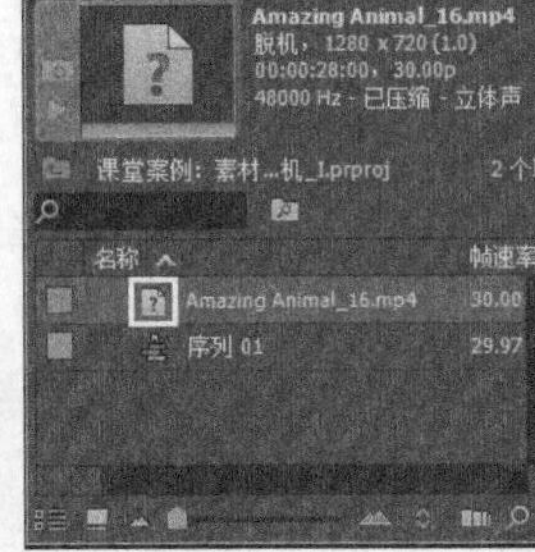

图7-23

03 选择Amazing Animal_16.mp4文件，执行“文件>链接媒体”菜单命令，然后在打开“链接媒体”对话框中单击“查找”按钮，如图7-24所示。然后在打开的“查找文件”对话框中选择Amazing Animal_17.mp4文件，单击“确定”按钮，如图7-25所示。

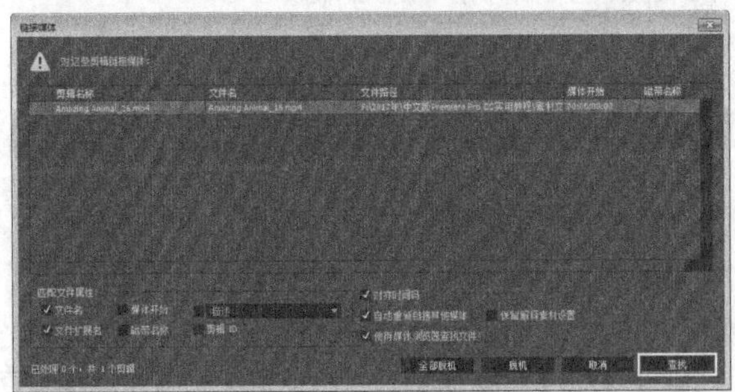

图7-24

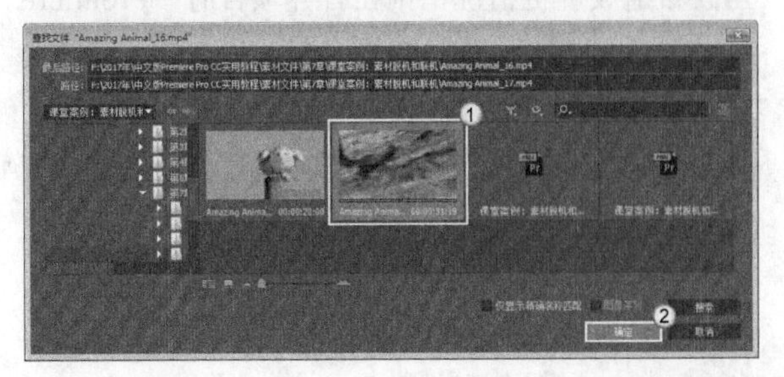

图7-25

04 此时，在“项目”面板中Amazing Animal_16.mp4的文件名并没有发生变化，但实际内容已经替换为Amazing Animal_17.mp4中的内容了，如图7-26所示。

图7-26

技巧与提示

可以使用硬盘上的采集影片替换一个或多个脱机文件。

7.4 使用监视器面板

在大多数编辑情况下，需要在屏幕上一直打开源监视器和节目监视器，以便同时查看源素材（将在节目中使用的素材）和节目素材（已经放置在“时间轴”面板序列中的素材）。

7.4.1 了解监视器面板

源监视器和节目监视器不仅可以在工作时预览作品，还可以用于精确编辑和修整影片。可以在将素材放入视频序列之前，使用“源”面板修整这些素材，如图7-27所示。

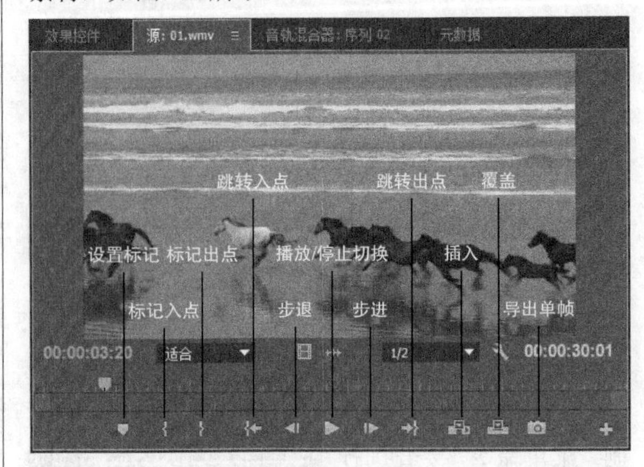

图7-27

使用“节目”面板可以编辑已经放置在时间轴上的影片，如图7-28所示。

图7-28

源监视器和节目监视器都允许查看安全框区域。监视器安全框显示动作和字幕所在的安全区域。这些框指示图像区域在监视器视图区域内是安全的，包括那些可能被扫描过的图像区域。安全区域是必需的，因为电视屏幕（不同于视频制作监视器或计算机屏幕）无法显示照相机实际拍摄到的完整视频帧。

如果要查看监视器面板中的安全框标记，那么可以在监视器面板菜单中选择“安全边距”命令。当安全区域边界显示在监视器中时，内部安全区域就是字幕安全区域，而外部安全区域则是动作安全区域。

7.4.2 查看素材的帧

在“源”面板中可以精确地查找素材片段的每一帧，通过时间码和时间滑块来指定当前帧的位置，如图7-29所示。

图7-29

技巧与提示

单击“前进一帧”按钮，可以使画面向前移动一帧，如果按住Shift键的同时单击该按钮，可以使画面向前移动5帧。

单击“后退一帧”按钮，可以使画面向后移动一帧。如果按住Shift键的同时单击该按钮，可以使画面向后移动5帧。

7.4.3 在源面板中选择素材

使用“源”面板中的素材时，可以轻松返回以前使用的素材。如果第一次使用“源”面板中的素材，那么该素材的名字会显示在“源”面板顶部的选项卡中。如果想返回到源监视器中以前使用的某个素材，只需单击按钮，在打开的菜单中选择想要的素材，如图7-30所示。在下拉菜单中选择素材之后，该素材会出现在源监视器窗口中。

图7-30

7.4.4 在源面板中修整素材

在将素材放到时间轴上的某个视频序列中时，可能需要先在“源”面板中修整它们（设置素材的入点和出点），因为采集的素材包含的影片总是多于所需的影片。如果在将素材放入时间轴的某个视频序列之前修整它，可以节省在时间轴中拖曳素材边缘所花费的时间。

7.4.5 使用素材标记

如果想返回素材中的某个特定帧，可以设置一个标记作为参考点。在“源”面板或时间轴序列中，标记显示为三角形。

课堂案例

在源面板中设置入点和出点

素材文件　素材文件>第7章>课堂案例：在源面板中设置入点和出点
技术掌握　在“源”面板中设置素材入点和出点的方法

01 打开学习资源中的“素材文件>第7章>课堂案例：在源面板中设置入点和出点>课堂案例：在源面板中设置入点和出点_I.prproj”文件，然后在“项目”面板中双击Amazing Animal_18.mp4文件，使该文件在“源”面板中显示，如图7-31所示。

图7-31

02 在第8秒17帧处单击“标记入点”按钮，然后在第13秒11帧处单击“标记出点”按钮，如图7-32所示。

图7-32

技巧与提示

如果要精确访问设置为入点的帧，那么单击当前时间指针，并在“源”面板的标尺区域中拖曳它。在拖曳当前时间指针时，源监视器的时间显示会指示帧的位置。如果没有在所需的帧处停下，可以单击“前进一帧”或“后退一帧”按钮，一次一帧地慢慢向前或向后移动。

03 如果对设置的入点或出点不满意，可以拖曳入点或出点来调整。将视频的入点拖曳到第5秒9帧处，如图7-33所示。

图7-33

04 单击“源”面板右下方的“按钮编辑器”按钮，在打开的面板中将“从入点到出点播放视频”按钮拖曳到“源”面板下方的工具按钮栏中，如图7-34所示。

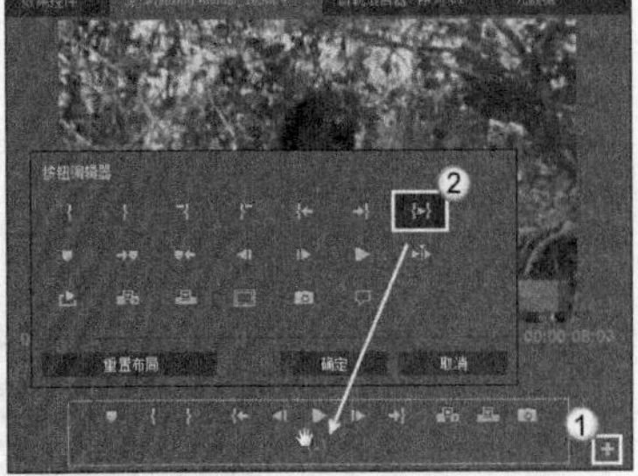

图7-34

05 在“源”面板中单击添加的“从入点到出点播放视频”按钮，可以在“源”面板中预览素材在入点和出点之间的视频，如图7-35所示。

图7-35

知识点 移动时间指针的快捷键

在“源”面板中，通过快捷键，可以快速移动时间指针到需要的位置。移动时间指针的快捷键如下。

前进一帧：按住K键的同时按L键。

后退一帧：按住K键的同时按J键。

以8 fps的速度向前播放：按K后再按L键。

以8 fps的速度后退：按K后再按J键。

前进5帧：Shift+→。

后退5帧：Shift+←。

课堂案例

使用素材标记

素材文件 素材文件>第7章>课堂案例：使用素材标记

技术掌握 使用素材标记的方法

01 打开学习资源中的“素材文件>第7章>课堂案例：使用素材标记>课堂案例：使用素材标记_I.prproj”文件，然后在“项目”面板中双击Amazing Animal_19.mp4文件，使该文件在“源”面板中显示，如图7-36所示。

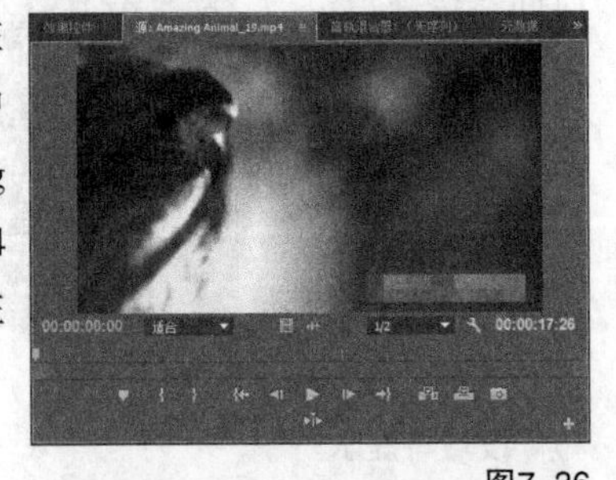

图7-36

02 在第2秒11帧处单击“源”面板中的“添加标记”按钮，在该时间点添加一个标记，如图7-37所示。然后分别在第4秒24帧、第6秒16帧和第8秒22帧处添加标记，如图7-38所示。

图7-37

图7-38

03 单击“源”面板中添加“转到上一标记”和“转到下一标记”按钮，然后单击“转到上一标记”按钮，时间指针将会移至第6秒16帧，如图7-39所示。

图7-39

04 执行“标记>清除所选标记”菜单命令可以删除当前时间点的标记，如图7-40所示，效果如图7-41所示。

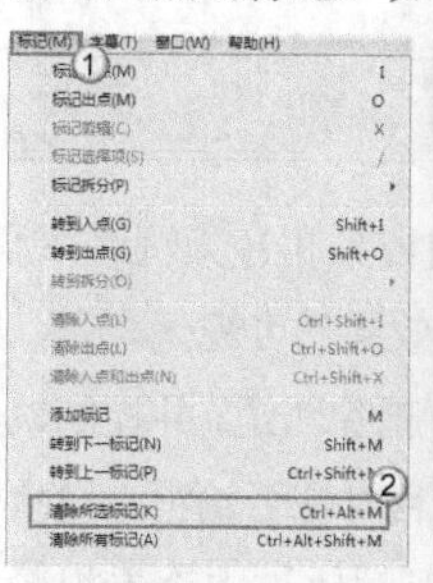

图7-40

图7-41

7.5 使用时间轴面板

要掌握所有的时间轴按钮、图标、滑块和控件似乎非常困难，但是在开始使用时间轴之后，读者将逐渐了解每个特性的功能和用法。

为了使学习时间轴的过程变得更轻松，本节将根据3个特定的时间轴元素，标尺区和控制标尺的图标、视频轨道、音频轨道来介绍。

7.5.1 时间轴标尺选项

“时间轴”面板中的时间轴标尺图标和控件决定了观看影片的方式，以及Premiere Pro渲染和导出的区域，图7-42所示的是时间轴标尺图标和控件的外观。

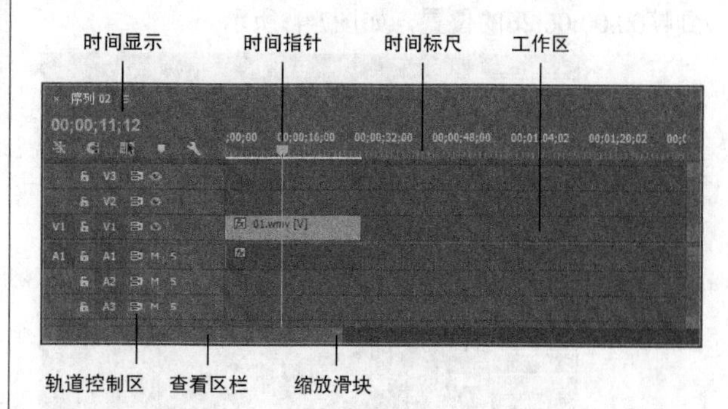

图7-42

时间轴面板介绍

时间标尺：它是时间间隔的可视化显示，将时间间隔转换为每秒包含的帧数，对应于项目的帧速率。标尺上出现的数字之间的实际刻度数取决于当前的缩放级别，用户可以拖曳查看区栏或缩放滑块进行调整。

技巧与提示

默认情况下，时间轴标尺以每秒包含的帧数来显示时间间隔。如果正在编辑音频，可以将标尺更改为以毫秒或音频采样的形式显示音频单位。如果要切换音频单位，可以在“时间轴”面板菜单中选择“显示音频时间单位”命令，也可以执行“项目>项目设置>常规”菜单命令，在打开的“项目设置”对话框的音频显示格式下拉列表中进行选择。

时间指针：当前时间指针是标尺上的蓝色三角图标。可以拖曳当前时间指针在影片上缓缓移动，也可以单击标尺区域中的某个位置将当前时间指针移动到特定帧处，如图7-43所示。或者在时间显示区输入一个时间并按Enter键移动到指定位置，还可以单击并向左或向右拖曳时间，以沿着标尺向左或向右移动当前时间指针。

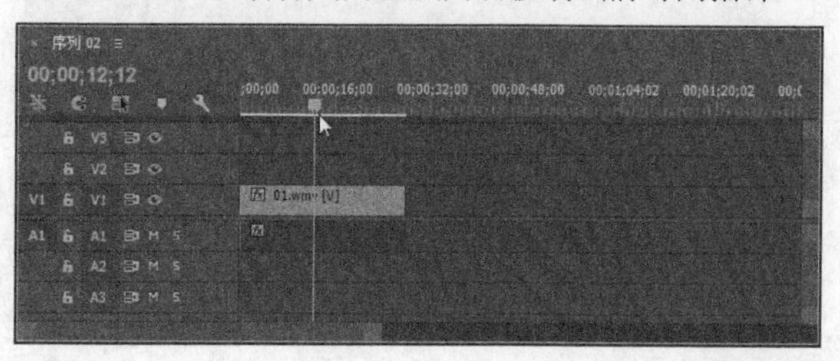

图7-43

时间显示：在时间轴上移动当前时间指针时，时间显示会指示当前帧所在的位置。可以单击时间显示并输入一个时间，以快速跳到指定的帧处。键入时间时不必输入分号或冒号。例如，单击时间显示并输入626后按Enter键，如图7-44所示，即可移动到帧00:00:06:26的位置，如图7-45所示。

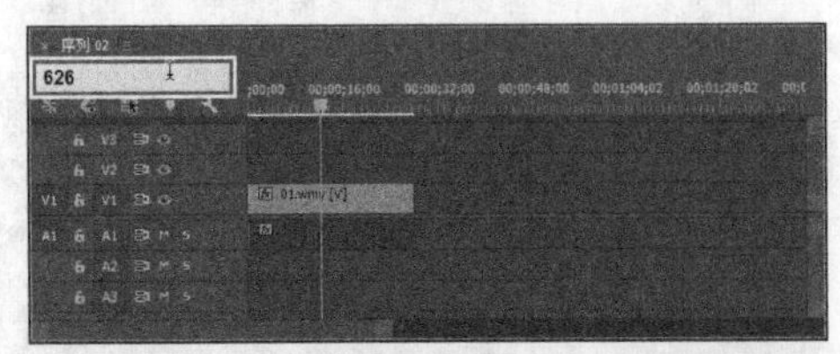

图7–44

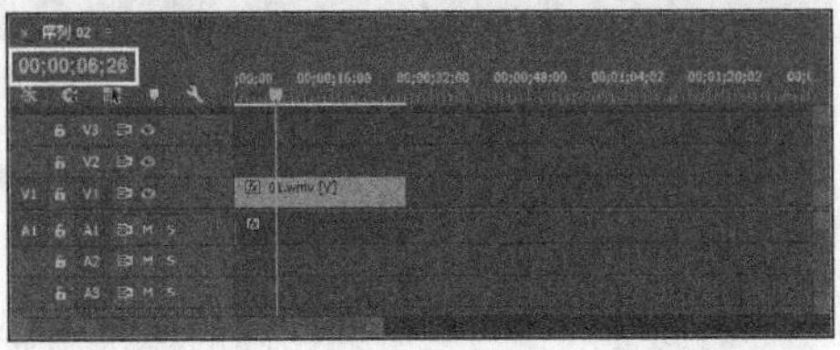

图7–45

查看区栏：拖曳查看区栏可以更改时间轴中的查看位置，如图7-46所示。

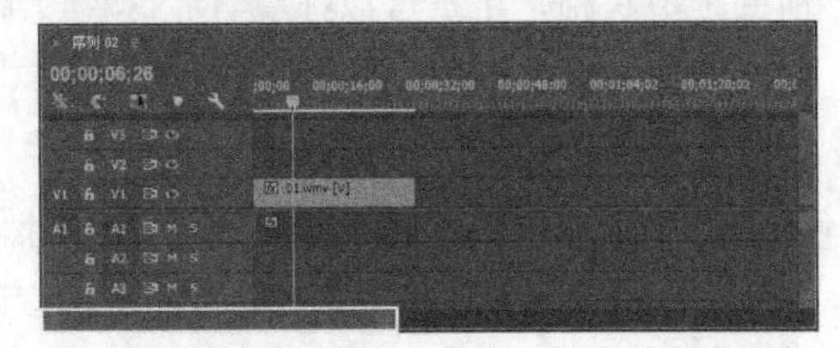

图7–46

缩放滑块：拖曳查看区栏两边的缩放按钮，可以更改时间轴中的缩放级别。缩放级别决定标尺的增量和在“时间轴”面板中显示的影片长度，可以拖曳查看区栏的一端更改缩放级别。单击查看区栏的右侧端点并将其向左拖曳，可以在时间轴上显示更少的帧。因此，随着显示的时间间隔缩短，标尺上刻度线之间的距离会增加。总而言之，如果要放大时间轴，那么单击查看区栏两边的缩放滑块并向左拖曳，如图7-47所示；如果要缩小时间轴，那么单击查看区栏两边的缩放滑块并向右拖曳，如图7-48所示。

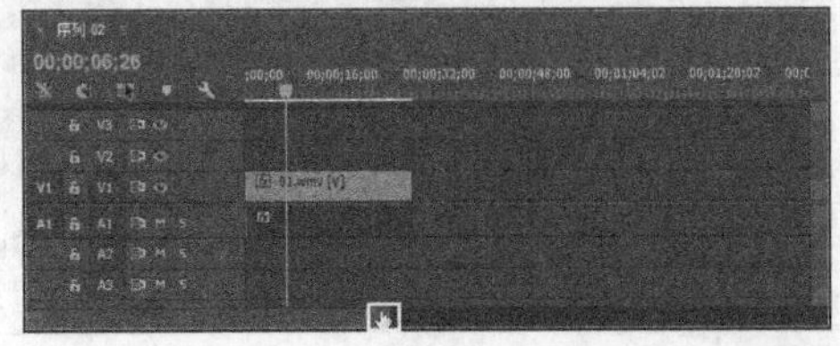

图7–47

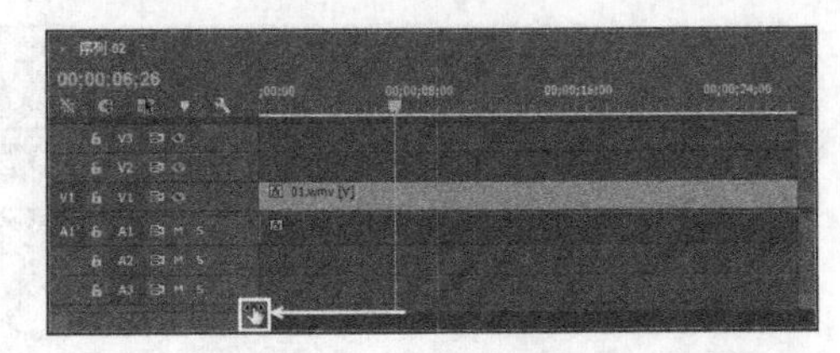

图7–48

工作区：时间轴标尺的下面是Premiere Pro的工作区栏，用于指定将要导出或渲染的工作区。可以单击工作区的某个端点并拖曳，或者从左向右拖曳整个栏。为什么要更改工作区呢？因为在渲染项目时，Premiere Pro只渲染工作区栏定义的区域。这样，当想要查看一个复杂效果的外观时，不需要等到整个项目渲染完毕。而且，当导出文件时，可以选择只导出时间轴中选定序列的工作区部分。

技巧与提示

通过快捷键重新设置工作区栏的端点，可以快速调整其宽度和位置。如果要设置左侧端点，那么将当前时间指针移动到特定的帧并按快捷键Alt+[。如果要设置右侧端点，那么将当前时间指针移动到特定的帧并按快捷键Alt+]。也可以双击工作区栏将其展开或缩短，以包含当前序列中的影片或“时间轴”面板的宽度（更短的一边）。

轨道控制区：用于控制轨道的折叠与展开、轨道的开关、轨道的锁定以及关键帧的设置等，在后面将对这些设置进行详细介绍。

7.5.2 轨道控制区设置

“时间轴”面板的重点是它的视频和音频轨道，轨道提供了视频和音频影片、转场和效果的可视化表示。使用时间轴轨道选项，可以添加和删除轨道，并控制轨道的显示方式，还能控制在导出项目时是否输出指定轨道，以及锁定轨道并指定是否在视频轨道中查看视频帧。轨道控制区中的图标和轨道选项，如图7-49所示。

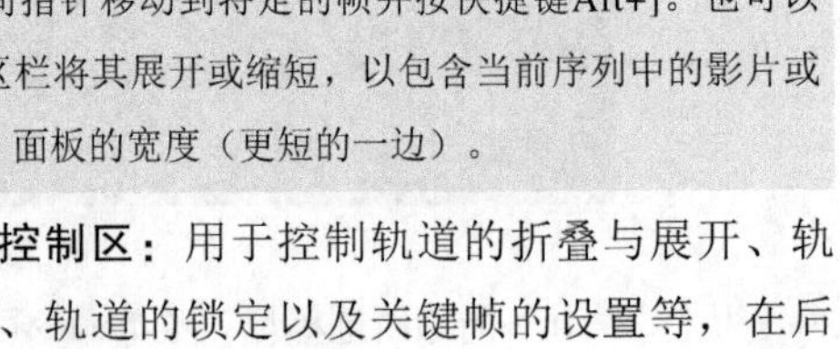

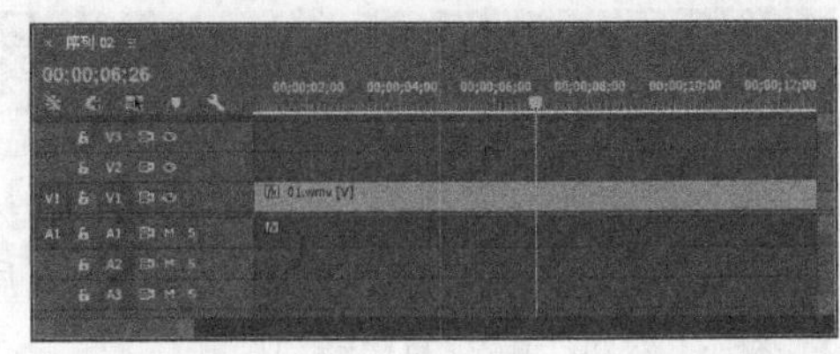

图7–49

时间轴面板介绍

：激活该功能时，可以将一个序列嵌套到另

一个序列中，如果关闭该功能，那么只能将序列中的素材片段添加到另一个序列中。

对齐：该按钮触发Premiere Pro的吸附到边界命令。当打开吸附功能时，一个序列的帧吸附到下一个序列的帧上，这种磁铁似的效果有助于确保产品中没有间隙。要激活吸附功能，可以单击“时间轴”面板中的“吸附”按钮，或选择“序列>吸附”菜单命令（快捷键为S）。打开吸附功能后，“吸附”按钮显示为被按下的状态，此时单击一个素材并向另一个邻近的素材拖曳时，它们会自动吸附在一起，这可以防止素材之间出现时间轴间隙。

链接选择项：激活该功能时，单击时间轴中已链接的剪辑，会自动选中所有关联的轨道。

添加标记：使用序列标记，可以设置想要快速跳至的时间轴上的点，序列标记有助于在编辑时将时间轴中的工作分解。当将Premiere Pro项目导出到Encore DVD时，还可以将标记用作章节标题。如果要设置未编号标记，那么将当前时间指针拖曳到想要设置标记的地方，然后单击“添加标记”按钮，如图7-50所示。

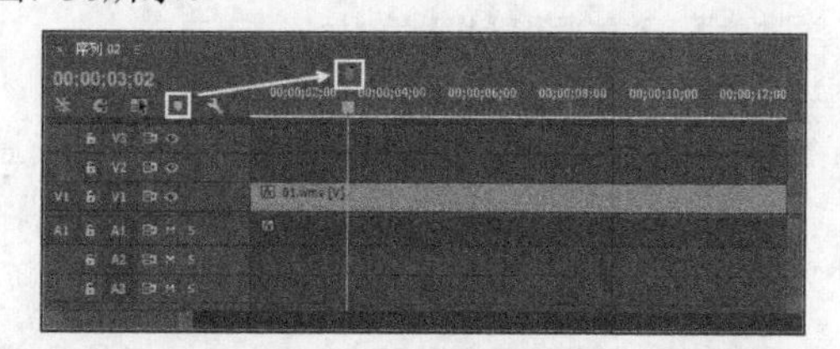

图7-50

知识点 为标记区添加注释

如果想为标记区添加注释，可双击标记图标，打开图7-51所示的“标记”对话框，然后可以在其中的“注释”文本框中输入描述文字。

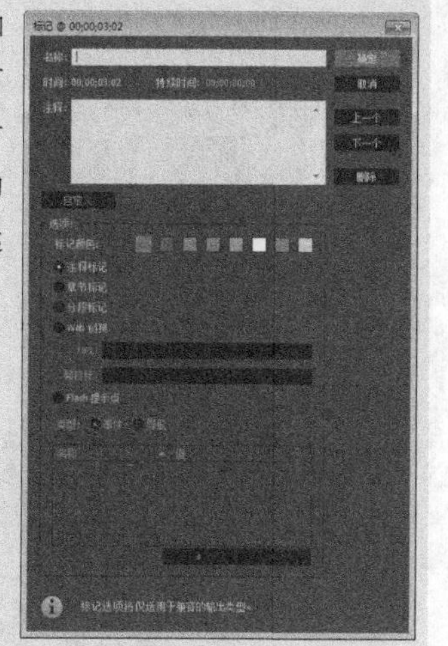

图7-51

时间轴显示设置：单击该按钮，在打开的菜单中可以显示或隐藏时间轴中的信息，如图7-52所示。

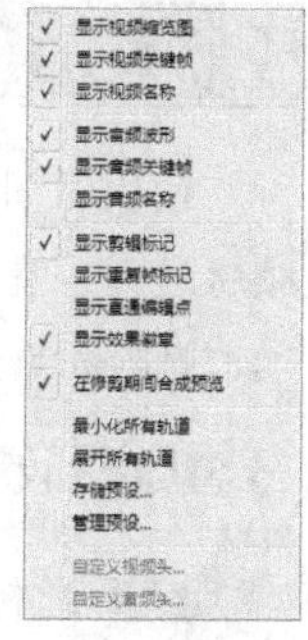

图7-52

轨道锁定开关：轨道锁定是一个安全特性，以防止意外编辑。当一个轨道被锁定时，不能对轨道进行任何更改。单击“轨道锁定开关”图标后，此图标将出现锁定标记，指示轨道已被锁定。要对轨道解锁，再次单击该图标即可。

目标轨道：当使用素材源监视器插入影片，或者使用节目监视器或修剪监视器编辑影片时，Premiere Pro将会改变时间轴中当前目标轨道的影片。要指定一个目标轨道，只需单击此轨道的左侧区域即可。目标轨道将会变亮，如图7-53所示的V2和V3轨道。

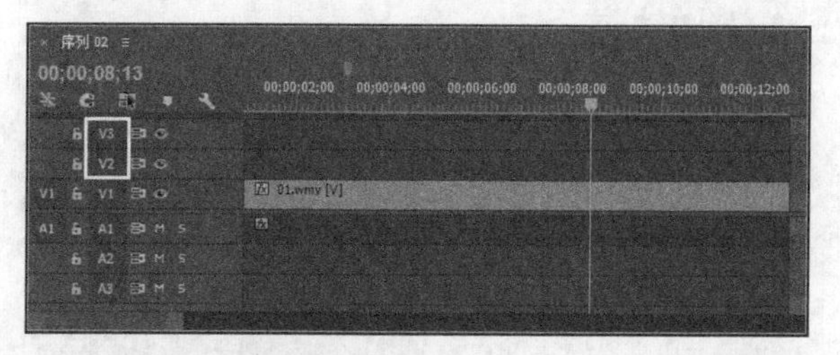

图7-53

切换同步锁定：当执行插入、波纹删除或波纹修剪操作时，确定哪些轨道将会受到影响。对于其剪辑属于操作一部分的轨道，无论其同步锁定的状态如何，这些轨道始终都会发生移动，但是其他轨道将只在其同步锁定处于启用状态的情况下，才移动其剪辑内容。

切换轨道输出：单击“切换轨道输出”眼睛图标可以打开或关闭轨道输出，这可以避免在播放期间或导出时在节目监视器面板中查看轨道。要再次打开输出，只需再次单击此按钮；眼睛图标再次出现，指示导出时将在节目监视器面板中查看轨道。

静音轨道：激活该功能将关闭音频。

独奏轨道：激活该功能将只播放作用轨道的音频。

7.5.3 时间轴轨道命令

使用时间轴时，可能需要添加、删除音频或视频轨道，也有可能对其重命名。本节将学习使用添加、删除和重命名轨道命令的方法。

1.重命名轨道

要重命名一个音频或视频轨道，右键单击其名称，并在出现的菜单中选择“重命名”命令，如图7-54所示。然后为轨道重新命名，接着单击“确定”按钮即可，如图7-55所示。

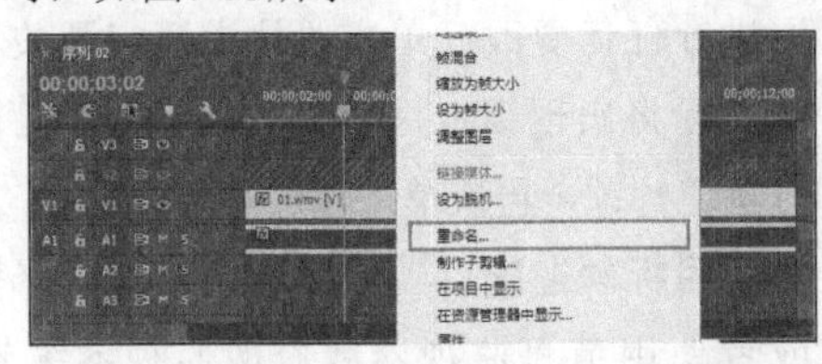

图7-54

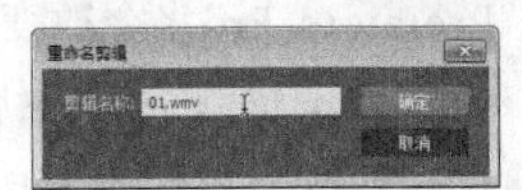

图7-55

2.添加轨道

如果要添加轨道，那么执行“序列>添加轨道”菜单命令，此时会打开图7-56所示的“添加轨道”对话框，在此可以选择要创建的轨道类型和轨道放置的位置。

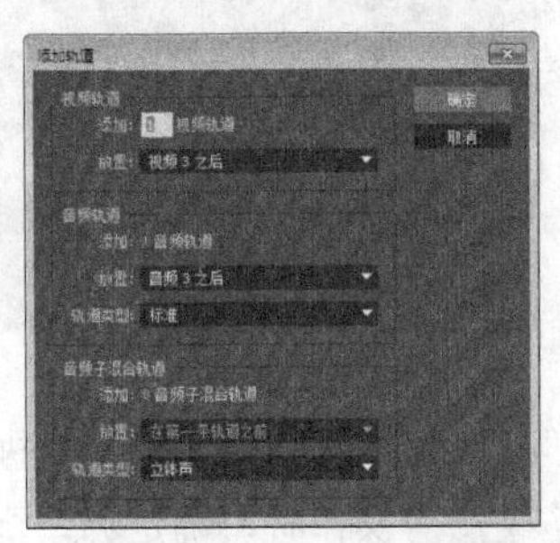

图7-56

3.删除轨道

删除一个轨道之前，需要决定删除一个目标轨道还是空轨道。如果删除一个目标轨道，单击轨道左侧将其选择，然后选择“序列>删除轨道”菜单命令，将打开“删除轨道”对话框，可以在其中选择删除空轨道、目标轨道还是音频子混合轨道，如图7-57所示。

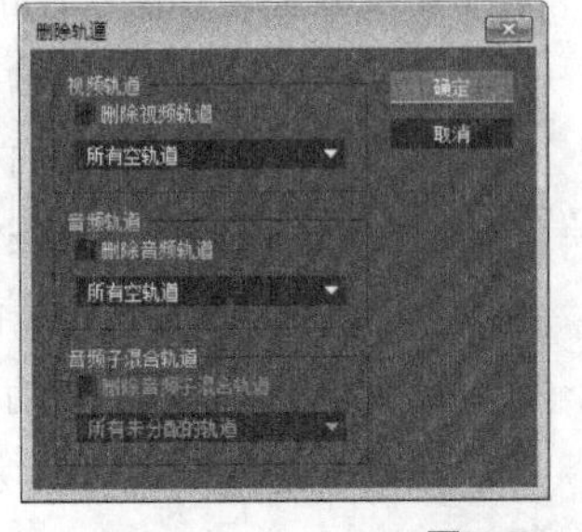

图7-57

4.设置开始时间

可以从“时间轴”面板菜单中选择“开始时间”命令来更改一个序列的零点，如图7-58所示。选择“开始时间”命令，将打开图7-59所示的“起始时间”对话框，在其中输入想要设置为零点的帧，然后单击“确定”按钮。

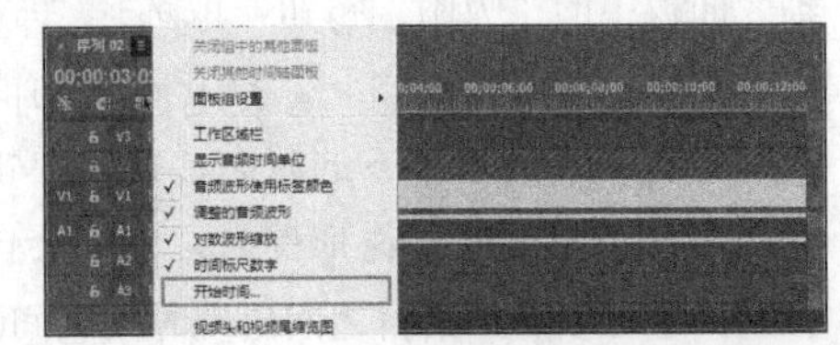

图7-58

图7-59

技巧与提示

设置开始时间的作用，是使用倒计时或以其他序列作为作品的起点，但是不把打开序列的持续时间也添加到时间轴帧的计时中。

5.显示音频时间单位

默认情况下，Premiere Pro以帧的形式显示时间轴间隔。可以在“时间轴”面板菜单中选择“显示音频时间单位”命令，将时间轴间隔更改为显示音频取样，如图7-60所示。如果选择“显示音频时间单位”命令，可以选择以毫秒或音频取样的形式显示音频单位。在首次创建项目或新序列时，在“项目设置”对话框中也可以指定音频单位为毫秒或取样。图7-61所示的是显示音频时间单位的“时间轴”面板。

图7-60

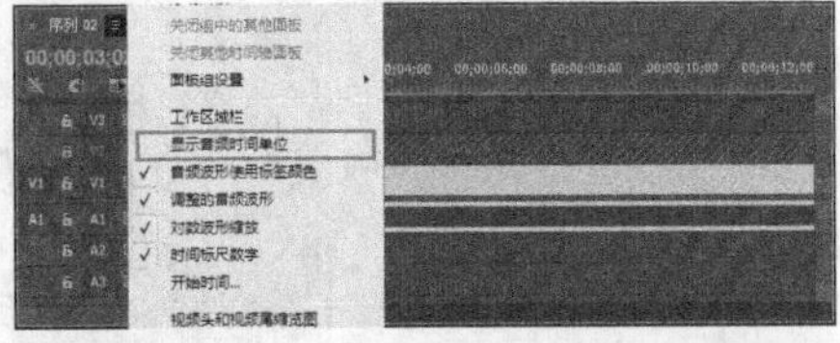

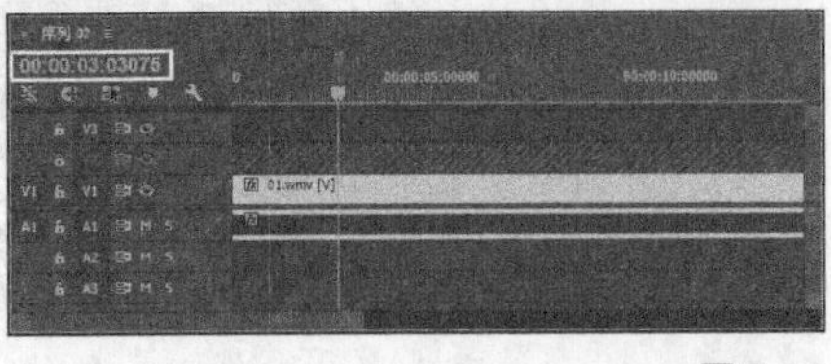

图7-61

知识点 执行右键菜单命令

在“时间轴”面板中，右键单击不同的位置，也可以选择并执行相应的一些命令。图7-62所示的是右键单击轨道后打开的命令，图7-63所示为右键单击时间轴标尺后打开的命令。

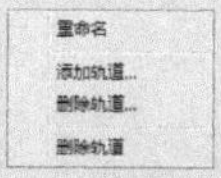

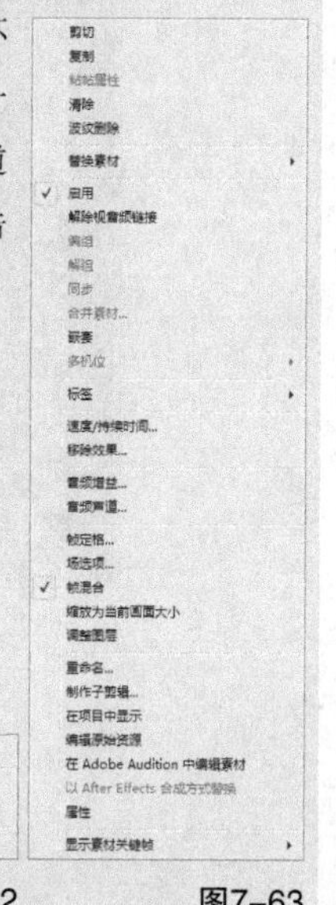

图7-62　　图7-63

7.6 使用序列

在Premiere Pro中，序列是放置在“时间轴”面板中装配好的影片，在“时间轴”面板中装配的产品称为序列。为什么要把时间轴和其中的序列区分开呢？因为一个时间轴中可以放置多个序列，每个序列具有不同的影片特性，并且每个序列都有一个名称并可以重命名，可以使用多个序列将项目分解为更小的元素。在完成对更小序列的编辑之后，可以将它们组合成一个序列。还可以将影片从一个序列复制到另一个序列中，以尝试不同的编辑或转场效果。图7-64展示了一个包含两个序列的“时间轴”面板。

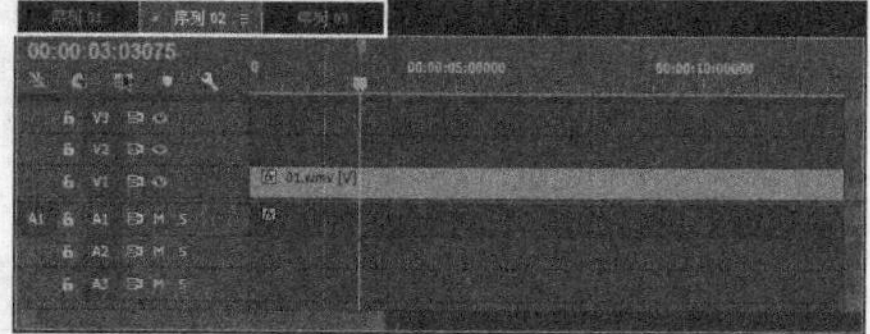

图7-64

技巧与提示

如果将一个Premiere Pro项目导入另一个Premiere Pro项目中，导入的项目将在一个独立的序列中显示，Premiere Pro将该序列放置在“项目”面板的一个容器（文件夹）中，容器名称为被导入项目的名称。要让序列出现在“时间轴”面板中，打开该容器并双击序列图标即可。

7.6.1 创建新序列

创建一个新序列时，它会作为一个新选项卡自动添加到“时间轴”面板中。创建序列非常简单，只需选择“文件>新建>序列”菜单命令打开“新建序列”对话框，在其中重命名序列并选择添加的轨道数量，如图7-65所示。然后单击“确定”按钮，即可创建新序列并将其添加到当前选定的“时间轴”面板中，如图7-66所示。

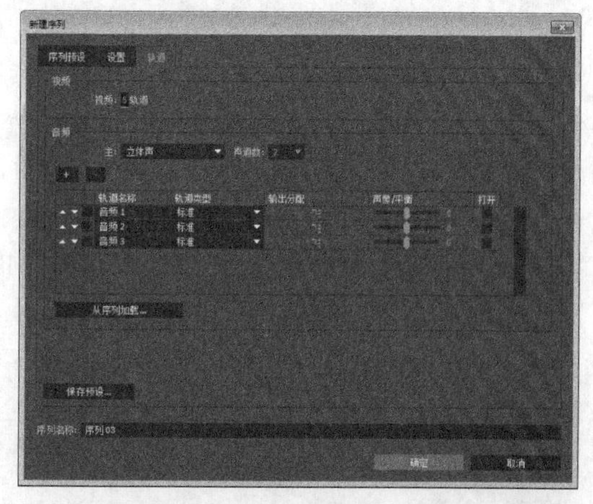

图7-65

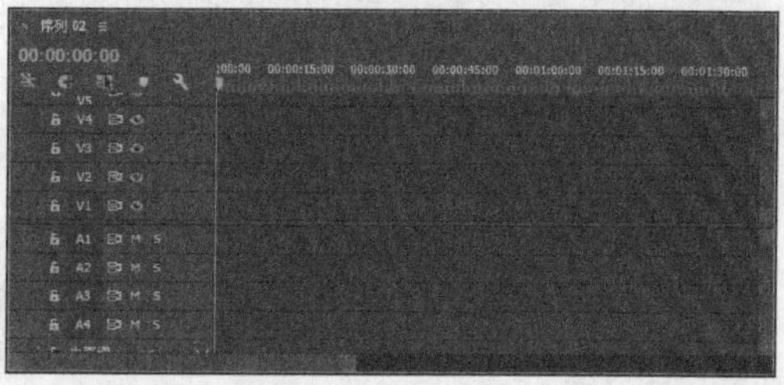

图7-66

在创建新序列后，用户可以对序列进行如下操作。

①在屏幕上放置两个序列之后，可以将一个序列剪切粘贴到另一个序列，或者编辑一个序列并将其嵌套到另一个序列中。

②要在“时间轴”面板中从一个序列移动到另一个序列，单击序列的选项卡即可。

③如果想要将一个序列显示为一个独立的窗口，可以单击其选项卡，然后按下Ctrl键，将其拖离“时间轴”面板后释放鼠标和按键即可。

④如果在屏幕上打开了多个窗口，可以选择“窗口>时间轴”菜单命令，然后在展开的子菜单中选择序列名，即可将其激活。

7.6.2 嵌套序列

将一个新序列添加到项目之后，可以在其中放置影片并添加特效和切换效果。可以根据需要将其嵌套到另一个序列中，也可以使用此特性在独立的小序列中逐步创建一个项目，然后将它们组装成一个序列（将小序列嵌套到一个序列中）。

嵌套的一个优点是可以多次重用编辑过的序列，只需将其在时间轴中嵌套多次。每次将一个序列嵌套到另一个时，可以对其进行修整并更改时间轴中围绕该序列的切换效果。当将一个效果应用到嵌套序列时，Premiere Pro会将该效果应用到序列中的所有素材，这样能够方便地将相同效果应用到多个素材。

如果要嵌套序列，那么注意嵌套序列始终引用其原始的源素材。如果更改原始的源素材，则它所嵌套的序列也将被更改。

课堂案例

创建嵌套序列

素材文件　素材文件>第7章>课堂案例：创建嵌套序列

技术掌握　创建嵌套序列的方法

本例主要介绍如何嵌套序列，案例效果如图7-67所示。

图7-67

01 新建一个项目，然后导入学习资源中的“素材文件>第7章>课堂案例：创建嵌套序列>Amazing Animal_20.mp4/Amazing Animal_21.mp4”文件，如图7-68所示。

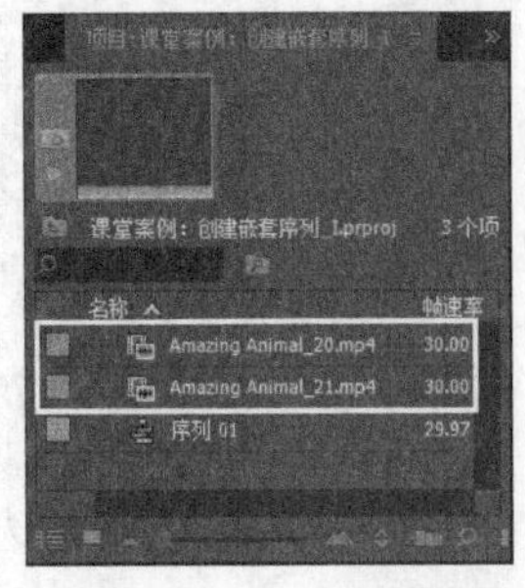

图7-68

02 选择“文件>新建>序列”菜单命令，在打开的“新建序列”对话框中选择“HDV>HDV 720p30”预设，然后设置“序列名称”为shot1，接着单击“确定”按钮，如图7-69所示。创建的新序列将在“项目”面板生成，如图7-70所示。

图7-69

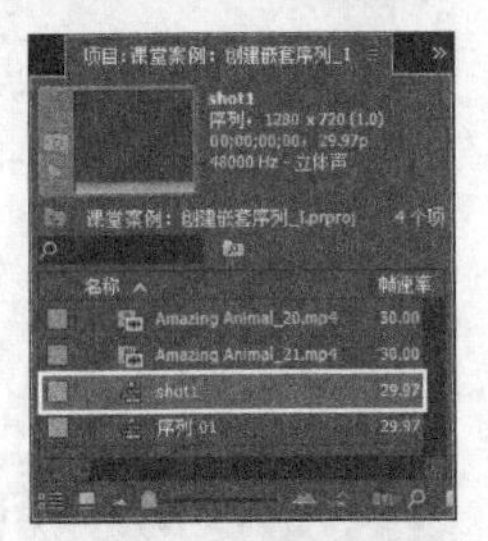

图7-70

03 新建一个名为shot2的新序列，如图7-71所示。然后在“时间轴”面板中选择shot1序列，接着将Amazing Animal_20.mp4文件添加到该序列的视频轨道上，如图7-72所示。

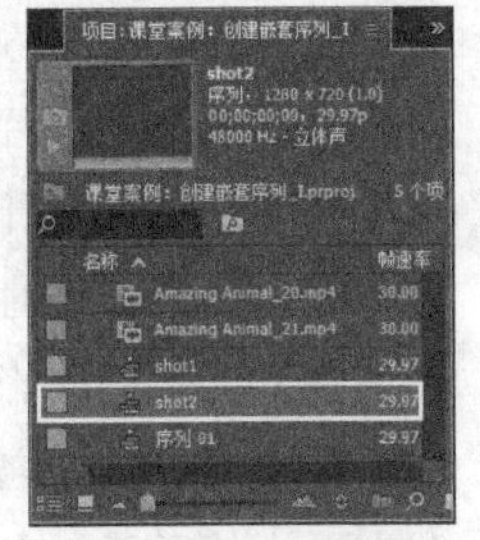

图7-71

图7-72

04 为Amazing Animal_20.mp4素材添加“视频效果>风格化>彩色浮雕”效果，如图7-73所示。然后在“效果控件”面板中设置“彩色浮雕”滤镜的“起伏”为10、“对比度”为150，如图7-74所示。

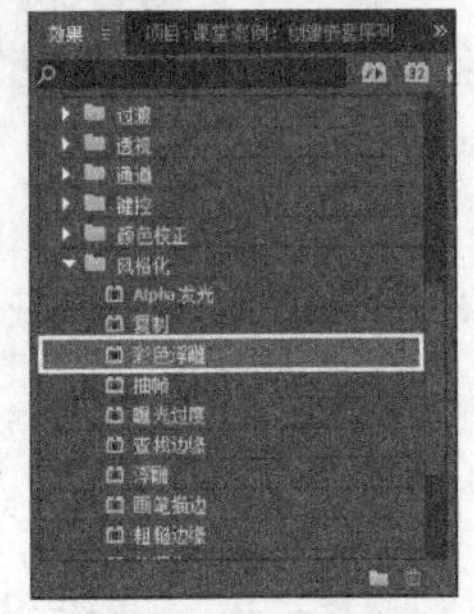

图7-73

图7-74

05 将Amazing Animal_21.mp4文件拖曳到shot2序列中，然后为Amazing Animal_21.mp4文件添加“视频效果>生成>镜头光晕”效果，如图7-75所示。

图7-75

06 将“项目”面板中的shot2序列拖曳到shot1序列中，即可将shot2序列嵌套到shot1序列中，如图7-76所示。

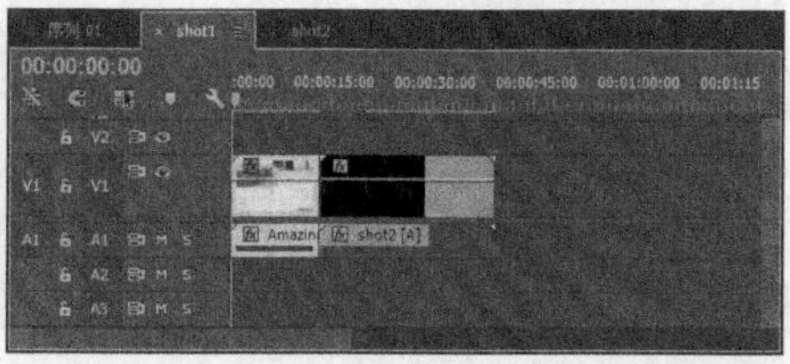

图7-76

技巧与提示

要在素材源监视器中打开一个序列，按下Ctrl键并在“项目”面板或“时间轴”面板中双击该序列即可。要快速返回到嵌套序列的原始序列，在“时间轴”面板中双击嵌套的序列即可。

7.7 创建插入和覆盖编辑

编辑好素材的入点和出点之后，下一步就是将它放入时间轴的序列中。一旦素材位于时间轴中，就可以在节目监视器中播放它。在将素材放入时间轴中时，可以将素材插在其他影片之间，或者覆盖其他影片。在创建覆盖编辑时，将使用新影片替代旧影片。在插入影片时，新影片将添加到时间轴中，但没有影片被替换。

例如，时间轴中的影片可能包含一匹飞驰的骏马，而用户想在该影片中编辑一名赛马骑师骑在马上的3秒特写镜头。如果执行插入编辑，那么素材将在当前编辑点分割，赛马骑师被插入影片，而整个时间轴序列延长了3秒。如果执行覆盖编辑，那么3秒的赛马骑师影片将替代3秒的骏马影片。覆盖编辑允许继续使用链接到飞驰骏马素材的音频轨道。

7.7.1 在时间轴中插入或覆盖素材

在源监视器中创建插入或覆盖编辑很简单。当素材位于源监视器中后，就可以开始设置入点和出点。用户可以按照以下步骤在时间轴中插入或覆盖素材。

第1步：在时间轴中选择目标轨道，目标轨道是想让视频出现的地方。要选择目标轨道，单击轨道的左边缘，选定后的轨道边缘显示为圆角。

第2步：将当前时间指针移动到需要创建插入或覆盖编辑的位置，这样插入或用于覆盖的素材就会出现在时间轴上序列中的这一点处。

第3步：要创建插入编辑，可单击“源”面板中的“插入”按钮，或者选择“剪辑>插入”菜单命令。要创建覆盖编辑，可单击“源”面板中的“覆盖”按钮，或者选择“剪辑>覆盖”菜单命令。

7.7.2 手动创建插入或覆盖编辑

喜欢使用鼠标的用户，可以通过将素材直接拖至时间轴来创建插入和覆盖编辑。

7.7.3 替换素材

如果已经编辑好素材并将它放置在时间轴中，并且需要用另一个素材替换该素材，那么可以替换原始素材并让Premiere Pro自动编辑替换素材，以便其持续时间与原始素材匹配。

要替换素材，可以按下Alt键，然后单击一个素材，并将它从“项目”面板拖到时间轴中的另一个素材上方。还可以使用“源”面板中的素材替换时间轴中的素材，并使该素材从在“源”面板中选择的帧开始。

课堂案例

在时间轴上创建插入编辑

素材文件　素材文件>第7章>课堂案例：在时间轴上创建插入编辑

技术掌握　在时间轴上创建插入编辑的方法

01 新建一个项目，然后导入学习资源中的“素材文件>第7章>课堂案例：在时间轴上创建插入编辑>Amazing Animal_22.mp4”文件，接着将该素材添加到“时间轴”面板中的轨道上，如图7-77所示。

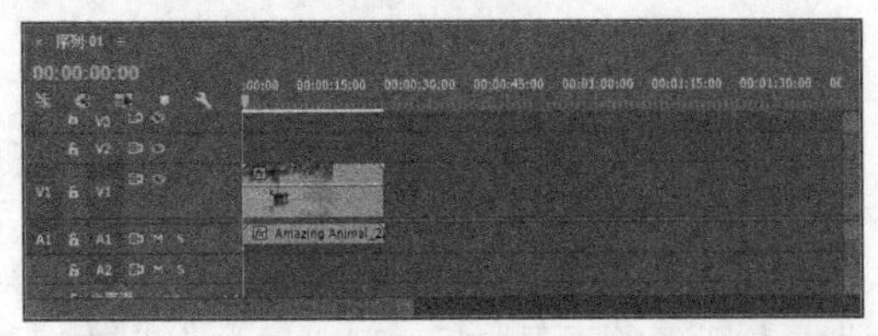

图7-77

02 导入学习资源中的“素材文件>第7章>课堂案例：在时间轴上创建插入编辑>Amazing Animal_23.mp4”文件，然后双击该素材，使其在“源”面板中显示，如图7-78所示。

图7-78

03 在“源”面板中，设置Amazing Animal_23.mp4文件的入点在第5秒19帧处、出点在第14秒处，如图7-79所示。

图7-79

04 按住Ctrl键的同时将“源”面板中的Amazing Animal_23.mp4文件拖曳到时间轴的素材中间，此时光标会变为插入图标（一个指向右边的箭头），如图7-80所示。

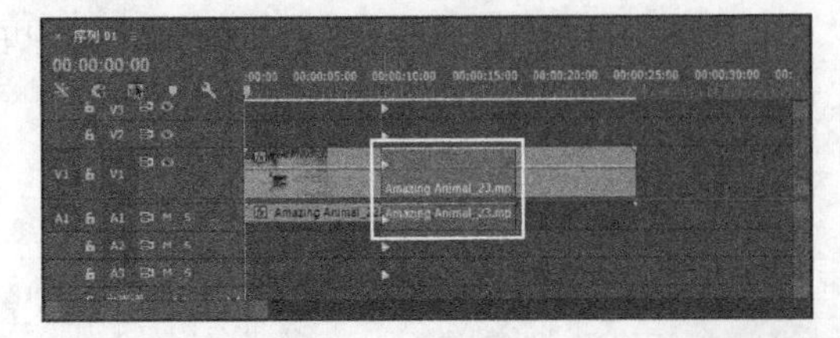

图7-80

05 在释放鼠标时（确保按住Ctrl键），Premiere Pro会将新素材插入时间轴，并将插入点上的影片推向右边，如图7-81所示。

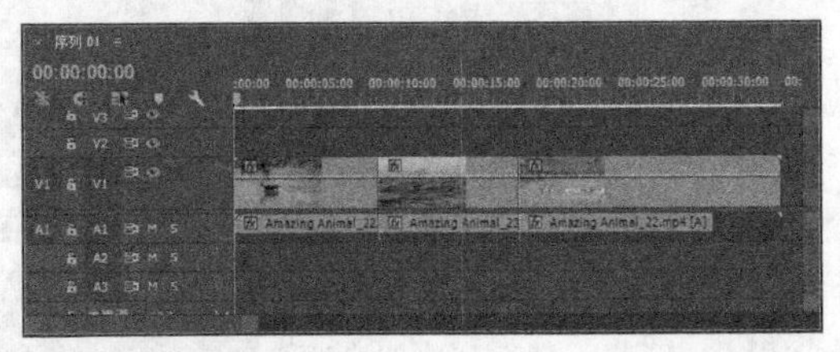

图7-81

课堂案例

在时间轴上创建覆盖编辑

素材文件　素材文件>第7章>课堂案例：在时间轴上创建覆盖编辑
技术掌握　在时间轴上创建覆盖编辑的方法

01 新建一个项目，然后导入学习资源中的“素材文件>第7章>课堂案例：在时间轴上创建覆盖编辑>Amazing Animal_24.mp4”文件，然后将其拖曳到时间轴上，如图7-82所示。

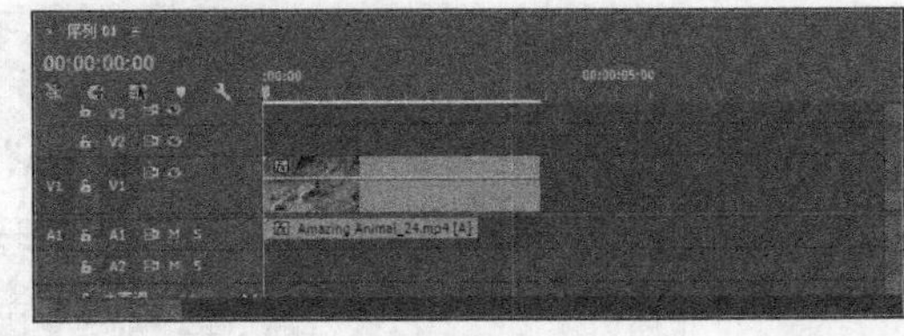

图7-82

02 导入学习资源中的“素材文件>第7章>课堂案例：在时间轴上创建覆盖编辑>Amazing Animal_25.mp4”文件，然后双击该素材使其在“源”面板中显示，接着设置入点在第2秒29帧处、出点在第4秒处，如图7-83所示。

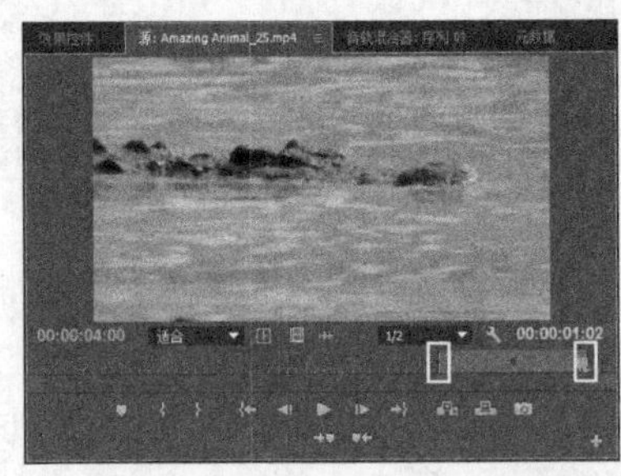

图7-83

03 将“源”面板中的Amazing Animal_25.mp4文件拖曳到时间轴的素材中间，如图7-84所示。释放鼠标时，Premiere Pro会将用于覆盖的素材放置在原素材的上方，并覆盖底层的视频，如图7-85所示。

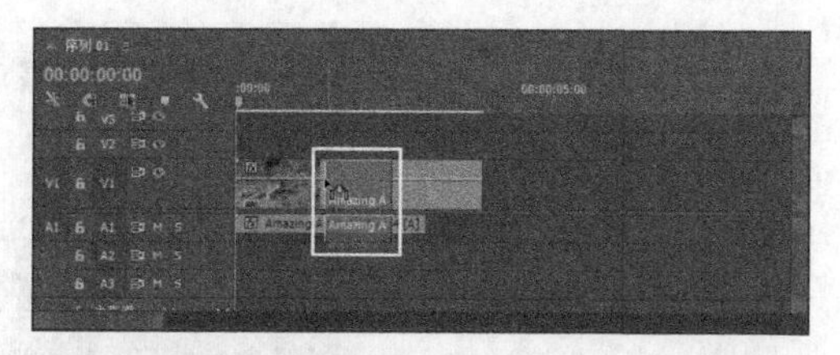

图7-84

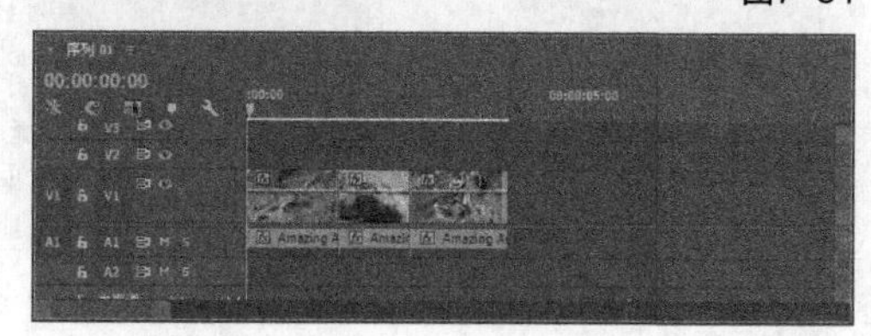

图7-85

课堂练习

替换素材

素材文件 素材文件>第7章>课堂练习：替换素材
技术掌握 替换素材的方法

操作提示

第1步：打开学习资源中的“素材文件>第7章>课堂练习：替换素材>课堂练习：替换素材_I.prproj”文件，然后在时间轴中选择最后一段素材。

第2步：导入学习资源中的“素材文件>第7章>课堂练习：替换素材>Cooking_3.mp4”文件，然后将其添加到“源”面板中。

第3步：执行“剪辑>替换为剪辑>从源监视器”菜单命令。

7.8 编辑素材

Premiere Pro的“时间轴”面板提供了项目的图形表示形式，用户只需分析时间轴视频序列中的效果和转场，即可获得作品的视觉效果，而无须实际观看影片。将素材放入时间轴有以下4种方法。

第1种：单击影片或图像，并将它们从“项目”面板拖到时间轴中。

第2种：选择“项目”面板中的一个素材，然后执行“剪辑>插入”或“剪辑>覆盖”菜单命令。素材被插入或覆盖到当前时间指针所在的目标轨道上。在插入素材时，该素材被放到序列中，并将插入点所在的影片推向右边。在覆盖素材时，插入的素材将替换该影片。

第3种：将素材添加到“源”面板，然后为其设置入点和出点，接着单击“源监视器”面板中的“插入”或“覆盖”按钮（可以执行“剪辑>插入”或“剪辑>覆盖”菜单命令），也可以单击素材并将它从“源”面板拖至时间轴。

第4种：在“项目”面板中选择素材，然后单击鼠标右键，接着单击“插入”或“覆盖”命令。

7.8.1 选择和移动素材

将素材放置在时间轴中之后，作为编辑过程的一部分，可能还需要重新布置它们。用户可以选择一次移动一个素材，或者同时移动几个素材，还可以单独移动某个素材的视频或音频。要实现这一点，需要临时断开素材的链接。

1.使用选择工具

移动单个素材最简单的方法是使用“工具”面板中的“选择工具”单击该素材，然后在“时间轴”面板中移动它。如果想让该素材吸附在另一个素材的边缘，那么确保选择“吸附到边缘”选项，也可以选择“序列吸附”菜单命令，或者单击“时间轴”面板左上角的“对齐”按钮。选择素材之后，就可以通过单击和拖曳来移动它们，或者按Delete键从序列中删除它们。

使用“工具”面板中的“选择工具”，可以进行以下4个操作。

第1个：要选择素材，可以激活“选择工具”并单击素材。

第2个：要选择多个素材，可以按住Shift键单击想要选择的素材，或者通过拖曳创建一个包围所选素材的选取框，在释放鼠标之后，选取框中的素材将被选择（使用此方法可以选择不同轨道上的素材）。

第3个：如果想选择素材的视频部分而不要音频部分，或者想选择音频部分而不要视频部分，可以按下Alt键并单击视频或音频轨道。

第4个：要添加或删除一个素材或素材的某部分，可以按下Shift键拖曳环绕素材的选取框。

技巧与提示

通过选择素材，然后按数字键盘上的+或-键，输入要移动的帧数并按Enter键，可以在时间轴上将素材中特定数量的帧向右或向左移动。

2.使用轨道选择工具

如果想快速选择某个轨道上的几个素材，或者从某个轨道中删除一些素材，可以使用“工具”面板中的“向前选择轨道工具”或“向后选择轨道工具”。

“向前选择轨道工具”不会选择轨道上的所有素材，当选择一个素材后，该素材后的所有素材将会被选择。图7-86显示了使用轨道选择工具选择的素材。

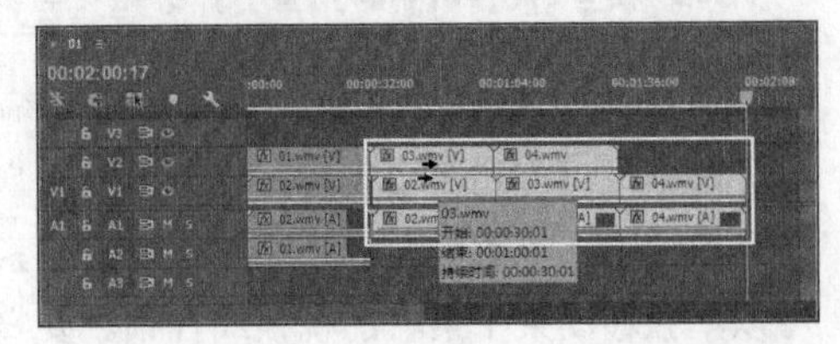

图7-86

如果要快速选择不同时间轴轨道上的多个素材，在按住Shift键的同时，使用“向前选择轨道工具”单击一个轨道，该素材后面的所有素材将会被选择，如图7-87所示。

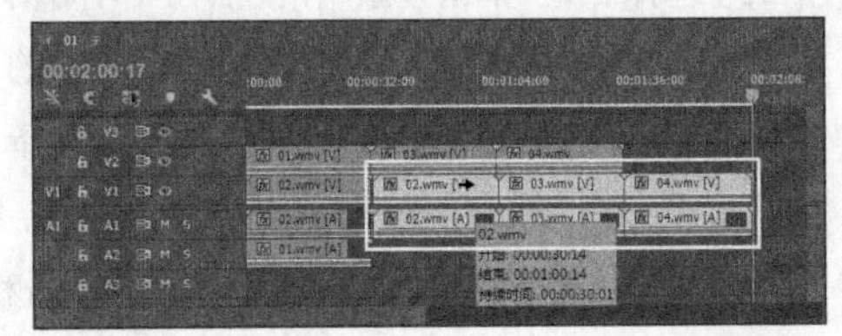

图7-87

7.8.2 激活和禁用素材

在“节目”面板中播放项目的时候，也许不想看到素材的视频。此时无须删除素材，可以将其禁用，这样也可以避免将其导出。

7.8.3 自动匹配到序列

Premiere Pro的“自动匹配序列”命令提供了一种在时间轴中编排项目的快速方法。自动匹配序列不仅可以将素材从“项目”面板放置到时间轴中，还可以在素材之间添加默认转场。因此，可以将此命令视为快速创建剪辑的有效方法。但是，如果“项目”面板中的素材包含太多无关影片，那么建议在执行序列自动化之前修整“源”面板中的素材。

选择要排序的素材，然后执行“剪辑>自动匹配序列”菜单命令，将会打开“序列自动化”对话框，如图7-88所示。

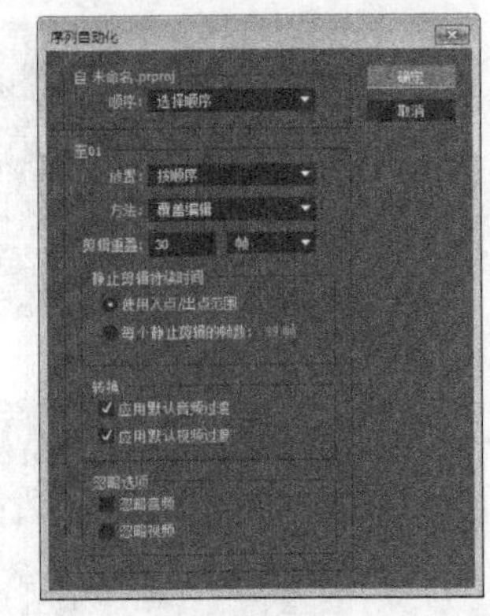

图7-88

常用参数介绍

顺序： 此选项用于选择是按素材在“项目”面板中的顺序进行排序，还是根据在“项目”面板中选择的顺序进行排序。

放置： 选择按顺序对素材进行排序，或者选择按时间轴中的每个未编号标记排列。如果选择“未编号标记”选项，那么Premiere Pro将禁用该对话框中的“转场过渡”选项。

方法： 此选项允许选择“插入编辑”或“覆盖编辑”。如果选择“插入编辑”选项，那么已经在时间轴中的素材将向右推移。如果选择“覆盖编辑”选项，那么来自“项目”面板的素材，将替换时间轴中的素材。

剪辑重叠： 此选项用于指定将多少秒或多少帧用于默认转场。在30帧长的转场中，15帧将覆盖来自两个相邻素材的帧。

忽略音频： 如果选择此选项，那么Premiere Pro不会放置链接到素材的音频。

忽略视频： 如果选择此选项，那么Premiere Pro不会将视频放置在时间轴中。

课堂案例

自动匹配到序列

素材文件　素材文件>第7章>课堂案例：自动匹配到序列

技术掌握　自动匹配到序列的方法

01 打开学习资源中的“素材文件>第7章>课堂案例：自动匹配到序列>课堂案例：自动匹配到序列_I.prproj”文件，项目中有6个视频文件，如图7-89所示。

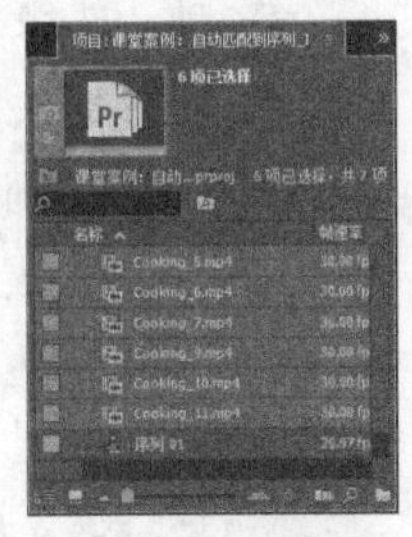

图7-89

02 将时间移至第10秒处，然后选择Cooking_6.mp4、Cooking_7.mp4和Cooking_9.mp4文件，接着执行“剪辑>自动匹配序列”菜单命令，或者单击“项目”面板菜单中的“自动匹配序列”按钮，如图7-90所示。

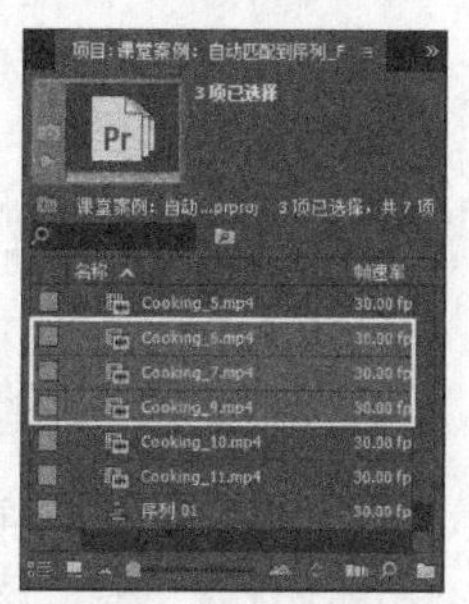

图7-90

技巧与提示

要选择一组相邻的素材，可以单击要包含在序列中的第一个素材，然后按下Shift键的同时，单击要包含在序列中的最后一个素材。

03 在打开的“自动匹配序列”对话框中设置“方法”为“插入编辑”，然后单击“确定”按钮，如图7-91所示。此时，在第10秒处会插入选择的素材，如图7-92所示。

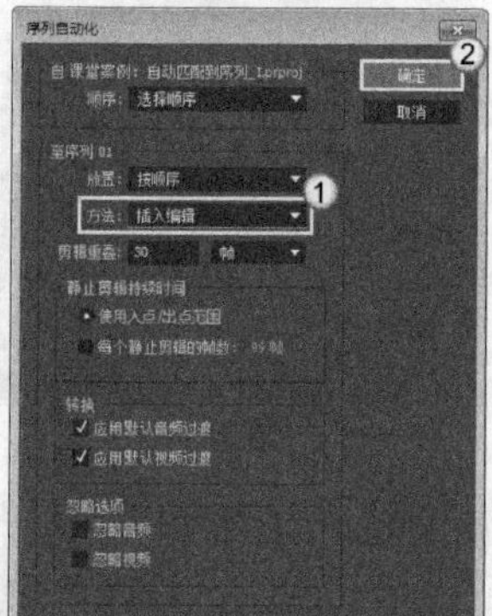

图7-91

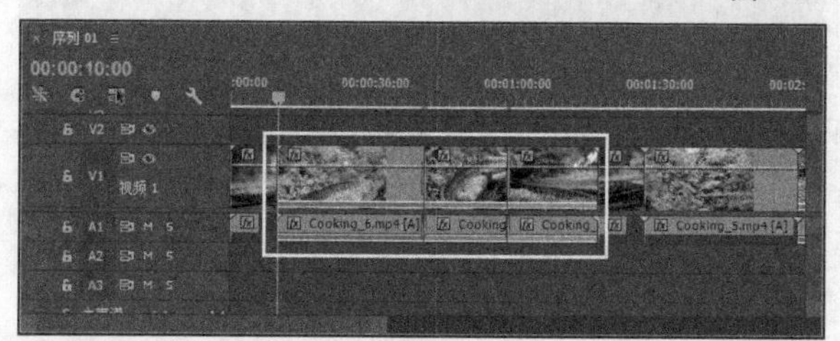

图7-92

7.8.4 素材编组

如果需要多次选择相同的素材，则应该将它们放置在一个组中。在创建素材组之后，可以通过单击任意组编号选择该组的每个成员，还可以按Delete键来删除该组中的所有素材。

如果要创建素材组，首先在“时间轴”面板中选择需要编为一组的素材，然后选择“剪辑>编组”菜单命令即可，如图7-93所示。这样当选择组中的其中一个素材时，该组中的其他素材也会同时被选取。如果要取消素材的分组，首先在“时间轴”面板中选择素材组，然后选择“剪辑>取消编组”菜单命令即可。

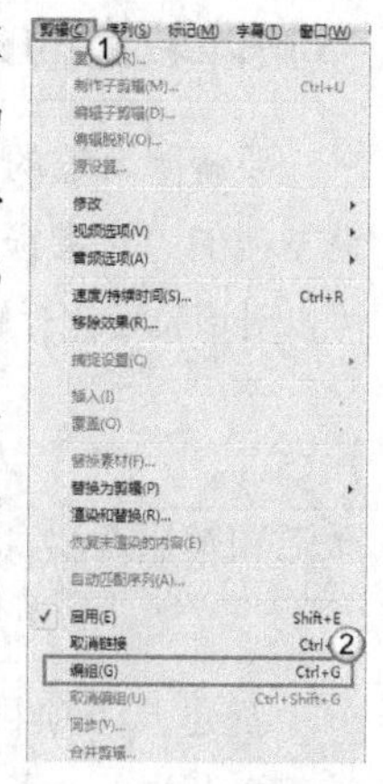

图7-93

技巧与提示

如果将时间轴上已经编组的素材移动到另一个素材中，比如链接其音频素材的视频素材，那么链接的素材将被移动到一起。

7.8.5 锁定与解锁轨道

在“时间轴”面板中，可以通过锁定轨道的方法，使指定轨道中的素材内容暂时不能被编辑。

1.锁定视频轨道

可将光标移动到需要锁定的视频轨道上，然后开启“轨道锁定开关”功能，在出现一个锁定轨道标记后，表示该轨道已经被锁定了，如图7-94所示。锁定后的轨道上，将出现灰色的斜线。

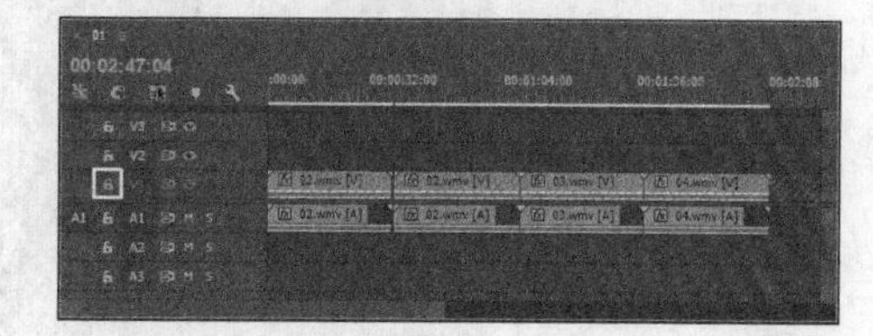

图7-94

2.锁定音频轨道

锁定音频轨道的方法与锁定视频轨道相似，在出现锁定轨道标记后，即表示该音频轨道已被锁定，如图7-95所示。

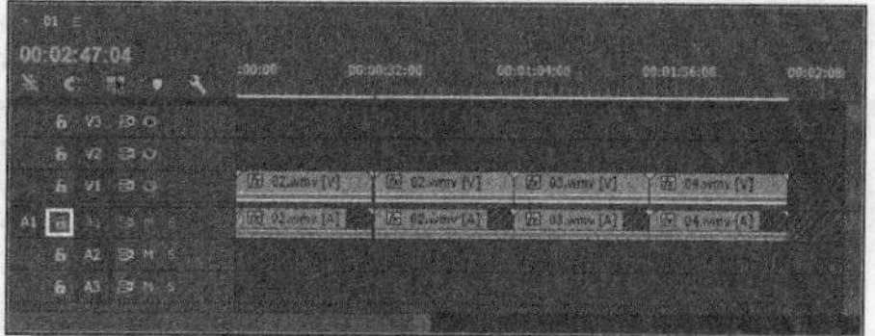

图7-95

3.解除轨道的锁定

要解除轨道的锁定状态，可直接单击被锁定轨道左侧的“轨道锁定开关”图标，解除锁定后就可以对该轨道进行编辑操作了。

课堂案例

激活和禁用素材

素材文件　素材文件>第7章>课堂案例：激活和禁用素材

技术掌握　激活和禁用素材的方法

01 新建一个项目，然后导入学习资源中的“素材文件>第7章>课堂案例：激活和禁用素材>Cooking_12.mp4”文件，如图7-96所示，接着将该素材添加到“时间轴”面板的视频轨道中。

图7-96

02 在“时间轴”面板中选择素材，然后执行“剪辑>启用”命令，如图7-97所示。“启用”菜单项上的复选标记将被移除，这样可以将素材设置为禁用状态，禁用的素材名称将显示为灰色文字，并且该素材不能在“节目”面板中显示，如图7-98所示。

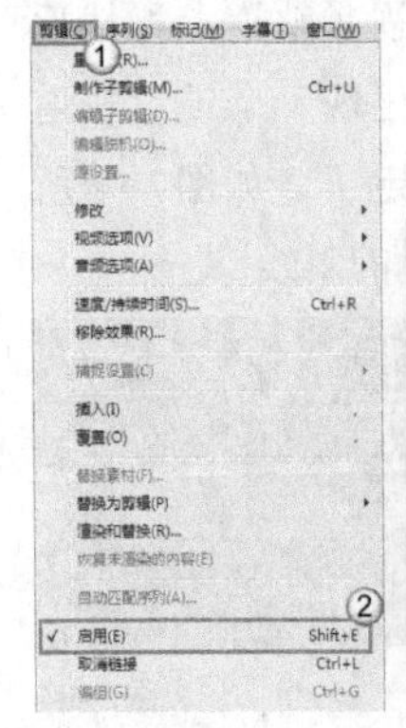

图7-97

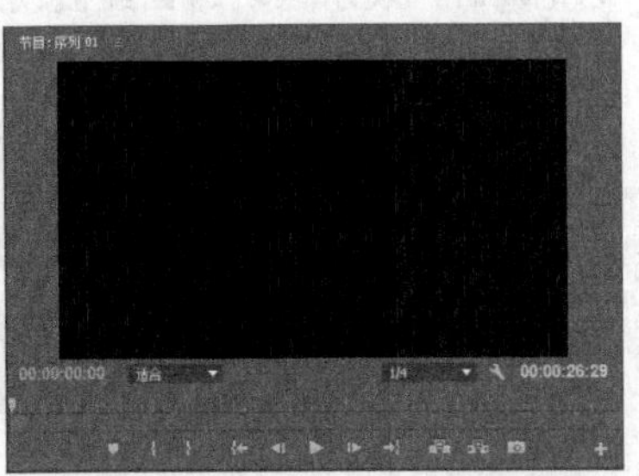

图7-98

03 要重新激活素材，可以再次选择“剪辑>启用”命令，将素材设置为之前的激活状态，该素材便可以在“节目”面板中显示，如图7-99所示。

图7-99

7.9 设置入点和出点

当熟悉如何选择时间轴中的素材后，就可以轻松执行编辑了。用户可以通过“选择工具”或使用标记，为素材设置入点和出点来执行编辑。

7.9.1 使用选择工具设置入点和出点

在“时间轴”面板中执行编辑最简单的方法是使用“选择工具”设置入点和出点。本节将介绍使用“选择工具”设置入点和出点的方法。

7.9.2 使用剃刀工具切割素材

如果想快速创建入点和出点，可以使用“剃刀工具”将素材切割成两片。将当前时间指针移动到想要切割的时间点上，然后在“工具”面板中选择“剃刀工具”并单击该时间点，如图7-100所示。此时就切割了目标轨道上的影片，如图7-101所示。

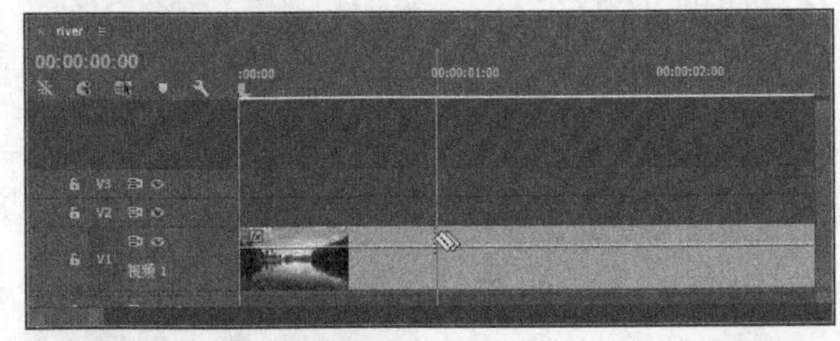

图7-100

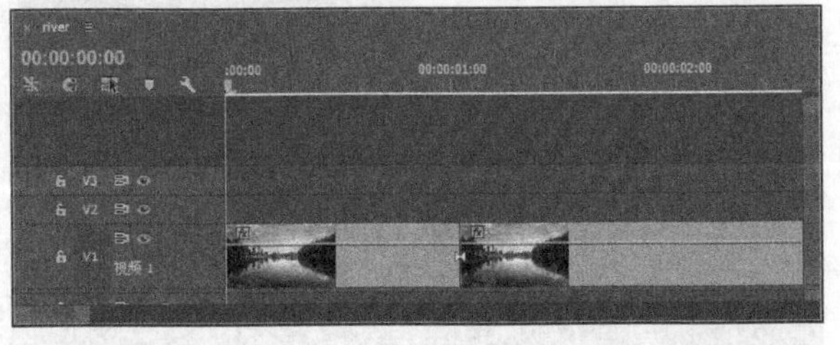

图7-101

7.9.3 调整素材的排列

编辑时，有时需要抓取时间轴中的某个素材，以便将其放置到另一个区域。如果这样做，就会在移除影片的地方留下一个空隙，这就是常说的“提升”编辑。与“提升”编辑对应的是“提取”编辑，该编辑在移除影片之后闭合间隙。Premiere Pro提供了一个节省时间的键盘命令，该命令将“提取”编辑与“插入”编辑或“覆盖”编辑组合在一起。

1.插入编辑重排影片

要使用"提取"编辑和"插入"编辑重排影片，可以在按住Ctrl键的同时，将一个素材或一组选择的素材拖曳到新位置，然后释放鼠标，之后释放Ctrl键。图7-102所示的是原素材排列效果，图7-103所示的是使用"提取"和"插入"编辑重排影片的效果。

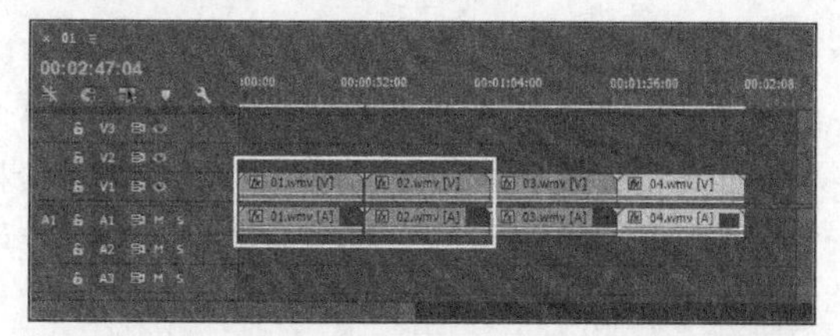

图7-102

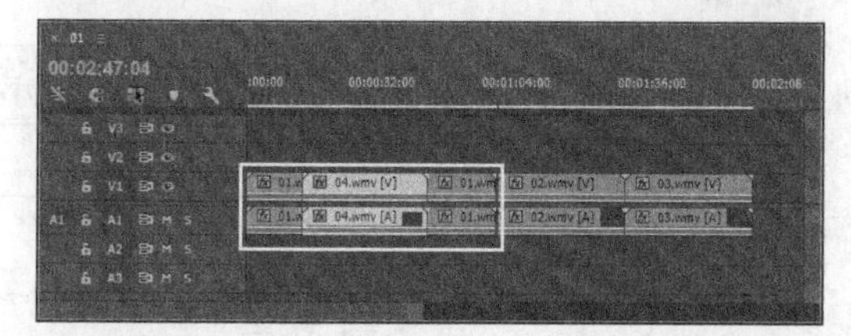

图7-103

2.覆盖编辑重排影片

要使用"提取"编辑（闭合间隙）和"覆盖"编辑重排影片，可以将一个素材或一组选择的素材拖曳到新位置，然后释放鼠标。图7-104所示的是原素材排列效果，图7-105所示的是使用"提取"和"覆盖"编辑重排影片的效果。

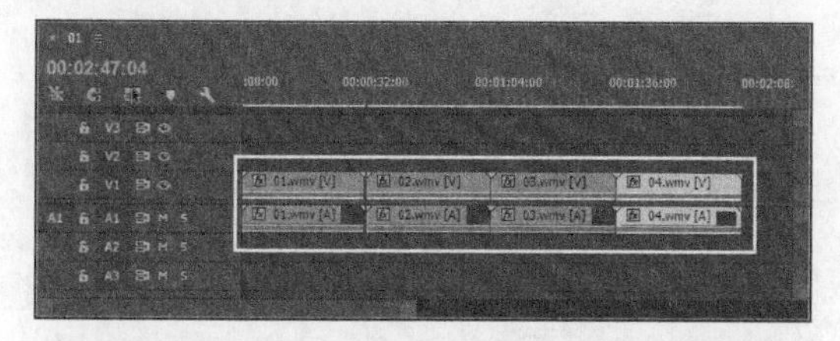

图7-104

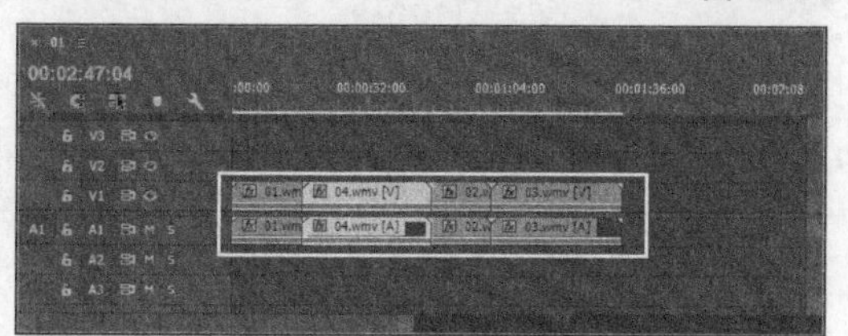

图7-105

7.9.4 为序列设置入点和出点

用户还可以在当前选择的序列中执行基本编辑，使用"标记>标记入点"和"标记>标记出点"菜单命令即可设置入点和出点。这些命令用于设置时间轴序列起点和终点的入点与出点。

7.9.5 提升和提取编辑标记

在创建序列标记之后，可以将它们用作"提升"编辑和"提取"编辑的入点与出点，这将从"时间轴"面板中移除一些帧。

通过执行序列"提升"或"提取"命令，可以使用序列标记从时间轴中轻松移除素材片段。在执行"提升"编辑时，Premiere Pro从时间轴提升出一个片段，然后在已删除素材的地方留下一个空白区域。在执行"提取"操作时，Premiere Pro移除素材的一部分，然后将剩余素材部分的帧汇集在一起，因此不存在空白区域。

课堂案例

为当前序列设置入点和出点

素材文件　素材文件>第7章>课堂案例：为当前序列设置入点和出点
技术掌握　为当前序列设置入点和出点的方法

01 打开学习资源中的"素材文件>第7章>课堂案例：为当前序列设置入点和出点>课堂案例：为当前序列设置入点和出点_I.prproj"文件，在"时间轴"面板中可以看到素材的入点在第0帧处，如图7-106所示。

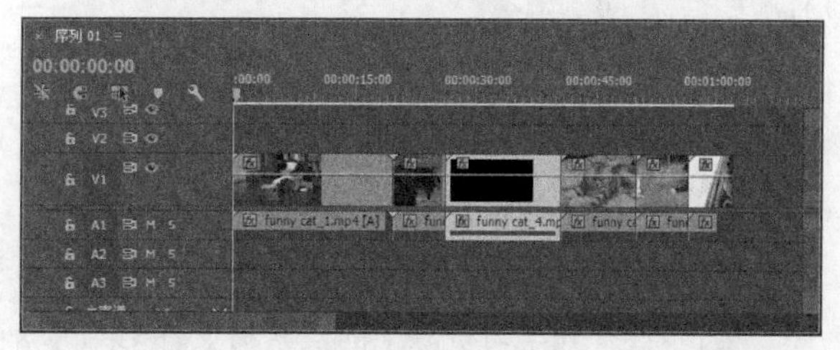

图7-106

02 将时间移至第10秒处，然后执行"标记>标记入点"菜单命令，在时间轴标尺线上的相应时间位置处即可出现一个入点图标，如图7-107所示。

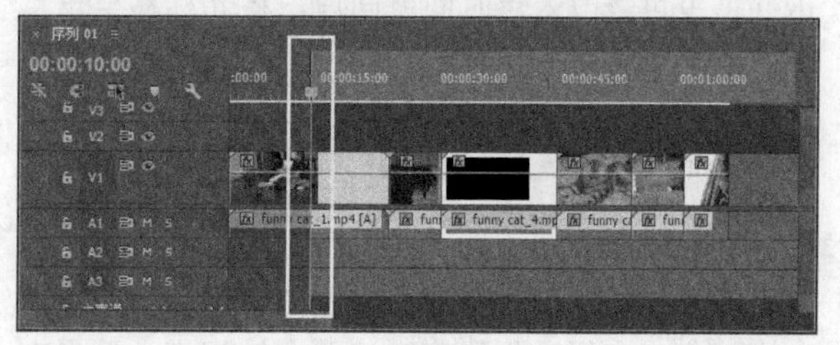

图7-107

03 将时间移至第1分处，然后选择“标记>标记出点”菜单命令，在时间轴标尺线上的相应时间位置处即可出现一个出点图标，如图7-108所示。

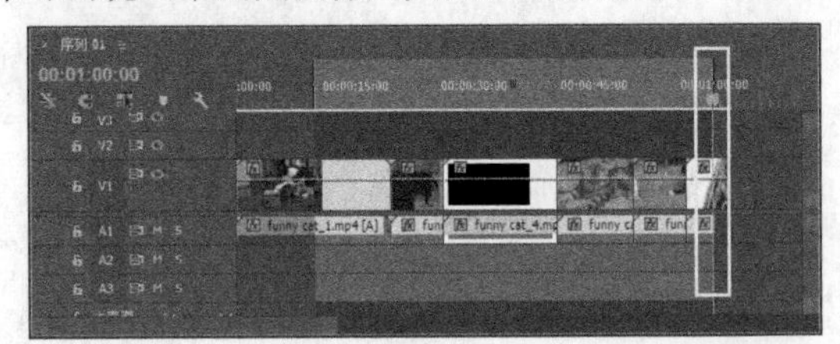

图7-108

04 在为当前序列设置入点和出点之后，就可以通过在“时间轴”面板中拖曳图标来调整入点、出点。图7-109所示为移到入点标记的效果。

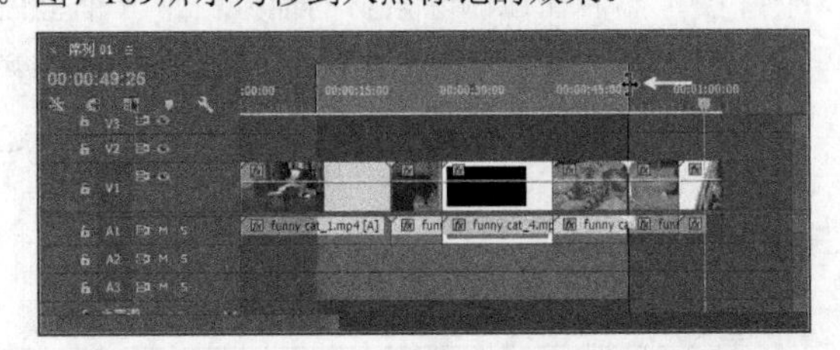

图7-109

技巧与提示

在创建序列标记后，可以使用以下菜单命令轻松清除它们。

若同时清除入点和出点，则执行“标记>清除入点和出点”菜单命令；若只清除入点，则执行“标记>清除入点”菜单命令；若只清除出点，则执行“标记>清除出点”菜单命令。

课堂练习

设置入点和出点

素材文件　素材文件>第7章>课堂练习：设置入点和出点
技术掌握　为当前序列设置入点和出点的方法

操作提示

第1步：打开学习资源中的“素材文件>第7章>课堂练习：设置入点和出点>课堂练习：设置入点和出点_I.prproj”文件。

第2步：使用“选择工具”在素材的入点处单击并拖曳可修改入点时间。同理，将光标移至出点处，单击并拖曳可修改出点时间。

7.10 课后习题

本章安排了两个习题，用来巩固编辑子素材的入点、出点和提升提取序列这两个知识点，读者在练习过程中可以结合其他知识制作更复杂的效果。

7.10.1 课后习题：编辑子素材的入点和出点

素材文件　素材文件>第7章>课后习题：编辑子素材的入点和出点
技术掌握　编辑子素材的入点和出点的方法

操作提示

第1步：打开学习资源中的“素材文件>第7章>课后习题：编辑子素材的入点和出点>课后习题：编辑子素材的入点和出点_I .prproj”文件。

第2步：在“项目”面板中选择unbelievable animal_3.mp4文件，然后执行“剪辑>编辑子素材”菜单命令，接着在打开“编辑子素材”对话框中设置入点和出点。

7.10.2 课后习题：提升和提取序列标记

素材文件　素材文件>第7章>课后习题：提升和提取序列标记
技术掌握　在序列标记处执行提升和提取编辑的方法

操作提示

第1步：打开学习资源中的“素材文件>第7章>课后习题：提升和提取序列标记>课后习题：提升和提取序列标记_I .prproj”文件。

第2步：在“时间轴”面板中设置标记入点和标记出点。

第3步：执行“序列>提升”或者“序列>提取”菜单命令，然后观察两个命令的效果。

第8章 视频过渡

一部影视作品由很多镜头构成，在一个镜头跳转到另一个镜头时，需要添加一些过渡效果，使镜头切换得更加平缓、流畅。Premiere Pro提供了大量的过渡效果，不仅可以使镜头切换更加柔和，还可以丰富镜头语言。本章主要介绍如何应用视频过渡效果，以及Premiere Pro中的各类过渡效果的作用。

知识索引

使用和管理“视频过渡”效果文件夹

应用视频过渡效果

编辑视频过渡效果

过渡效果详解

8.1 了解和应用视频过渡效果

“效果”面板中的“视频过渡”效果文件夹，存储了70多种不同的过渡效果。要查看视频过渡效果文件夹，可以选择“窗口>效果”命令。要查看过渡效果种类列表，可以单击“效果”面板中“视频过渡”效果文件夹前面的三角形图标。

“效果”面板将所有视频过渡效果有组织地放入子文件夹，如图8-1所示。要查看“过渡效果”文件夹中的内容，可以单击文件夹左边的三角形图标。在文件夹被打开时，三角形图标会指向下方，图8-2所示的“视频过渡>3D运动”文件夹，单击指向下方的三角形图标可以关闭文件夹。

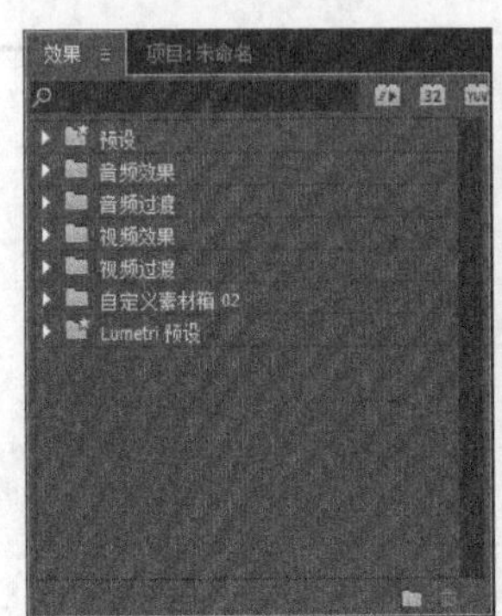

图8-1

图8-2

8.1.1 使用和管理视频过渡效果文件夹

“效果”面板可以帮助用户找到过渡效果并使它们有序化。在“效果”面板中，用户可以单击“效果”面板中的查找字段，然后输入过渡效果的名称，即可查找该视频过渡效果，如图8-3所示。

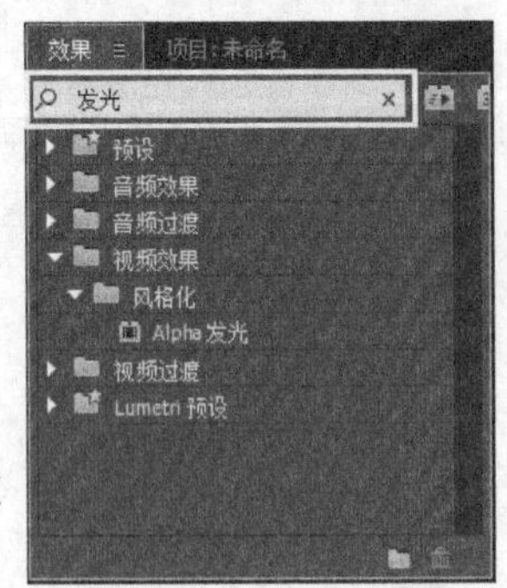

图8-3

如果用户要组织文件夹，可以创建新的自定义文件夹，将经常使用的过渡效果组织在一起。要创建新的自定义文件夹，可以单击“效果”面板底部的“新建自定义素材箱”按钮，如图8-4所示，或者在该面板菜单中选择“自定义素材箱”命令。

图8-4

如果用户要删除自定义文件夹，可以单击文件夹将其选择，然后单击“删除自定义项目”图标，或者从面板菜单中选择“删除自定义项目”命令。当出现“删除项目”对话框时，单击“确定”按钮即可删除自定文件夹。

“效果”面板还用于设置默认过渡效果。在默认情况下，视频过渡效果被设置为“交叉溶解”，默认过渡效果的图标有一个蓝色的边框，如图8-5所示。

图8-5

视频过渡效果的默认持续时间被设置为25帧，如果要更改默认过渡效果的持续时间，可以单击“效果”面板菜单中的“设置默认过渡持续时间”命令，在打开的“首选项”对话框的“常规”类别中，修改“视频过渡默认持续时间”参数，如图8-6所示。然后单击“确定”按钮，即可更改默认视频过渡效果的持续时间。

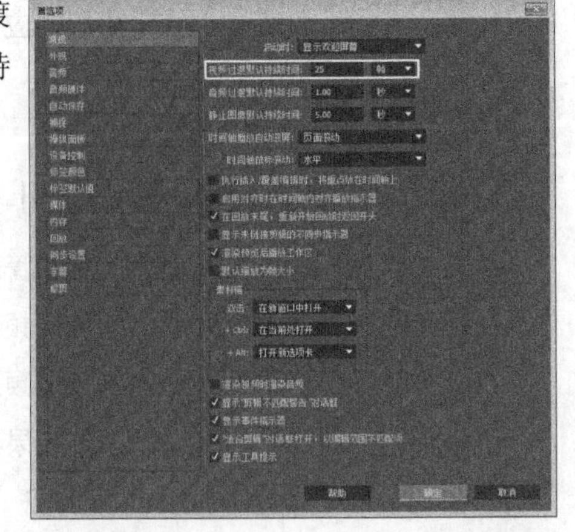

图8-6

技巧与提示

如果要选择新的过渡效果作为默认过渡效果，那么可以先选择一个视频过渡效果，然后单击“效果”面板菜单中的“设置所选择为默认过渡”命令。

8.1.2 应用视频过渡效果

Premiere Pro允许以传统视频编辑方式应用过渡效果，用户只需将过渡效果放入轨道的两个素材之间。过渡效果使用第一个素材出点处的额外帧和第二个素材入点处的额外素材之间的区域作为过渡效果区域。在使用单轨道编辑时，素材出点以外的额外帧以及下一个素材入点之前的额外帧之间的区域均被用作过渡效果区域（如果没有额外的帧可用，Premiere Pro允许重复创建结束帧或起始帧）。

图8-7所示的是一个过渡效果项目及其面板的示例。在“时间轴”面板中，可以看到用于创建过渡效果项目的两个视频素材。通过在这两个素材之间应用“交叉溶解”效果，使前一个素材逐渐淡出到后一个素材。

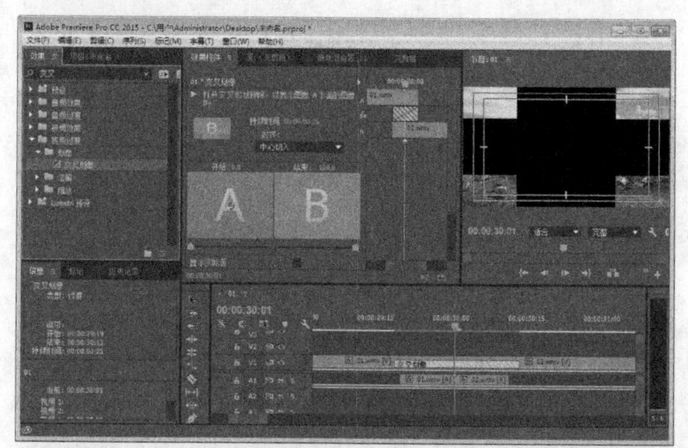

图8-7

技巧与提示

效果工作区有助于组织处理过渡效果时需要显示在屏幕上的所有窗口和面板。要将工作区设置为“效果”工作区，可以执行“窗口>工作区>效果”菜单命令。

应用过渡效果后，在“信息”面板中将显示关于选择过渡效果的信息，在“效果控件”面板中将显示选择过渡效果的选项，并且在“节目”面板中可以看到选择过渡效果的预览。

8.1.3 编辑视频过渡效果

应用过渡效果之后，就可以在时间轴中编辑该效果，或者使用“效果控件”面板编辑。要编辑过渡效果，首先需要在“时间轴”面板中选择该效果，然后移动过渡效果的对齐方式或者更改其持续时间。

1.更改过渡效果的对齐方式

如果要使用时间轴更改过渡效果的对齐方式，那么可以单击过渡效果并向左或向右拖曳，或者将其居中。向左拖曳，可将过渡效果与编辑点的结束处对齐。向右拖曳，可将过渡效果与编辑点的开始处对齐。在让过渡效果居中时，需要将过渡效果放置在编辑点范围内的中心。

“效果控件”面板允许进行更多的编辑更改。要使用“效果控件”面板更改过渡效果的对齐方式，可以先双击“时间轴”面板中的过渡效果，然后选择“显示实际源”选项，再从“对齐”下拉列表中选择一个选项来更改过渡效果的对齐方式。

要创建自定义对齐方式，可以手动移动“效果控件”面板的时间轴来调整效果，如图8-8所示。

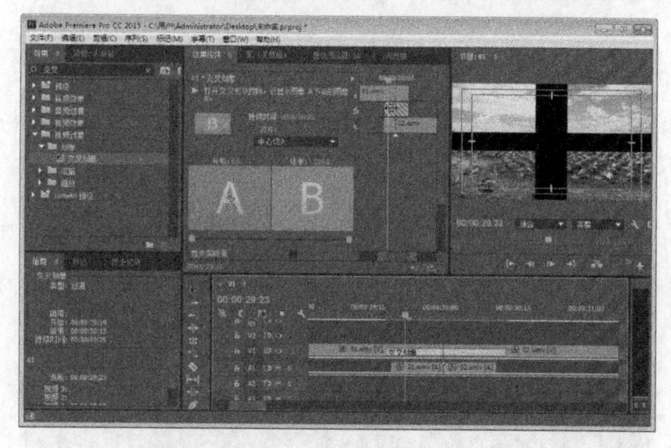

图8-8

2.更改过渡效果的持续时间

在时间轴中，通过拖曳过渡效果其中一个边缘，可以增加或减少应用过渡效果的帧数。为了精确起见，可以确保在时间轴上进行调整时使用“信息”面板。

要使用“效果控件”面板更改过渡效果的持续时间，首先双击“时间轴”面板中的过渡效果，然后调整“持续时间”属性。过渡效果的对齐方式和持续时间可以一起使用。

更改过渡效果持续时间所得到的结果，会受对齐方式的影响。在将对齐方式设置为“中心切入”

或“自定开始”时，更改持续时间值对入点和出点都有影响；在将对齐方式设置为“起点切入”时，更改持续时间值对出点有影响；在将对齐方式设置为“终点切入”时，更改持续时间值对入点有影响。

除了使用持续时间值更改过渡效果的持续时间以外，还可以手动调整过渡效果的持续时间，方法是单击过渡效果的左边缘或右边缘并拖曳，如图8-9所示。

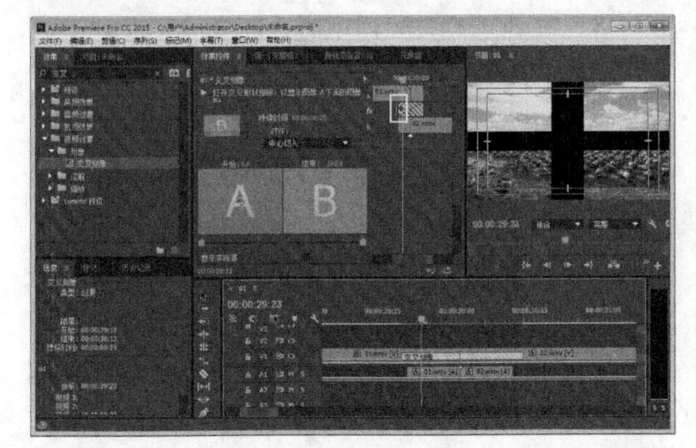

图8-9

3.更改过渡效果的设置

许多过渡效果包含用于更改过渡效果在屏幕上的显示方式的设置选项。将过渡效果应用于素材后，在“效果控件”面板底部可以进行过渡效果的设置，图8-10所示的是应用“反向”过渡效果的设置。

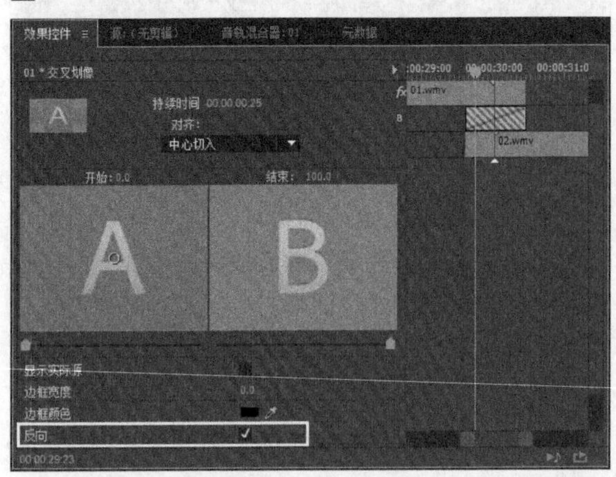

图8-10

在应用过渡效果之后，可以单击“效果控件”面板中的“反向”选项来编辑切换方向。默认情况下，素材切换是从第一个素材切换到第二个素材（A到B）。偶尔可能需要创建从场景B到场景A的过渡效果——即使场景B出现在场景A之后。

要查看过渡效果的预览，可以拖曳“开始”或“结束”滑块。要查看窗口中预览的实际素材，可以选择“显示实际源”选项，然后拖曳“开始”或“结束”滑块。要预览过渡效果，则单击“播放过渡”按钮。

许多过渡效果允许反转使用效果。例如，“划像>交叉划像”效果，通常将过渡效果应用于屏幕上的素材A——打开窗帘显示素材B。但是，通过单击“效果控件”面板底部的“反向”选项，可以关闭窗帘来显示素材B。“门”过渡效果与此非常类似，通常是打开门来显示素材B。但是，如果单击“反向”选项，则是关闭门来显示素材A。

还有一些过渡效果可使效果更加流畅，或者通过应用过渡效果来创建柔化边缘效果。要使效果更加流畅，可以单击“消除锯齿品质”下拉列表并选择抗锯齿的级别，如图8-11所示。一些过渡效果还允许添加边框。为此，可以单击“边框颜色”属性设置边框宽度，然后选择边框颜色。要选择边框颜色，可以选择滴管工具或边框颜色样本。

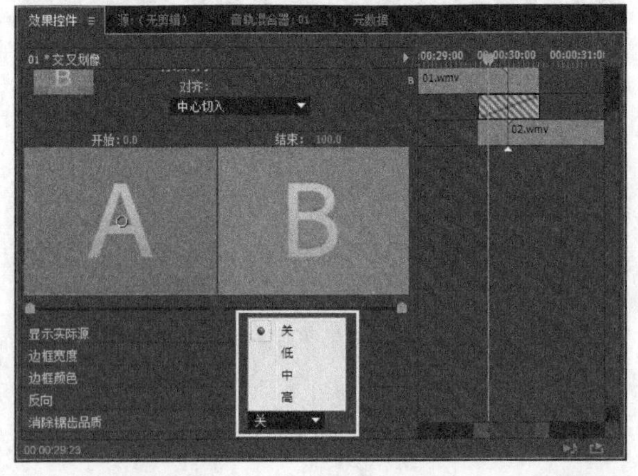

图8-11

4.替换和删除过渡效果

在应用过渡效果之后，可能发现该效果并不理想。幸运的是，替换或删除过渡效果的操作非常简单。如果要用一个过渡效果替换另一个过渡效果，那么只需单击过渡效果，并将其从“效果”面板拖至要在时间轴中替换的过渡效果的上方，新的过渡效果将替换原来的过渡效果；如果要删除过渡效果，那么只需选择过渡效果并按下Delete键，也可以在过渡效果名称上单击鼠标右键，在打开的菜单中选择“清除”命令。

5.应用默认过渡效果

如果在整个项目中多次应用相同的过渡效果，那么可以将它设置为默认过渡效果。在指定默认过渡效果后，无须将它从效果面板拖曳到时间轴中就可以很容易地应用它。要使用默认过渡效果，可以像对待常规过渡效果一样组织视频轨道中的素材。注意：必须确定素材的位置，以便入点和出点出现在轨道中汇合。

课堂案例

应用过渡效果

素材文件　素材文件>第8章>课堂案例：应用过渡效果

学习目标　为视频素材应用过渡效果的方法

本例主要介绍如何为素材添加过渡效果，案例效果如图8-12所示。

图8-12

01 打开学习资源中的“素材文件>第8章>课堂案例：应用过渡效果>课堂案例：应用过渡效果_I.prproj”文件，在“时间轴”面板中可以看到有3段素材，如图8-13所示。

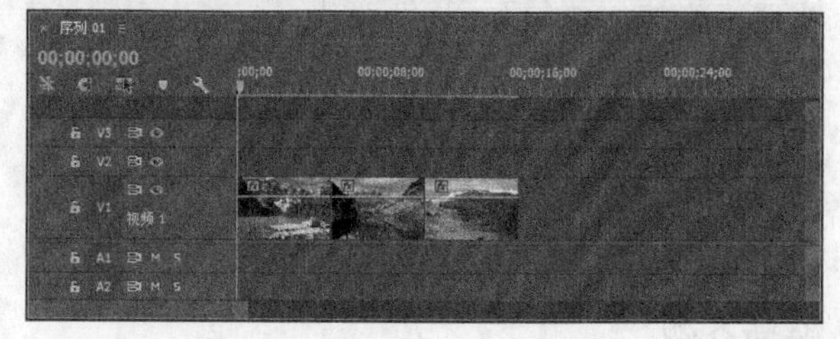

图8-13

02 在“效果”面板中选择“视频过渡>擦除>百叶窗”效果，如图8-14所示。然后将其拖曳至前两段素材的连接处，此时过渡效果将被放入轨道，并会突出显示发生切换的区域，如图8-15所示。

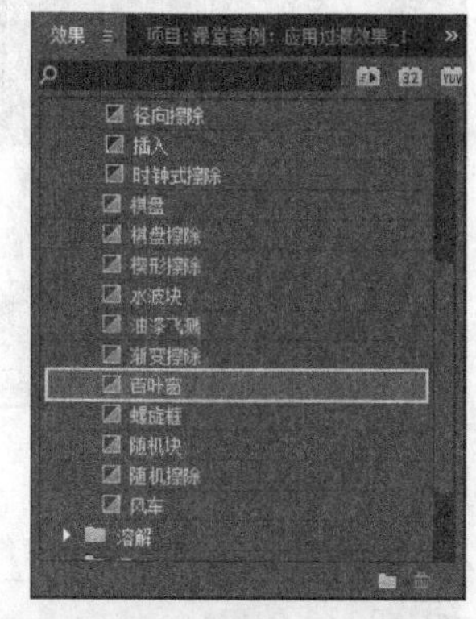

图8-14

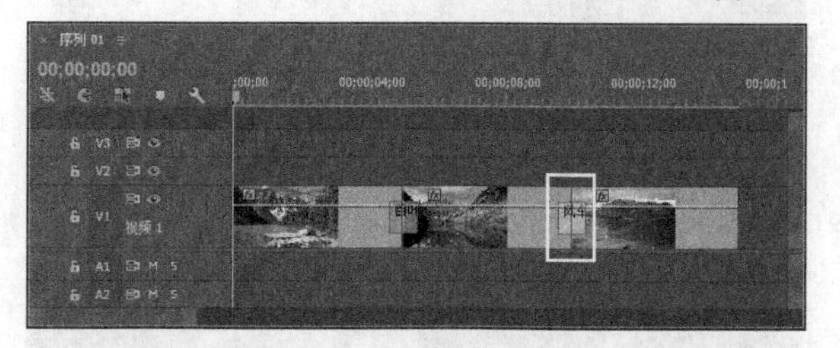

图8-15

03 在“效果”面板中选择“视频过渡>擦除>风车”效果，如图8-16所示。然后将其拖曳至第2和第3段素材的连接处，如图8-17所示。

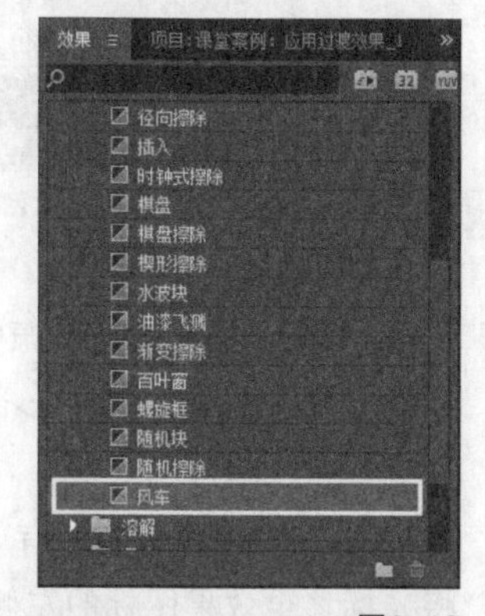

图8-16

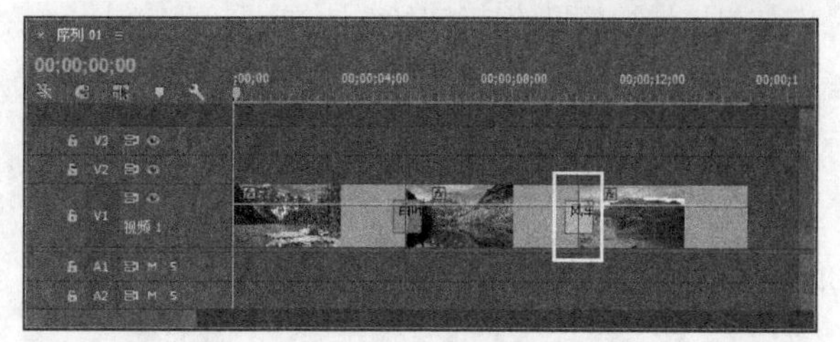

图8-17

04 在“节目”面板中播放影片，效果如图8-18所示。

图8-18

课堂练习

编辑过渡效果

素材文件　素材文件>第8章>课堂练习：编辑过渡效果
学习目标　编辑过渡效果的方法

本例主要介绍如何在“时间轴”和“效果控件”面板中编辑过渡效果，案例效果如图8-19所示。

图8-19

操作提示

第1步：打开学习资源中的“素材文件>第8章>课堂练习：编辑过渡效果>课堂练习：编辑过渡效果_I .prproj”文件。

第2步：两段素材间有一个“交叉划像”效果，将光标移至效果图标的左侧，当光标呈![]状时，向左拖曳，增加效果的持续时间。

8.2 过渡效果类型

Premiere Pro的“视频过渡”文件夹中包含7个不同的过渡效果文件夹，分别是“3D运动”“划像”“擦除”“溶解”“滑动”“缩放”和“页面剥落”，如图8-20所示。

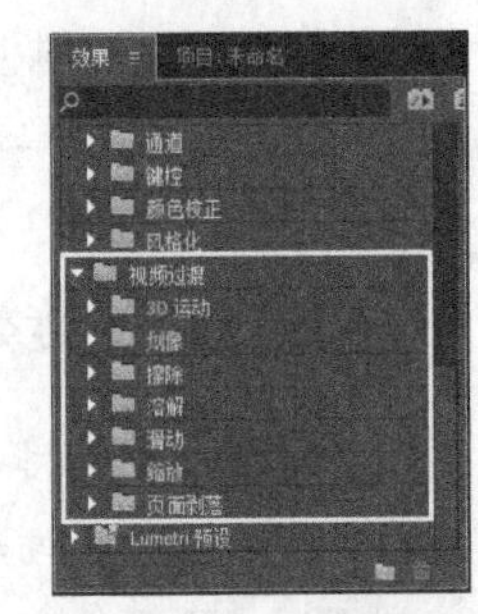

图8-20

8.2.1 3D运动过渡效果

“3D运动”文件夹中包含两个过渡效果，分别是“立方体旋转”和“翻转”，如图8-21所示。在切换发生时，每个过渡效果都包含运动。

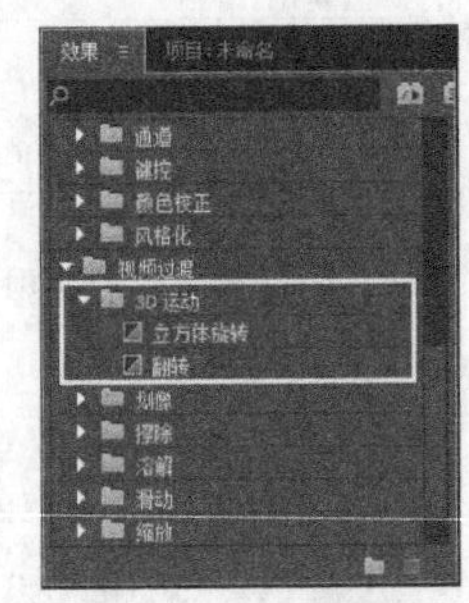

图8-21

1.立方体旋转

此过渡效果使用旋转的立方体将素材A切换成素材B。在图8-22所示的“立方体旋转”设置中，单击“持续时间”左边的缩览图四周的三角形按钮，可以将过渡效果设置为从北到南、从南到北、从西到东或者从东到西。

图8-22

参数介绍

显示实际源：选择该选项后，将在预览区域显示素材内容，如图8-23所示。

图8-23

反向：选择该选项后，将反转素材的顺序，如图8-24所示。

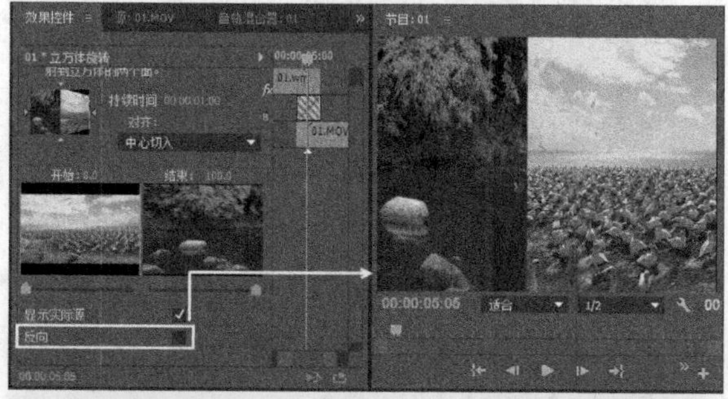

图8-24

2.翻转

此过渡效果将沿垂直轴翻转素材A来显示素材B，如图8-25所示。单击“效果控件”面板底部的“自定义”按钮，显示“翻转设置”对话框，可以使用此对话框设置条带颜色和单元格颜色的数量。单击“确定”按钮关闭对话框。

图8-25

课堂案例

三维旋转过渡

素材文件　素材文件>第8章>课堂案例：三维旋转过渡

学习目标　应用“立方体旋转”过渡效果的方法

本例主要介绍“立方体旋转”过渡效果的作用，案例效果如图8-26所示。

图8-26

01 打开学习资源中的“素材文件>第8章>课堂案例：三维旋转过渡>课堂案例：三维旋转过渡_I.prproj”文件，在“时间轴”面板中有两段素材，如图8-27所示。

图8-27

02 将“效果”面板中的“视频过渡>3D运动>立方体旋转”滤镜添加到两段素材之间，如图8-28所示。

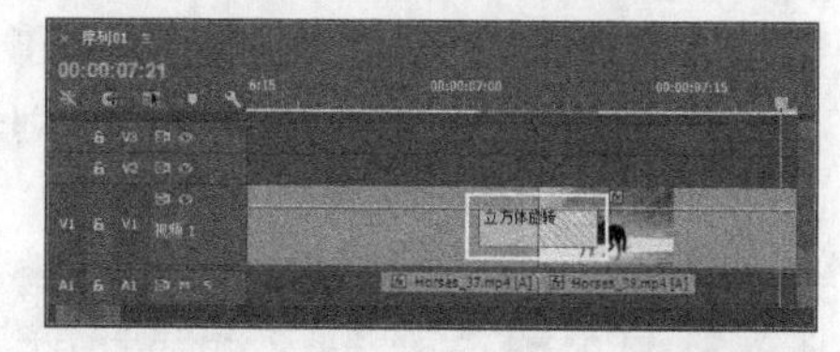

图8-28

03 在“效果控件”面板中设置“持续时间”为2秒，如图8-29所示。

图8-29

04 在"节目"面板中播放影片，效果如图8-30所示。

图8-30

8.2.2 划像过渡效果

"划像"过渡效果的开始和结束都在屏幕的中心进行。"划像"过渡效果包括"交叉划像""圆划像""盒形划像"和"菱形划像"，如图8-31所示。

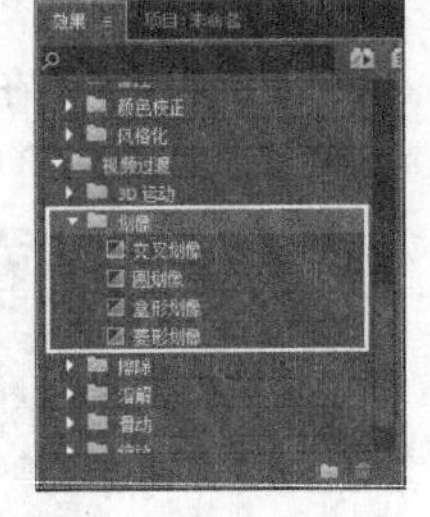

图8-31

1. 交叉划像

在此过渡效果中，素材B逐渐出现在一个十字形中，该十字会越变越大，直到占据整个画面。图8-32中显示了效果控件面板中的交叉划像效果控件和节目监视器中的预览效果。

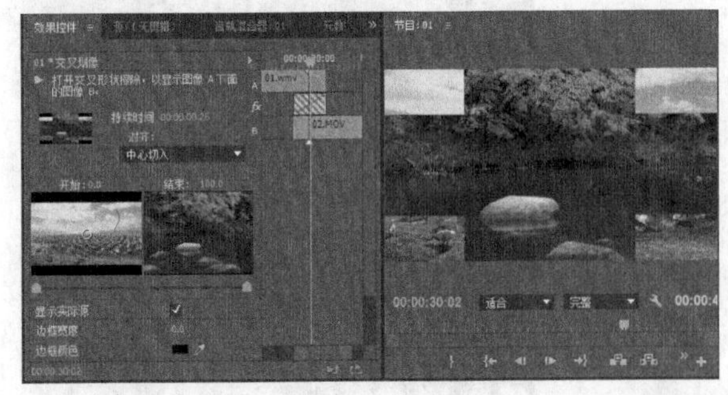

图8-32

参数介绍

边框宽度：该属性用来控制素材分裂后边框的宽度，如图8-33所示。

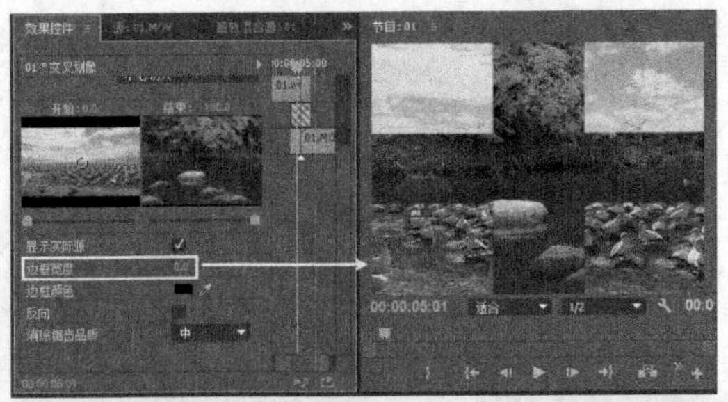

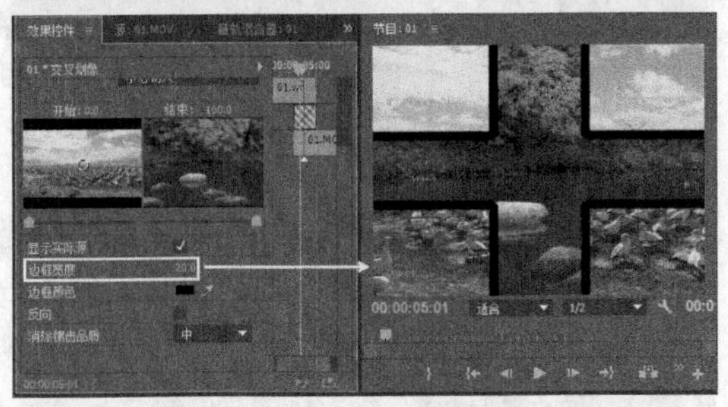

图8-33

边框颜色：该属性用来控制边框的颜色，如图8-34所示。

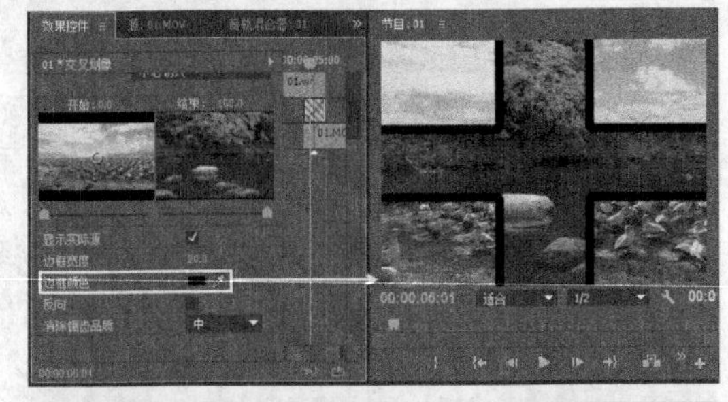

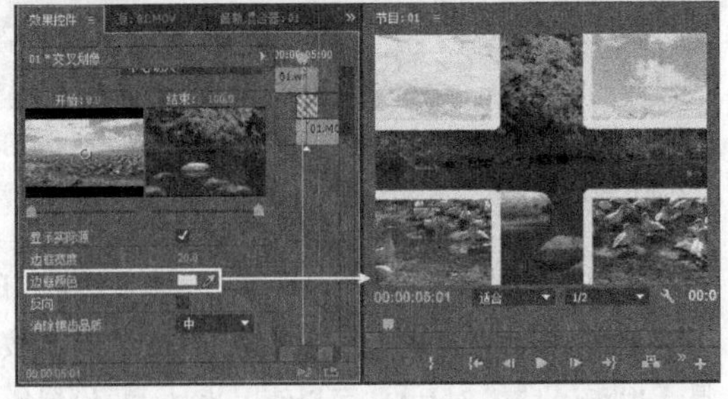

图8-34

消除锯齿品质：该属性用来控制边框的抗锯齿效果，如图8-35所示。

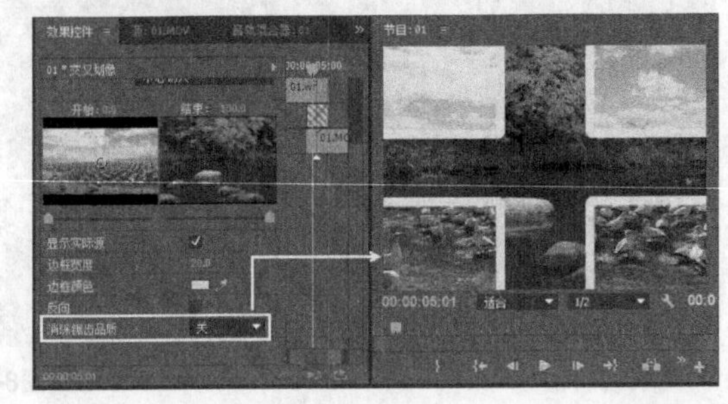

图8-35

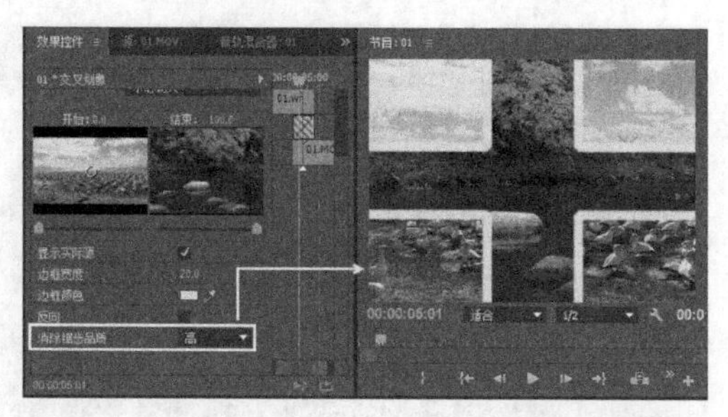
图8-35（续）

2.圆划像

在此过渡效果中，素材B逐渐出现在慢慢变大的圆形中，该圆形将占据整个画面。图8-36显示了“效果控件”面板中的“圆划像”效果控件以及“节目”面板中的预览效果。

图8-36

3.盒形划像

在此过渡效果中，素材B逐渐显示在一个慢慢变大的矩形中，该矩形会逐渐占据整个画面。“盒形划像”效果控件以及“节目”面板中的预览效果，如图8-37所示。

图8-37

4.菱形划像

在此过渡效果中，素材B逐渐出现在一个菱形区域中，该菱形区域将逐渐占据整个画面。“菱形划像”效果控件以及“节目”面板中的预览效果，如图8-38所示。

图8-38

课堂案例

划像过渡

素材文件　素材文件>第8章>课堂案例：划像过渡

学习目标　应用“交叉划像”过渡效果的方法

本例主要介绍“交叉划像”过渡效果的作用，案例效果如图8-39所示。

图8-39

01 打开学习资源中的“素材文件>第8章>课堂案例：划像过渡>课堂案例：划像过渡_I.prproj”文件，在“时间轴”面板中有两段素材，如图8-40所示。

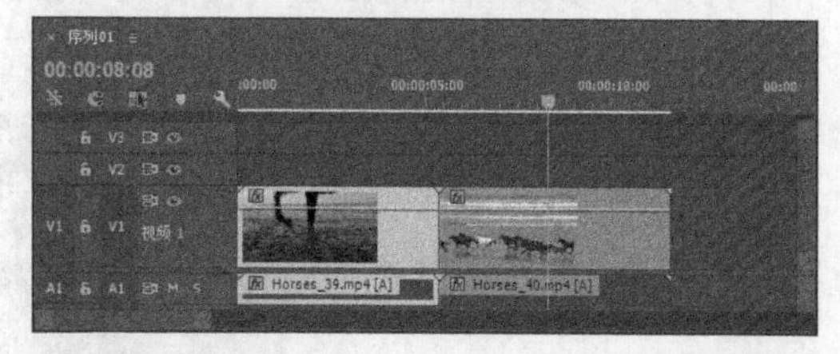

图8-40

02 将“效果”面板中的“视频过渡>划像>交叉划像”滤镜添加到两段素材之间，如图8-41所示

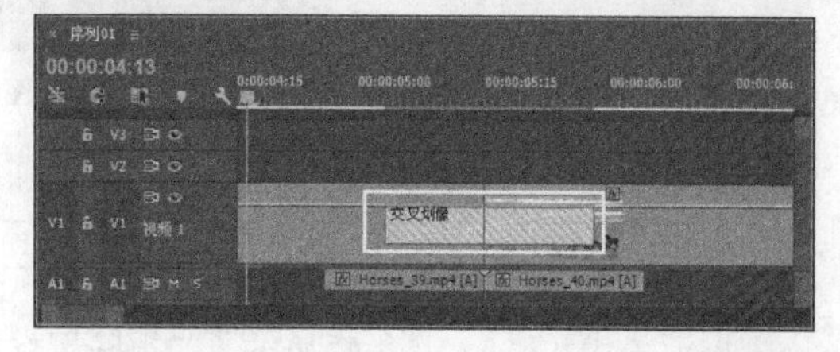

图8-41

03 在“效果控件”面板中设置“持续时间”为2秒、“边框宽度”为10、“消除锯齿品质”为“高”，如图8-42所示。

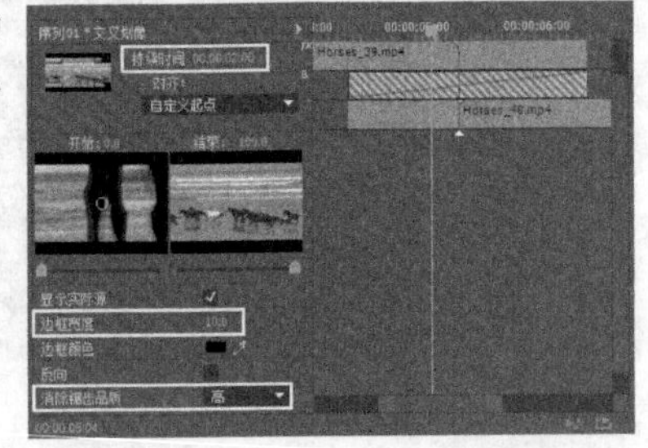

图8-42

04 在“节目”面板中播放影片，效果如图8-43所示。

图8-43

8.2.3 擦除过渡效果

“擦除”过渡效果通过擦除素材A的不同部分来显示素材B。许多过渡效果都提供看起来非常时髦的数字效果。“擦除”过渡效果包括“划出”“双侧平推门”“带状擦除”“径向擦除”“插入”“时钟式擦除”“棋盘”“棋盘擦除”“楔形擦除”“水波块”“油漆飞溅”“渐变擦除”“百叶窗”“螺旋框”“随机块”“随机擦除”和“风车”，如图8-44所示。

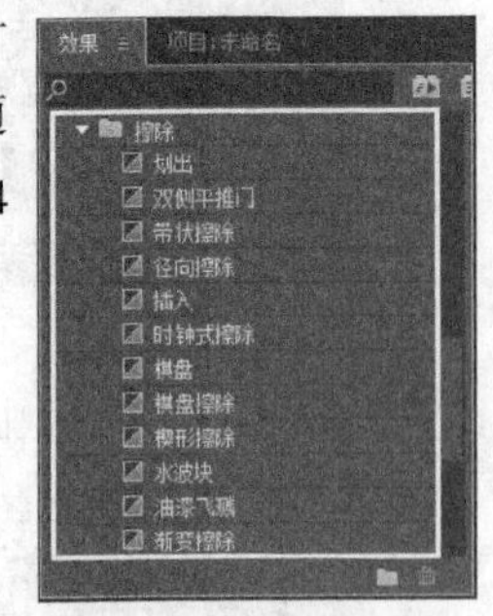

图8-44

1.划出

在这个简单的过渡效果中，素材B从左向右滑入，逐渐替代素材A。图8-45显示了“擦除”设置和预览效果。

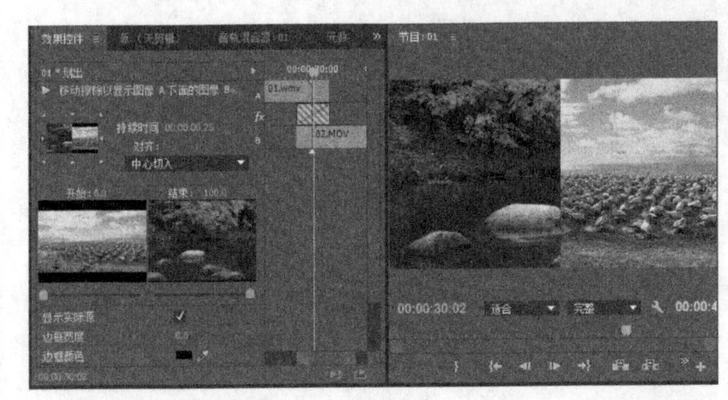

图8-45

2.双侧平推门

图8-46显示了“双侧平推门”设置和预览效果。

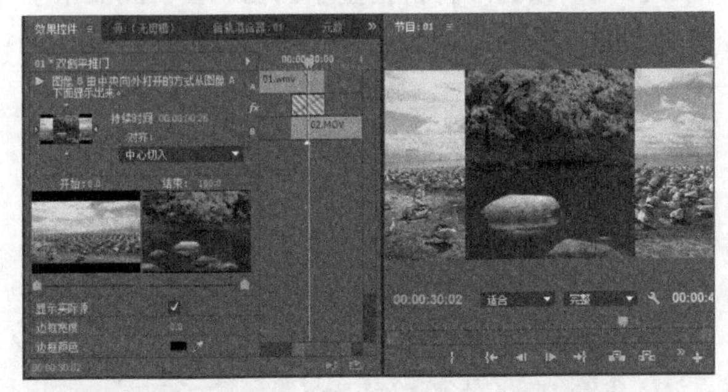

图8-46

3.带状擦除

在此过渡效果中，矩形条带从屏幕左边和屏幕右边渐渐出现，素材B将替代素材A，效果如图8-47所示。

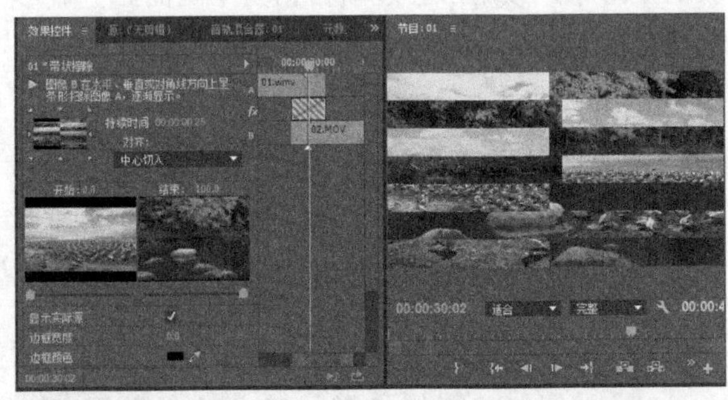

图8-47

在使用此过渡效果时，可以单击“效果控件”面板中的“自定义”按钮显示“带状擦除设置”对话框，如图8-48所示。设置“带数量”属性，可以调整带状效果的数量，如图8-49所示。

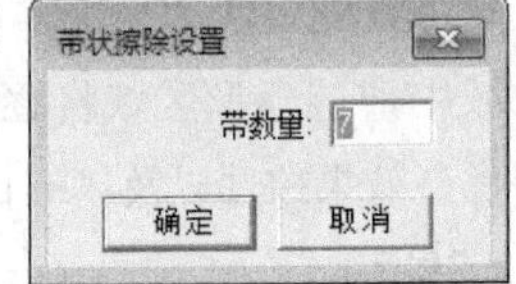

图8-48

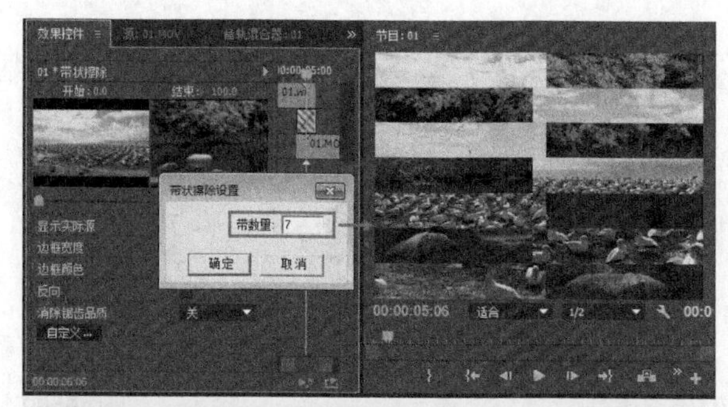

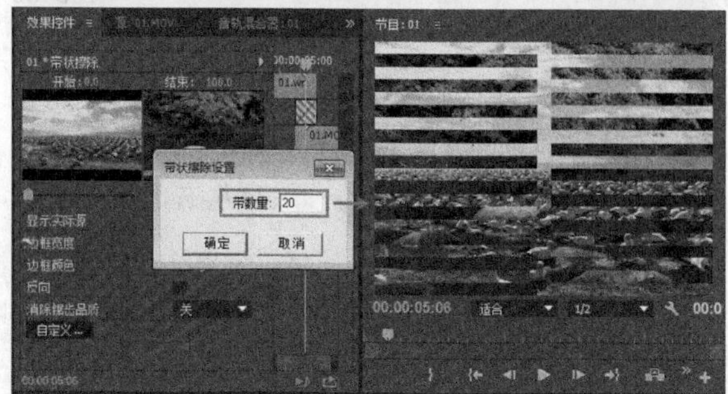

图8–49

4.径向擦除

在此过渡效果中，素材B通过擦除显示，先水平擦过画面的顶部，然后顺时针扫过一个弧度，逐渐覆盖素材A。图8-50显示了“径向擦除”设置和预览效果。

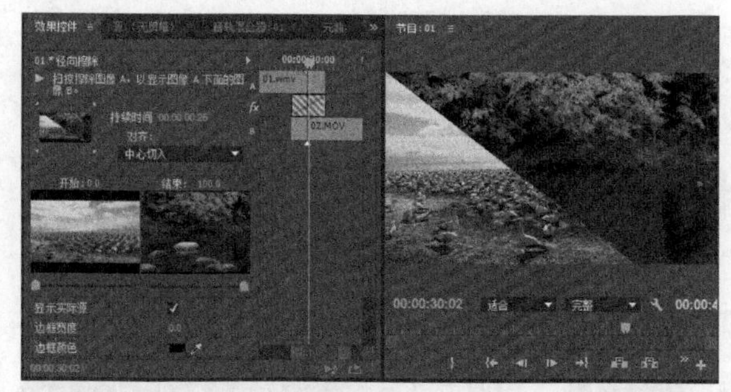

图8–50

5.插入

在此过渡效果中，素材B出现在画面左上角的一个小矩形框中。在擦除过程中，该矩形框逐渐变大，直到素材B替代素材A。图8-51显示了“插入”设置和预览效果。

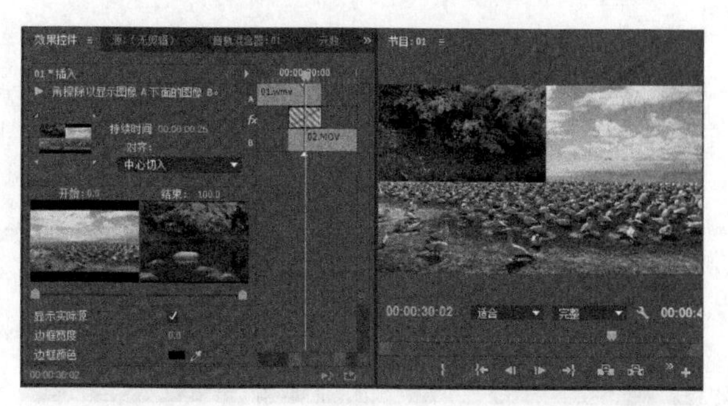

图8–51

6.时钟式擦除

在此过渡效果中，素材B逐渐出现在屏幕上，以圆周运动方式显示。该效果就像是时钟的旋转指针扫过素材屏幕。图8-52显示了“时钟式划变”设置和预览效果。

图8–52

7.棋盘

在此过渡效果中，包含素材B的棋盘图案逐渐取代素材A，效果如图8-53所示。

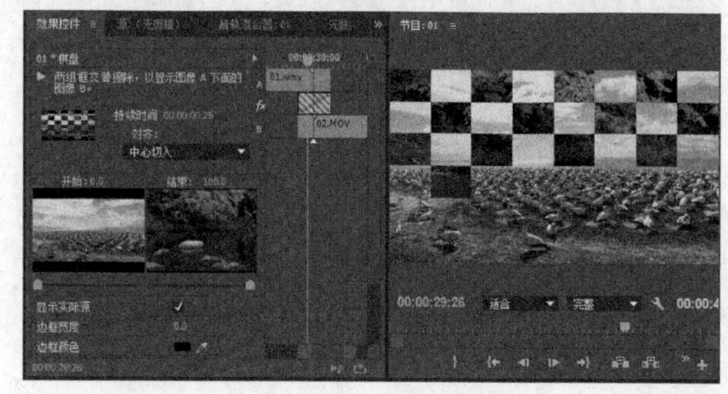

图8–53

在使用此过渡效果时，可以单击“效果控件”面板中的“自定义”按钮显示“棋盘设置”对话框。设置“水平/垂直切片”属性，可以调整棋盘格的数量，如图8-54所示。

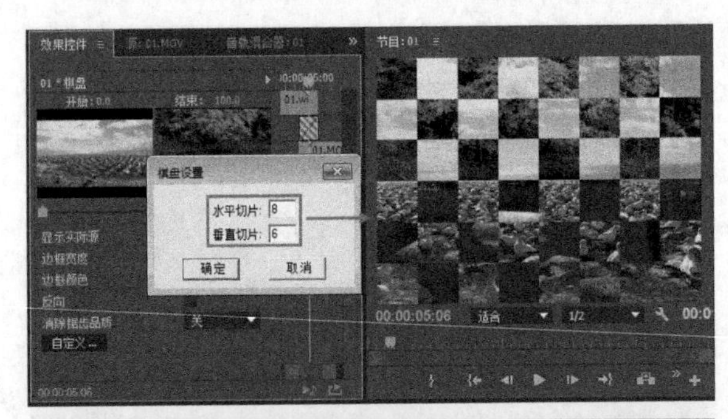

图8-54

8.棋盘擦除

在此过渡效果中，包含素材B切片的棋盘方块图案逐渐延伸到整个屏幕。使用此过渡效果时，可以单击“效果控件”面板底部的“自定义”按钮，然后在“棋盘擦除设置”对话框中，选择水平切片和垂直切片的数量。图8-55显示了效果控件面板中的划格擦除效果控件以及节目监视器面板中的预览效果。

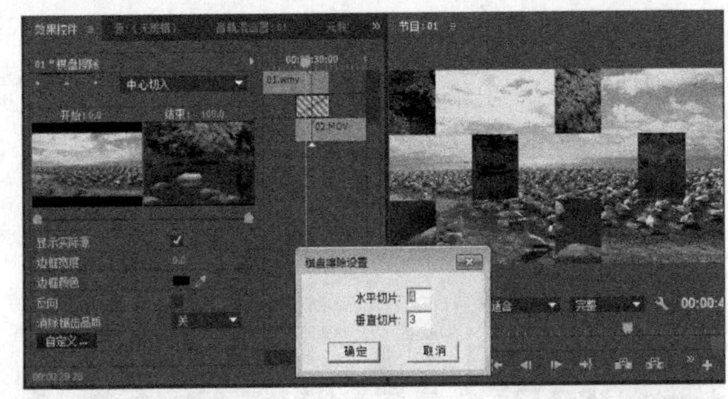

图8-55

9.楔形擦除

在此过渡效果中，素材B出现在逐渐变大并最终替换素材A的饼式楔形中。图8-56显示了“效果控件”面板中的楔形划变效果控件以及“节目”面板中的预览效果。

图8-56

10.水波块

在此过渡效果中，素材B渐渐出现在水平条带中，这些条带从左向右移动，然后从右向屏幕左下方移动，效果如图8-57所示。

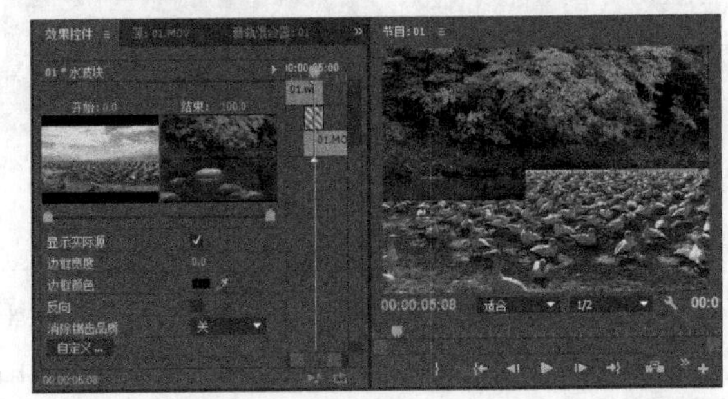

图8-57

在使用此过渡效果时，可以单击“效果控件”面板中的“自定义”按钮显示“水波块设置”对话框。设置“水平/垂直”属性，可以调整水波块的数量，如图8-58所示。

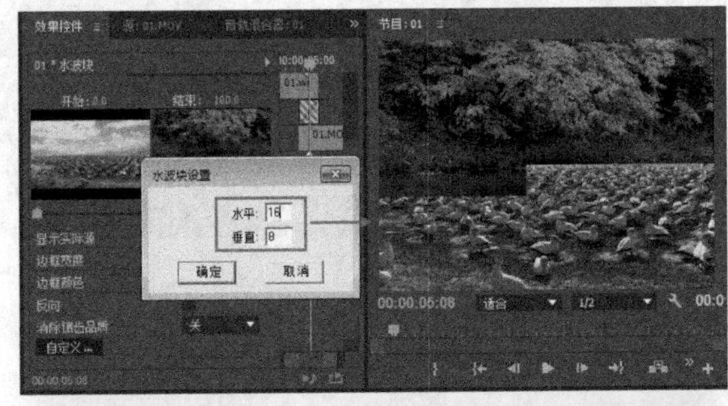

图8-58

11.油漆飞溅

在此过渡效果中，素材B逐渐以泼洒颜料的形式出现。图8-59显示了“效果控件”面板中的“油漆飞溅”效果控件以及“节目”面板中的预览效果。

图8-59

12.渐变擦除

在此过渡效果中，素材B逐渐擦过整个屏幕，并使用用户选择的灰度图像的亮度值确定替换素材A中的指定图像区域，效果如图8-60所示。

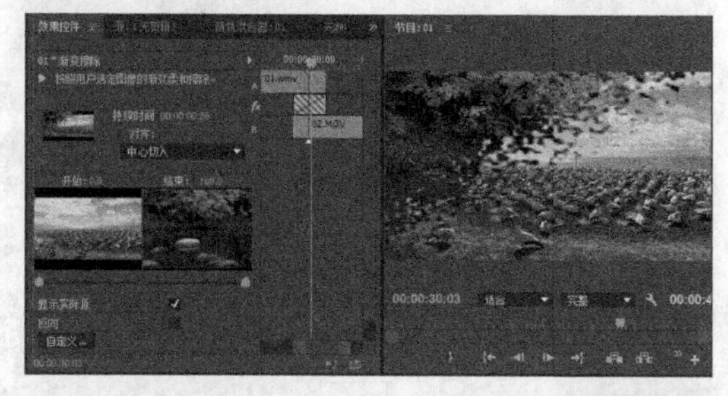

图8-60

在使用此效果时，将打开“渐变擦除设置”对话框，如图8-61所示。在此对话框中单击“选择图像”按钮加载灰度图像，这样在擦除效果出现时，对应素材A的黑色区域和暗色区域的素材B图像区域是先显示的。在该对话框中，还可以拖曳“柔和度”滑块来柔化效果，如图8-62所示。

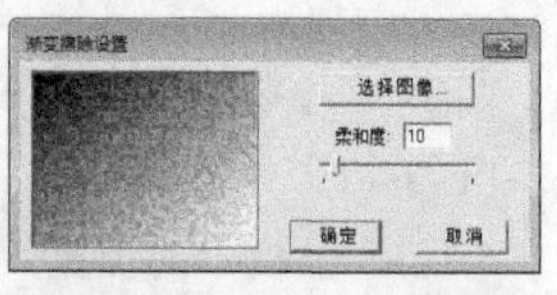

图8-61

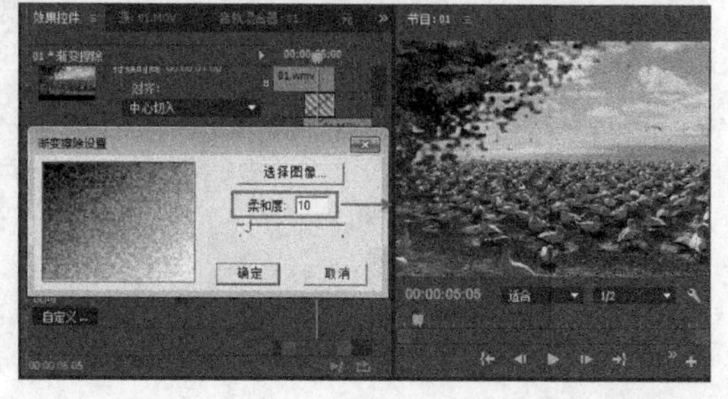

图8-62

图8-62（续）

13.百叶窗

在此过渡效果中，素材B看起来像是透过百叶窗出现的，百叶窗逐渐打开，从而显示素材B的完整画面，如图8-63所示。

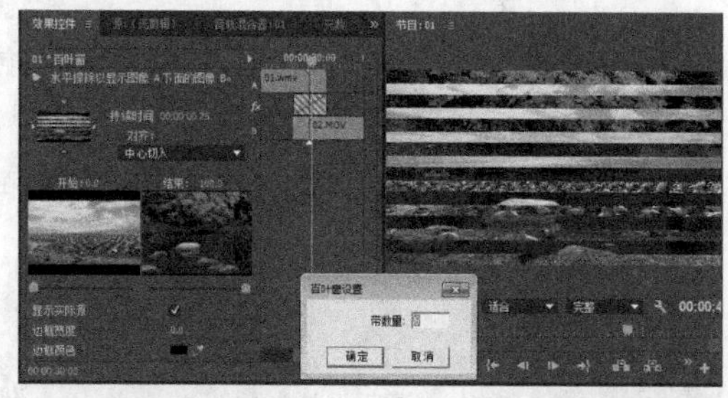

图8-63

在使用此过渡效果时，可以单击“效果控件”面板中的“自定义”按钮显示“百叶窗设置”对话框。设置“带数量”属性，可以调整带状数量，如图8-64所示。

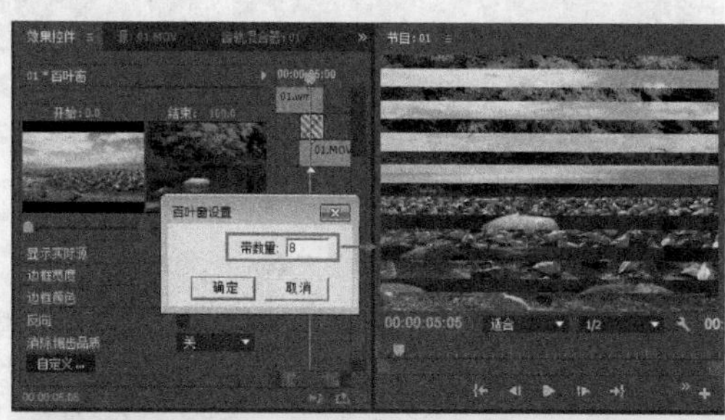

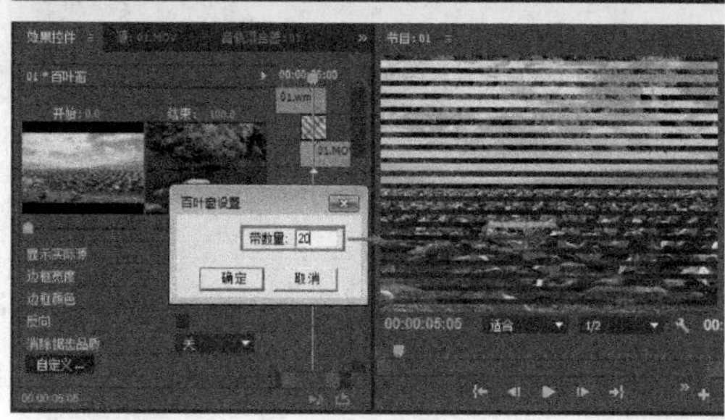

图8-64

14.螺旋框

在此过渡效果中，一个矩形边框围绕画面移动，逐渐使用素材B替换素材A，效果如图8-65所示。

图8-65

在使用此过渡效果时，可以单击“效果控件”面板中的“自定义”按钮显示“螺旋框设置”对话框。设置“水平/垂直”属性，可以调整螺旋框的数量，如图8-66所示。

图8-66

15.随机块

在此过渡效果中，素材B逐渐出现在屏幕上随机显示的色块上，效果如图8-67所示。

图8-67

在使用此过渡效果时，可以单击“效果控件”面板中的“自定义”按钮显示“随机块设置”对话框，设置“宽/高”属性，可以调整随机块的数量，如图8-68所示。

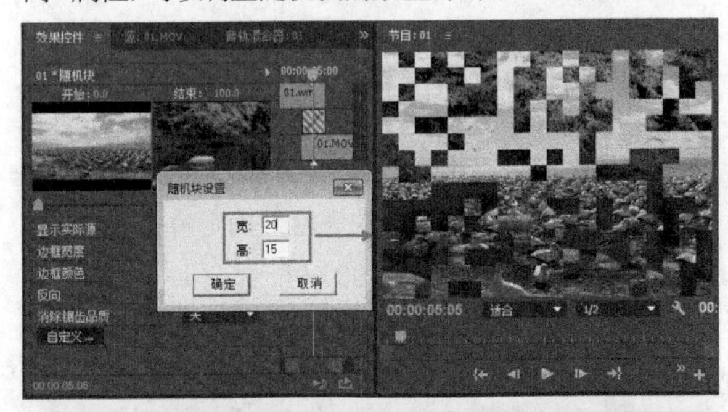

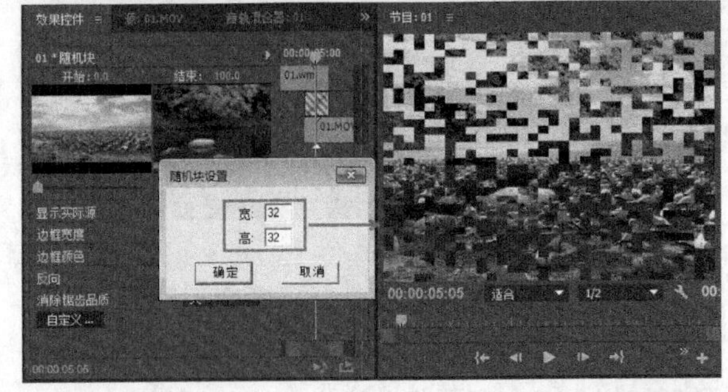

图8-68

16.随机擦除

在此过渡效果中，素材B逐渐出现在顺着屏幕下拉的小块中。图8-69显示了“随机擦除”控件以及“节目”面板中的预览效果。

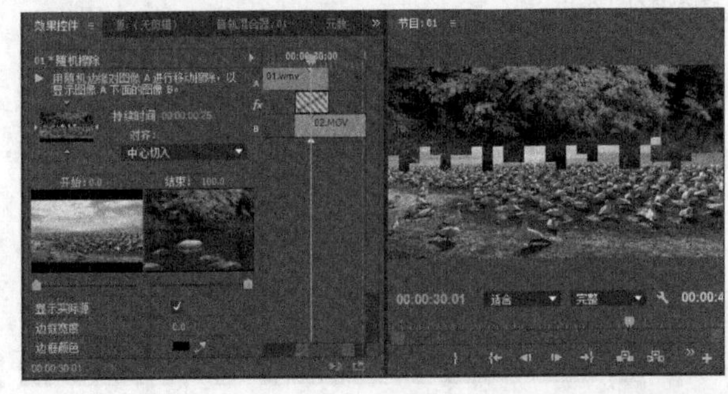

图8-69

17.风车

在此过渡效果中，素材B逐渐以不断变大的星星的形式出现，这个星形将占据整个画面，效果如图8-70所示。

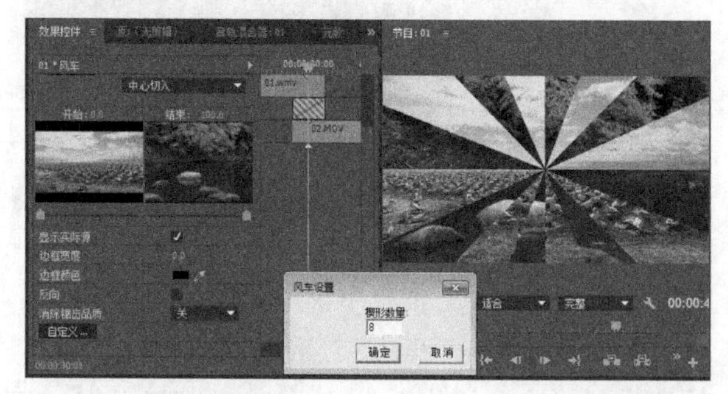

图8-70

在使用此过渡效果时，可以单击“效果控件”面板中的“自定义”按钮显示“风车设置”对话框。设置“楔形数量”属性，可以调整风车扇叶的数量，如图8-71所示。

图8-71

课堂案例

插入过渡效果

素材文件　素材文件>第8章>课堂案例：插入过渡效果

学习目标　应用“插入”过渡效果的方法

本例主要介绍“插入”过渡效果的作用，案例效果如图8-72所示。

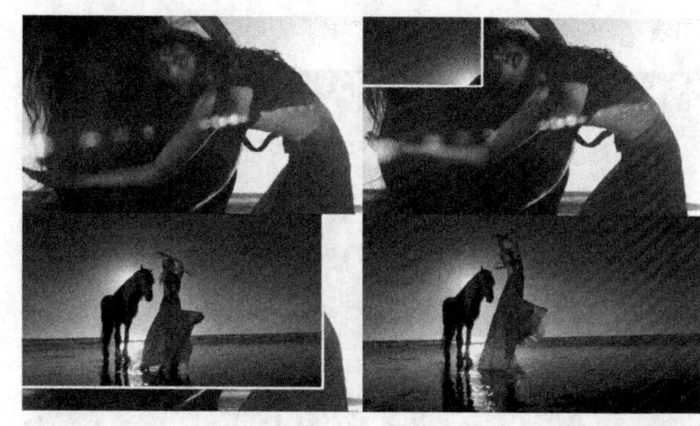

图8-72

01 打开学习资源中的“素材文件>第8章>课堂案例：插入过渡效果>课堂案例：插入过渡效果_I.prproj”文件，在“时间轴”面板中有两段素材，如图8-73所示。

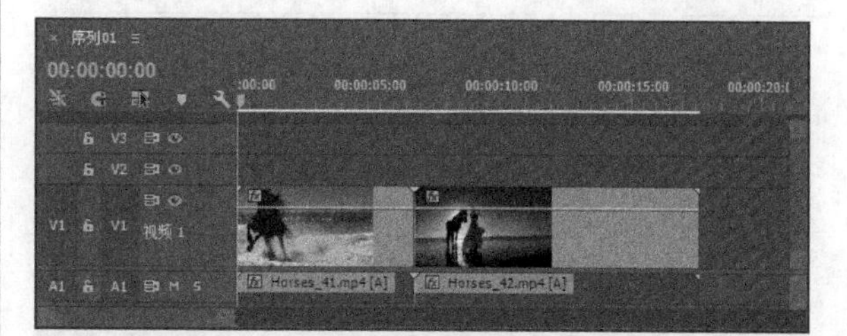

图8-73

02 将“效果”面板中的“视频过渡>擦除>插入”滤镜添加到两段素材之间，如图8-74所示

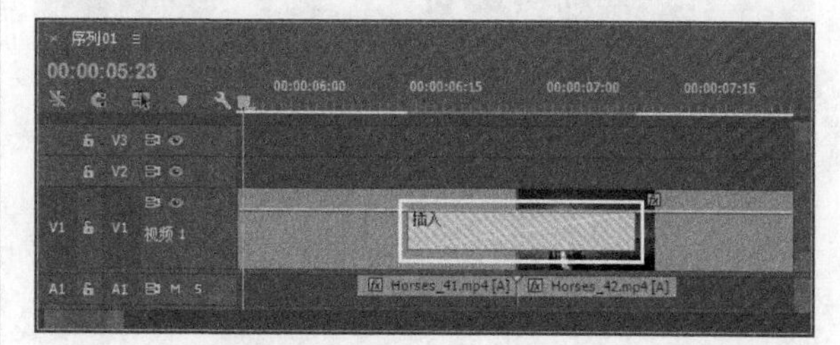

图8-74

03 在“效果控件”面板中设置“持续时间”为2秒、“边框宽度”为10、“边框颜色”为白色、“消除锯齿品质”为“高”，如图8-75所示。

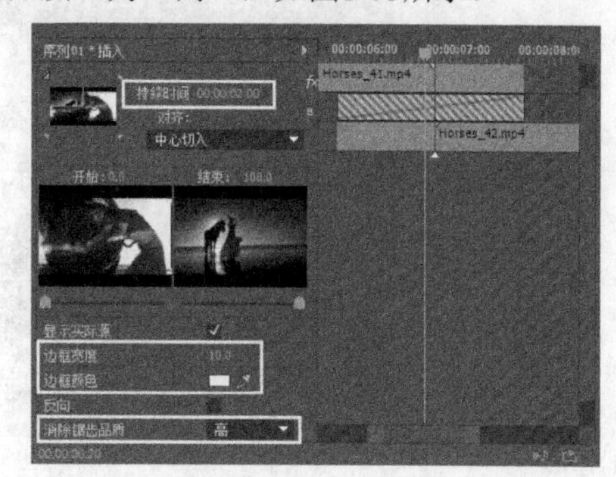

图8-75

04 在“节目”面板中播放影片，效果如图8-76所示。

图8-76

课堂案例

棋盘过渡效果

素材文件　素材文件>第8章>课堂案例：棋盘过渡效果

学习目标　应用“棋盘”过渡效果的方法

本例主要介绍“棋盘”过渡效果的作用，案例效果如图8-77所示。

图8-77

01 打开学习资源中的“素材文件>第8章>课堂案例：棋盘过渡效果>课堂案例：棋盘过渡效果_I.prproj”文件，在“时间轴”面板中有两段素材，如图8-78所示。

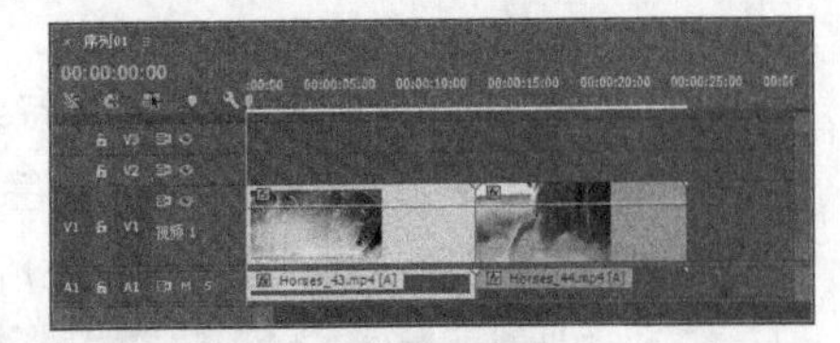

图8-78

02 将“效果”面板中的“视频过渡>擦除>棋盘”滤镜添加到两段素材之间，如图8-79所示。

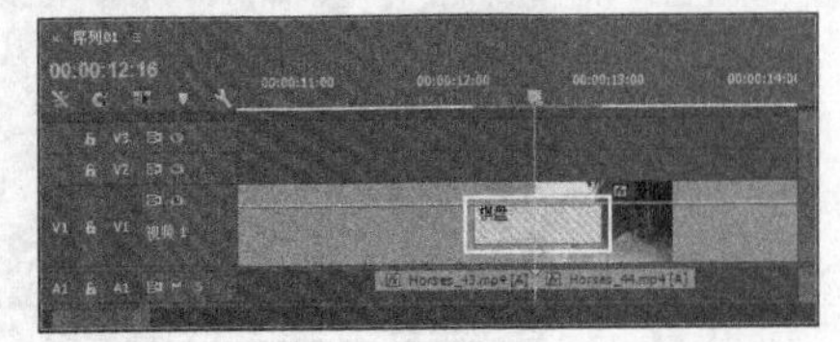

图8-79

03 在“效果控件”面板中设置“持续时间”为2秒、“消除锯齿品质”为“高”，如图8-80所示。

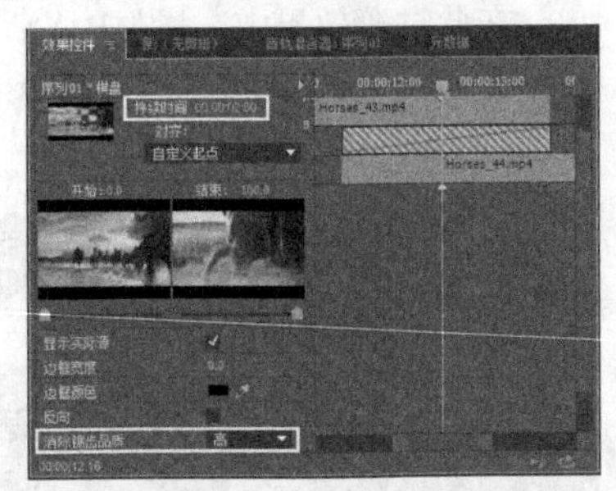

图8-80

04 在“效果控件”面板中单击“自定义”按钮，然后在打开的“棋盘设置”对话框中设置“水平切片”为12、“垂直切片”为12，接着单击“确定”按钮，如图8-81所示。

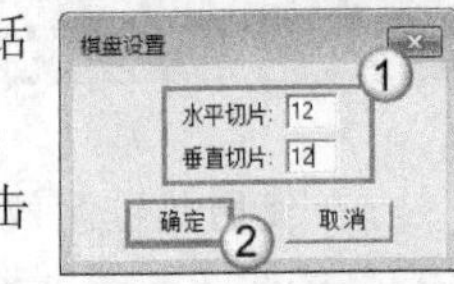

图8-81

05 在“节目”面板中播放影片，效果如图8-82所示。

图8-82

课堂案例

风车过渡特效

素材文件　素材文件>第8章>课堂案例：风车过渡特效

学习目标　应用“风车”过渡效果的方法

本例主要介绍“风车”过渡效果的作用，案例效果如图8-83所示。

图8-83

01 打开学习资源中的“素材文件>第8章>课堂案例：风车过渡特效>课堂案例：风车过渡特效_I.prproj”文件，在“时间轴”面板中有两段素材，如图8-84所示。

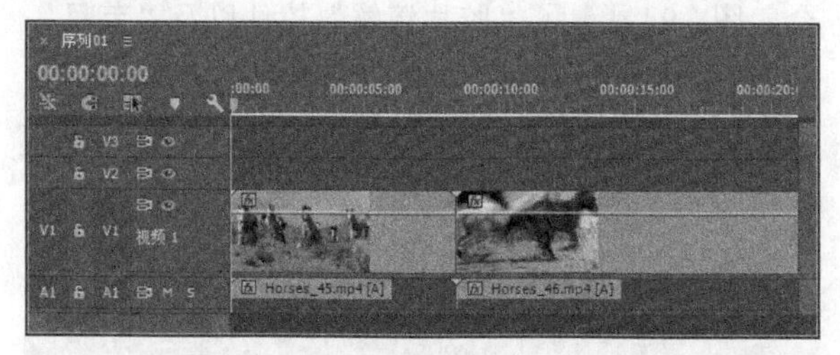

图8-84

02 将“效果”面板中的“视频过渡>擦除>风车”滤镜添加到两段素材之间，如图8-85所示。

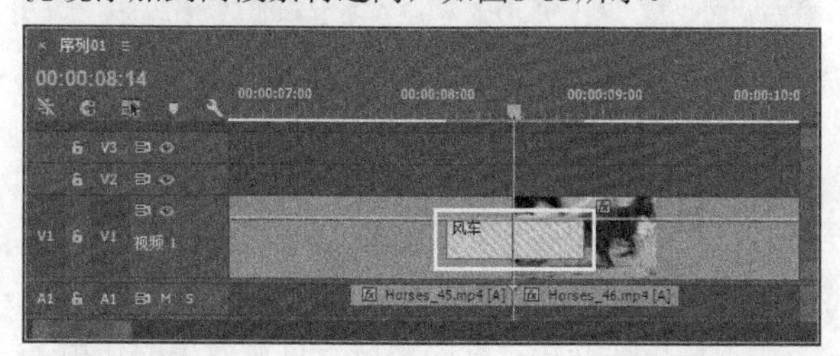

图8-85

03 在“效果控件”面板中设置“持续时间”为2秒、“消除锯齿品质”为“高”，如图8-86所示。

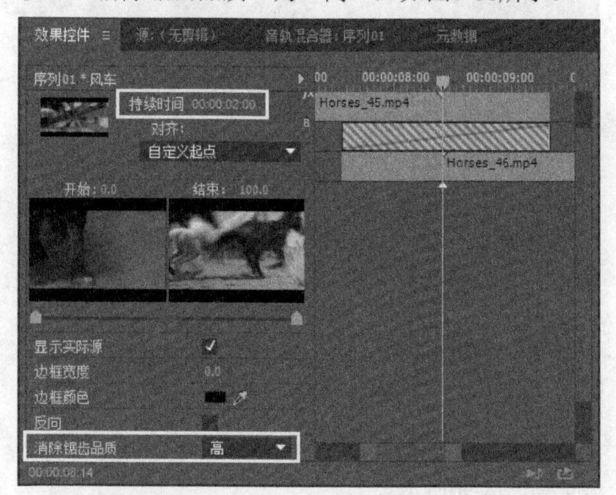

图8-86

04 在“效果控件”面板中单击“自定义”按钮，然后在打开的“风车设置”对话框中设置“楔形数量”为12，接着单击“确定”按钮，如图8-87所示。

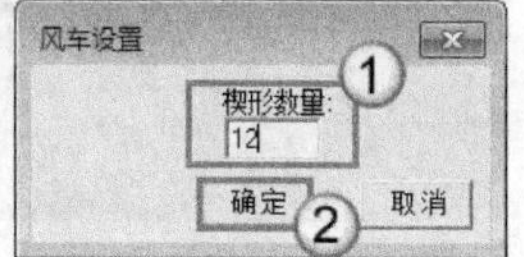

图8-87

05 在“节目”面板中播放影片，效果如图8-88所示。

图8-88

8.2.4 溶解过渡效果

“溶解”过渡效果擦除素材A的不同部分来显示素材B。许多过渡效果都提供看起来非常时髦的数字效果。“擦除”过渡效果包括MorphCut、“交叉溶解”“叠加溶解”“渐隐为白色”“渐隐为黑色”“胶片溶解”和“非叠加溶解”，如图8-89所示。下面介绍5种常用的过渡效果。

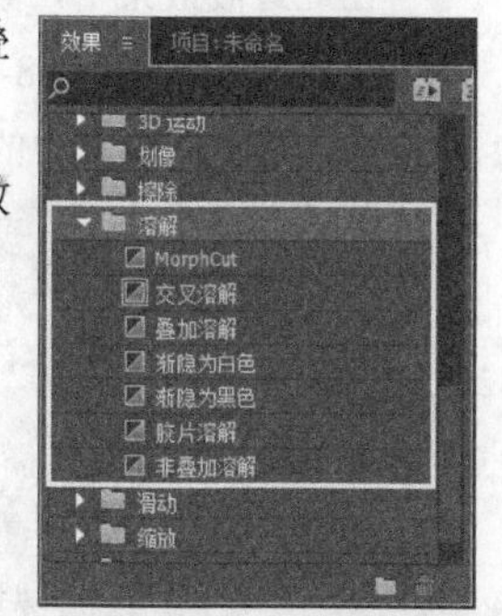

图8-89

1.交叉溶解

在此过渡效果中，会在淡入素材B的同时淡出素材A。如果希望从黑色淡入或淡出，也很适合在素材的开头和结尾采用“交叉溶解”。图8-90显示了“交叉溶解”控件以及“节目”面板中的预览效果。

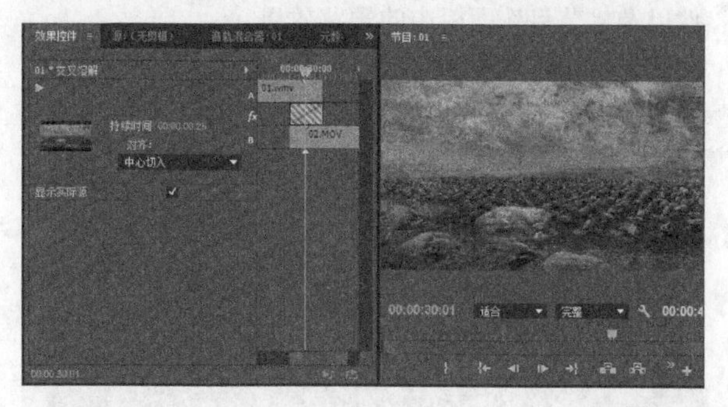

图8-90

2.叠加溶解

在此过渡效果中，素材 B 的颜色信息会添加到素材 A，然后从素材 B 中减去素材A 的颜色信息。图8-91显示了“叠加溶解”控件以及“节目”面板中的预览效果。

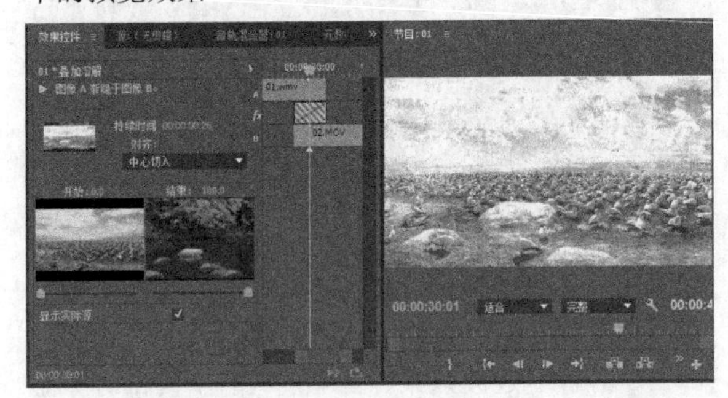

图8-91

3.渐隐为白色

在此过渡效果中，素材A会淡化到白色，然后从白色淡化到素材B。图8-92显示了“渐隐为白色”控件以及“节目”面板中的预览效果。

图8-92

4.渐隐为黑色

在此过渡效果中，素材A会淡化到黑色，然后从黑色淡化到素材B。图8-93显示了“渐隐为黑色”控件以及“节目”面板中的预览效果。

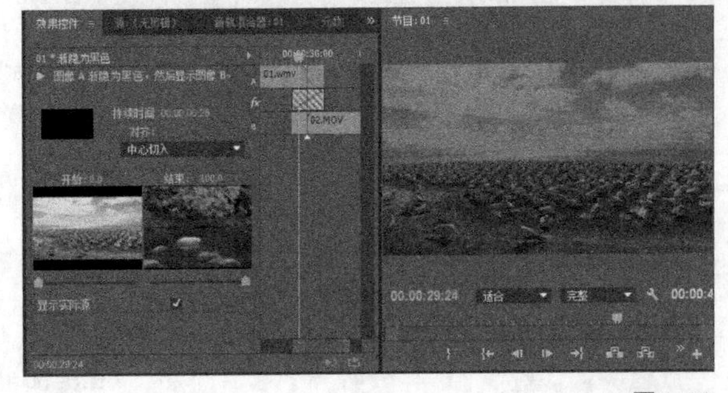

图8-93

5.胶片溶解

“胶片溶解过渡”是混合在线性色彩空间中的溶解过渡（灰度系数=1.0），以更现实的方式进行混合。图8-94显示了“胶片溶解”控件以及“节目”面板中的预览效果。

图8-94

课堂案例

交叉溶解过渡效果

素材文件　素材文件>第8章>课堂案例：交叉溶解过渡效果

学习目标　应用“交叉溶解”过渡效果的方法

本例主要介绍“交叉溶解”过渡效果的作用，案例效果如图8-95所示。

图8-95

01 打开学习资源中的“素材文件>第8章>课堂案例：交叉溶解过渡效果>课堂案例：交叉溶解过渡效果_I.prproj”文件，在“时间轴”面板中有两段素材，如图8-96所示。

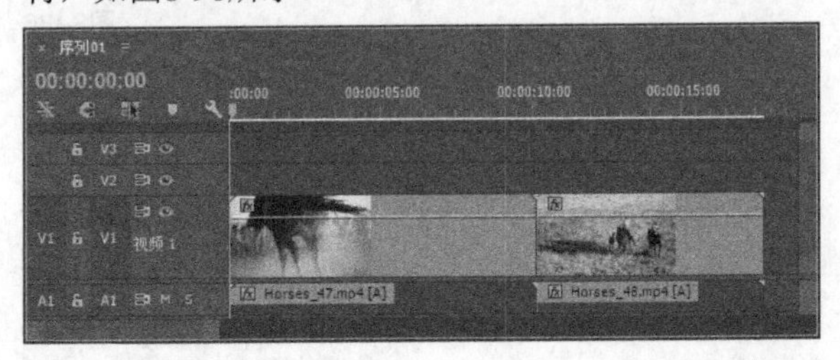

图8-96

02 将“效果”面板中的“视频过渡>溶解>交叉溶解”滤镜添加到两段素材之间，如图8-97所示

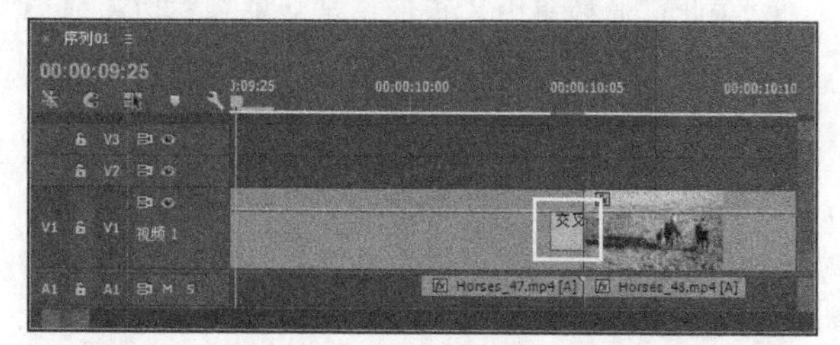

图8-97

03 在“效果控件”面板中设置“持续时间”为2秒、“对齐”为“中心切入”，如图8-98所示。

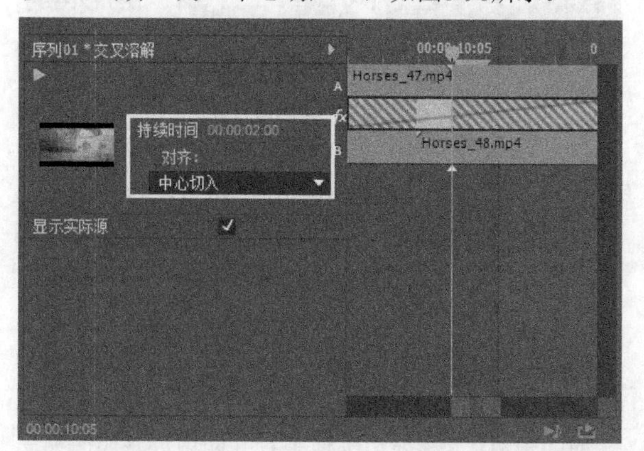

图8-98

04 在“节目”面板中播放影片，效果如图8-99所示。

图8-99

课堂案例

叠加溶解过渡效果

素材文件 素材文件>第8章>课堂案例：叠加溶解过渡效果

学习目标 应用“叠加溶解”过渡效果的方法

本例主要介绍“叠加溶解”过渡效果的作用，案例效果如图8-100所示。

图8-100

01 打开学习资源中的“素材文件>第8章>课堂案例：叠加溶解过渡效果>课堂案例：叠加溶解过渡效果_I.prproj”文件，在“时间轴”面板中有两段素材，如图8-101所示。

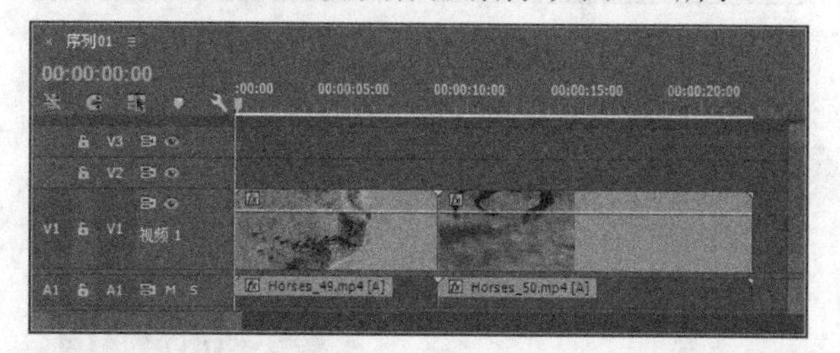

图8-101

02 将“效果”面板中的“视频过渡>溶解>叠加溶解”滤镜添加到两段素材之间，如图8-102所示。

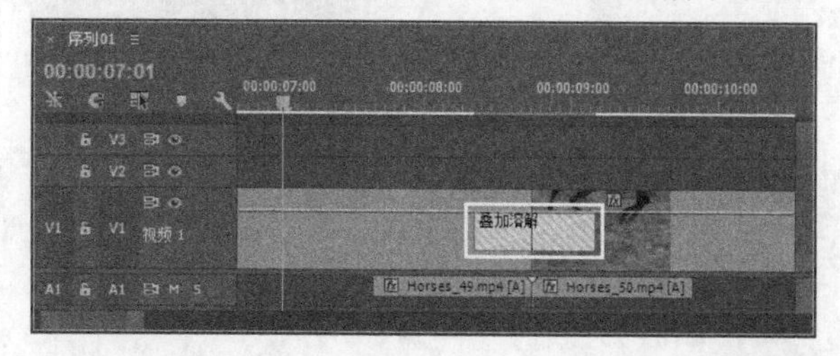

图8-102

03 在“效果控件”面板中设置“持续时间”为2秒、“对齐”为“中心切入”，如图8-103所示。

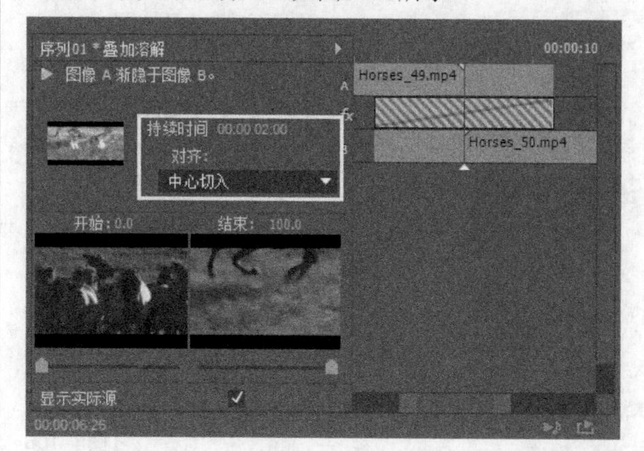

图8-103

04 在“节目”面板中播放影片，效果如图8-104所示。

图8-104

8.2.5 滑动过渡效果

“滑动”过渡效果用于将素材滑入或滑出画面来提供过渡效果，该过渡效果包括“中心拆分”“带状滑动”“拆分”“推”和“滑动”，如图8-105所示。

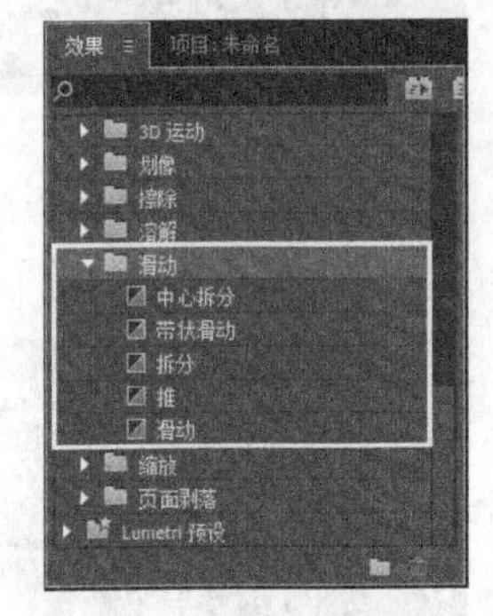

图8-105

1.中心拆分

在此过渡效果中，素材A被切分成四个象限，并逐渐从中心向外移动，然后素材B将取代素材A。图8-106显示了“中心拆分”效果控件以及“节目”面板中的预览效果。

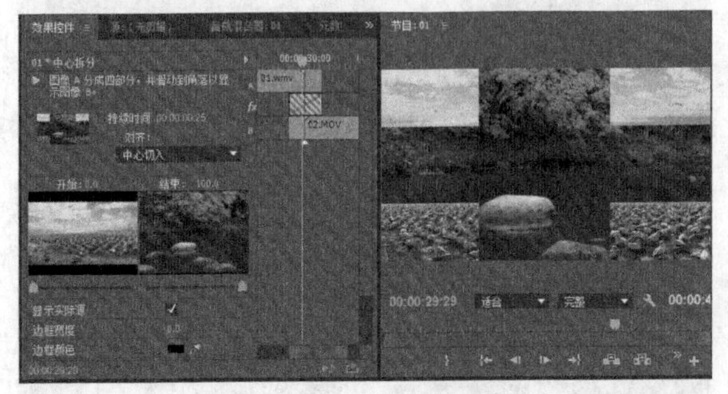

图8-106

2.带状滑动

在此过渡效果中，矩形条带从屏幕右边和屏幕左边出现，逐渐用素材B替代素材A。在使用此过渡效果时，可以单击效果控件面板中的自定义按钮显示“带状滑动设置”对话框。在此对话框中，键入需要滑动的条带数。

图8-107显示了“带状滑动”控件以及“节目”面板中的预览效果。

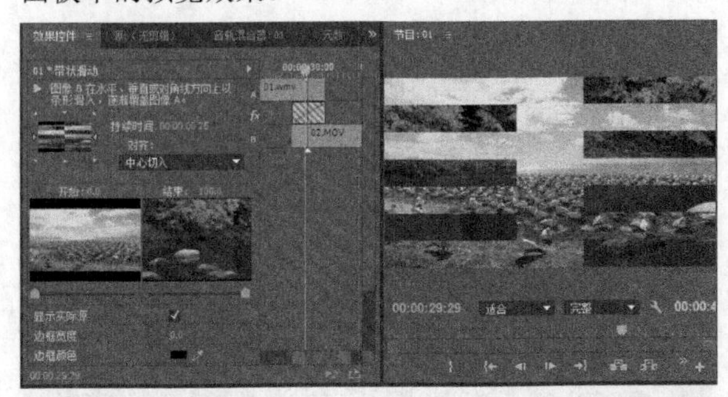

图8-107

3.拆分

在此过渡效果中，素材A从中间分裂开显示它后面的素材B，该效果类似于打开两扇分开的门来显示房间内的东西。图8-108显示了“拆分”控件以及“节目”面板中的预览效果。

图8-108

4.推

在此过渡效果中，素材B将素材A推向一边。可以将此过渡效果的推挤方式设置为从西到东、从东到西、从北到南或从南到北。图8-109显示了“推”控件以及“节目”面板中的预览效果。

图8-109

5.滑动

在此过渡效果中，素材B逐渐滑动到素材A的上方。用户可以设置过渡效果的滑动方式，过渡效果的滑动方式可以是从北西到南东、从南东到北西、从北东到南西、从南西到北东、从西到东、从东到西、从北到南或从南到北。图8-110显示了“滑动”控件以及“节目”面板中的预览效果。

图8-110

课堂案例

带状滑动过渡效果

素材文件　素材文件>第8章>课堂案例：带状滑动过渡效果

学习目标　应用“带状滑动”过渡效果的方法

本例主要介绍“带状滑动”过渡效果的作用，案例效果如图8-111所示。

图8-111

01 打开学习资源中的“素材文件>第8章>课堂案例：带状滑动过渡效果>课堂案例：带状滑动过渡效果_I.prproj”文件，在“时间轴”面板中有两段素材，如图8-112所示。

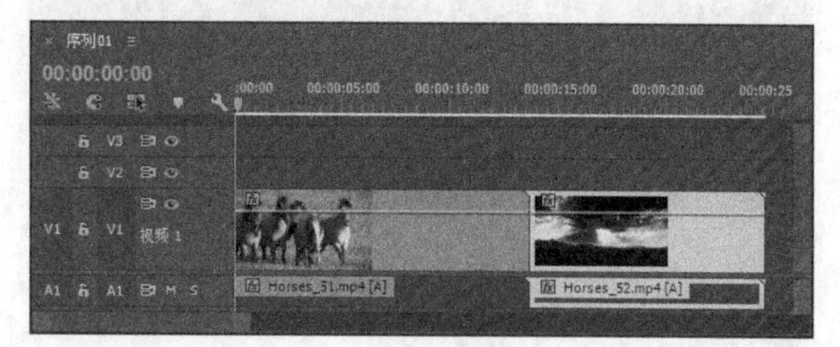

图8-112

02 将“效果”面板中的“视频过渡>溶解>带状滑动”滤镜添加到两段素材之间，如图8-113所示。

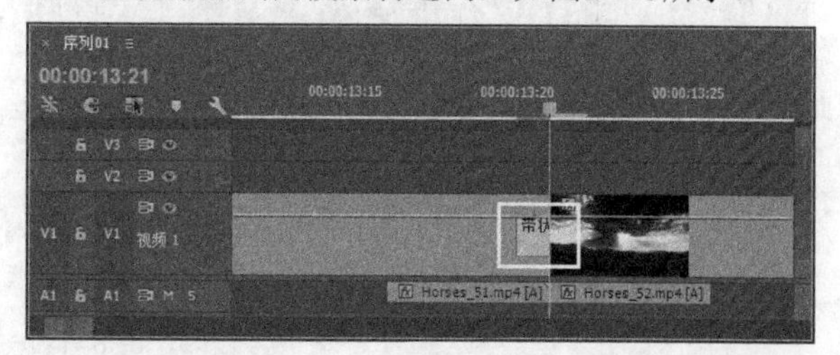

图8-113

03 在“效果控件”面板中设置“持续时间”为2秒、“消除锯齿品质”为“高”，如图8-114所示。

图8-114

04 在“效果控件”面板中单击“自定义”按钮，然后在打开的“带状滑动设置”对话框中设置“带数量”为10，接着单击“确定”按钮，如图8-115所示。

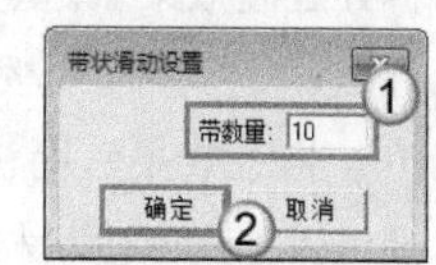

图8-115

05 向右拖曳两段素材之间的过渡效果，使效果向后延缓1秒，如图8-116所示。

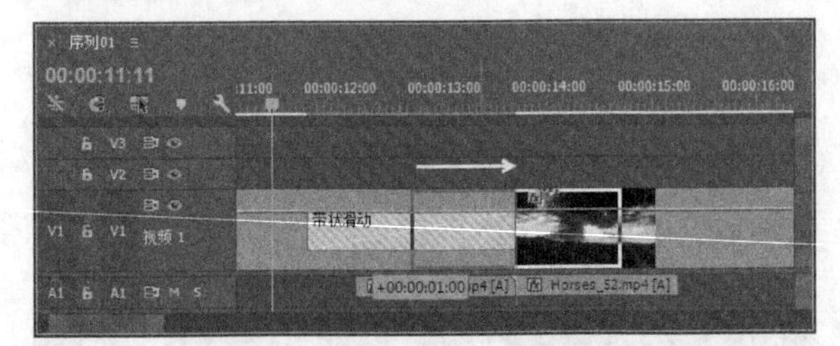

图8-116

06 在“节目”面板中播放影片，效果如图8-117所示。

图8-117

课堂案例

拆分过渡效果

素材文件　素材文件>第8章>课堂案例：拆分过渡效果

学习目标　应用“拆分”过渡效果的方法

本例主要介绍“拆分”过渡效果的作用，案例效果如图8-118所示。

图8-118

01 打开学习资源中的“素材文件>第8章>课堂案例：拆分过渡效果>课堂案例：拆分过渡效果_I.prproj”文件，在“时间轴”面板中有两段素材，如图8-119所示。

02 将“效果”面板中的“视频过渡>滑动>拆分”滤镜添加到两段素材之间，如图8-120所示。

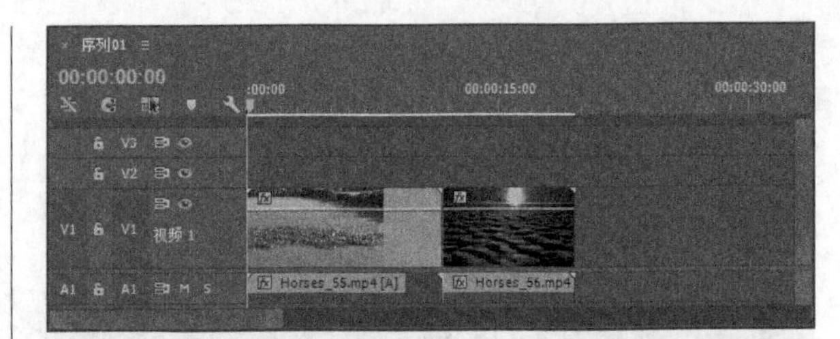

图8-119

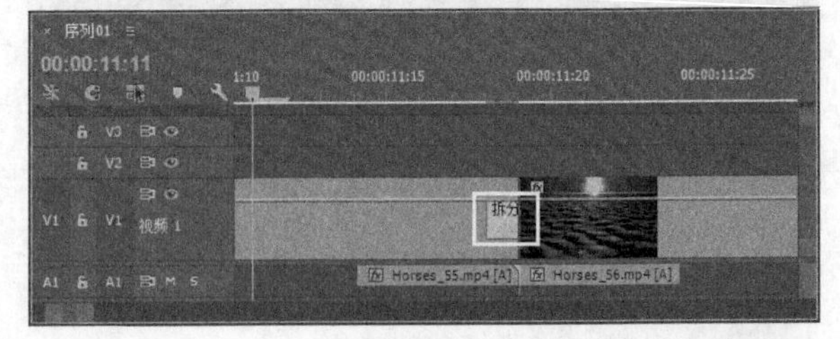

图8-120

03 在“效果控件”面板中设置“持续时间”为2秒、“消除锯齿品质”为“高”，如图8-121所示。

图8-121

04 向右拖曳两段素材之间的过渡效果，使效果向后延缓1秒，如图8-122所示。

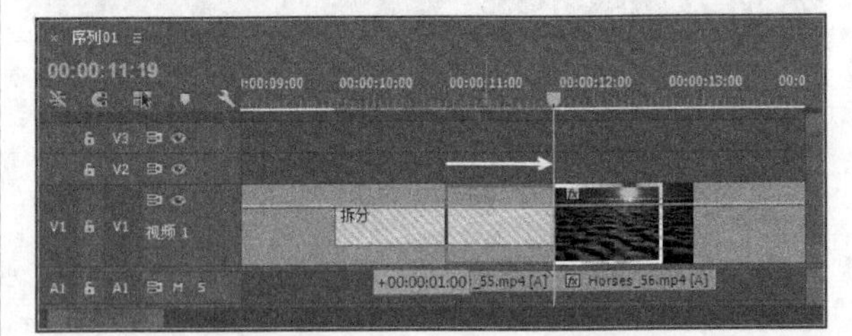

图8-122

05 在“节目”面板中播放影片，效果如图8-123所示。

图8-123

8.2.6 缩放过渡效果

“缩放”过渡效果提供放大或缩小整个素材的效果，或者提供一些可以放大或缩小的盒子，从而使用一个素材替换另一个素材。“缩放”过渡效果包括“交叉缩放”，如图8-124所示。

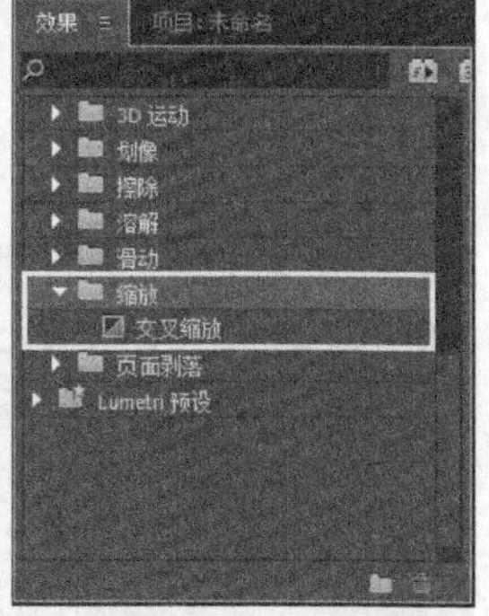

图8-124

交叉缩放过渡效果缩小素材B，然后逐渐放大它，直到占据整个画面。图8-125显示了“交叉缩放”控件以及“节目”面板中的预览效果。

图8-125

课堂案例

交叉缩放过渡效果

素材文件　素材文件>第8章>课堂案例：交叉缩放过渡效果
学习目标　应用“交叉缩放”过渡效果的方法

本例主要介绍“交叉缩放”过渡效果的作用，案例效果如图8-126所示。

图8-126

01 打开学习资源中的“素材文件>第8章>课堂案例：交叉缩放过渡效果>课堂案例：交叉缩放过渡效果_I.prproj”文件，在“时间轴”面板中有两段素材，如图8-127所示。

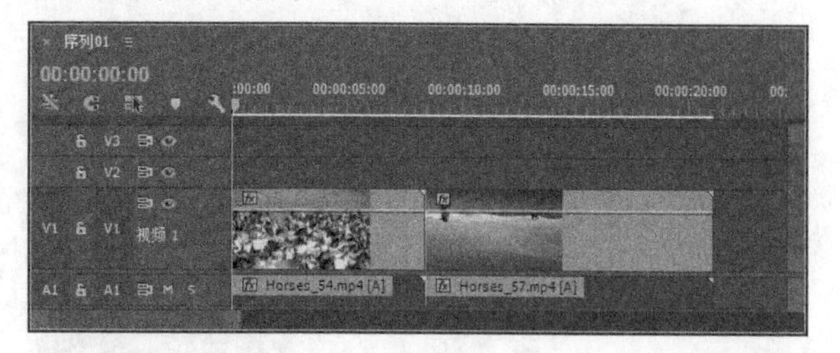

图8-127

02 将“效果”面板中的“视频过渡>溶解>交叉缩放”滤镜添加到两段素材之间，如图8-128所示。

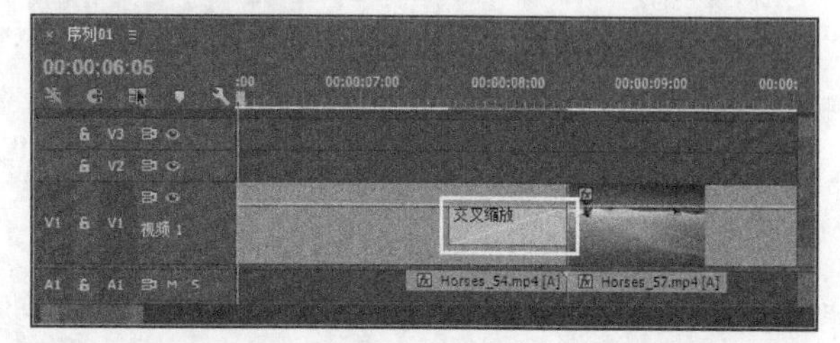

图8-128

03 在“效果控件”面板中设置“持续时间”为2秒、“对齐”为“中心切入”，如图8-129所示。

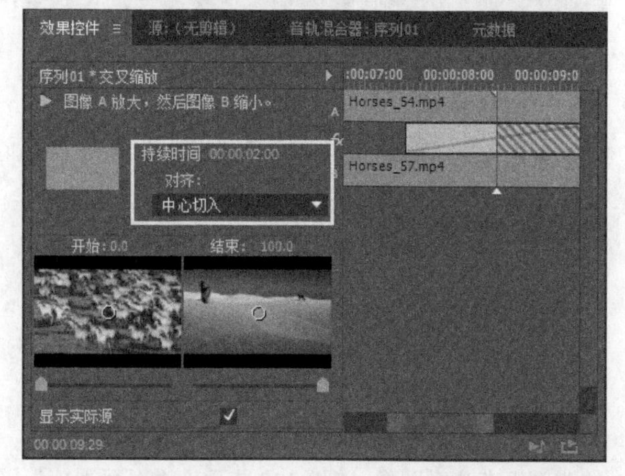

图8-129

04 在“节目”面板中播放影片，效果如图8-130所示。

图8-130

8.2.7 页面剥落过渡效果

“页面剥落”过渡效果提供了类似翻书的过渡效果，该过渡效果包括“翻页”和“页面剥落”，如图8-131所示。

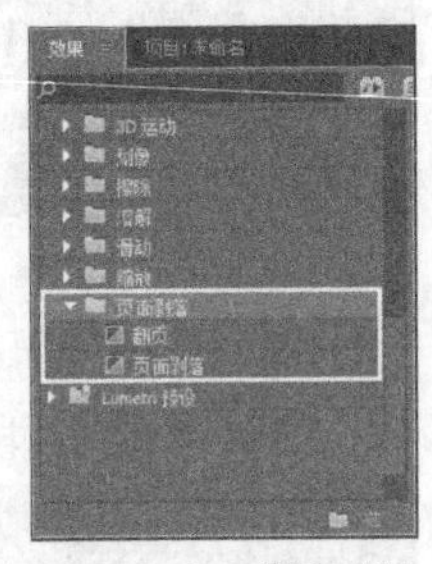

图8-131

1.翻页

在此过渡效果中，素材A产生翻书效果过渡到素材B。图8-132显示了“翻页”控件以及“节目”面板中的预览效果。

图8-132

2.页面剥落

在此过渡效果中，素材A产生翻书效果过渡到素材B。与“翻页”效果不同的是，“页面剥落”效果的背面没有映射图像。图8-133显示了“页面剥落”控件以及“节目”面板中的预览效果。

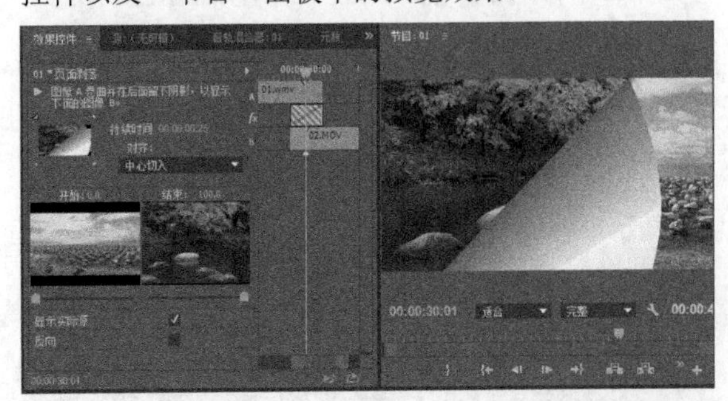

图8-133

课堂案例

逐个显示的文字

素材文件　素材文件>第8章>课堂案例：逐个显示的文字

学习目标　应用“插入”过渡效果的方法

本例主要介绍“插入”过渡效果的作用，案例效果如图8-134所示。

图8-134

01 打开学习资源中的“素材文件>第8章>课堂案例：逐个显示的文字>课堂案例：逐个显示的文字_I.prproj”文件，然后在“项目”面板中选择text.png文件并单击鼠标右键，在打开的菜单中选择“速度/持续时间”命令，接着在打开的“剪辑速度/持续时间”对话框中设置“持续时间”为10秒，最后单击“确定”按钮，如图8-135所示。

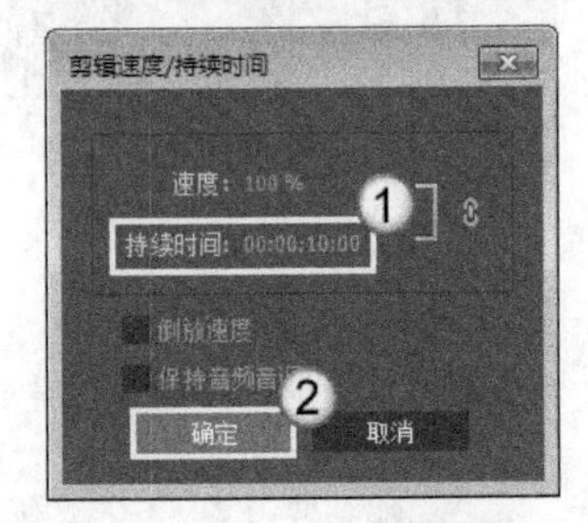

图8-135

02 将text.png文件添加到“时间轴”面板中，然后将入点设置到第30秒处，如图8-136所示。然后在“效果控件”面板中展开text.png的“运动”属性组，设置“位置”为（640，230）、“缩放”为200，如图8-137所示。

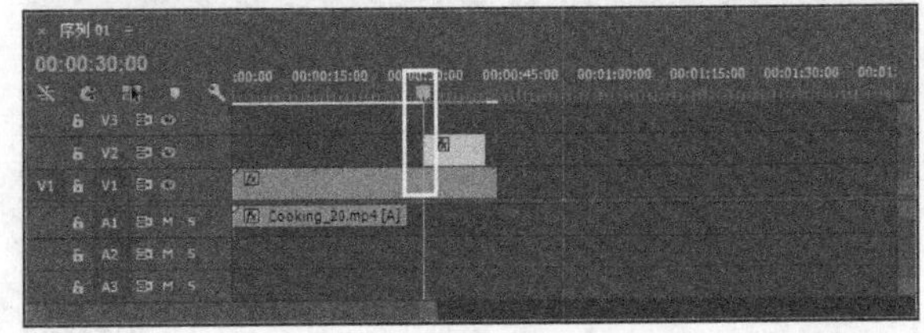

图8-136

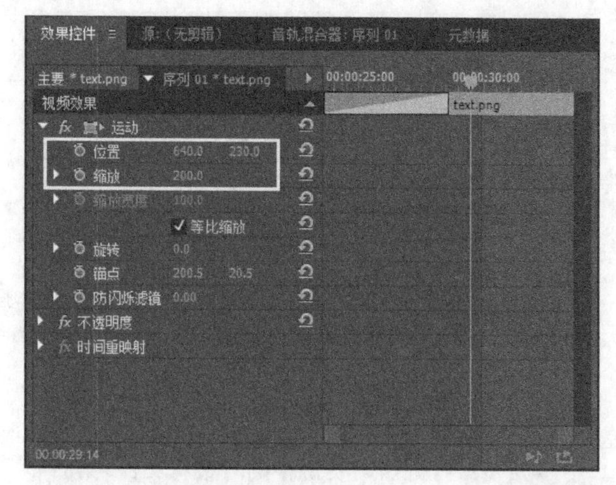

图8-137

03 在text.png文件的起始位置添加“视频过渡>擦除>划出”效果，如图8-138所示。

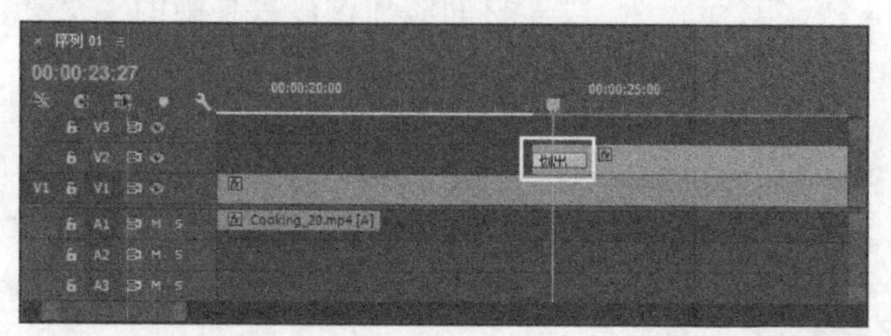

图8-138

04 在视频轨道中选择“划出”效果，然后在“效果控件”面板中选择“从北东到南西”选项，接着设置“持续时间”为5秒、“消除锯齿品质”为“高”，如图8-139所示。

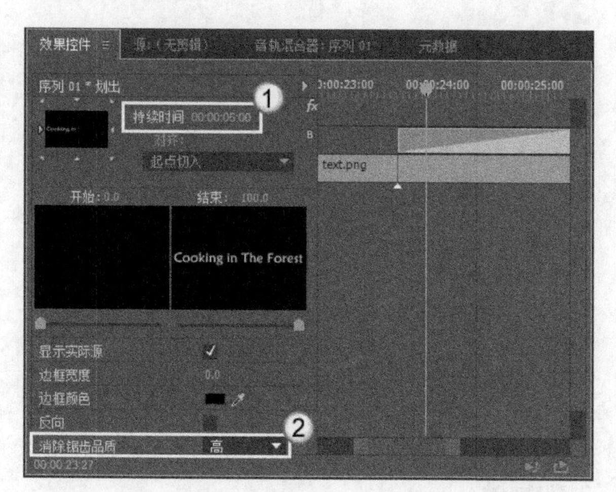

图8-139

05 在“节目”面板中播放影片，效果如图8-140所示。

图8-140

8.3 本章小结

本章介绍了Premiere Pro CC中的过渡效果，包括3D运动、划像、擦除、溶解、滑动、缩放和页面剥落7大类型。在影视作品中，过渡效果是一种常用的切换手法，读者可以根据影片特点，添加合适的过渡效果。

8.4 课后习题

本章安排了两个过渡效果的习题，这两个习题难度适中，读者可以根据操作提示制作案例效果。

8.4.1 课后习题：应用默认过渡效果

素材文件 素材文件>第8章>课后习题：应用默认过渡效果
学习目标 应用默认过渡效果的方法

本例主要介绍如何应用默认过渡效果，案例效果如图8-141所示。

图8-141

操作提示

第1步：打开学习资源中的“素材文件>第8章>课后习题：应用默认过渡效果>课后习题：应用默认过渡效果_I .prproj”文件。

第2步：选择“视频过渡>擦除>棋盘擦除”滤镜，然后单击鼠标右键，在打开的菜单中选择“设置所选择为默认过渡”命令。

第3步：选择所有素材，然后执行“序列>应用默认过渡效果到所选择区域”菜单命令。

8.4.2 课后习题：制作电子相册效果

素材文件　素材文件>第8章>课后习题：制作电子相册效果
学习目标　应用多种过渡效果的方法

本例主要介绍应用多种过渡效果制作电子相册，案例效果如图8-142所示。

图8-142

操作提示

第1步：打开学习资源中的“素材文件>第8章>课后习题：制作电子相册效果>课后习题：制作电子相册效果_I .prproj”文件。

第2步：为4段素材间添加过渡效果中的“交叉缩放”“圆划像”和“带状滑动”滤镜。

第9章

视频效果

Adobe Premiere Pro提供了大量的视频效果，共分为16种类型，用户可以使用这些效果制作各种特效，如扭曲、噪波和校色等。本章主要介绍如何应用视频效果，如何使用“效果控件”面板修改效果，以及各个视频效果的功能和效果。

知识索引

了解效果控件面板

对素材应用视频效果

使用关键帧设置效果

介绍视频效果的种类

9.1 认识视频效果

使用Premiere Pro制作视频效果时，可以结合“效果”面板的功能选项来辅助管理，“效果”面板中不仅包括“视频过渡”文件夹，还包括“视频效果”“音频效果”和“音频过渡”文件夹。单击“效果”面板上“视频效果”文件夹左边的按钮，可以查看其中的视频效果，如图9-1所示。

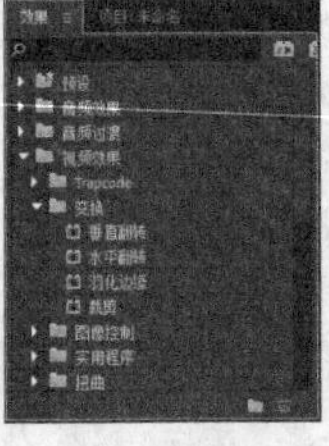

图9-1

打开“视频效果”卷展栏后，会显示一个效果列表。视频效果名称左边的图标表示每个效果，单击一个视频效果并将它拖曳到时间轴面板中的一个素材上，这样就可以将这个视频效果应用到视频轨道。单击文件夹左边的三角，可以关闭文件夹。

9.1.1 了解视频效果

“效果”主要用来为素材添加效果，下面介绍“效果”面板中经常使用的功能。

查找：使用“效果”面板顶部的搜索栏可以查找效果。在搜索栏中输入想要查找的效果名称，Premiere Pro将会自动查询，如图9-2所示。

图9-2

新建自定义文件夹：单击“效果”面板底部的“新建自定义素材箱”按钮，或者选择“效果”面板菜单中的“新建自定义素材箱”命令，可以创建自定义文件夹，更好地管理效果。图9-3所示的是新建自定义文件夹并在其中添加效果的效果。

图9-3

重命名：自定义文件夹的名称可以随时修改。选择自定义文件夹，然后单击文件夹名称。当文件夹名称高亮显示时，在名称字段中输入想要的名称。

删除：使用完自定义文件夹后，可以将其删除。选择自定义文件夹，然后选择“效果”面板菜单中的“删除自定义项目”命令，或者单击面板底部的“删除自定义项目”按钮。接着会出现一个提示框，询问是否要删除这个分类，如果是，单击“确定”按钮。

9.1.2 效果控件面板

将一个视频效果应用于图像后，可以在“效果控件”面板中对该效果进行设置，如图9-4所示。

图9-4

在“效果控件”面板中可以执行如下操作。

选择素材的名称显示在面板的顶部。在素材名称的右边有一个按钮，单击这个按钮可以显示或隐藏时间轴视图，如图9-5所示。

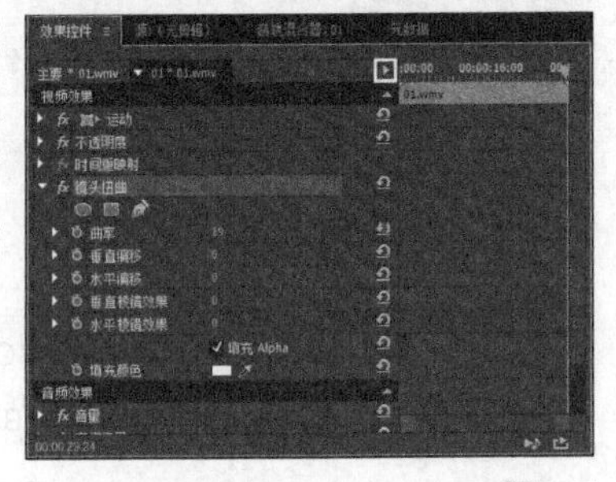

图9-5

在“效果控件”面板的左下方显示一个时间，说明素材出现在时间轴上的什么地方，在此可以对视频效果的关键帧时间进行设置，如图9-6所示。

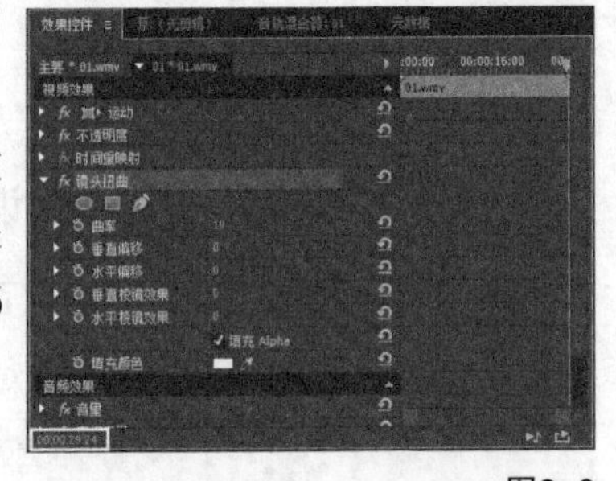

图9-6

在选择的序列名称和素材名称下面是固定效果——“运动”和“不透明度”，而固定效果下面则是标准效果。如果选择的素材应用了一个视频效果，那么“不透明度”选项的下面就会显示一个标准效果，如图9-7所示。选择素材应用的所有视频效果都显示在“视频效果”标题下面，视频效果按它们应用的先后顺序排列。如果需要，可以单击标准视频效果并上下拖曳来改变顺序。

图9-7

每个视频效果名称左边都有一个“切换效果开关”按钮，显示为按钮时表示这个效果是可用的。单击按钮或者取消选择“效果控件”面板菜单中的“效果已启用”命令，可以禁用效果。效果名称旁边也有一个按钮，单击该按钮，会显示与效果名称相对应的设置。

首次单击“切换动画”按钮，可以开启动画设置功能，如图9-8所示。添加关键帧后，如果再单击“切换动画”按钮，将关闭关键帧的设置，同时删除该选项中所有的关键帧。

图9-8

通过单击效果参数后方的“添加/删除关键帧”按钮，可以在指定的时间位置添加或删除关键帧，如图9-9所示；单击“跳转到前一关键帧”按钮，可以将时间轴移动到该时间轴之前的一个关键帧位置；单击“跳转到下一关键帧”按钮，可以将时间轴移动到该时间轴之后的一个关键帧位置。

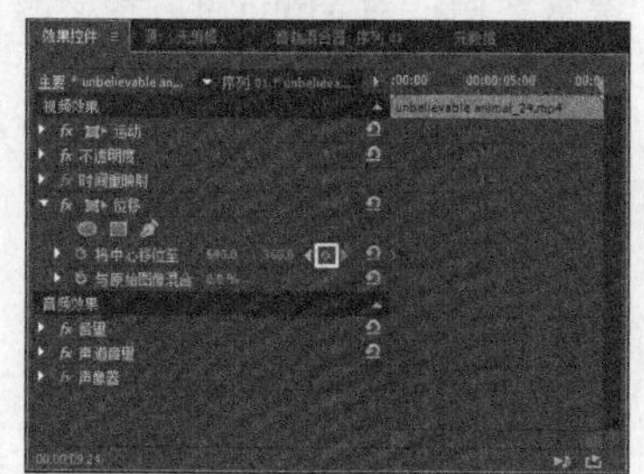

图9-9

9.1.3 效果控件面板菜单

“效果控件”面板菜单用于控制面板上的所有素材。使用此菜单可以激活或禁用预览、选择预览质量，还可以激活或禁用效果，如图9-10所示。

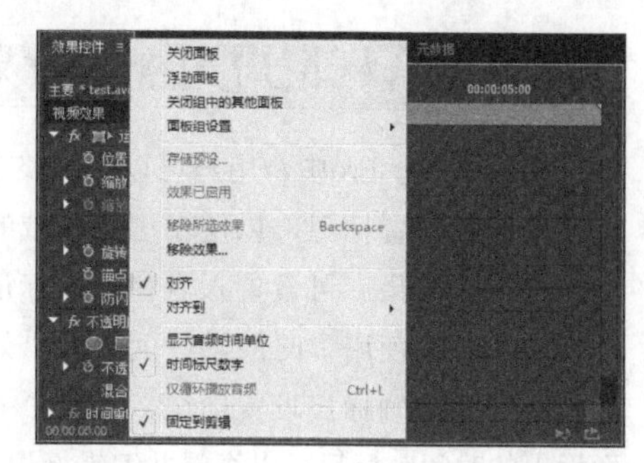

图9-10

常用命令介绍

效果已启用：单击这个命令可以禁用或激活效果。默认情况下，“效果已启用”是选择的。

移除所选效果：这个命令可以将效果从素材上删除。也可以选择“效果控件”面板上的效果，然后按Delete键来删除面板上的效果。

移除效果：这个命令将应用于素材的所有效果删除。

9.2 添加视频效果

本节将介绍视频效果的应用，除了可以对常用素材应用视频效果外，还可以对具有Alpha通道的素材应用视频效果。

9.2.1 对素材应用视频效果

将“效果”面板中的视频效果拖曳到时间轴上，就可以将一个或多个视频效果应用于整个视频素材。视频效果可以修改素材的色彩、模糊素材或者扭曲素材等。

9.2.2 对具有Alpha通道的素材应用视频效果

效果不仅可以应用于视频素材，还可以应用于具有Alpha通道的静帧图像。在静帧图像中，Alpha通道用于分隔物体和背景。要使效果仅作用于图像而不应用到图像背景，这个图像必须具有Alpha通道。用户可以使用Adobe Photoshop为图像创建蒙版，并将蒙版保存为Alpha通道或者一个图层，也可以使用Adobe Illustrator创建图形。将Illustrator文件导入Premiere Pro中时，Premiere Pro会读取透明区域并创建Alpha通道。

9.2.3 结合标记应用视频效果

在Premiere Pro中，用户可以查看整个项目，并在指定区域设置标记，以便在这些区域的视频素材中添加视频效果。可设置入点和出点标记、未编号标记，也可以使用“时间轴”面板或“效果控件”面板上的时间轴标尺设置标记，通过“效果控件”面板上的时间轴标尺可以查看并编辑标记。

课堂案例

对素材应用视频效果

素材文件　素材文件>第9章>课堂案例：对素材应用视频效果

学习目标　对常用素材应用视频效果的方法

本例主要介绍对常用素材应用视频效果的操作，案例效果如图9-11所示。

图9-11

01 新建一个项目，然后导入学习资源中的“素材文件>第9章>课堂案例：对素材应用视频效果>mountain.jpg”文件，如图9-12所示。

图9-12

02 将mountain.jpg文件拖曳到“时间轴”面板的视频1轨道上，然后在“效果”面板中选择“视频效果>生成>四色渐变”效果，接着将其拖曳至“时间轴”面板中的mountain.jpg文件，如图9-13所示。

图9-13

03 在“效果控件”面板中展开“四色渐变”滤镜，然后设置“混合模式”为“叠加”，如图9-14所示。

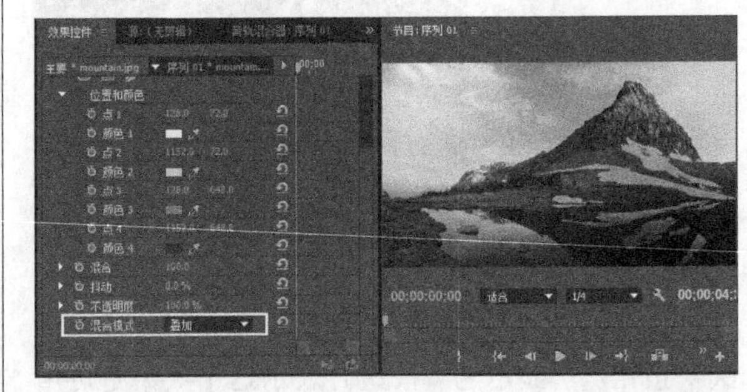

图9-14

技巧与提示

一个图像可以应用多个效果，同一个图像可以添加具有不同设置的同一个效果。

课堂案例

对Alpha通道素材应用视频效果

素材文件　素材文件>第9章>课堂案例：对Alpha通道素材应用视频效果

学习目标　导入带有Alpha的文件并为其应用视频效果的方法

本例主要介绍导入Illustrator文件并为其应用视频效果的操作，案例效果如图9-15所示。

图9-15

01 新建一个项目，然后导入学习资源中的“素材文件>第9章>课堂案例：对Alpha通道素材应用视频效果>BG.jpg和cat.png”文件，如图9-16所示。

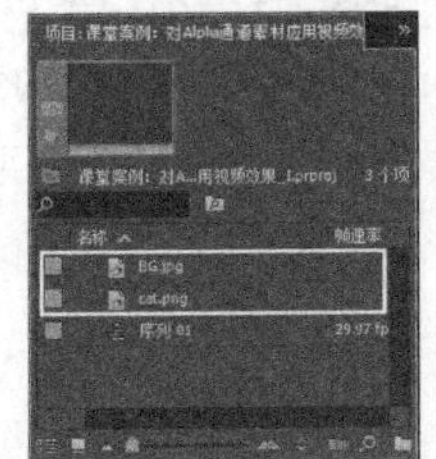

图9-16

02 将BG.jpg拖曳至视频1轨道，然后将cat.png拖曳至视频2轨道，如图9-17所示。

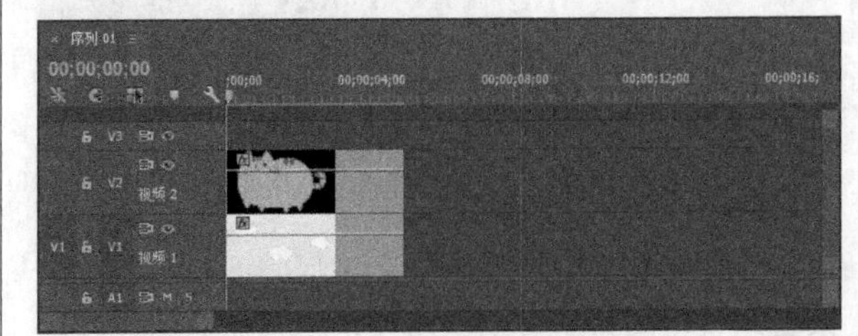

图9-17

03 选择视频2轨道上的cat.png素材，然后在“节目”面板中单击“设置”按钮，接着在打开的菜单中单击Alpha命令，这样可以查看文件的Alpha信息，如图9-18所示。

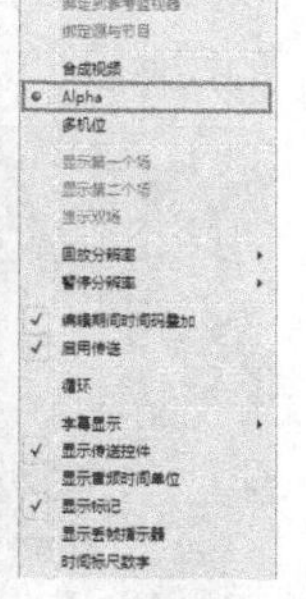

图9-18

04 选择“设置”按钮菜单中选择“合成视频”命令，将cat.png素材恢复到标准视图，然后在“效果控件”面板中展开“运动”属性组，接着设置“位置”为（640，530），如图9-19所示。

图9-19

05 在“效果”面板中选择“视频效果>透视>投影”滤镜，如图9-20所示，然后将其添加给cat.png素材。

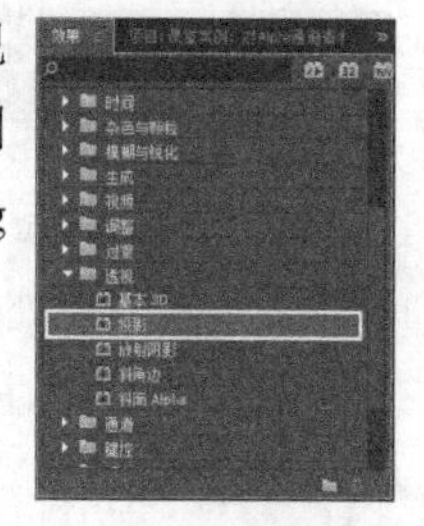

图9-20

技巧与提示

在编辑视频效果时，可以将效果从一个素材复制粘贴到另一个素材。在“效果控件”面板上选择想要复制的效果滤镜（按Shift键并单击可以选择多个效果滤镜），然后执行“编辑>复制”菜单命令。在“时间轴”面板上选择想要应用这些效果的素材，然后执行“编辑>粘贴”菜单命令。

06 在“效果控件”面板中设置“投影”滤镜的“不透明度”为50%、“距离”为20、“柔和度”为20，如图9-21所示。

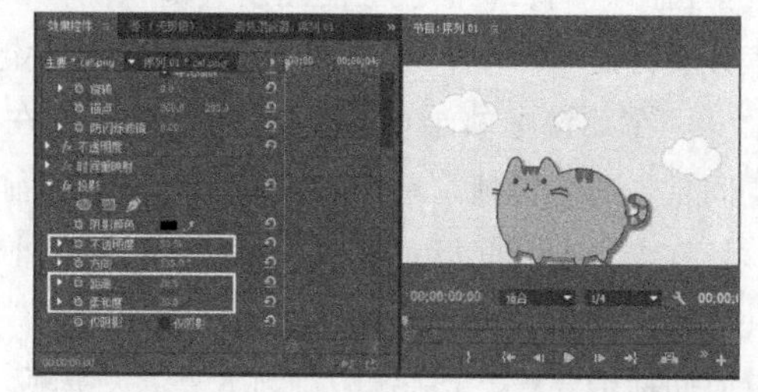

图9-21

课堂练习

结合标记应用视频效果

素材文件　素材文件>第9章>课堂练习：结合标记应用视频效果

学习目标　为素材设置标记并应用视频效果的方法

本例主要介绍为素材设置标记并应用视频效果的操作，案例效果如图9-22所示。

图9-22

操作提示

第1步：新建一个项目，然后导入学习资源中的“素材文件>第9章>课堂练习：结合标记应用视频效果>unbelievable animal_23.mp4”文件，接着将unbelievable animal_23.mp4拖曳至视频1轨道。

第2步：根据需要在素材上添加3个标记。

第3步：为素材添加“视频效果>风格化>查找边缘”滤镜，然后在标记的时间上为“与原始图像混合”属性设置关键帧动画。

9.3 结合关键帧使用视频效果

使用Premiere Pro的关键帧功能，可以修改时间轴上某些特定点处的视频效果。通过关键帧，可以使Premiere Pro应用时间轴上某一点的效果设置逐渐变换到时间轴上的另一点。Premiere Pro在创建预览时，会不断插入效果，渲染在设置点之间的所有变化帧。使用关键帧可以让视频素材或静态素材更加生动。

9.3.1 使用关键帧设置效果

Premiere Pro的关键帧轨道使关键帧的创建、编辑和操作更快速、更有条理、更精确。“时间轴”面板和“效果控件”面板上都有关键帧轨道。

要激活关键帧，可以单击“效果控件”面板上某个效果设置旁边的“切换动画”按钮，也可以单击“时间轴”面板上的显示关键帧图标，或从视频素材菜单中选择一个效果设置，来激活关键帧。

在关键帧轨道中，圆圈或菱形表示在当前时间轴设有关键帧。单击右箭头图标“转到前一关键帧”，当前时间标示会从一个关键帧跳到前一个关键帧。单击左箭头图标“转到下一关键帧”，当前时间标示会从一个关键帧跳到下一个关键帧。

9.3.2 使用值图和速度图修改关键帧属性值

使用Premiere Pro的“值”图和“速度”图可以微调效果的平滑度，增加或减小效果的速度。大多数效果都有各种图形，效果的每个控件（属性）都可能对应一个值图和速度图。

调整效果的控制时，打开“切换动画”图标，在图上添加关键帧和编辑点，如图9-23所示。在对效果的控制进行调整之前，图形是一条直线。调整效果的控件后，既添加了关键帧，又改变了图形。

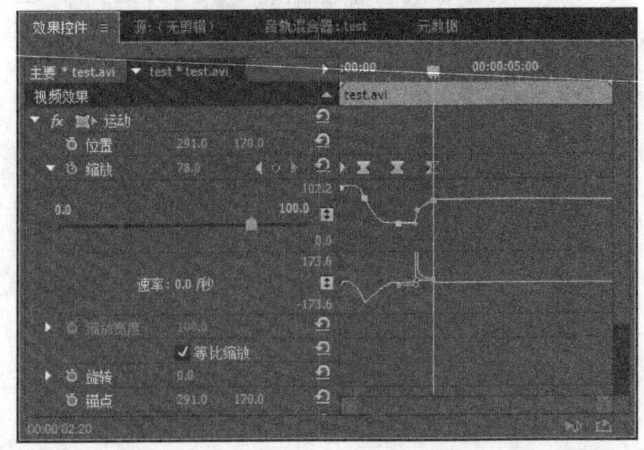

图9-23

可以在“效果控件”面板和“时间轴”面板上查看并编辑值图和速度图。在“时间轴”面板上的编辑能力有限。与“时间轴”面板不同，在“效果控件”面板上可以同时查看和编辑多个图形。为此，只需为效果控件（属性）创建关键帧，然后单击控件（属性）名前面的▶按钮。在“效果控件”面板的时间轴中，值图位于速度图上方。要在时间轴面板上查看和编辑效果的图，可以单击视频轨道上素材的效果菜单，然后选择一个属性。

技巧与提示

可以在“效果控件”面板或“时间轴”面板上查看音频效果的属性图形。音频效果的图形和视频效果的图形，工作方式类似。

课堂案例

为效果添加关键帧

素材文件　素材文件>第9章>课堂案例：为效果添加关键帧

学习目标　为效果制作动画的方法

本例主要介绍使用“效果控件”面板处理值图和速度图的操作，案例效果如图9-24所示。

图9-24

01 新建一个项目，然后导入学习资源中的“素材文件>第9章>课堂案例：为效果添加关键帧>funny cat_6.mp4”文件，接着将素材拖曳至视频1轨道上，如图9-25所示。

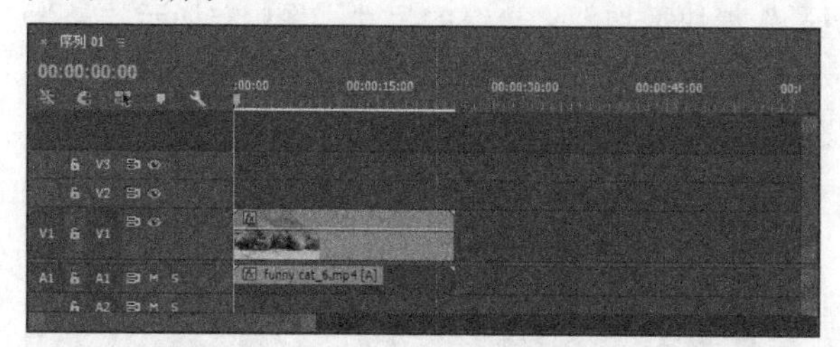

图9-25

02 在“效果”面板中选择“视频效果>生成>网格”滤镜，如图9-26所示，然后将其添加给funny cat_6.mp4素材。

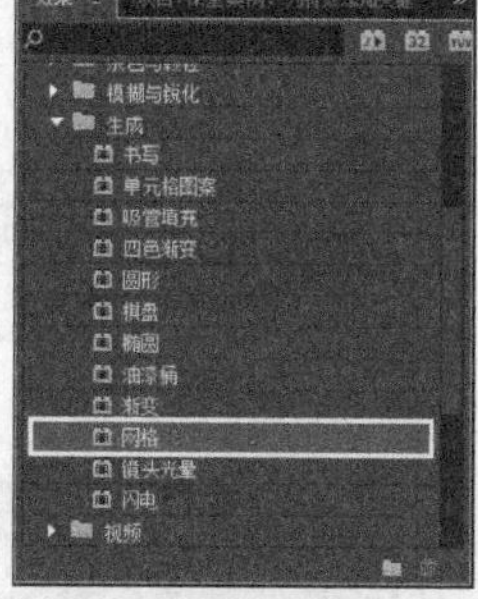

图9-26

03 在“效果控件”面板中设置“网格”滤镜的“混合模式”为“颜色”，如图9-27所示。

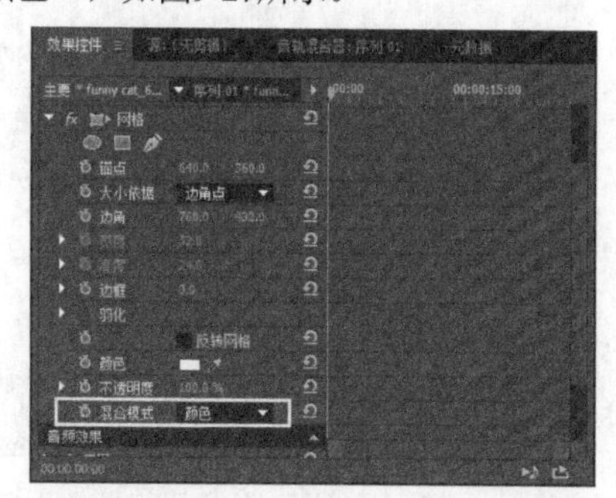

图9-27

04 为“边框”属性设置关键帧动画。在第5秒处激活该属性的关键帧，在第15秒处设置该属性为0，如图9-28所示。

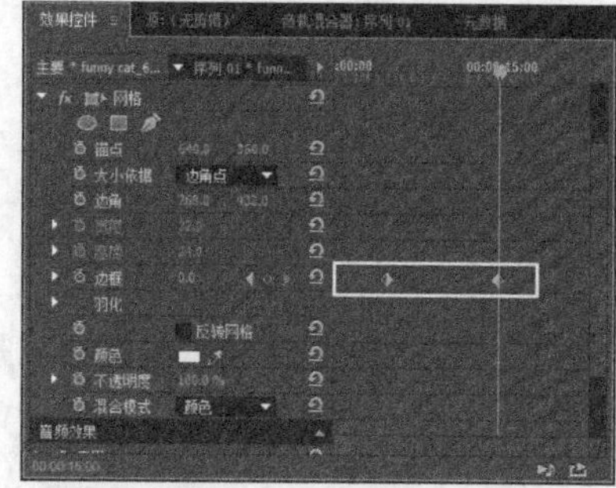

图9-28

05 播放视频，预览素材应用效果后的效果，如图9-29所示。

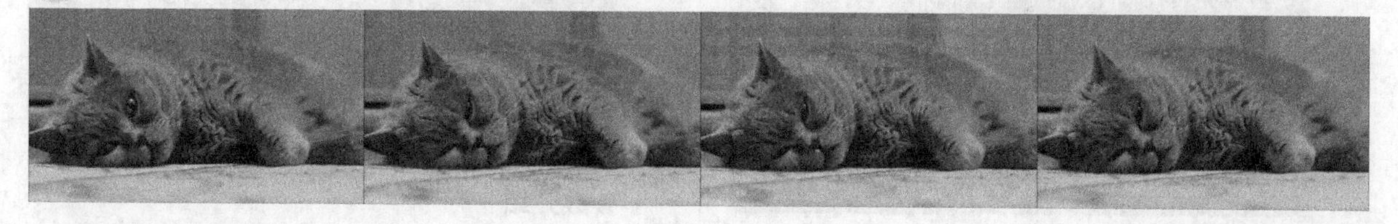

图9-29

知识点 初次启动画面

移动值图：将光标放在值图和速度图之间的白色水平线上，当光标变成上下箭头时，单击并向上或向下拖曳。

移动速度图：将光标放在速度图下面的白色水平线上，当光标变成上下箭头时，单击并向上或向下拖曳。

在值图上添加一个点：将光标放在图形上想要添加点的位置，当光标变成状时按住Ctrl键并单击，如图9-30所示。此时，曲线上将新建一个关键帧，如图9-31所示。

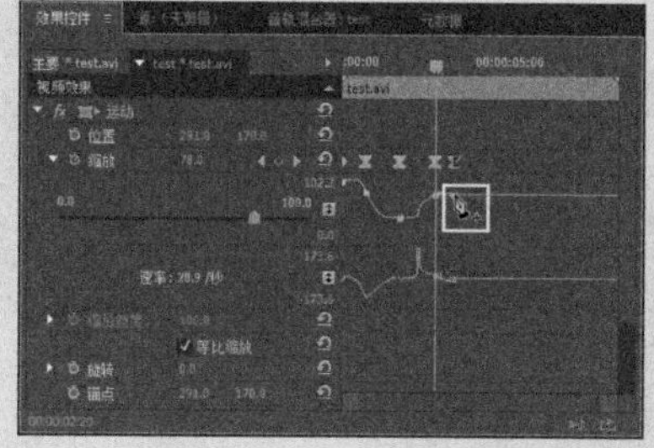

图9-30

图9-31

将图形上的一个尖角拐点修改为平滑曲线：可以将点的连接方式从直线改为贝塞尔曲线。要将一个直线关键帧标记改成贝塞尔曲线标记，可以按住Ctrl键，单击值图上的点并进行拖曳，这样点的连接方式就从直线变为贝塞尔曲线。

9.4 视频效果组

“视频效果”组中有很多类型的效果滤镜，包括“变换”“图像控制”“实用”“扭曲”“时间”“杂色与颗粒”“模糊与锐化”“生成”“颜色校正”“视频”“调整”“过渡”“透视”“通道”“键控”“颜色”和“风格化”。

9.4.1 变换

“变换”效果卷展栏中包含的效果可以翻转、裁剪及滚动视频素材，也可以更改摄像机视图。“变换”文件夹中的效果如图9-32所示。

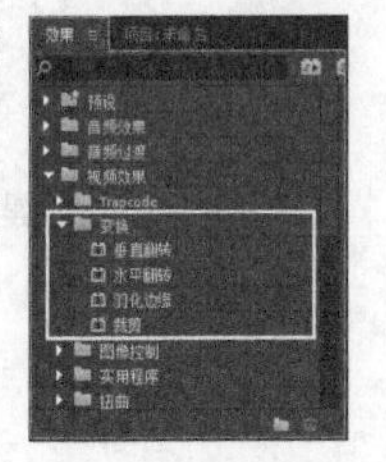

图9-32

1.垂直翻转

该效果垂直地翻转素材，结果是将原始素材上下颠倒。图9-33所示的是应用“垂直翻转”效果后的素材。

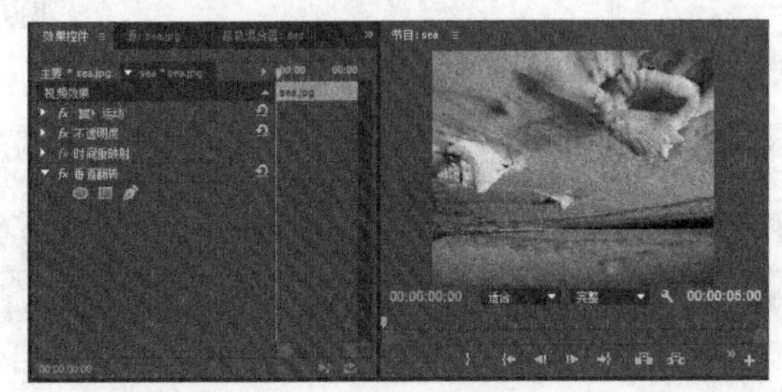

图9-33

2.水平翻转

“水平翻转”效果能够将画面进行左右翻转，如图9-34所示。

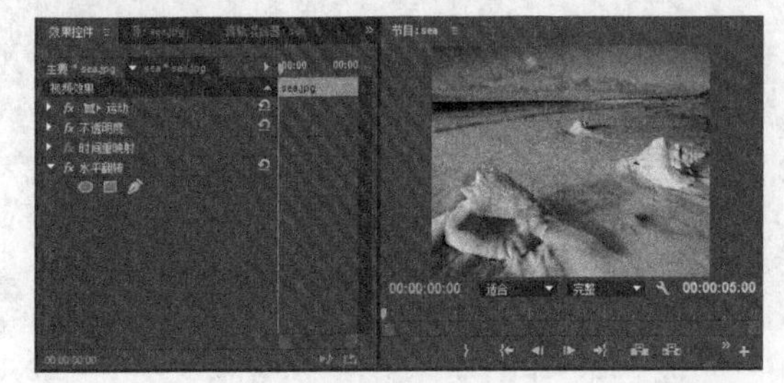

图9-34

3.羽化边缘

该效果能够对所处理的图像素材的边缘创建三维羽化效果。应用羽化边缘时，可以向右移动“数量”滑块增加羽化边缘的尺寸。图9-35所示的是为上方素材应用“羽化边缘”的效果，这样可以通过羽化后的边缘看到下方的素材。

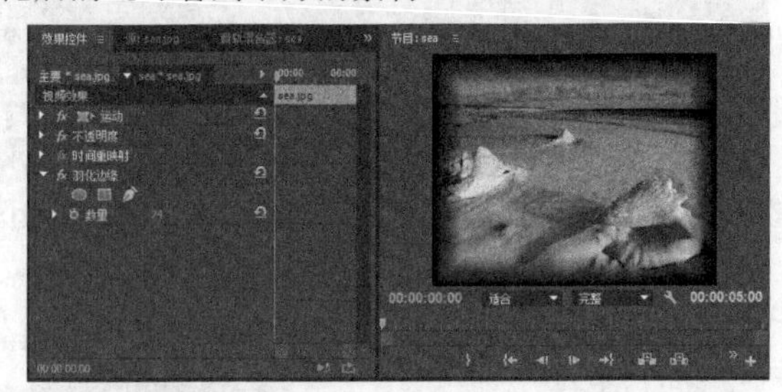

图9-35

4.裁剪

使用该效果可以重新调整素材的大小。如果裁剪素材的下方还有一个素材，那么将会看到那个素材，如图9-36所示。

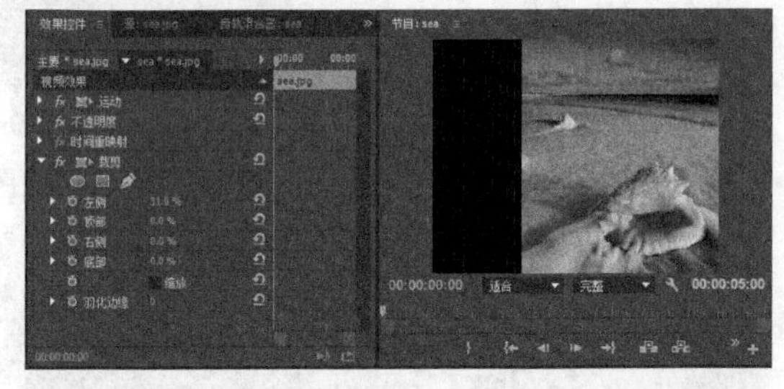

图9-36

参数介绍

左侧：裁剪画面的左边，效果如图9-37所示。

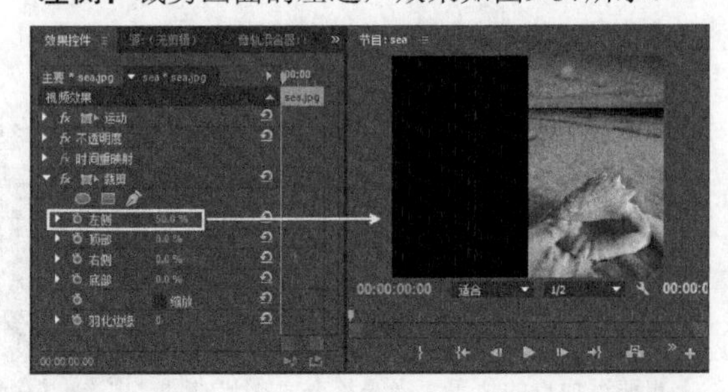

图9-37

顶部：裁剪画面的上边。

右侧：裁剪画面的右边。

底部：裁剪画面的下边。

缩放：对素材的裁剪区域进行缩放，效果如图9-38所示。

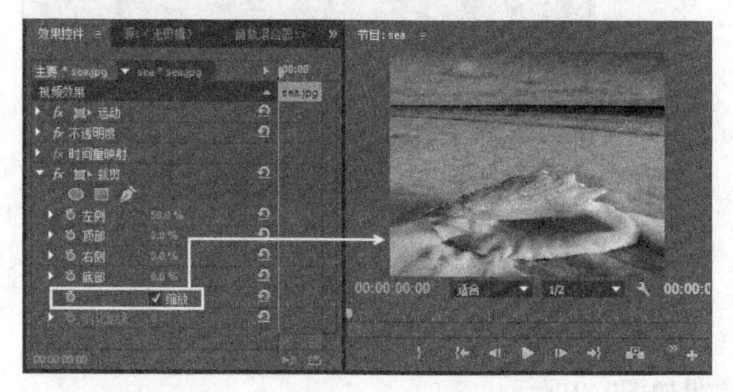

图9-38

羽化边缘：羽化剪裁后的边缘，效果如图9-39所示。

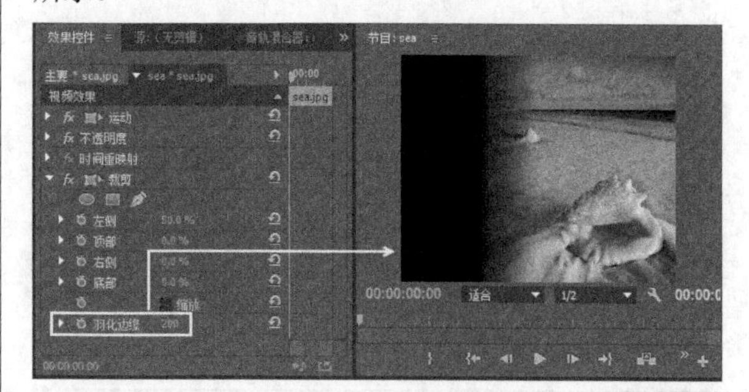

图9-39

课堂案例

翻转画面

素材文件　素材文件>第9章>课堂案例：翻转画面

学习目标　制作垂直翻转效果的方法

本例主要介绍应用“垂直翻转”视频效果制作翻转画面的操作，案例效果如图9-40所示。

图9-40

01 新建一个项目，然后导入学习资源中的“素材文件>第9章>课堂案例：翻转画面>Horses_58.mp4”文件，接着将Horses_58.mp4素材拖曳至视频1轨道上，如图9-41所示。

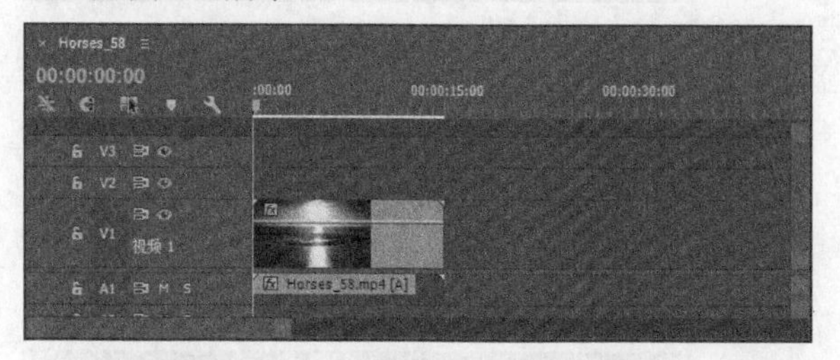

图9-41

02 在“效果”面板中选择“视频效果>变换>垂直翻转”滤镜，如图9-42所示，然后将其拖曳给Horses_58.mp4素材。

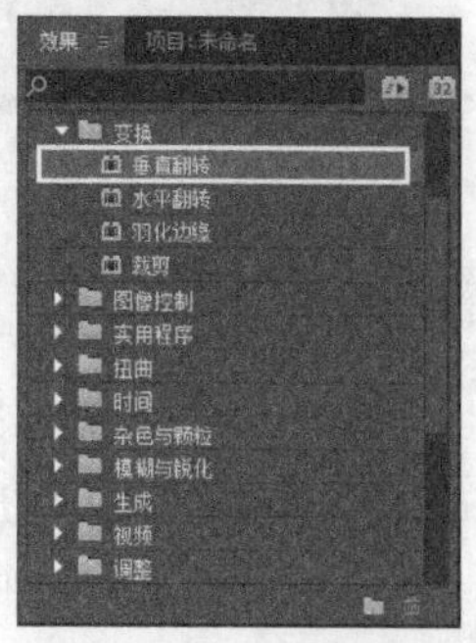

图9-42

03 播放视频，预览素材应用效果后的效果，如图9-43所示。

图9-43

9.4.2 图像控制

“图像控制”效果卷展栏包括各种色彩效果，有“灰度系数校正”“颜色平衡（RGB）”“颜色替换”“颜色过滤”和“黑白”，如图9-44所示。该卷展栏中的效果将在第15章中详细介绍。

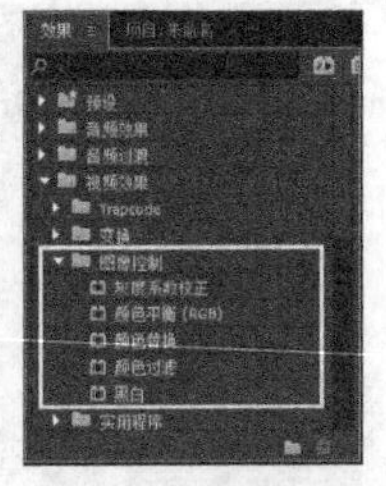

图9–44

9.4.3 实用程序

“实用程序”效果卷展栏中只提供了“Cineon转换器”效果，如图9-45所示。该效果能够转换Cineon文件中的颜色。“Cineon转换器”效果的参数设置如图9-46所示。

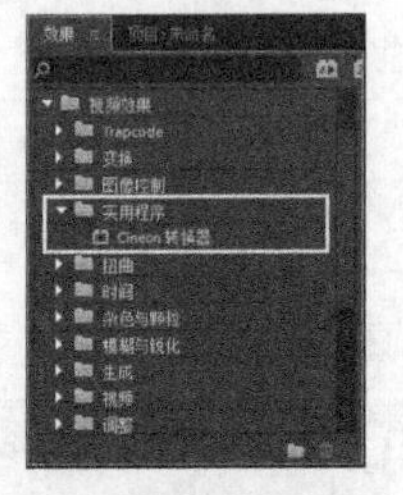

图9–45

图9–46

9.4.4 扭曲

“扭曲”效果卷展栏下的各种效果，可以通过旋转、收聚或筛选来扭曲一个图像。这里的很多命令与Adobe Photoshop中的“扭曲”滤镜类似。“扭曲”效果卷展栏中的效果如图9-47所示。

图9–47

1.位移

该效果允许在垂直方向和水平方向上移动素材，创建一个平面效应，效果如图9-48所示。

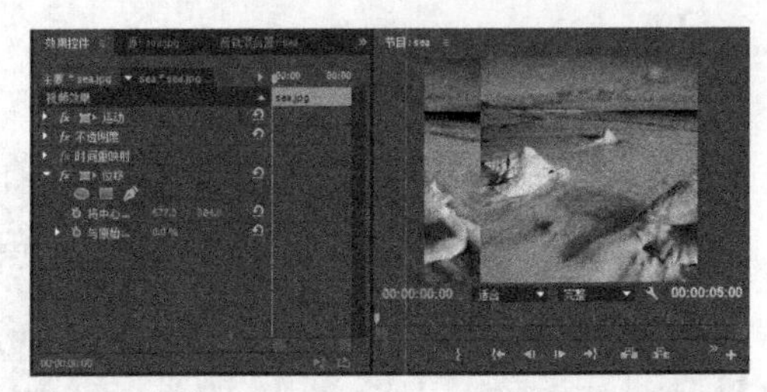

图9–48

参数介绍

将中心移位至：可以垂直或水平移动素材，效果如图9-49所示。

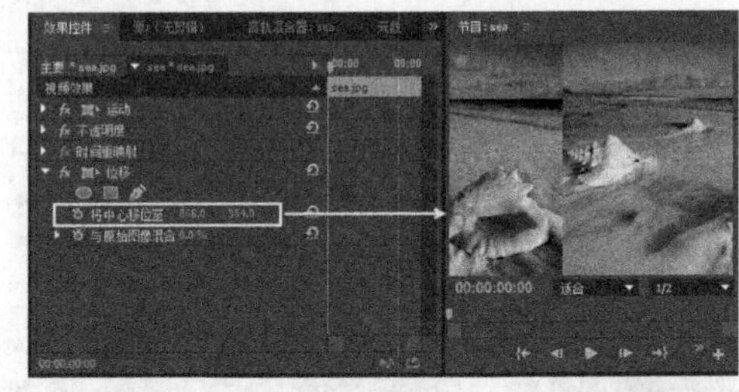

图9–49

与原始图像混合：控制应用滤镜后的效果与原始效果的融合度，如图9-50所示。

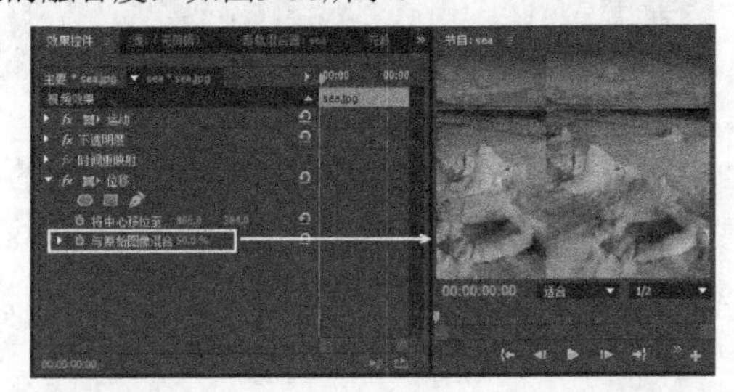

图9–50

2.变形稳定器

“变形稳定器”效果可消除因摄像机移动造成的抖动，从而可将摇晃的手持素材转变为稳定、流畅的拍摄内容，如图9-51所示。

图9–51

常用参数介绍

分析：单击该按钮，After Effects将会自动执行解算。

取消：单击该按钮，After Effects将会停止解算。

稳定化：用来设置稳定的相关选项和参数。

结果：该参数有两个选项，分别是“无运动”和“平滑运动”。其中，“无运动”用来稳定相对固定的镜头，而“平滑运动”则用来稳定慢速运动的镜头。

平滑度：用来设置镜头平稳度的百分比。

方法：用来设置镜头稳定的方式，共有4个选项，分别为“位置”“位置、缩放、旋转”“透视”和“子空间变形”。

边界：主要用来设置稳定后图像的边缘控制。

帧：该参数共有4个选项，分别是“仅稳定”（图像仅仅是被稳定，边缘不做任何处理）、“稳定、裁剪”（图像稳定后做裁剪处理）、“稳定、裁剪、自动缩放”（图像稳定后做裁剪和自动缩放处理）和“稳定、人工合成边缘”（图像稳定后，其边缘做“镜像”特殊处理）。

高级：主要用来设置稳定后图像的高级控制。当然，会根据“方法”和“取景”选择的不同，出现不同的选项。

详细分析：选择该选项，会对图像做详细的解算，效果会提升不少，但解算的时间也会变长。

果冻效应波纹：该参数有两个选项，分别为“自动减小”（自动减少镜头稳定的晃动）和“增强减小”（增强减少镜头稳定的晃动）。

更少的裁剪<-> 平滑更多：值越大，越稳定；值越小，裁剪越小，稳定解算的处理效果会不太理想。

隐藏警告栏：用来隐藏解算时分析和修改的警告栏。

3.变换

使用该效果可以移动图像的位置，调整高度比例和宽度比例，倾斜或旋转图像，还可以修改不透明度，如图9-52所示。

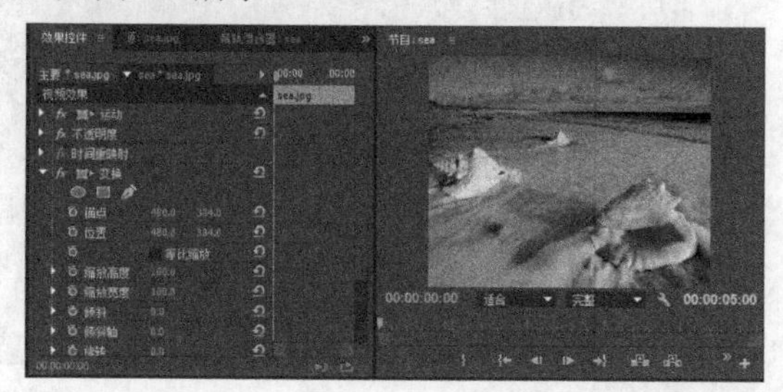

图9-52

常用参数介绍

锚点：控制素材的中心位置，如图9-53所示。

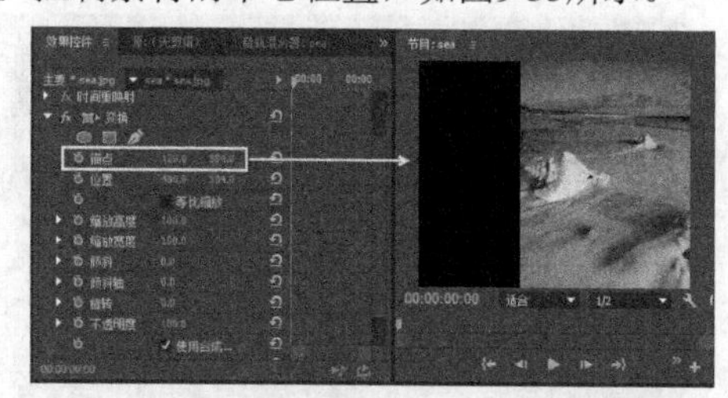

图9-53

位置：该属性控制素材在画面中的位置，如图9-54所示。

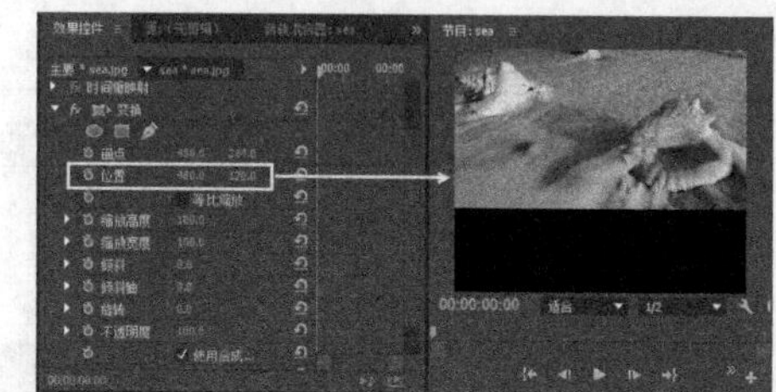

图9-54

缩放高度/宽度：控制素材在水平或垂直方向的收缩比例，如图9-55所示。

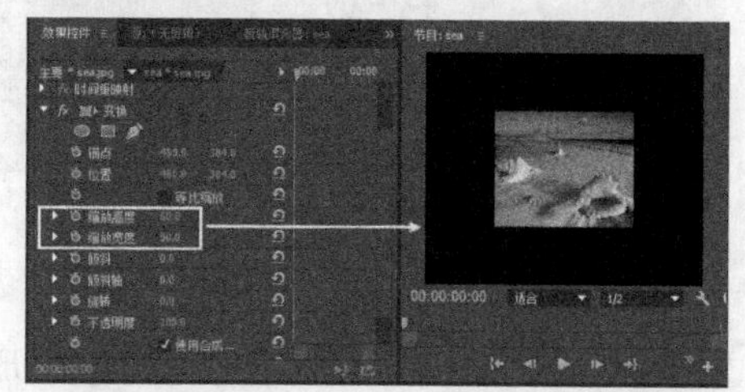

图9-55

倾斜：控制素材变形的大小，效果如图9-56所示。

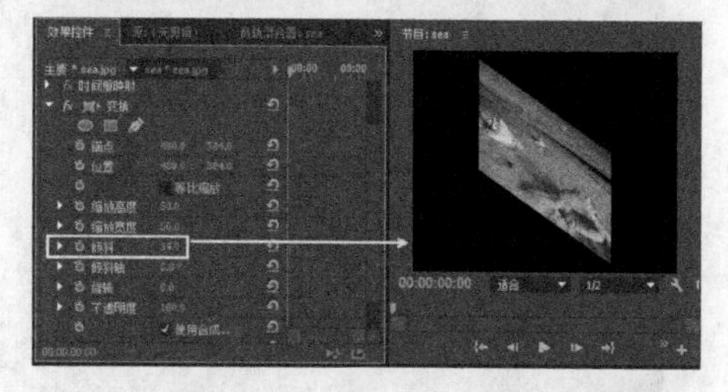

图9-56

倾斜轴：控制素材变形的角度，效果如图9-57所示。

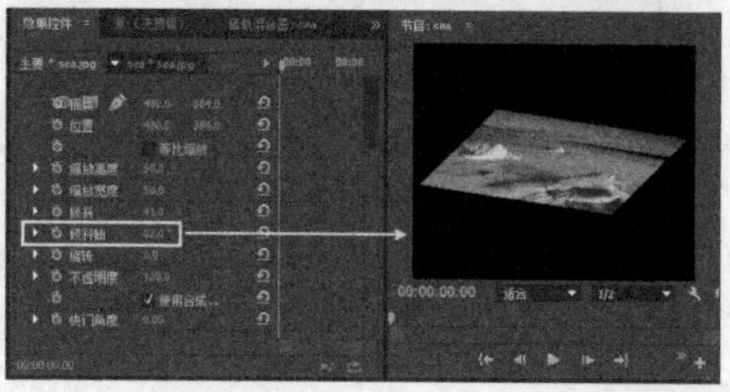

图9-57

旋转：该属性控制素材的旋转角度，效果如图9-58所示。

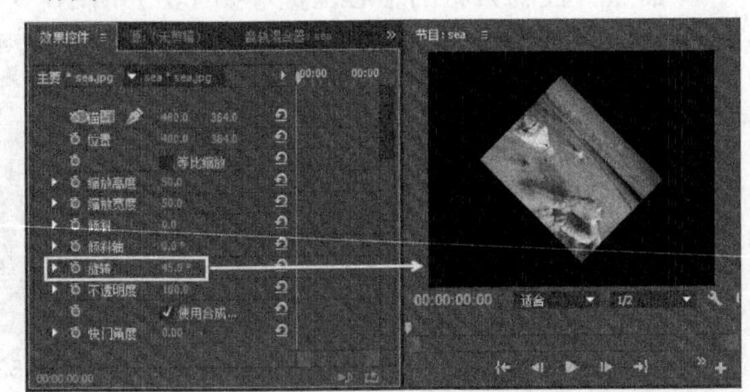

图9-58

4.放大

该效果允许放大素材的某个部分或整个素材。应用“放大”效果的图像素材的不透明度和混合模式也将发生变动，如图9-59所示。

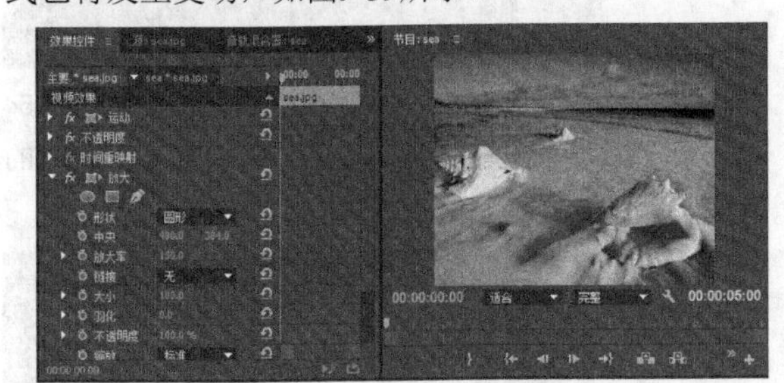

图9-59

常用参数介绍

形状：控制放大的形状，包括“圆形”和“正方形”两种，如图9-60所示。

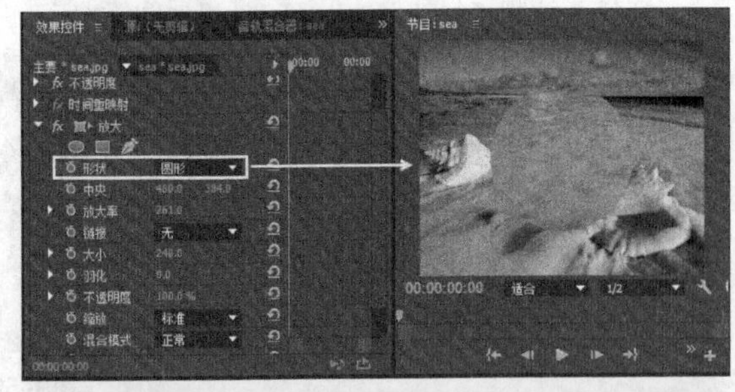

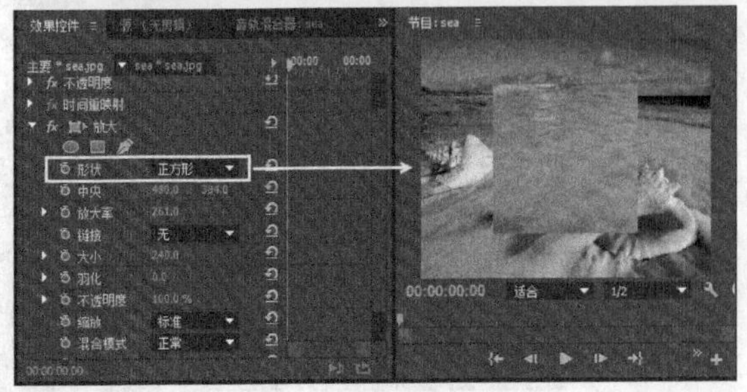

图9-60

中央：控制变形的中心位置，如图9-61所示。

图9-61

放大率：控制放大的比例，如图9-62所示。

图9-62

大小：控制放大的范围，如图9-63所示。

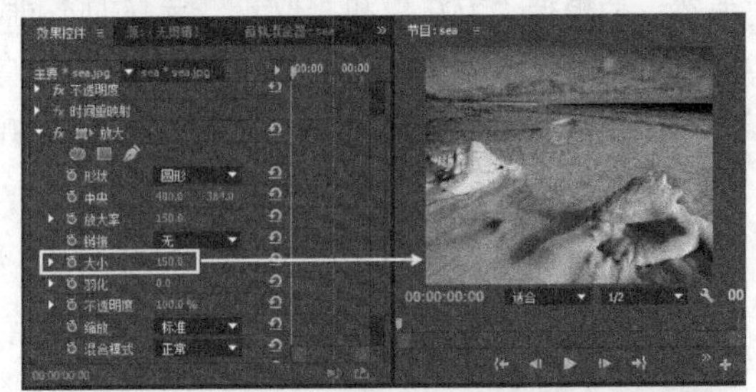

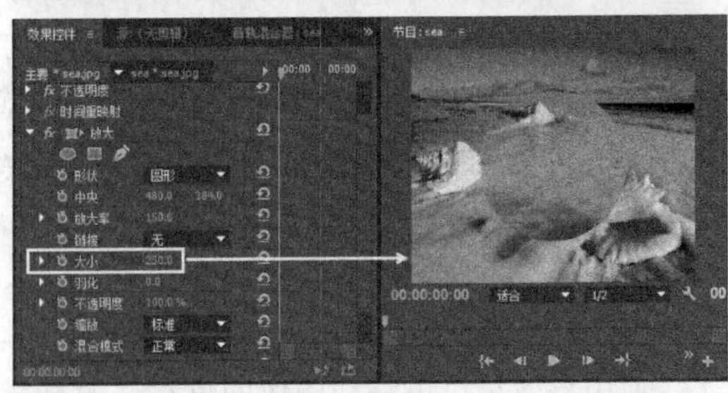

图9-63

羽化：羽化放大的边缘，如图9-64所示。

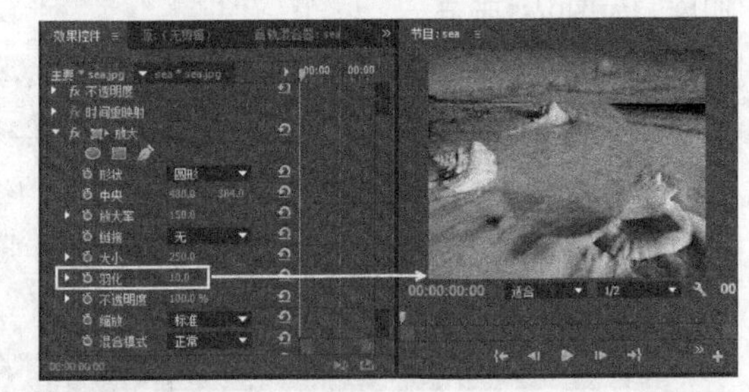

图9-64

混合模式：控制放大范围内的混合模式，如图9-65所示。

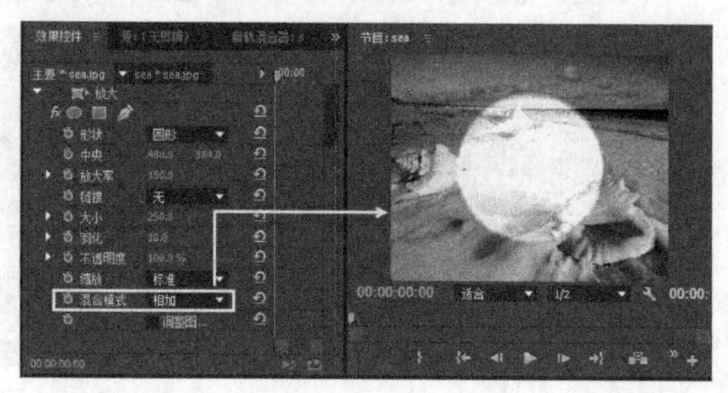

图9-65

5.旋转

该效果可以将图像扭曲成旋转的数字迷雾。使用“角度”值可以调整扭曲的度数，角度设置越大，产生的扭曲程度越大，如图9-66所示。要为扭曲效果制作动画，必须为扭曲控件设置关键帧。

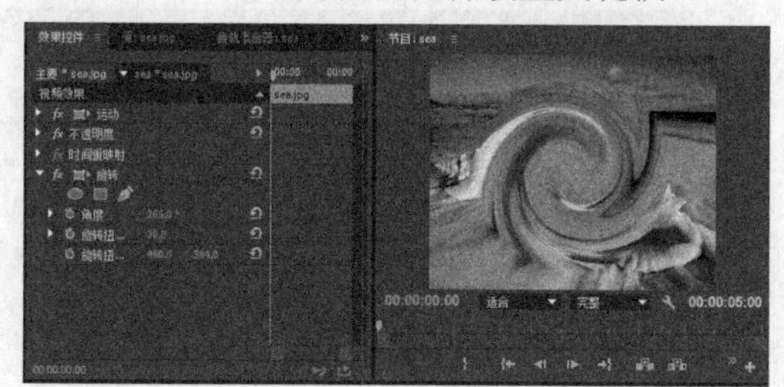

图9-66

常用参数介绍

角度：控制旋转的角度，如图9-67所示。

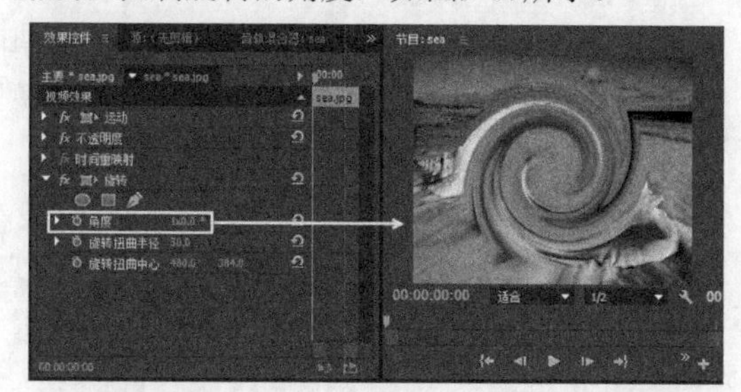

图9-67

旋转扭曲半径：控制旋转的范围，如图9-68所示。

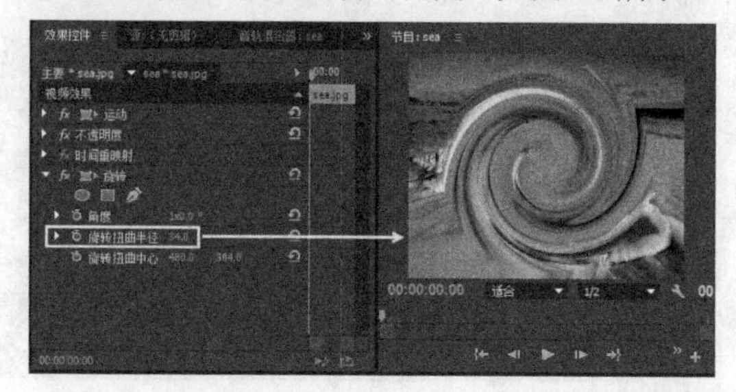

图9-68

旋转扭曲中心：控制旋转的中心，如图9-69所示。

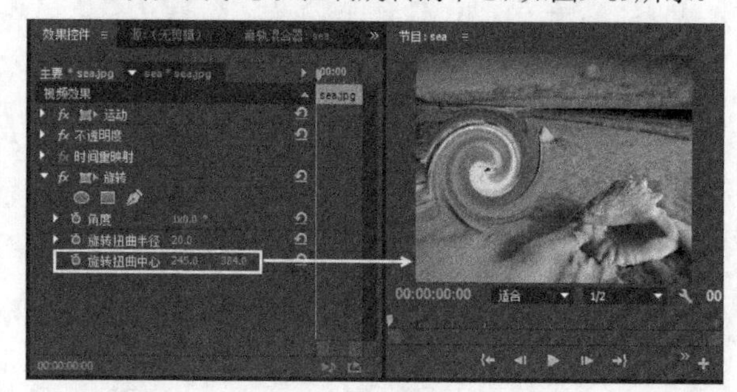

图9-69

6.果冻效应修复

“果冻效应修复”效果可以修复素材中的果冻效应，去除扭曲的伪像，如图9-70所示。

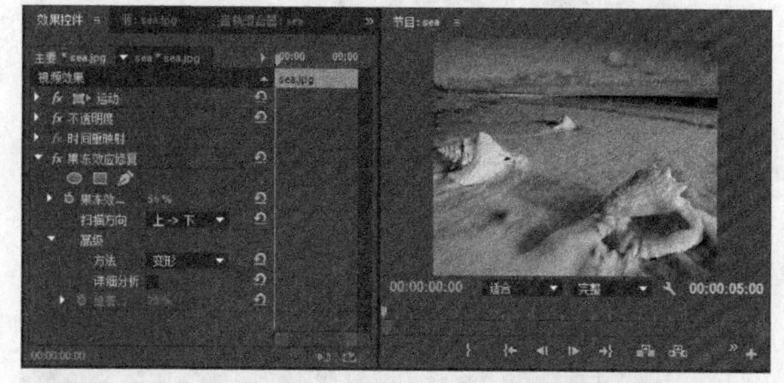

图9-70

7.波形变形

该效果能够创建出波形效果，看起来就像是浪潮拍打着素材一样。要调整该效果，可以使用“效果控件”面板中的“波形变形”设置，如图9-71所示。

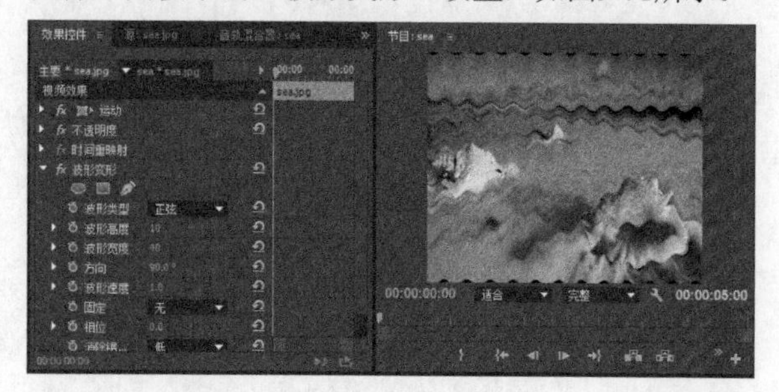

图9-71

参数介绍

波形类型：控制波纹的类型，包括“正弦”“正方形”“三角形”“锯齿”“圆形”“半圆形”“逆向圆形”“杂色”和“平滑杂色”9种，如图9-72所示。

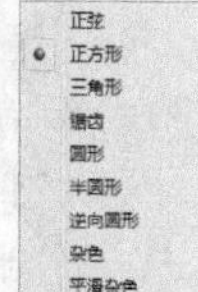

图9-72

波形高度：更改波峰间的距离，如图9-73所示。

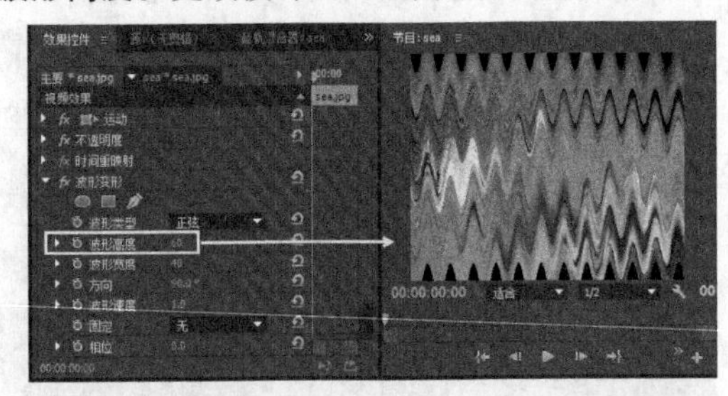

图9-73

波纹宽度：该属性用来设置方向及波纹长度，如图9-74所示。

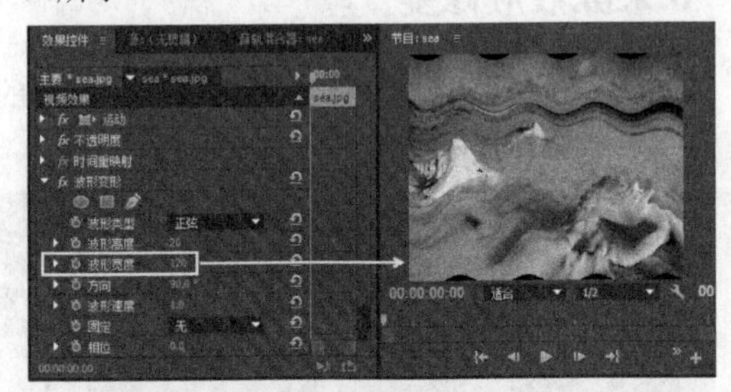

图9-74

方向：控制波形变形的方向，如图9-75所示。

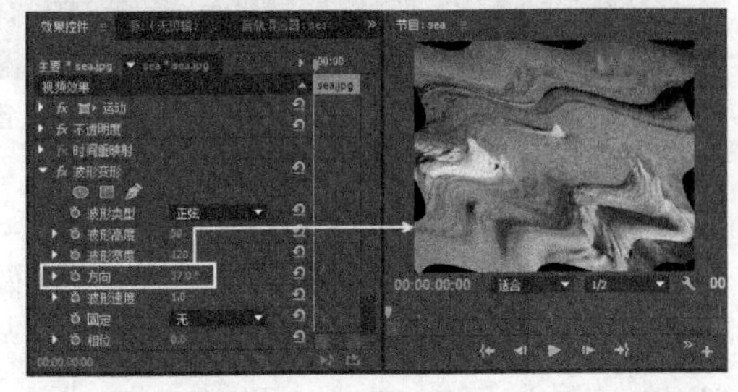

图9-75

波纹速度：更改波长和波幅。

固定：调整连续波纹的数量，并选择不受波纹影响的图像区域。

相位：确定波纹循环周期的起点。

消除锯齿：确定波纹的平滑度。

8.球面化

该效果将平面图像转换成球面图像，如图9-76所示。

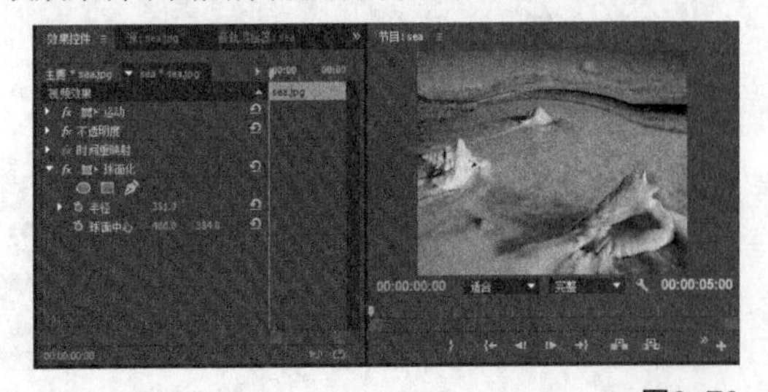

图9-76

参数介绍

半径：控制球面化的范围，如图9-77所示。

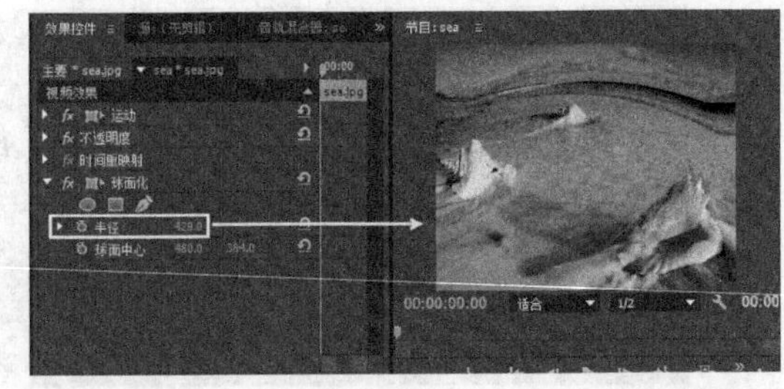

图9-77

球面中心：控制球面的中心位置。

9.紊乱置换

该效果使用不规则噪波置换素材，使图像看起来具有动感，可用于制作海浪、信号或流水效果，如图9-78所示。

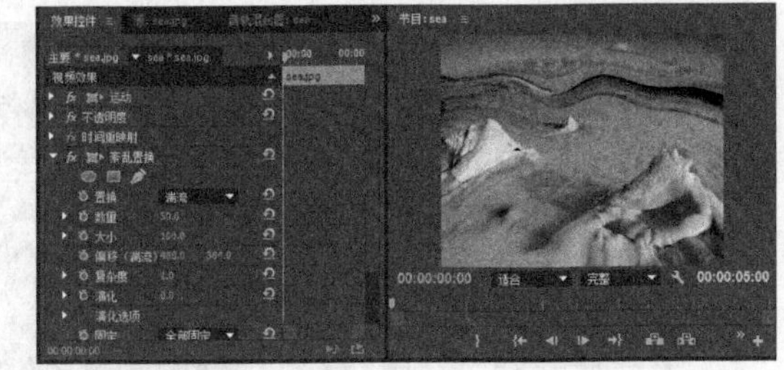

图9-78

常用参数介绍

置换：可以在该菜单中选择置换的类型，包括“湍流”“凸出”“扭转”“湍流较平滑”“凸出较平滑”“扭转较平滑”“垂直置换”“水平置换”和“交叉置换”9种，如图9-79所示。

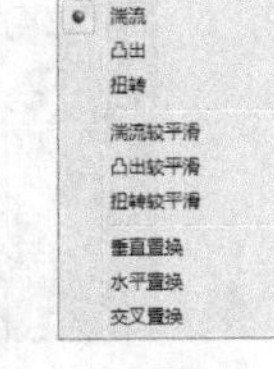

图9-79

数量：控制置换变化的数量，如图9-80所示。

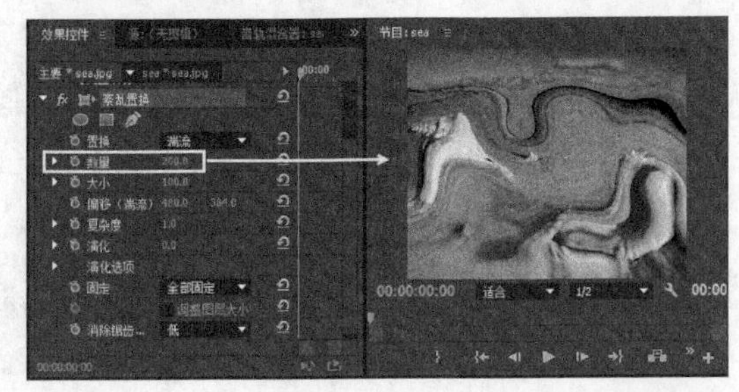

图9-80

大小：控制置换变化的大小，如图9-81所示。

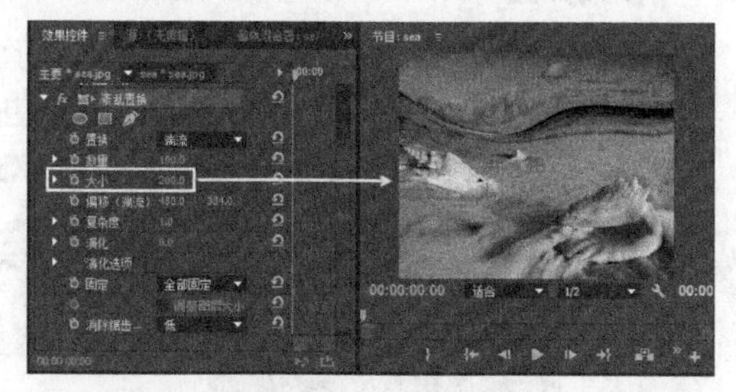

图9-81

偏移（湍流）：控制置换的中心位置，如图9-82所示。

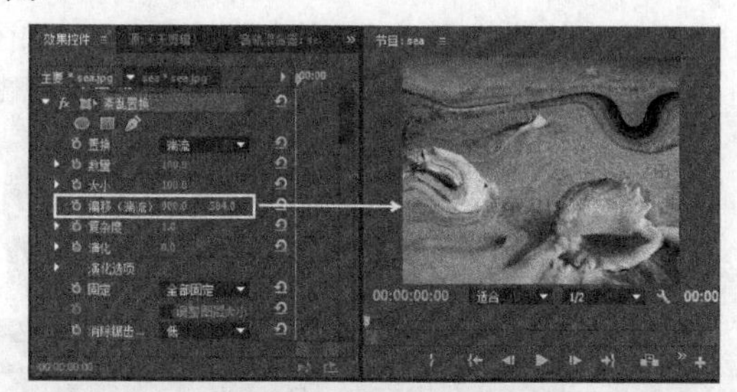

图9-82

复杂度：控制置换的细节，如图9-83所示。

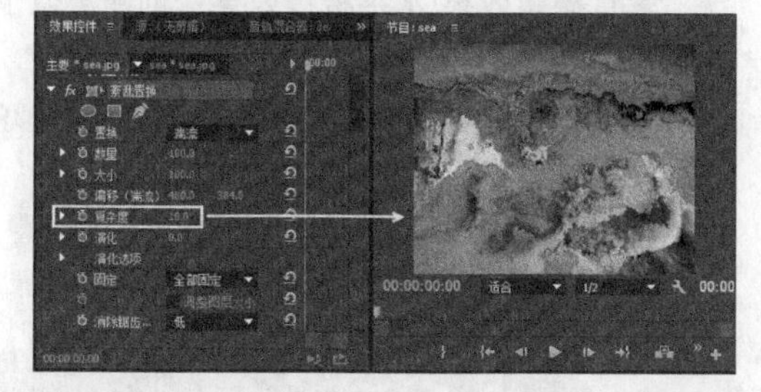

图9-83

演化：控制置换的变化，如图9-84所示。

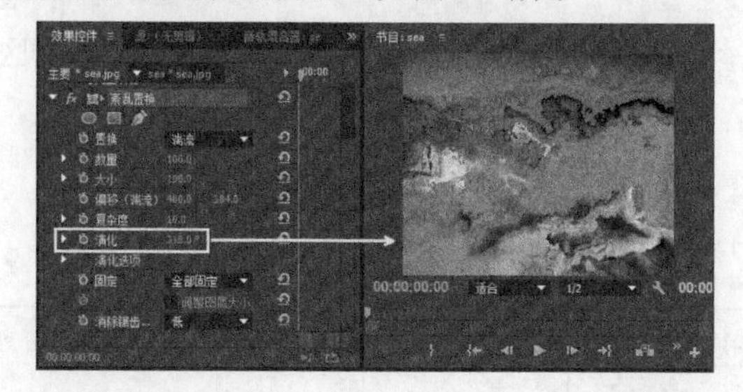

图9-84

10.边角定位

该效果允许通过调整“上左”“上右”“下左”和“下右”值（边角）来扭曲图像。图9-85所示的是“效果控件”面板中的“边角定位”效果属性，效果的结果显示在“节目”面板中。注意：图中素材的位置发生了变化。

图9-85

参数介绍

左上：素材左上角的坐标位置。其后跟随的第1个参数用以设置素材左上角在水平方向的坐标；第2个参数用以设置素材左上角在垂直方向的坐标，如图9-86所示。

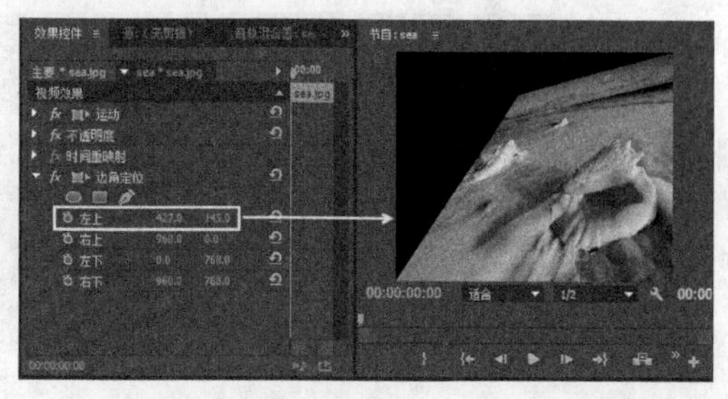

图9-86

右上：素材右上角的坐标位置。其后跟随的第1个参数用以设置素材右上角在水平方向的坐标；第2个参数用以设置素材右上角在垂直方向的坐标。

左下：素材左下角的坐标位置。其后跟随的第1个参数用以设置素材左下角在水平方向的坐标；第2个参数用以设置素材左下角在垂直方向的坐标。

右下：素材右下角的坐标位置。其后跟随的第1个参数用以设置素材右下角在水平方向的坐标；第2个参数用以设置素材右下角在垂直方向的坐标。

11.镜像

该效果能够创建镜像效果。图9-87所示的是“效果控件”面板上“镜像”效果的控件，效果结果显示在“节目”面板中。

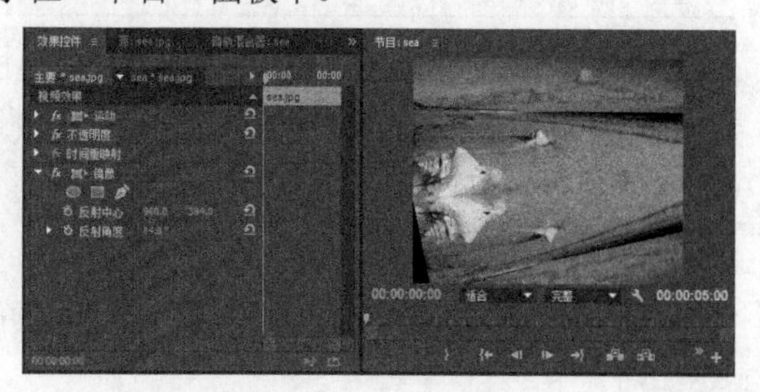

图9-87

参数介绍

反射中心：控制反射线的x和y坐标，如图9-88所示。

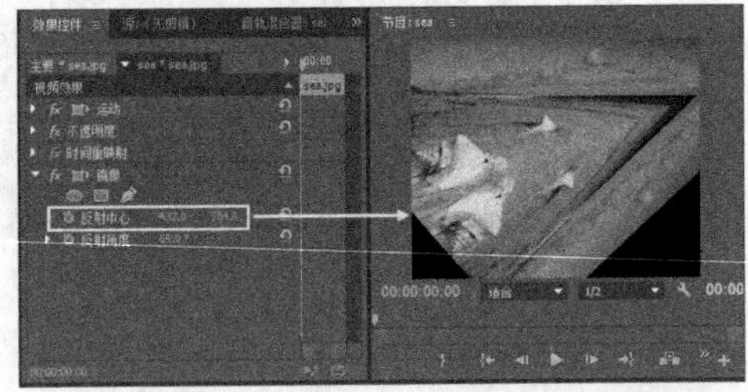

图9-88

反射角度：设置反射出现的位置，如图9-89所示。0°为左边反射到右边；90°为上方反射到下方；180°为右边反射到左边；270°为下方反射到上方。

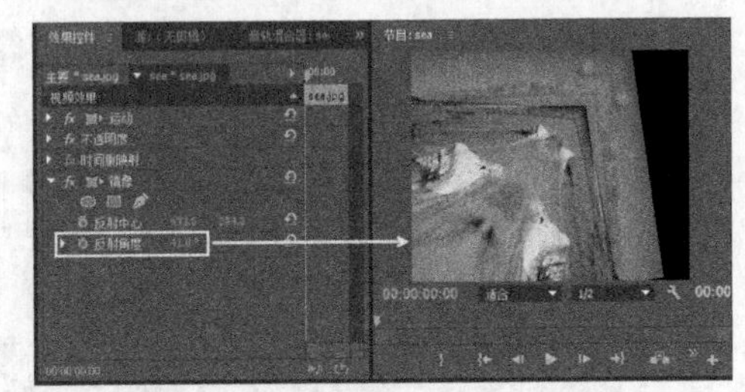

图9-89

12.镜头扭曲

使用该效果可以模拟通过失真镜头看到的视频。展开"镜头扭曲"效果，设置其属性可以调整效果，如图9-90所示。

图9-90

参数介绍

曲率：控制画面的弯曲程度，如图9-91所示。负值使得弯曲更加向内凹陷，正值使得弯曲更加向外凸出。

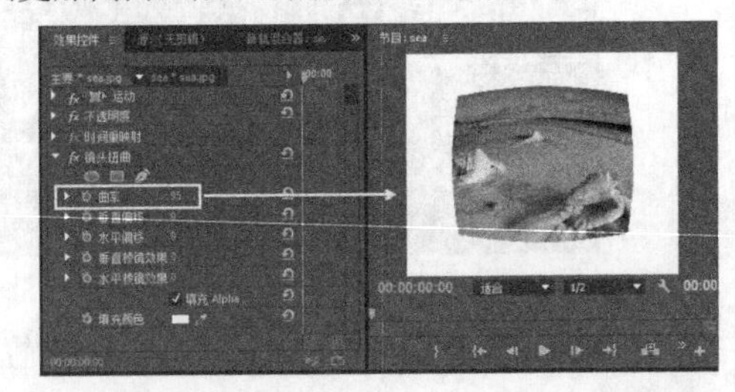

图9-91

垂直偏移/水平偏移：控制镜头的焦点，如图9-92所示。

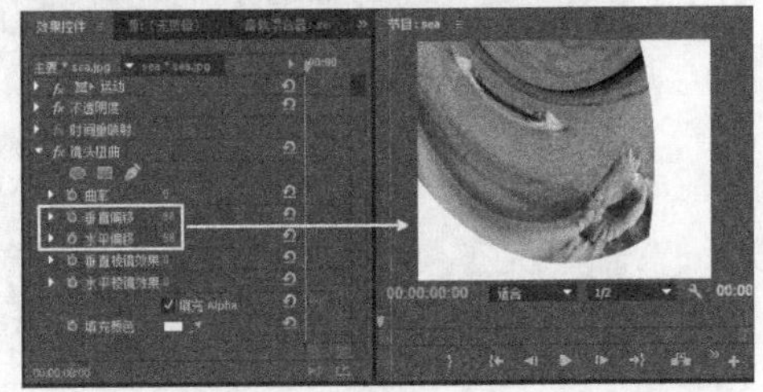

图9-92

垂直棱镜效果/水平棱镜效果：创建类似于垂直棱镜和水平棱镜的效果，如图9-93所示。

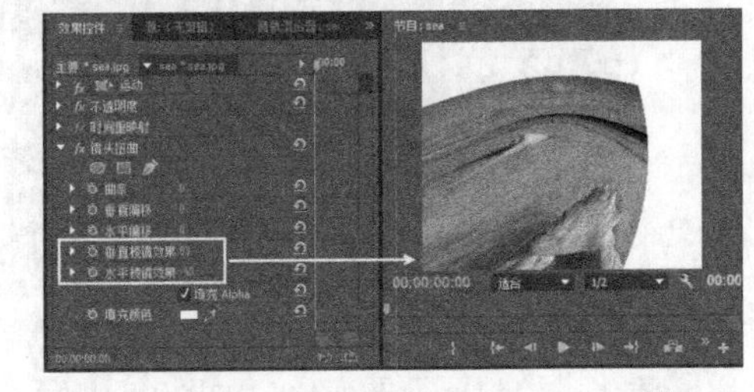

图9-93

填充Alpha：基于素材Alpha通道将背景区域变得透明。

填充颜色：控制背景的颜色。

课堂案例

旋转画面

素材文件　素材文件>第9章>课堂案例：旋转画面

学习目标　制作旋转翻转效果的方法

本例主要介绍应用"旋转翻转"视频效果旋转画面的操作，案例效果如图9-94所示。

图9-94

01 新建一个项目，然后导入学习资源中的“素材文件>第9章>课堂案例：旋转画面>Horses_59.mp4”文件，接着将Horses_59.mp4素材拖曳至视频1轨道上，如图9-95所示。

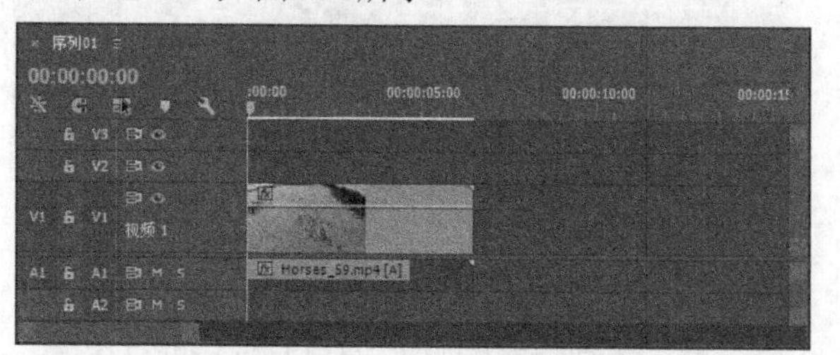

图9-95

02 在“效果”面板中选择“视频效果>扭曲>旋转”滤镜，如图9-96所示，然后将其拖曳给Horses_59.mp4素材。

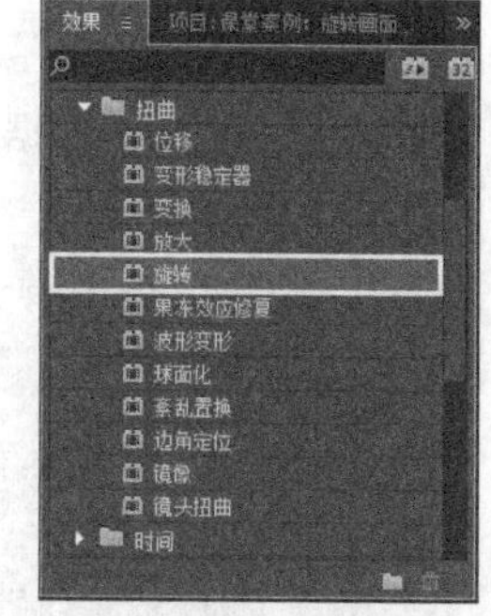

图9-96

03 在“效果控件”面板中设置“角度”为180°、“旋转扭曲半径”为28，如图9-97所示。

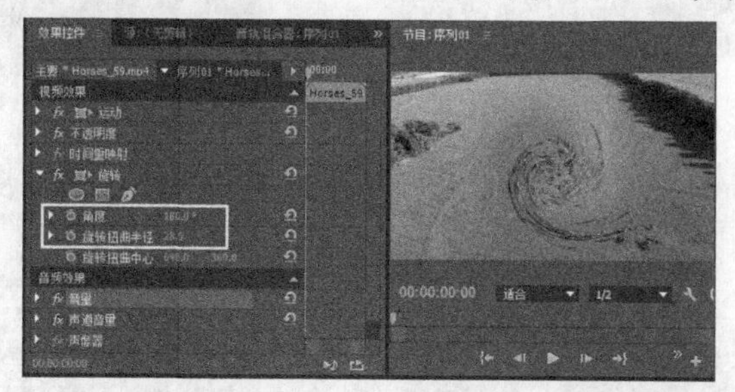

图9-97

04 播放视频，预览素材应用效果后的效果，如图9-98所示。

图9-98

9.4.5 时间

“时间”效果卷展栏中包含的效果都是与选择素材的各个帧息息相关的效果。该效果卷展栏中包含“抽帧时间”和“残影”效果，如图9-99所示。

图9-99

1.抽帧时间

该效果控制素材的帧速率设置，并替代在效果控制“帧速率”滑块中指定的帧速率。“抽帧时间”效果控件设置及在“节目”里面的预览效果如图9-100所示。

图9-100

2.残影

该效果能够创建视觉重影，也就是多次重复素材的帧数，使画面产生重影效果，这仅仅在显示运动的素材中有效。根据素材不同，“残影”可能会产生重复的视觉效果，也可能产生少许条纹类型的效果，效果如图9-101所示。

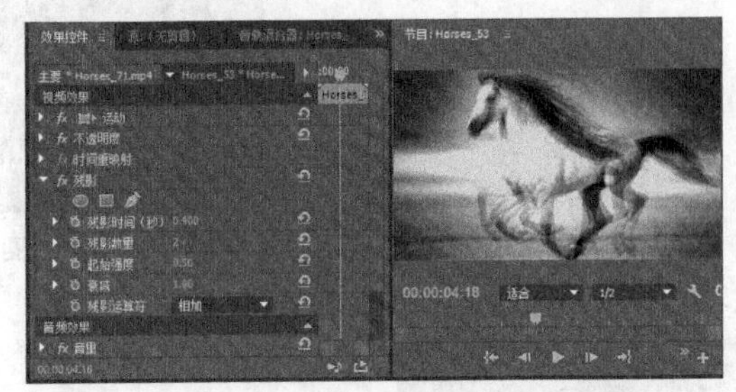

图9-101

常用参数介绍

残影时间（秒）：调整重影间的时间间隔。

残影数量：指定该效果同时显示的帧数，如图9-102所示。

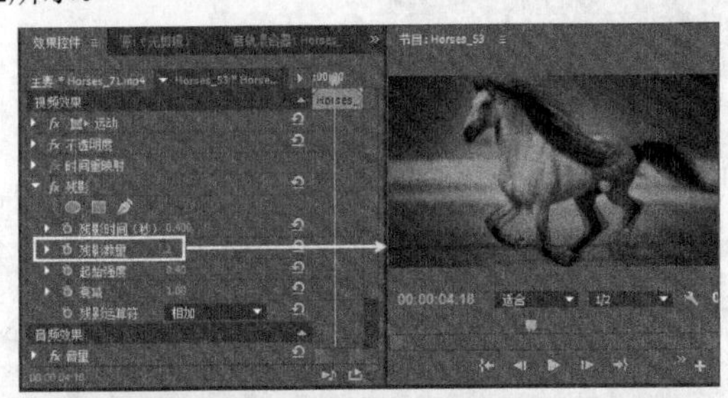

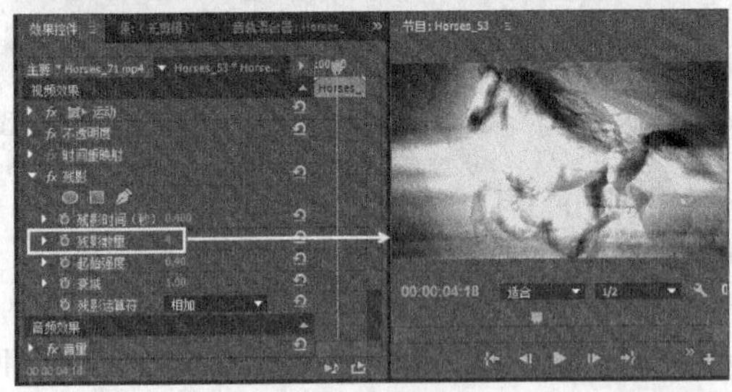

图9-102

起始强度：调整第一帧的强度，如图9-103所示。设置成1将提供最大强度，0.25提供1/4的强度。

图9-103

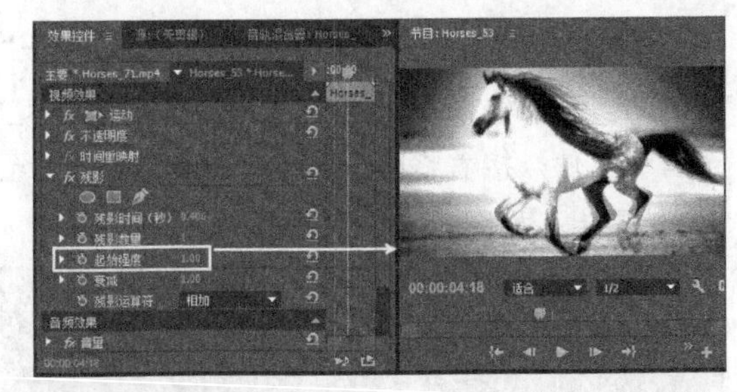

图9-103（续）

衰减：调整重影消散的速度，如图9-104所示。如果将“衰减”设置为0.25，第一个重影将会是开始强度的0.25，下一个重影将会是前一个重影的0.25，依此类推。

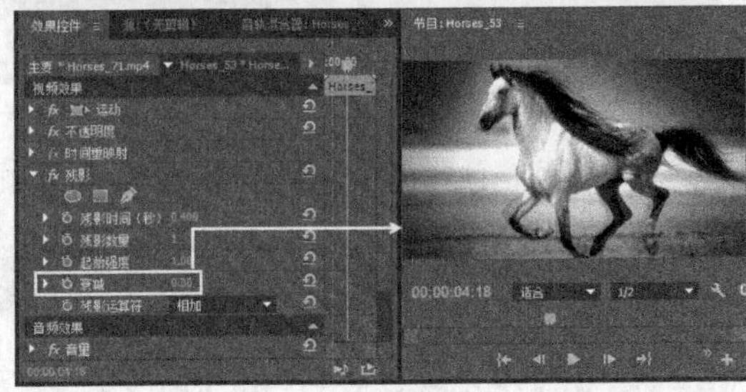

图9-104

课堂案例

制作残影效果

素材文件　素材文件>第9章>课堂案例：制作残影效果

学习目标　制作残影效果的方法

本例主要介绍应用“残影”视频效果制作运动残影的操作，案例效果如图9-105所示。

图9-105

01 新建一个项目，然后导入学习资源中的“素材文件>第9章>课堂案例：制作残影效果>unbelievable animal_6.mp4”文件，接着将unbelievable animal_6.mp4素材拖曳至视频1轨道上，如图9-106所示。

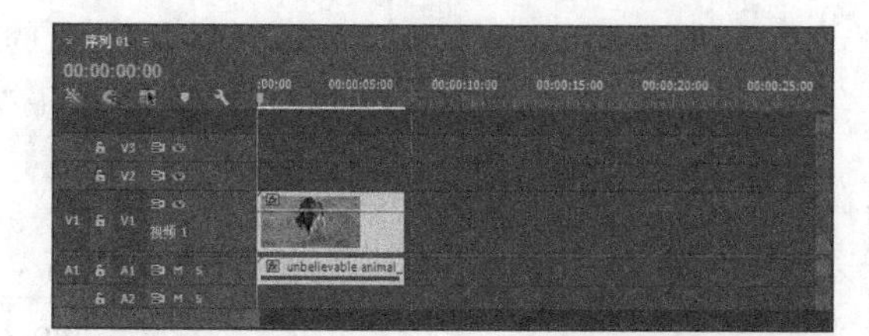

图9-106

02 在“效果”面板中选择“视频效果>时间>残影”滤镜，如图9-107所示，然后将其拖曳给unbelievable animal_6.mp4素材。

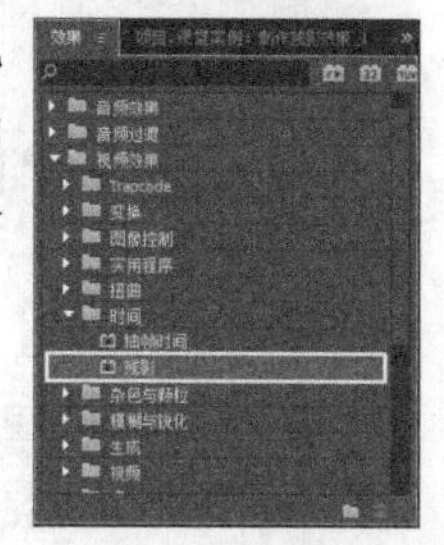

图9-107

03 在“效果控件”面板中设置“残影时间（秒）”为0.467、“起始强度”为0.7、“残影运算符”为“滤色”，如图9-108所示。

图9-108

04 播放视频，预览素材应用效果后的效果，如图9-109所示。

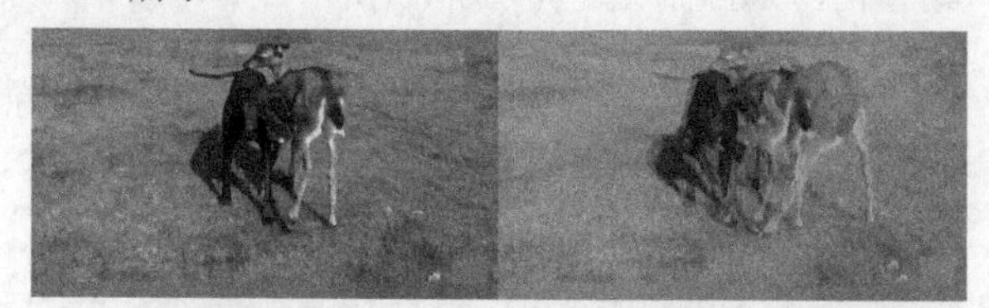

图9-109

9.4.6 杂色与颗粒

使用“杂色与颗粒”效果卷展栏中的效果，可以将杂色添加到素材中。“杂色与颗粒”文件夹中的效果如图9-110所示。

图9-110

1.中间值

使用该效果可以减少杂色。该效果是获取邻近像素的中间像素值，然后将该值应用到“效果控件”面板中指定的像素半径区域内的像素上。“中间值”效果滤镜设置及在“节目”中的预览效果如图9-111所示。

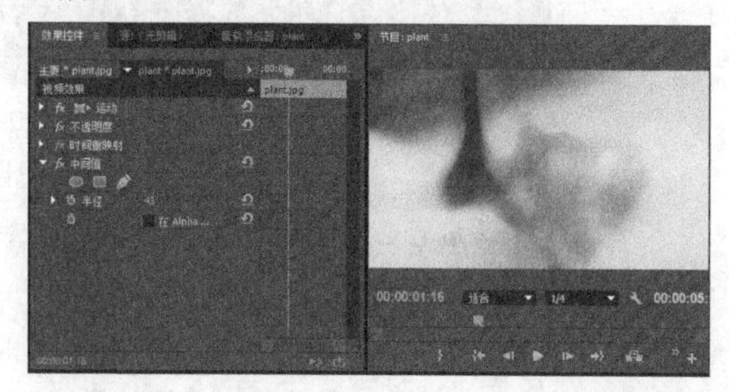

图9-111

参数介绍

半径：控制像素化的程度，如图9-112所示。

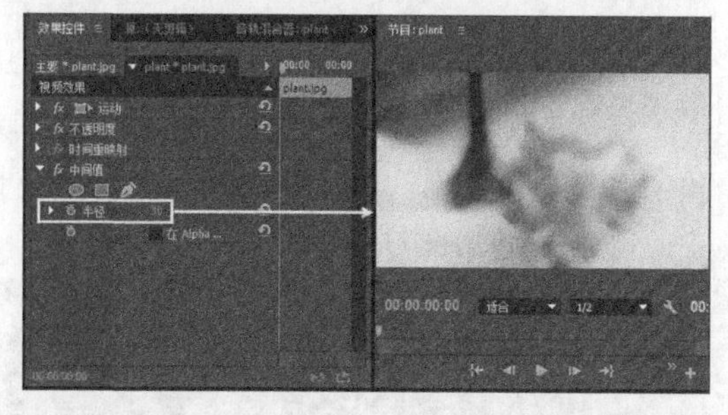

图9-112

在Alpha通道上操作：将效果应用到图像的Alpha通道上，就像应用到图像中一样。

2.杂色

该效果随机修改视频素材中的颜色，使素材呈现出颗粒状。在图9-113所示的“效果控件”面板中，使用“杂色数量”来指定想要添加到素材中的杂色或颗粒的数量。添加的杂色越多，消失在创建的杂色中的图像越多。

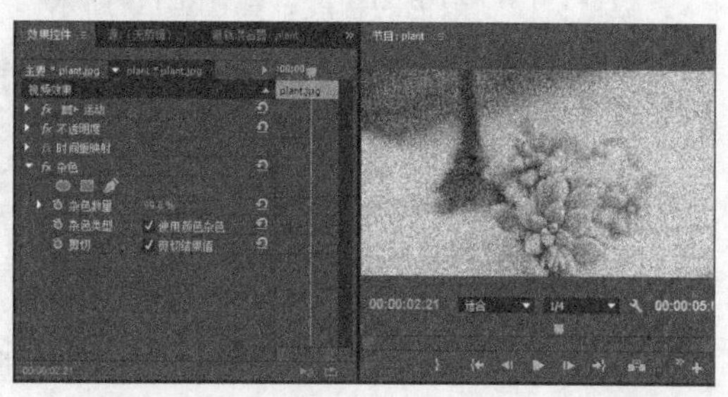

图9-113

参数介绍

杂色数量：控制杂色的程度，如图9-114所示。

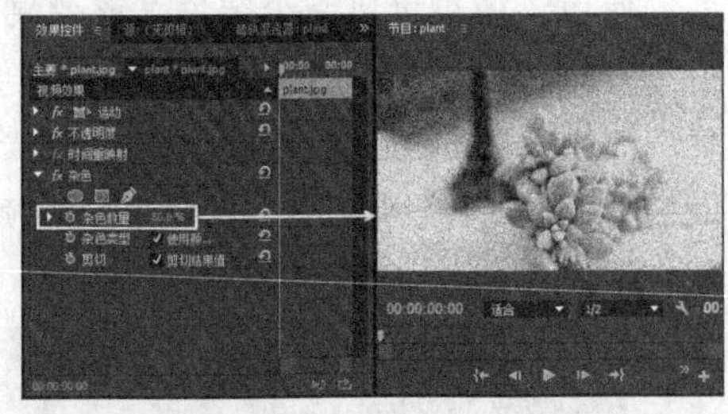

图9-114

使用颜色杂色：效果将会随机修改图像中的像素。如果关闭该选项，图像中的红、绿和蓝色通道上将会添加相同数量的杂色。

剪切结果值：是一个数学上的限制，用于防止产生的杂色多于设定值。当选择“剪切结果值”选项时，杂色值在达到某个点后会以较小的值开始增加。如果关闭该选项，会发现图像完全消失在杂色中。

3.杂色Alpha

该效果使用受影响素材的Alpha通道来创建杂色。“杂色Alpha”效果控件设置及在“节目”面板中的预览效果如图9-115所示。

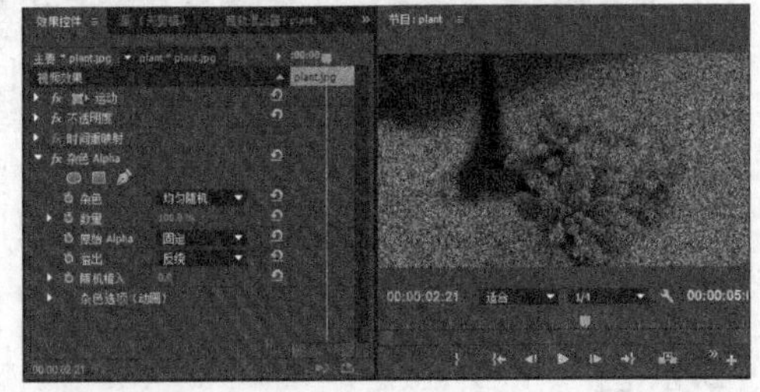

图9-115

常用参数介绍

杂色：控制杂色的类型，包括“均匀随机”“随机方形”“均匀动画”和“方形动画”4种，如图9-116所示。

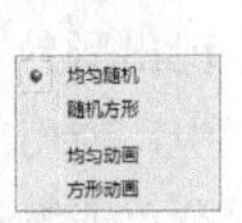

图9-116

数量：控制杂色的程度，如图9-117所示。

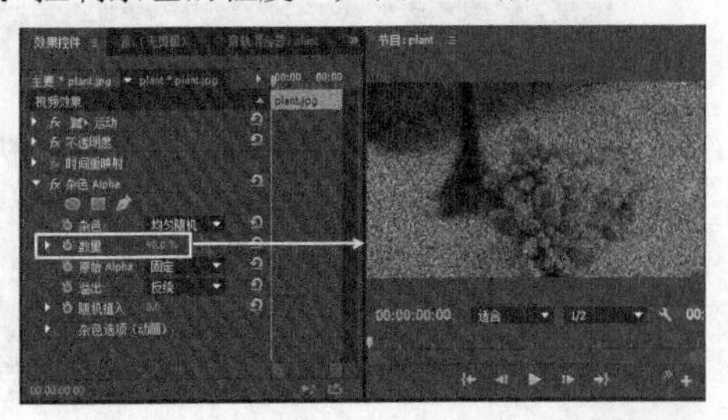

图9-117

原始Alpha：控制杂色应用于Alpha通道的方式，包括“相加”“固定”“比例”和“边缘”4种，如图9-118所示。

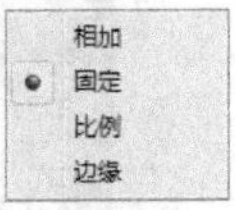

相加
固定
比例
边缘

图9-118

溢出：控制效果如何重新映射位于灰度范围0~255之外的值，包括“剪切”“反绕”和“回绕”3种方式，如图9-119所示。

剪切
反绕
回绕

图9-119

随机植入：控制杂色的随机度，如图9-120所示。选择“均匀随机”或“方形随机”杂色类型后，该属性可使用。

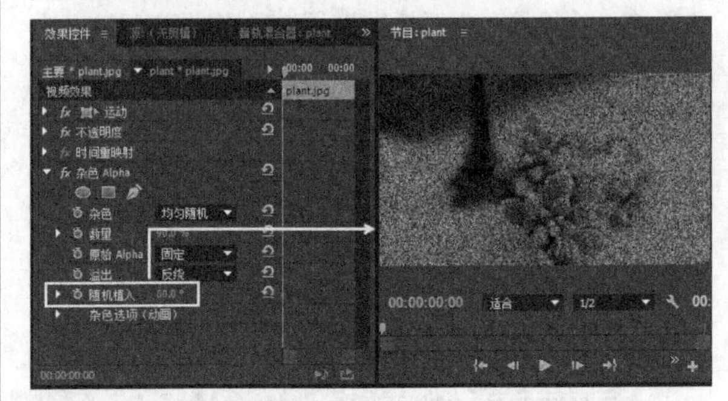

图9-120

4.杂色HLS

“杂色HLS”效果在使用静止或移动源素材的剪辑中生成静态杂色，如图9-121所示。

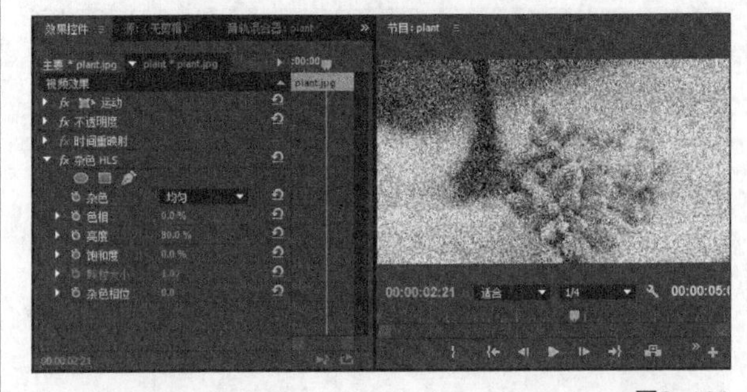

图9-121

常用参数介绍

杂色：控制杂色的类型，包括“均匀”“方形”和“颗粒”3种，如图9-122所示。

均匀
方形
颗粒

图9-122

色相：添加到色相值的杂色量，如图9-123所示。

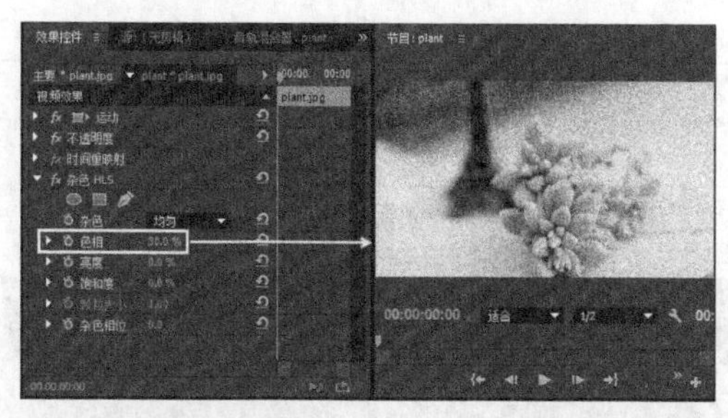

图9-123

亮度：添加到亮度值的杂色量，如图9-124所示。

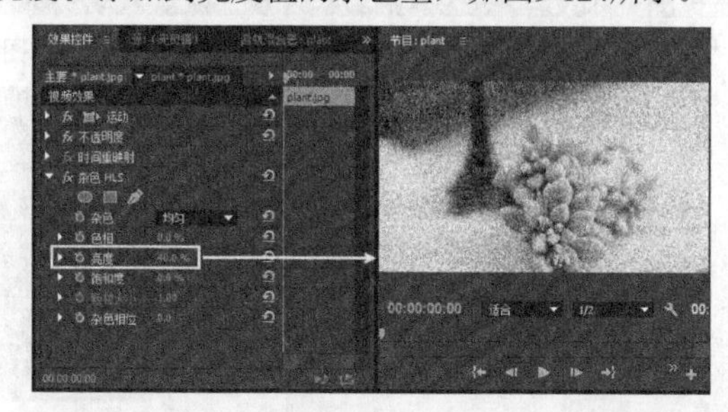

图9-124

饱和度：添加到饱和度值的杂色量，如图9-125所示。

图9-125

颗粒大小：控制颗粒的大小，如图9-126所示。选择“颗粒”杂色类型后，该属性可使用。

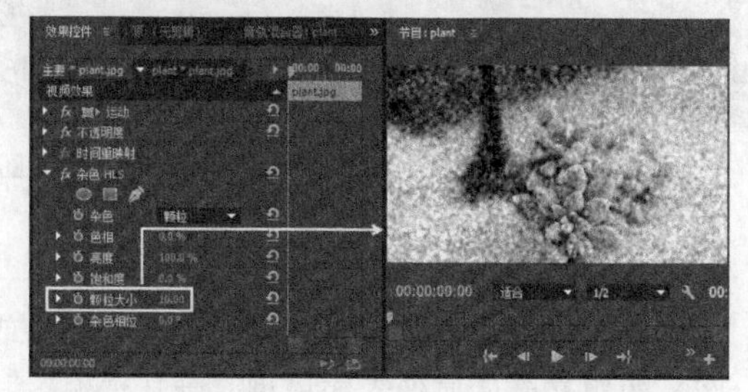

图9-126

5.杂色HLS自动

这些效果允许使用“色相”“亮度”和“饱和度”创建杂色，也可以制作杂色动画。“自动杂色HLS”效果控件设置及在“节目”面板中的预览效果如图9-127所示。

图9-127

6.蒙尘与划痕

该效果会对不相似的像素进行修改并创建杂色。选择“在Alpha通道上操作”选项，可将效果应用到Alpha通道上。“蒙尘与划痕”效果控件设置及在“节目”面板中的预览效果如图9-128所示。

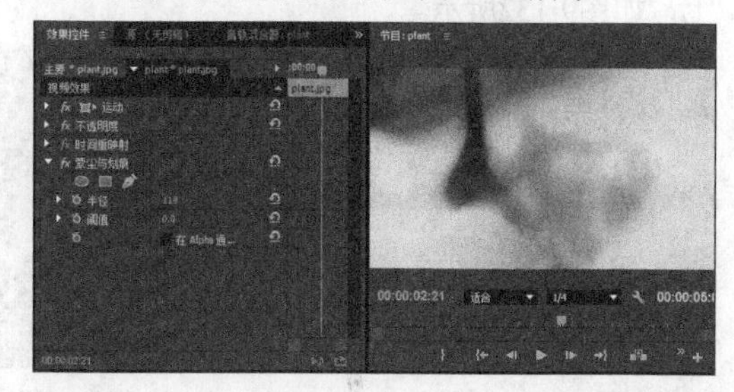

图9-128

常用参数介绍

半径：该效果搜索像素间差异的距离，较高的值会使图像模糊，如图9-129所示。

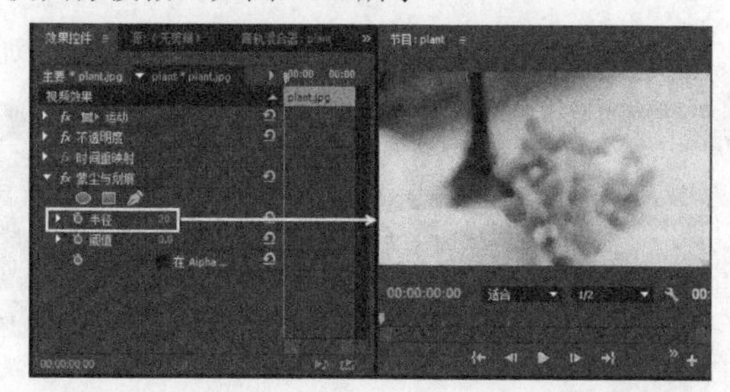

图9-129

阈值：如果相邻像素的差距较大，那么像素不会被修改，如图9-130所示。

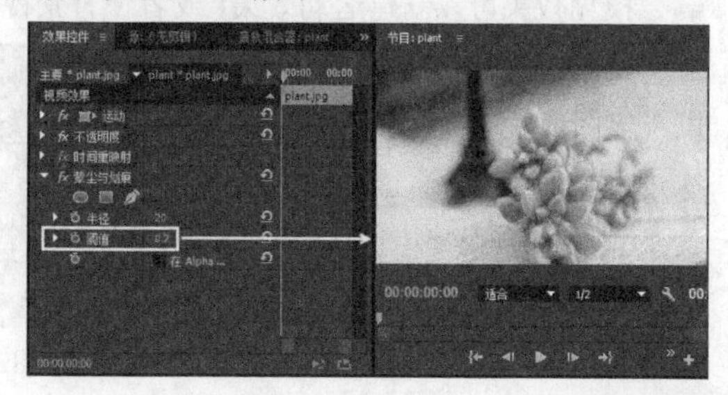

图9-130

课堂案例

添加杂色

素材文件　素材文件>第9章>课堂案例：添加杂色

学习目标　制作杂色效果的方法

本例主要介绍应用“杂色Alpha”视频效果添加杂色的操作，案例效果如图9-131所示。

图9-131

01 新建一个项目，然后导入学习资源中的“素材文件>第9章>课堂案例：添加杂色>Horses_64.mp4”文件，接着将Horses_64.mp4素材拖曳至视频1轨道上，如图9-132所示。

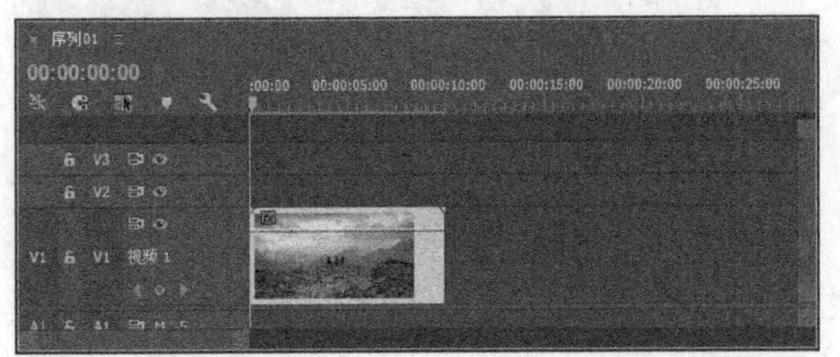

图9-132

02 在“效果”面板中选择“视频效果>杂色与颗粒>杂色Alpha”滤镜，如图9-133所示，然后将其拖曳给Horses_64.mp4素材。

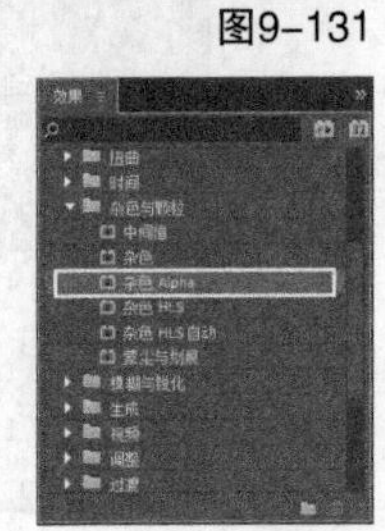

图9-133

03 在“效果控件”面板中设置“数量”为20%，如图9-134所示。

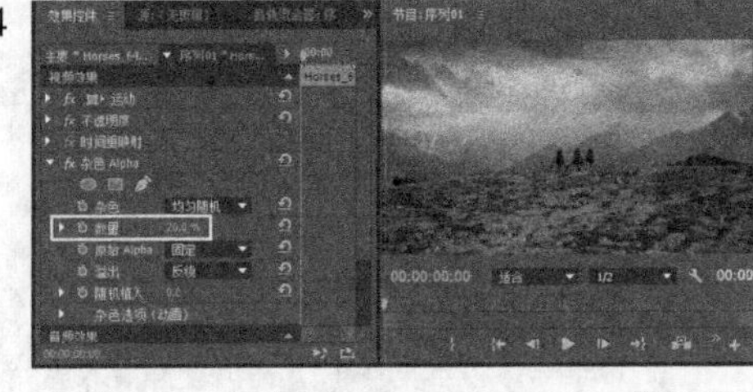

图9-134

04 播放视频，预览素材应用效果后的效果，如图9-135所示。

图9-135

9.4.7 模糊与锐化

模糊效果可以创建运动效果，或者使背景视频轨道变模糊，从而突出前景。锐化效果可以锐化图像。如果数字图像或图形边缘过度柔和，可以通过锐化使应用对象变得更加分明。“模糊与锐化”卷展栏中包含图9-136所示的效果。

图9-136

1.复合模糊

该效果根据控制素材（也称为模糊图层或模糊图）的明亮度值使像素变模糊。默认情况下，模糊图层中的亮值对应于效果素材的较多模糊。“复合模糊”效果控件设置及在“节目”面板中的预览效果如图9-137所示。

图9-137

常用参数介绍

最大模糊：该效果搜索像素间差异的距离，较高的值会使图像模糊，如图9-138所示。

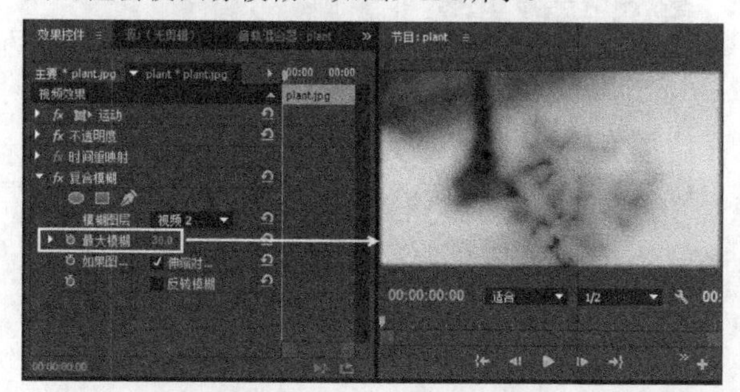

图9-138

伸缩对应图以适合：控制剪辑拉伸为应用到的剪辑的尺寸；否则，控制剪辑会在效果剪辑上居中。

2.快速模糊

该效果可以简单、快速地模糊素材，效果如图9-139所示。

图9-139

常用参数介绍

模糊维度：控制模糊的方向，包括“水平和垂直”“水平”和“垂直”3种方式，如图9-140所示。

图9-140

重复边缘像素：将超出剪辑边缘的像素变模糊，如图9-141所示。

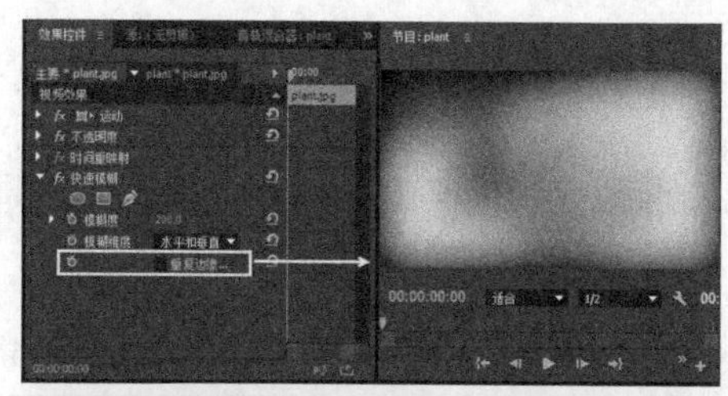

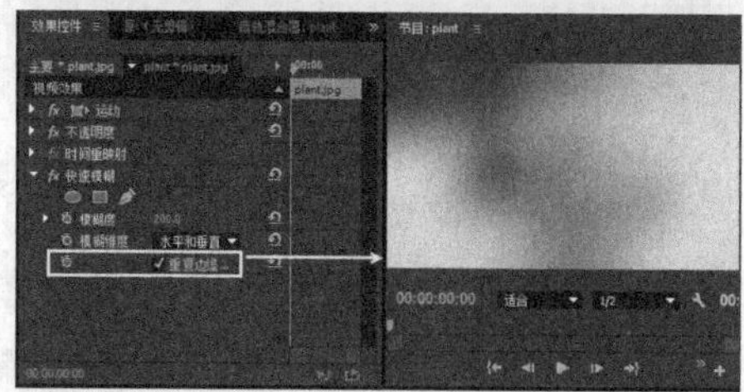

图9-141

3.方向模糊

该效果沿指定方向模糊图像，从而创建运动效果。“效果控件”面板上的滑块控制模糊的方向和长度，如图9-142所示。

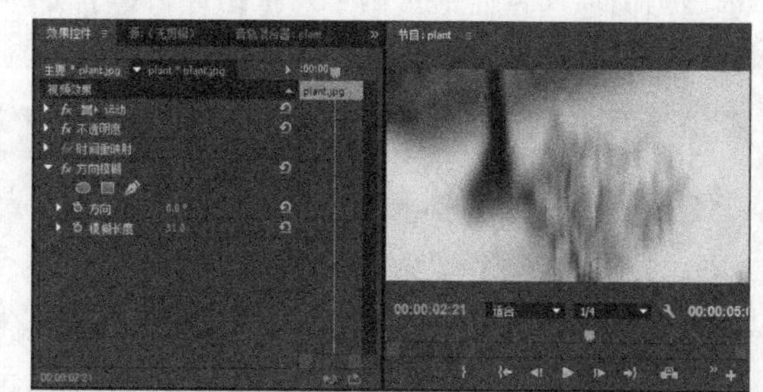

图9-142

常用参数介绍

方向：将模糊的方向均匀应用于像素中心的任何一边，如图9-143所示。

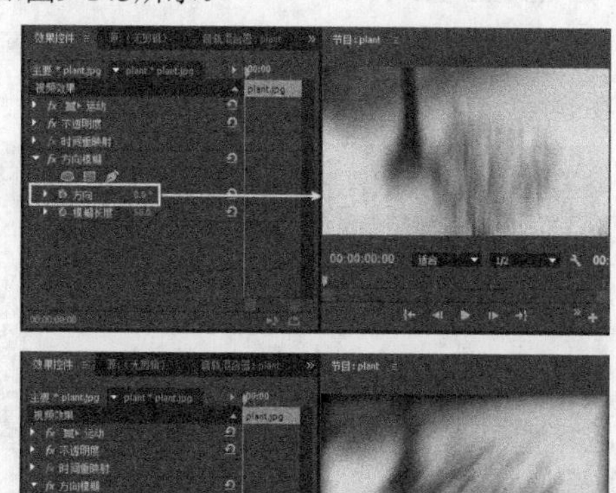

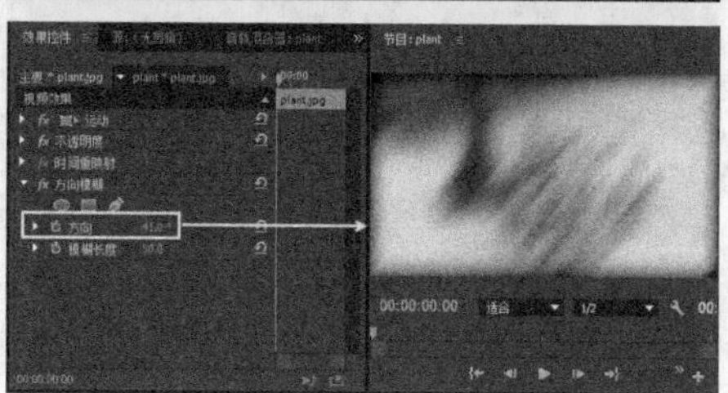

图9-143

4.相机模糊

结合关键帧使用这个效果，可以模拟对准焦点和失去焦点时的图像效果，还可以模拟“相机模糊”效果。使用“相机模糊设置”对话框中的“模糊百分比”滑块，可以控制这个效果，如图9-144所示。

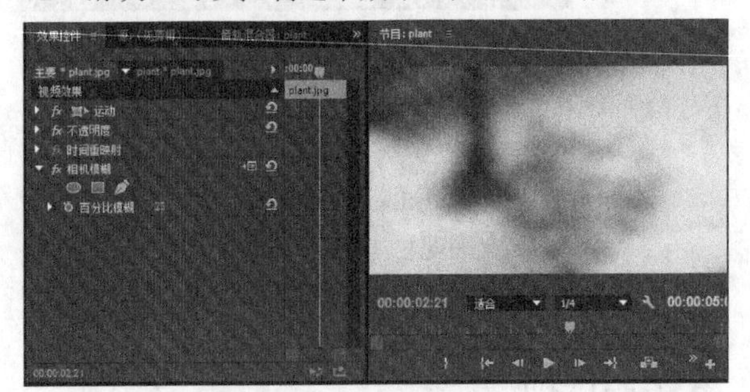

图9-144

5.通道模糊

该效果通过使用红色、绿色、蓝色或Alpha通道来模糊图像。“通道模糊”效果控件设置及在“节目”面板中的预览效果如图9-145所示。

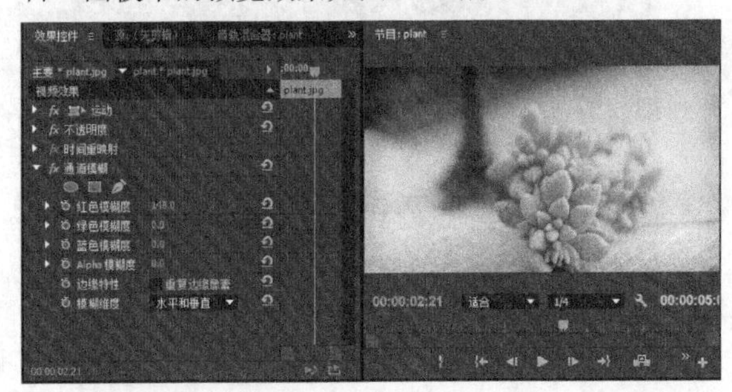

图9-145

常用参数介绍

红色模糊度：控制红色通道的模糊程度，如图9-146所示。

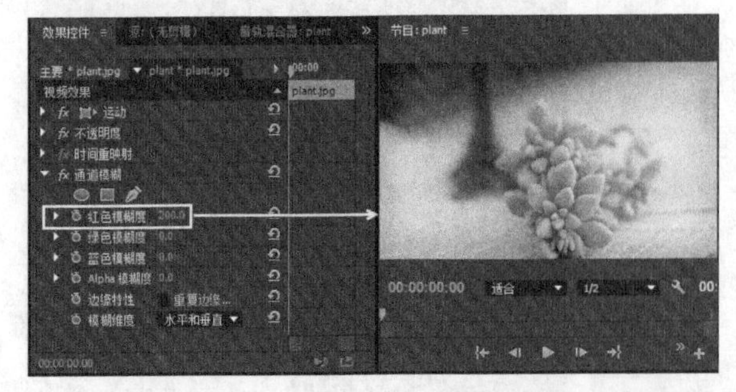

图9-146

绿色模糊度：控制绿色通道的模糊程度，如图9-147所示。

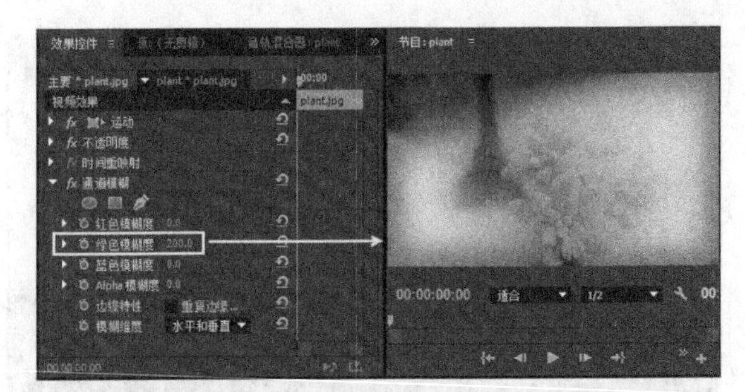

图9-147

蓝色模糊度：控制蓝色通道的模糊程度，如图9-148所示。

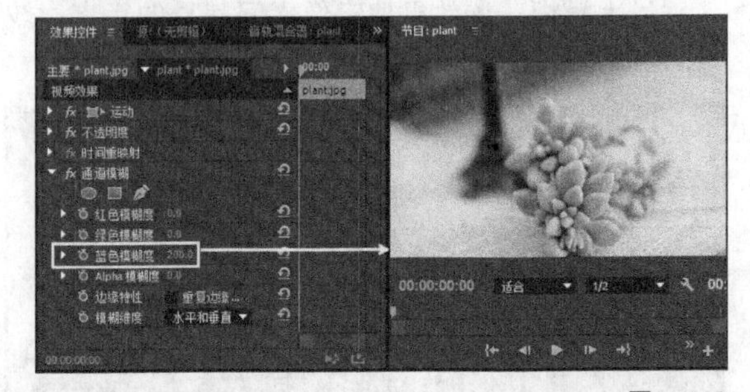

图9-148

Alpha模糊度：控制Alpha通道的模糊程度，如图9-149所示。

图9-149

6.钝化蒙版

使用该效果可以通过增加颜色间的锐化来增加图像的细节。“钝化蒙版”效果控件设置及在“节目”面板中的预览效果如图9-150所示。

图9-150

参数介绍

数量：控制锐化的程度，如图9-151所示。

图9-151

半径：控制受影响的像素数量，如图9-152所示。

图9-152

7.锐化

该效果包含一个控制素材内部锐化的值。单击并向右拖曳“效果控件”面板上的“锐化数量”值，增加锐化程度，此滑块的取值范围是0~100。但是，如果单击屏幕上带下划线的锐化数量，在值域中可以输入的最大值是4000。“锐化”效果控件设置及在“节目”面板中的预览效果如图9-153所示。

图9-153

8.高斯模糊

该效果模糊视频并减少视频信号噪声。“高斯模糊”效果控件设置及在“节目”面板中的预览效果，如图9-154所示。在消除对比度来创建模糊效果时，这个滤镜使用高斯（铃形）曲线，所以使用高斯一词。

图9-154

课堂案例

制作高速模糊

素材文件　素材文件>第9章>课堂案例：制作高速模糊

学习目标　制作高速模糊效果的方法

本例主要介绍应用“方向模糊”视频效果制作高速模糊的操作，案例效果如图9-155所示。

图9-155

01 新建一个项目，然后导入学习资源中的“素材文件>第9章>课堂案例：制作高速模糊>gull.jpg”文件，接着将gull.jpg素材拖曳至视频1轨道上，如图9-156所示。

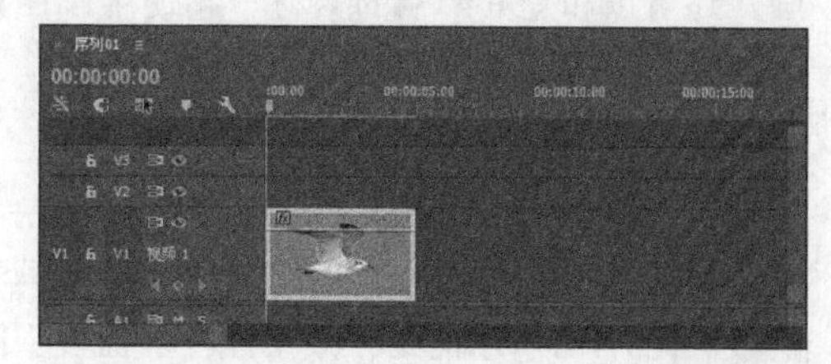

图9-156

02 在“效果”面板中选择“视频效果>模糊与锐化>方向模糊”滤镜，如图9-157所示，然后将其拖曳给gull.jpg素材。

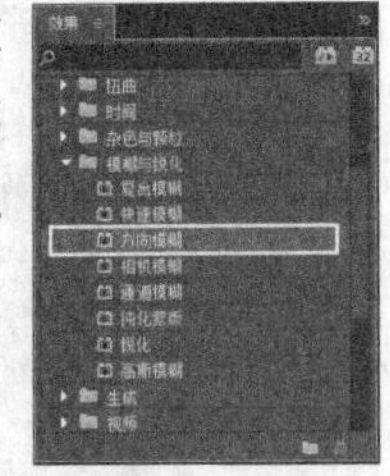

图9-157

03 在“效果控件”面板中设置“方向”为90°、“模糊长度”为15，如图9-158所示。

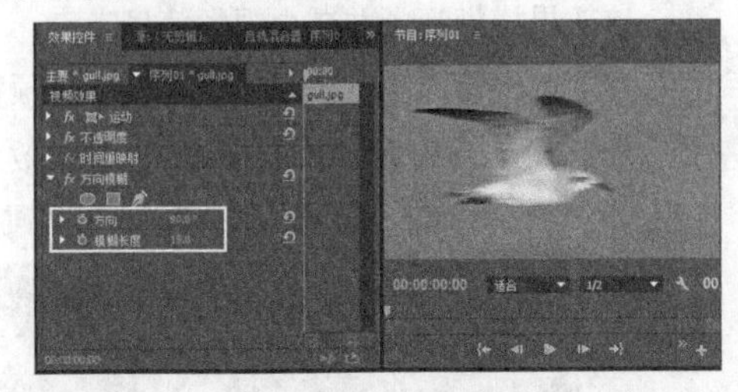

图9-158

04 素材应用效果前后的效果，如图9-159所示。

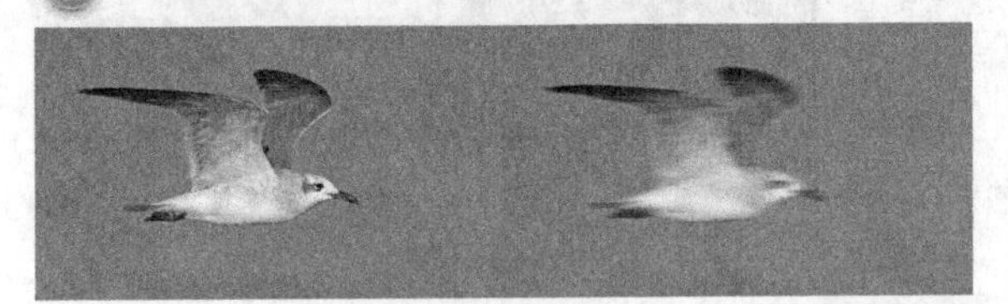

图9-159

9.4.8 生成

“生成”效果卷展栏中包含各种各样的有趣效果，如图9-160所示，其中有些效果似曾相识。例如，“镜头光晕”效果就与Adobe Photoshop中的“镜头光晕”滤镜类似。

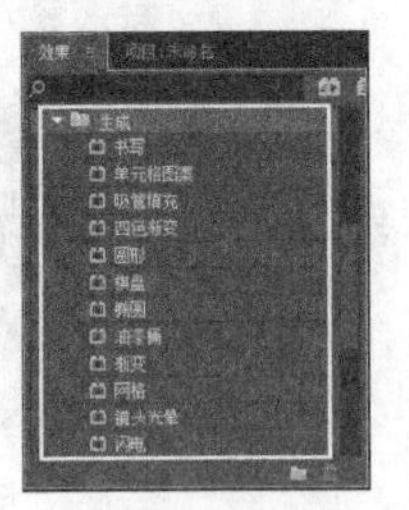

图9-160

1.书写

该效果可以用于在视频素材上制作彩色笔触动画，还可以和受其影响的素材一起使用，在其下方的素材上创建笔触。

2.单元格图案

该效果可以用于创建有趣的背景效果，或者用作蒙版。图9-161所示的是“效果控件”面板中的“蜂巢图案”效果属性和在“节目”面板中的预览效果。

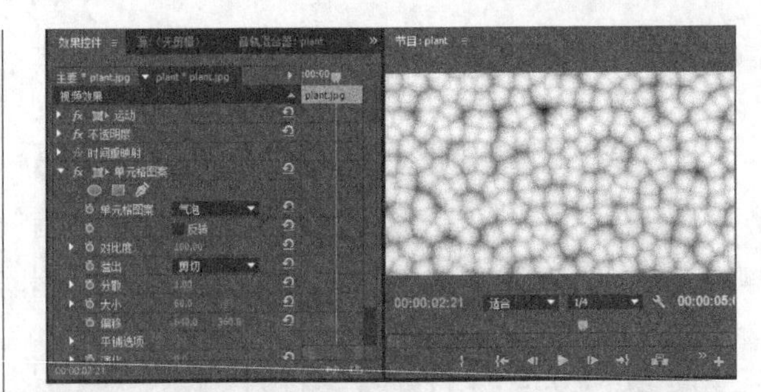

图9-161

常用参数介绍

单元格图案：设置单元格的类型，包括“气泡”“晶体”“印板”“静态板”“晶格化”“枕状”“晶体HQ”“印板HQ”“静态板HQ”“晶格化HQ”“混合晶体”和“管状”12种，如图9-162所示。

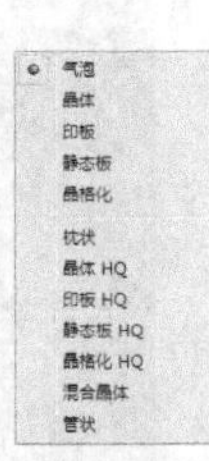

图9-162

反转：反转单元格的效果，如图9-163所示。

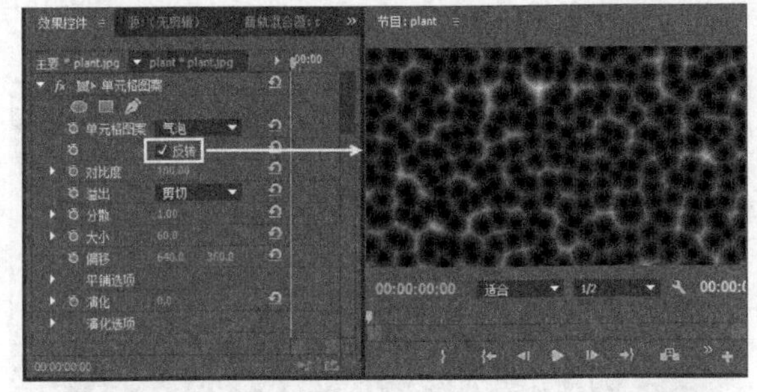

图9-163

对比度：控制效果的对比度，如图9-164所示。

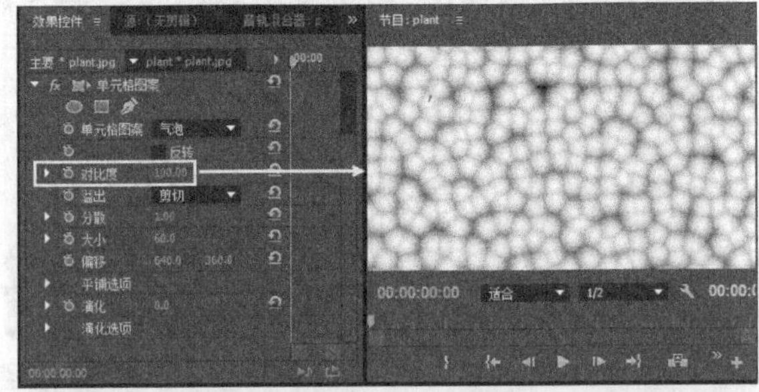

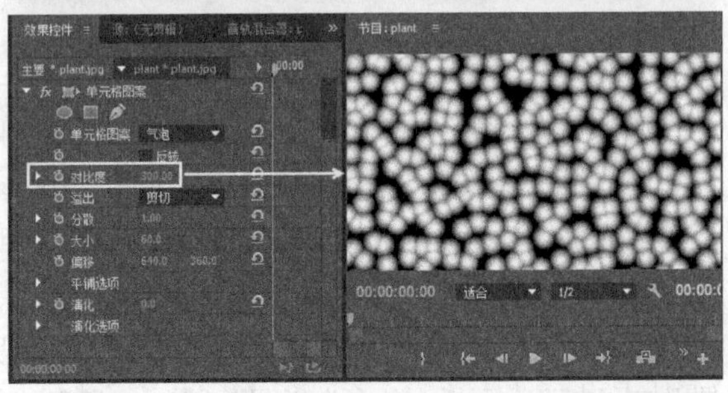

图9-164

分散：控制图案的随机度，如图9-165所示。

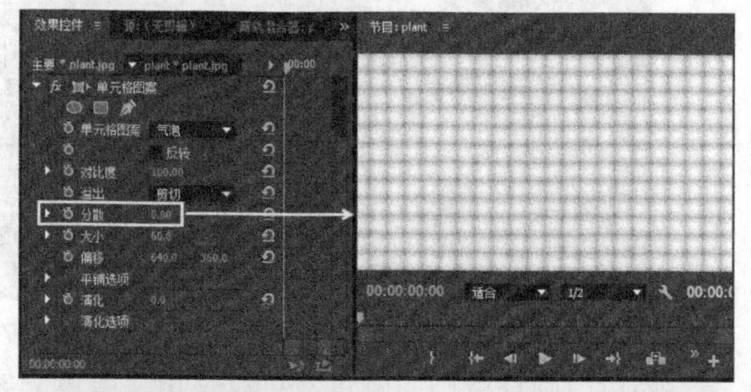

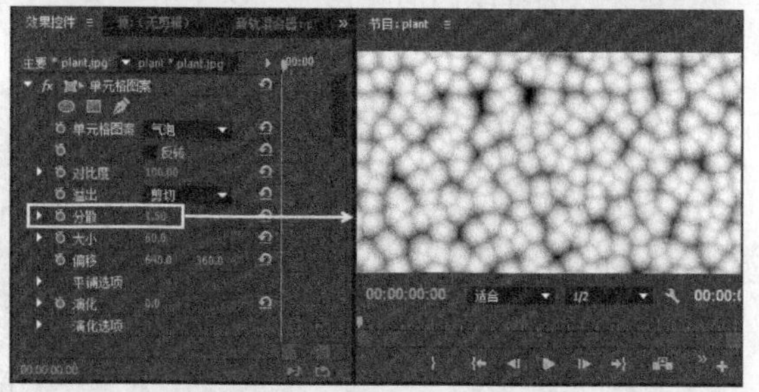

图9-165

大小：控制图案的大小，如图9-166所示。

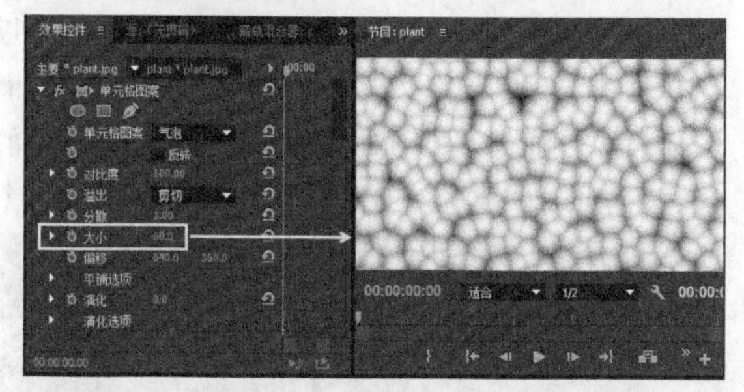

图9-166

偏移：控制图案的偏移，如图9-167所示。

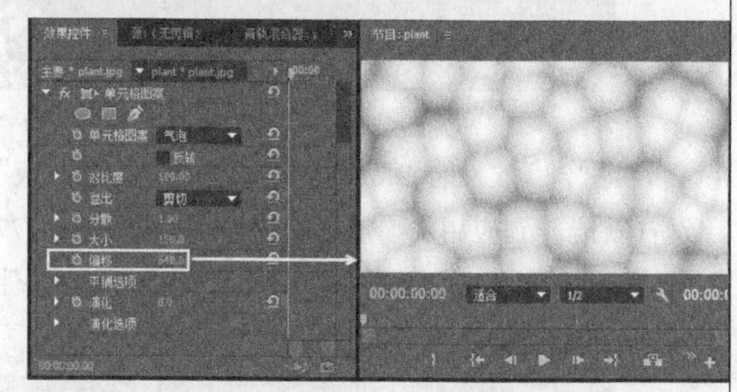

图9-167

演化：控制图案的分布。

3.吸管填充

该效果从应用了效果的素材中选择一种颜色，效果控件设置及在“节目”面板中的预览效果如图9-168所示。要更改样本颜色，可以调整“效果控件”面板中的“采样点”和“采样半径”属性。展开“平均像素颜色”下拉菜单，选择选取像素颜色的方法。增加“与原始图像混合”值，可以查看受影响素材的更多细节。

图9-168

4.四色渐变

该效果可以应用于纯黑视频来创建一个四色渐变，或者应用于图像来创建有趣的混合效果。以下是“四色渐变”效果的应用方法。

将“四色渐变”效果拖曳到要变色的视频素材上。如果想把渐变和视频素材混合在一起，那么可以展开“混合模式”下拉菜单，然后选择渐变与素材混合的模式。图9-169所示的是选择“叠加”模式后的效果。

图9-169

要移动渐变的位置，可以选择“效果控件”面板中的“四色渐变”滤镜名称。此时，“节目”面板中会出现4个图标，选择并拖曳图标可以调整对应颜色的范围，如图9-170所示。

图9-170

如果想降低渐变的不透明度，则减小“不透明度”控件的百分比值。如果要更改渐变的颜色及位置，可以设置“位置和颜色”卷展栏中的属性，如图9-171所示。“混合”和“抖动”可以控制更改渐变间混合和噪波的数量。

图9-171

5.圆形

如果对黑场视频或纯色蒙版应用该效果，那么可创建圆或者圆环。在应用“圆形”效果时，默认设置是在黑色背景中创建一个白色的圆形，如图9-172所示。

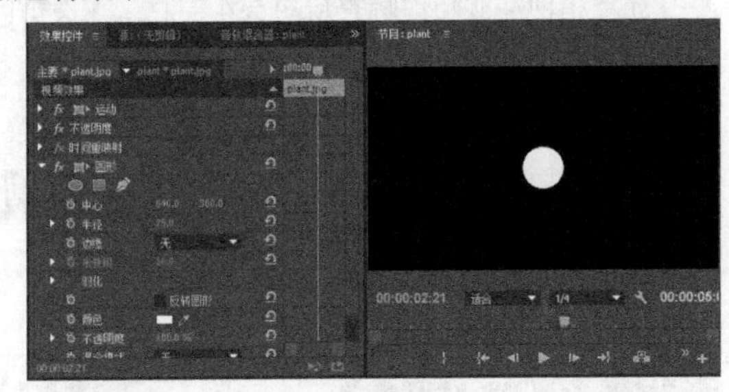

图9-172

要将圆转换成圆环，可以设置“边缘”为“边缘半径”，然后增加边缘半径值，如图9-173所示。可以将“边缘”设置为“厚度”或者“厚度*半径”，然后调整“厚度”属性来改变圆环的大小。

图9-173

要柔化圆环的外侧边及内侧边，可以将“边缘”设置为“厚度和羽化半径”，或者保持“边缘半径”不变，然后增加“羽化外侧边”及“羽化内侧边”属性，如图9-174所示。

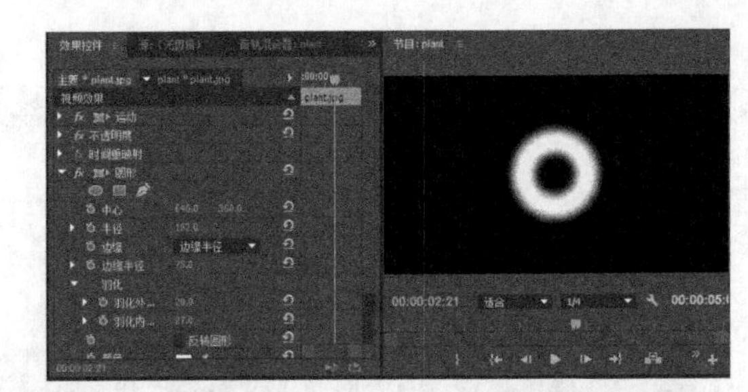

图9-174

要更改圆环或圆的颜色，可以使用“颜色”属性进行修改，如图9-175所示。

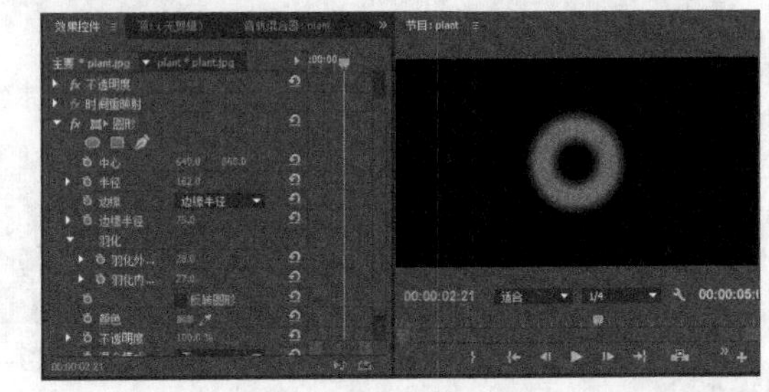

图9-175

使用“居中”属性可以移动圆或圆环，也可以选择“圆”滤镜名称并在“节目”面板中移动圆圈图标来移动圆，如图9-176所示。要增加圆或圆环的尺寸，则增加“半径”的值。

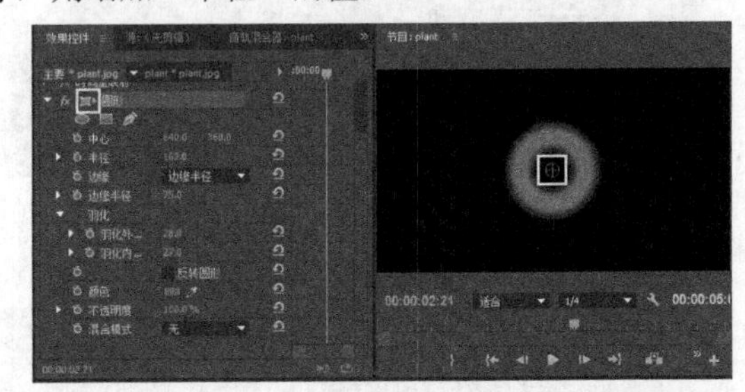

图9-176

将“圆”效果的“混合模式”设置为“颜色减淡”，这样就能看到应用了该效果的视频素材，如图9-177所示。要使圆环或圆更加透明，减小“不透明度”控件的值。如果要反转效果，可以选择“反相圆形”选项。

图9-177

要使素材文件看起来像是在唱片上一样，则将

“边缘”设置为“边缘半径”，然后将“混合模式”下拉菜单设置为“模板Alpha”，效果如图9-178所示。

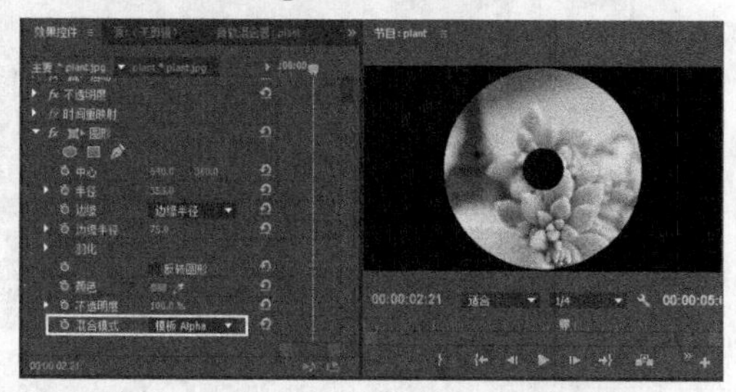

图9-178

使用“圆形”效果还可以混合两个视频素材，将混合模式下拉菜单设置成“模板Alpha”，从而将两个图像混合在一起，如图9-179所示。

图9-179

6.棋盘

将该效果应用到黑场视频或彩色蒙版，可以创建一个棋盘背景，或者作为蒙版使用。棋盘图案也可应用到图像中并与其混合在一起，从而创建出有趣的效果。该效果控件设置及“节目”面板中的“棋盘”效果预览，如图9-180和图9-181所示。

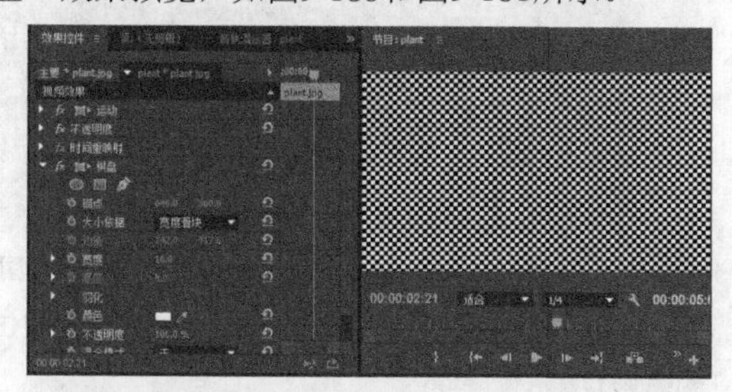

图9-180

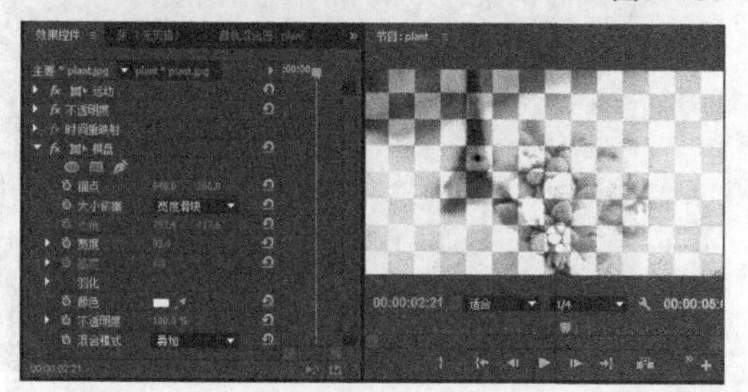

图9-181

常用参数介绍

锚点：控制棋盘格的偏移。

大小依据：设置棋盘格的分布模式，包括“边角点”“宽度滑块”和“宽度和高度滑块”3种，如图9-182所示。

边角点
宽度滑块
宽度和高度滑块

图9-182

宽度/高度：控制棋盘格在水平和垂直方向上的数量，如图9-183所示。

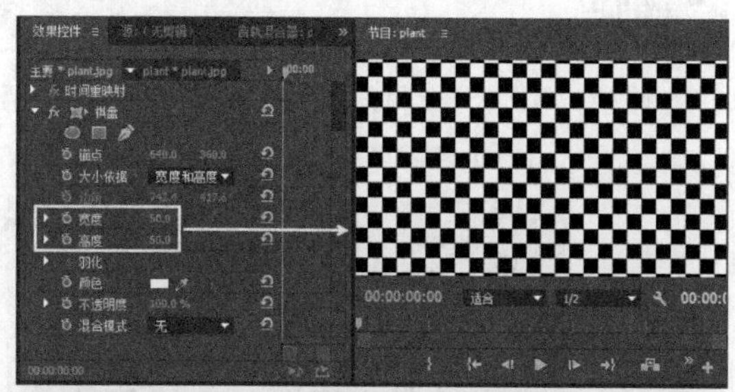

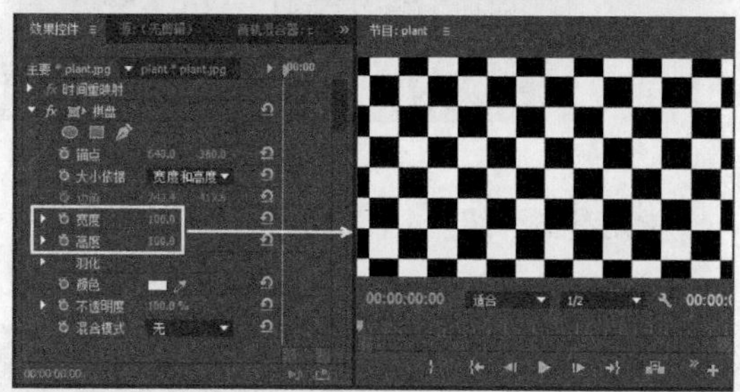

图9-183

羽化：控制棋盘格在水平和垂直方向上的模糊程度，如图9-184所示。

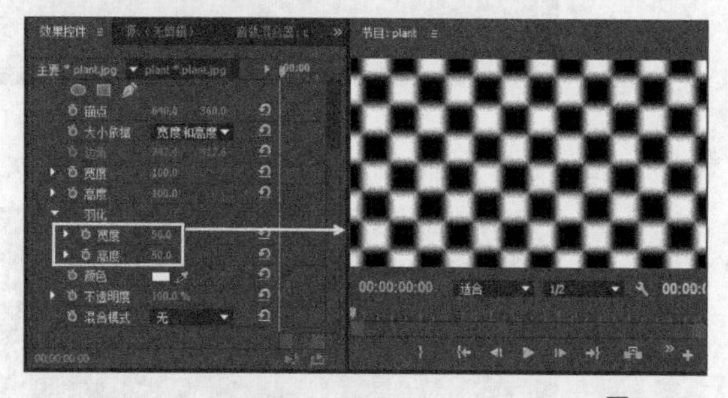

图9-184

颜色：控制棋盘格的背景色，如图9-185所示。

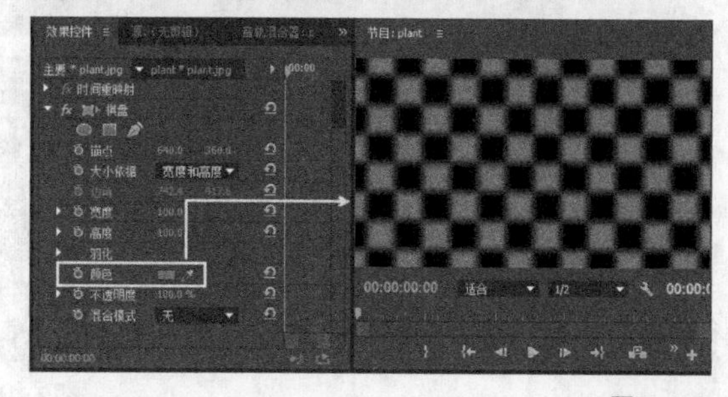

图9-185

不透明度：控制棋盘格的不透明度。

混合模式：设置棋盘效果与应用素材的混合模式。

要更改棋盘的颜色及不透明度，单击颜色样本图标，并在拾色器对话框中更改颜色，或者使用吸管工具单击视频素材中的某一颜色。要移动图案，可以使用“锚点”控件或者单击棋盘字样，然后在“节目”面板中移动圆圈图标。

7.椭圆

该效果可以为素材添加一个圆环效果，并且可以调整圆环的大小和颜色等属性，如图9-186所示。

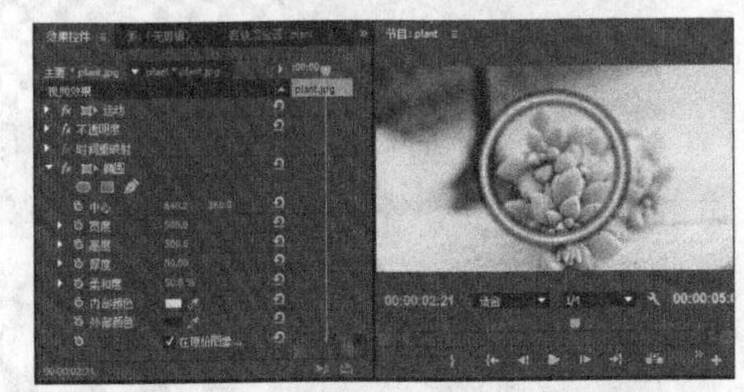

图9-186

常用参数介绍

中心：控制圆形的中心位置，如图9-187所示。

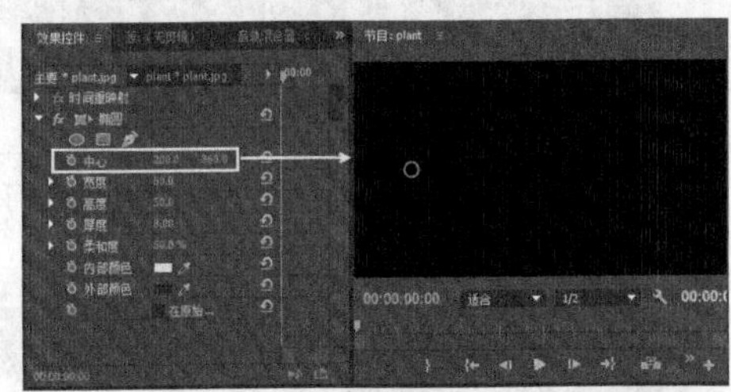

图9-187

宽度/高度：控制圆形的宽度和高度，如图9-188所示。

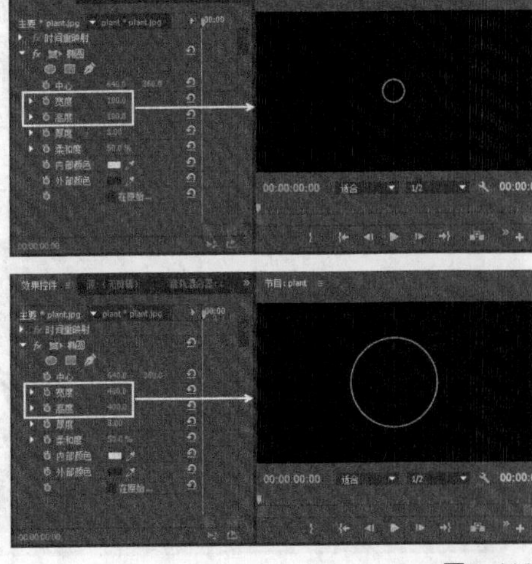

图9-188

厚度：控制圆形的厚度，如图9-189所示。

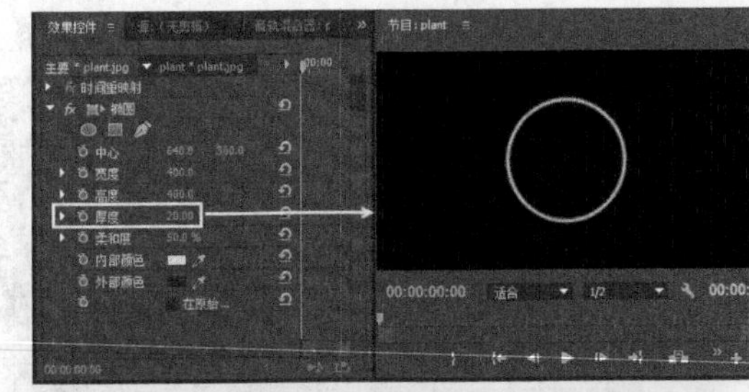

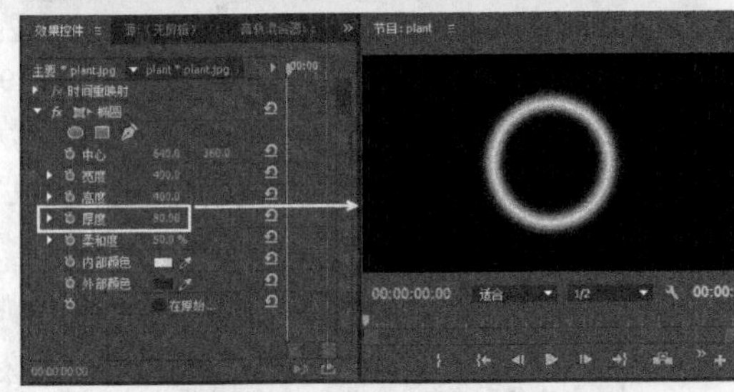

图9-189

柔和度：控制圆形边缘的羽化程度，如图9-190所示。

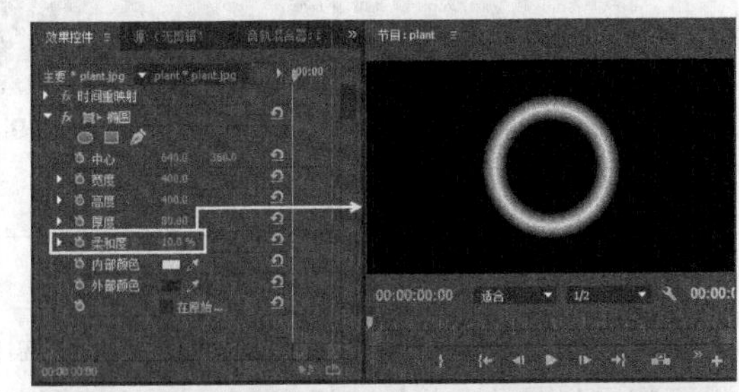

图9-190

内/外部颜色：控制圆形内部和外部的颜色，如图9-191所示。

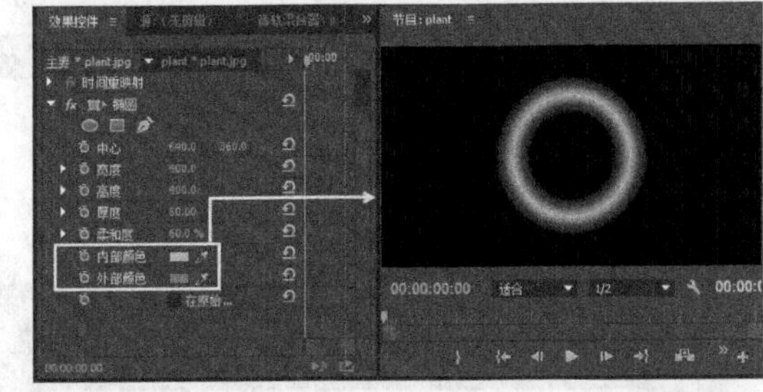

图9-191

8.油漆桶

使用该效果可以为图像着色或者对图像的某个区域应用纯色。图9-192所示的是“效果控件”面板中的油漆桶属性及在“节目”面板中对该效果的预览。为了将油漆桶颜色和素材混合在一起，可以将“混合模式”下拉菜单设置成“颜色”。要创建示例中的效果，可以选择“反转填充”选项来反转填充。

图9-192

常用参数介绍

填充点：指定颜色效果的区域。

填充选择器：控制填充的类型，包括“颜色和Alpha”“直接颜色”“透明度”“不透明度”和“Alpha通道”5种，如图9-193所示。

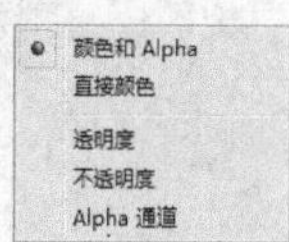

图9-193

容差：调整应用于图像的颜色数目，如图9-194所示。

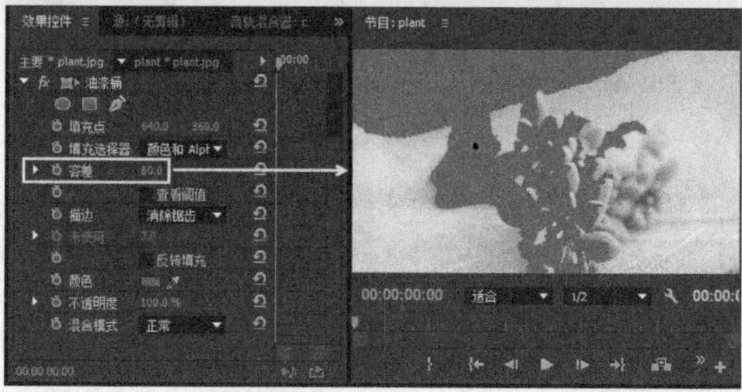

图9-194

查看阈值：该选项能够提供在黑白状态下的素材预览和填充颜色，用作润色和颜色校正的一种形式，如图9-195所示。对素材应用油漆桶颜色时，切换这个控制开或关，可以查看在黑白状态下的效果。

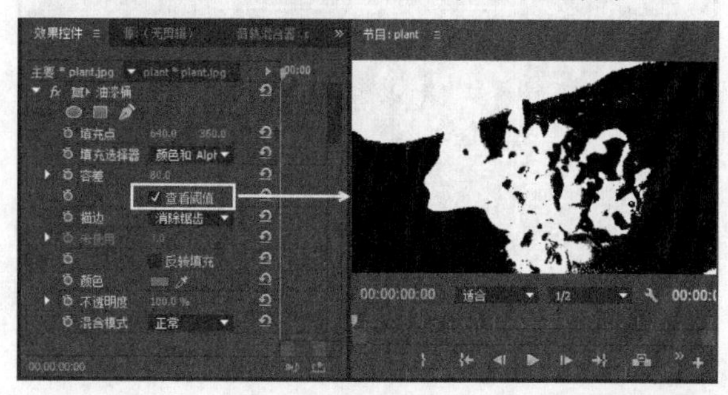

图9-195

描边：决定颜色边缘的工作方式，包括“消除锯齿”“羽化”“扩展”“阻塞”和“描边”5种，如图9-196所示。

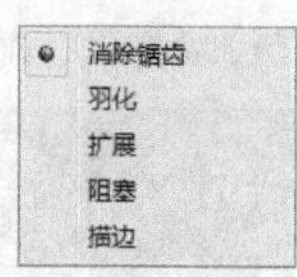

图9-196

颜色：该属性用于设置着色素材的颜色，如图9-197所示。

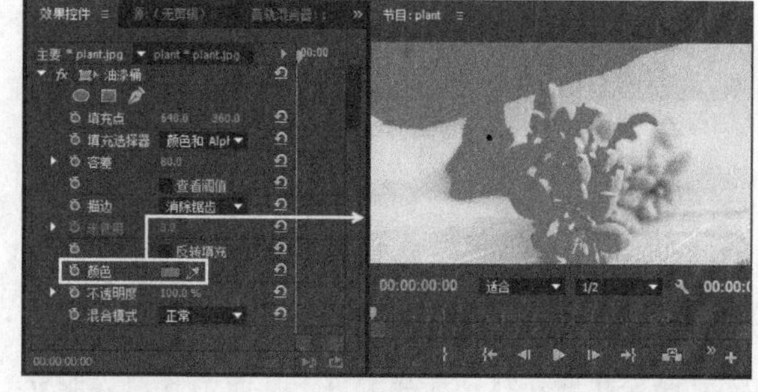

图9-197

不透明度：控制油漆桶颜色的不透明度。

9.渐变

该效果能够创建线性渐变或放射渐变。图9-198所示的是该效果设置及“节目”面板中的“渐变”效果预览。

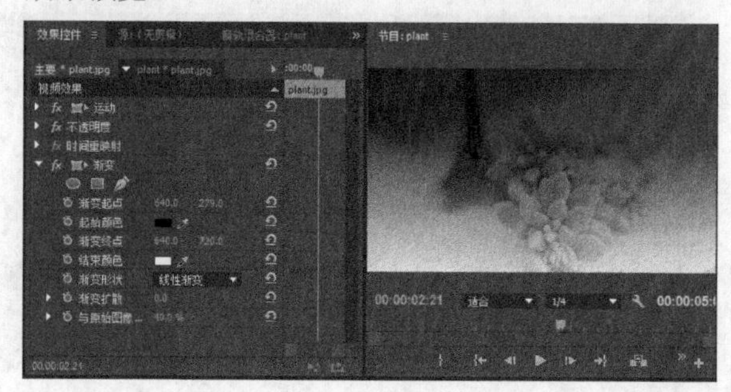

图9-198

常用参数介绍

渐变起点/终点：控制渐变的起点和终点，如图9-199所示。

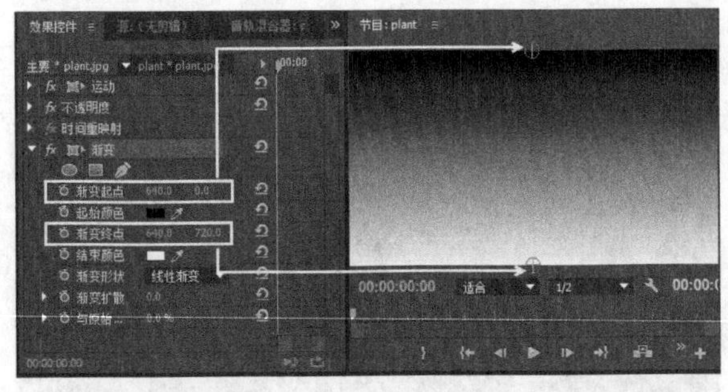

图9-199

起始/结束颜色：设置渐变的起始颜色和结束颜色，如图9-200所示。

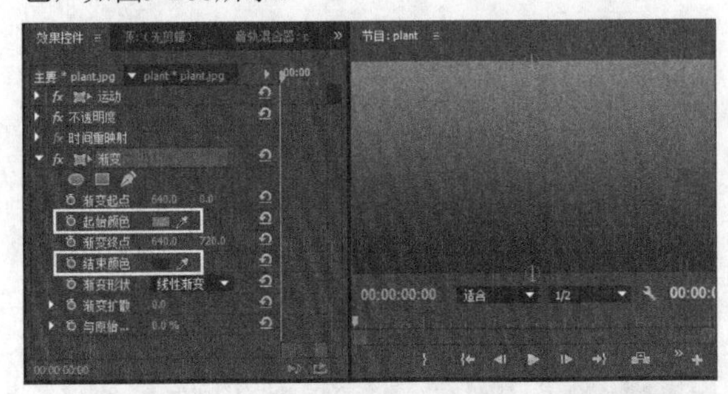

图9-200

渐变形状：控制渐变的形状，包括“线性渐变”和“径向渐变”两种，如图9-201所示。

线性渐变
径向渐变

图9-201

渐变扩散：抖动渐变颜色，从而消除对人眼明显的色带。

10.网格

该效果创建的栅格可以用作蒙版，也可以通过混合模式选项来进行叠加。图9-202所示的是设置“混合模式”为“叠加”的“网格”效果的结果。

图9-202

常用参数介绍

锚点：控制网格图案的原点。

大小依据：控制网格的宽和高，包括“边角点”“宽度滑块”和“宽度和高度滑块”3个选项，如图9-203所示。

边角点
宽度滑块
宽度和高度滑块

图9-203

边角：控制每个矩形的尺寸，如图9-204所示。

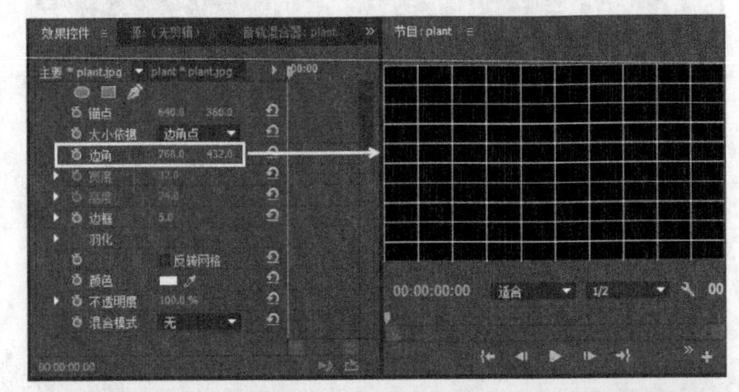

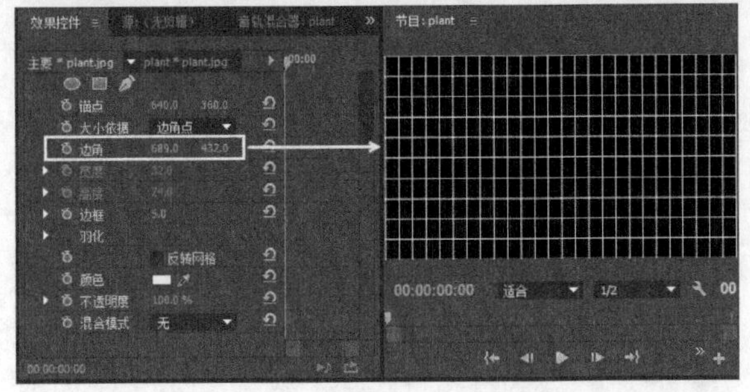

图9-204

边框：控制栅格线的厚度，如图9-205所示。

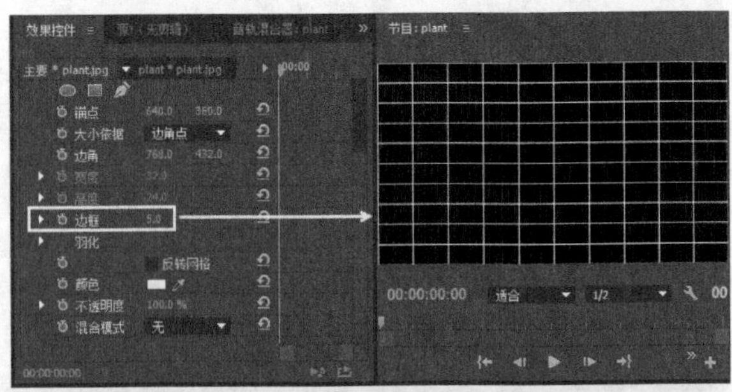

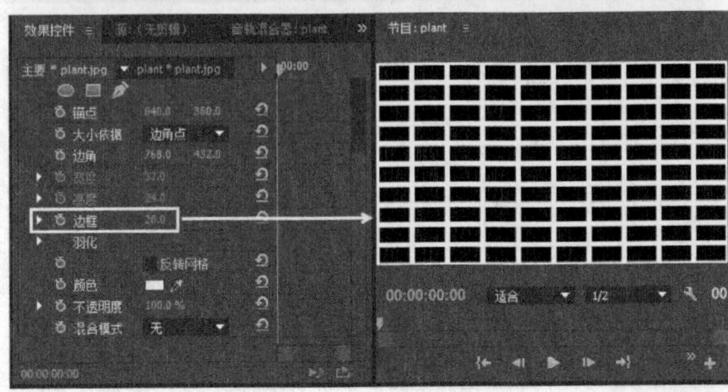

图9-205

羽化：柔化线的边界，如图9-206所示。

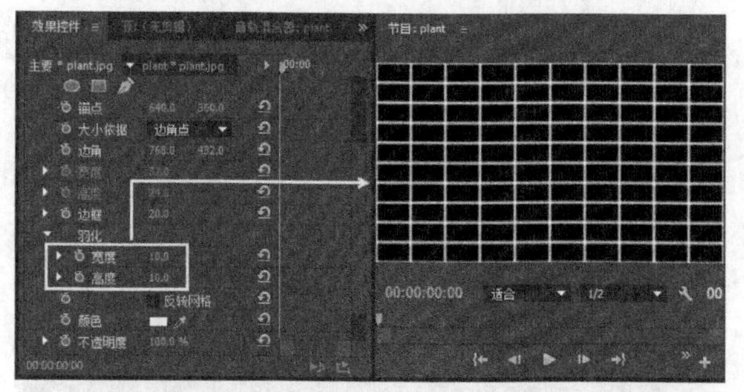

图9-206

反转网格：反转网格的效果，如图9-207所示。

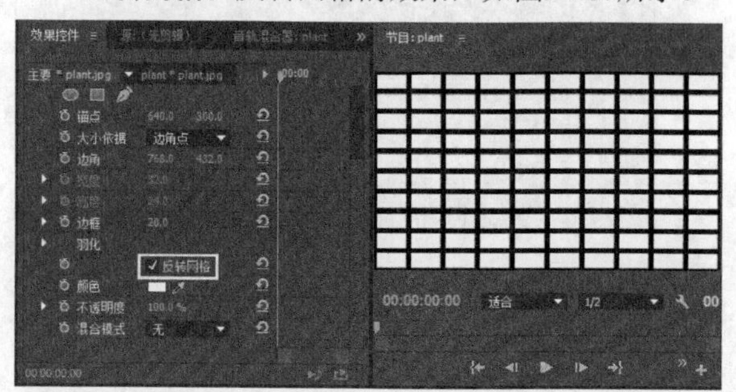

图9-207

颜色：控制网格线的颜色，如图9-208所示。

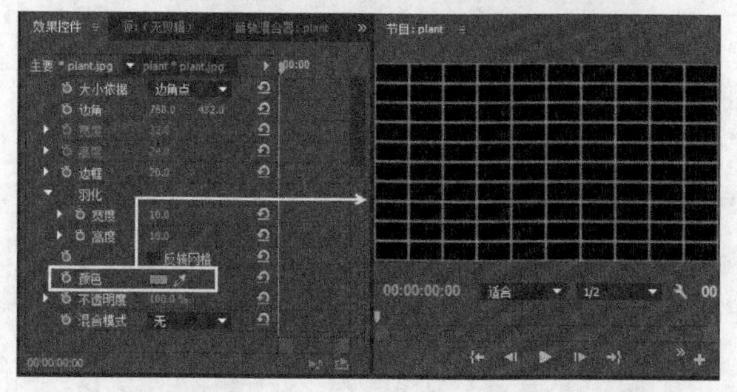

图9-208

11.镜头光晕

该效果会在图像中创建镜头光晕的效果，效果如图9-209所示。

图9-209

常用参数介绍

光晕中心：该属性控制光晕的中心位置，如图9-210所示。

图9-210

光晕亮度：控制亮度的百分比，如图9-211所示。

图9-211

镜头类型：控制模拟的镜头类型，包括“50-300毫米变焦”“35毫米定焦”和“105毫米定焦”3种，如图9-212所示。

50-300 毫米变焦
35 毫米定焦
105 毫米定焦

图9-212

12.闪电

该效果可以为素材添加闪电效果。使用“起始点”和“结束点”控件，为闪电选择起始点和结束点。向右移动“分段数”滑块，会增加闪电包括的分段数目，而向左移动滑块则会减少分段数目。同样，向右移动其他“闪电”效果滑块会增强效果，而向左移动滑块则会减弱效果。

用户可以通过调整“线段”“波幅”“分支”“速度”“稳定性”“核心宽度”“拉力”和“混合模式”选项来设计闪电风格。图9-213所示的是使用“闪电”效果创建的闪电。

图9-213

常用参数介绍

起始/结束点：控制闪电的开始和结束位置，如图9-214所示。

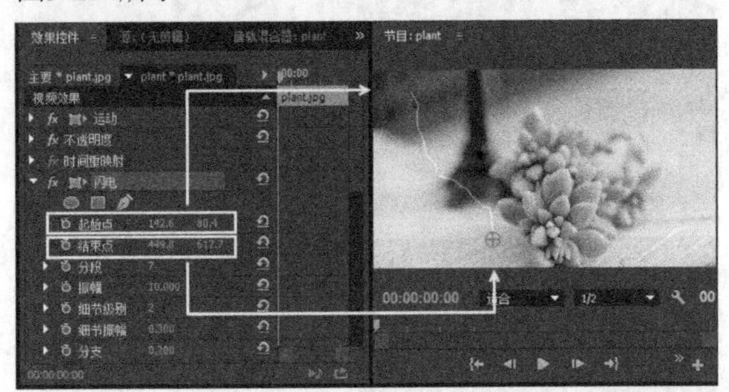

图9-214

分段：形成主要闪电的分段数，如图9-215所示。

图9-215

振幅：控制闪电的波动大小，如图9-216所示。

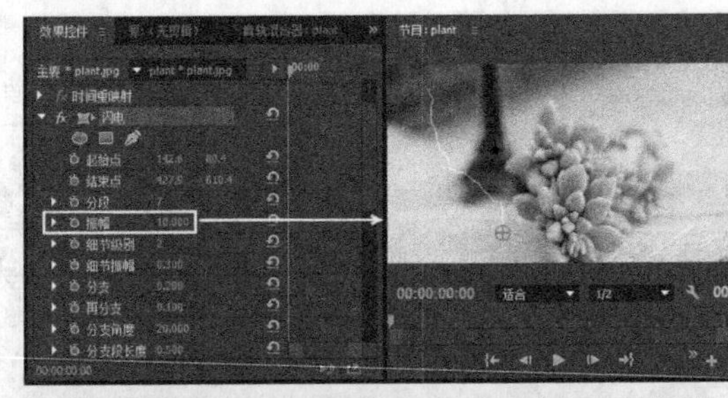

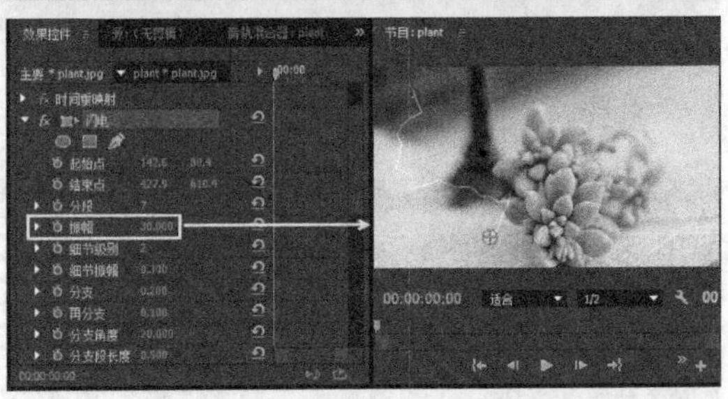

图9-216

细节级别：控制闪电和分支的细节，如图9-217所示。

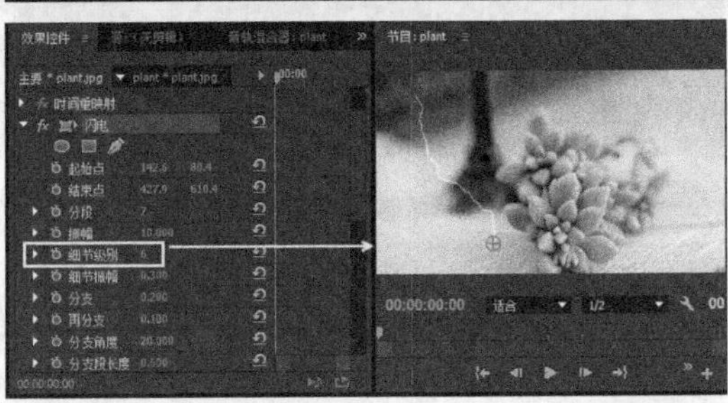

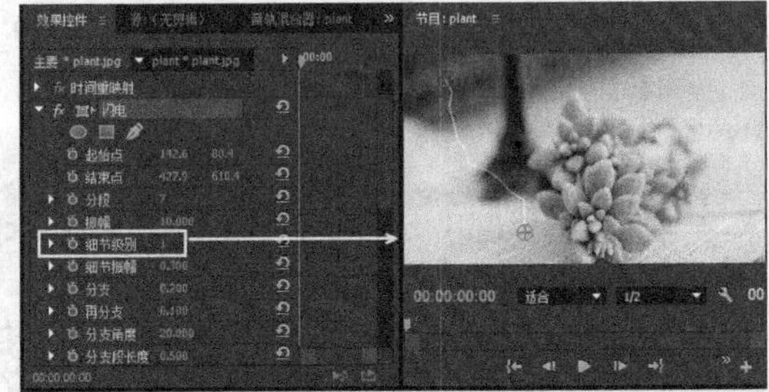

图9-217

细节振幅：控制闪电和分支的振幅，如图9-218所示。

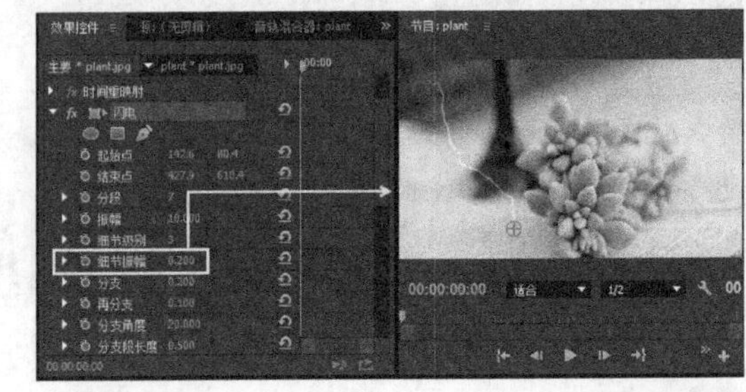

图9-218

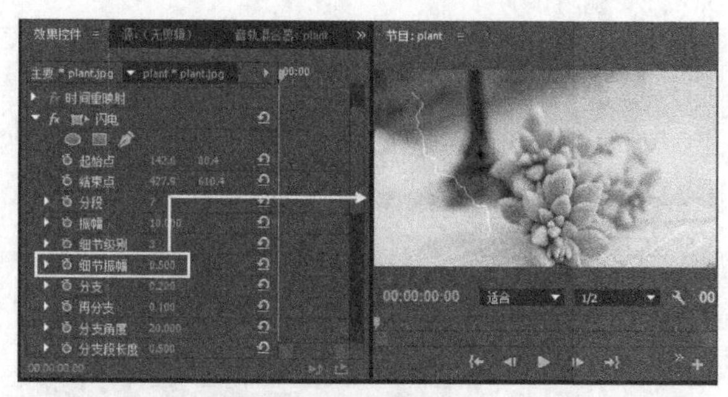

图9-218（续）

分支：控制闪电分段的结尾出现的分支（分叉）量。

再分支：从分支再分支的量。

分支角度：分支和主要闪电之间的角度。

分支段长度：每条分支段的长度，作为闪电平均分段长度的组成部分。

分支段：每条分支的最大分段数。

分支宽度：每条分支的平均宽度，作为闪电宽度的组成部分。

速度：闪电波动速度。

稳定性：闪电位于由起始点和结束点确定的线之后的接近程度。

固定端点：确定闪电的结束点是否保持在固定位置。

宽度/宽度变化：主要闪电的宽度以及不同分段的宽度的可变程度。

核心宽度：内发光的宽度，由“内部颜色”值指定。

外部/内部颜色：该属性用于设置闪电外发光和内发光的颜色。

拉力/拖拉方向：拉动闪电的力量的强度和方向。

在每一帧处重新运行：在每一帧处重新生成闪电。

课堂案例

制作生长效果

素材文件　素材文件>第9章>课堂案例：制作生长效果

学习目标　应用“书写”滤镜并设置生长效果的方法

本例主要介绍应用“书写”效果并设置生长效果的操作，案例效果如图9-219所示。

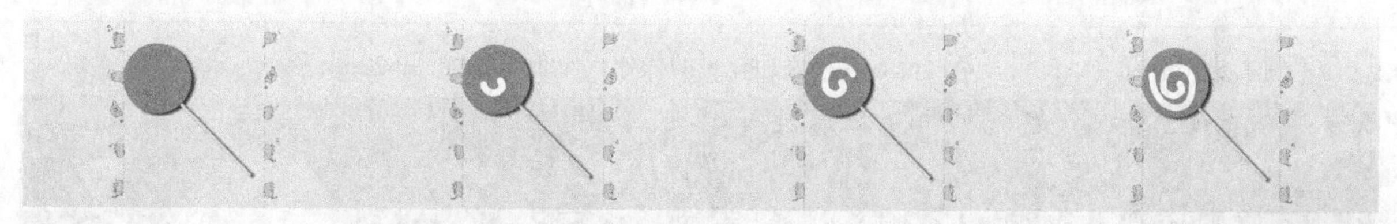

图9-219

01 新建一个项目，然后导入学习资源中的“素材文件>第9章>课堂案例：制作生长效果>sweety.jpg”文件，接着将sweety.jpg素材拖曳至视频1轨道上，如图9-220所示。

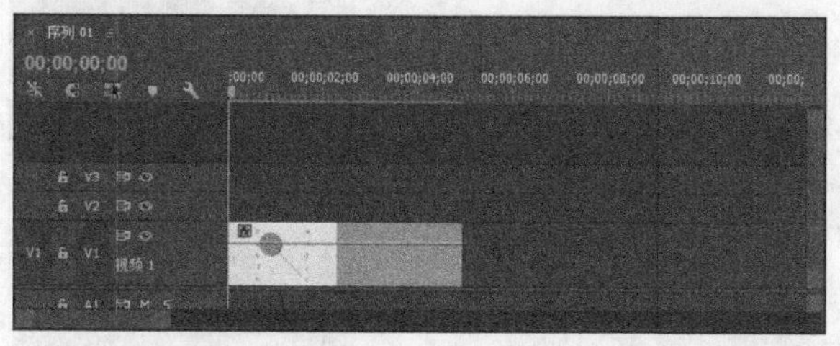

图9-220

02 在“效果”面板中选择“视频效果>生成>书写”滤镜，如图9-221所示，然后将其拖曳给sweety.jpg 素材。

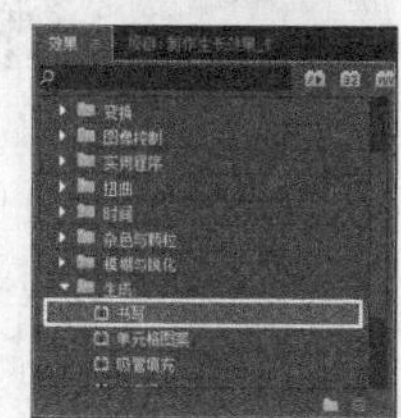

图9-221

03 在“效果控件”面板中设置“书写”滤镜的“画笔大小”为15，如图9-222所示。

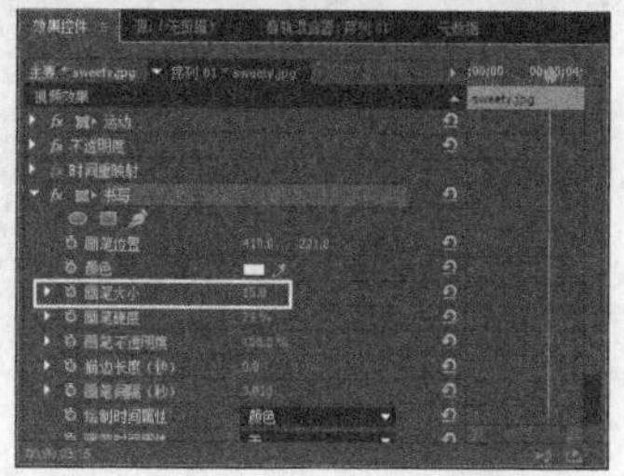

图9-222

04 从第0帧开始为“画笔位置”属性设置关键帧，使棒棒糖上逐渐出现螺旋形线条，如图9-223所示。

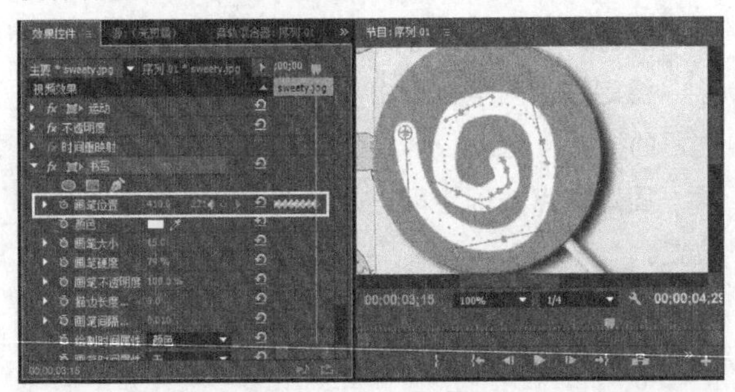

图9-223

05 在第0帧处设置“画笔不透明度”为0%并激活关键帧；在第10帧处设置“画笔不透明度”为100%，如图9-224所示。

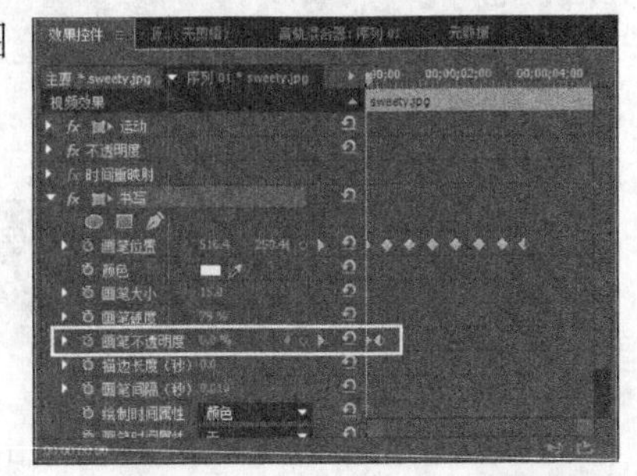

图9-224

06 播放视频，预览素材应用效果后的效果，如图9-225所示。

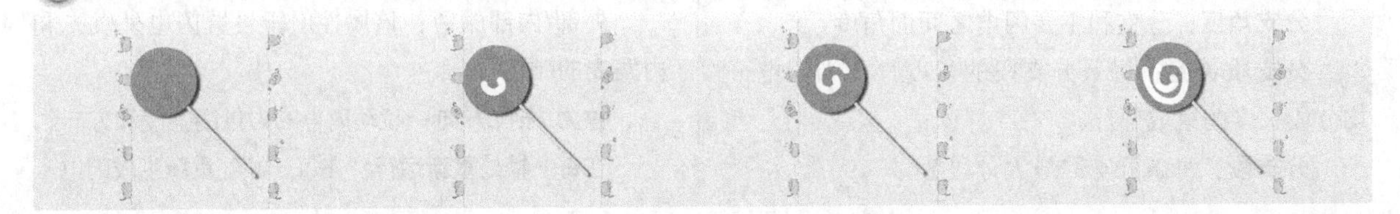

图9-225

课堂案例

添加光晕

素材文件　素材文件>第9章>课堂案例：添加光晕

学习目标　添加光晕效果的方法

本例主要介绍应用“镜头光晕”视频效果添加光晕的操作，案例效果如图9-226所示。

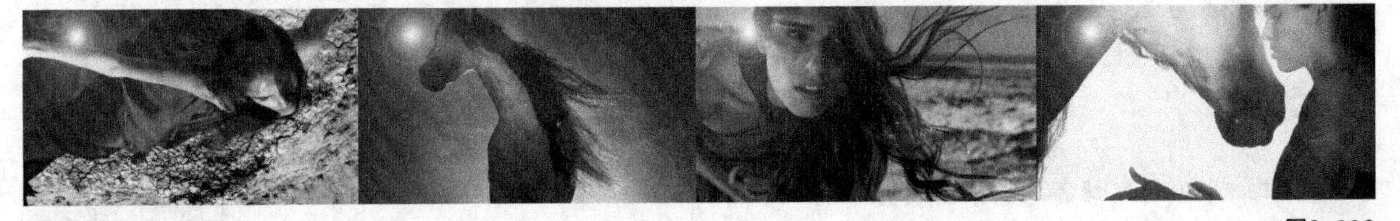

图9-226

01 新建一个项目，然后导入学习资源中的“素材文件>第9章>课堂案例：添加光晕>Horses_70.mp4”文件，接着将Horses_70.mp4素材拖曳至视频1轨道上，如图9-227所示。

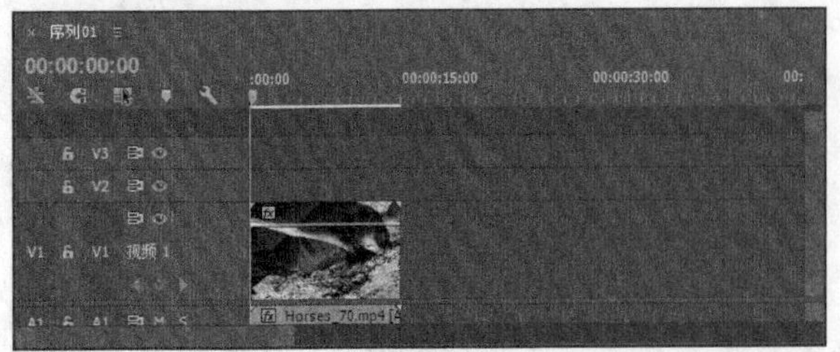

图9-227

02 在“效果”面板中选择“视频效果>生成>镜头光晕”滤镜，如图9-228所示，然后将其拖曳给Horses_70.mp4素材。

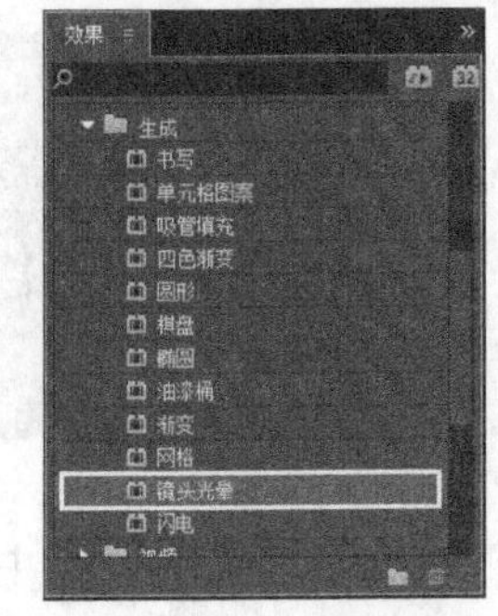

图9-228

03 在“效果控件”面板中单击图标，此时在“节目”面板中会出现操作器，拖曳操作器到画面的左上角，这样可以调整光晕的位置，如图9-229所示。

图9-229

04 播放视频，预览素材应用效果后的效果，如图9-230所示。

图9-230

9.4.9 视频

“视频”效果卷展栏中的效果，能够模拟视频信号的电子变动。如果要将节目输出到录像带中，那么只需应用这些效果。“视频”文件夹中有“剪辑名称”和“时间码”效果，如图9-231所示。

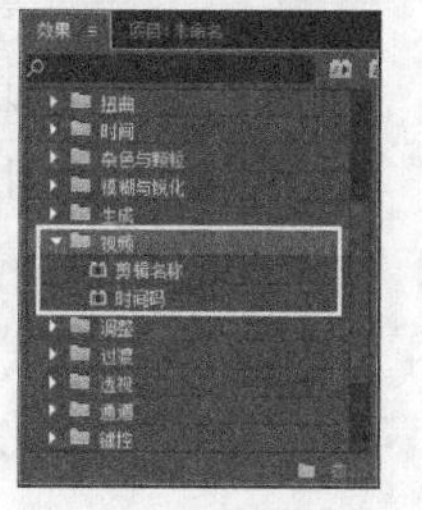
图9-231

1.剪辑名称

该效果在视频上叠加剪辑名称显示，可简化场景的精确定位以及与团队成员及客户之间的合作。图9-232所示的是“剪辑名称”的属性和效果。

图9-232

常用参数介绍

位置：调整剪辑名称的水平和垂直位置，如图9-233所示。

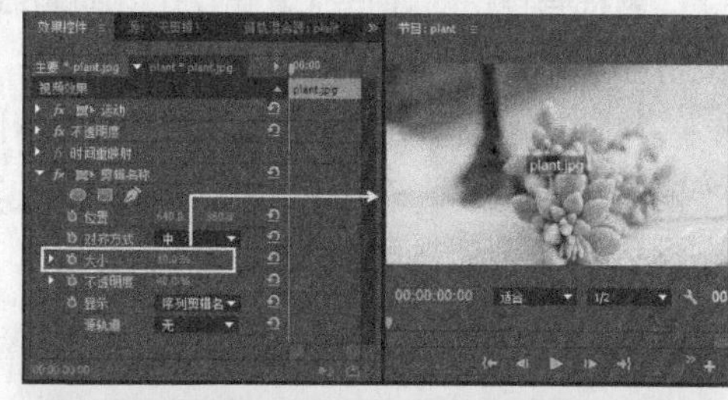
图9-233

对齐方式：调整剪辑名称的对齐方式，如图9-234所示。

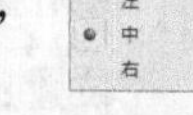

图9-234

大小：指定文字大小，如图9-235所示。

图9-235

显示：指定是显示序列剪辑名称，还是显示项目剪辑名称或剪辑文件名，如图9-236所示。

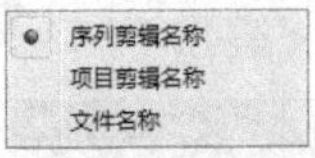

图9-236

2.时间码

该效果用于将时间码“录制”到影片中，以便在“节目”面板上显示，如图9-237所示。可以通过“时间码”效果，将时间码以透明视频方式放置在影片之上的轨道，这样就可以在不影响实际节目影片的情况下查看时间码。如果要创建透明视频，可以选择“文件>新建>透明视频”命令，然后将透明视频从“项目”面板拖曳到“时间轴”面板影片上方的轨道中，接着将“时间码”效果拖曳到透明视频上应用“时间码”效果。

图9-237

常用参数介绍

位置：调整剪辑名称的水平和垂直位置。

大小：指定文本的大小。

场符号：使隔行扫描场符号在时间码右侧可见或不可见。

格式：指定时间码的格式，包括SMPTE、“帧”“英尺数+帧数（16毫米）”和“英尺数+帧数（35毫米）”4种，如图9-238所示。

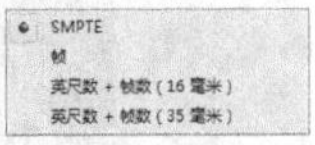

图9-238

时间码源：设置时间码源，包括“剪辑”“媒体”和“生成”3种，如图9-239所示。

图9-239

时间显示：设置时间码效果使用的时间基准，包括24、25、“30丢帧”“30无丢帧”、50、“60丢帧”和“60 无丢帧”7种，如图9-240所示。

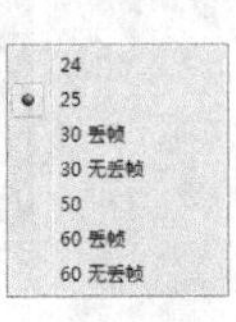

图9-240

位移：在显示的时间码中加上或减去帧。

标签文本：在时间码左侧显示包含三个字符的标签。

9.4.10 调整

“调整”效果可以调整选择素材的颜色属性，如图像的亮度和对比度（请参阅第15章获取更多关于调整彩色素材的内容）。如果对Adobe Photoshop很熟悉，那么会发现一些Premiere Pro视频效果（如照明效果、自动对比度、自动色阶、自动颜色、色阶和阴影/高光）与Photoshop中的滤镜很相似。图9-241所示为“调整”文件夹中的效果，在第15章中将详细介绍这些效果的作用。

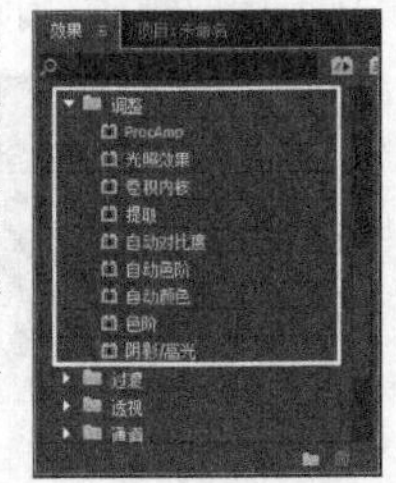

图9-241

9.4.11 过渡

“过渡”效果卷展栏中的效果与“效果”面板中“视频过渡”文件夹中的效果类似。它包含“块溶解”“径向擦除”“渐变擦除”“百叶窗”和“线性擦除”效果，如图9-242所示。

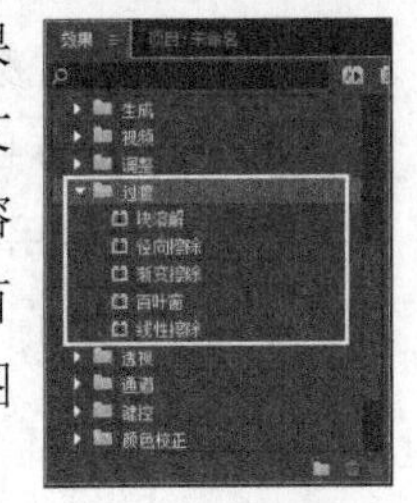

图9-242

1.块溶解

使用该效果可以使素材消失在随机像素块中，如图9-243所示。

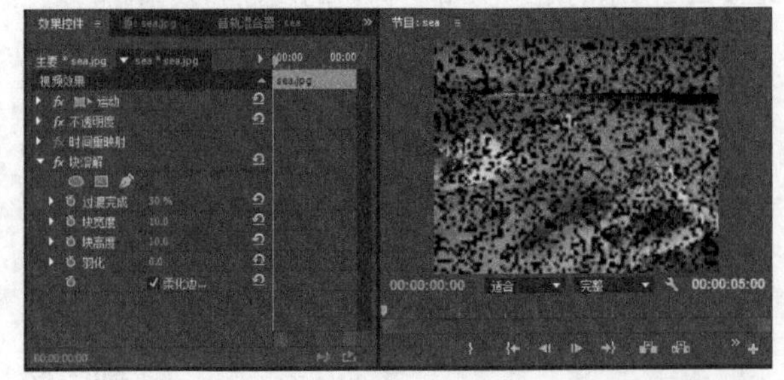

图9-243

常用参数介绍

过渡完成：用于设置像素块的数量，如图9-244所示。

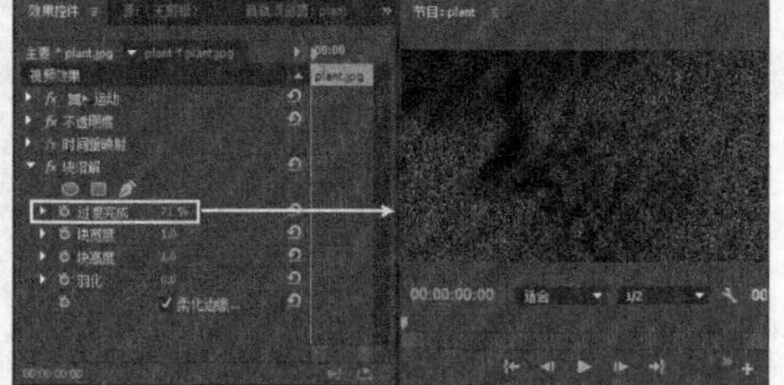

图9-244

块宽度/块高度：用于设置像素块的大小，如图9-245所示。

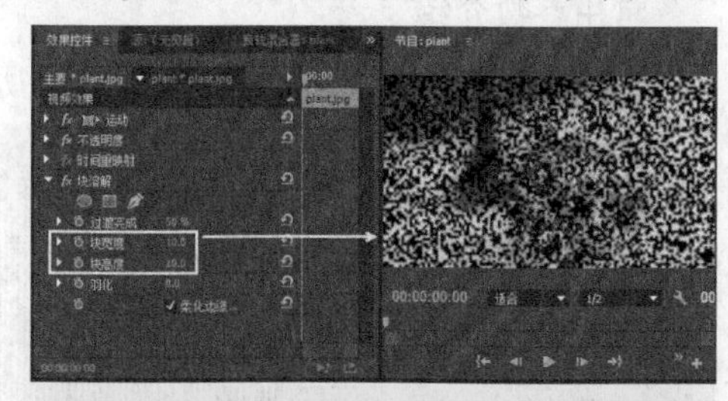

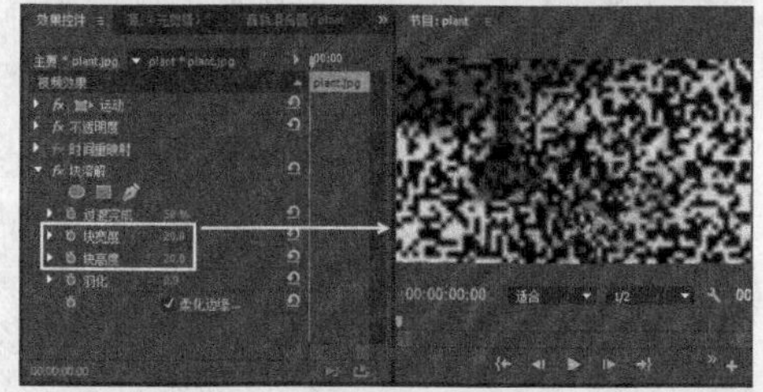

图9-245

羽化：用于设置像素块的边缘柔化程度。

2.径向擦除

使用该效果，可以使用圆形板擦擦除素材，从而显示其下面的素材。“径向擦除”属性设置及应用后的效果如图9-246所示。

图9-246

常用参数介绍

过渡完成：控制过渡的进程。

起始角度：控制擦除的角度，如图9-247所示。

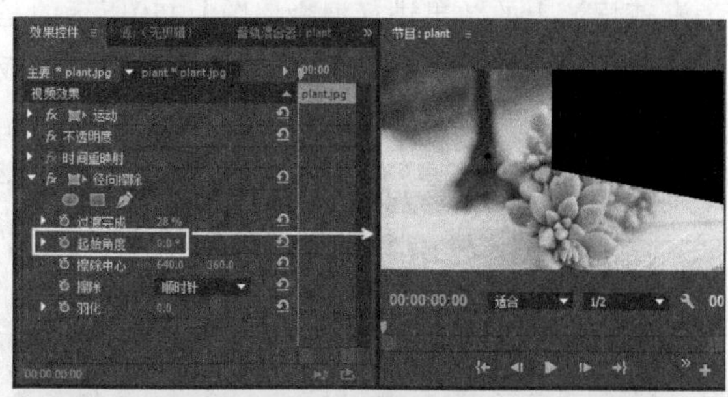

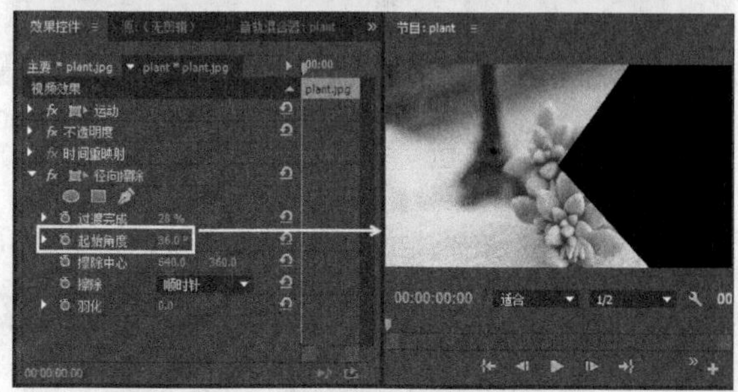

图9-247

擦除中心：该属性控制擦除的中心位置，如图9-248所示。

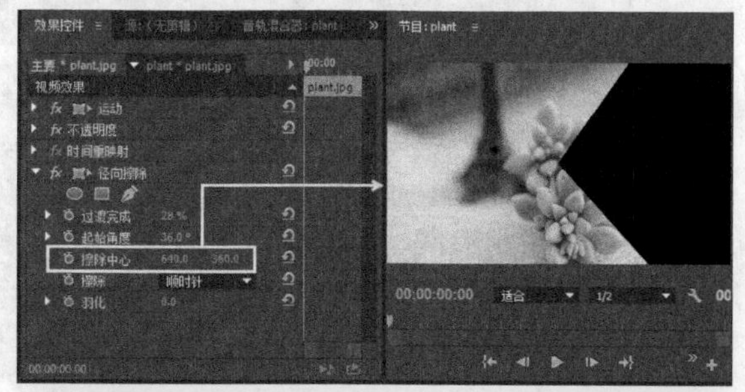

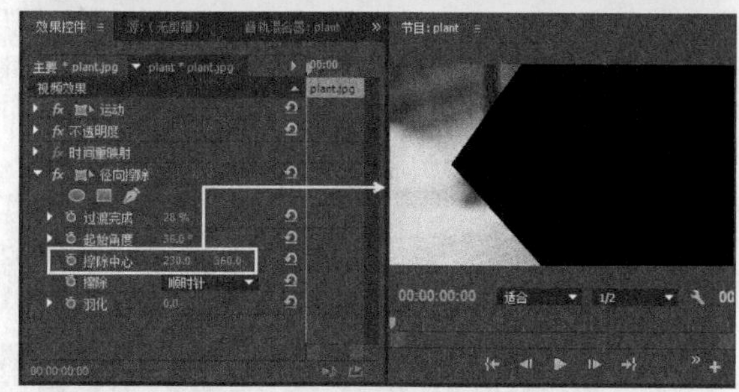

图9-248

擦除：可以选择想要擦除的方向，包括“顺时针”“逆时针”和“两者兼有”3种，如图9-249所示。

顺时针
逆时针
两者兼有

图9-249

羽化：可以使两个素材间的混合更流畅。

3.渐变擦除

该效果能够基于亮度值将素材与另一素材（称为渐变层）上的效果进行混合。图9-250所示的是“效果控件”面板上的属性设置及在“节目”面板中的预览效果。

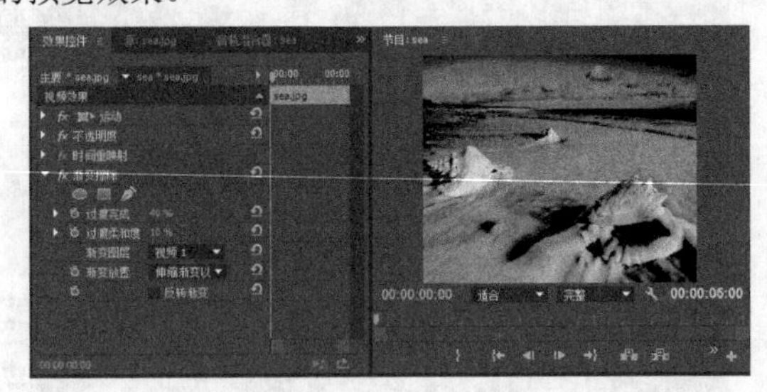

图9-250

常用参数介绍

渐变图层：该属性控制受影响的图层，如图9-251所示。

图9-251

渐变放置：控制渐变图层像素映射到应用剪辑像素的方式，包括“平铺渐变”“中心渐变”和“伸缩渐变以适合”3种，如图9-252所示。

平铺渐变
中心渐变
伸缩渐变以适合

图9-252

反转渐变：反转过渡的效果，如图9-253所示。

图9-253

4.百叶窗

使用该效果可以擦除应用该效果的素材，并以条纹形式显示其下方的素材。图9-254所示的是“效果控件”面板中的“百叶窗”属性以及“节目”面板中对该效果的预览。

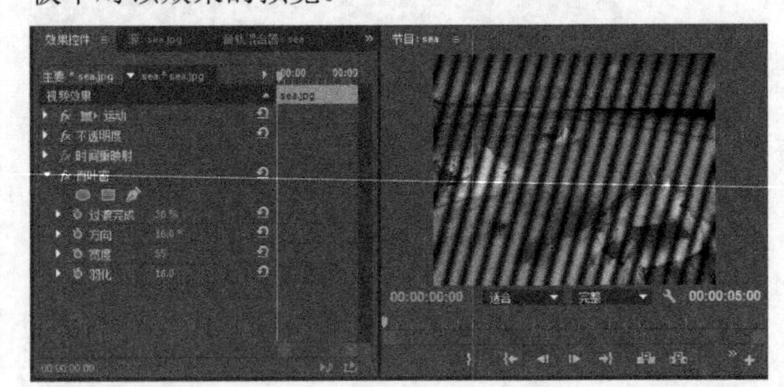

图9-254

常用参数介绍

方向：控制百叶窗的角度，如图9-255所示。

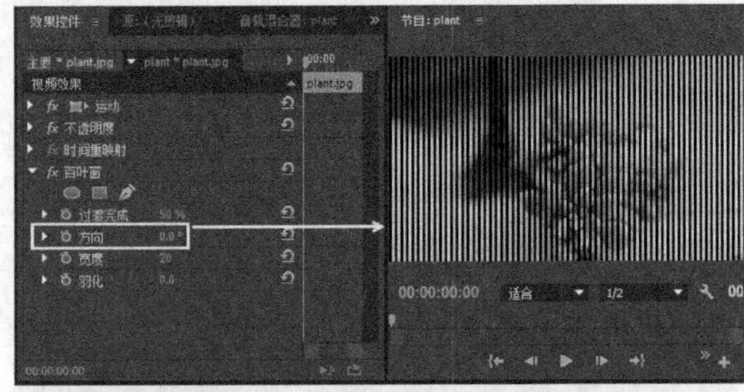

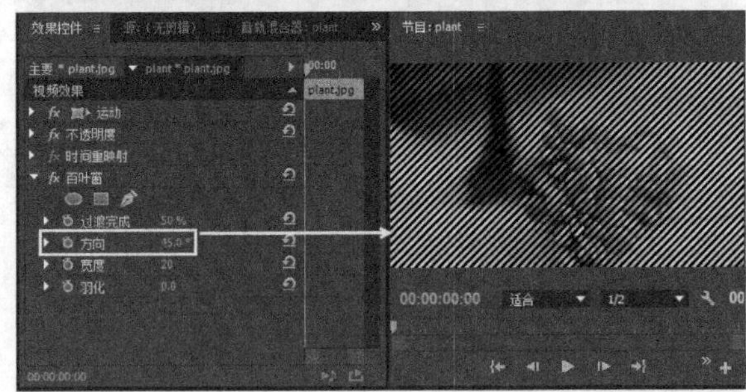

图9-255

宽度：控制百叶窗的数量和宽度，如图9-256所示。

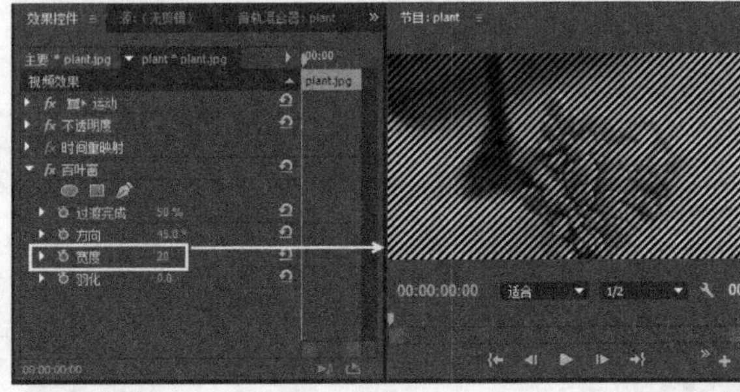

图9-256

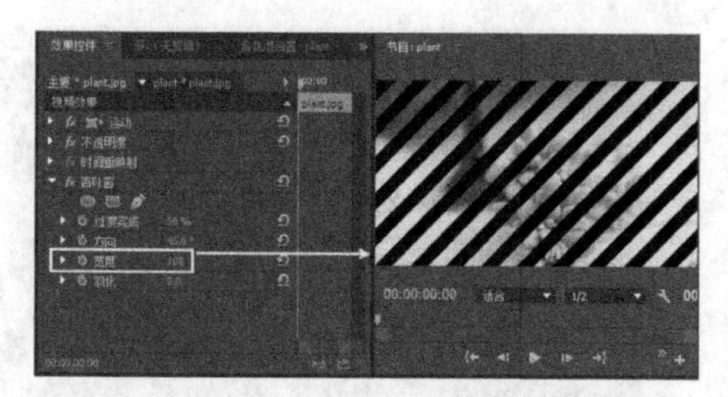

图9-256（续）

5.线性擦除

该效果能够擦除使用该效果的素材，以便看见其下方的素材。图9-257所示的是“效果控件”面板中的“线性擦除”属性及“节目”面板中对该效果的预览。

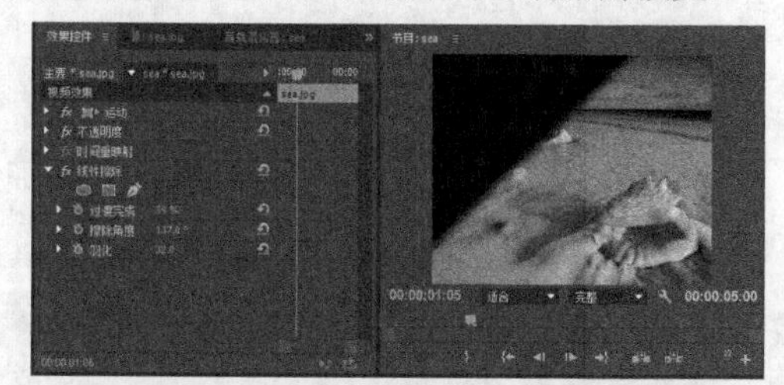

图9-257

9.4.12 透视

使用“透视”效果卷展栏中的效果，可以将深度添加到图像中，创建阴影并把图像截成斜角边。该卷展栏中包括“基本3D”“放射阴影”“投影”“斜角边”和“斜面Alpha”，如图9-258所示。

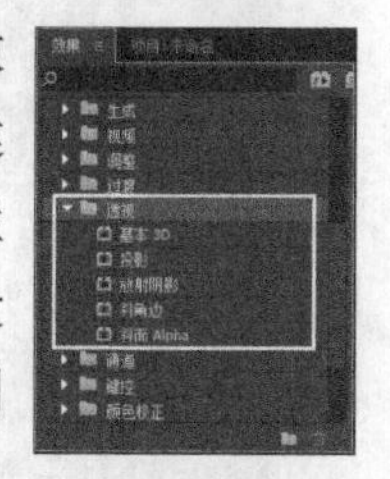

图9-258

1.基本3D

该效果能够创建好看的旋转和倾斜效果。“基本3D”控件设置及在“节目”面板中预览到的效果如图9-259所示。

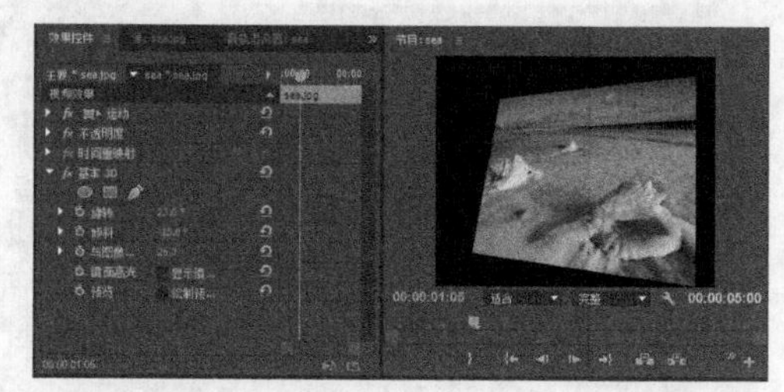

图9-259

常用参数介绍

旋转：控制旋转的角度，如图9-260所示。

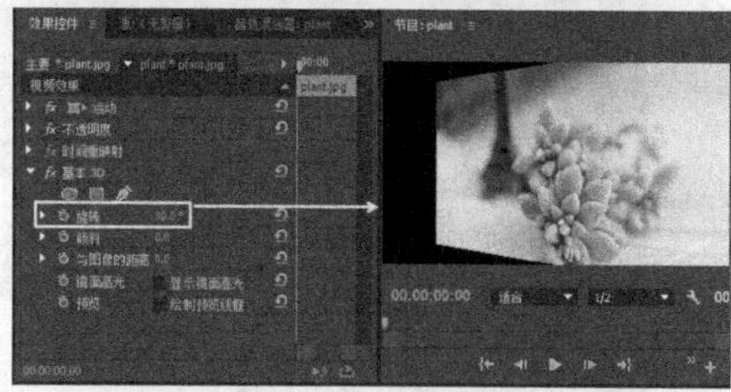

图9-260

倾斜：控制素材的坡度，如图9-261所示。

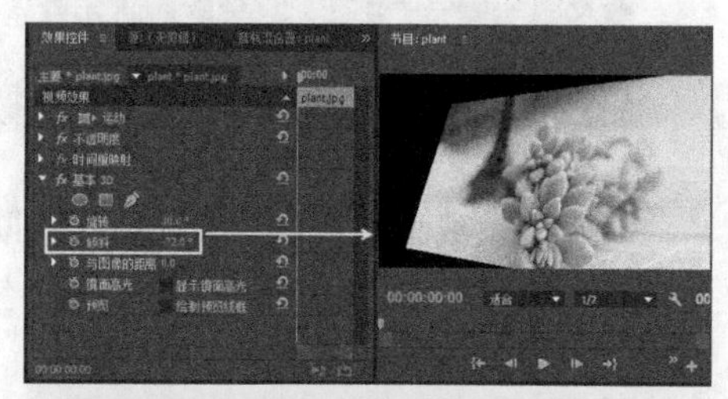

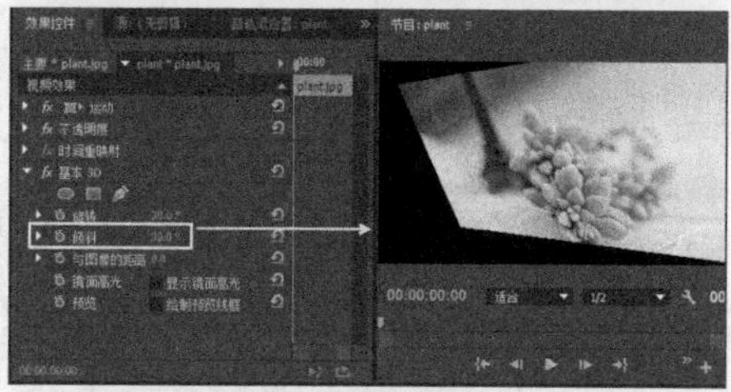

图9-261

与图像的距离：缩小或放大图像，以达到改变距离的效果，如图9-262所示。

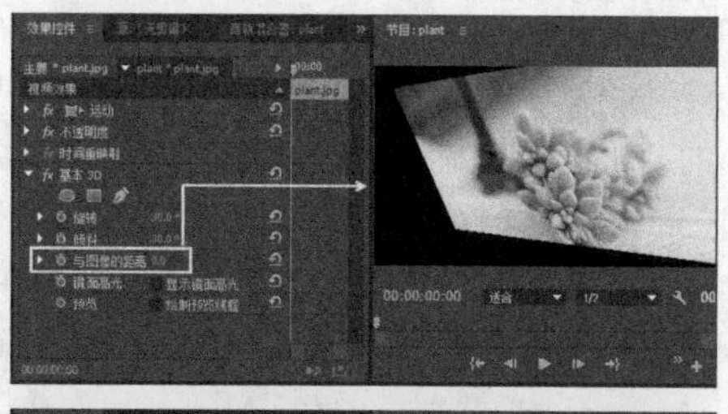

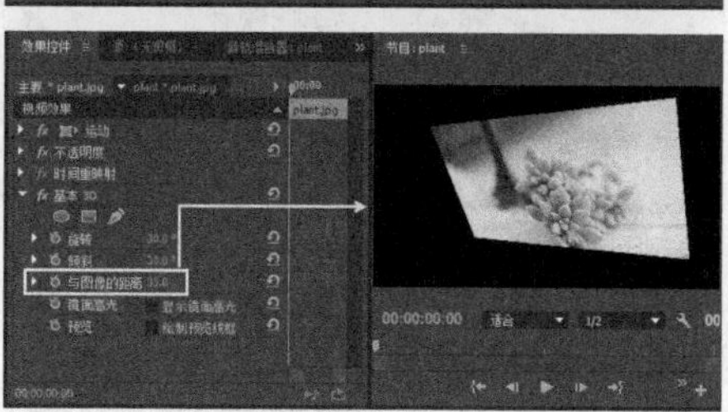

图9-262

显示镜面高光：可以为图像添加反光效果，如图9-263所示。

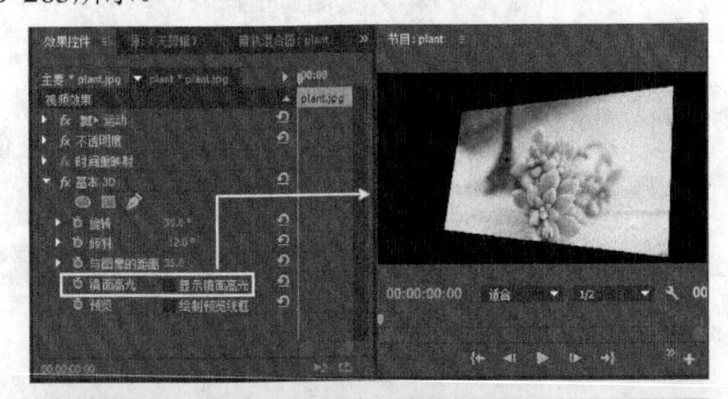

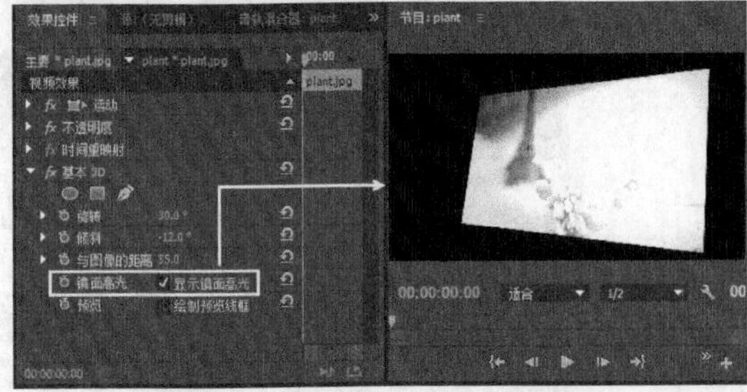

图9-263

绘制预览线框：可以查看效果的模拟线框，这样不用Premiere Pro进行渲染就可以方便有效地预览效果了，如图9-264所示。

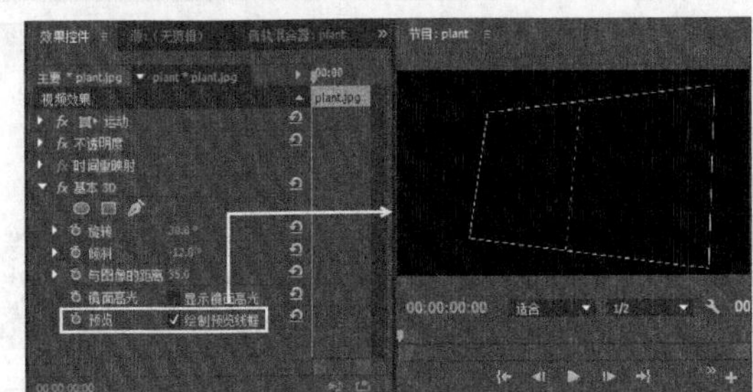

图9-264

2.投影

该效果能够将阴影添加到素材中，其中使用素材的Alpha通道来确定图像边缘，效果如图9-265所示。

图9-265

常用参数介绍

阴影颜色：控制阴影的颜色，如图9-266所示。

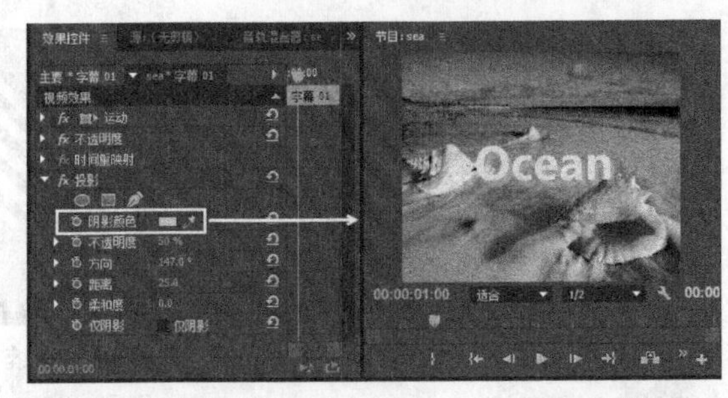

图9-266

不透明度：控制阴影的不透明度，如图9-267所示。

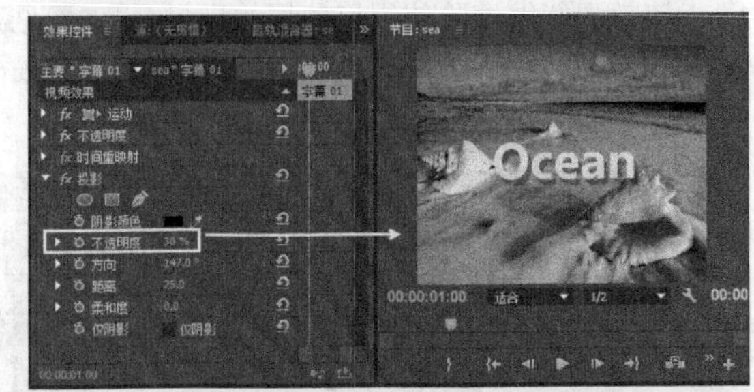

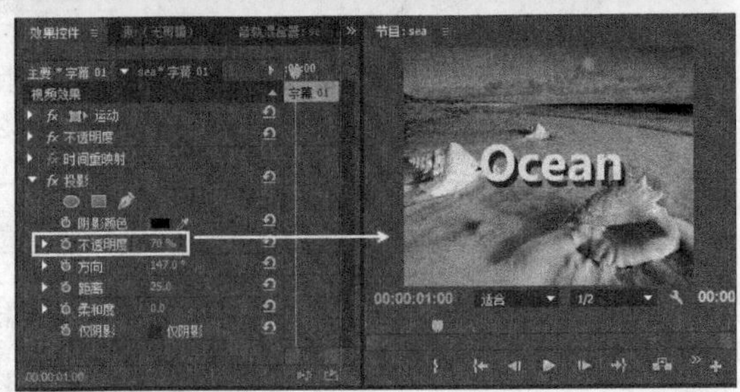

图9-267

方向：控制阴影的方向，如图9-268所示。

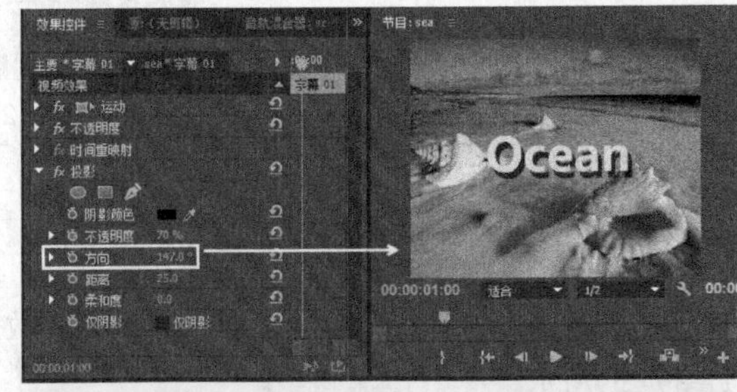

图9-268

距离：控制阴影和源对象的距离，如图9-269所示。

图9-269

仅阴影：隐藏源对象，只显示阴影，如图9-270所示。

图9-270

3.放射阴影

使用该效果可以在带Alpha通道的素材上创建阴影，如图9-271所示。

图9-271

常用参数介绍

光源：控制阴影的方向，如图9-272所示。

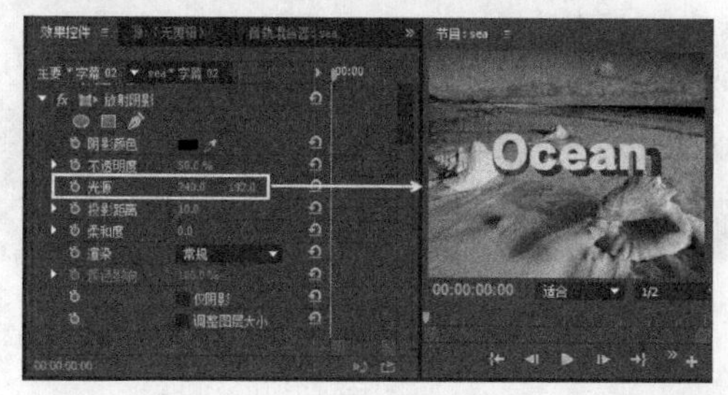

图9-272

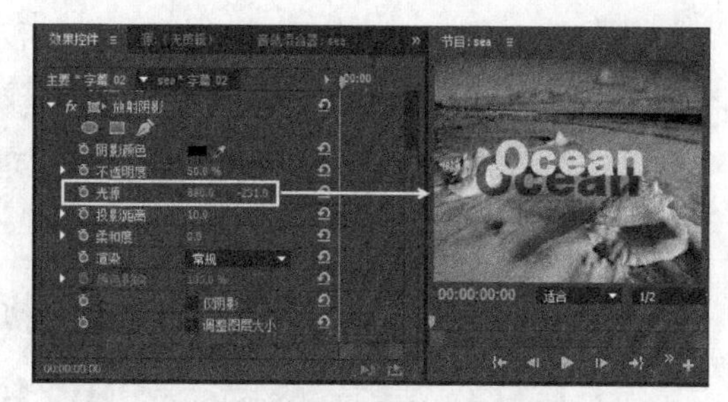

图9-272（续）

渲染：控制阴影的类型，包括“常规”和“玻璃边缘”两种，如图9-273所示。

常规
玻璃边缘

图9-273

调整图层大小：选择该项，允许阴影扩展到剪辑的原始边界之外。

4.斜角边

该效果能够倾斜图像，并为其添加照明，使素材呈现三维效果，如图9-274所示。

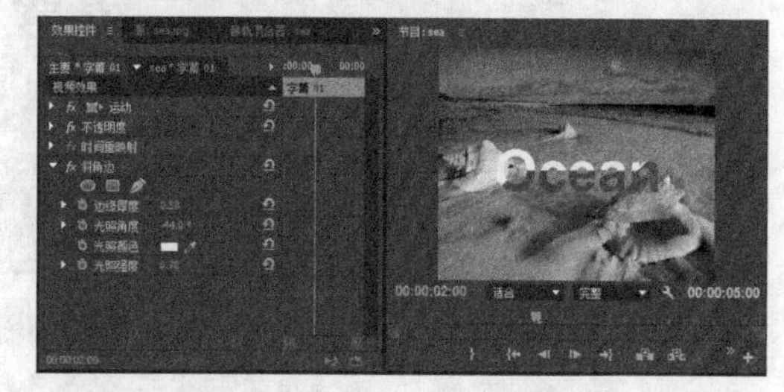

图9-274

常用参数介绍

边缘厚度：该属性控制目标对象边缘的厚度，如图9-275所示。

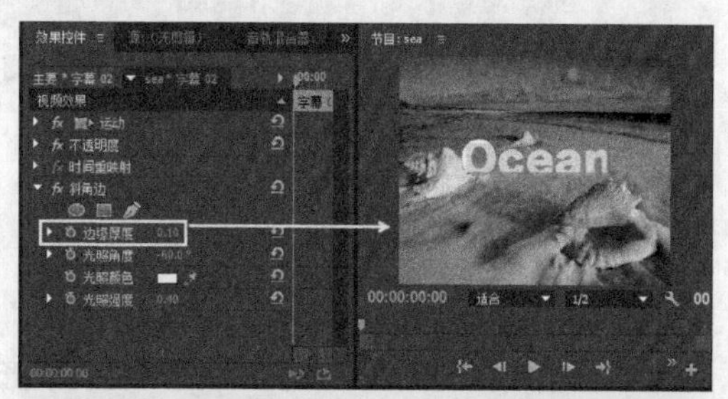

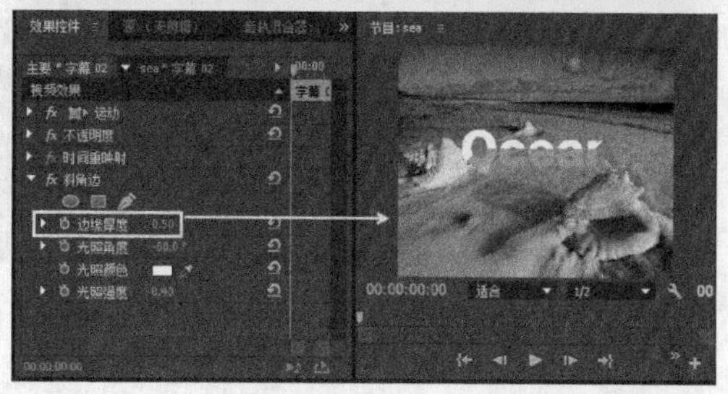

图9-275

光照角度：控制光照的角度，如图9-276所示。

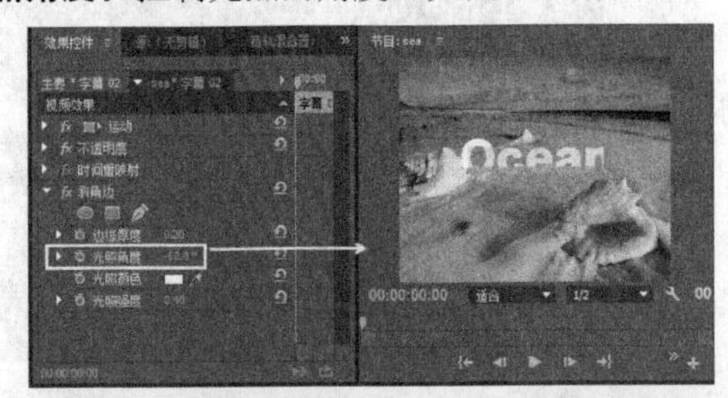

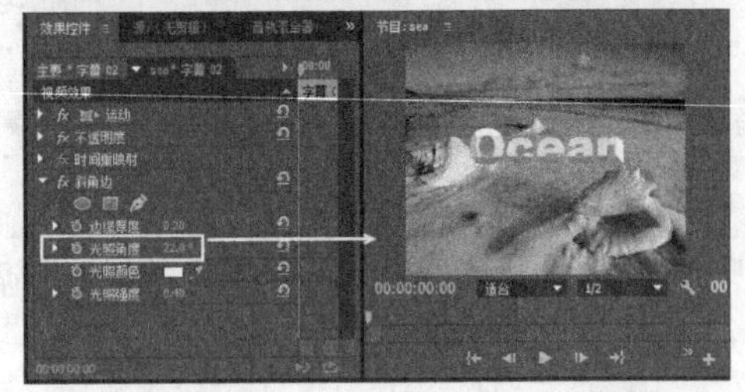

图9-276

光照颜色：控制光照的颜色，如图9-277所示。

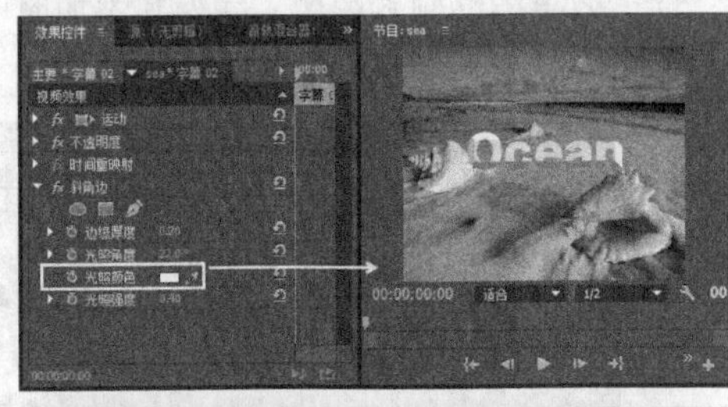

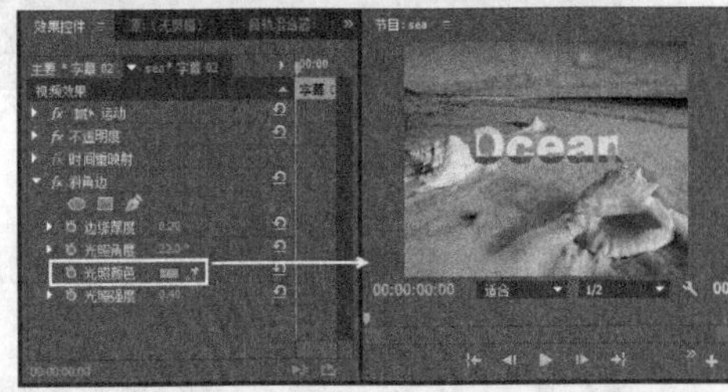

图9-277

光照强度：控制光照的强度，如图9-278所示。

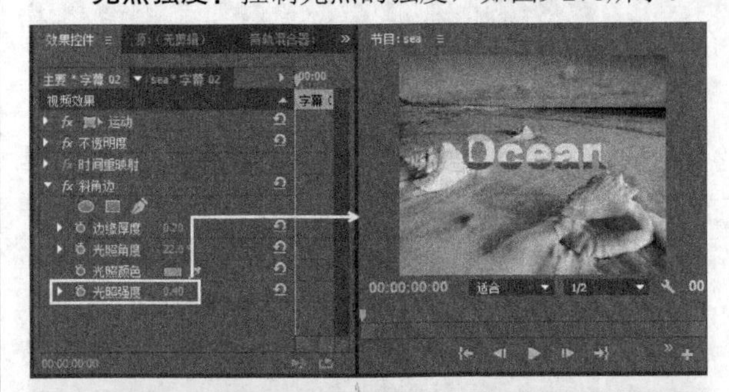

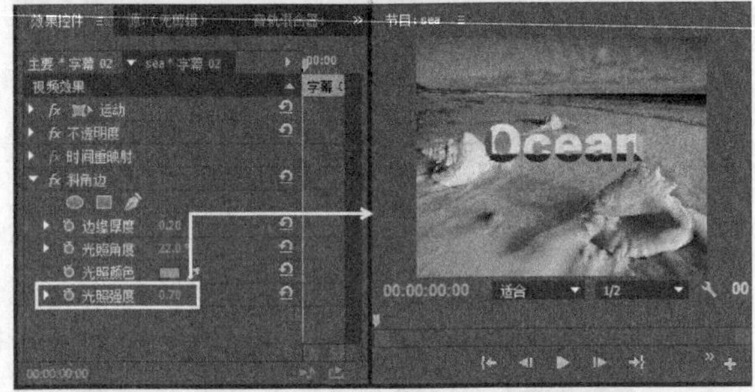

图9-278

5.斜角Alpha

该效果通过倾斜图像的Alpha通道，使二维图像看起来具有三维效果，如图9-279所示。

图9-279

课堂案例

制作立体文字

素材文件　素材文件>第9章>课堂案例：制作立体文字

学习目标　制作立体文字效果的方法

本例主要介绍应用“斜面Alpha”和“投影”视频效果制作立体文字的操作，案例效果如图9-280所示。

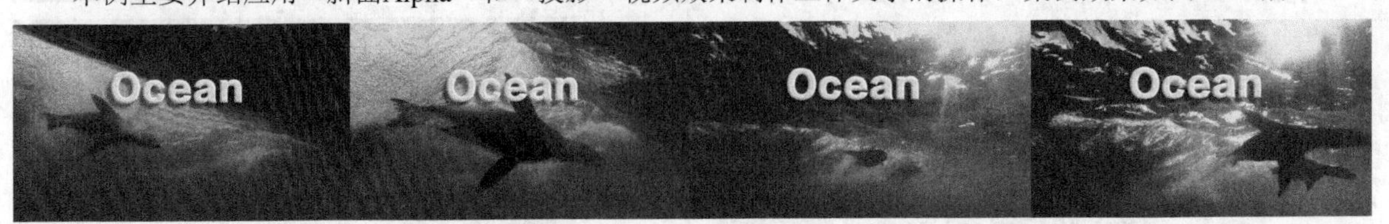

图9-280

01 打开学习资源中的“素材文件>第9章>课堂案例：制作立体文字>课堂案例：制作立体文字_I.prproj”文件，序列中有两个素材，如图9-281所示。

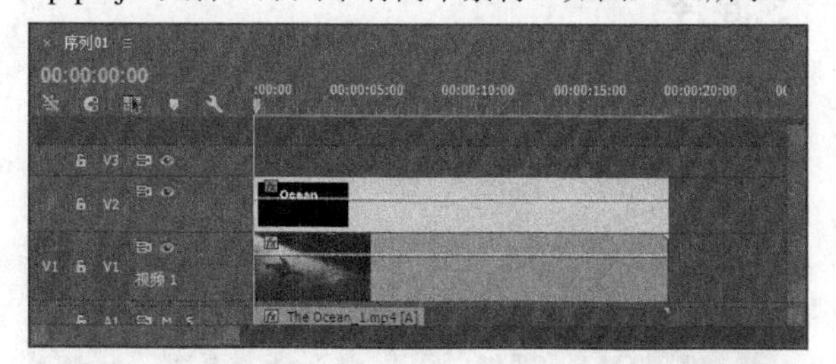

图9-281

02 在“效果”面板中选择“视频效果>透视>斜面Alpha”滤镜，如图9-282所示，然后将其拖曳给字幕01素材。

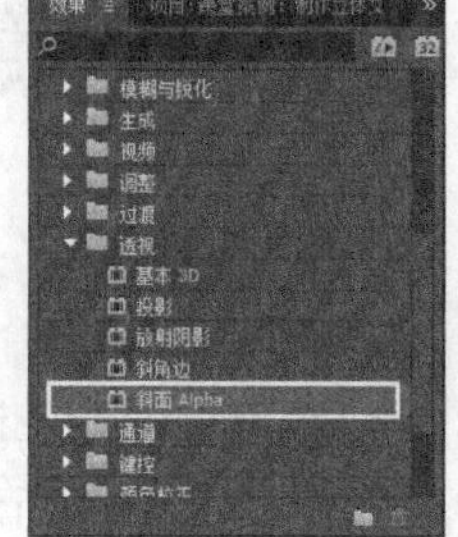

图9-282

03 在“效果控件”面板中设置“边缘厚度”为7.5、“光照角度”为55°，如图9-283所示。

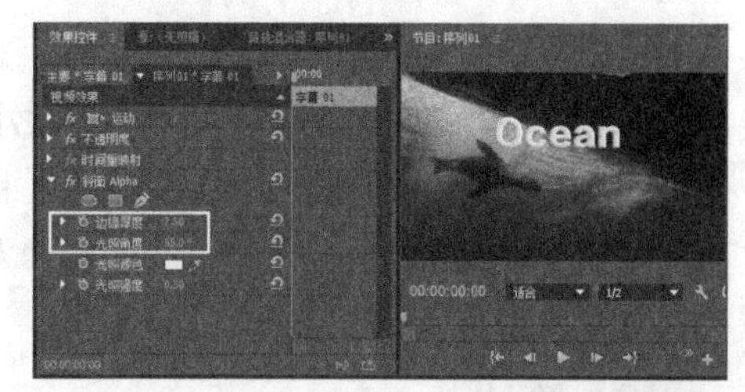

图9-283

04 在“效果”面板中选择“视频效果>透视>投影”滤镜，如图9-284所示，然后将其拖曳给字幕01素材。

图9-284

05 在“效果控件”面板中设置“方向”为220°、“距离”为25、“柔和度”为20，如图9-285所示。

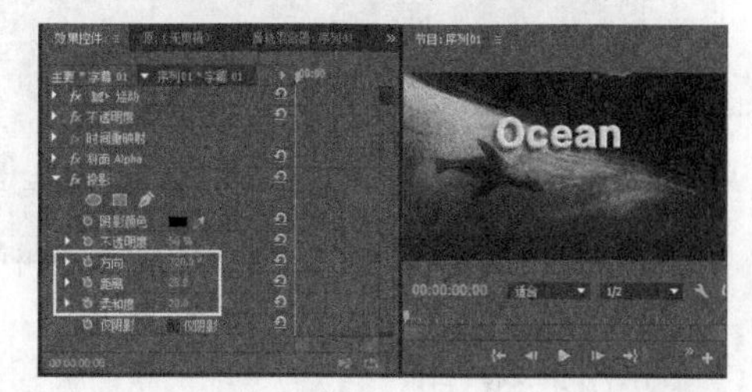

图9-285

06 播放视频，预览素材应用效果后的效果，如图9-286所示。

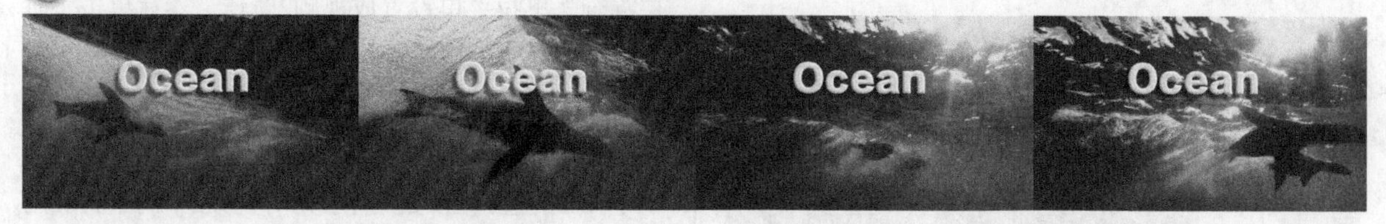

图9-286

9.4.13 通道

“通道”效果卷展栏中包含各种效果，可以组合两个素材，在素材上面覆盖颜色，或者调整素材的红色、绿色和蓝色通道。该卷展栏中包括“反转”“纯色合成”“复合算法”“混合”“算术”“计算”和“设置遮罩”，如图9-287所示。

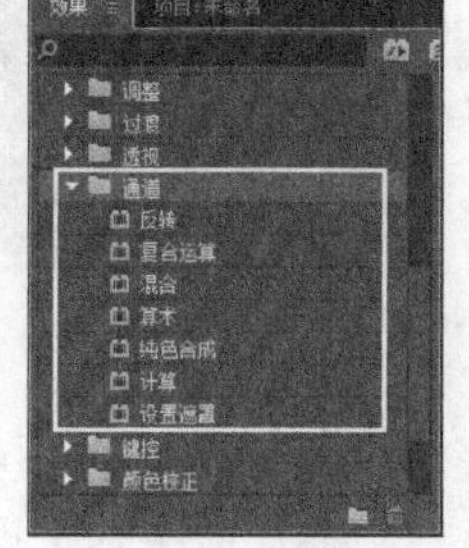

图9-287

1.反转

这个效果能够反转颜色值，将颜色都变成相应的补色，如图9-288所示。

图9-288

常用参数介绍

声道： 控制颜色的模式，包括RGB、“红色”“绿色”“蓝色”、HLS、“色相”“明度”“饱和度”、YIQ、“明亮度”“相内彩色度”“求积彩色度”和Alpha。

2.复合算法

设计这个效果，是为了与使用“复合算法”效果的After Effects项目一起使用。这个效果通过数学运算使用图层创建组合效果。它的控件用来决定原始图层和第二来源层的混合方式。“复合算法”效果控件设置及在“节目”面板中预览到的应用效果如图9-289所示。

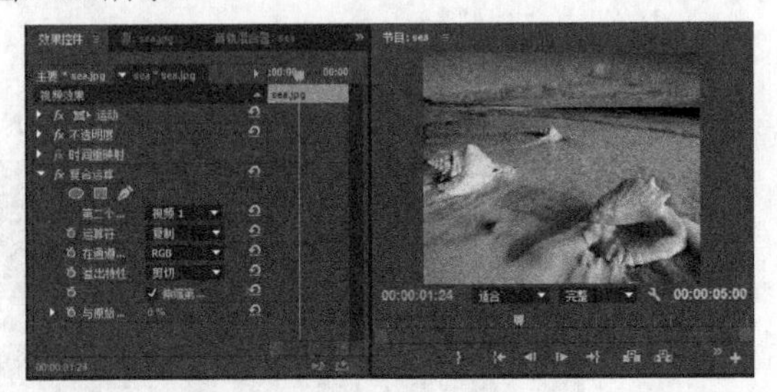

图9-289

常用参数介绍

第二个： 允许用户选择用作混合运算的另一个视频素材。

运算符： 提供多种模式，从中选择所要使用的混合方式，如图9-290所示。

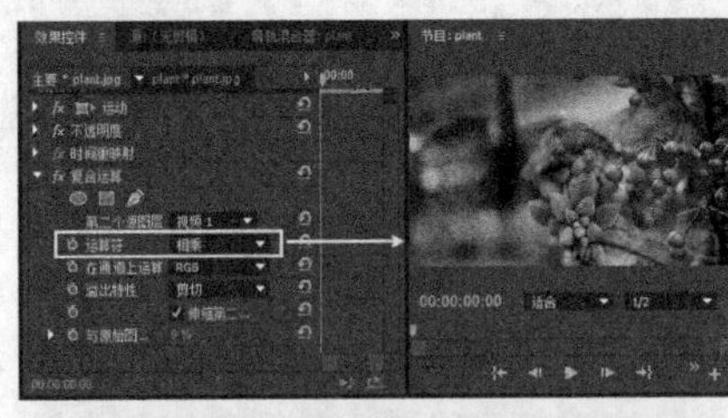

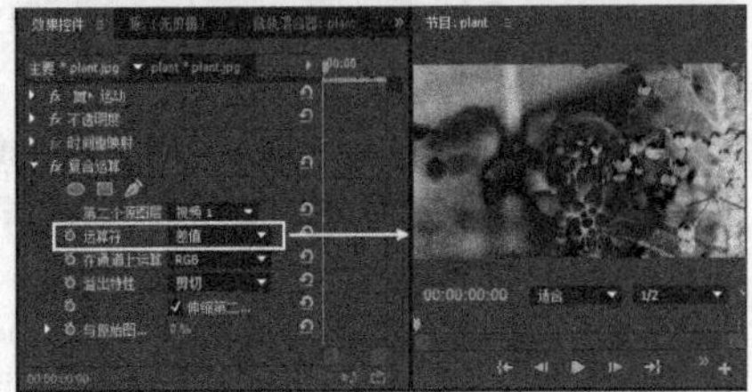

图9-290

在通道上操作： 提供了3个作用通道，分别为RGB、ARGB和Alpha，如图9-291所示。

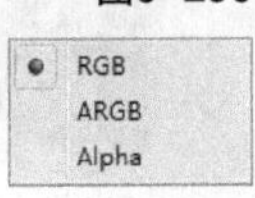

图9-291

与原始图像混合： 用于调整原始图层和第二来源层的不透明度。

3.混合

将应用的轨道素材与其他轨道的素材混合，“混合”效果控件设置及在“节目”面板中预览到的应用效果如图9-292所示。

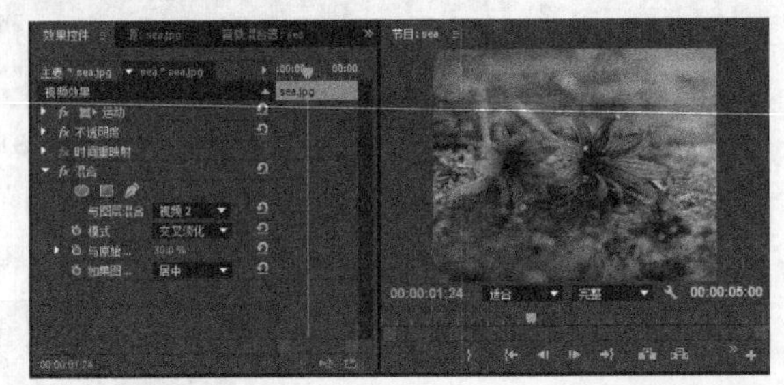

图9-292

常用参数介绍

模式： 控制混合的模式，包括“交叉淡化”“仅颜色”“仅色调”“仅暗色”和“仅亮色”5种，如图9-293所示。

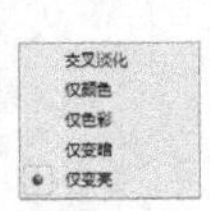

图9-293

如果图层大小不同： 将应用素材与其他轨道的大小相匹配。

如果对视频1轨道应用混合效果，并想将它和它正上方视频2轨道上的素材进行混合，则将“与图层混合”下拉菜单设置成视频2轨道。然后单击“时间轴”面板上的眼睛图标，隐藏视频2轨道。为了在“节目”面板上看到两个素材，必须通过时间轴标记将它们选择，并将“与原始图像混合”值设置成小于90%的值。图9-294所示为对视频2中的素材应用该效果，并与视频1中的素材混合的效果。

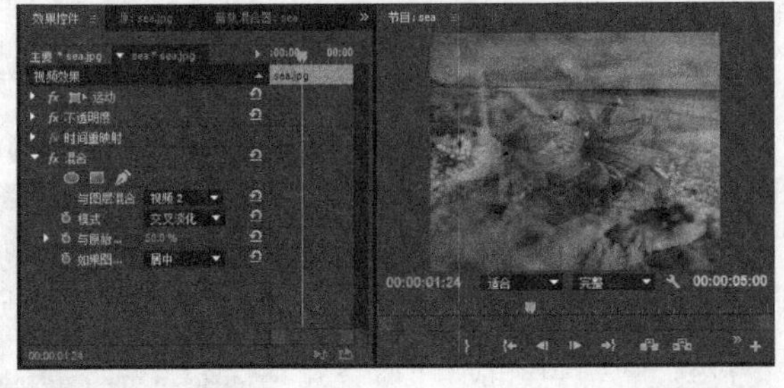

图9-294

4.算术

这个效果基于算术运算修改素材的红色、绿色和蓝色值，如图9-295所示。

图9-295

常用参数介绍

运算符：为每个通道指定的值与图像中每个像素该通道的现有值之间执行的运算，如图9-296所示。

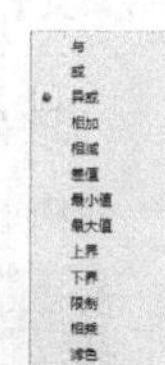

图9-296

红色值：对红色通道执行运算，如图9-297所示。

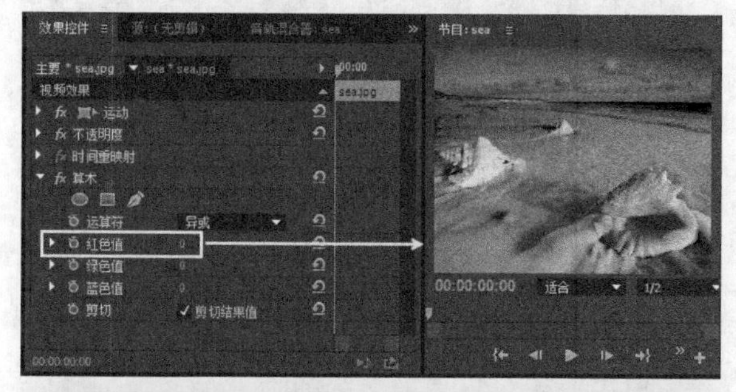

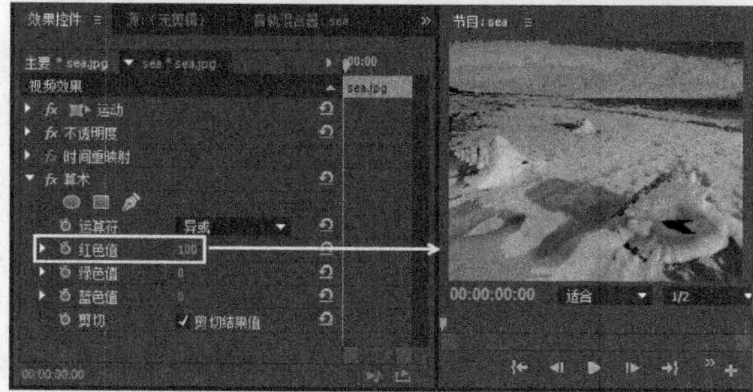

图9-297

绿色值：对绿色通道执行运算，如图9-298所示。

图9-298

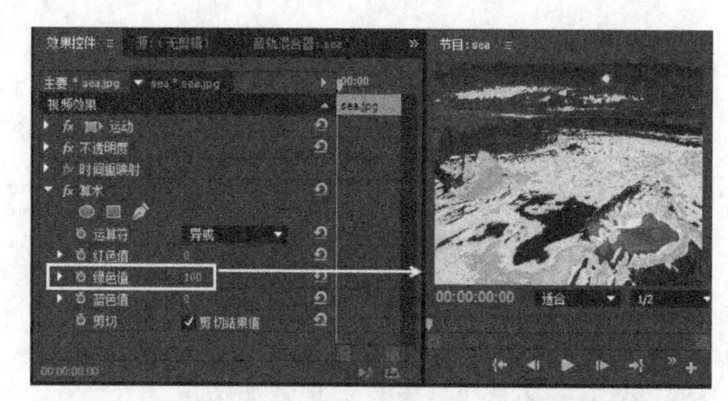

图9-298（续）

蓝色值：对蓝色通道执行运算，如图9-299所示。

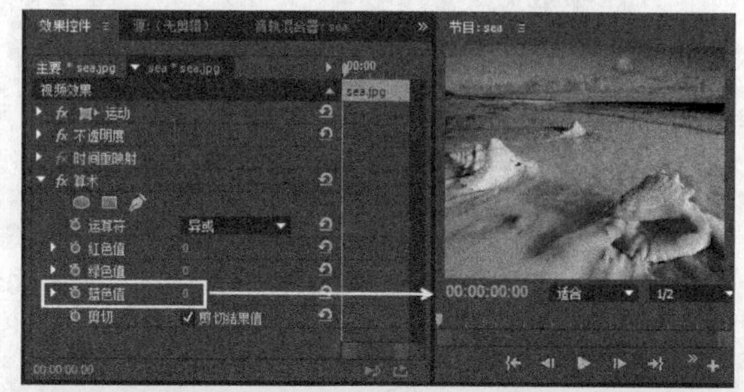

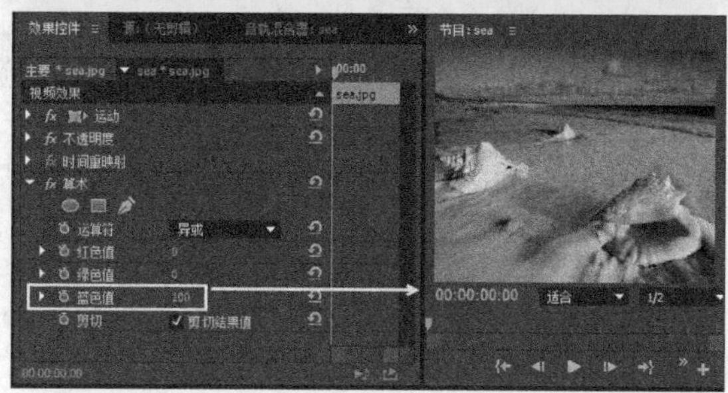

图9-299

剪切结果值：防止所有函数创建超出有效范围的颜色值。如果不选择该选项，一些颜色值可能折回。

5.纯色合成

通过“纯色合成”效果，可以在原始源剪辑后面快速创建纯色合成。用户可以控制源剪辑的不透明度，控制纯色的不透明度，并全部在效果控件内应用混合模式。“纯色合成”效果控件设置及在“节目”面板中预览到的应用效果如图9-300所示。

图9-300

6.计算

这个效果可以通过使用素材通道和各种"混合模式"，将不同轨道上的两个视频素材结合到一起。

可以选择使用的覆盖素材的通道包括RGBA、"灰色""红色""绿色""蓝色"和Alpha通道。图9-301所示的是"计算"效果后的效果。

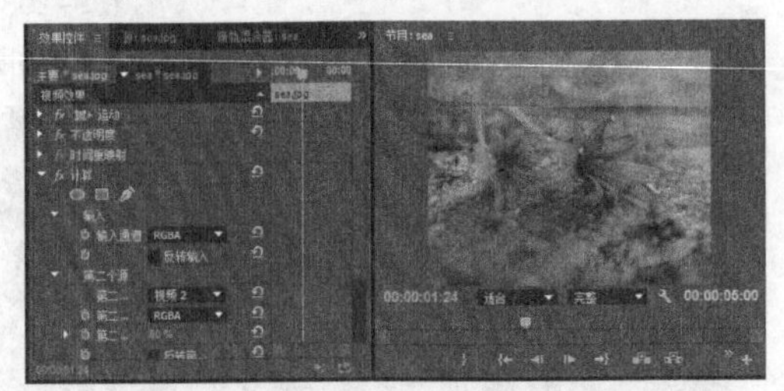

图9-301

常用参数介绍

输入：设置一个剪辑通道的参数。

输入通道：要提取并用作混合操作的输入的通道，包括RGBA、"灰色""红色""绿色""蓝色"和Alpha6种类型，如图9-302所示。

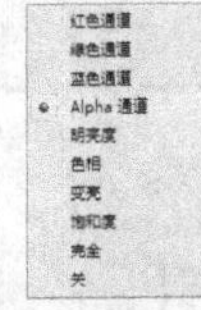

图9-302

反转输入：在效果提取指定的通道信息之前反转剪辑，如图9-303所示。

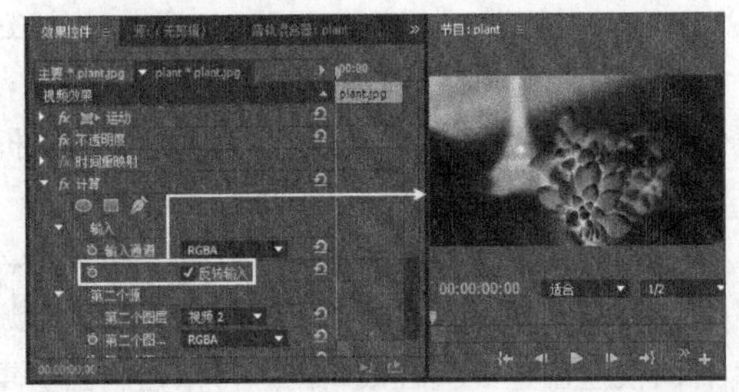

图9-303

第二个源：设置另一个剪辑通道的参数。

第二个图层：通过计算与原始剪辑混合的视频轨道。

第二个图层通道：与输入通道混合的通道。

第二个图层不透明度：第2个视频轨道的不透明度。第2个视频轨道设置为0%，对输出没有影响。

反转第二个图层：在效果提取指定的通道信息之前反转第2个视频轨道。

伸缩第二个图层以适合：在混合之前将第2个视频轨道拉伸为原始剪辑的尺寸。取消选择该选项，可在原始剪辑上使第2个视频轨道居中。

保持透明度：确保原始图层Alpha通道不被修改。

7.设置遮罩

该效果将剪辑的Alpha通道（遮罩）替换成另一视频轨道的剪辑中的通道，如图9-304所示。

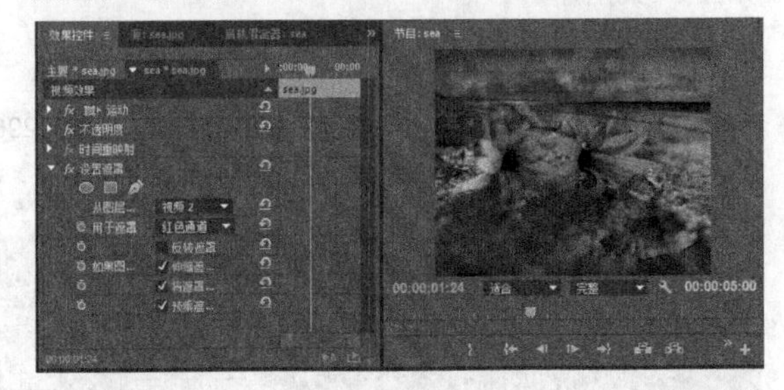

图9-304

常用参数介绍

从图层获取遮罩：要用作替换遮罩的视频轨道，可以指定序列中的任何视频轨道。

用于遮罩：设置遮罩的通道，如图9-305所示。

图9-305

反转遮罩：反转遮罩的透明度值。

伸缩遮罩以适合：缩放选定的剪辑以匹配当前剪辑的大小。如果取消选择该选项，那么指定为遮罩的剪辑将在第一个剪辑内居中。

将遮罩与原始图像合成：将新的遮罩与当前剪辑合成，而不是替换当前剪辑。形成的遮罩只会让图像显示在当前遮罩与新遮罩都有某种不透明度的位置。

预乘遮罩图层：将新的遮罩预乘以当前剪辑。

课堂案例

叠加画面

素材文件　素材文件>第9章>课堂案例：叠加画面

学习目标　制作叠加画面效果的方法

本例主要介绍应用“符合运算”视频效果制作叠加画面的操作，案例效果如图9-306所示。

图9-306

01 打开学习资源中的“素材文件>第9章>课堂案例：叠加画面>课堂案例：叠加画面_I.prproj”文件，序列中有两个素材，如图9-307所示。

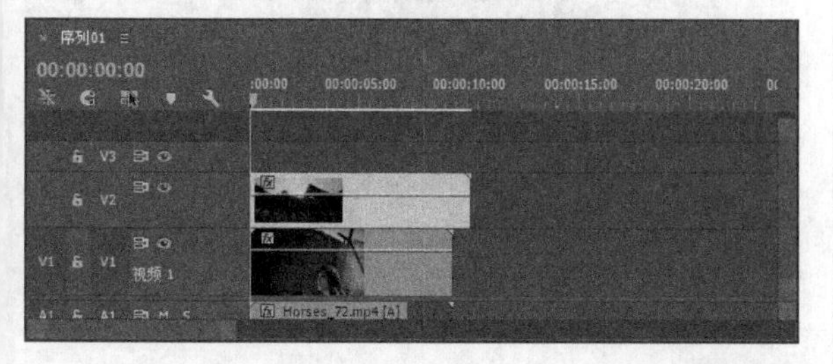

图9-307

02 在“效果”面板中选择“视频效果>通道>复合运算”滤镜，如图9-308所示，然后将其拖曳给Horses_73.mp4素材。

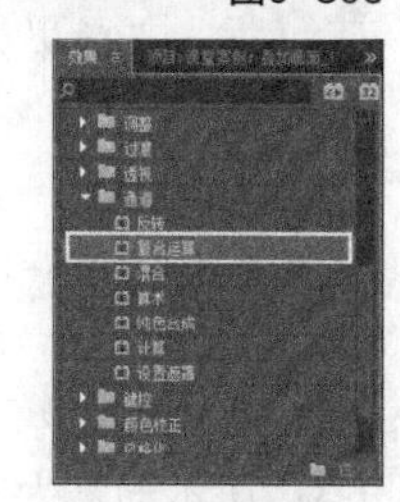

图9-308

03 在“效果控件”面板中设置“第二个源图层”为“视频1”、“运算符”为“相加”，如图9-309所示。

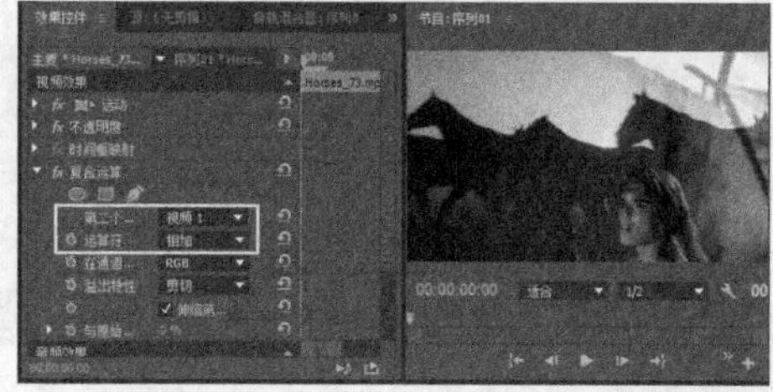

图9-309

04 播放视频，预览素材应用效果后的效果，如图9-310所示。

图9-310

9.4.14 键控

“键控”效果允许创建各种有趣的叠加效果，这些效果包括“Alpha调整”“亮度键”“图像遮罩键”“差异遮罩”“移除遮罩”“超级键”“轨道遮罩键”“非红色键”和“颜色键”，如图9-311所示。

图9-311

9.4.15 颜色校正

“颜色校正”效果用于校正素材中的色彩，包括“RGB曲线”“RGB颜色校正器”“亮度与对比度”“亮度曲线”“分色”“均衡”等，如图9-312所示。在第15章将会详细介绍“颜色校正”效果。

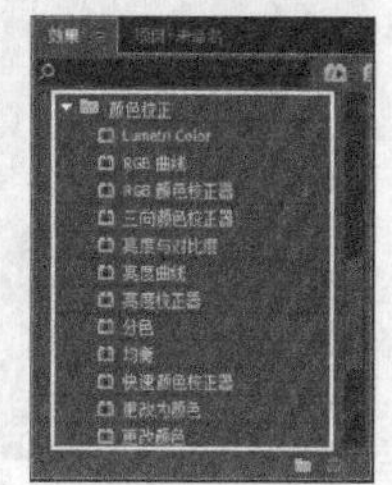

图9-312

9.4.16 风格化

“风格化”效果卷展栏中包含的各种效果在更改图像时并不产生严重的扭曲，如图9-313所示。例如，“浮雕”效果增加整个图像的深度，而“马赛克”效果会将图像划分为马赛克瓷砖。

图9-313

1.Alpha发光

该效果能够在Alpha通道边缘添加辉光。图9-314所示的是为字幕素材应用“Alpha 发光”效果的结果。

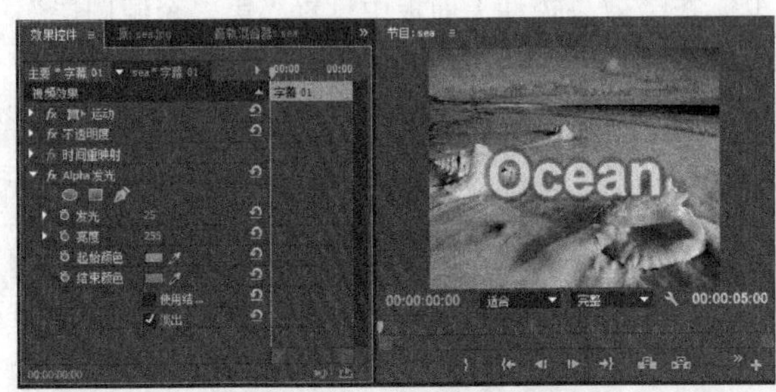

图9–314

常用参数介绍

发光：控制辉光的发射范围，如图9-315所示。

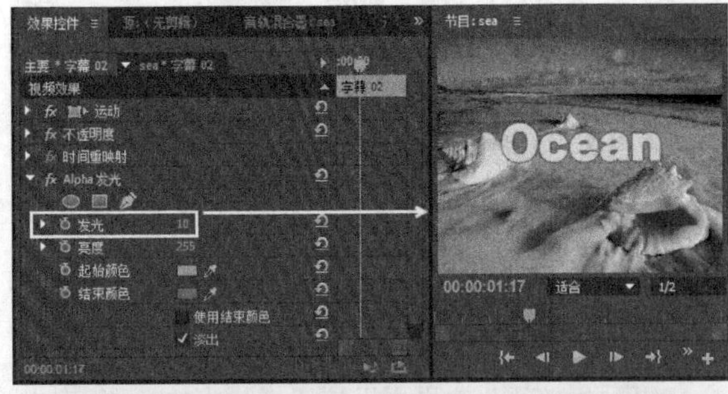

图9–315

亮度：增加或减少光的亮度，如图9-316所示。

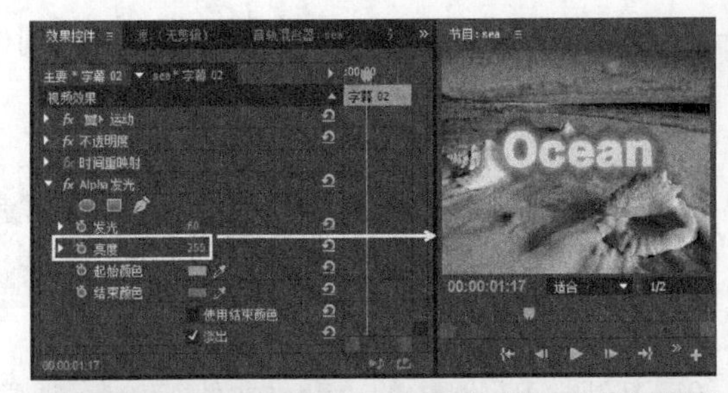

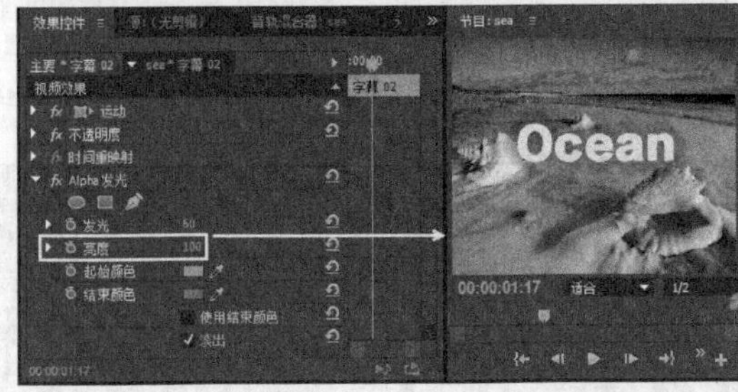

图9–316

起始颜色：样本表示辉光颜色。如果想更改颜色，可单击颜色样本，并从拾色器对话框中选择一种颜色。

结束颜色：Premiere Pro会在辉光边缘额外添加颜色。

使用结束颜色：以“结束颜色”作为发光色。

淡出：羽化发光的边缘。

2.复制

该效果在画面中创建多个素材副本，如图9-317所示。

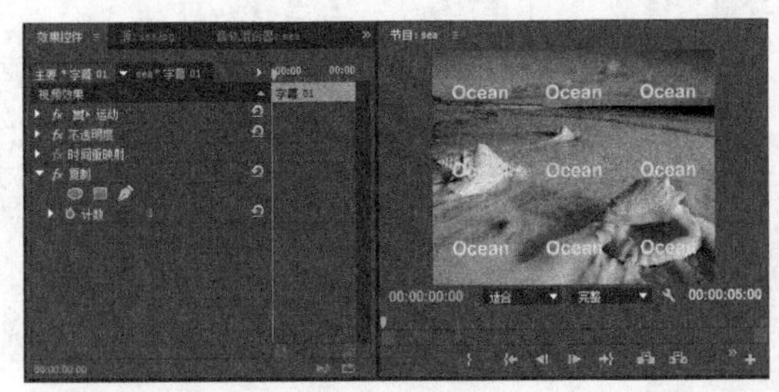

图9–317

“计数”属性用来控制复制对象的数量，如图9-318所示。

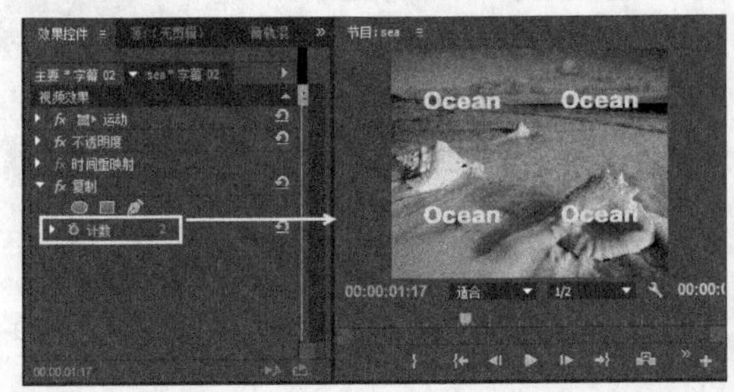

图9–318

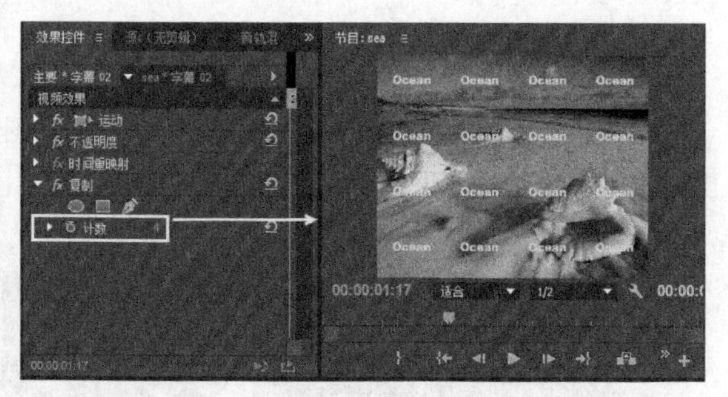

图9-318（续）

3.彩色浮雕

该效果与浮雕效果几乎一样，只是不移除颜色。图9-319所示的是“效果控件”面板中的“彩色浮雕”效果控件设置以及在“节目”面板中的预览效果。

图9-319

常用参数介绍

方向：控制辉光的发射范围，如图9-320所示。

图9-320

起伏：浮雕的视在高度，以像素为单位，如图9-321所示。

图9-321

对比度：控制图像的锐度，如图9-322所示。

图9-322

4.抽帧

“抽帧”效果可用于为图像中的每个通道指定色调级别数（或亮度值），随后将像素映射到最匹配的级别。图9-323所示的是“效果控件”面板中的“抽帧”效果控件设置以及在“节目”面板中的预览效果。

图9-323

5.曝光过度

该效果会为图像创建一个正片和一个负片，然后将它们混合在一起创建曝光过度的效果，这样就会生成边缘变暗的亮化图像。在图9-324所示的“曝光过度”效果控件设置中，拖曳“阈值”滑块来调“曝光过度”效果的亮度级别。

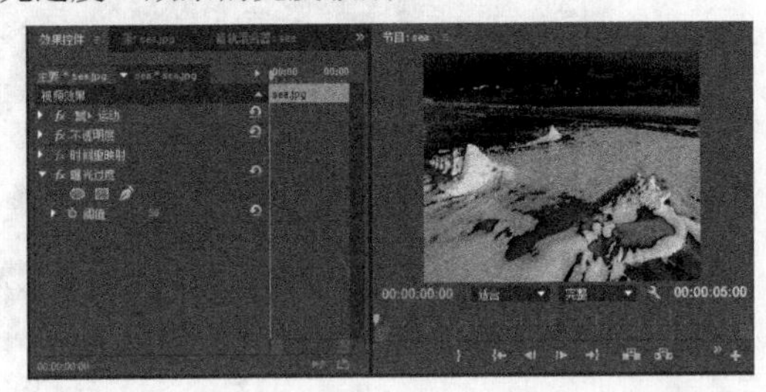

图9-324

6.查找边缘

该效果能够使素材中的图像呈现黑白草图的样子。该效果查找高对比度的图像区域，并将它们转换成白色背景中的黑色线条，或者黑色背景中的彩色线条。在“效果控件”面板中，使用“与原始图像混合”滑块将原始图像与这些线条混合在一起。图9-325所示的是“查找边缘”效果的结果。

图9-325

7.浮雕

该效果会在素材的图像边缘区域创建凸出的3D效果。图9-326所示的是“效果控件”面板中的“浮雕”效果控件设置以及在“节目”面板中的预览。

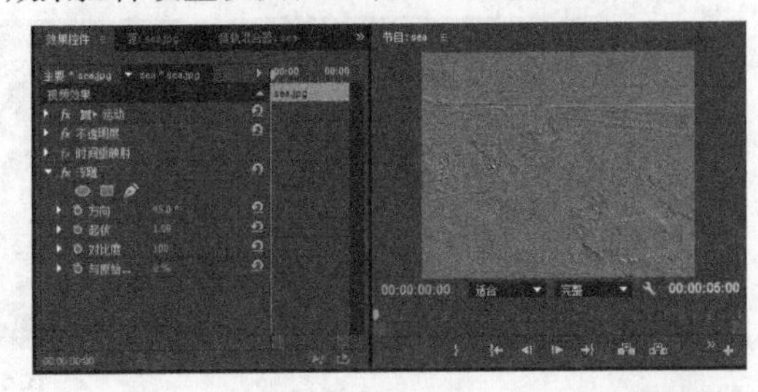

图9-326

8.画笔描边

该效果能够模拟将笔触添加到素材的效果。图9-327所示的是“效果控件”面板中的“画笔描边”效果控件设置。

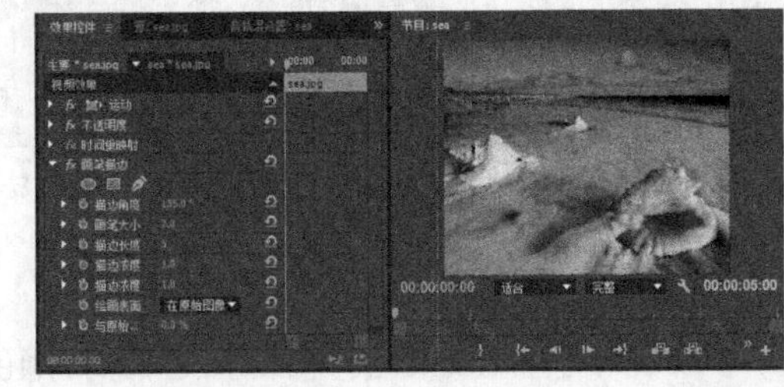

图9-327

参数介绍

描边角度：制作描边的方向，如图9-328所示。

图9-328

画笔大小：控制笔触的大小，如图9-329所示。

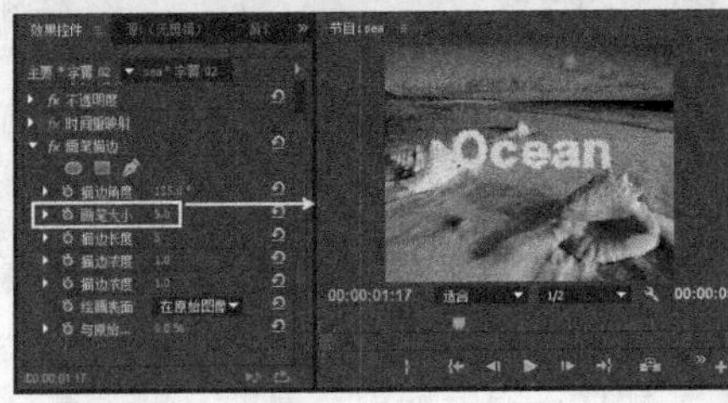

图9-329

描边长度：控制笔触的长度，如图9-330所示。

图9-330

描边浓度：控制画笔描边浓度，如图9-331所示。

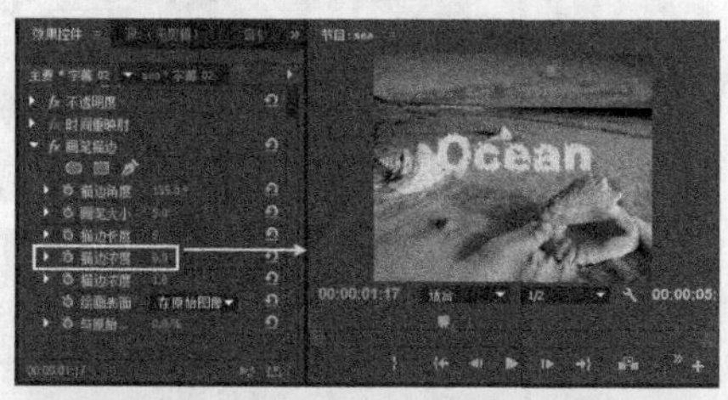

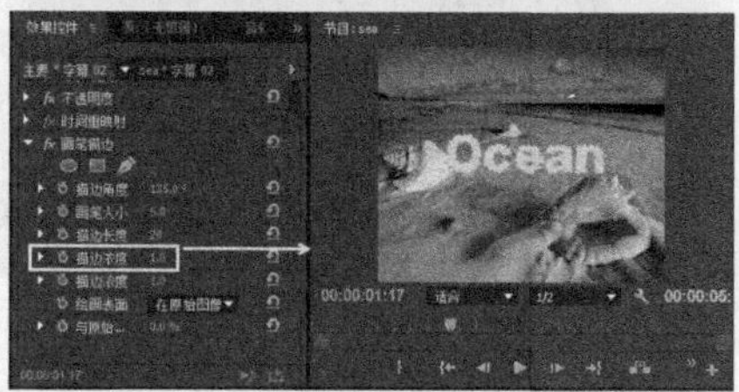

图9-331

描边浓度：控制绘画表面描边浓度，如图9-332所示。

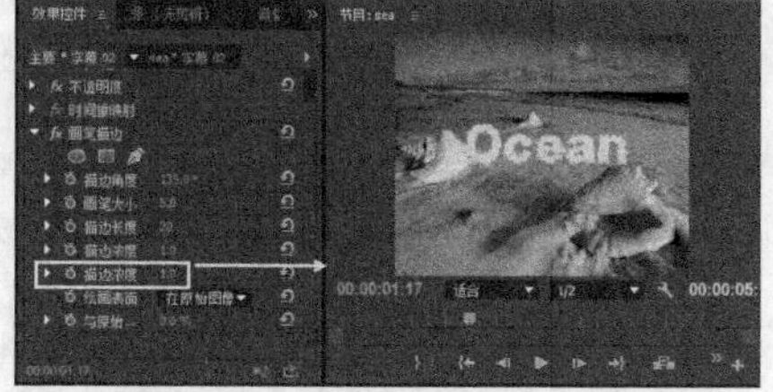

图9-332

9.粗糙边缘

该效果能够使图像边缘变得粗糙。图9-333所示为“粗糙边缘”效果控件设置及在“节目”面板中对应用该效果的预览。

图9-333

常用参数介绍

边缘类型：设置粗糙的类型，如图9-334所示。如果选择带颜色的选项，还必须从“边缘颜色”属性中选择一种颜色。

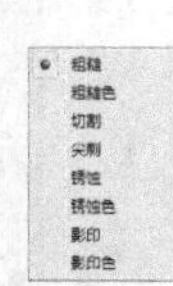

图9-334

边框：控制粗糙边框的大小，如图9-335所示。

图9-335

边缘锐度：控制粗糙边缘出现的锐化程度和柔化程度，如图9-336所示。

图9-336

不规则影响：控制不规则计算控制的碎片数量，如图9-337所示。

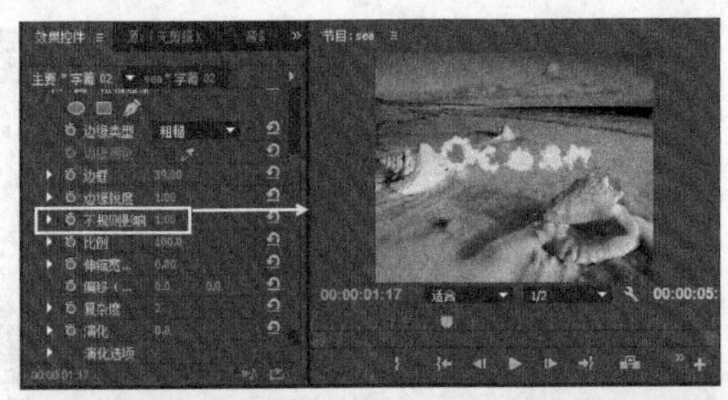

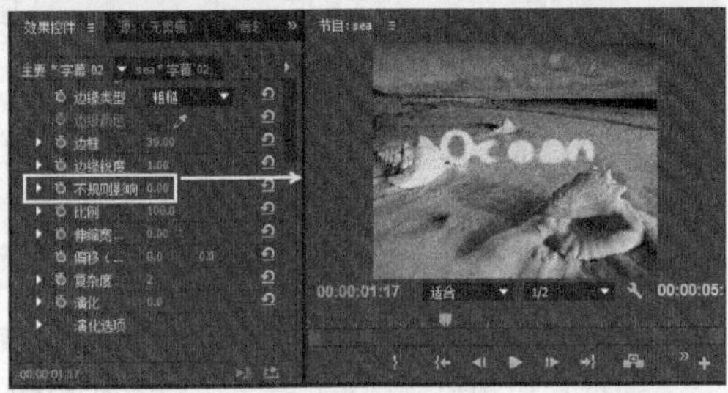

图9-337

比例：用于创建粗糙边缘的碎片大小，如图9-338所示。

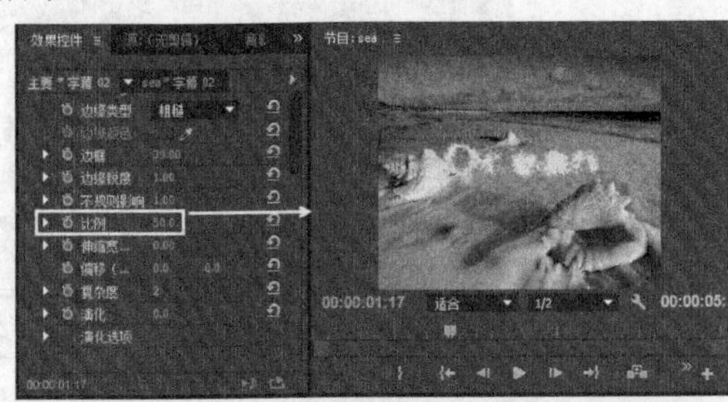

图9-338

伸展宽度或高度：用于创建粗糙边缘的宽度和高度，如图9-339所示。

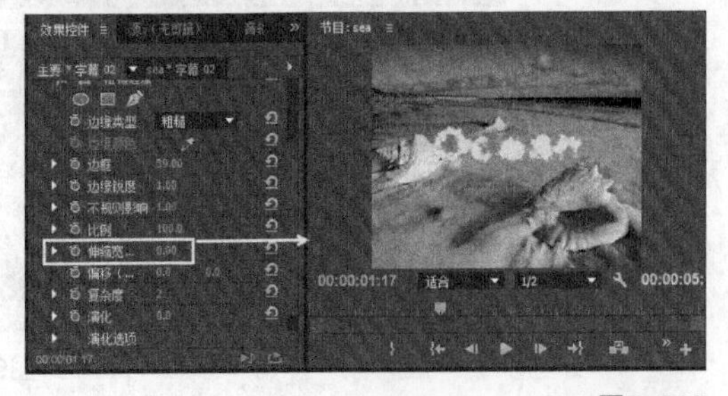

图9-339

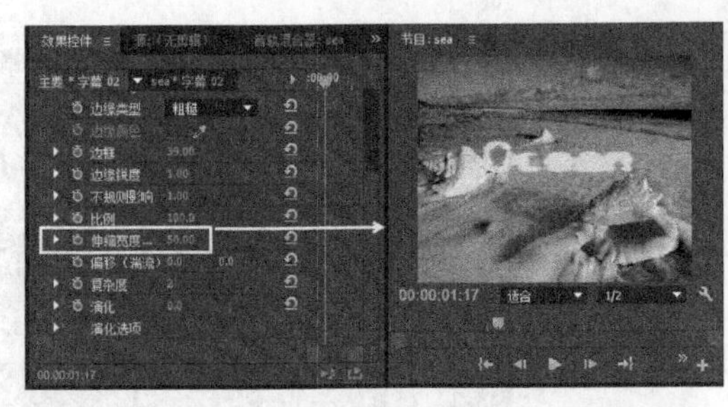

图9-339（续）

偏移（湍流）：该属性用来控制边框的偏移，如图9-340所示。

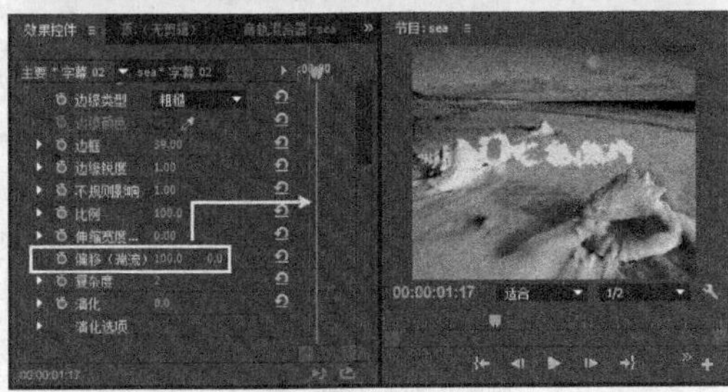

图9-340

复杂度：控制边缘碎片的细腻程度，如图9-341所示。

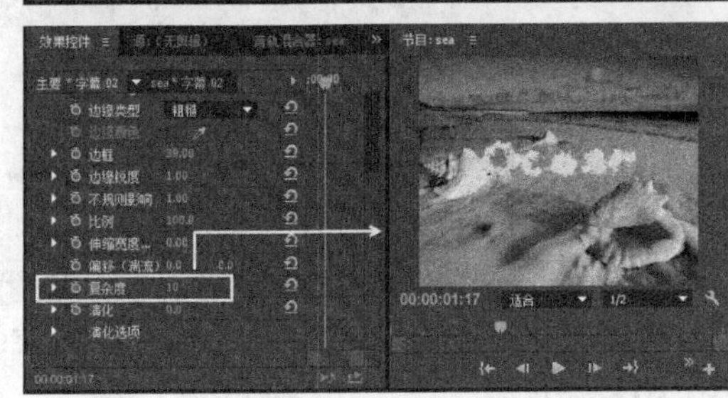

图9-341

演化：控制边缘碎片的分布。

10.纹理化

“纹理化”效果为剪辑提供其他剪辑的纹理的外观。图9-342所示为“纹理化”效果控件设置及在“节目”面板中对应用该效果的预览。

图9-342

常用参数介绍

光照方向：控制光照射到纹理的角度，如图9-343所示。

图9-343

纹理对比度：控制应用的结果强度，如图9-344所示。

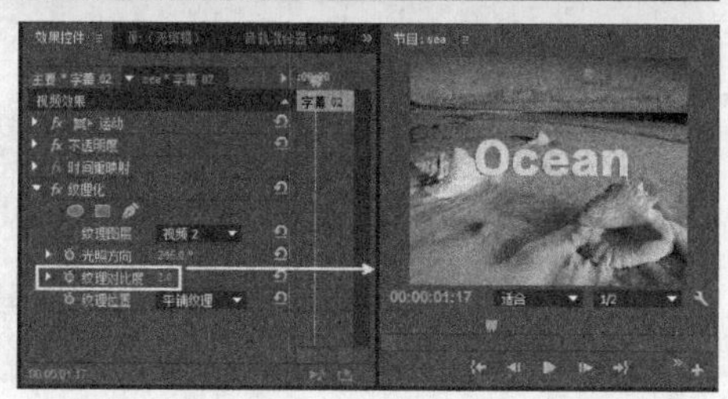

图9-344

纹理位置：纹理图层应用于剪辑的方式，包括“平铺纹理”“居中纹理”和“伸缩纹理以适合”3种，如图9-345所示。

图9-345

11.闪光灯

该效果会在素材中创建时间间隔规则或随机的闪光灯效果。图9-346所示的是“闪光灯”效果控件设置及在“节目”面板中对应用该效果的预览。

图9-346

参数介绍

明暗闪动颜色：为闪光效果选择一种颜色。

明暗闪动持续时间：控制闪光的持续时间。

明暗闪动间隔时间：控制闪光效果的周期（闪光周期是从上一次闪光开始时计算，而不是闪光结束时）。

随机明暗闪动概率：创建随机闪光效果，随机闪光概率设置得越大，效果的随机度越高。

闪光：设置闪光的方式，包括“仅对颜色操作”和“使图层透明”两种，如图9-347所示。

仅对颜色操作
使图层透明

图9-347

闪光运算符：设置闪光的模式，如图9-348所示。

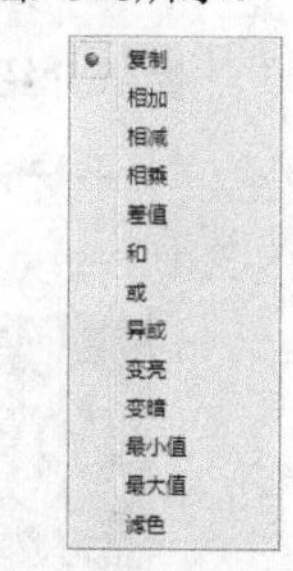

图9-348

技巧与提示

如果将“明暗闪动间隔时间”设置得比“明暗闪动持续时间”大，那么闪光将是连续的，而不是闪动的。

12.阈值

该效果能够将彩色或灰度图像调整成黑白图像，如图9-349所示。更改“色阶”控件，可以调整图像中的黑色或白色数。“色阶”控件可以从0调到255。将“色阶”控制向右移动可以增加图像中的黑色，将“色阶”控制设置成255会使整个图像变成黑色。将“色阶”控制向左移动可以增加图像中的白色，将“色阶”控制设置成0会使整个图像变成白色。

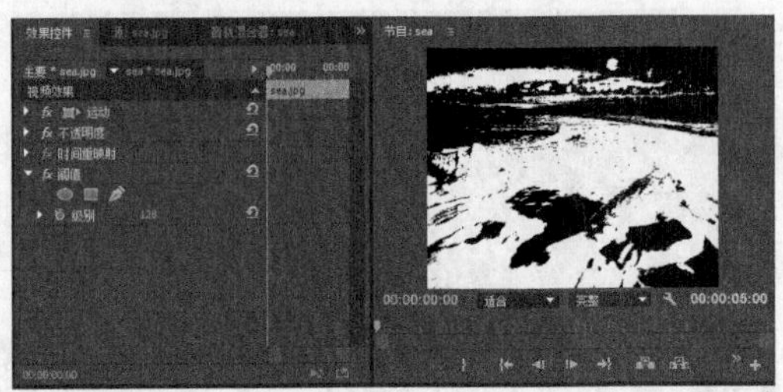

图9-349

13.马赛克

该效果将图像区域转换成矩形瓦块，还可以用于制作过渡动画，在过渡处使用其他视频轨道的平均色选择瓦块颜色。但是，如果选择了“锐化颜色”选项，Premiere Pro就会使用其他视频轨道中相应区域中心的像素颜色。图9-350所示为“马赛克”效果控件设置及在“节目”面板中对应用该效果的预览。

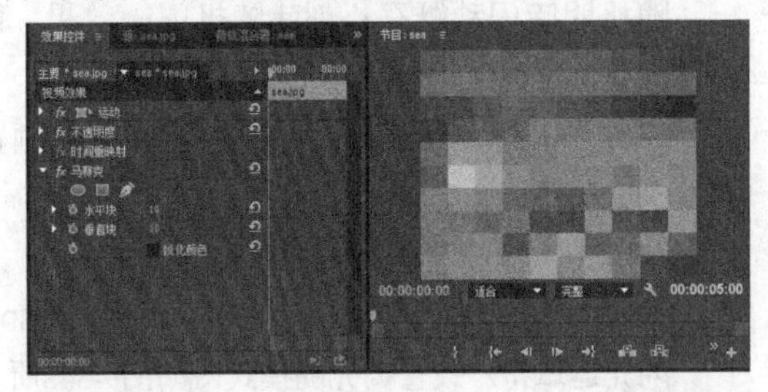

图9-350

参数介绍

水平块：控制水平方向上的色块数量，如图9-351所示。

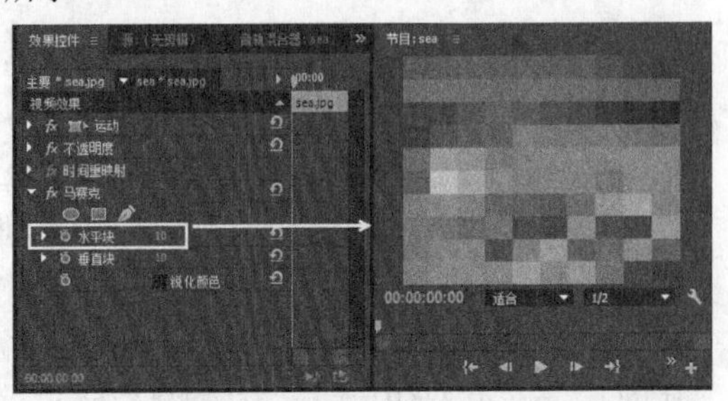

图9-351

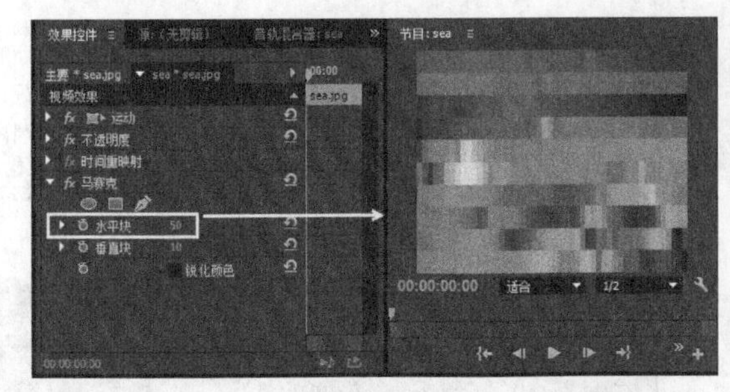

图9-351（续）

垂直块：控制垂直方向上的色块数量，如图9-352所示。

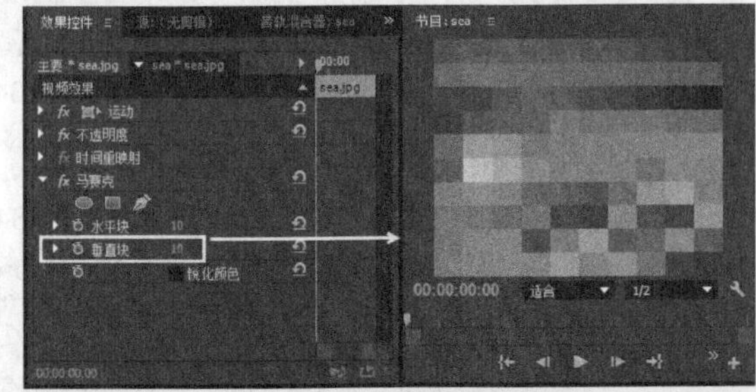

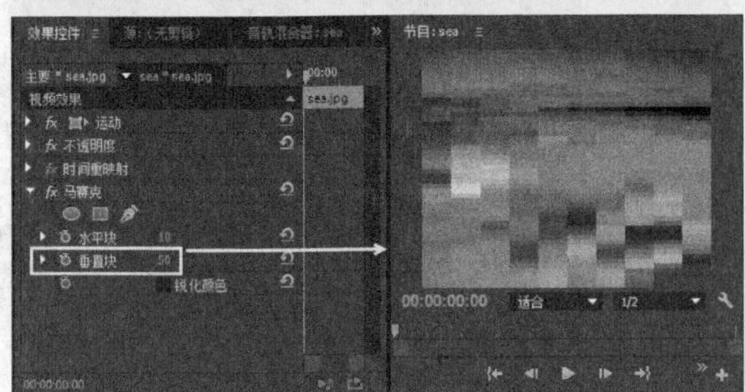

图9-352

锐化颜色：提高色块的锐度，如图9-353所示。

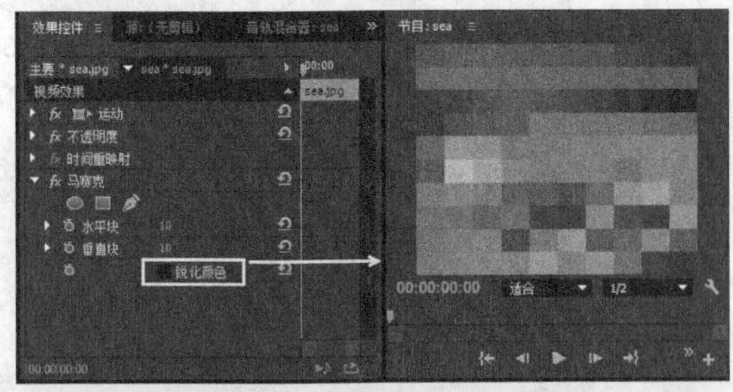

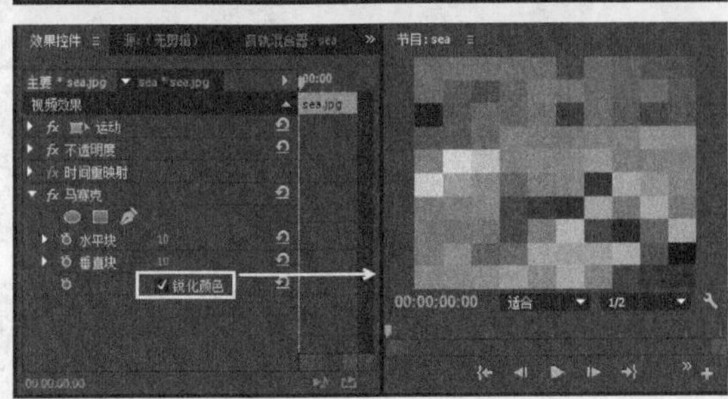

图9-353

课堂案例

制作发光文字

素材文件　素材文件>第9章>课堂案例：制作发光文字

学习目标　制作发光文字效果的方法

本例主要介绍应用“Alpha发光”视频效果制作发光文字的操作，案例效果如图9-354所示。

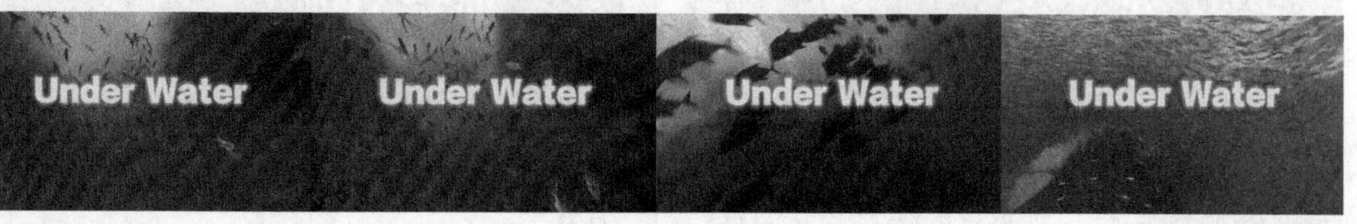

图9-354

01 打开学习资源中的“素材文件>第9章>课堂案例：制作发光文字>课堂案例：制作发光文字_I.prproj”文件，序列中有两个素材，如图9-355所示。

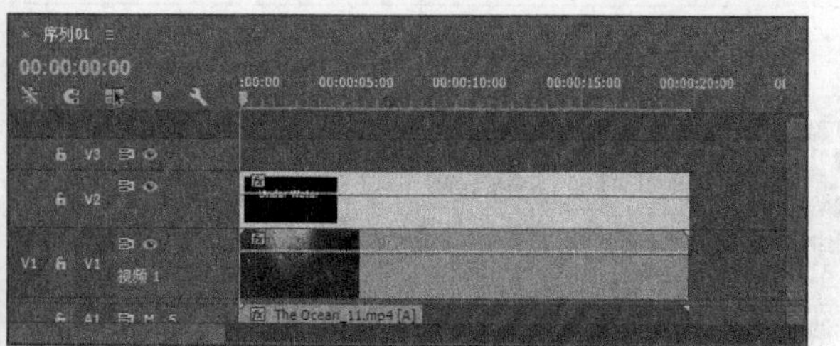

图9-355

02 在“效果”面板中选择“视频效果>风格化>Alpha发光”滤镜，如图9-356所示，然后将其拖曳给字幕01素材。

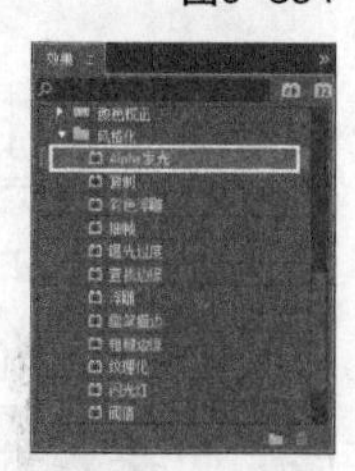

图9-356

03 在“效果控件”面板中设置“发光”为30、“亮度”为220、“起始颜色”为（R:78，G:206，B:217），如图9-357所示。

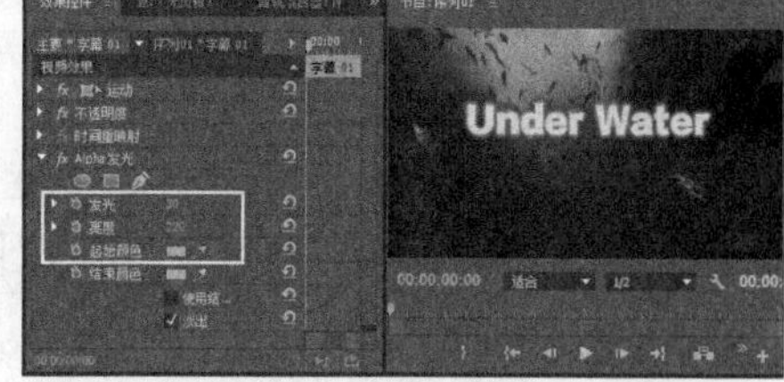

图9-357

04 播放视频，预览素材应用效果后的效果，如图9-358所示。

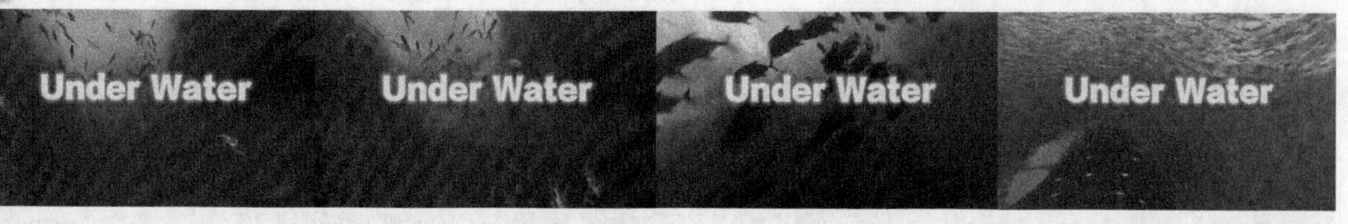

图9-358

课堂练习

制作多画面电视墙

素材文件　素材文件>第9章>课堂练习：制作多画面电视墙

学习目标　应用“复制”滤镜的方法

本例主要介绍应用“复制”视频效果制作多画面电视墙的操作，案例效果如图9-359所示。

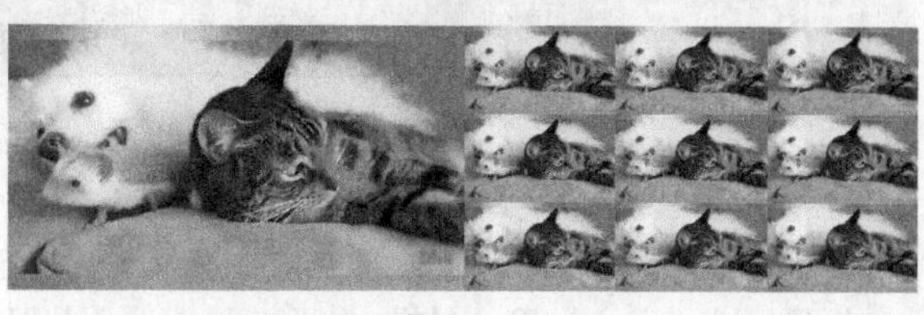

图9-359

操作提示

第1步：新建一个项目，然后导入学习资源中的“素材文件>第9章>课堂练习：制作多画面电视墙>unbelievable animal.mp4”文件，接着将unbelievable animal.mp4素材拖曳至视频1轨道上。

第2步：为unbelievable animal.mp4素材添加“视频效果>风格化>复制”滤镜，然后设置该滤镜的“计数”属性。

9.5 本章小结

本章介绍了Premiere Pro CC中的视频效果，包括变换、图像控制、实用程序、扭曲、时间、杂色与颗粒、模糊与锐化、生成、视频、调整、过渡、透视、通道、键控、颜色校正和风格化16大类型。Premiere Pro提供了大量的视频效果，读者可以使用这些滤镜为影片增加视觉效果。

9.6 课后习题

本章安排了两个习题，用来练习“视频效果”滤镜组中的“偏移”和“混合模糊”两个滤镜的操作方法。

9.6.1 课后习题：制作卫星飞行效果

素材文件　素材文件>第9章>课后习题：制作卫星飞行效果
学习目标　结合应用关键帧和视频效果的方法

本例主要介绍使用“位移”滤镜制作卫星飞行动画，案例效果如图9-360所示。

图9-360

操作提示

第1步：新建一个项目，然后导入学习资源中的“素材文件>第9章>课后习题：制作卫星飞行效果>earth.jpg和satellite.png”文件，接着将earth.jpg拖曳至视频1轨道上，将satellite.png拖曳至视频2轨道上。

第2步：为satellite.png添加“视频效果>扭曲>位移”滤镜，再为该滤镜的“将中心转换为”设置关键帧动画。

9.6.2 课后习题：设置叠加效果

素材文件　素材文件>第9章>课后习题：设置叠加效果
学习目标　应用“混合模糊”滤镜并设置叠加效果的方法

本例主要介绍使用“混合模糊”滤镜融合两个素材，案例效果如图9-361所示。

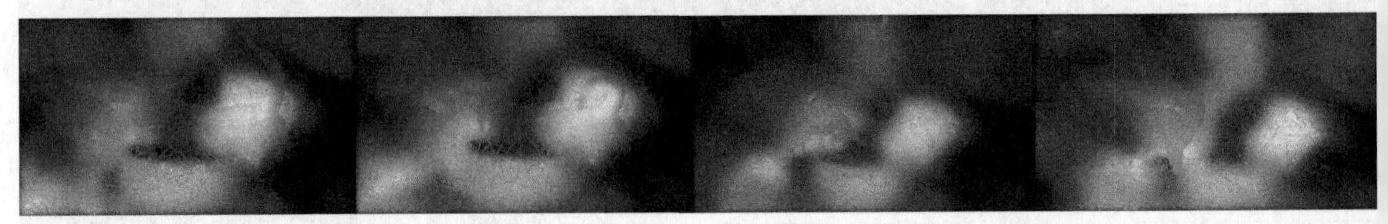

图9-361

操作提示

第1步：新建一个项目，然后导入学习资源中的“素材文件>第9章>课后习题：设置叠加效果>unbelievable animal_20.mp4和unbelievable animal_21.mp4”文件，接着将unbelievable animal_20.mp4拖曳至视频1轨道上，将unbelievable animal_21.mp4拖曳至视频2轨道上。

第2步：为unbelievable animal_20.mp4添加“视频效果>模糊与锐化>复合模糊”滤镜，然后隐藏unbelievable animal_21.mp4。

第10章 叠加画面

在剪辑过程中，可能需要将多个素材叠加到一起，这时可以通过调整不透明度或添加视频效果来实现。Premiere Pro提供了很多键控效果，可以抠出画面中想要的内容，给素材添加透明信息，使多个素材协调地叠加在一起。本章主要介绍如何调整素材的不透明度，以及如何使用键控滤镜抠取图像。

知识索引

制作渐隐视频效果

控制透明效果

调整不透明度图形线

应用“键控”特效

10.1 使用工具渐隐视频轨道

视频轨道可以渐隐整个视频素材或静帧图像。渐隐视频素材或静帧图像时，实际上是改变素材或图像的不透明度。视频1轨道外的任何视频轨道，都可以作为叠加轨道并被渐隐。

10.1.1 制作渐隐视频效果

将光标移至轨道上，然后滑动鼠标中键可以看到素材的不透明度图形线，如图10-1所示。在“效果控件”面板上也可以找到视频素材的不透明度。选择“时间轴”面板上的一个素材，“不透明度”选项就会出现在“效果控件”面板上，如图10-2所示。

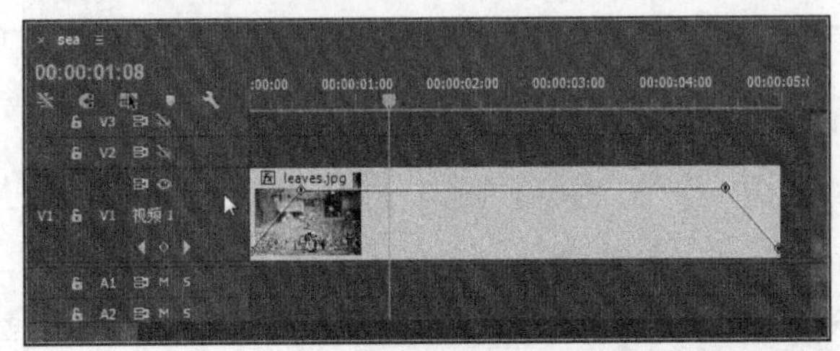

图10-1

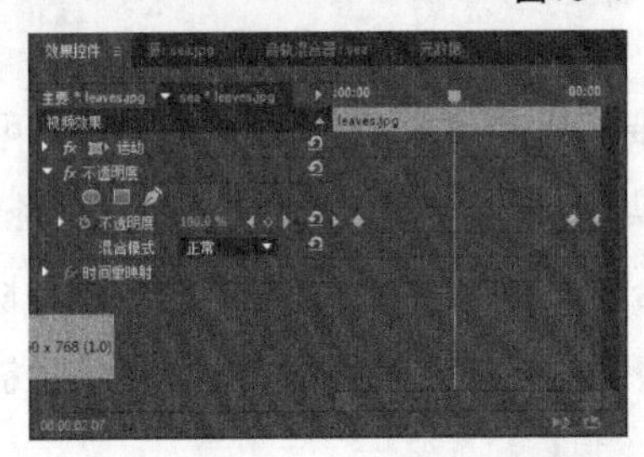

图10-2

要创建两幅图像的渐隐效果，可以将一个视频素材放到视频2轨道上，将另一个视频素材放到视频1轨道上。在视频2轨道上的图像被渐隐起来，所以能看到视频1轨道上的图像，图10-3所示的是两个素材渐隐的结果。

图10-3

10.1.2 控制透明效果

为了创建更加奇妙的渐隐，可以使用“钢笔工具”或“选择工具”，在不透明度图形线上添加一些关键帧。添加一些关键帧后，就可以根据需要上下拖曳不透明度图形线的各个部分，如图10-4所示。

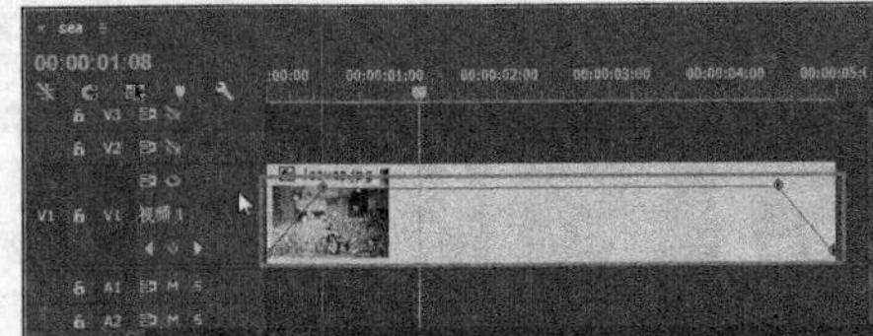

图10-4

10.1.3 调整不透明度图形线

使用“钢笔工具”或“选择工具”，可以将不透明度图形线作为一个整体移动，也可以同时移动两个关键帧。

1.移动单个关键帧

使用“钢笔工具”或“选择工具”，可以移动单个关键帧，还可以移动不透明度图形线的一部分，而其他部分不受影响。

2.同时移动两个关键帧

将“钢笔工具”或“选择工具”移到中间两个关键帧之间，当光标变为状时，单击不透明度图形线并向下拖曳，如图10-5所示。

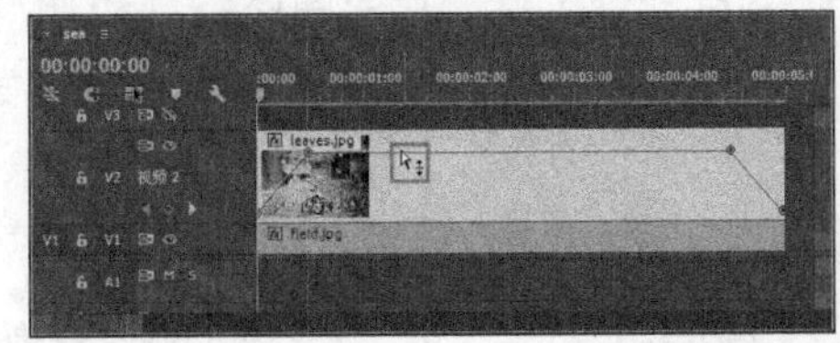

图10-5

在这两个关键帧之间单击并拖曳时，两个关键帧之间的关键帧和不透明度图形线会作为一个整体移动。这两个关键帧之外的不透明度图形线会随之逐渐移动，如图10-6所示。

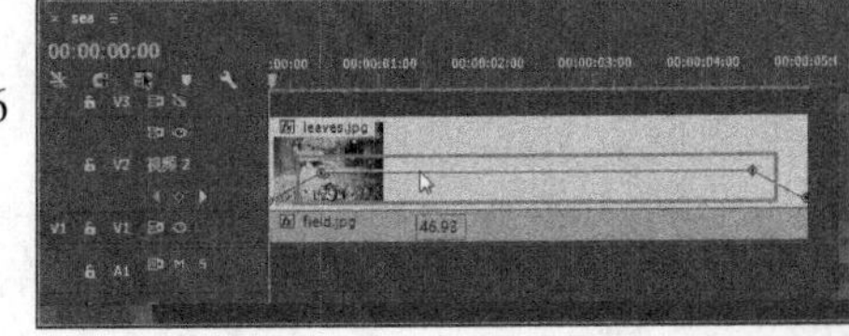

图10-6

课堂案例

使用关键帧控制渐隐效果

素材文件　素材文件>第10章>课堂案例：使用关键帧控制渐隐效果

学习目标　在不透明度图形线上添加关键帧来控制渐隐轨道的方法

本例将介绍在不透明度图形线上添加关键帧来控制渐隐轨道的操作，案例效果如图10-7所示。

图10-7

01 新建一个项目，然后导入学习资源中的“素材文件>第10章>课堂案例：使用关键帧控制渐隐效果>unbelievable animal_32.mp4和unbelievable animal_33.mp4”文件，接着将unbelievable animal_32.mp4拖曳至视频1轨道，将unbelievable animal_33.mp4拖曳至视频2轨道，如图10-8所示。

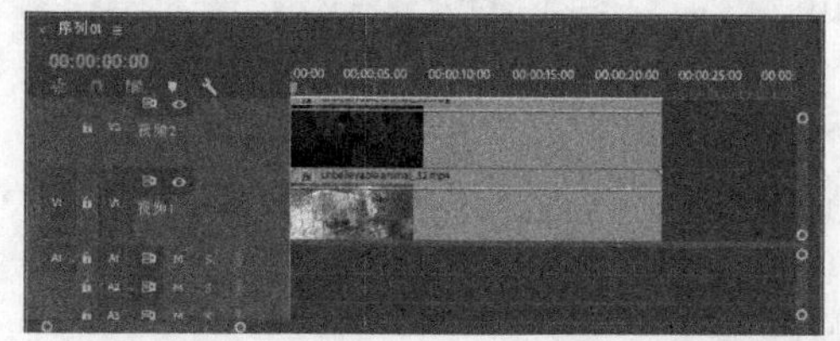

图10-8

02 选择unbelievable animal_33.mp4素材，然后在第0帧处按住Ctrl键并单击素材上的“不透明度”图形线（白色线条），此时会在素材上添加不透明度关键帧，如图10-9所示。

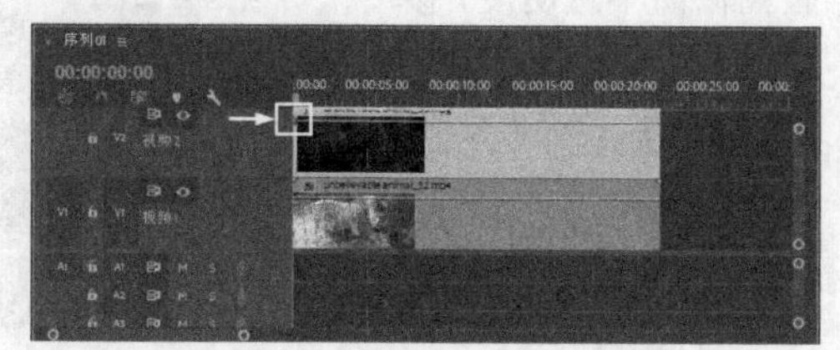

图10-9

03 在第2秒处按住Ctrl键并单击素材上的“不透明度”图形线（白色线条），为素材添加关键帧，然后将关键帧向下拖曳，使“不透明度”为0，如图10-10所示。

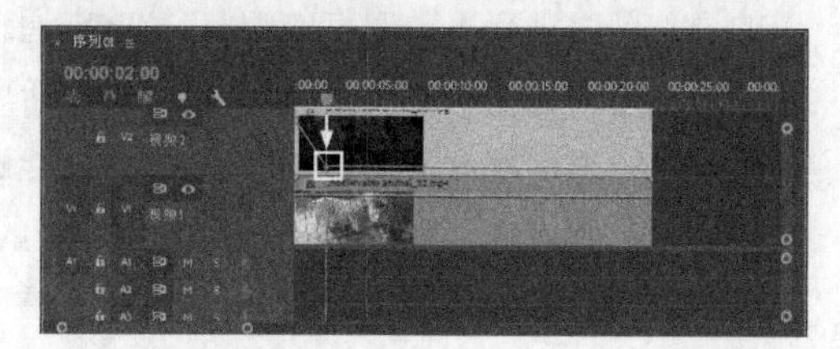

图10-10

技巧与提示

如果关键帧过多，只需在时间轴面板上选择关键帧并按Delete键，即可删除选择的关键帧。也可以在“效果控件”面板上选择关键帧并按Delete键。

如果要删除时间轴上的所有不透明度关键帧，可以单击“效果控件”面板上的“切换动画”按钮，在打开的“警告”对话框中单击“确定”按钮，即可删除全部现有关键帧，如图10-11所示。

图10-11

04 将时间移至第20秒处，然后在“效果控件”面板中按住Ctrl键并单击“不透明度”图形线，此时会为“不透明度”添加关键帧，如图10-12所示。

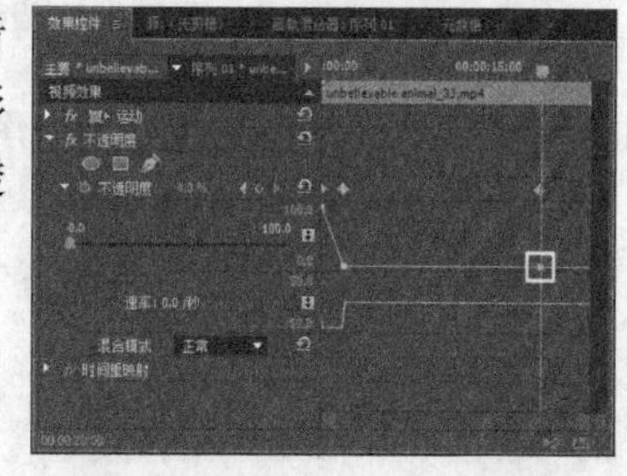

图10-12

技巧与提示

使用“时间轴”面板上的“转到前一关键帧”和“转到下一关键帧”按钮，可以快速从一个关键帧转到另一个关键帧。

05 在第22秒处按住Ctrl键并单击“不透明度”图形线，为素材添加关键帧，然后将关键帧向上拖曳，使“不透明度”为100，如图10-13所示。

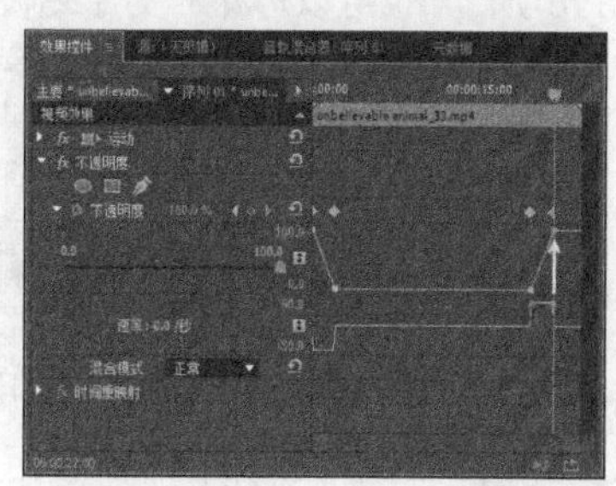

图10-13

06 播放视频，预览素材应用特效后的效果，如图10-14所示。

图10-14

课堂练习

移动关键帧

素材文件　素材文件>第10章>课堂练习：移动关键帧
学习目标　在“时间轴”面板中移动关键帧的方法

本例是介绍在“时间轴”面板中移动关键帧的操作，案例效果如图10-15所示。

图10-15

操作提示

第1步：打开学习资源中的“素材文件>第10章>课堂练习：移动关键帧>课堂练习：移动关键帧_I.prproj”文件。

第2步：使用“选择工具”或“钢笔工具”调整关键帧。

10.2 使用键控特效叠加轨道

使用“键控”特效，可以使视频素材或静帧图像彼此叠加在一起，这些效果位于“效果”面板中的“视频效果>键控”文件夹中。

10.2.1 应用键控特效

如果要显示并体验“键控”特效，首先在屏幕上显示一个Premiere Pro项目，或者载入现有Premiere Pro项目，也可以选择“文件>新建>项目”，新建一个项目，并向新项目中导入两个视频素材，然后为其添加“键控”特效。

10.2.2 结合关键帧应用键控特效

在Premiere Pro中，可以使用关键帧创建随时间变化的“键控”效果控件。使用“效果控件”面板或“时间轴”面板，都可以添加关键帧。

10.2.3 键控特效概览

使用“键控”特效，可以调整图像的不透明度，接下来介绍使用不同“键控”特效的方法。在“效果”面板中依次展开“视频效果>键控”卷展栏，将显示各个“键控”特效，如图10-16所示。

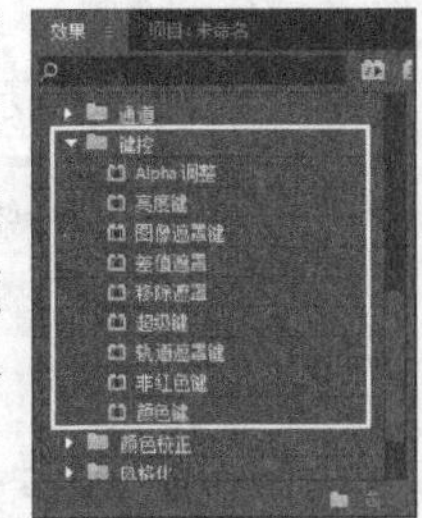

图10-16

1.Alpha调整

使用“Alpha调整”效果，可以对包含Alpha通道的导入图像进行不透明度的调整。Alpha通道是一个图像图层，表示一个通过灰度颜色（包括黑色和白色）指定透明程度的蒙版。Premiere Pro能够读取来自Adobe Photoshop和3D图形软件等程序中的Alpha通道，还能够将Adobe Illustrator文件中的不透明区域转换成Alpha通道，如图10-17所示。

图10-17

技巧与提示

单击“项目”面板上一个带有Alpha通道的文件，然后选择“剪辑>修改>解释素材”命令，在“修改素材”对话框中可以选择“忽略Alpha通道”选项，使Premiere Pro忽略此文件的Alpha通道。或者选择“反转Alpha通道”选项，使Premiere Pro反转文件的Alpha通道。

在“效果控件”面板上，通过“Alpha调整”选项可以调整Alpha通道的显示方式，如图10-18所示。

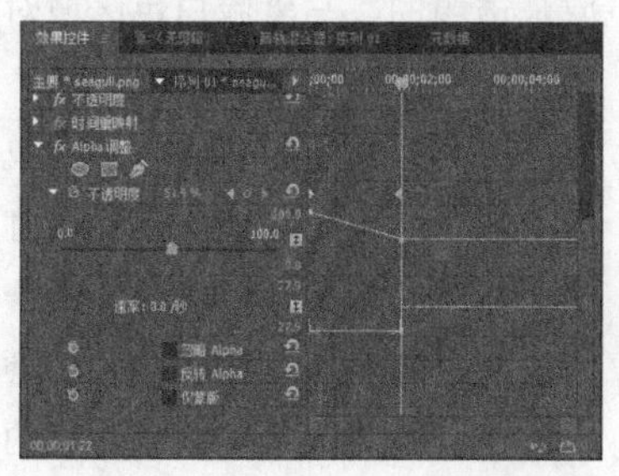

图10-18

常用参数介绍

不透明度：降低不透明度会使Alpha通道中的图像更透明，如图10-19所示。

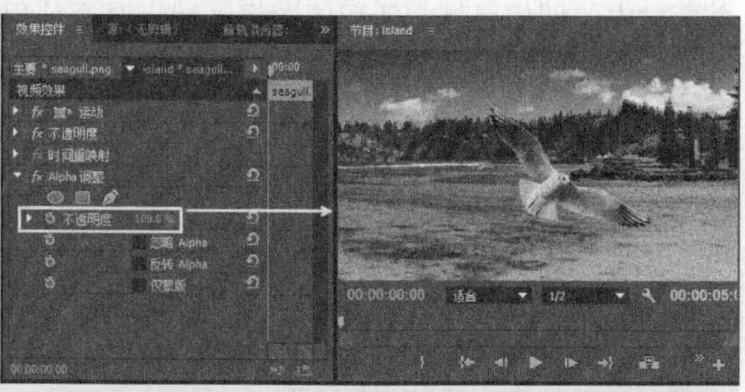

图10-19

忽略Alpha：选择该选项时，Premiere Pro会忽略Alpha通道，如图10-20所示。

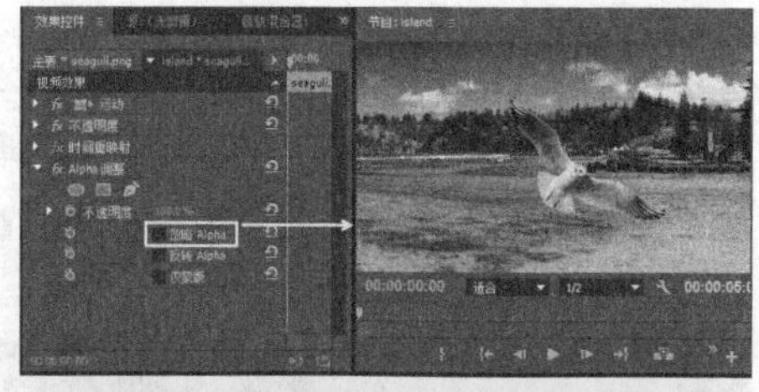

图10-20

反相Alpha：选择该选项，会导致Premiere Pro反转Alpha通道，如图10-21所示。

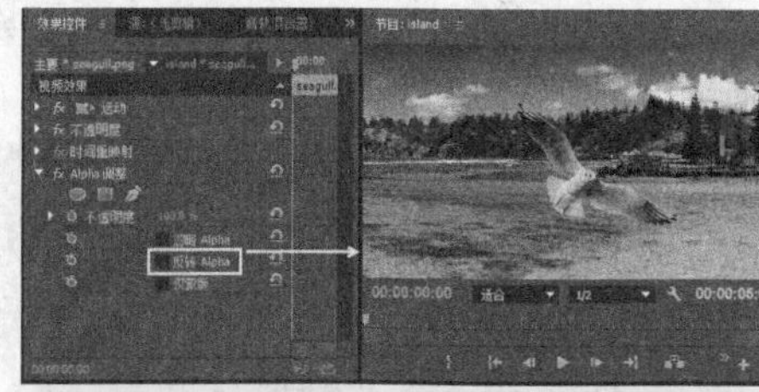

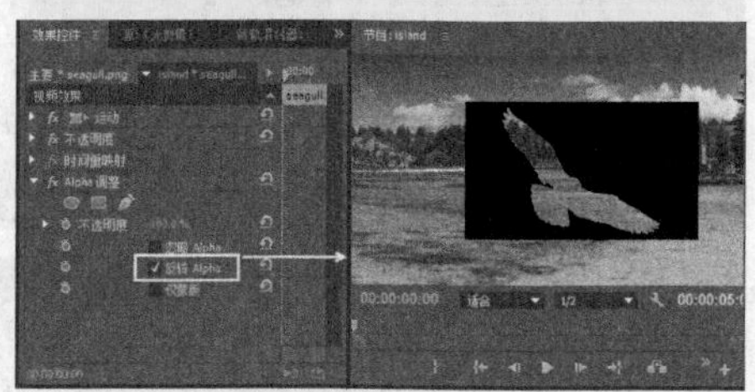

图10-21

仅蒙版：选择该选项，将只显示Alpha通道的蒙版，而不显示其中的图像，如图10-22所示。

图10-22

2.亮度键

“亮度键”特效可以去除素材中较暗的图像区域。图10-23所示的是“亮度键”控件设置及在“节目”中预览应用该效果后的结果。

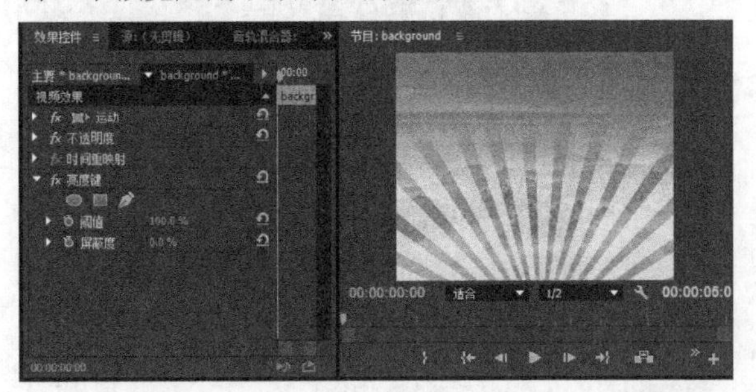

图10-23

常用参数介绍

阈值：单击并向右拖曳“阈值”参数，可以增加被去除的暗色值范围，如图10-24所示。

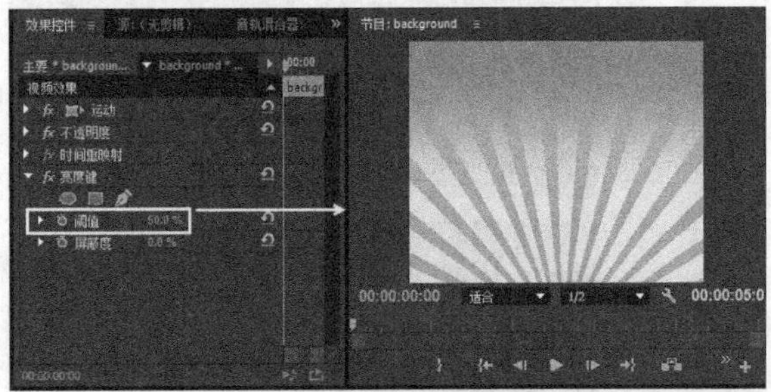

图10-24

屏蔽度：这个键控制界限范围的不透明度，如图10-25所示。

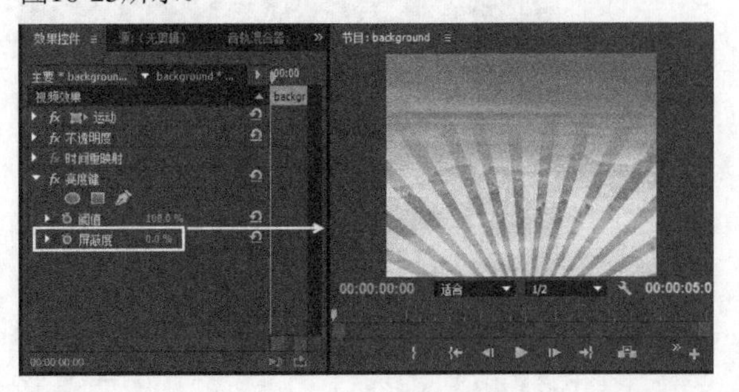

图10-25

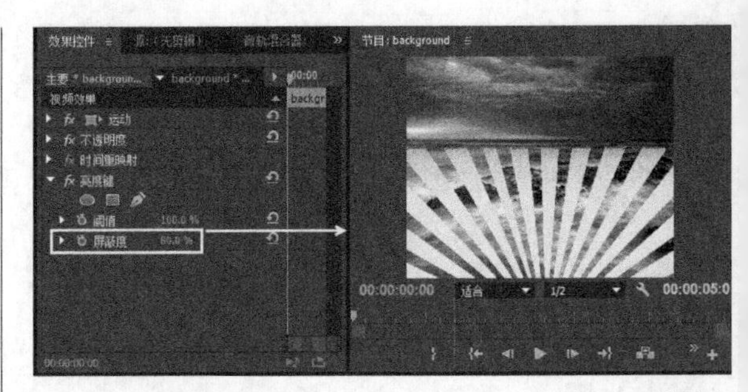

图10-25（续）

3.图像遮罩键

“图像遮罩键”特效用于创建静帧图像尤其是图形的透明效果。与蒙版黑色部分对应的图像区域是透明的，与蒙版白色区域对应的图像区域不透明，灰色区域创建混合效果。

使用“图像遮罩键”时，单击“效果控件”面板上的“设置”按钮，然后在打开的对话框中选择一个遮罩图像，最终结果取决于选择的图像。可以使用素材的Alpha通道或者亮度创建复合效果。也可以反转键控特效，使白色对应的区域变得透明，而与黑色对应的区域不透明。

4.差值遮罩

“差值遮罩”特效能够去除一个素材与另一个素材中的图像区域相匹配的图像区域。是否使用“差值遮罩”特效，取决于项目中使用的素材。如果项目中的背景是静态的，而且位于运动素材上面，那么就需要使用“差值遮罩”键将图像区域从静态素材中去掉。

图10-26所示的是“差值遮罩”控件设置及在“节目”中预览应用该效果后的结果。

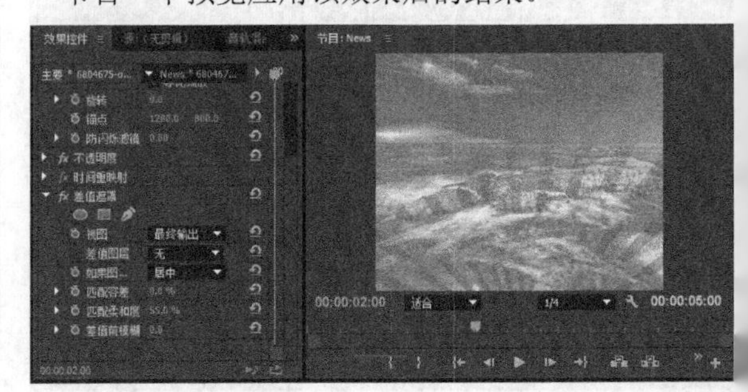

图10-26

常用参数介绍

视图：设置节目监视器的显示方式，包括“最终输出”“仅限源”和“仅限遮罩”3种，如图10-27所示。

最终输出
仅限源
仅限遮罩

图10-27

如果图层大小不同：指定将前景图像居中还是对其进行拉伸以适合，如图10-28所示。

居中
伸缩以适合

图10-28

匹配容差：指定遮罩必须在多大程度上匹配前景颜色才能被抠像，如图10-29所示。

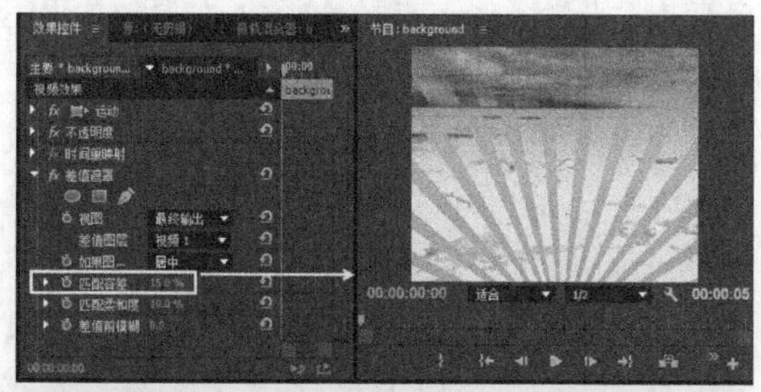

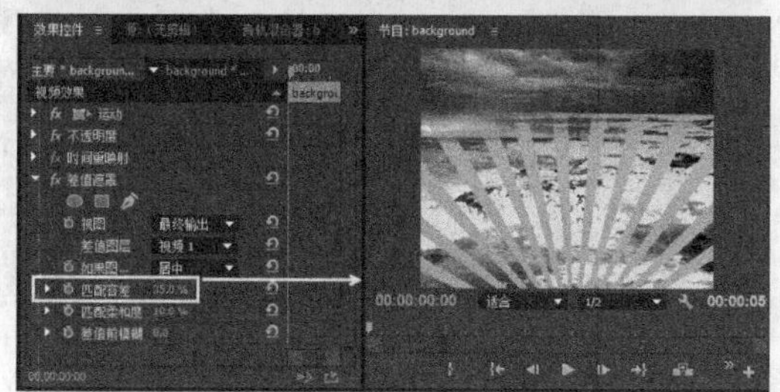

图10-29

匹配柔和度：指定遮罩边缘的柔和程度，如图10-30所示。

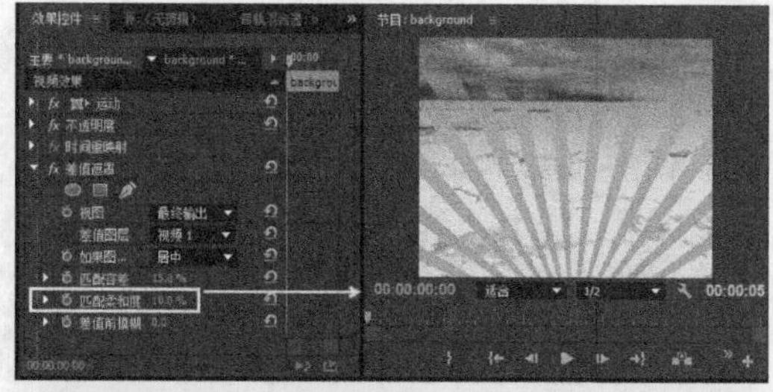

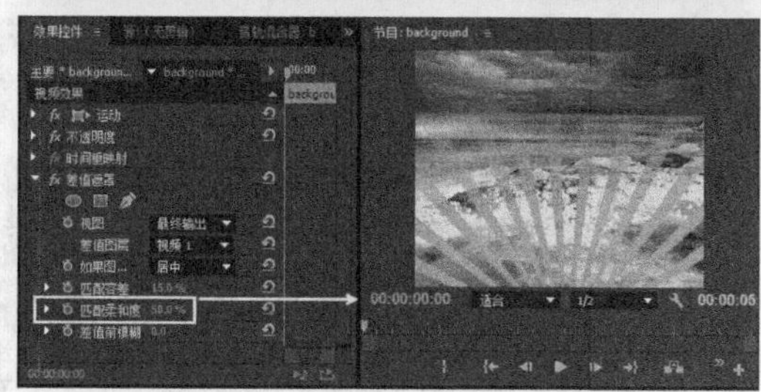

图10-30

差值前模糊：指定添加到遮罩的模糊的程度，如图10-31所示。

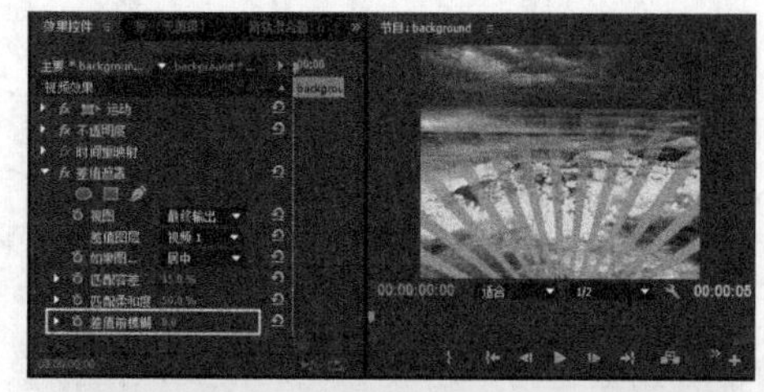

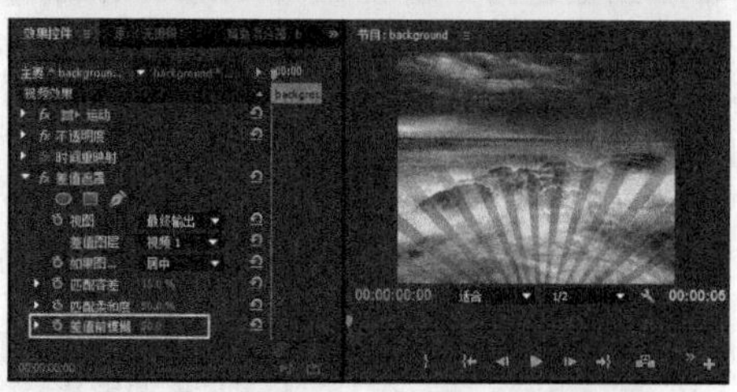

图10-31

5.移除遮罩

“移除遮罩”特效可以将图像的白色区域或黑色区域彻底移除。通常，“移除遮罩”特效用来去除黑色或白色背景。对于那些固有背景颜色为白色或黑色的图形，这个效果非常有用。

图10-32所示的是“移除遮罩”控件设置及在“节目”中预览应用该效果后的结果。

图10-32

6.超级键

“超级键”用于校正素材色彩，并将素材中与指定键色相似的区域从素材上遮罩起来。通过调整效果控件设置，可以调整遮罩的区域。图10-33所示的是“超级键”控件设置及在“节目”面板中预览应用该效果后的结果。

图10-33

常用参数介绍

输出：设置输出的模式，包括“合成”“Alpha通道”和“颜色通道”3种，如图10-34所示。

合成
Alpha 通道
颜色通道

图10-34

设置：为“超级键”效果提供的抠像预设，包括“默认”“弱效”“强效”和“自定义”4种，如图10-35所示。

默认
弱效
强效
自定义

图10-35

主要颜色：指定去除的颜色，如图10-36所示。

图10-36

遮罩生成：该属性组主要用于抠取颜色的范围，如图10-37所示。

遮罩清除：该属性组主要用于调整抠像边缘，如图10-38所示。

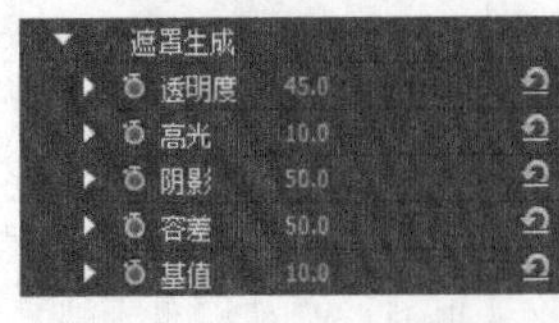

遮罩清除
抑制 0.0
柔化 0.0
对比度 0.0
中间点 50.0

图10-37　图10-38

溢出抑制：该属性组主要用于调整抠像溢出的饱和度、补偿量和原始明亮度等，如图10-39所示。

颜色校正：该属性组主要用于调整抠像的颜色，如图10-40所示。

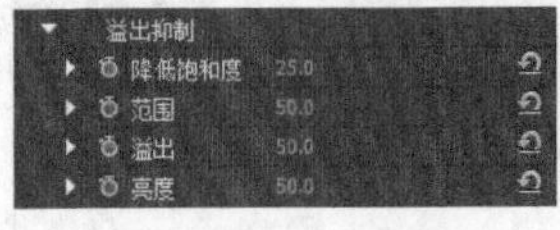

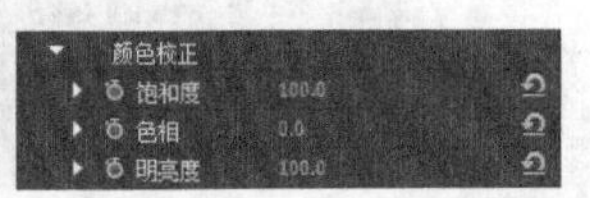

图10-39　图10-40

7.轨道遮罩键

“轨道遮罩键”能够创建移动或滑动蒙版效果。通常，蒙版是一个黑白图像，能在屏幕上移动。与蒙版上黑色相对应的图像区域是透明的，与白色对应的图像区域不透明，灰色区域创建混合效果。

8.非红色键

“非红色键”效果基于绿色或蓝色背景创建不透明度。此键类似于蓝屏键效果，但是该效果还允许用户混合两个剪辑。此外，非红色键效果有助于减少不透明对象边缘的边纹。在需要控制混合时，或在蓝屏键效果无法产生满意结果时，可使用非红色键效果来抠出绿屏。图10-41所示的是“非红色键”控件设置及在“节目”面板中预览应用该效果后的结果。

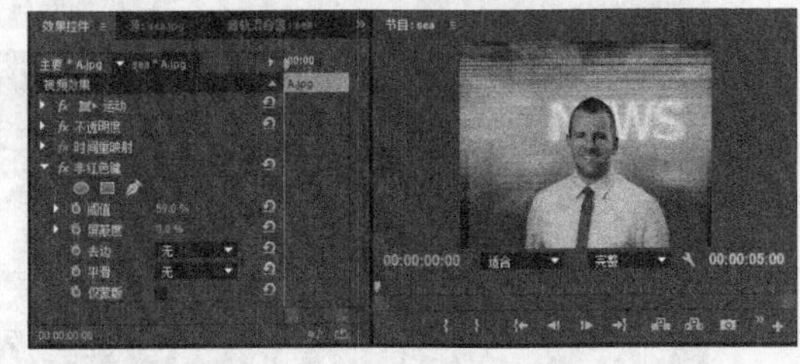

图10-41

常用参数介绍

阈值：单击并向左拖曳“阈值”参数，会去除更多的绿色和蓝色区域，如图10-42所示。

图10-42

屏蔽度：单击并向右拖曳“屏蔽度”参数，可以微调键控效果，如图10-43所示。

图10-43

去边：从剪辑不透明区域的边缘移除残余的绿屏或蓝屏颜色，如图10-44所示。

图10-44

平滑：这个控件设置锯齿消除，通过混合像素颜色来平滑边缘，如图10-45所示。选择“高”获得最高的平滑度，选择“低”只稍微进行平滑，选择“无”不进行平滑处理。设置字幕的键控效果时，“无”选项往往是最佳选择。

图10-45

仅蒙版：使用这个控件指定是否显示素材的Alpha通道，如图10-46所示。

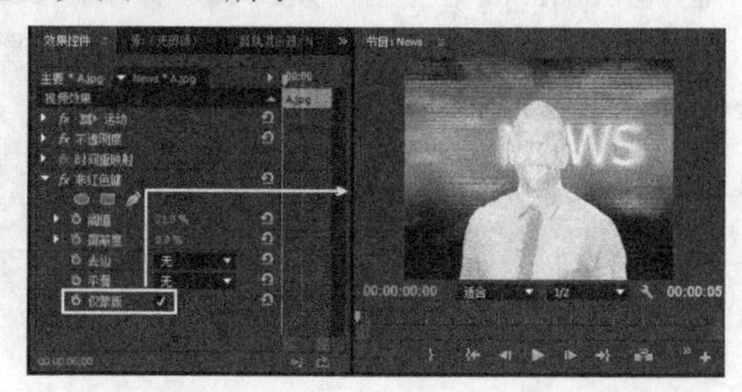

图10-46

9.颜色键

“颜色键”特效能够去除特定颜色或某一个颜色范围。通常在预制作期间就做好使用这个特效的计划，以便在某一颜色背景下进行拍摄。使用吸管工具单击图像的背景区域来选择想要去除的颜色，效果如图10-47所示。

图10-47

常用参数介绍

颜色容差：控制遮罩必须在多大程度上匹配前景颜色才能被抠像，如图10-48所示。

图10-48

边缘细化：控制边缘的细节，如图10-49所示。

图10-49

羽化边缘：控制边缘羽化的程度，如图10-50所示。

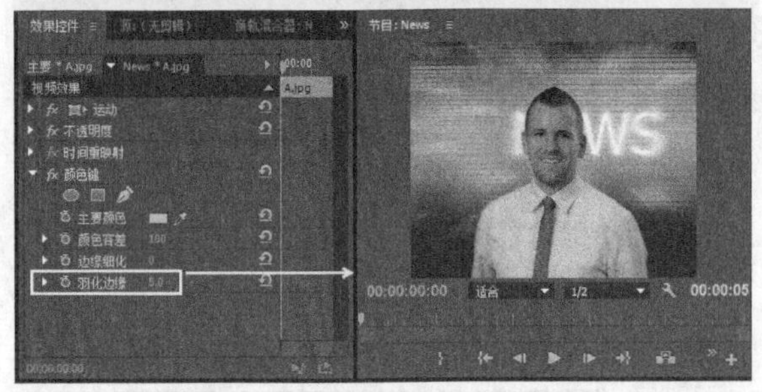

图10-50

课堂案例

应用键控特效

素材文件　素材文件>第10章>课堂案例：应用键控特效
学习目标　对素材应用"键控"特效的方法

本例介绍对素材应用"键控"特效的操作，案例效果如图10-51所示。

图10-51

01 新建一个项目，然后导入学习资源中的"素材文件>第10章>课堂案例：应用键控特效>field.jpg和horse.jpg"文件，接着将field.jpg拖曳至视频1轨道，将horse.jpg拖曳至视频2轨道，如图10-52所示。

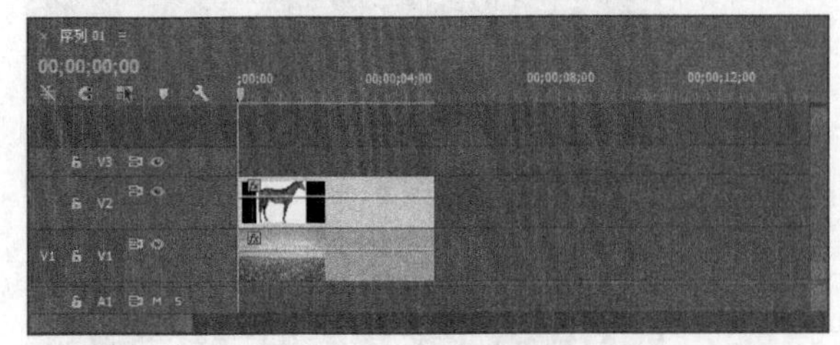

图10-52

02 在"效果"面板中选择"视频效果>键控>亮度键"滤镜，如图10-53所示，然后将其拖曳给horse.jpg素材。

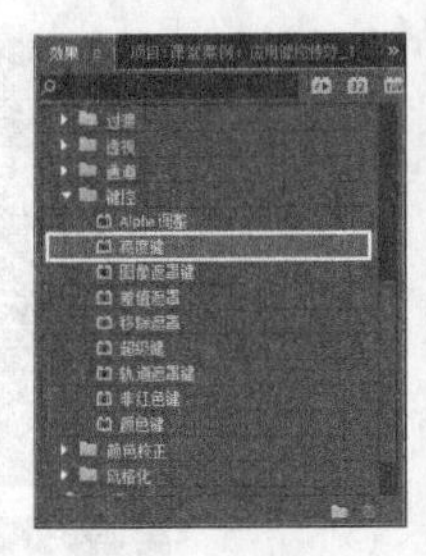

图10-53

03 在"效果控件"面板中设置"亮度键"滤镜的"阈值"为0%、"屏蔽度"为50%，如图10-54所示。

图10-54

课堂案例

使用键控特效创建叠加效果

素材文件　素材文件>第10章>课堂案例：使用键控特效创建叠加效果
学习目标　使用"轨道遮罩键"创建文字与素材的叠加效果的方法

本例介绍使用"轨道遮罩键"创建文字与素材的叠加效果的操作，案例效果如图10-55所示。

图10-55

01 新建一个项目，然后导入学习资源中的"素材文件>第10章>课堂案例：使用键控特效创建叠加效果>earth.jpg和ocean.jpg"文件，接着将earth.jpg拖曳至视频1轨道，将ocean.jpg拖曳至视频2轨道，如图10-56所示。

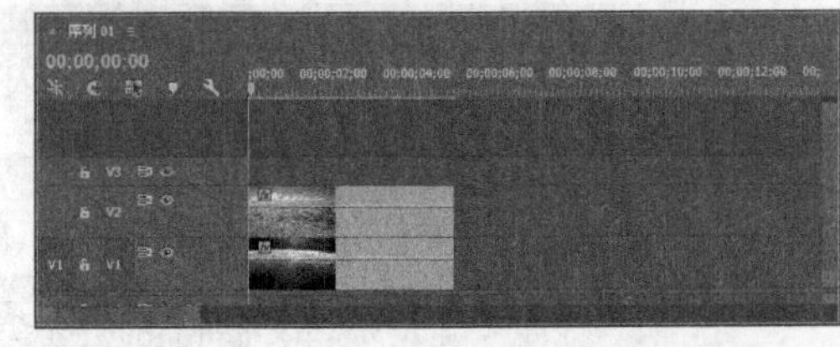

图10-56

02 执行“字幕>新建字幕>默认静态字幕”菜单命令，在打开的字幕设计窗口中使用“输入工具”输入文字Planet Earth，然后为文字应用一种文字样式，如图10-57所示。

图10-57

03 关闭“字幕设计”窗口，然后将创建的字幕拖入视频3轨道上，如图10-58所示。

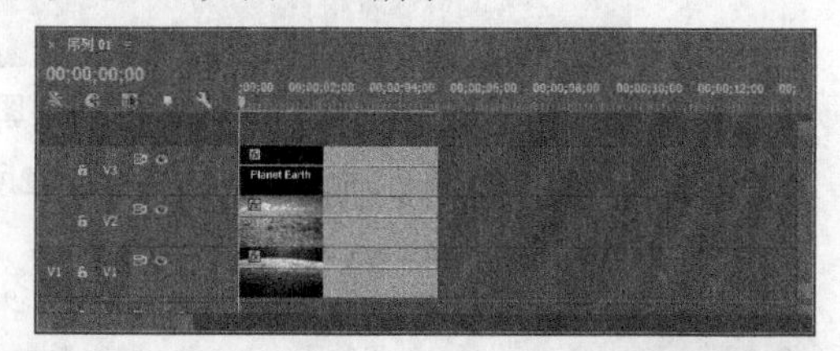

图10-58

04 在“效果”面板中选择“视频效果>键控>轨道遮罩键”滤镜，如图10-59所示，然后将其拖曳到视频2轨道上的ocean.jpg素材上。

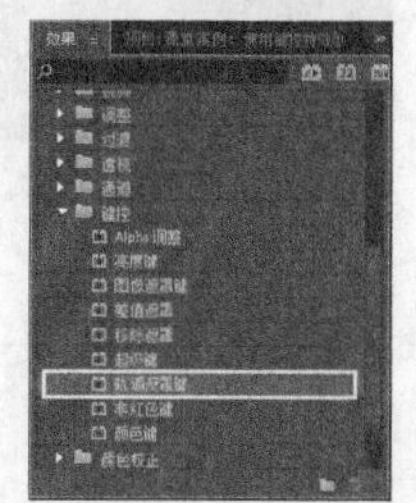

图10-59

05 在“效果控件”面板中将“遮罩”设置为“视频3”，如图10-60所示。

图10-60

课堂案例

颜色键抠像

素材文件　素材文件>第10章>课堂案例：颜色键抠像

学习目标　制作颜色键抠像的方法

本例主要介绍应用“颜色键”视频效果抠像的操作，案例效果如图10-61所示。

图10-61

01 打开学习资源中的“素材文件>第10章>课堂案例：颜色键抠像>课堂案例：颜色键抠像_I.prproj”文件，序列中有两段素材，如图10-62所示。

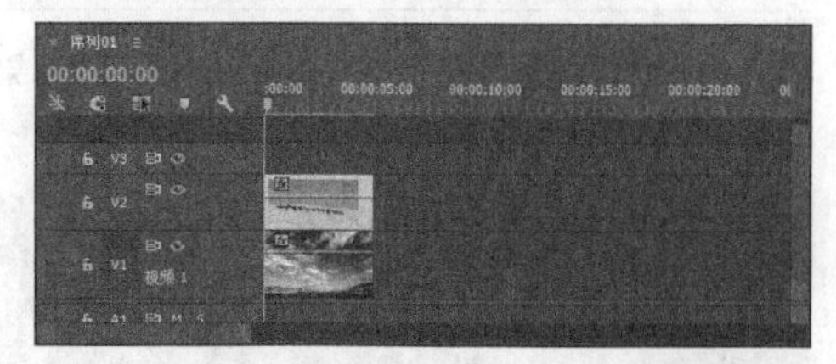

图10-62

02 在“效果”面板中选择“视频效果>键控>颜色键”滤镜，如图10-63所示，然后将其拖曳给sky.jpg素材。

图10-63

03 在“效果控件”面板中使用“主要颜色”属性后面的吸管工具拾取天空中的蓝色，如图10-64所示。

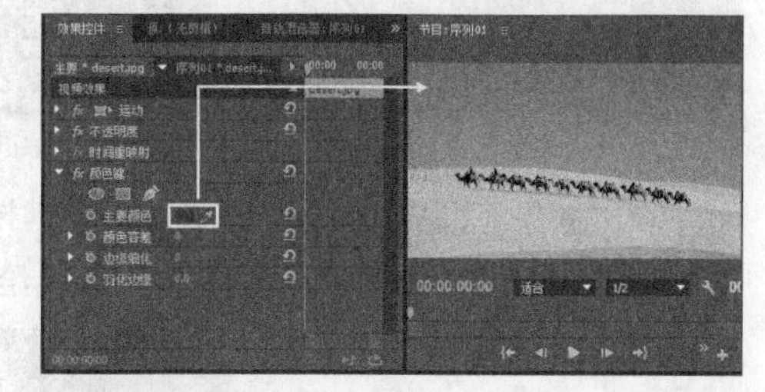

图10-64

04 设置“颜色容差”为55、“边缘细化”为1、“羽化边缘”为4，如图10-65所示。

图10-65

05 预览素材应用滤镜前后的效果，如图10-66所示。

图10-66

课堂案例

超级键抠像

素材文件　素材文件>第10章>课堂案例：超级键抠像

学习目标　制作超级键抠像的方法

本例主要介绍应用“超级键”视频效果抠像的操作，案例效果如图10-67所示。

图10-67

01 打开学习资源中的“素材文件>第10章>课堂案例：超级键抠像>课堂案例：超级键抠像_I.prproj”文件，序列中有两段素材，如图10-68所示。

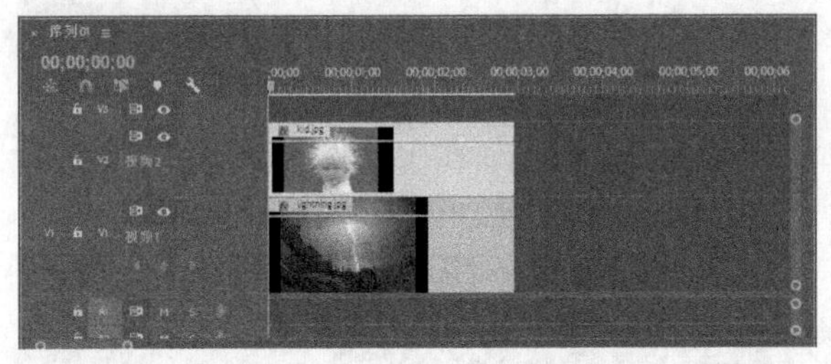

图10-68

02 在“效果”面板中选择“视频效果>键控>超级键”滤镜，如图10-69所示，然后将其拖曳给kid.jpg素材。

图10-69

03 在“效果控件”面板中使用“主要颜色”属性后面的吸管工具拾取人物后面的蓝色，如图10-70所示。

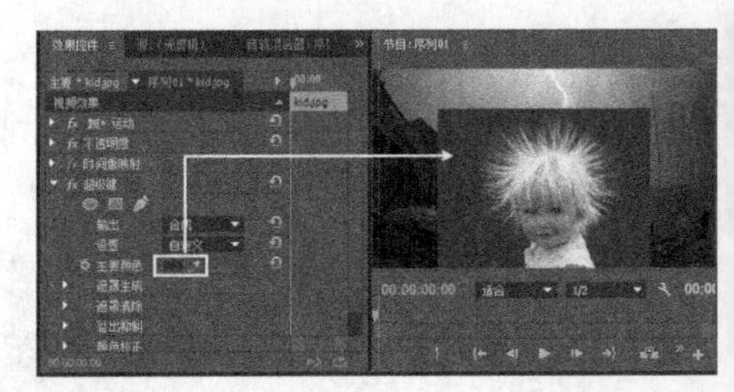

图10-70

04 展开“遮罩生成”属性组，设置“高光”为0、“基值”为0，然后展开“遮罩清除”属性组，设置“柔化”为0.5，如图10-71所示。

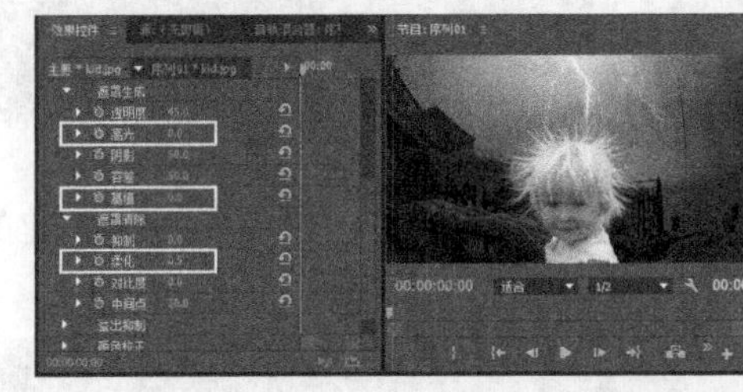

图10-71

05 预览素材应用滤镜前后的效果，如图10-72所示。

图10-72

课堂练习

设置键控

素材文件　素材文件>第10章>课堂练习：设置键控

学习目标　使用“效果控件”面板调整键控效果的方法

本例介绍使用“效果控件”面板调整键控效果的操作，案例效果如图10-73所示。

图10-73

操作提示

第1步：打开学习资源中的“素材文件>第10章>课堂练习：设置键控>课堂练习：设置键控_I .prproj”文件。

第2步：为duck.jpg素材添加“视频效果>键控>超级键”滤镜，然后设置滤镜的参数。

第3步：调整duck.jpg素材的大小和位置。

10.3 创建叠加效果的视频背景

如果想要叠加两个不带Alpha通道的视频素材，则需要使用“键控”视频效果。在图10-74所示的效果中，视频3使用了一个Alpha的通道文件（文字），这样当叠加视频1和视频2轨道上的素材时，可以使用“非红色键”特效透过素材看到背景。

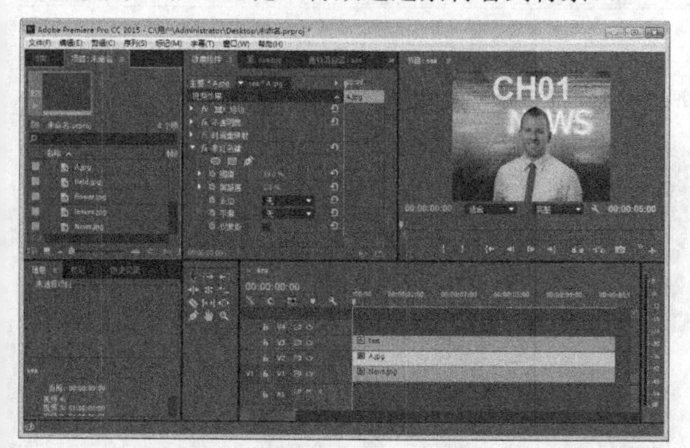

图10-74

课堂案例

创建叠加背景效果

素材文件　素材文件>第10章>课堂案例：创建叠加背景效果

学习目标　使用“颜色键”滤镜，将两个视频素材叠加到一起的方法

本例介绍使用“键控”视频效果文件夹中的“颜色键”效果，将两个视频素材叠加到一起的操作，案例效果如图10-75所示。

图10-75

01 新建一个项目，导入学习资源中的“素材文件>第10章>课堂案例：创建叠加背景效果>dolphin.jpg、sea.jpg和Splash.png”文件，接着将sea.jpg拖曳至视频1轨道，将Splash.png拖曳至视频2轨道，将dolphin.jpg拖曳至视频3轨道，再将Splash.png拖曳至视频4轨道，如图10-76所示。

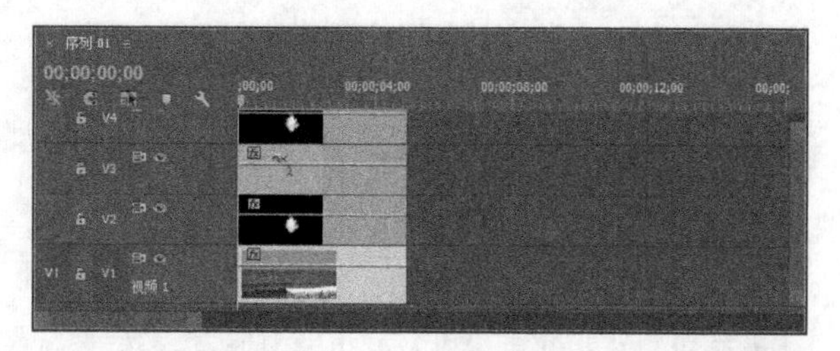

图10-76

02 在“效果”面板中选择“视频效果>键控>颜色键”滤镜，然后将其拖曳给dolphin.jpg素材，接着在“效果控件”面板中设置“主要颜色”为dolphin.jpg的背景色、“颜色容差”为8、“边缘细化”为1、“羽化边缘”为1，如图10-77所示。

图10-77

03 调整海豚和水花素材的位置，使整个画面看起来协调，效果如图10-78所示。

图10-78

04 选择轨道4中的Splash.png素材，然后在“效果控件”面板中设置“不透明度”为90%，效果如图10-79所示。

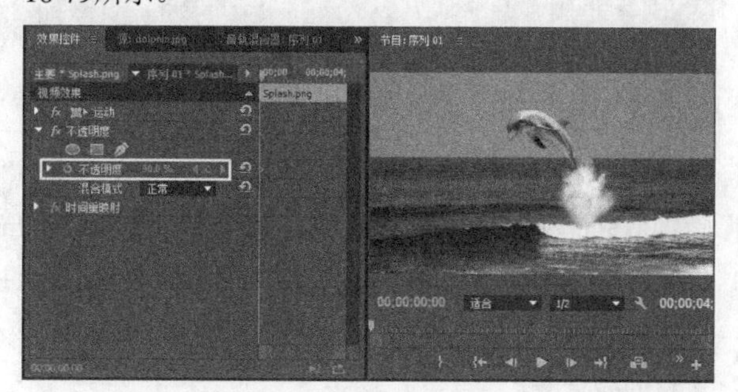

图10-79

10.4 本章小结

本章介绍了控制不透明度的方法和键控滤镜的使用方法。Premiere Pro CC提供了Alpha调整、亮度键、图像遮罩键、差值遮罩、移除遮罩、超级键、轨道遮罩键、非红色键以及颜色键9种键控滤镜，读者可以根据需要使用这些滤镜制作叠加效果。

10.5 课后习题

本章安排了两个习题，用来练习在“时间轴”和“效果控件”面板中设置素材的渐隐效果。

10.5.1 课后习题：在时间轴面板中控制渐隐轨道

素材文件　素材文件>第10章>课后习题：在时间轴面板中控制渐隐轨道
学习目标　使用不透明度图形线控制渐隐轨道的方法

本例主要介绍在“时间轴”面板中使用不透明度图形线控制渐隐轨道的操作，案例效果如图10-80所示。

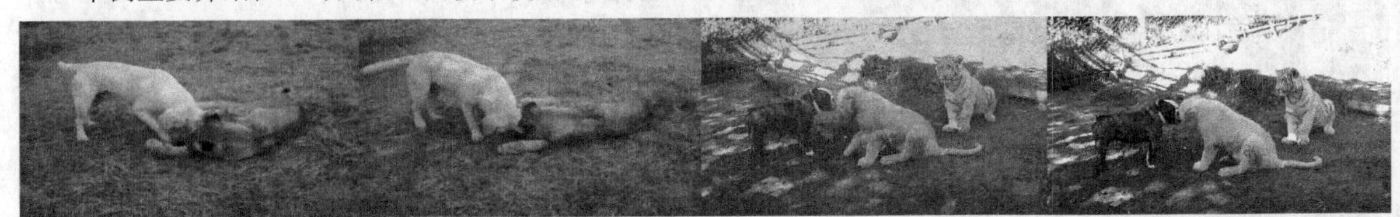

图10-80

操作提示

第1步：新建一个项目，然后导入学习资源中的“素材文件>第10章>课后习题：在时间轴面板中控制渐隐轨道>unbelievable animal_19.mp4和unbelievable animal_22.mp4”文件，接着将unbelievable animal_19.mp4拖曳至视频1轨道，将unbelievable animal_22.mp4拖曳至视频2轨道。

第2步：在“时间轴”面板中调整unbelievable animal_22.mp4素材的“不透明度”图形线，以控制两个素材的融合度。

10.5.2 课后习题：在效果控件面板中控制渐隐轨道

素材文件　素材文件>第10章>课后习题：在效果控件面板中控制渐隐轨道
学习目标　使用不透明度图形线控制渐隐轨道的方法

本例主要介绍在“效果控件”面板中使用不透明度图形线控制渐隐轨道的操作，案例效果如图10-81所示。

图10-81

操作提示

第1步：新建一个项目，然后导入学习资源中的“素材文件>第10章>课后习题：在效果控件面板中控制渐隐轨道>unbelievable animal_15.mp4和unbelievable animal_16.mp4”文件，接着将unbelievable animal_15.mp4拖曳至视频1轨道，将unbelievable animal_16.mp4拖曳至视频2轨道。

第2步：在“效果控件”面板中调整unbelievable animal_16.mp4素材的“不透明度”图形线，以控制两个素材的融合度。

第11章

制作运动效果

Premiere Pro可以为素材设置关键帧，使素材产生运动效果，增加画面的趣味和活力。在“效果控件”面板中，可以为位置、缩放和不透明度等属性设置关键帧，为素材添加动画效果。本章主要介绍创建关键帧、编辑关键帧以及关键帧的插值方式等。

知识索引

认识“运动”特效

使用运动控件调整素材

通过“运动”控件创建动态效果

编辑运动效果

为动态素材添加效果

11.1 认识运动特效

Premiere Pro的“运动”效果控件用于缩放、旋转和移动素材。通过“运动”属性组制作动画，使用关键帧设置随时变化的运动，可以使原本枯燥乏味的图像活灵活现起来；也可以使素材移动或微微晃动，让静态帧在屏幕上滑动。当选择“时间轴”面板上的一个素材时，“效果控件”面板上就会显示运动效果。

展开“运动”属性组，其中包含了“位置”“缩放”“缩放宽度”“旋转”和“锚点”等属性，如图11-1所示。

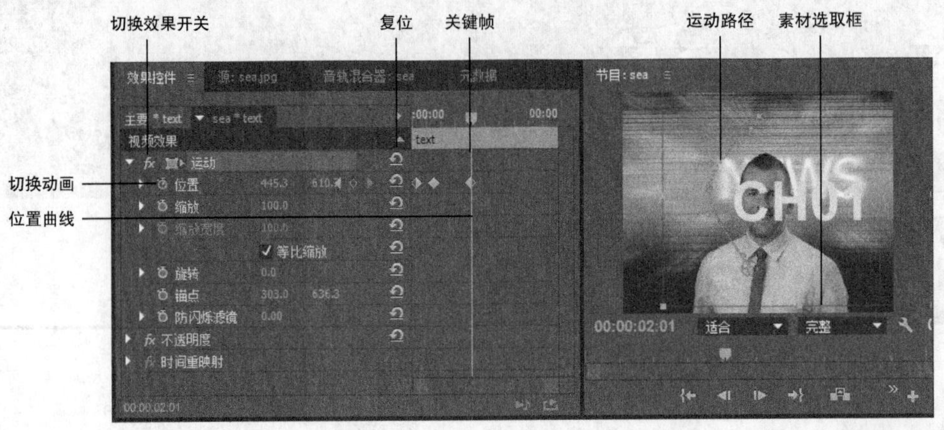

图11-1

参数介绍

位置：素材相对于整个屏幕所在的坐标。

缩放：素材的尺寸百分比。当“等比缩放”选项未被选择时，“缩放”用于调整素材的高度，同时其下方的“缩放宽度”选项呈可选状态，此时可以只改变对象的高度或者宽度。当“等比缩放”选项被选择时，对象只能按照比例进行缩放变化。

旋转：使素材按其中心转动任意角度。

锚点：素材的中心点所在的坐标。

11.2 使用运动控件调整素材

要使用Premiere Pro的运动控制，必须创建一个项目，其中“时间轴”面板上要有一个视频素材被选择，然后使用“运动”特效控件调整素材，并创建运动效果。

如果要创建向多个方向移动或者在素材的持续时间内不断改变大小或旋转的运动效果，使用关键帧可以在指定的时刻创建效果。例如，使用图形或视频素材，可创建随另一个视频素材一起运动的效果。使用关键帧，可以使效果发生在指定的位置，还可以为效果添加音乐。当选择“效果控件”面板上的“切换”图标时，就会显示运动路径。显示运动路径时，关键帧会以点的形式显示在运动路径上，指定位置的变化。

课堂案例

制作海龟游动

素材文件　素材文件>第11章>课堂案例：制作海龟游动

技术掌握　使用运动控件调整素材的方法

本例主要介绍使用运动控件调整素材的运动状态，案例效果如图11-2所示。

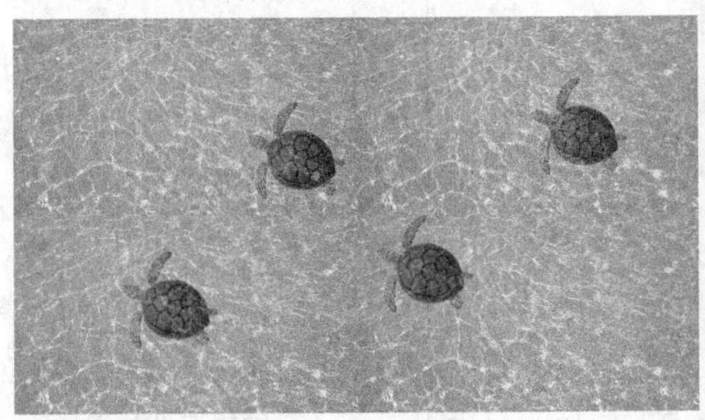

图11-2

01 新建一个项目，然后导入学习资源中的“素材文件>第11章>课堂案例：制作海龟游动>ripple.png、Turtle.png和sea.jpg”文件，接着将sea.jpg拖曳至视频1轨道、Turtle.png拖曳至视频2轨道、ripple.png拖曳至视频3轨道，如图11-3所示。

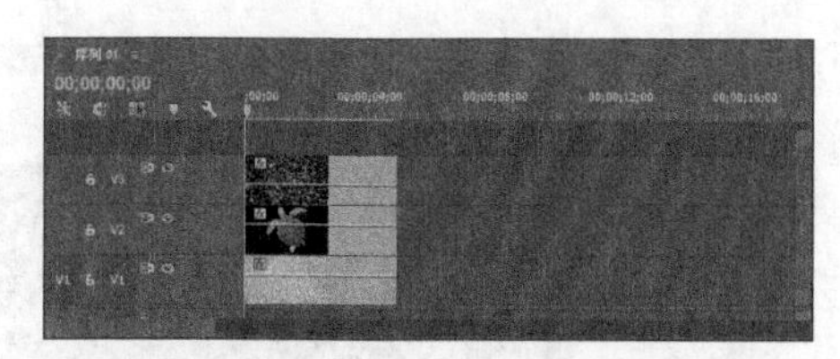
图11-3

02 选择Turtle.png素材，然后在“效果控件”面板中展开“运动”属性组，接着为“位置”属性设置关键帧动画。在第0帧处设置“位置”为（1033.4，540），在第4秒处设置“位置”为（229.9，236.1），如图11-4所示。最后设置“旋转”为-40°，如图11-5所示。

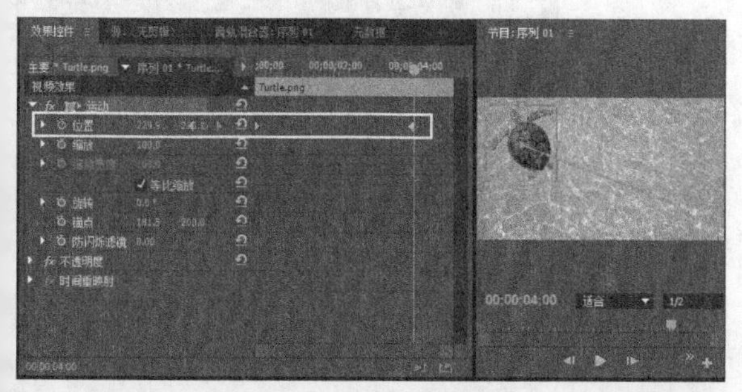
图11-4

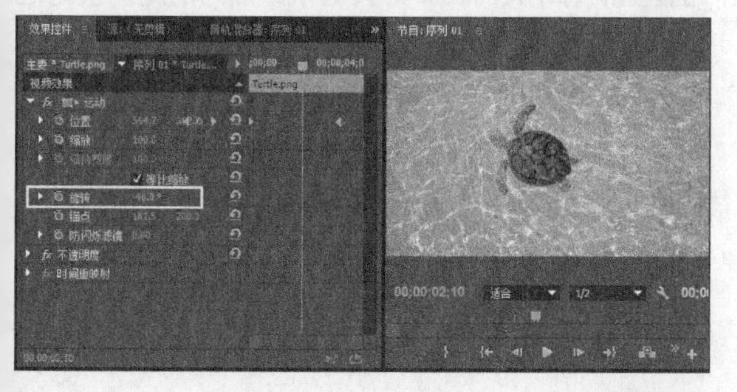
图11-5

03 播放视频，预览素材应用特效后的效果，如图11-6所示。

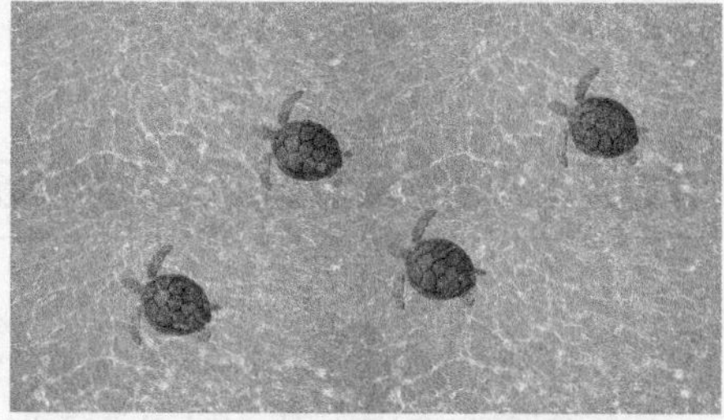
图11-6

11.3 编辑运动效果

要编辑运动路径，可以移动、删除或添加关键帧，甚至可以复制粘贴关键帧。有时可以通过添加关键帧创建平滑的运动路径。

11.3.1 修改关键帧

添加完一个运动关键帧后，任何时候都可以重新访问这个关键帧并进行修改。用户可以使用“效果控件”面板或“时间轴”面板来移动运动关键帧，也可以使用“节目”面板中显示的运动路径移动关键帧点。如果在“效果控件”或“时间轴”面板中移动关键帧点，将会改变运动特效在时间轴上发生的时间。如果在“节目”面板中的运动路径上移动关键帧点，将会影响运动路径的形状。

11.3.2 复制粘贴关键帧

在编辑关键帧的过程中，可以将一个关键帧复制粘贴到时间轴中的另一位置，该关键帧点的素材属性与原关键帧点相同。单击选择要复制的关键帧，然后执行“编辑>复制”菜单命令，再将当前时间指示器移动到新位置，如图11-7所示。执行“编辑>粘贴”菜单命令，即可将复制的关键帧点粘贴到当前时间指示器处，如图11-8所示。

图11-7

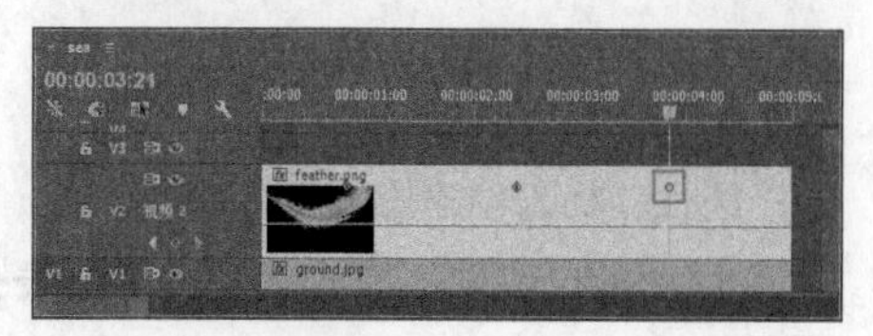
图11-8

11.3.3 删除关键帧

在编辑过程中，可能会需要删除关键帧点。为此，只需简单地选择该点并按Delete键。如果要删除运动特效选项的所有关键帧点，可以在“效果控件”面板中单击“切换动画”按钮，在打开的“警告”对话框中会提示是否删除现有的关键帧，如图11-9所示。

图11-9

11.3.4 移动关键帧以改变运动路径的速度

Premiere Pro通过关键帧之间的距离决定运动速度。如果要提高运动速度，可以将关键帧分隔得更远一些；如果要降低运动速度，可以使关键帧分隔得更近一些。

要移动关键帧，单击选择它，然后单击并拖曳关键帧点，在时间轴上移动。要提高运动速度，拖曳关键帧，使它们之间的距离变大；要降低运动速度，拖曳关键帧，使它们离得更近一些。

11.3.5 指定关键帧的插入方法

Premiere Pro会在两个关键帧之间插入指定关键帧。所使用的插入方法对运动特效的显示方式有显著影响。修改插入方法，可以更改速度、平滑度和运动路径的形状。最常用的关键帧插入方法是直线插入和贝塞尔曲线插入。要查看关键帧的不同插入方法，可以选择“时间轴”面板中的关键帧，然后单击鼠标右键，在弹出的图11-10所示的菜单中选择一种新的插入方法。

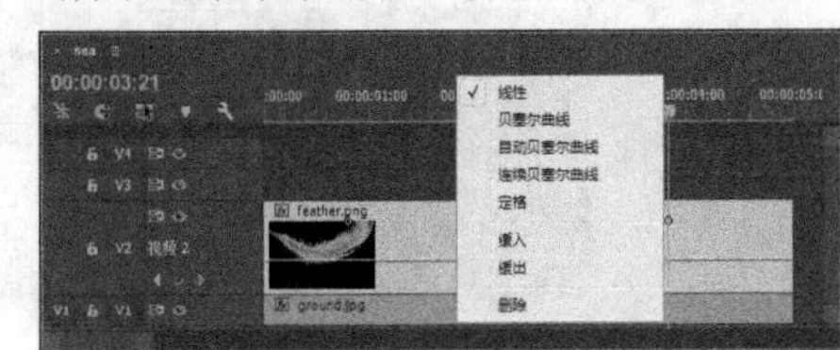

图11–10

常用参数介绍

线性：插入创建均匀的运动变化。

贝塞尔/自动贝塞尔/连续贝塞尔曲线：插入实现更平滑的运动变化。

定格：插入创建突变的运动变化。

缓入/缓出：生成缓慢或急速的运动变化。

1.线性插入与曲线插入

使用运动的位置属性控件所得到的运动效果，由多种因素决定。位置运动路径具有的效果由使用的关键帧数量、关键帧使用的插入方法和位置运动路径的形状决定。使用的关键帧数量和插入方法在很大程度上影响运动路径的速度和平滑度。图11-11所示的是反C形的位置运动路径，该图中的第2个关键帧上应用线性插入法创建出V形路径。

图11–11

图11-12显示了S形的位置运动路径，该图中的第2个关键帧上应用曲线插入法创建出S形路径。两种路径都是使用4个关键帧创建的，这4个关键帧是通过调整运动位置属性而创建的。

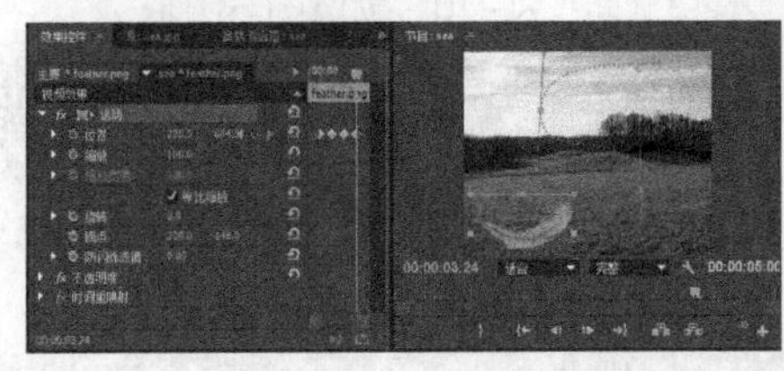

图11–12

运动路径显示在“节目”面板中。运动路径由小蓝点组成，每个小蓝点代表素材中的一帧。蓝色路径上的每个X代表一个关键帧。点间的距离决定运动速度的快慢，点间隔越远，运动速度越快；点间隔越近，运动速度越慢。如果点间距发生变化，运动速度也会随之变化。点表示时间上的连贯，因为它影响着运动路径随时间变化的快慢程度；运动路径的形状表示空间上的连贯，因为它关系着运动路径形状在空间环境中的显示方式。

用户在“时间轴”面板、“节目”面板或“效果控件”面板中使用鼠标右键单击关键帧，可以在打开的菜单中查看和修改插入法。在“时间轴”面板中按住Ctrl键并单击关键帧，将会自动从一种插入法变为另一种插入法。

2.使用曲线插入法调整运动路径的平滑度

可以使用曲线手控调整曲线的平滑度。曲线手控是控制曲线形状的双向线。对曲线和连续曲线插入法来说，双向线都是可以调整的。对自动曲线来说，曲线是自动创建的，自动曲线选项不允许调整曲线形状。使用曲线插入法的优势是可以独立操作两个曲线手控，也就是说，可以对输入控件和输出控件进行不同的设置。

向上拖曳曲线手控会加剧运动变化，向下拖曳曲线手控会减轻运动变化。增加双向线的长度（从中心点往外拖），会增加曲线的尺寸，并增加小白点间的间隔，从而使运动效果的速度变得更快。缩短双向线的长度（从中心点往里拖），会减小曲线的尺寸，并减小小白点间的间隔，从而使运动效果的速度变得更慢。用户可以通过改变双向线的角度和长度来产生更显著的运动效果，还可以通过"节目"或"效果控件"面板调整曲线手控。

课堂案例

制作平滑轨迹

素材文件　素材文件>第11章>课堂案例：制作平滑轨迹

技术掌握　使用关键帧点插入法的方法

本例主要介绍如何使用关键帧点的插入法，以理解关键帧点插入的工作原理，案例效果如图11-13所示。

图11-13

01 新建一个项目，然后导入学习资源中的"素材文件>第11章>课堂案例：制作平滑轨迹>leaf.png和BG.jpg"文件，接着将BG.jpg拖曳至视频1轨道，将leaf.png拖曳至视频2轨道，如图11-14所示。

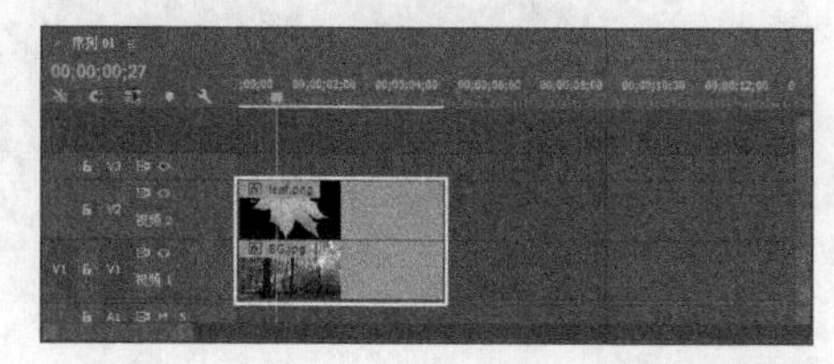

图11-14

02 选择leaf.png素材，然后在"效果控件"面板中展开"运动"属性组，接着将"缩放"设置为35，如图11-15所示。

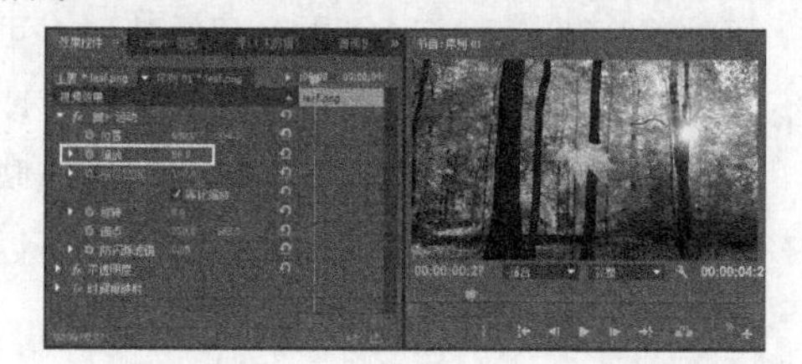

图11-15

03 选择leaf.png素材，然后在"效果控件"面板中展开"运动"属性组，接着为"位置"属性设置关键帧动画，使枫叶形成飘落的效果，如图11-16所示。

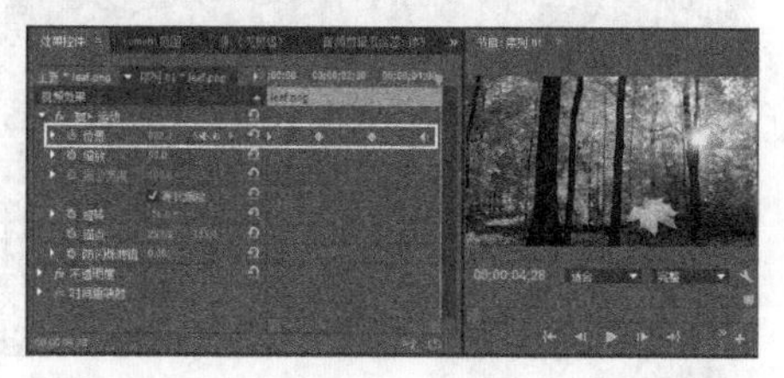

图11-16

04 选择"位置"属性的关键帧，然后单击鼠标右键，在打开的菜单中选择"临时插值>贝塞尔曲线"命令，使枫叶飘落的动作更加平滑，如图11-17所示。

图11-17

05 为"旋转"属性设置关键帧动画，使枫叶在飘落的时候，会随着飘落的方向产生旋转的效果，如图11-18所示。

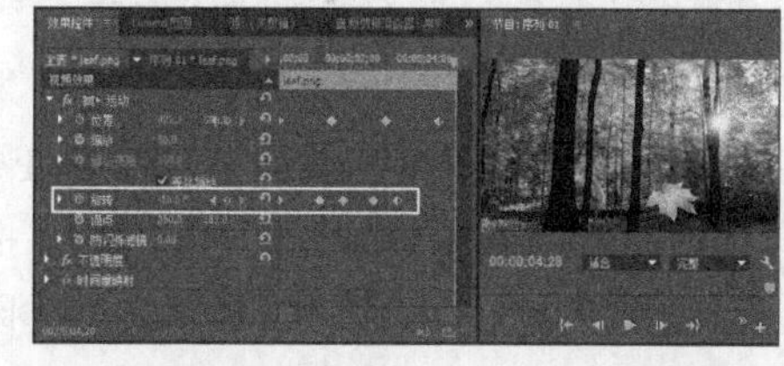

图11-18

06 选择"旋转"属性的关键帧，然后单击鼠标右键，在打开的菜单中选择"贝塞尔曲线"命令，使枫叶旋转的动作更加平滑，如图11-19所示。

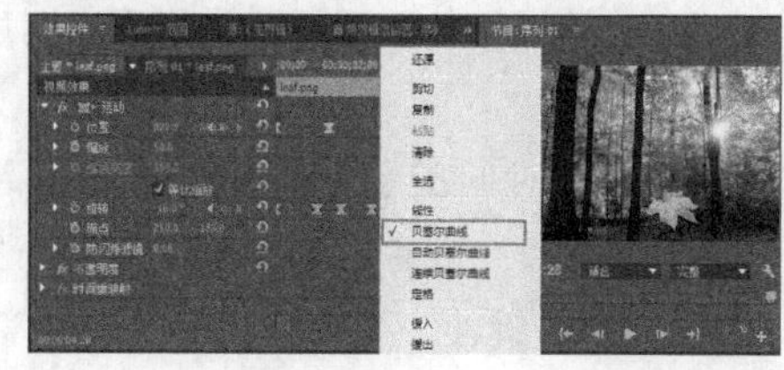

图11-19

07 播放视频，预览素材应用特效后的效果，如图11-20所示。

图11-20

11.4 为动态素材添加效果

为对象、字幕或素材制作动画后，可能会希望对其应用一些其他的特效，例如，可以修改运动对象的不透明度使它成为透明的。如果想对运动对象进行色彩校正，可以应用某种图像控制视频效果或某种色彩校正视频效果，也可以试试用其他视频效果来创建一些有趣的特效。

11.4.1 修改动态素材的不透明度

"效果控件"面板的"固定特效"部分包括"运动"和"不透明度"属性组。降低素材的不透明度，可以使素材变得更透明。如果要改变整个持续时间内素材的不透明度，那么单击并向左拖曳不透明度百分比值；也可以单击不透明度百分比字段，然后输入数值，接着按Enter键来完成修改。另外，还可以在"不透明度"属性组中修改不透明度。

1.在效果控件面板中设置不透明度

在"效果控件"面板中设置不透明度及关键帧的方法如下。

将当前时间指示器移动到素材的起点处。单击"不透明度"属性前面的"切换动画"按钮，设置第1个关键帧，此处的素材不透明度为100%。将当前时间指示器移动到素材的结束点处，然后修改"不透明度"，即可创建第2个关键帧。图11-21所示的是将第2个关键帧处的不透明度设置为50%的效果。

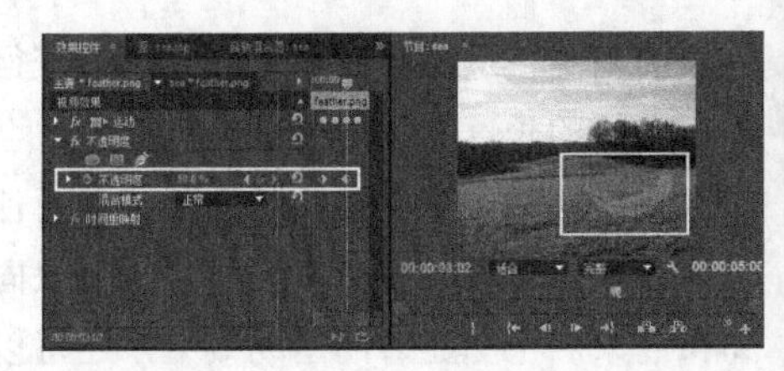

图11-21

2.在时间轴面板中设置不透明度

在"时间轴"面板中设置不透明度及关键帧的方法如下。

将光标移至轨道素材上的fx图标处，然后单击鼠标右键，接着在打开的菜单中选择"不透明度>不透明度"命令，如图11-22所示，此时在轨道上将显示不透明度图形线。

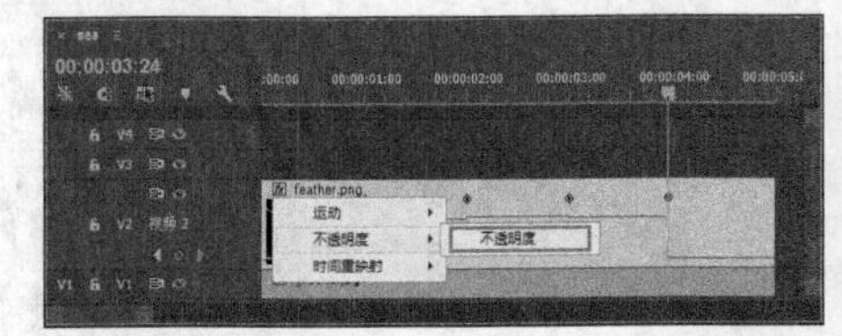

图11-22

将当前时间指示器移动到要添加关键帧的位置，然后单击"添加/删除关键帧"按钮，即可添加关键帧。使用"选择工具"上下拖曳"时间轴"面板中的不透明度图形线上的关键帧节点，可以调整素材的不透明度。向上拖曳关键帧节点，可增加素材的不透明度，反之则降低素材的不透明度，如图11-23所示。

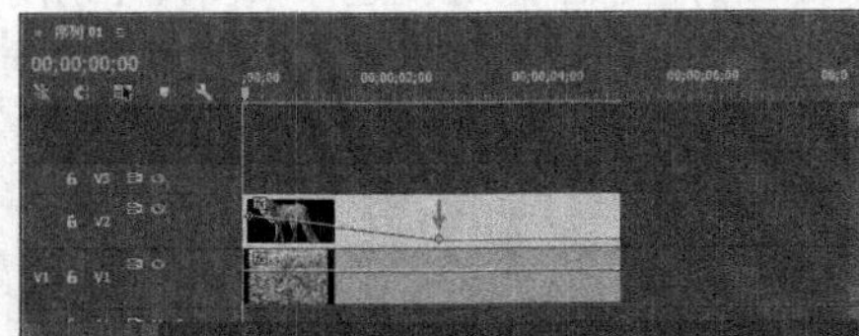

图11-23

11.4.2 重置素材的时间

"时间重映射"控件允许使用关键帧调整素材随时间变化的速度。使用时间重映射，可以通过设置关键帧使素材在不同时间间隔中加速或减速，也可以使素材静止不动或倒退。"时间重映射"控制可以在"效果控件"面板中找到，也可以将其显示在"时间轴"面板上。

1.在效果控件面板中查看时间重映射

要在“效果控件”面板中查看时间重映射，首先确保显示“效果控件”面板，然后单击“时间轴”面板中的视频素材，接着展开“速度”属性组，如图11-24所示。

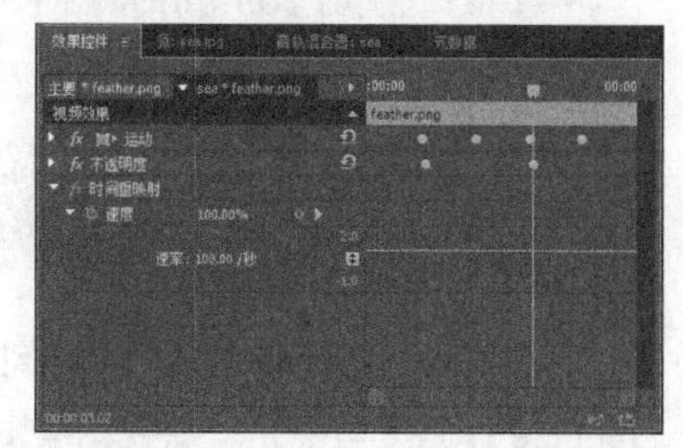

图11-24

2.在时间轴面板中显示时间重映射

如果要在“时间轴”面板中显示时间重映射，那么将光标移至轨道素材上的图标处，然后单击鼠标右键，接着在打开的菜单中选择“时间重映射>速度”命令，如图11-25所示。

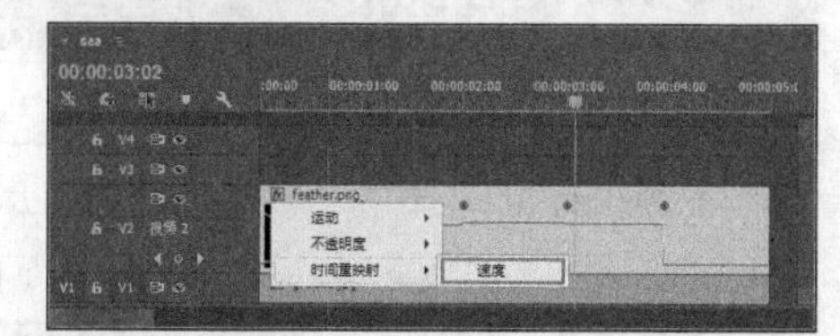

图11-25

使用“选择工具”上下拖曳速度线，即可调整素材随时间变化的速度。在拖曳速度线时，在光标处会显示调整后的速度百分比值，如图11-26所示。向上拖曳速度线，可增加速度值；向下拖曳速度线，可降低速度值。

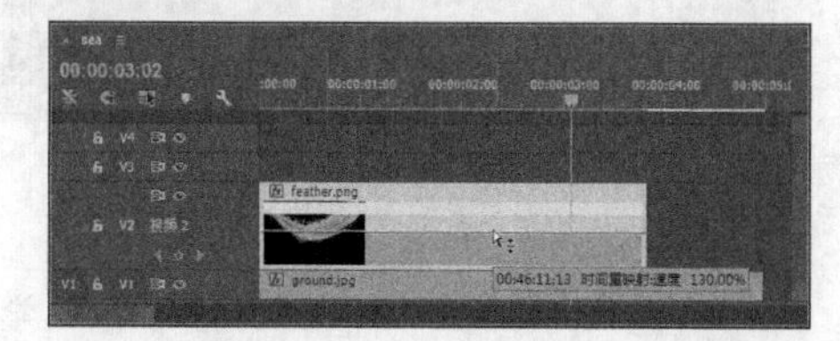

图11-26

11.4.3 为动态素材应用特效

使用“效果控件”面板中的固定特效控件（运动和不透明度）为素材制作动画效果后，可能会想要为素材添加更多的特效。在“效果”面板的“视频效果”文件夹中，可以找到各种特效。要调整图像的颜色，可以试着使用某种图像控制视频效果或某种色彩校正视频效果；如果想要扭曲素材，可以试着使用“扭曲”视频效果。按照下述步骤可以为素材添加特效。

第1步：将“效果控件”面板时间轴或“时间轴”面板中的当前时间指示器移到想要添加特效的位置。

第2步：从“效果”面板上选择一种特效，将其拖到“效果控件”面板或“时间轴”面板中。

第3步：调整特效设置。单击“切换动画”按钮，创建关键帧。如果希望特效随时间发生变化，则需要创建各种关键帧。

课堂案例

制作旋涡效果

素材文件　素材文件>第11章>课堂案例：制作旋涡效果

技术掌握　使用视频效果制作旋涡效果的方法

本例主要介绍如何使用“旋转”滤镜制作旋涡效果，案例效果如图11-27所示。

图11-27

01 新建一个项目，然后导入学习资源中的“素材文件>第11章>课堂案例：制作旋涡效果>ripple.jpg”文件，接着将ripple.jpg拖曳至视频1轨道，如图11-28所示。

图11-28

02 在“效果”面板中选择“视频效果>扭曲>旋转”滤镜，如图11-29所示，然后将其拖曳给ripple.jpg素材。

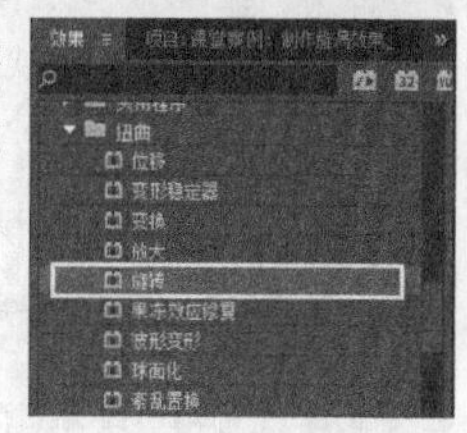

图11-29

03 在“效果控件”面板中展开“旋转”属性组，然后设置“旋转扭曲半径”为26、“旋转扭曲中心”为（636.7，383.3），如图11-30所示。

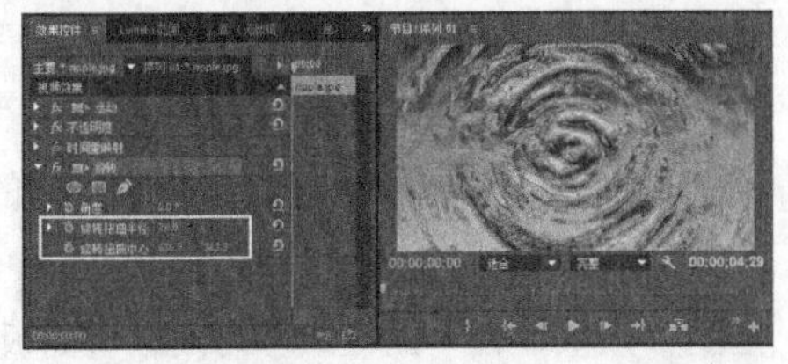

图11-30

04 设置“角度”属性的关键帧动画。在第0帧处设置“角度”为0°，在第4秒处设置“角度”为（1×27°），如图11-31所示。

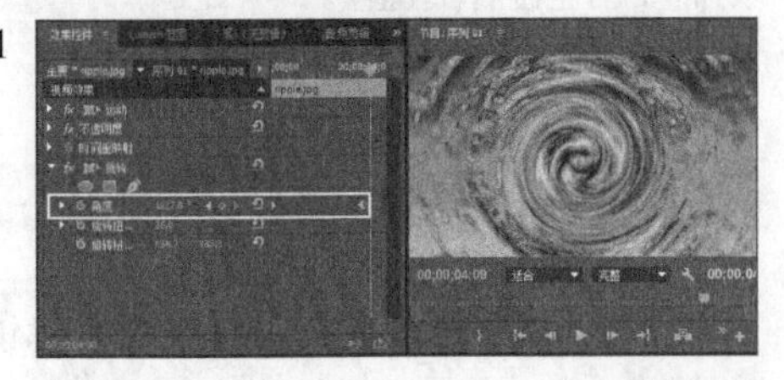

图11-31

05 播放视频，预览素材应用特效后的效果，如图11-32所示。

图11-32

课堂练习

修改运动关键帧

素材文件　素材文件>第11章>课堂练习：修改运动关键帧
技术掌握　使用“效果控件”或“时间轴”面板移动关键帧点的方法

本例主要介绍如何使用“效果控件”或“时间轴”面板移动关键帧点，案例效果如图11-33所示。

图11-33

操作提示

第1步：打开学习资源中的“素材文件>第11章>课堂练习：修改运动关键帧>课堂练习：修改运动关键帧_I .prproj”文件。

第2步：为pigeon.png素材的“位置”和“缩放”属性设置关键帧动画。

11.5 本章小结

本章介绍了为素材添加运动效果的方法。Premiere Pro CC虽然是一款视频编辑软件，但是也提供了一些简单的动画功能，通过设置关键帧，可以使素材产生运动效果。在制作运动效果时，读者需要注意运动的节奏，使运动效果流畅、自然。

11.6 课后习题：修改素材的播放速度

素材文件　素材文件>第11章>课后习题：修改素材的播放速度
技术掌握　通过“时间重映射”属性调整播放速度的方法

本例主要介绍使用“时间重映射”属性调整播放速度的方法，案例效果如图11-34所示。

图11-34

操作提示

第1步：新建一个项目，然后导入学习资源中的“素材文件>第11章>课后习题：修改素材的播放速度> unbelievable animal_13.mp4”文件，接着将unbelievable animal_13.mp4拖曳至视频1轨道。

第2步：在“效果控件”面板中展开“时间重映射”属性组，然后调整“速度”属性以改变素材的播放速度。

第12章

创建字幕和图形

字幕是影视作品中不可缺少的元素，主要用来强调、解释或说明画面反映的内容，其作用非常重要。在Premiere Pro中，可以制作静态字幕、滚动字幕和游动字幕，还可以创建图形，点缀画面效果。本章主要介绍如何使用Premiere Pro创建字幕和图形效果。

知识索引

创建和编辑文字
修改文字和图形
绘制图形
创建路径文字

12.1 字幕对话框

字幕对话框为在Premiere Pro项目中创建用于视频字幕的文字和图形提供了一种简单有效的方法。要显示字幕对话框，首先要启动Premiere Pro，然后创建一个新项目或者打开一个项目。在创建新项目时，一定要根据需要选择字幕绘制区域的画幅大小，字幕绘制区域应与项目的画幅大小一致。如果字幕和输出尺寸一致，那么在最终产品中，字幕就会精确地显示在用户希望它们出现的位置上。

12.1.1 认识字幕对话框

字幕对话框主要由5个面板组成，分别为字幕、字幕工具、字幕动作、字幕样式和字幕属性面板，如图12-1所示。

图12-1

界面介绍

字幕面板：该面板由绘制区域和主工具栏组成。主工具栏中的选项用于指定创建静态文字、游动文字或滚动文字，还可以指定是否基于当前字幕新建字幕，或者使用其中的选项选择字体和对齐方式等。这些选项还允许在背景中显示视频剪辑。

字幕工具面板：该面板包括文字工具和绘制工具，以及一个显示当前样式的预览区域。

字幕动作面板：该面板用于对齐或分布文字或图形对象。

字幕样式面板：该面板用于对文字和图形对象应用预置自定义样式。

字幕属性面板：该面板用于转换文字或图形对象，以及为它们制定样式。

技巧与提示

字幕会被自动放在当前项目的"项目"面板中，并随着项目一起保存下来。

12.1.2 认识字幕工具

字幕工具面板提供了大量工具，用户可以使用这些工具创建字幕和图形，如图12-2所示。

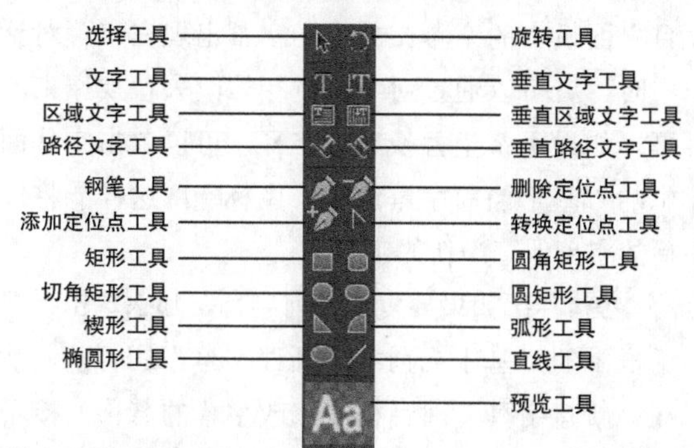

图12-2

字幕工具介绍

选择工具：用于选择文字。

旋转工具：用于旋转文字。

文字工具：沿水平方向创建文字。

垂直文字工具：沿垂直方向创建文字。

区域文字工具：沿水平方向创建换行文字。

垂直区域文字工具：沿垂直方向创建换行文字。

路径文字工具：创建沿路径排列的文字。

垂直路径文字工具：创建沿路径排列的垂直文字。

钢笔工具：使用贝塞尔曲线创建曲线形状。

删除定位点工具：从路径上删除锚点。

添加定位点工具：将锚点添加到路径上。

转换定位点工具：将曲线点转换成拐点，或将拐点转换成曲线点。

矩形工具：创建矩形。

圆角矩形工具：创建圆角矩形。

切角矩形工具：创建切角矩形。

圆矩形工具：创建圆矩形。

楔形工具：创建三角形。

弧形工具：创建弧形。

椭圆形工具：创建椭圆。

直线工具：创建直线。

预览工具：用于预览字幕的效果。

12.1.3 了解字幕菜单

“字幕”菜单提供了大量的命令，主要用于修改文字和图形对象的视觉属性，如图12-3所示。新建字幕后会打开字幕对话框，在该对话框中，单击鼠标右键打开菜单，其中大部分命令与“字幕”菜单中的命令相同，如图12-4所示。

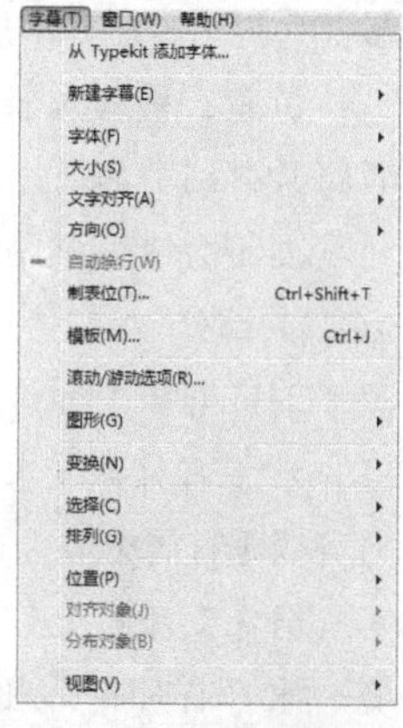

图12-3

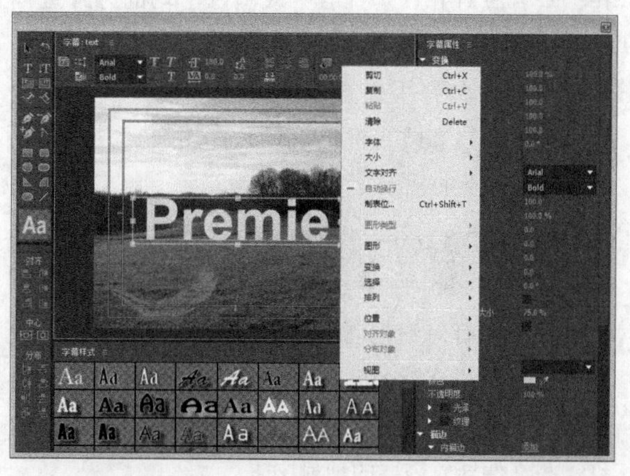

图12-4

字幕右键菜单常用命令介绍

新建字幕：可以选择新建静态字幕、滚动字幕或游动字幕，也可以选择基于当前字幕或者基于模板新建字幕。

字体：修改字体。

大小：修改文字的大小。

文字对齐：将文字设置成左对齐、右对齐或居中。

自动换行：将文字设置成在遇到字幕安全框时自动换行。

制表位：为字幕添加制表符。

图形类型：为导入的图形图像指定类型。

图形：可以导入外部图形图像文件。

变换：允许用户修改对象或文字的位置、比例、旋转和不透明度。

选择：允许用户在一堆对象中选择第一个对象之上、下一个对象之上、下一个对象之下或最后一个对象之下的对象。

排列：允许用户在一堆对象中将选择对象提到最前、提前一层、退后一层或退到最后。

位置：移动对象使其水平居中或垂直居中，或者将其移到字幕设计绘制区域下方1/3处。对于必须显示而不会掩盖屏幕图片的文字，经常使用屏幕下方1/3的部分。

对齐对象：允许用户将选择的对象按水平左对齐、水平右对齐或水平居中、垂直顶对齐、垂直底对齐或垂直居中的方式进行排列。

分布对象：允许用户将选择的对象按水平左对齐、水平右对齐、水平居中或水平平均、垂直顶对齐、垂直底对齐、垂直居中或垂直平均的方式进行分布。

视图：允许用户查看字幕安全框、动作安全框、文本基线和跳格标记，还允许用户查看绘制区域中时间轴上的视频。

12.1.4 字幕的基本操作

在用字幕对话框创建了令人炫目的文字和图形后，用户可能希望在不同的Premiere Pro项目中重复使用。为此，需要将字幕文件保存到硬盘上，然后将这些文件导入需要的项目中去。

技巧与提示

将字幕保存到硬盘上后，可以将它加载到任何项目中，双击项目面板的字幕素材，会在字幕设计中打开该字幕。

在Premiere Pro中，用户可以对字幕文件进行以下4种操作。

第1种：如果要将字幕保存到硬盘上，那么选择“项目”面板上的字幕，然后执行“文件>导出>字幕”菜单命令，在打开的“保存字幕”对话框中为字幕重新命名并指定保存路径，最后单击“保存”按钮，即可将字幕以PRTL格式保存下来。

第2种：如果要将已保存的字幕导入某个Premiere Pro项目，那么执行“文件>导入”菜单命令，然后在打开的“导入”对话框中选择要导入的字幕文件，接着单击“打开”按钮即可，导入的字幕文件会出现在“项目”面板中。

第3种：如果要编辑字幕文件，那么双击“项目”面板中的字幕文件，当字幕出现在字幕对话框中时，就可以通过对字幕进行修改来替换原来的字幕。如果不希望替换当前字幕，可以单击字幕面板中的“基于当前字幕新建”图标，这样能将修改后的字幕保存为新的字幕。

第4种：如果要复制当前字幕，那么单击字幕对话框中的“基于当前字幕新建字幕”图标，然后在“新建字幕”对话框中修改字幕的名称，接着单击“确定”按钮即可。

课堂案例

创建简单字幕

素材文件　无

学习目标　创建一个简单字幕素材并将它保存的方法

01 新建一个项目，然后执行“字幕>新建字幕>默认静态字幕”菜单命令，接着在打开的“新建字幕”对话框中设置“名称”为Text，单击“确定”按钮，如图12-5所示。

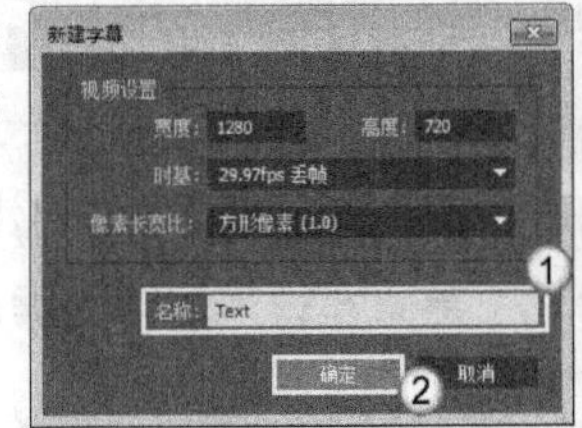

图12-5

02 在字幕工具面板中单击“文字工具”，然后将光标移到绘制区的中心位置单击鼠标，接着输入文字Text，如图12-6所示。

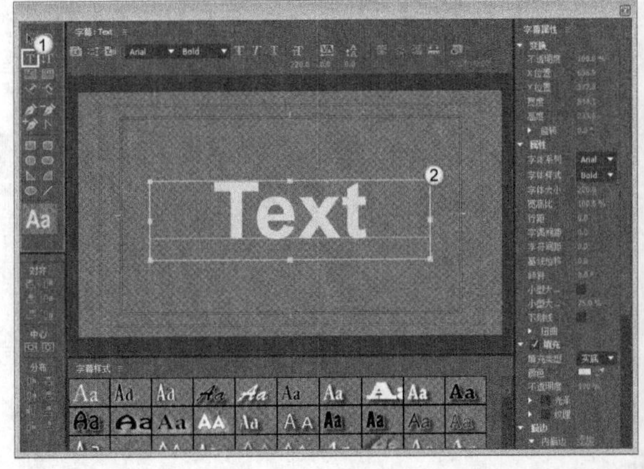

图12-6

03 在“字幕样式”面板中可以选择Premiere Pro提供的字幕样式，也可以在右侧的“字幕属性”面板中自定义字幕的效果，如图12-7所示。

图12-7

04 创建完字幕后，可以将字幕保存以便日后使用。在“项目”面板中选择字幕文件，然后执行“文件>导出>字幕”菜单命令，如图12-8所示，接着在打开的“存储字幕”对话框中设置字幕的名称和路径，单击“保存”按钮即可，如图12-9所示。

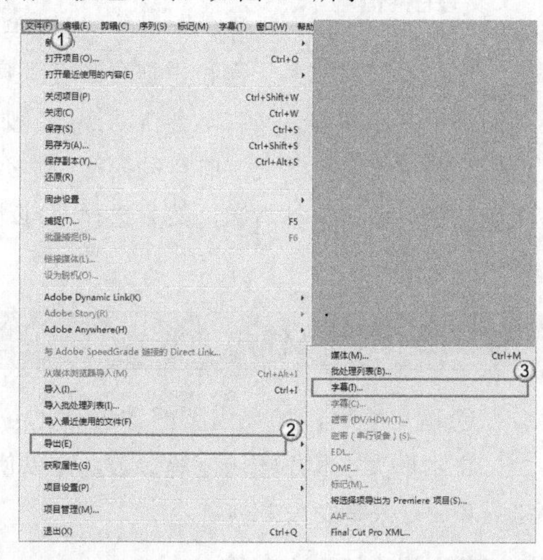

图12-8

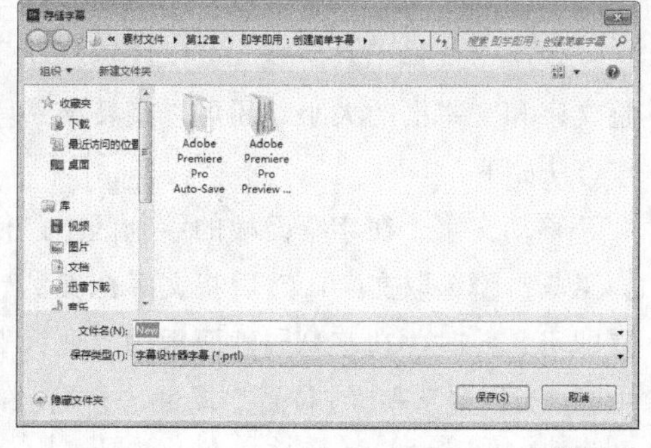

图12-9

12.2 创建和编辑文字

字幕设计中的“文字工具”和“垂直文字工具”与其他绘制软件中的文字工具非常相似，因此创建、选择、移动文字以及设计字体样式的操作，与大多数其他文字工具也几乎相同。只有修改文字颜色和添加阴影的操作会稍有不同，但熟悉之后也会非常简单。

12.2.1 文字工具

视频作品中的文字必须清晰易读。如果观众需要费劲睁大眼睛才能看清字幕，那么当他们试图去了解屏幕上的文字时，要么放弃阅读字幕，要么忽略视频和音频。因此，这样的字幕是不可取的。

Premiere Pro的文字工具提供了创建明了生动的文字所需要的各种功能。另外，使用字幕属性面板来实现字幕，不仅可以修改字幕的大小、字体和色彩，还可以创建阴影和浮雕效果。

使用Premiere Pro的文字工具，可以在字幕面板绘制区的任意位置放置文字。在处理文字时，Premiere Pro将每个文字块放在一个文字边框里，这样方便对它进行移动、调整大小或者删除操作。

1.使用文字工具创建文字

使用“文字工具”或“垂直文字工具”创建水平或垂直文字的操作步骤如下。

第1步：选择“文件>新建>项目”命令来创建一个新项目，并为字幕和作品的尺寸设置预置。

第2步：选择“字幕>新建字幕>默认静态字幕”命令来创建一个新字幕，在出现的“新建字幕”对话框中为字幕命名，然后单击“确定”按钮，这时就会出现字幕对话框。

第3步：在字幕工具面板中单击“文字工具”或“垂直文字工具”。使用“文字工具”可以从左到右水平创建文字，使用“垂直文字工具”则在垂直方向上创建文字。

第4步：将光标移动到理想的位置，然后单击鼠标，当出现空白光标时，即可输入文字。

第5步：对于输入错误的字符，可以按Backspace键将其删除。图12-10所示的是在文本框中输入的文字，背景是一个图像素材。

图12-10

技巧与提示

要在字幕面板上显示一个视频素材，需要将素材导入“项目”面板，然后将素材拖曳到“时间轴”面板中。这样在打开字幕对话框时，素材就会出现在绘制区域。

使用“区域文字工具”或“垂直区域文字工具”，可以创建需要换行的水平或垂直文本。这两种工具可以根据文本框的大小使文字自动换行，操作步骤如下。

第1步：从字幕工具面板中选择相应的工具，然后将工具移到绘制区域。

第2步：拖曳鼠标创建一个文本框，如图12-11所示。

图12-11

第3步：释放鼠标后，就可以开始输入文字。在输入文字时，文字会根据文本框的大小自动换行，如图12-12所示。

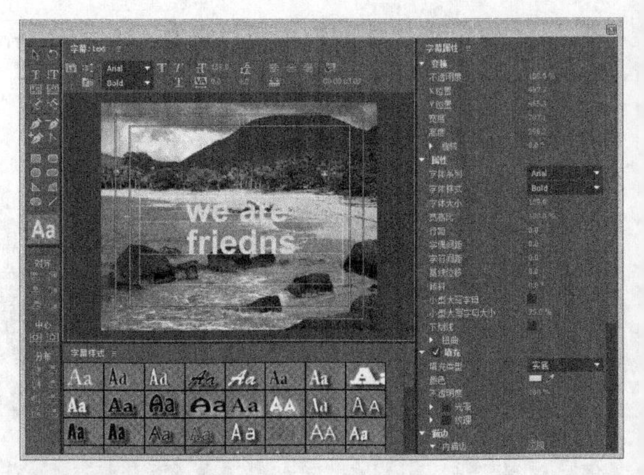

图12-12

2.使用文字工具编辑文字

如果输入文字后希望编辑文字，可以使用“选择工具”选择所有文字。如果用户仅对部分文字进行编辑，可以在要进行编辑的文字上拖曳，从而单独将其选择。如果正在使用“文字工具”或“垂直文字工具”，并且想要跳转到下一行，可以按Enter键。

3.文字换行

使用“文字工具”和“垂直文字工具”输入的水平文字和垂直文字不会自动换行，如果希望使用这两种工具创建文字时自动换行，那么请在输入的文字上单击鼠标右键，然后选择“自动换行”命令。

12.2.2 调整文字

创建文字后，如果需要修改文字的位置、角度、文本框大小和不透明度等参数，可以使用一些工具和命令来完成。

1.使用选择工具变换文字

使用“选择工具”，可以快速移动文字、调整文字和文本框的大小，还可以旋转文字，具体操作方法如下。

移动文字。在字幕面板的绘制区中，使用“选择工具”选取文字，然后将文字拖曳到一个新位置即可。此时，在字幕属性面板的“变换”属性组中的“X位置”和“Y位置”属性，会显示文字的当前位置属性，如图12-13所示。

图12-13

调整区域文字的文本框大小。将“选择工具”移动到文本框的一个控制点上，当光标变为双箭头状时，拖曳鼠标即可放大或缩小文本框的大小，如图12-14所示。此时在字幕属性面板的“变换”属性组中的“宽度”和“高度”属性，会显示文本框的当前大小。

图12-14

调整非区域文字的大小。使用“选择工具”选择一个非区域文字，然后拖曳文字边框上的一个控制点，可以快速调整文字的大小，如图12-15所示。此时，在字幕属性面板的“变换”属性组中的“宽度”和“高度”属性，会显示当前文字的大小。

图12-15

旋转文字。将“选择工具”移动到区域文字的文本框或非区域文字的文字边框外靠近其中一个控制点的位置处，当光标变为状时，拖曳鼠标即可旋转文字，如图12-16所示。此时，字幕属性面板的“变换”属性组中的“旋转”属性，会显示当前文字的角度。

图12-16

技巧与提示

要旋转文字，还可以使用字幕工具面板中的“旋转工具”。将“旋转工具”移动到文字处，然后按下鼠标左键并沿着希望文字旋转的方向拖曳鼠标，即可旋转文字。

2.使用变换选项

用户可以使用位于字幕属性面板中的各类“变换”属性对文字进行移动、调整大小及旋转操作。在进行这些操作之前，必须先使用“文字工具”或“选择工具”在文字上单击将其选择，然后通过下述方法来操作文字。

修改文字的不透明度。在“不透明度”参数上按住鼠标左键并拖曳，选择后即可进行修改。该值小于100%时，文字边框中的内容会呈现半透明状态。

移动文字。在“X位置”和“Y位置”属性上按住鼠标左键并拖曳，选择后即可移动文字的位置。如果要以10为增量来移动文字，那么在拖曳“X位置”和“Y位置”属性时按住Shift键。

调整文字的大小。在“宽度”和“高度”属性上按住鼠标左键并拖曳，选择后即可调整文字的大小。在拖曳的同时按住Shift键，将以10为增量来修改“宽度”和“高度”属性。

旋转文字。在“旋转”属性上按住鼠标左键并拖曳，选择后即可旋转文字。向左拖曳“旋转”属性，会沿逆时针方向旋转文字；向右拖曳“旋转”属性，会沿顺时针方向旋转文字。

3.使用字幕菜单命令变换文字

在选择文字后，可以使用“字幕”菜单命令移动文字、调整文字的大小和不透明度，以及旋转文字，具体操作方法如下。

移动文字。执行“字幕>变换>位置”菜单命令，在图12-17所示的“位置”对话框中输入“X位置”和“Y位置”值，然后单击“确定”按钮即可。

图12-17

技巧与提示

执行“字幕>位置”菜单命令，从打开的子菜单中选择一个命令，可以将文字移动到水平居中、垂直居中或屏幕下方1/3处的区域。

调整文字的大小。执行“字幕>变换>缩放”菜单命令，在打开的图12-18所示的“缩放”对话框中输入缩放比例（可以选择以一致或不一致的方式调整比例），然后单击“确定”按钮，即可应用定义的比例值。

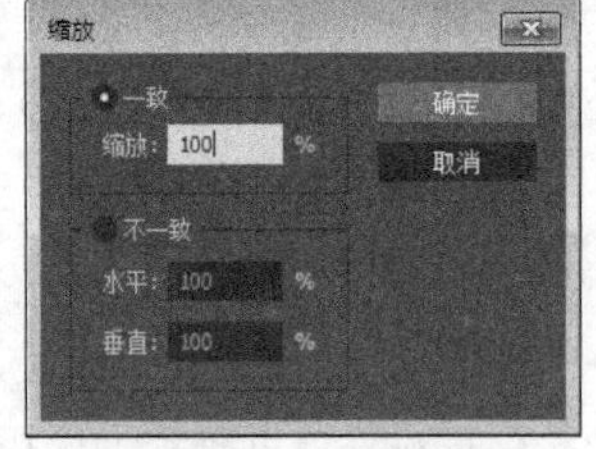

图12-18

调整文字的不透明度。执行“字幕>变换>不透明度”菜单命令，在打开的图12-19所示的“不透明度”对话框中输入文字的透明参数，然后单击“确定”按钮即可。图12-20所示的是将不透明度设置为50%的效果。

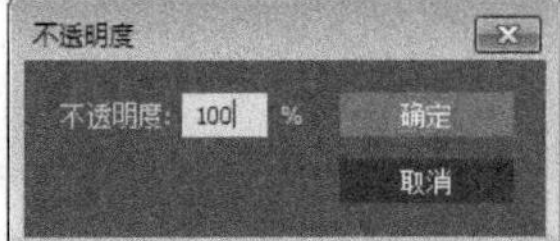

图12-19

图12-20

旋转文字。执行“字幕>变换>旋转”菜单命令，在打开的图12-21所示的“旋转”对话框中输入希望文字旋转的角度值，然后单击“确定”按钮即可。

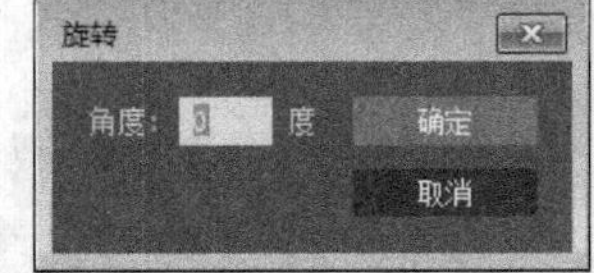

图12-21

技巧与提示

当对文本框进行移动、调整大小和旋转时，需要注意字幕属性面板转换区中的选项会随时更新以反映变化。

12.2.3 文字样式

当第一次使用“文字工具”T输入文字时，Premiere Pro会将放在屏幕上的文字设置成默认的字体和大小。可以通过修改字幕属性面板中的属性选项，或者使用“字幕”菜单中的菜单命令来修改文字属性。

在字幕属性面板的属性区，可以修改文字的字体和字体大小，设置宽高比、字符间距、字偶间距、基线位移和倾斜，以及应用小型大写字母和添加下划线等。

使用“字幕”菜单可以修改文字的字体和大小，还可以将文字方向从水平改成垂直，或从垂直改成水平。

1.设置文字的字体和大小

用户可以使用“字幕”菜单和字幕属性面板中的

属性选项来修改文字的字体和大小。字幕对话框为编辑文字的字体和字体大小属性提供了3种基本方法。在输入文字前修改字体和字体大小属性的步骤如下。

第1步：选择“文字工具”T，然后在希望文字出现的位置单击。

第2步：在面板的顶部调整文字的字体和大小等，也可以从字幕属性面板的“属性”属性组的“字体”和“字体大小”下拉列表中选择字体和大小，如图12-22所示。

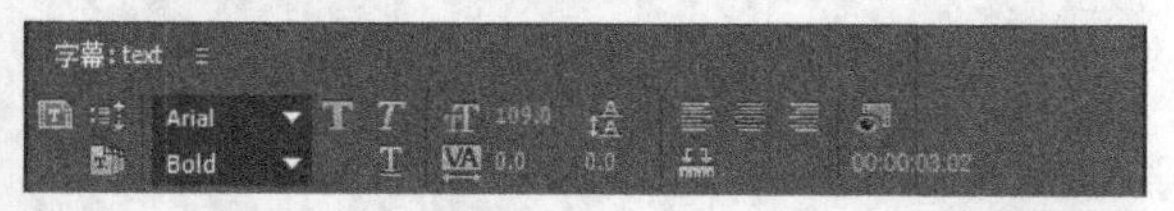

图12-22

第3步：输入所需的文字，此时输入的文字会使用当前设置的字体和大小。

要修改单个字符或部分相连文字的文字属性，可按照以下步骤进行操作。

第1步：使用“文字工具”T在需要选择的首个字符前单击，然后向后拖曳鼠标，即可选择指定的部分文字，如图12-23所示。

图12-23

第2步：使用“字幕”菜单命令或字幕属性面板的“属性”选项来修改文字属性。

技巧与提示

如果希望修改所有区域文字的属性，可以使用“选择工具”选择区域文字，然后进行修改即可。

2.修改文字间距

通常，字体的默认行距（行之间的间隔）、字符间距（两个字符间的间隔）和字偶间距（整个选择区域内所有字母间的间隔），提供了文字在屏幕上的可读性。但是，如果使用了大字体，行间距和字符间距可能会看起来不太协调。如果发生了这种情况，可以使用Premiere Pro的行距、字符间距和字偶间距控件来修改间距属性。具体操作步骤如下。

第1步：使用“区域文字工具”或“垂直区域文字工具”在字幕面板的绘制区内创建多行文字。

第2步：在字幕属性面板的“属性”属性组中拖曳“行距”属性，即可调整文字的行距。增大“行距”属性会增大行与行之间的间隔，减小“行距”属性会缩小行与行之间的间隔。如果希望将间距重新设置成初始行距，那么在行距字段中输入0即可。图12-24所示的是修改行距前后的效果对比。

图12-24

用户可以使用“基线位移”属性上下移动选择的字母、文字或句子的基线。增大基线位移值会使文字上移，减小基线位移值会使文字下移。具体操作步骤如下。

第1步：使用“文字工具”或“垂直文字工具”创建多行文字，并选择其中的部分文字，如图12-25所示。

图12-25

第2步：在“属性”属性组中的“基线位移”属性上，按住鼠标左键并拖曳，即可调整所选文字相对于基线的位置，如图12-26所示。

图12-26

要修改文字的字偶间距属性，请按以下步骤进行。

第1步：使用“文字工具”在字幕面板的绘制区内创建文字，然后选择需要设置字偶间距属性的部分文字，如图12-27所示。

图12-27

第2步：在“属性”属性组中的“字偶间距”属性上按住鼠标左键并拖曳，即可调整所选文字的字偶间距属性。增大“字偶间距”属性会增大字母间的间隔，减小“字偶间距”属性会减小字母间的间隔，如图12-28所示。

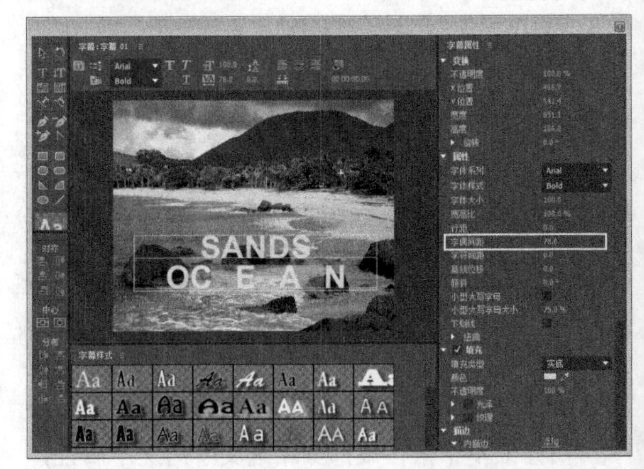

图12-28

要修改文字的字符间距，可以按照以下步骤进行。

第1步：使用“文字工具”在字幕面板的绘制区内创建文字，并选择需要修改字符间距的两个文字或部分相连的文字，如图12-29所示。

图12-29

第2步：在“属性”属性组中的“字符间距”属性上按住鼠标左键并拖曳，即可调整所选文字的字符间距。当增大“字符间距”属性时，两个字母间的间隔会增大；减小“字符间距”属性时，两个字母间的间隔会减小，如图12-30所示。

图12-30

3.设置其他文字属性

其他文字属性可用来修改文字的外观，它们是宽高比、倾斜、扭曲、小型大写字母和下划线属性。图12-31所示的是修改宽高比、倾斜、扭曲和其他文字属性，并为文字添加阴影后的效果。其操作是对其中每个字母都单独选择，然后修改属性，这样每个字母都拥有独一无二的外观。

图12-31

按照以下步骤，使用字幕属性面板“属性”属性组中的一些文字属性来修改文字外观。

第1步：选择“文字工具”，并为文字选择一种字体和字体大小。

第2步：使用“文字工具”输入文字。

第3步：在“宽高比”值上按下鼠标左键，并向左或向右拖曳来增大或减小文字的横向比例。

第4步：要使文字向右倾斜，将“倾斜”值向右拖曳；要使文字向左倾斜，将“倾斜”值向左拖曳。

第5步：要扭曲文字，在“扭曲”属性组的x和y值上按住鼠标左键并拖曳即可。

知识点 将英文设置为小型大写字母样式

如果希望为文字添加下划线或将文字转换成小型大写字母，可以在“属性”属性组中选择“下划线”或“小型大写字母”选项。图12-32所示的是将文字转换为小型大写字母后的效果。

图12-32

12.3 修改文字和图形的颜色

为文字和图形选择色彩，会给视频项目的基调和整体效果增色。使用Premiere Pro的色彩工具可以选择颜色，并能创建从一种颜色到另一种颜色的渐变，甚至还可以添加透明效果，使其可以透过文字和图形显示背景视频画面。

创建字幕时，怎么知道要选择哪种颜色好呢？最好的方法是使用可以从背景图片中突出的颜色。当我们观看电视节目时，特别地观察一下字幕会发现，很多电视制作人只是简单地在暗色背景中使用白色文字，或者使用带阴影的亮色文字来避免字幕看起来单调。如果正在制作一个包括很多字幕的作品，应保持整个作品中文字的颜色一致，以避免分散观众的注意力。此类字幕的一个样例是屏幕下方三分之一处，其中图形出现在屏幕底部，经常提供诸如说话者名字之类的信息。

12.3.1 RGB 简介

计算机显示器和电视屏幕使用红、绿、蓝颜色模式创建颜色。在这种模式下，混合不同的红、绿和蓝光值，可以创建出上百万种颜色。

Premiere Pro允许用户在Red（R）、Green（G）和Blue（B）字段里输入不同的值来模拟混合光线的过程。表12-1给出了一些颜色值。

表12-1

颜色	R（红色）值	G（绿色）值	B（蓝色）值
黑色	0	0	0
红色	255	0	0
绿色	0	255	0
蓝色	0	0	255
青色	0	255	255
洋红色	255	0	255
黄色	255	255	0
白色	255	255	255

颜色域中可输入的最大值是255，最小值是0。因此，Premiere Pro允许用户创建1600万（256´256´256）种颜色。如果每个RGB值都为0，创建颜色时不添加任何颜色，结果颜色就是黑色；如果每个RGB域输入的都是255，就会创建白色。

要创建不同深浅的灰色，必须使所有字段中的值都相等。例如，值（R:50，G:50，B:50）创建出深灰色，值（R:250，G:250，B:250）创建出浅灰色。

12.3.2 修改颜色

在Premiere Pro中，随时都可以使用Premiere Pro的拾色器来选择颜色。展开“填充”属性组，并显示颜色样本（“填充”属性组位于字幕属性面板的“属性”属性组下方）。要使实底填充颜色样本出现，必须在“填充类型”下拉列表中选择“实底”选项，如图12-33所示。单击“颜色”属性后面的色块，可以打开“拾色器”对话框，如图12-34所示。

图12-33

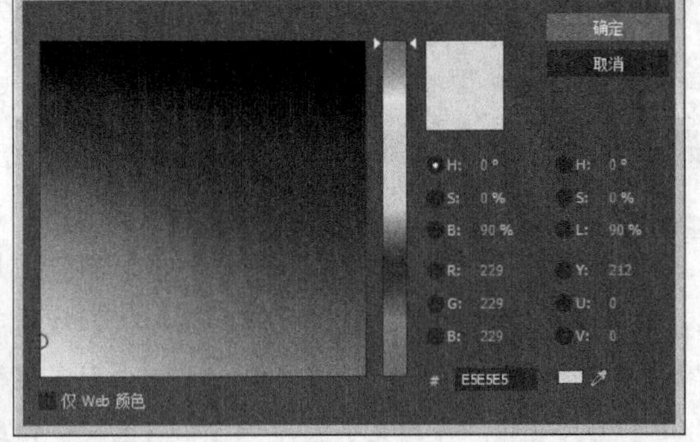

图12-34

在“拾色器”对话框中，可以单击对话框的主要色彩区，或者输入特定的RGB值，为文字和图形选择颜色。在使用“拾色器”对话框时，可以在对话框右上角颜色样本的上半部分预览设置的颜色。颜色样本的下半部分显示为初始颜色。如果希望恢复成初始颜色，只需单击下半部分颜色样本即可。

如果选择的颜色不在NTSC（全国电视系统委员会制式）视频色域之内，Premiere Pro会显示范围警告信号，如图12-35所示。要使颜色改变成较接近NTSC制式的颜色，只需单击范围警告信号即可。

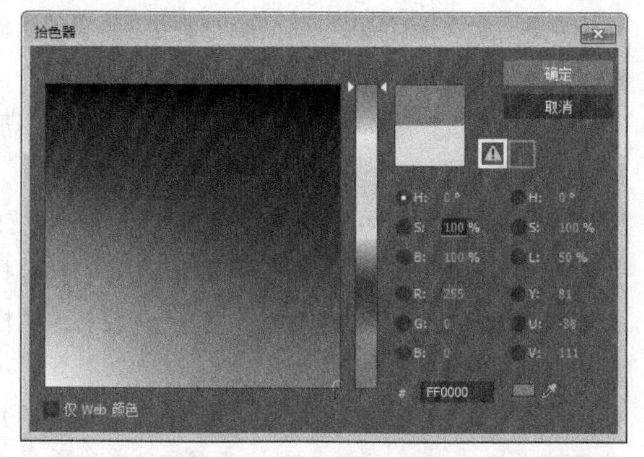

图12-35

如果希望使用专门用于Web的颜色，可以选择“拾色器”对话框左下角的“仅Web颜色”选项，如图12-36所示。

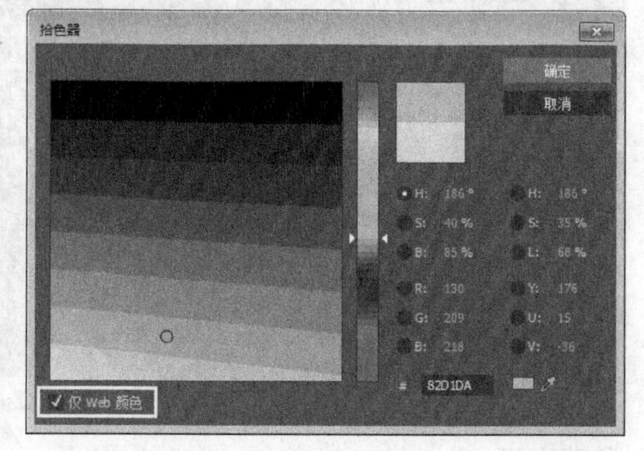

图12-36

技巧与提示

PAL（精确近照明设备）和SECAM制式视频（顺序与保存彩色电视系统）使用的色域比NTSC制式要宽。如果采用的不是NTSC制式视频，可以忽略范围警告。

12.3.3 拾取颜色

除了“拾色器”对话框，拾取颜色最有效的方法就是使用“吸管工具”。“吸管工具”会将用户单击的颜色自动复制到颜色样本中。这样，就可以重新创建颜色，而不必把时间浪费在试验“拾色器”对话框中的RGB值上。

使用“吸管工具”从视频素材、标记、样式或模板上选择颜色非常便利。使用“吸管工具”可以完成以下3种操作。

第1种：从绘制区中的文字或图形对象上选择一种颜色。

第2种：从标记、样式或模板上选择一种颜色。

第3种：从字幕面板背景中的视频素材上选择一种颜色。

12.3.4 光泽和纹理

用户可以将光泽和纹理添加到文字或图形对象的填充和描边中。如果要添加光泽，那么选择“光泽”选项。展开“填充”属性组，选择“光泽”选项后，“光泽”属性组中的属性即可激活，如图12-37所示。

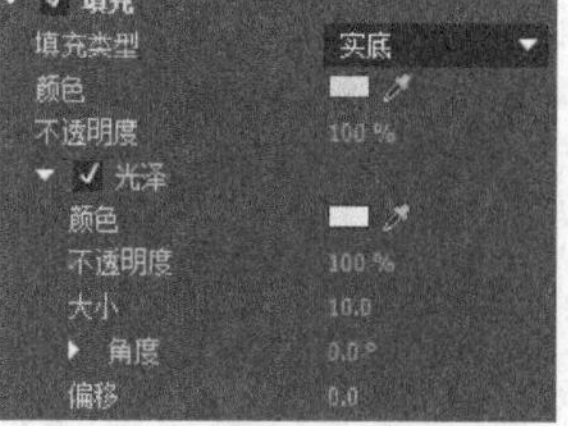

图12-37

应用纹理会使文字和图形看起来更逼真，用户可以按照以下步骤应用纹理。

第1步：在绘制区中选择一个图形或文字对象，展开“填充”属性组，然后选择“纹理”选项。

第2步：展开“纹理”属性组，单击“纹理”右边的纹理样本来显示“选择纹理图像”对话框。

第3步：在“选择纹理图像”对话框中，从Premiere Pro的Textures文件夹中选择一个纹理，然后单击“打开”按钮即可。

技巧与提示

用户可以创建自己的纹理。例如，可以使用Photoshop将任何位图文件保存为PSD、JPEG、TARGA或TIFF文件，也可以使用Premiere Pro从视频素材中输出一个画面。

“纹理”选项如图12-38所示，其中各选项的功能如下。

图12-38

参数介绍

随对象翻转/随对象旋转：Premiere Pro随物体一起翻转或旋转物体的纹理。

缩放：Premiere Pro缩放纹理的比例。“水平”和“垂直”属性可以控制纹理的缩放百分比。“缩放”属性组中还包括“平铺X”和“平铺Y”选项，使用这两个选项可以指定是否将纹理平铺到物体。使用“缩放”属性组的“对象X”和“对象Y”下拉列表来决定纹理沿着*x*轴和*y*轴延伸的方式。下拉菜单的4个选项分别是“纹理”“切面”“面”和“扩展字符”，如图12-39所示。

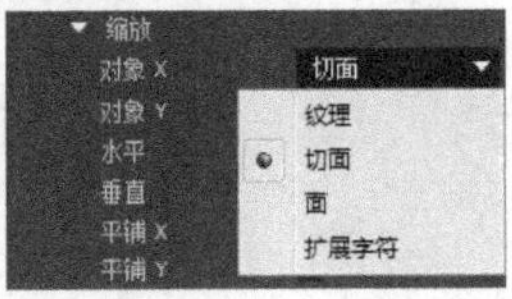

图12-39

对齐：使用“对象X”和“对象Y”下拉列表来决定物体纹理排列的方式。下拉菜单的4个选项分别是“纹理”“切面”“面”和“扩展字符”，选择的选项将决定纹理的排列方式，默认选择的是“切面”选项。使用“规则X”和“规则Y”下拉列表中的“左侧”“中央”或“右侧”选项，可以决定纹理排列的方式。使用“X偏移”和“Y偏移”属性，可以在选择的物体里移动纹理。

混合：使用“混合”属性组的“混合”属性，可以将填充颜色和纹理融合在一起。减小“混合”可以增加填充颜色，同时减少纹理。“混合”属性组的“填充键”和“纹理键”选项，会考虑物体的不透明度。降低融合区的“Alpha缩放”属性，使得物体显得更透明。使用“合成通道”下拉菜单选择决定不透明度所要使用的通道。选择“反转组合”选项，可以翻转Alpha值。

12.3.5 渐变色填充

Premiere Pro的颜色控件允许用户对字幕设计创建的文字应用渐变色。渐变是指从一种颜色向另一种颜色逐渐过渡，它能够增添生趣和深度，否则颜色就会显得单调。如果应用得当，渐变还可以模拟图形中的光照效果。用户可以在“类型设计”中创建3种渐变，分别是“线性渐变”“径向渐变”和“四色渐变”。线性和径向渐变都是由2种颜色创建的，四色渐变则可以由4种颜色创建。

下面以创建放射渐变为例，介绍为文字或图形应用渐变色的方法。

在字幕对话框中，使用字幕工具面板中的工具创建文字或图形，然后使用“选择工具”选择文字或图形，接着选择“填充”选项并展开该属性组，再设置“填充类型”为“径向渐变”，此时可以设置渐变颜色，如图12-40所示。要设置渐变的开始颜色和终止颜色，可以使用渐变开始和渐变结束颜色滑块。

图12-40

参数介绍

颜色：可以移动渐变开始颜色滑块和渐变终止颜色滑块，移动样本会改变每个样本应用到渐变的颜色比例。

色彩到色彩：颜色样本用于修改选择颜色样本的颜色。

色彩到透明：设置用于修改选择颜色样本的不透明度。选择的颜色样本上面的三角形显示为实心。

角度：修改线性渐变中的角度。

对于线性渐变和放射渐变来说，开始和结束颜色样本是渐变条下的两个小矩形。双击渐变开始颜色样本，当打开“拾色器”对话框时，选择一种开始渐变颜色；双击渐变终止颜色滑块，当打开“拾色器”对话框时，选择一种渐变终止颜色。图12-41所示的是修改渐变开始和渐变结束颜色滑块后，应用到文字上的渐变色。

图12-41

要增加线性或放射渐变的重复次数，可以调整“重复”属性。图12-42所示的是增加“重复”属性后的渐变色。

图12-42

知 识 点 将英文设置为小型大写字母样式

四色渐变有两个开始样本和两个终止样本。对于四色渐变来说，渐变条上下各有两个小矩形，这些是它的颜色样本，如图12-43所示。

图12-43

12.3.6 斜面效果

Premiere Pro允许用户在字幕设计中创建一些真实有趣的斜面，斜面可以为文字和图形对象添加三维立体效果，如图12-44所示。

图12-44

12.3.7 阴影

若要为文字或图形对象添加最后一笔修饰，可能会想到为它添加阴影。Premiere Pro可以为对象添加内描边或外描边阴影，效果如图12-45所示。

图12-45

12.3.8 描边

为了将填充颜色和阴影颜色分开，可能需要对其添加描边，Premiere Pro可以为物体添加内描边或外描边。应用描边的效果如图12-46所示。

图12-46

12.3.9 字幕样式

虽然设置文字属性非常简单，但是有时会发现将字体、大小、样式、字符间距和行距合适地组合在一起非常耗时。在花时间调整好一个文本框里的文字属性后，用户可能会希望对字幕设计里的其他文字或先前保存过的其他文字应用同样的属性，这时可以使用样式将属性和颜色保存下来。图12-47所示的是为文字和矩形应用不同的字幕样式后的效果。

图12-47

Premiere Pro的“字幕样式”面板为文字和图形提供保存和载入预置样式的功能。因此，不用在每次创建字幕时都选择字体、大小和颜色，只需为文字选择一个样式名，就可以立即应用所有的属性。在整个项目中，使用一两种样式有助于保持效果的一致性。如果不想自己创建样式，可以使用“字幕样式”面板中的预置样式。

要显示“字幕样式”面板，可以选择“窗口>字幕样式”命令，或者单击字幕面板菜单并选择“样式”命令。应用样式首要的操作就是选择文字，然后单击所需的样式样本即可。

单击“字幕样式”面板左上角的按钮，显示图12-48所示的面板菜单，在该菜单中可以选择“新建样式”“应用样式”“复制样式”“保存样式库”和“替换样式库”等命令。

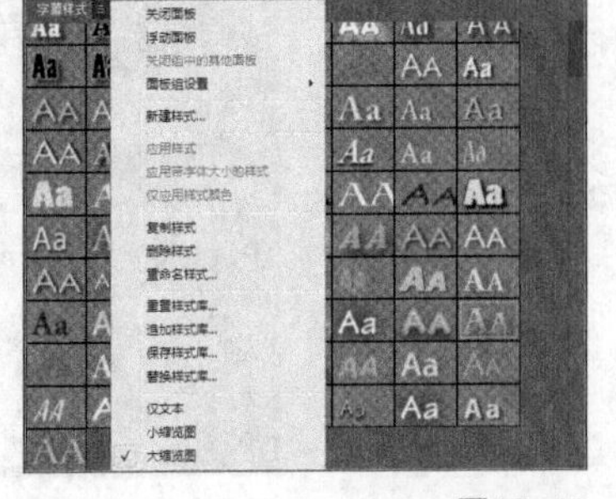

图12-48

要新建样式，可以按照以下操作步骤进行。

第1步：使用“文字工具”输入文字，然后在字幕属性面板中为文字设置必要的属性。这里以选择前面创建的文字City为例。

第2步：选择“字幕样式”面板菜单中的“新建样式”命令，在打开的“新建样式”对话框中为新样式命名，如图12-49所示。单击“确定”按钮，即可保存为样式。在“字幕样式”面板中会看到新样式的样本或样式名，如图12-50所示。

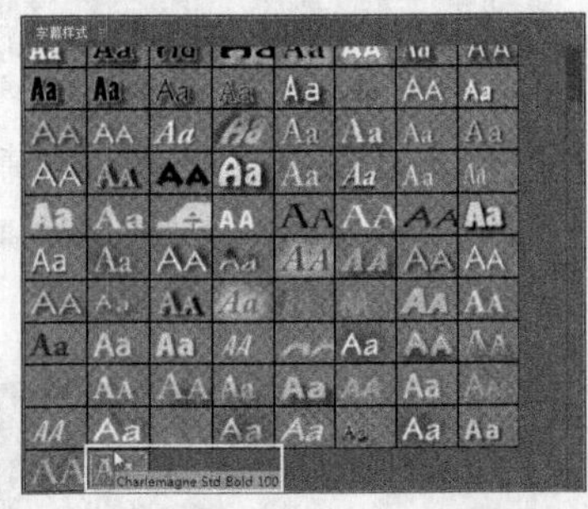

图12-49　　图12-50

新建样式后，新样式只保留在当前Premiere Pro项目会话中。如果想再次使用该样式，必须将它保存到一个样式文件中。在“字幕样式”面板中选择样式，然后在“字幕样式”面板菜单中选择“保存样式库”命令，接着在打开的“保存样式库”对话框中输入文件名，并指定保存的硬盘路径，最后单击“保存”按钮，如图12-51所示。Premiere Pro使用.prsl扩展名保存样式文件。

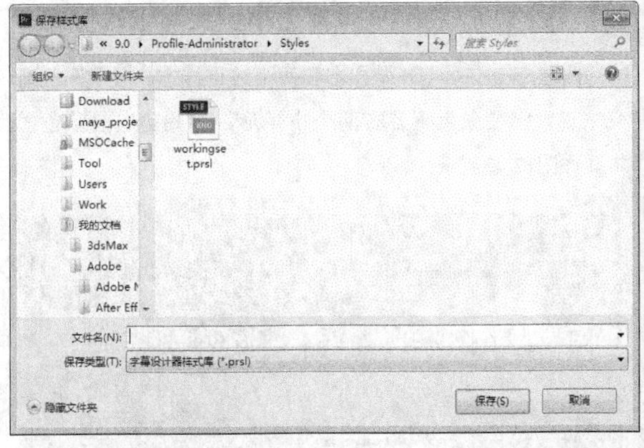

图12-51

技巧与提示

要更改样式的样式名，可以在“字幕样式”面板菜单中选择“重命名样式”命令；要创建样式副本，可以选择“复制样式”命令。

1.载入并应用字幕样式

如果想载入硬盘上的样式以在Premiere Pro的新会话中应用，必须在应用之前先载入样式库。按照以下操作可以载入硬盘上的样式。

第1步：在“字幕样式”面板菜单中选择“追加样式库”命令，在打开的“打开样式库”对话框中选择需要载入并应用的样式，如图12-52所示。

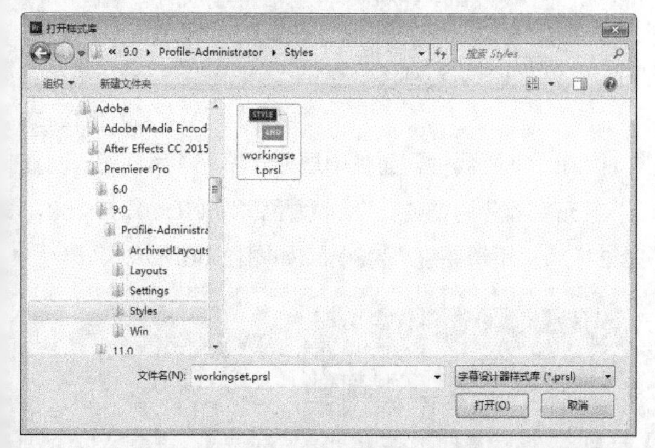

图12-52

第2步：载入样式后，只需选择文字或对象，然后在“字幕样式”面板中单击想要应用的样式缩略图，就可以应用该样式了。图12-53所示的是为矩形和文字应用所选样式后的效果。

图12-53

2.管理样式样本

用户可以复制和重命名样式，也可以删除现存的样式，还可以修改样式样本在字幕设计中的显示方式。具体的操作方法如下。

复制：选择一个样式，然后从“字幕样式”面板菜单中选择“复制样式”命令即可。

重命名：选择该样式，然后从“字幕样式”面板菜单中选择“重命名样式”命令，在打开的“重命名样式”对话框中输入新的样式名，接着单击“确定”按钮即可。

删除：在“字幕样式”面板中选择需要删除的样式，然后在“字幕样式”面板菜单中选择“删除样式”命令，在打开的对话框中单击“确定”按钮，即可删除选择的样式。

修改样式样本：如果用户觉得样式样本占用的屏幕空间太多，可以修改样式的显示，使其以文字或小图标的形式显示。要修改样式的显示，只需在“字幕样式”面板菜单中选择“只显示文字”或“小缩略图”命令。

知识点 修改样式中显示的字符

要修改样式样本中显示的两个字符，可以执行“编辑>首选项>字幕”菜单命令，在出现的对话框中输入字符，如图12-54所示。然后单击“确定”按钮，即可修改字幕对话框中的样式显示的字符，效果如图12-55所示。

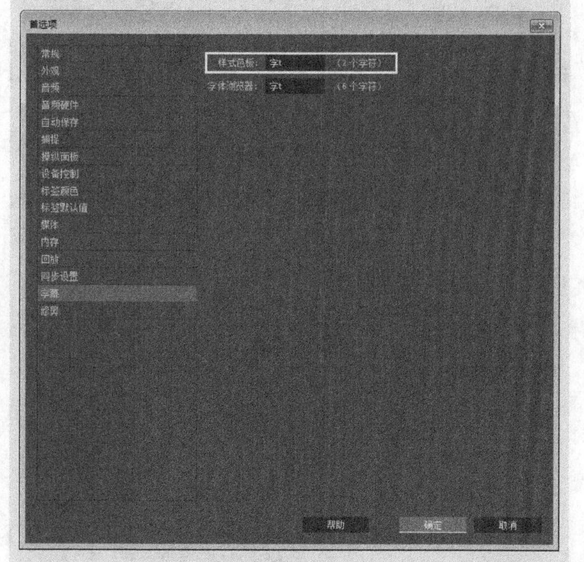

图12-54

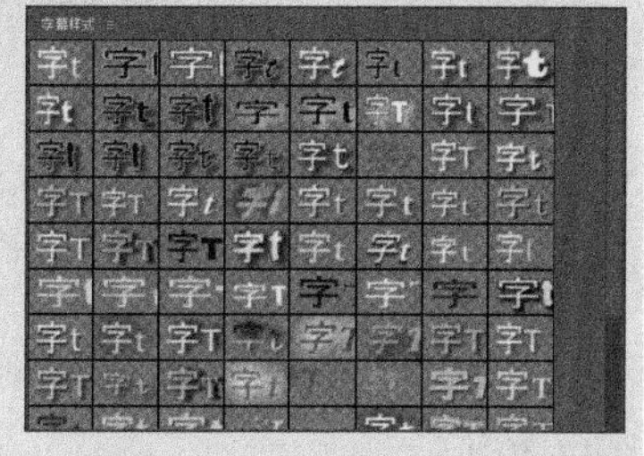

图12-55

课堂案例

实底填充文字

素材文件　素材文件>第12章>课堂案例：实底填充文字
学习目标　应用"实底"填充文字的方法

本例主要介绍如何为文字添加颜色并修改文字的不透明度，案例效果如图12-56所示。

图12-56

01 新建一个项目，然后导入学习资源中的"素材文件>第12章>课堂案例：实底填充文字>library.jpg"文件，接着将该文件拖曳至视频1轨道，如图12-57所示。

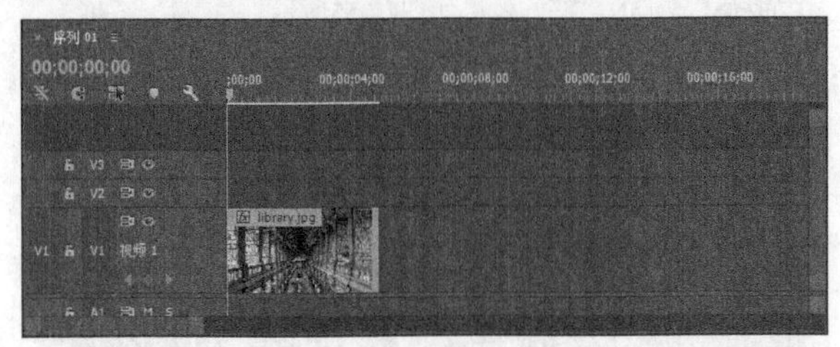

图12-57

02 执行"字幕>新建字幕>默认静态字幕"菜单命令，然后在打开的"新建字幕"对话框中设置"名称"为Text，接着单击"确定"按钮，如图12-58所示。

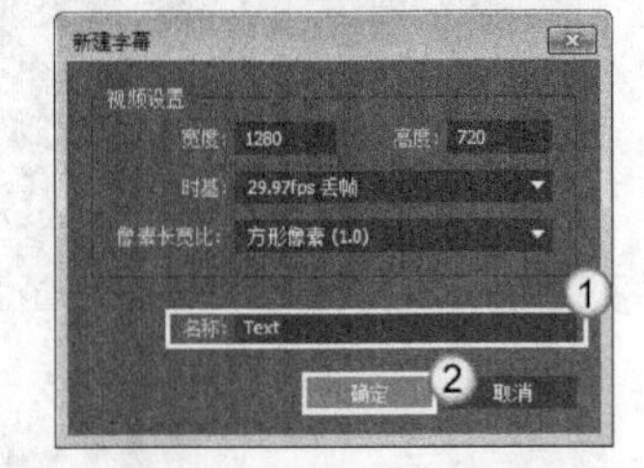

图12-58

03 在字幕工具面板中单击"文字工具"，然后将光标移到绘制区的中心位置单击鼠标，接着输入文字Knowledge，再设置"字体"为Arial、"字体大小"为120，最后激活"粗体"和"居中"功能，如图12-59所示。

图12-59

04 在"字幕属性"面板中展开"填充"属性组，设置"填充类型"为"实底"、"颜色"为（R:40，G:168，B:241）、"不透明度"为80%，如图12-60所示。

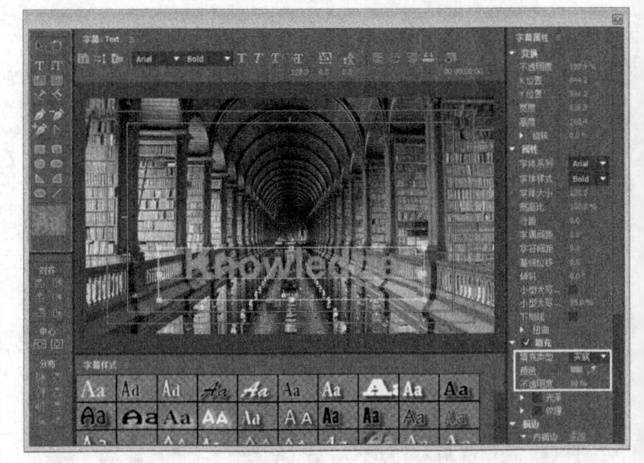

图12-60

课堂案例

创建斜面立体文字

素材文件　素材文件>第12章>课堂案例：创建斜面立体文字
学习目标　使用斜面文字和图形对象添加三维立体效果的方法

本例主要介绍如何使用斜面文字和图形对象添加三维立体效果，案例效果如图12-61所示。

图12-61

01 新建一个项目，然后导入学习资源中的“素材文件>第12章>课堂案例：创建斜面立体文字>clock.jpg”文件，接着将该文件拖曳至视频1轨道，如图12-62所示。

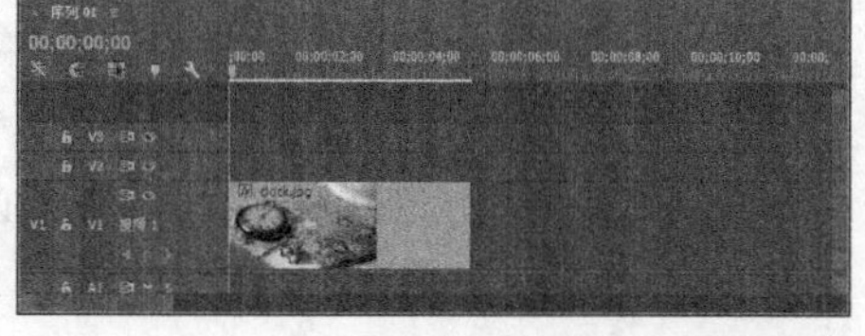

图12-62

02 执行“字幕>新建字幕>默认静态字幕”菜单命令，然后在打开的“新建字幕”对话框中设置“名称”为Text，接着单击“确定”按钮，如图12-63所示。

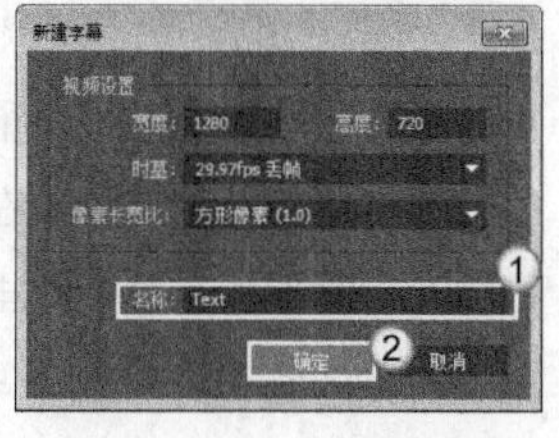

图12-63

03 输入文字Remember，然后设置“字体”为Arial，接着激活“粗体”和“居中”功能，如图12-64所示。

图12-64

04 展开“填充”属性组，然后设置“填充类型”为“斜面”、“阴影色”为(R:64, G:36, B:66)、“大小”为35、“照明角度”为300°、“光照强度”为100，接着选择“变亮”和“管状”选项，如图12-65所示。

图12-65

课堂案例

创建阴影文字

素材文件 素材文件>第12章>课堂案例：创建阴影文字

学习目标 创建阴影文字的方法

本例主要介绍如何为文字添加阴影效果，案例效果如图12-66所示。

图12-66

01 新建一个项目，然后导入学习资源中的“素材文件>第12章>课堂案例：创建阴影文字>street.jpg”文件，接着将该文件拖曳至视频1轨道，如图12-67所示。

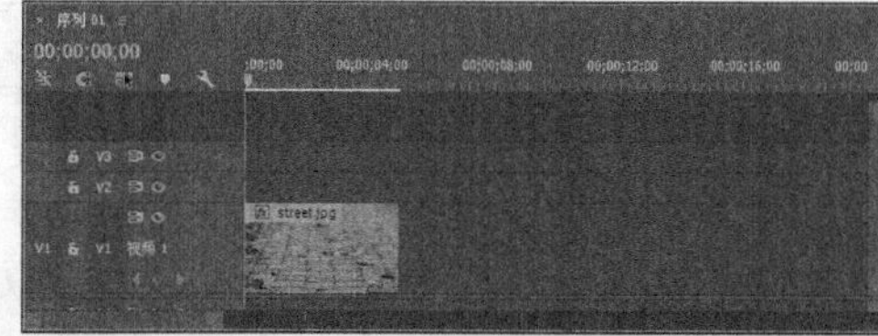

图12-67

02 执行“字幕>新建字幕>默认静态字幕”菜单命令，然后在打开的“新建字幕”对话框中设置“名称”为Text，接着单击“确定”按钮，如图12-68所示。

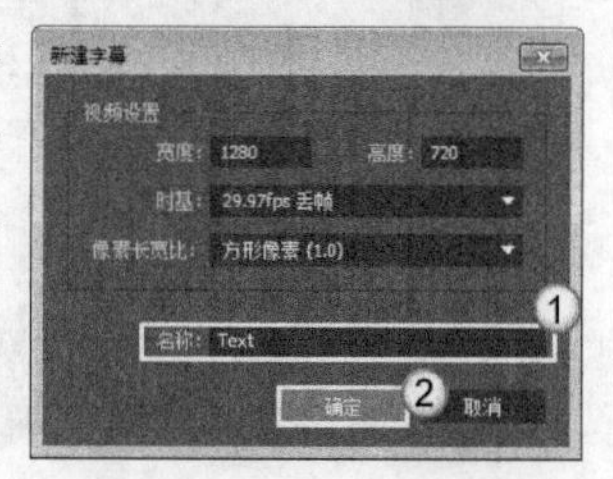

图12-68

03 输入文字Autumn，然后设置“字体”为Arial，接着激活“粗体”和“居中”功能，如图12-69所示。

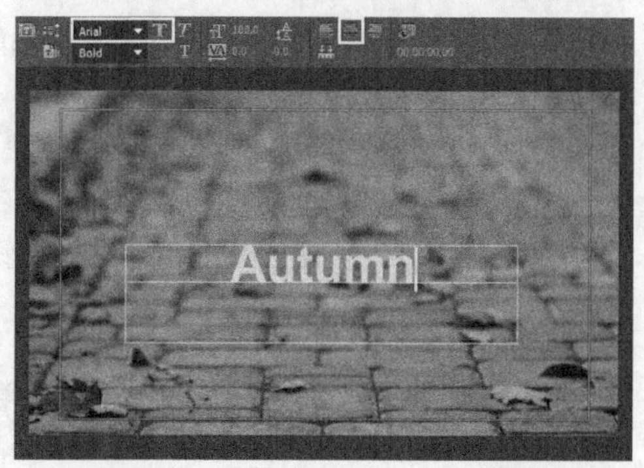

图12-69

04 在“字幕属性”面板中选择并展开“阴影”属性组，然后设置“不透明度”为70%、“距离”为8、“大小”为20，如图12-70所示。

图12-70

课堂练习

创建描边文字

素材文件　素材文件>第12章>课堂练习：创建描边文字

学习目标　使用描边文字将填充颜色和阴影颜色分开的方法

本例主要介绍如何为文字添加描边效果，案例效果如图12-71所示。

图12-71

操作提示

第1步：打开学习资源中的“素材文件>第12章>课堂练习：创建描边文字>创建描边文字_I .prproj”文件。

第2步：新建一个静态字幕，然后输入文字PUPPY，接着调整文字的大小和颜色。

第3步：激活“外描边”功能，然后调整描边的大小和颜色。

12.4 在项目中应用字幕

本节主要介绍将字幕添加到项目以及在字幕素材中加入背景效果的操作。下面首先介绍将字幕添加到项目中的方法。

12.4.1 将字幕添加到项目

要使用在字幕设计中创建的字幕，必须将其添加到Premiere Pro项目中。当保存字幕时，Premiere Pro会自动将字幕添加到当前项目的“项目”面板中。字幕出现在“项目”面板后，将其从“项目”面板拖曳到“时间轴”面板中即可。

用户可以将字幕放在视频素材的视频轨道或者和视频素材相同的轨道里。通常，可以将字幕添加到视频2轨道，这样字幕或字幕序列就会显示在视频1轨道的视频素材上方。如果希望使字幕文件逐渐切换到视频素材，可以将字幕文件放在同一个视频轨道中，使字幕与视频素材在开头或者结尾处重叠，然后对重叠区应用切换。按照下述操作步骤，可以将字幕添加到“项目”面板中。

第1步：执行“文件>导入”菜单命令，然后选择字幕文件。这时，在项目文件的“项目”面板中会出现该字幕文件。

第2步：将字幕文件从“项目”面板拖曳到“时间轴”面板的视频轨道中。

第3步：要预览添加字幕的效果，可以在“时间轴”面板中，在想预览的区域移动当前时间指示器，然后打开“节目监视器”面板。

技巧与提示

将字幕文件放置到Premiere Pro项目中后，可以双击该文件，然后在出现的字幕对话框中进行编辑。

12.4.2 在字幕素材中加入背景

本节将新建一个项目，在新建的项目中导入一个视频素材作为用Premiere Pro字幕设计创建的字幕的背景，然后保存字幕，并将其放在作品中。

12.4.3 滚动字幕与游动字幕

用户在创建视频的致谢部分或者长篇幅的文字时，可能很希望文字能够活动起来，可以在屏幕上上下滚动或左右游动。Premiere Pro的字幕设计能够满足这一需求。使用字幕设计，可以创建平滑、引人注目的字幕，这些字幕如流水般穿过屏幕。

在字幕面板顶部单击“滚动/游动选项”按钮，可以打开“滚动/游动选项”对话框，在对话框中可以自定义滚动和游动效果，如图12-72所示。

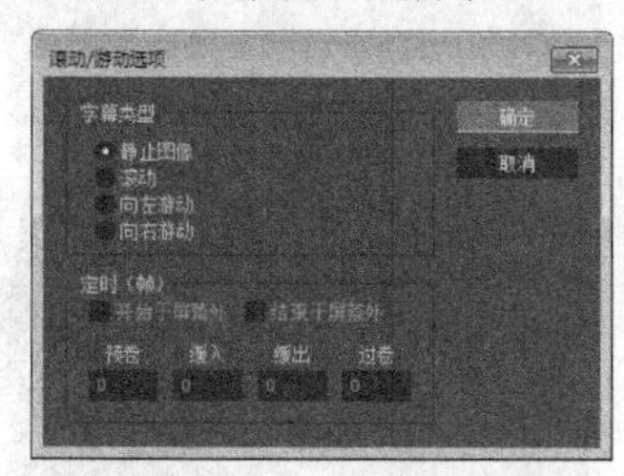

图12-72

参数介绍

开始于屏幕外： 选择这个选项，可以使滚动或游动效果从屏幕外开始。

结束于屏幕外： 选择这个选项，可以使滚动或游动效果到屏幕外结束。

预卷： 如果希望文字在动作开始之前静止不动，那么可以在这个输入框中输入静止状态的帧数目。

缓入： 如果希望字幕滚动或游动的速度逐渐增加直到正常播放速度，那么输入加速过程的帧数目。

缓出： 如果希望字幕滚动或游动的速度逐渐变小直到静止不动，那么输入减速过程的帧数目。

过卷： 如果希望文字在动作结束之后静止不动，那么在这个输入框中输入静止状态的帧数目。

技巧与提示

用户可以将滚动或游动文字创建成模板。如果想将屏幕上的滚动或游动字幕保存成模板，可以选择“字幕>模板”命令，然后在“模板”对话框中单击按钮，接着在打开的菜单中选择“导入当前字幕为模板”命令，最后单击“确定”按钮，将屏幕上的字幕保存成模板，如图12-73所示。

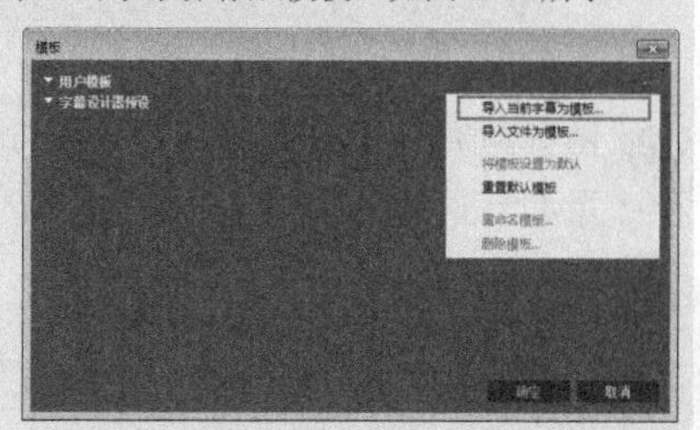

图12-73

课堂案例

创建游动字幕

素材文件　素材文件>第12章>课堂案例：创建游动字幕

学习目标　创建游动字幕的方法

本例主要介绍如何制作游动字幕效果，案例效果如图12-74所示。

图12-74

01 新建一个项目，然后导入学习资源中的“素材文件>第12章>课堂案例：创建游动字幕>lighthouse.jpg”文件，接着将该文件拖曳至视频1轨道，如图12-75所示。

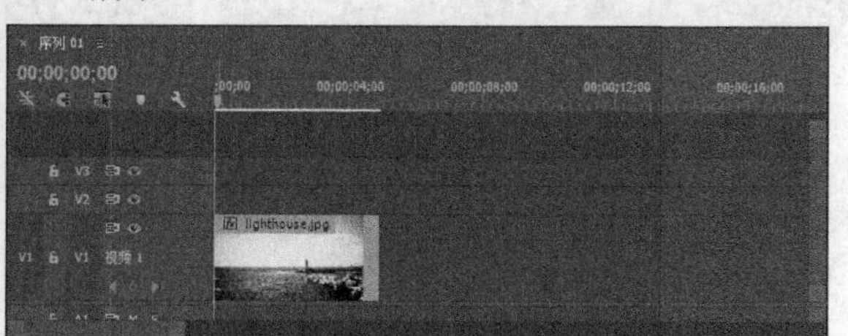

图12-75

02 执行“字幕>新建字幕>默认游动字幕”菜单命令，然后在打开的“新建字幕”对话框中设置“名称”为Text，接着单击“确定”按钮，如图12-76所示。

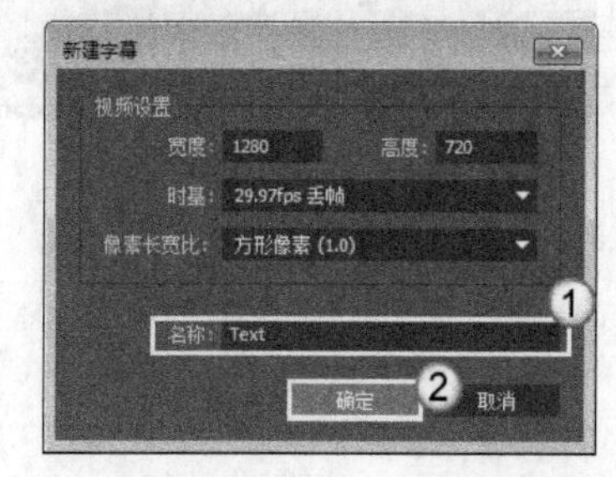

图12-76

03 使用“垂直文字工具”输入文字“简洁是智慧的灵魂，冗长是肤浅的藻饰。”，然后设置“字体”为“微软雅黑”、“字体大小”为65，如图12-77所示。

图12-77

04 在“字幕属性”面板中激活阴影，然后设置“角度”为 - 160°，如图12-78所示。

图12-78

05 单击字幕面板顶部的“滚动/游动选项”按钮，在打开的“滚动/游动选项”对话框中选择“向左游动”和“开始于屏幕外”选项，然后单击“确定”按钮，如图12-79所示。

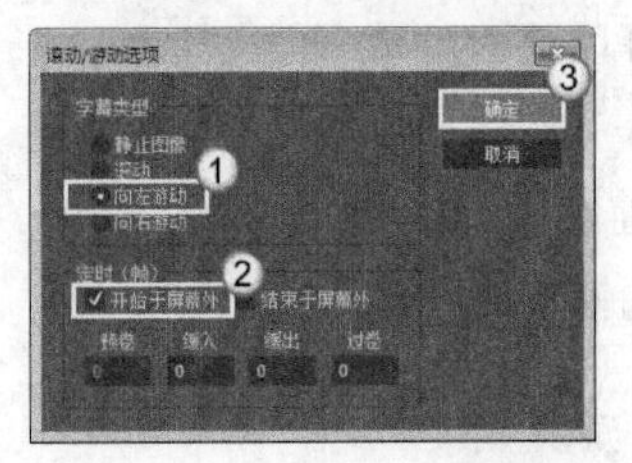

图12-79

06 在“项目”面板中将制作好的字幕文件拖曳到“时间轴”面板的视频2轨道上，如图12-80所示。

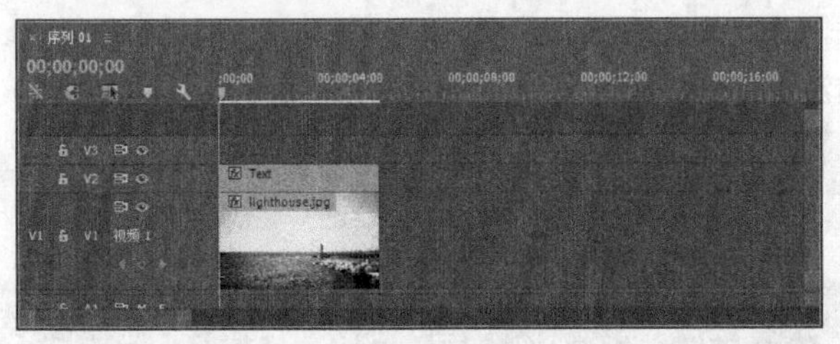

图12-80

07 播放视频，预览素材应用特效后的效果，如图12-81所示。

图12-81

课堂练习

为字幕添加视频背景

素材文件　素材文件>第12章>课堂练习：为字幕添加视频背景

学习目标　为字幕添加视频背景的方法

本例主要介绍如何为字幕添加视频背景，案例效果如图12-82所示。

图12-82

操作提示

第1步：打开学习资源中的“素材文件>第12章>课堂练习：为字幕添加视频背景>课堂练习：为字幕添加视频背景.prproj”文件。

第2步：新建一个静态字幕，然后输入文字Nature，接着为其添加阴影效果。

第3步：在字幕设计对话框中单击“显示背景视频”按钮，以显示背景。

12.5 绘制基本图形

字幕对话框提供了很多绘制工具，用户可以使用这些绘制工具创建一些基本形状，增加字幕的视觉效果。

12.5.1 绘制工具

Premiere Pro的绘制工具可以用于创建简单的对象和形状，如线、正方形、椭圆形、矩形和多边形等。在字幕工具面板上，可以找到这些基本绘制工具，包括“矩形工具”、“圆角矩形工具”、“切角矩形工具”、“圆矩形工具”、“楔形工具”、“弧形工具”、“椭圆形工具”和“直线工具”。

绘制基本图形的操作非常简单，用户可以按照以下步骤创建矩形、圆角矩形、椭圆形或直线。

第1步：在字幕工具面板中，选择一个Premiere Pro的基本绘制工具，如“矩形工具”、“圆角矩形工具”、“椭圆形工具”或“直线工具”。这里以选择“圆矩形工具”为例。

第2步：将指针移动到字幕设计绘制区中形状的预期位置，然后在屏幕上按住鼠标左键并拖拽来创建形状，如图12-83所示。要想创建正方形、圆角正方形或圆形，可以在拖曳的同时按住Shift键，按住Alt键则以从中心向外的方式创建图形。要想创建一条倾斜度为45°的斜线，可以在拖曳的同时按住Shift键。

第3步：随着鼠标的拖曳，形状就会出现在屏幕上。绘制完形状后释放鼠标，如图12-84所示。

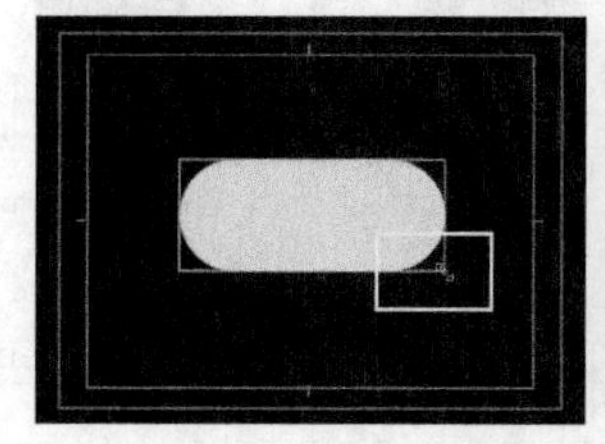

图12-83

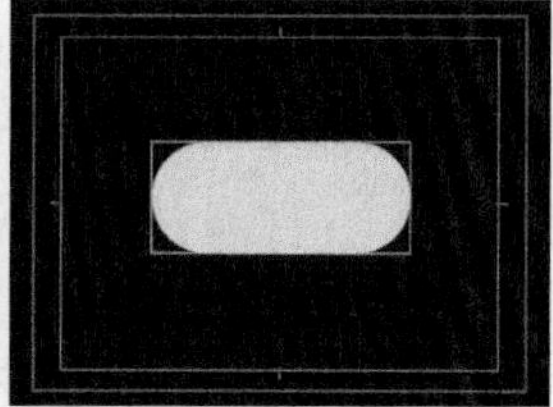

图12-84

第4步：如果想将一个形状变成另一种形状，那么选择上一步绘制的形状，然后单击“绘制类型”下拉菜单，从中选择一个选项。“绘制类型”下拉菜单位于字幕属性面板的“属性”属性组中。图12-85所示为将圆矩形更改为切角矩形的效果。

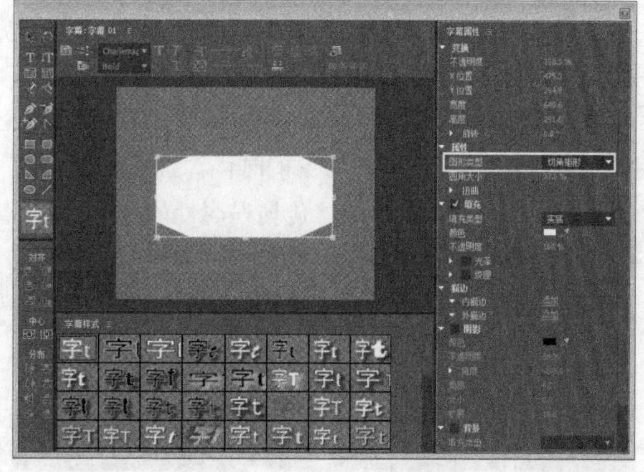

图12-85

技巧与提示

如果想改变扭曲的形状，那么展开“扭曲”属性组，然后根据需要调整x值和y值即可。

12.5.2 调整图形

如果想调整图形、形状对象的大小，或者将其旋转，那么按照以下步骤操作。

第1步：使用“选择工具”选择需要调整的对象。将光标移动到一个形状手控上，如图12-86所示。当光标变为状时，单击鼠标左键并拖曳形状手控即可放大或缩小对象，如图12-87所示。在调整对象大小时，注意观察字幕属性面板“变换”区中的“X位置”和“Y位置”的变化，以及“宽”和“高”值的变化。

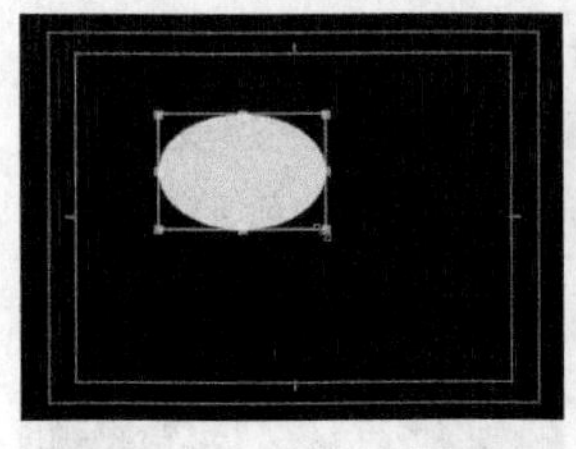

图12-86

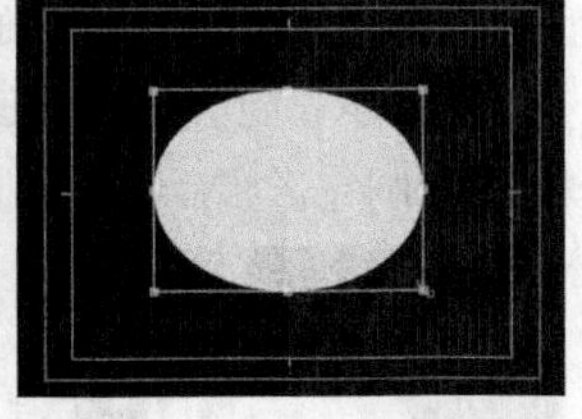

图12-87

技巧与提示

在使用“选择工具”调整对象大小的同时按下Shift键，可以在放大或缩小对象时保持对象的宽高比例不变。在使用“选择工具”调整对象大小的同时按下Alt键，可以按从中心向外的方式放大或缩小对象。

第2步：修改字幕属性面板“转换”区域中的“宽”和“高”属性，可以精确改变对象的大小，也可以执行“字幕>变换>缩放”命令来完成这一操作。

第3步：如果要旋转对象，那么可以将光标移动到所选对象的一个形状手控上，当光标变为状时，如图12-88所示。拖曳形状手控即可旋转对象，如图12-89所示。在旋转对象的时候，注意观察字幕属性面板“转换”区域中“旋转”属性的变化。

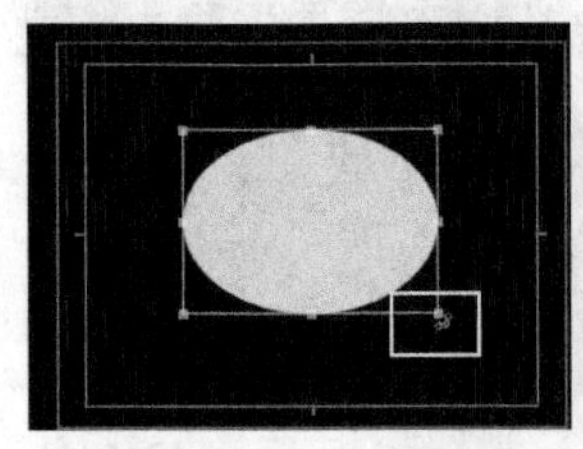

图12-88

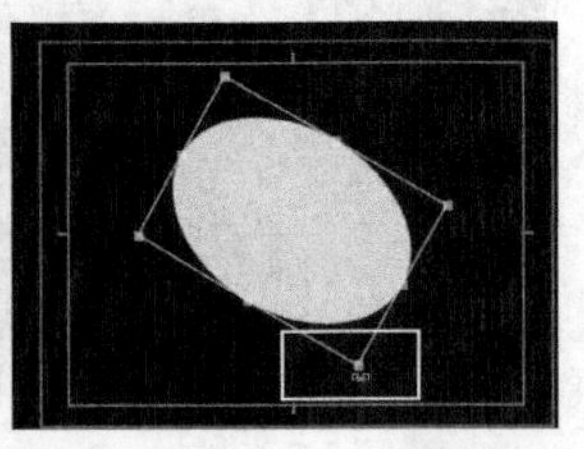

图12-89

第4步：旋转对象还可以通过改变字幕属性面板“变换”属性组中的“旋转”属性来完成，也可以执行“字幕>变换>旋转”命令，或者使用字幕工具面板中的“旋转工具”来完成。

12.5.3 移动图形

如果要移动图形，那么可以依照下面的方法来完成。

使用“选择工具”选择需要移动的对象，然后将所选对象拖曳到新的位置即可。注意观察字幕属性面板“变换”区中“X位置”和“Y位置”属性的变化情况。

技巧与提示

如果屏幕上的对象相互重叠而很难选择其中的某一个对象，可以使用“字幕>选择”或“字幕>排列”中的子菜单命令来进行选择。

修改字幕属性面板“变换”区中的“X位置”或“Y位置”属性来改变对象的位置，也可以使用“字幕>变换>位置”命令来完成。如果想使对象水平居中、垂直居中或者位于字幕绘制区域下方三分之一处，那么选择“字幕>位置”菜单中的子命令即可。

技巧与提示

如果选择了屏幕上的多个不同对象，而且很难将它们进行水平或垂直的分布和排列，可以使用“字幕>对齐对象”或“字幕>分布对象”命令。

12.6 对象外观设计

创建一个图形或形状对象后，可能会修改其属性或为其设计样式。例如，改变填充颜色、填充样式、不透明度、描边和大小或者为其添加阴影等，所有这些效果都可以通过字幕属性面板中的选项来修改或创建。

12.6.1 修改图形颜色

如果要改变图形的填充颜色，可以按照以下步骤操作。

第1步：使用“选择工具”选择要改变的对象。

第2步：在字幕属性面板“填充”属性组域中展开“填充类型”下拉菜单，然后选择一种填充类型。

第3步：单击填充颜色样本，从Premiere Pro的“拾色器”对话框中选择一种颜色。

第4步：如果想使对象变成半透明效果，那么减小“不透明度”的值。

第5步：单击“光泽”复选框可以添加光泽，如图12-90所示。选择“纹理”选项，可以将所选的纹理添加到对象上。

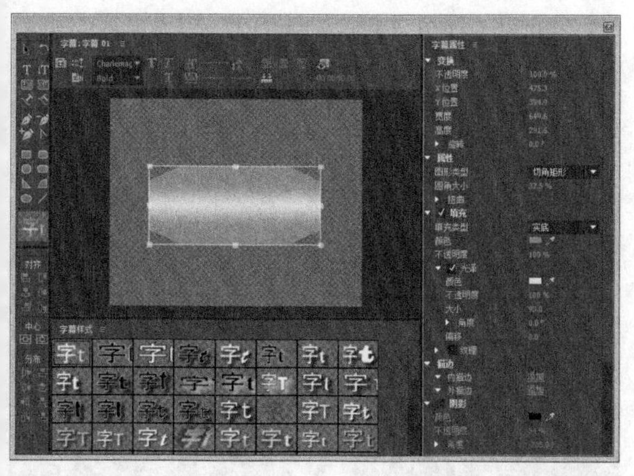

图12-90

12.6.2 为对象添加阴影

如果要为对象添加阴影，可以按照以下的步骤操作。

第1步：使用“选择工具”选择要改变的对象。

第2步：选择字幕属性面板中的“阴影”选项。

第3步：展开“阴影”属性组，单击阴影颜色样本可以改变颜色。如果字幕设计的背景中有一个视频素材或者图形对象，则可以使用吸管工具将阴影颜色改成背景中的一种颜色。只要单击吸管工具，再单击希望阴影颜色样本变成的颜色就可以了。

第4步：使用“大小”“距离”和“角度”属性，可以自定义阴影的大小和方向。如果想柔化阴影的边缘，那么可以调整“扩展”选项和“不透明度”属性，如图12-91所示。

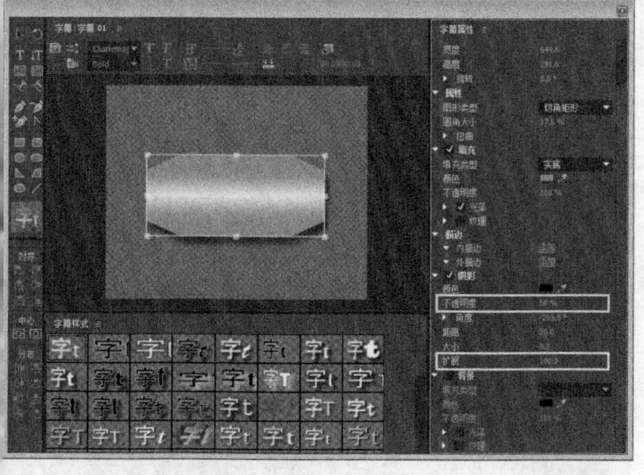

图12-91

第5步：如果想去除阴影，那么取消选择“阴影”选项即可。

12.6.3 为对象描边

按照以下步骤可以为对象添加描边效果。

第1步：使用“选择工具”选择想要改变的对象。

第2步：选择字幕属性面板中的“描边”属性。

第3步：展开“描边”属性组，单击“内描边”或“外描边”属性后面的“添加”字样可以添加描边。

第4步：如果要自定义内描边或外描边，那么展开“内描边”或“外描边”属性组，设置“类型”“大小”“填充类型”以及“颜色”等属性，如图12-92所示。

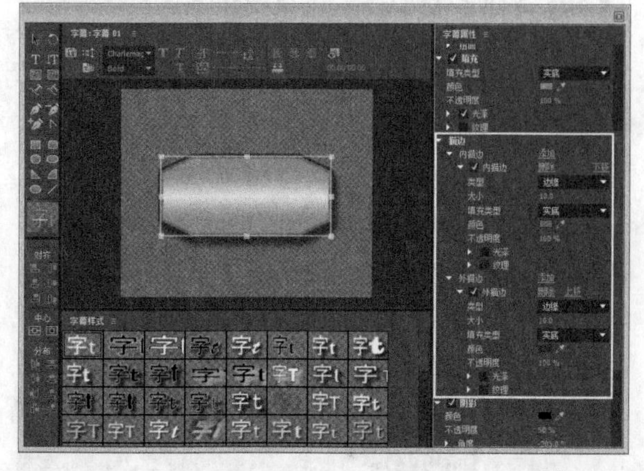

图12-92

第5步：如果需要修饰描边的效果，可以添加光泽和纹理。

第6步：如果想去除描边，那么取消选择“内描边”或“外描边”选项即可。

12.7 创建不规则图形

Premiere Pro提供了“钢笔工具”，该工具是一种绘制曲线的工具。使用该工具，可以创建带有任意弧度和拐角的任意形状，这些任意多边形通过锚点、直线和曲线创建而成。

使用“选择工具”可以移动锚点，使用“添加定位点工具”或“删除定位点工具”可以添加或删除锚点，从而对这些贝塞尔曲线多边形进行编辑。另外，使用“转换定位点工具”，可以使多边形的尖角变成圆角或者圆角变成尖角。

12.7.1 绘制直线

在字幕工具面板中选择“钢笔工具”，可以通过建立锚点的操作绘制直线段。在绘制直线段时，如果创建了多余的锚点，可以用“删除定位点工具”将多余的锚点删除。

12.7.2 修改矩形的形状

使用“钢笔工具”拖曳矩形的锚点，可以修改矩形的形状。

12.7.3 将尖角转换成圆角

在字幕工具面板中选择“转换定位点工具”，可以通过单击鼠标左键并拖曳锚点，将尖角转换成圆角。操作步骤如下。

第1步：使用“钢笔工具”创建4个相互连接的角朝上的小角，如图12-93所示。如果需要，可以使用“钢笔工具”拖曳其中的锚点，使它们均匀分布。

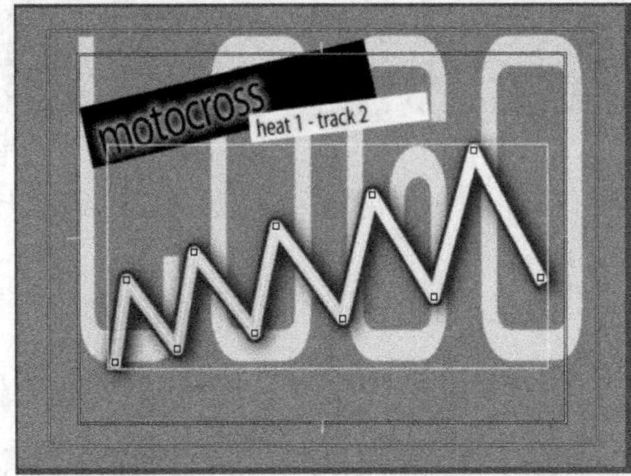

图12-93

第2步：选择“转换定位点工具”，用该工具拖曳锚点，即可将尖角转换成圆角，如图12-94所示。

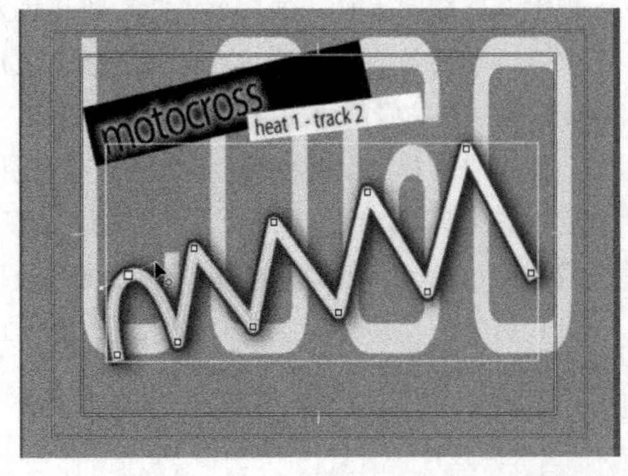

图12-94

第3步：使用“转换定位点工具”拖曳其他的锚点，将该对象上的所有锚点由尖角转换为圆角，完成效果如图12-95所示。无论何时，只要使用“钢笔工具”就可以移动锚点。

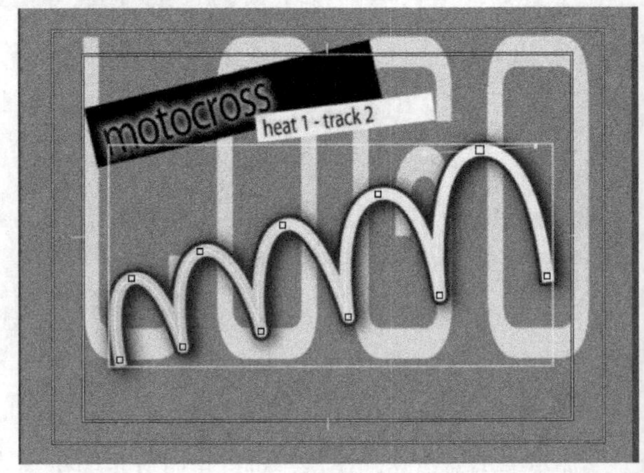

图12-95

课堂案例

绘制图形

素材文件　素材文件>第12章>课堂案例：绘制图形

学习目标　绘制图形的方法

本例主要介绍如何使用“楔形工具”绘制图形，案例效果如图12-96所示。

图12-96

01 新建一个项目，然后导入学习资源中的“素材文件>第12章>课堂案例：绘制图形>crow.jpg”文件，接着将该文件拖曳至视频1轨道，如图12-97所示。

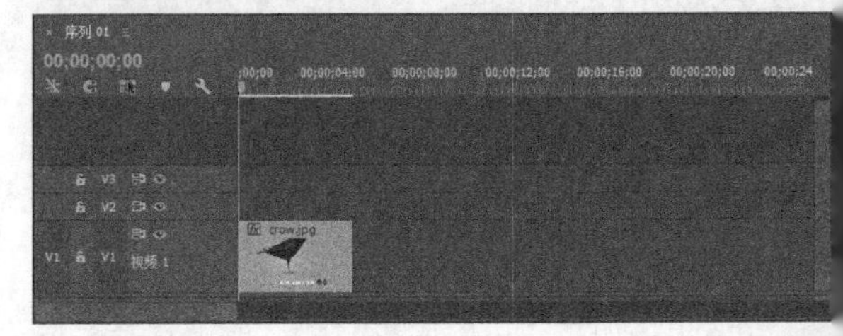

图12-97

02 执行“字幕>新建字幕>默认静态字幕”菜单命令，然后在打开的“新建字幕”对话框中设置“名称”为Graphic，接着单击“确定”按钮，如图12-98所示。

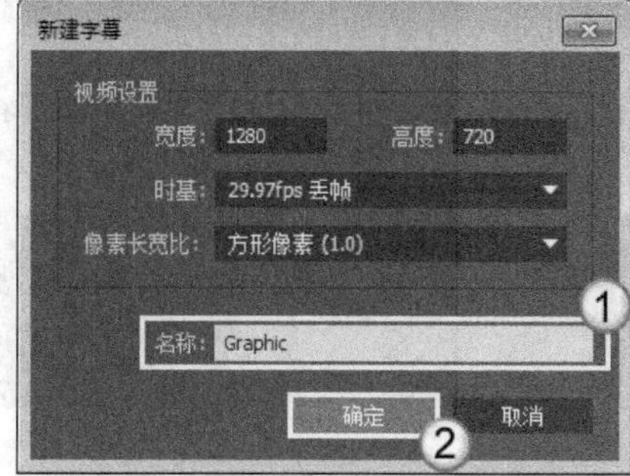

图12-98

03 在字幕工具面板中选择“楔形工具”，然后在视图区域绘制出图12-99所示的形状。在“字幕属性”面板中设置图形的“颜色”为（R:117，G:196，B:104），接着使用“选择工具”调整图形的方向，如图12-100所示。

图12-99

图12-100

04 使用同样的方法制作出其他图形，然后调整图形的颜色和方向，最终效果如图12-101所示。

图12-101

课堂案例

调整形状

素材文件 素材文件>第12章>课堂案例：调整形状

学习目标 使用“钢笔工具”调整图形形状

本例主要介绍如何使用“钢笔工具”拖曳矩形控制点，以改变图形的形状，案例效果如图12-102所示。

图12-102

01 新建一个项目，然后导入学习资源中的“素材文件>第12章>课堂案例：调整形状>BG.jpg”文件，接着将该文件拖曳至视频1轨道，如图12-103所示。

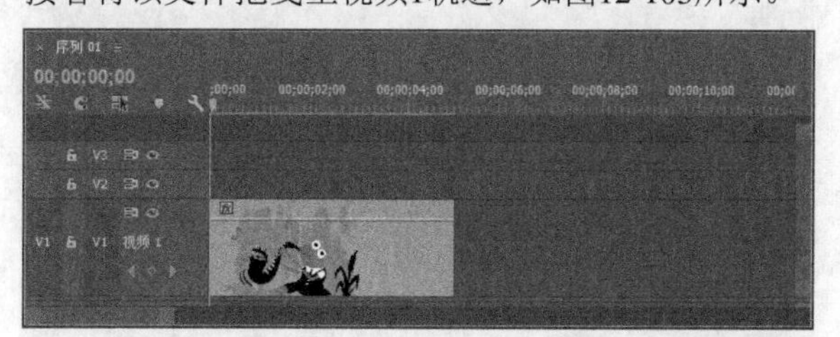

图12-103

02 执行“字幕>新建字幕>默认静态字幕”菜单命令，然后在打开的“新建字幕”对话框中设置“名称”为Graphic，接着单击“确定”按钮，如图12-104所示。

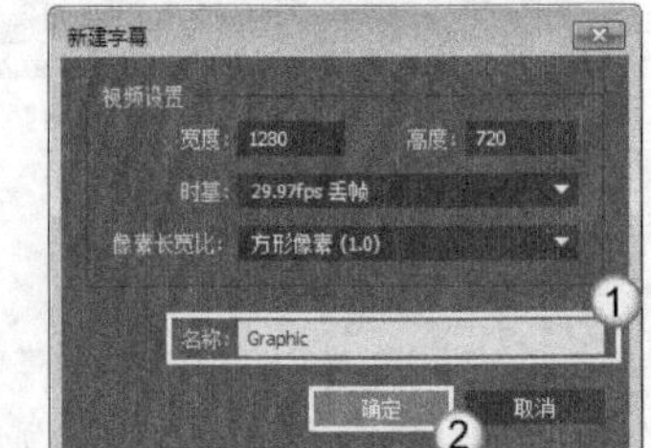

图12-104

03 在字幕工具面板中选择“椭圆形工具”，在视图中绘制一个圆形，然后在“字幕属性”面板中设置圆形的颜色和不透明度，如图12-105所示。

图12-105

04 选择圆角矩形，然后在字幕属性面板中将“图形类型”设置为“填充贝塞尔曲线”，接着选择“钢笔工具”，这时在形状周围会出现控制点，如图12-106所示。拖曳控制点来改变圆形的形状，使圆形变得不规则，完成效果如图12-107所示。

图12-106

图12-107

05 使用相同的方法制作多个圆形，最终效果如图12-108所示。

图12-108

课堂练习

绘制曲线

素材文件　素材文件>第12章>课堂练习：绘制曲线
学习目标　绘制曲线的方法

本例主要介绍如何使用“钢笔工具”绘制曲线，案例效果如图12-109所示。

图12-109

操作提示

第1步：打开学习资源中的“素材文件>第12章>课堂练习：绘制曲线>课堂练习：绘制曲线_I

.prproj”文件。

第2步：新建一个静态字幕，然后使用“钢笔工具”绘制螺旋线。

12.8 路径文字工具

使用“路径文字工具”或“垂直路径文字工具”，可以在路径上创建水平或垂直方向的路径文字。为了创建路径文字，首先需要创建一条路径，然后就可以沿着路径输入文字。

课堂案例

创建路径文字

素材文件 素材文件>第12章>课堂案例：创建路径文字

学习目标 使用“路径文字工具”创建路径文字的方法

本例主要介绍如何使用“路径文字工具”创建路径文字，案例效果如图12-110所示。

图12-110

01 新建一个项目，然后导入学习资源中的“素材文件>第12章>课堂案例：创建路径文字>maple leaves.jpg”文件，接着将该文件拖曳至视频1轨道，如图12-111所示。

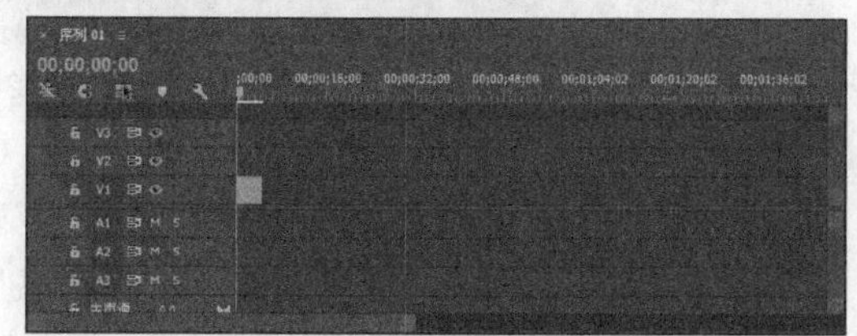

图12-111

02 执行“字幕>新建字幕>默认静态字幕”菜单命令，然后在打开的“新建字幕”对话框中设置“名称”为Text，接着单击“确定”按钮，如图12-112所示。

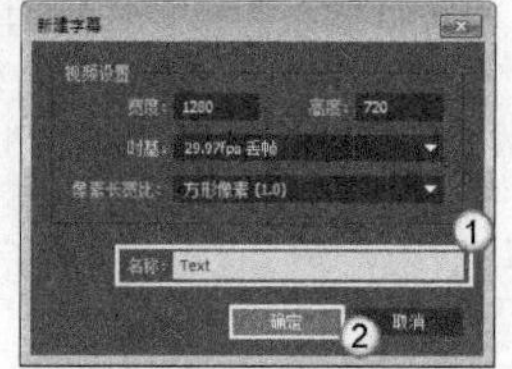

图12-112

03 在字幕工具面板中单击“路径文字工具”，然后沿着枫叶的轮廓绘制曲线，如图12-113所示。

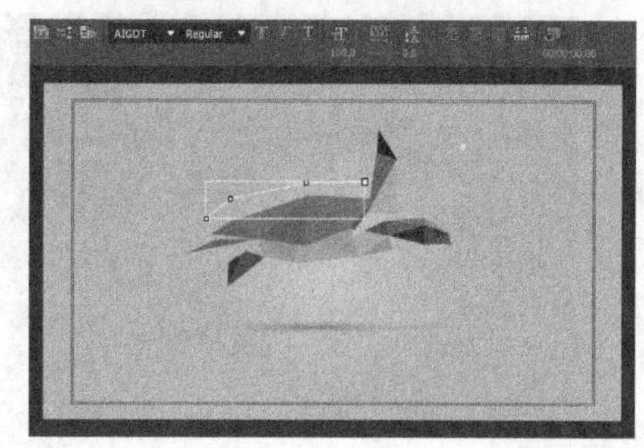

图12-113

技巧与提示

“路径文字工具”和“钢笔工具”的使用方法一样，还可以使用“转换定位点工具”将角锚点转换成曲线锚点。

04 选择“路径文字工具”，然后在路径上单击鼠标，接着在路径上将出现输入文字Under The Sea，最后在“字幕属性”面板中设置“字体”为Arial、“字体大小”为60，如图12-114所示。

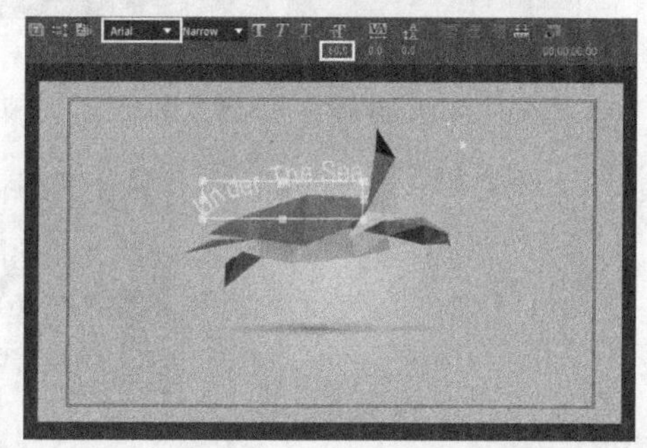

图12-114

技巧与提示

如果文字在路径上有重叠排列的现象，可以在重叠的文字处输入空格，以避开其他文字，避免重叠现象。

12.9 使用外部图形

Premiere Pro可以导入外部图形图像素材，并在绘制区或整个区域中使用，这些素材还可能出现在视频的开头或结尾，或者贯穿视频。

课堂案例

插入图形

素材文件 素材文件>第12章>课堂案例：插入图形

学习目标 在字幕素材中插入图形

本例主要介绍如何在字幕素材中插入图形，案例效果如图12-115所示。

图12-115

01 新建一个项目，然后导入学习资源中的“素材文件>第12章>课堂案例：插入图形>BG.jpg”文件，接着将该文件拖曳至视频1轨道，如图12-116所示。

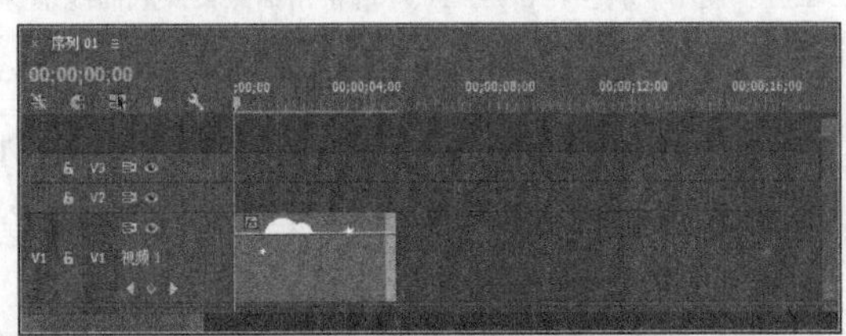

图12-116

02 执行“字幕>新建字幕>默认静态字幕”菜单命令，然后在打开的“新建字幕”对话框中设置“名称”为Text，接着单击“确定”按钮，如图12-117所示。

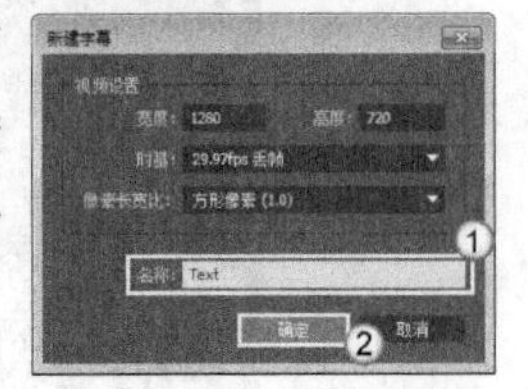

图12-117

03 在字幕工具面板中单击“文字工具”，然后将光标移到绘制区的中心位置单击鼠标，接着输入文字Sunny Day，并调整文字的颜色、大小和位置，如图12-118所示。

图12-118

04 执行“字幕>图形>插入图形”菜单命令，在打开的“导入图形”对话框中选择学习资源中的“素材文件>第12章>课堂案例：插入图形>sun.png”文件，接着在视图中调整标记的位置和大小，如图12-119所示。

图12-119

12.10 本章小结

本章介绍了Premiere Pro CC中的字幕和图形功能。字幕是影视作品中一种常见的影像内容，用户可以通过Premiere Pro CC创建静态或动态的字幕效果。另外，Premiere Pro CC还可以创建简单的图形效果，用户可以使用图形工具丰富画面。

12.11 课后习题：添加文字光泽

素材文件 素材文件>第12章>课后习题：添加文字光泽
学习目标 为文字制造光泽和阴影效果的方法

本例主要介绍如何为文字制造光泽和阴影效果，案例效果如图12-120所示。

图12-120

操作提示

第1步：打开学习资源中的“素材文件>第12章>课后习题：添加文字光泽>课后习题：添加文字光泽_I .prproj”文件。

第2步：新建字幕，然后为字幕设置字体和大小，接着添加光泽和阴影效果。

第13章

编辑音频素材

Premiere Pro不仅可以编辑视频文件，还可以编辑声音文件。虽然它的功能不如Adobe Audition完善、强大，但在制作一些简单的音频效果方面，还是绰绰有余的。本章主要介绍音频轨道基础知识、编辑音频文件、调整音频的音量、添加音频过渡和效果、导出音频文件以及混合音轨等内容。

知识索引

- 音频轨道设置
- 播放声音素材
- 编辑和设置音频
- 应用音频效果

13.1 认识数字声音

使用Premiere Pro的音频功能之前，需要对什么是声音以及描述声音使用的术语有一个基本了解，这有助于了解正在使用的声音类型，以及声音的品质。声音的相关术语（如44100Hz的采样率和16位）会出现在“自定义设置”对话框、“导出”对话框和“项目”面板中，如图13-1所示。

图13-1

13.1.1 声音位和采样

在数字化声音时，由上千个数字表示振幅或者波形的高度和深度。这期间，需要对声音进行采样，以数字方式重新创建一系列的二进制数或者位。如果使用Premiere Pro的音轨混合器对旁白进行录音，那么由麦克风处理声音的声波，然后通过声卡将其数字化。在播放旁白时，声卡将数字信号转换回模拟声波。

高品质的数字录音使用的位也更多。CD品质立体声最少使用16位（较早的多媒体软件有时使用8位的声音速率，这会提供音质较差的声音，但生成的数字声音文件更小）。因此，可以将CD品质声音的样本数字化为一系列16位的1和0（如1011011011101010）。

在数字声音中，数字波形的频率由采样率决定。许多摄像机使用32kHz的采样率录制声音，每秒录制32000个样本。采样率越高，声音可以再现的频率范围也就越广。要再现特定频率，通常应该使用双倍于频率的采样率对声音进行采样。因此，要再现人们可以听到的20000kHz的频率，所需的采样率至少是每秒40000个样本（CD是以44100的采样率进行录音的）。

13.1.2 数字化声音文件的大小

声音的位深越大，它的采样率就越高，而声音文件也会越大。因为声音文件（如视频）可能会非常大，因此，估算声音文件的大小很重要。可以通过位深乘以采样率来估算声音文件的大小。因此，采样率为44100的16位单声道音轨（16-bit×44100），每秒生成705600位（每秒88200个字节）——每分钟5MB多。立体声素材的大小是此大小的两倍。

13.2 音频轨道设置

在Premiere Pro中编辑时，其“时间轴”面板会大致描述视频随带的音频。将光标移至轨道的分界处，光标变为![]状时按住鼠标左键并拖曳，可显示素材的波形信息，如图13-2所示。

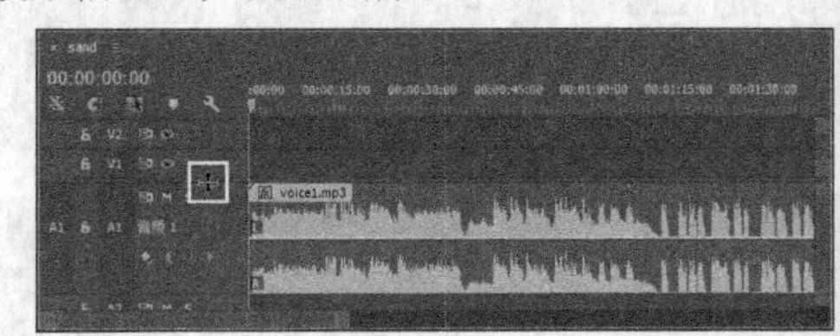

图13-2

对于视频素材，如果将音频素材放入时间轴的序列中，则可以使用“剃刀工具”![]对音频进行分割，还可以使用“选择工具”![]调整入点和出点。

用户还可以在“源”面板中编辑音频素材的入点和出点，在“项目”面板中存储音频素材的子剪辑。将视频素材放入“时间轴”面板后，Premiere Pro会自动将其音频放入相应的音频轨道。因此，如果将带有音频的视频素材放入视频1轨道，那么音频会自动放入音频1轨道（除单声道和5.1声道的音频），如图13-3所示。如果使用“剃刀工具”![]分割视频素材，那么链接的音频也随之被分割。

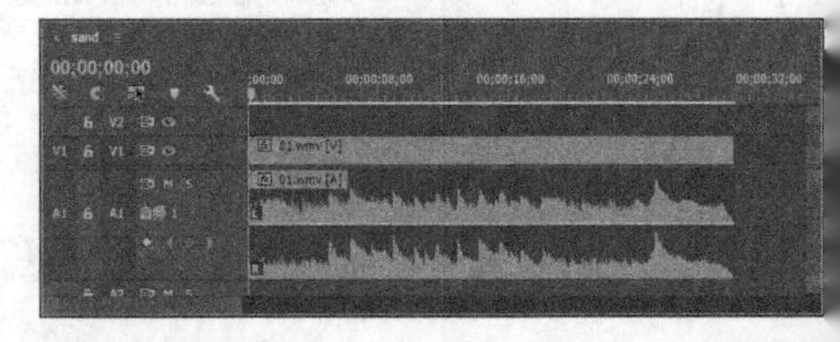

图13-3

知识点 更改音频的声道

要更改音频的声道，需要先将素材从时间轴中清除，然后选择“剪辑>修改>音频声道”命令，在打开的“修改剪辑”对话框中进行设置，如图13-4所示。

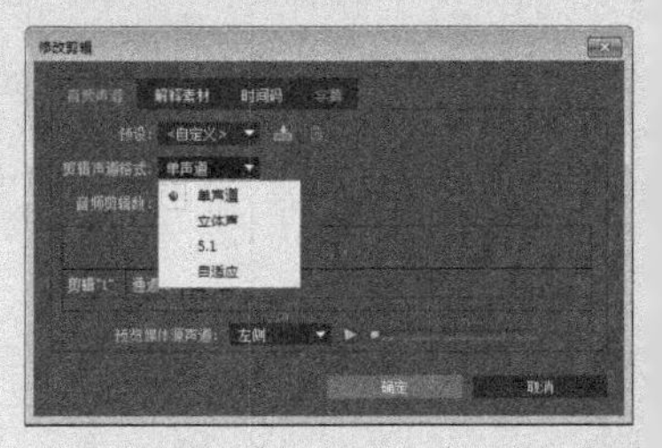

图13-4

在Premiere Pro中处理音频时，会遇到各种类型的音频轨道。标准的音频轨道允许使用单声道或立体声（双声道声音），其他可用轨道如下。

主轨道：此轨道将显示用于主轨道的关键帧和音量，用户可以使用Premiere Pro的音轨混合器将来自其他轨道的声音混合到主轨道上。

混合轨道：这些轨道是音轨混合器混合其他音频轨道子集所使用的混合轨道。

5.1轨道：这些轨道用于Dolby的环绕声，通常用于环绕声DVD电影。在5.1声音中，左声道、右声道和中间声道出现在观众面前，周围环境的声音是从后面的两个扬声器发出的，总共需要5个声道。附1声道是重低音，发出低沉的低音，有时会突然产生爆炸性的声音。这些低频率声音是其他扬声器难以发出的，其他扬声器通常小于重低音音箱。

13.3 播放声音素材

使用“文件>导入”命令将声音素材导入“项目”面板，就可以在“项目”面板或“源”面板中播放该声音素材。单击“项目”面板中的“播放”按钮，在“项目”面板中可以播放素材，如图13-5所示。

图13-5

双击“项目”面板中的声音素材图标，素材会在“源”面板中打开。如果已经在“源”面板中打开素材，就可以在“源”面板中看到音频波形，单击“源”面板的“播放”按钮也可以播放素材，如图13-6所示。

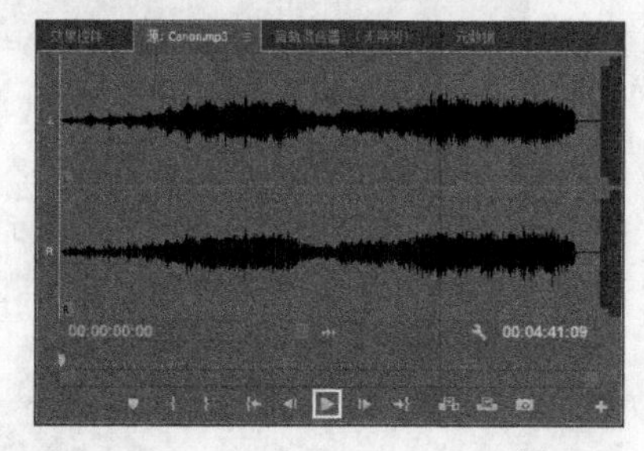

图13-6

技巧与提示

在“源”面板中单击“设置”按钮，再在打开的菜单中选择“音频波形”命令，可以查看视频素材的音频波形。

13.4 编辑和设置音频

根据需要，在Premiere Pro中可以使用几种方法来编辑音频。用户可以像编辑视频那样使用“剃刀工具”在时间轴中分割音频，只需拖曳素材或素材边缘即可。如果需要单独处理视频的音频，则可以解除音频与视频的链接。如果需要编辑旁白或声音效果，可以在源监视器中为音频素材设置入点和出点。Premiere Pro还允许从视频中提取音频，这样该音频就可以作为另一个内容源出现在“项目”面板中。

如果需要更精确地编辑音频，那么可以选择只有音频的主剪辑、子剪辑或素材实例。用户如果要增强或者创建切换效果和音频效果，还可以使用Premiere Pro的“效果”面板提供的音频效果。

13.4.1 在时间轴上编辑音频

Premiere Pro不是一个复杂的音频编辑程序，因此可以在“时间轴”面板中执行一些简单编辑。用户可以解除音频与视频的链接并移动音频，以便附加音频的不同部分。通过在“时间轴”面板中缩放音频素材波形，可以执行音频编辑，还可以使用“剃刀工具”分割音频。

1.设置时间轴

要使“时间轴”面板更好地适用于音频编辑，可按照以下步骤设置时间轴。

第1步：通过滑动鼠标中键，或者在轨道分界处拖曳，展开轨道。

第2步：选择“时间轴”面板菜单中的“显示音频时间单位”命令，将单位更改为音频样本，这会将时间轴的音频单位的标尺显示变为音频样本或毫秒，如图13-7所示。

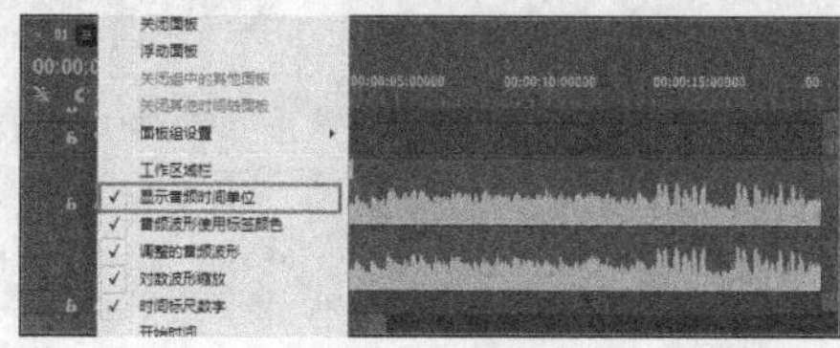

图13-7

技巧与提示

默认的单位是音频样本，但是可以通过执行“文件>项目设置>常规”菜单命令，在对话框中的音频“显示格式”下拉列表中选择“毫秒”来更改此设置。

第3步：拖曳时间轴缩放滑块来缩放音频素材，如图13-8所示。

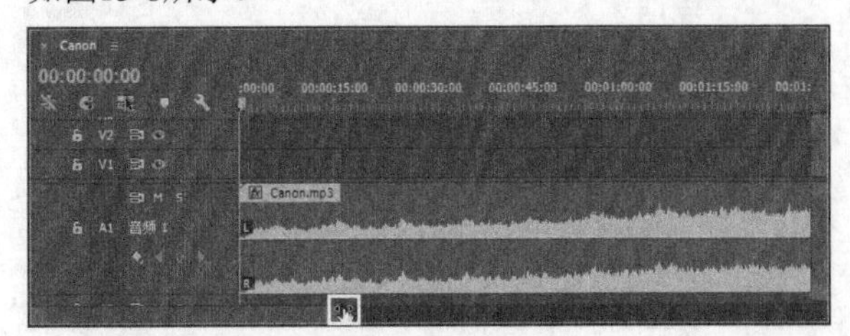

图13-8

知识点 更改音频的声道

使用编辑工具编辑音频。可以拖曳素材边缘来更改入点和出点，还可以激活“工具”面板中的“剃刀工具”，并使用该工具在特定点单击来分割音频，如图13-9所示。

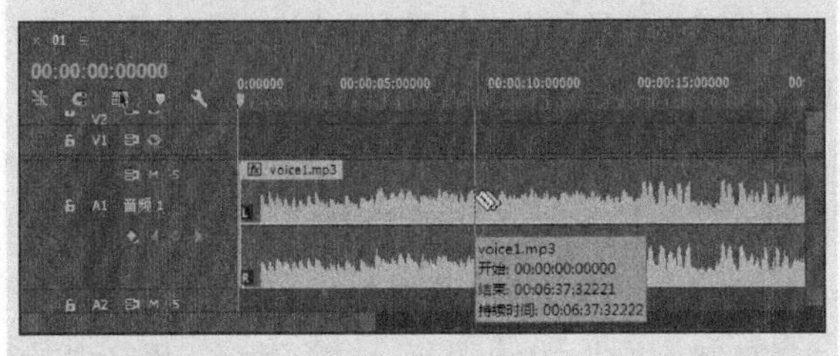

图13-9

2.解除音频和视频的链接

如果将带音频的素材放入时间轴，可以独立于视频编辑音频。为此，需要先解除音频和视频的链接，然后才可以独立于视频来编辑音频的入点和出点。

将带音频的视频素材导入“项目”面板，并将其拖入时间轴轨道上，然后在“时间轴”面板中选择该素材，将同时选择视频和音频对象，如图13-10所示。

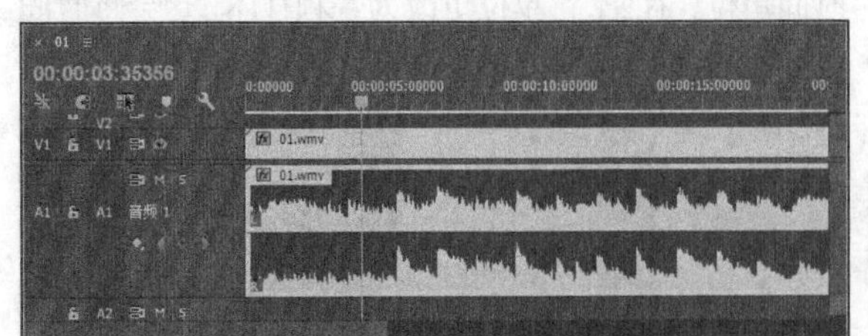

图13-10

执行“剪辑>取消链接”菜单命令，或者在时间轴中选择音频或视频并单击鼠标右键，然后选择“取消链接”命令，如图13-11所示，即可解除音频和视频的链接。单击其他空时间轴轨道，取消对音频和视频轨道的选择。解除链接后，就可以单独选择音频或视频对其进行编辑。

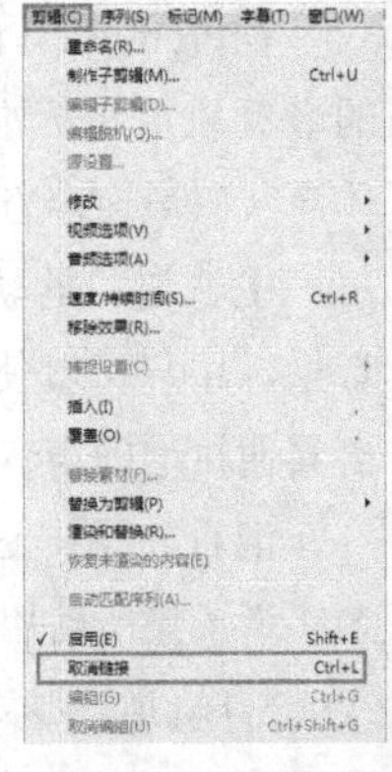

图13-11

技巧与提示

如果已经将两个素材编辑在一起，并且解除了音频链接，就可以使用“旋转编辑工具”的同时，调整某个音频素材的出点和下一个音频素材的入点。

如果要重新链接音频和视频，可以先选择要链接的音频和视频，然后执行“剪辑>链接”菜单命令。

3.解除音频链接和重新同步音频

Premiere Pro提供了一个暂时解除音频与视频链接的方法，用户可以按住Alt键，然后拖曳素材的音频或视频部分，通过这种方式暂时解除音频与视频的链接。在释放鼠标之前，Premiere仍然认为素材处于链接状态，但是不同步。使用此暂时解除链接的方法时，Premiere Pro会在时间轴上显示不同步的帧在素材入点上的差异，如图13-12所示。

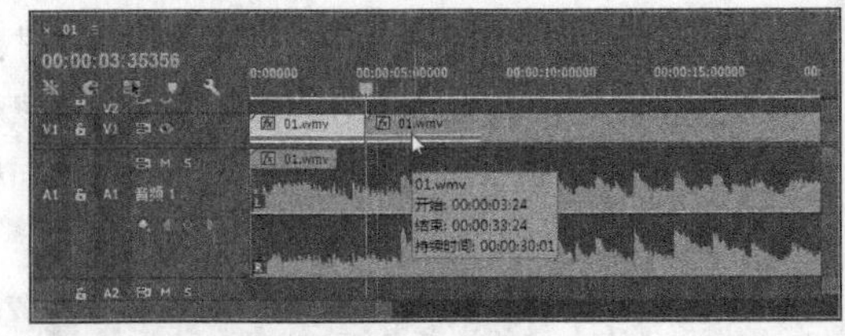

图13-12

技巧与提示

通过执行“剪辑>同步”菜单命令，可以将多个轨道中的素材同步为目标轨道中的一个素材。使用“同步剪辑”对话框，可以在目标轨道中某个素材的起点和终点或编号序列标记上同步素材，或者通过时间码同步素材，如图13-13所示。

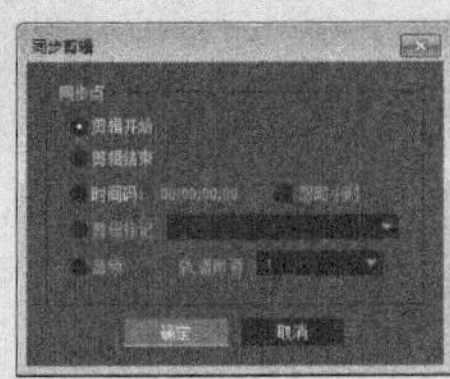

图13-13

13.4.2 使用源监视器编辑源素材

虽然在时间轴中编辑音频已经能够满足用户的大部分需求，但还可以在“源”面板中编辑音频素材的入点和出点。此外，可以使用“源”面板创建长音频素材的子剪辑，然后在“源”面板或“时间轴”面板中单独编辑子剪辑。

1.只获取音频

在编辑带有音频和视频的素材时，可能只想使用音频而不使用视频。如果在“源”面板中选择获取音频选项，那么视频图像就会被音频波形取代。

将需要编辑的视频素材拖曳至“源”面板中，或者在“项目”面板中双击该素材图标，并将其添加到时间轴中。在“源”面板中单击“设置”按钮，然后在打开的菜单中选择“音频波形”命令，如图13-14所示。素材的音频波形将出现在“源”面板窗口中，如图13-15所示。

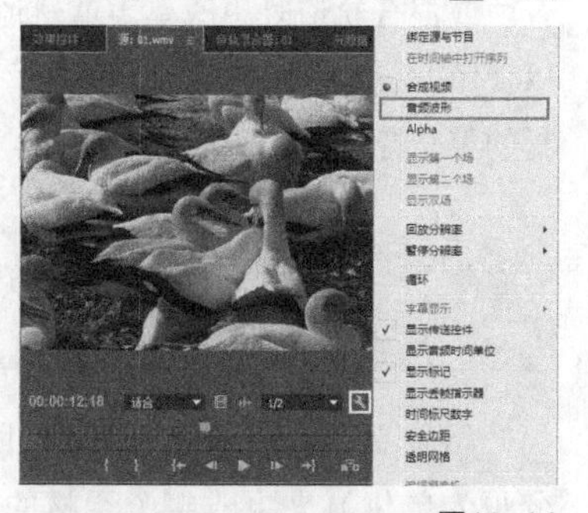

图13-14

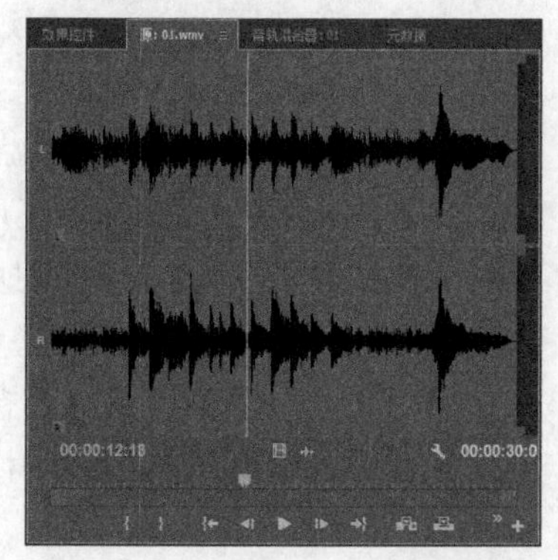

图13-15

技巧与提示

如果“源”面板以“显示音频时间单位”的方式显示，那么可以使用“逐帧退”或“逐帧进”按钮（或按←键或→键）一次一个音频单位地单步调试音频。

在“源”面板中，可以为音频设置入点和出点。将当前时间指示器移动到需要设置为入点的位置，然后单击“设置入点”按钮。将当前时间指示器移动到出点位置，接着单击“设置出点”按钮。如果要为音频更改或选择目标轨道，可以单击左轨道边缘选择该音频，并将轨道左端的图标拖曳到对应的目标轨道处，如图13-16所示。

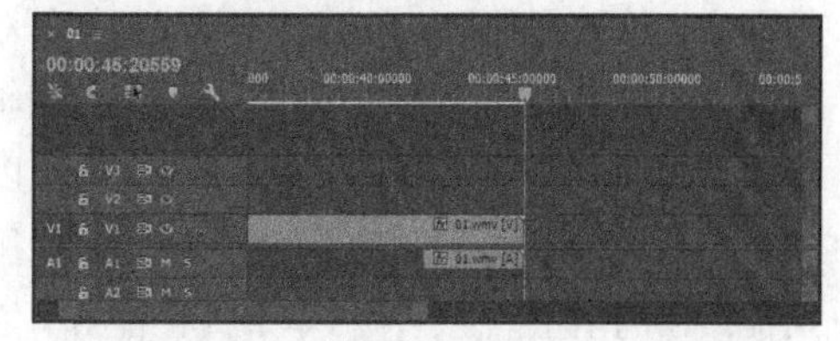

图13-16

要将已编辑的音频放在目标轨道中，可以将时间轴中的当前时间指示器设置到想要放置音频的位置，然后单击“源”面板中的“插入”或“覆盖”按钮。图13-17所示的是执行覆盖编辑后的音频。

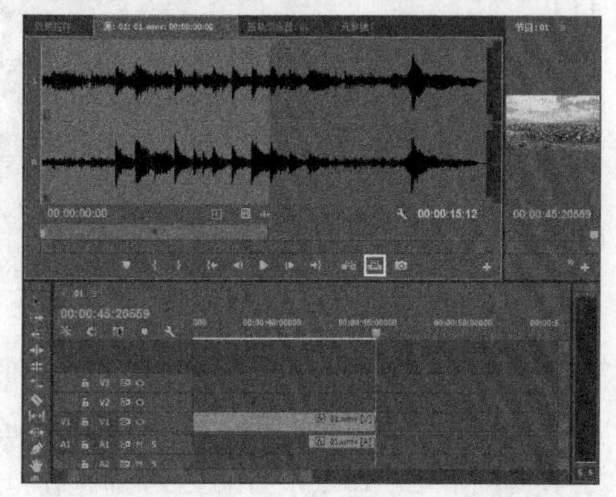

图13-17

技巧与提示

用户可以用一个素材替换另一个素材，方法是选择素材，然后单击鼠标右键或按住Ctrl键单击时间轴中的素材，接着从打开的菜单中选择“替换素材”命令，并从子菜单中选择用“源”面板或“项目”面板中的素材来替换时间轴中的素材。

2.从视频中提取音频

如果想从视频中分离出音频，将其作为“项目”面板中一个独立的媒体源处理，就可以让Premiere从视频中提取音频。要从包含音频的视频素材中创建一个新音频文件，可以选择“项目”面板中的一个或多个素材，然后执行“剪辑>音频选项>提取音频”菜单命令，提取的音频文件随后会显示在“项目”面板中，如图13-18所示。

图13-18

13.4.3 设置音频单位

在监视器面板中进行编辑时，标准测量单位是视频帧。对于可以逐帧精确设置入点和出点的视频编辑而言，这种测量单位已经很完美了。但是对于音频来说，可能需要更为精确。例如，如果想编辑一段长度小于一帧的无关声音，Premiere Pro就可以使用与帧对应的音频单位显示音频时间。用户可以用毫秒或可能最小的增量——音频样本来查看音频单位。

执行“文件>项目设置>常规”菜单命令，在打开的“项目设置”对话框中可以设置“显示格式”的方式，如图13-19所示。

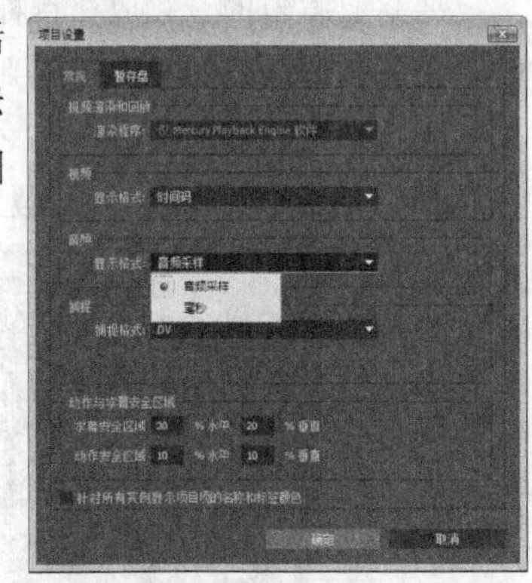

图13-19

如果要在“源”面板或“节目”面板的时间显示区域查看音频单位，则选择面板菜单中的“显示音频时间单位”命令；如果要在时间轴的时间标尺和时间显示中查看音频单位，则选择“时间轴”面板菜单中的“显示音频时间单位”命令。

13.4.4 设置音频声道

处理音频时，可能想禁用立体声轨道中的一个声道，或者选择某个单声道音频素材，将其转换成立体声素材。

选择“项目”面板中还未放在时间轴序列中的音频素材，然后执行“剪辑>修改>音频声道”菜单命令打开“修改剪辑”对话框，在“音频声道”选项卡的“剪辑声道格式”下拉列表中可以选择轨道的格式，包括“单声道”“立体声”、5.1和“自适应”选项，如图13-20所示。

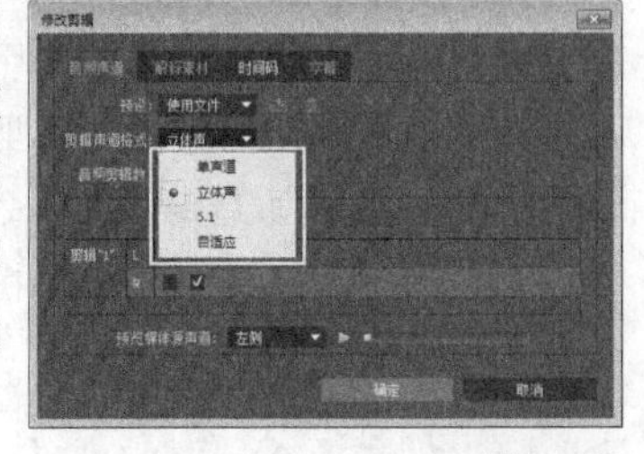

图13-20

技巧与提示

如果想从立体声轨道中隔离单声道轨道，可选择“项目”面板中的音频，然后选择“剪辑>音频选项>拆解为单声道”菜单命令，两个音频子剪辑将添加到“项目”面板中。

13.5 编辑音频的音量

在关键帧图形线上设置关键帧，当音频轨道的打开菜单中选择显示素材音量时，会显示关键帧图形线。用户还可以改变立体声声道中声音的均衡。调整均衡，即重新分配声音，就是从某个声道中移除一定百分比的声音信息，将其添加到另一个声道中。Premiere Pro还允许使用声像调节模拟同一房间不同区域的声音。要进行声像调节，需要在输出到多声道主音轨或混合轨道时更改单声道轨道。除此以外，还可以使用Premiere Pro的“音频增益”命令，更改声音素材的整个音量。

13.5.1 使用音频增益命令调整音量级别

增益命令用于通过提高或降低音频增益（以分贝为单位）来更改整个素材的声音级别。在音频录制中，工程师通常会在录制过程中提高或降低增益。如果声音级别突然降低，工程师就会提高增益；如果级别太高，就会降低增益。

Premiere Pro的增益命令还用于通过单击一个按钮来标准化音频，这会将素材的级别提高到不失真情况下的最高级别。标准化通常是确保音频级别在整个制作过程中保持不变的有效方法。要使用Premiere Pro的增益命令调整素材的统一音量，可按照以下步骤进行。

第1步：执行“文件>导出”菜单命令，导出声音素材或者带声音的视频素材。

第2步：单击“项目”面板中的素材，或者将声音素材从“项目”面板拖曳至“时间轴”面板的音频轨道中。

第3步：如果素材已经在时间轴中，那么单击“时间轴”面板上音频轨道中的声音素材。

第4步：执行“剪辑>音频选项>音频增益”菜单

命令，将打开图13-21所示的“音频增益”对话框。

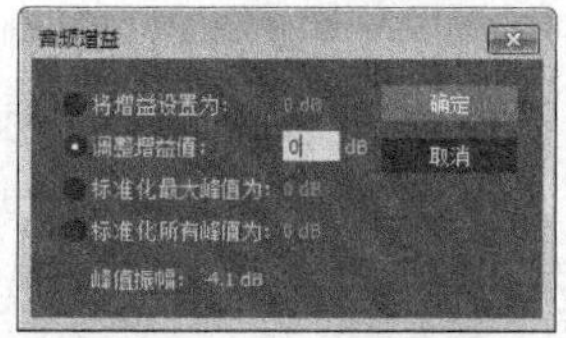

图13-21

第5步：选择“设置增益为”选项，然后键入一个值。0.0dB是原始素材音量（以分贝为单位），大于0的数字表示提高素材的音量，小于0的数字表示降低音量。如果选择“标准化最大峰值为”或“标准化所有峰值为”选项，并为其键入一个值，Premiere Pro就会设置不失真情况下的最大可能增益。但是在音频信号太强时，可能会发生失真。完成设置后，单击“确定”按钮即可。

技巧与提示

可单击“音频增益”对话框中的dB值，并通过拖曳鼠标来提高或降低音频增益。单击并向右拖曳可提高dB级别，单击并向左拖曳可降低dB级别。

13.5.2 音量的淡入或淡出效果编辑

Premiere Pro提供了用于淡入或淡出素材音量的各种选项，用户可以淡入或淡出素材，并使用“效果”控制面板中的音频效果更改其音量，或者在素材的开始和结尾处应用交叉淡化音频过渡效果，以此淡入或淡出素材。

使用“钢笔工具”或“选择工具”，也可以在时间轴中创建关键帧。在设置关键帧后，就可以拖曳关键帧图形线来调整音量了。

在淡化声音时，可以选择淡化轨道的音量或素材的音量。注意：即使将音量关键帧应用到某个轨道（而不是素材），并删除该轨道中的音频，关键帧仍然保留在轨道中。如果将关键帧用于某个素材并删除该素材，那么关键帧也将被删除。

13.5.3 移除音频关键帧

在时间轴中编辑音频时，可能想移除关键帧，这时跳转到特定关键帧，然后单击时间轴中的“添加/移除关键帧”按钮即可，具体操作步骤如下。

第1步：将当前时间指示器移动到需要移除的关键帧的前面。

第2步：单击时间轴中的“转到下一关键帧”按钮。

第3步：单击“添加/移除关键帧”按钮，即可移除当前时间指示器处的关键帧。

技巧与提示

要移除关键帧，还可以单击关键帧，然后按Delete键将其删除。另外，选择关键帧单击鼠标右键，从打开的菜单中选择“删除”命令。

13.5.4 在时间轴中均衡立体声

Premiere Pro允许调整立体声轨道中的立体声声道均衡。在调整立体声轨道均衡时，可以将声音从一个轨道重新分配到另一个轨道。在调整均衡时，因为提高了一个轨道的音量，所以要降低另一个轨道的音量。

在“时间轴”面板中单击“时间轴显示设置”按钮，然后在打开的菜单中选择显示音频信息的命令，如图13-22所示。

显示视频缩览图
显示视频关键帧
显示视频名称
显示音频波形
显示音频关键帧
显示音频名称
显示剪辑标记
显示重复帧标记
显示直通编辑点
显示效果徽章
在修剪期间合成预览
最小化所有轨道
展开所有轨道
存储预设...
管理预设...
自定义视频头...
自定义音频头...

图13-22

将光标移至图标上，然后单击鼠标右键，在打开的菜单中选择“声像器>平衡”命令，如图13-23所示。要调整立体声级别，可以选择“选择工具”或“钢笔工具”，然后在轨道关键帧图形线上拖曳。

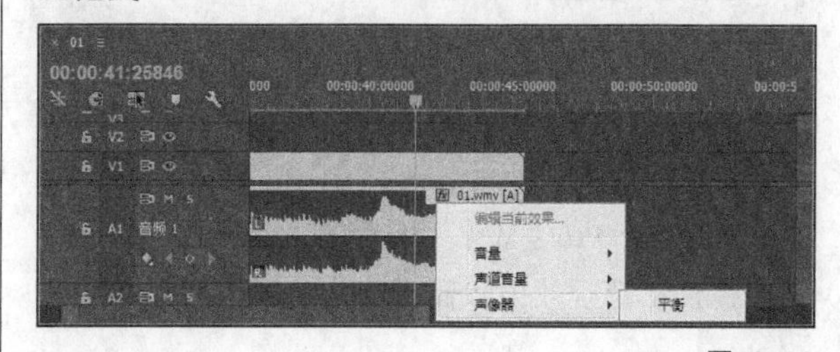

图13-23

课堂案例

制作淡入、淡出的声音效果

素材文件　素材文件>第13章>课堂案例：制作淡入、淡出的声音效果
学习目标　制作淡入、淡出声音效果的方法

01 新建一个项目，然后导入学习资源中的“素材文件>第13章>课堂案例：制作淡入、淡出的声音效果>Canon.mp3”文件，接着将该文件拖曳至音频1轨道，如图13-24所示。

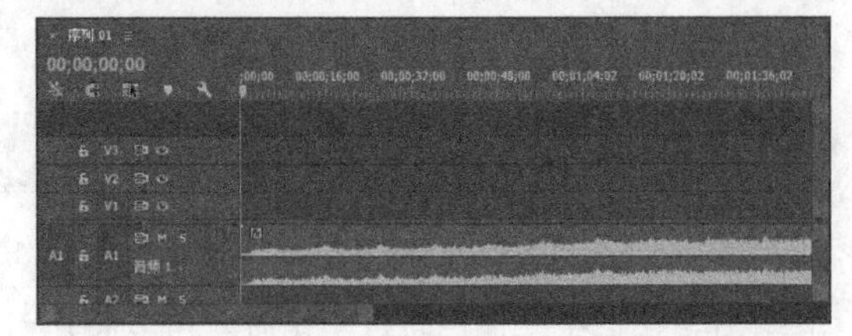

图13-24

02 在第1秒处按住Ctrl键并单击鼠标左键，此时素材上会生成一个关键帧，然后使用同样的方法在第3秒处添加另一个关键帧，接着将第1个关键帧向下拖曳至 -∞dB，如图13-25所示。

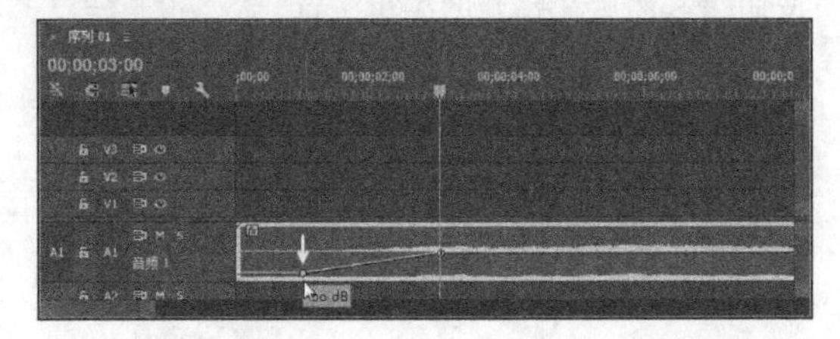

图13-25

03 使用同样的方法在第48分38秒9帧处添加一个关键帧，然后在第48分40秒9帧添加另一个关键帧，接着将第2个关键帧向下拖曳至 -∞dB，如图13-26所示，最后单击“节目”面板中的“播放/停止切换”按钮▶，试听音频效果。

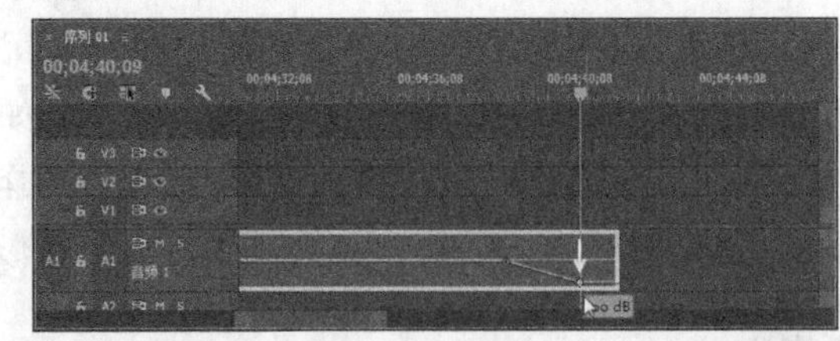

图13-26

13.6 音频过渡和效果

Premiere Pro“效果”面板的“音频效果”文件夹中提供了音频效果和音频过渡，用于增强和校正音频。“音频效果”文件夹中提供的效果类似于专业音频工作室中所使用的效果。“效果”面板中还包括音频过渡文件夹，如图13-27所示。

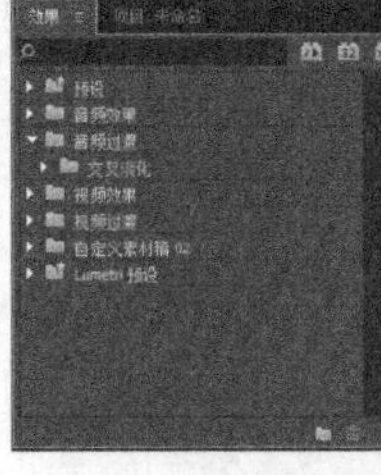

图13-27

13.6.1 音频过渡效果

“效果”面板的“音频过渡”效果文件夹提供了用于淡入和淡出音频的3个交叉淡化效果。Premiere Pro提供了3种过渡效果，这3种过渡效果被放置在“交叉淡化”文件夹中，包括“恒定功率”“恒定增益”和“指数淡化”效果，如图13-28所示。

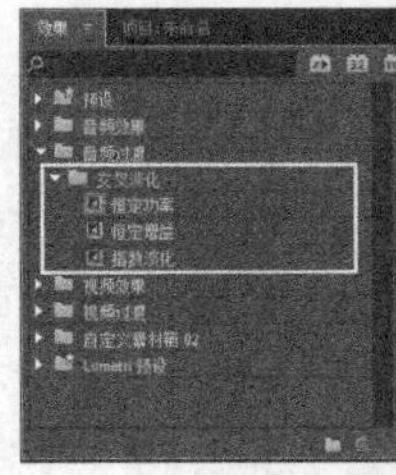

图13-28

滤镜介绍

恒定功率：交叉淡化创建平滑渐变的过渡，与视频剪辑之间的溶解过渡类似。

恒定增益：可以创造精确的淡入和淡出效果。

指数淡化：可以创建弯曲淡化效果，它通过创建不对称的指数型曲线来创建声音的淡入、淡出效果。

通常，“交叉淡化”用于创建两个音频素材之间的流畅切换。但是在使用Premiere Pro时，可以将交叉切换放在音频素材的前面创建淡入效果，或者放在音频素材的末尾创造淡出效果。

13.6.2 音频效果

与过渡效果一样，可以访问“效果”面板中的音频效果，并使用“效果控件”面板中的控件调整效果。选择“时间轴”面板中的音频素材，然后选择“效果”面板中的“音频效果”，将其拖曳至“效果控件”面板或者时间轴音频轨道中的音频的上方，然后松开鼠标，即可为该素材应用音频效果，如图13-29所示。应用音频效果后，在音频上将出现一条绿线。

图13-29

大多数音频效果提供用于微调音频效果的设置。如果音频效果提供的设置可以调整，那么这些设置会在展开效果时出现在“效果控件”面板中。

13.6.3 音频效果概览

Premiere Pro的音频效果提供了效果分类，帮助提高声音质量或创建不常用的声音效果。Premiere Pro CC提供了近50种音频处理的特效滤镜，如图13-30所示。

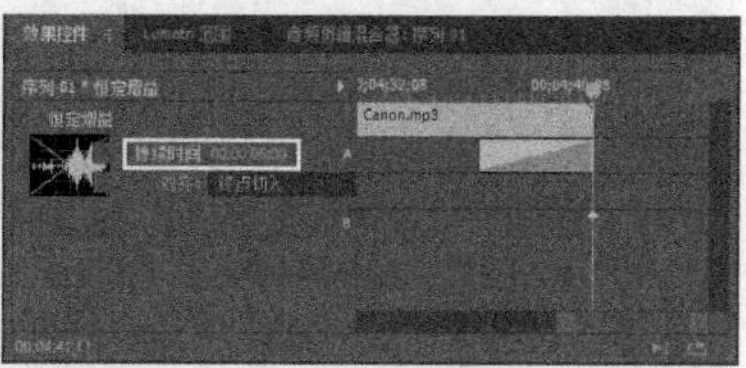

图13-30

课堂案例

为音频添加恒定增益过渡

素材文件　素材文件>第13章>课堂案例：为音频添加恒定增益过渡

学习目标　为音频添加恒定增益过渡效果的方法

01 新建一个项目，然后导入学习资源中的“素材文件>第13章>课堂案例：为音频添加恒定增益过渡>Canon.mp3和Turkey March.mp3”文件，接着将这两个文件拖曳至音频1轨道，如图13-31所示。

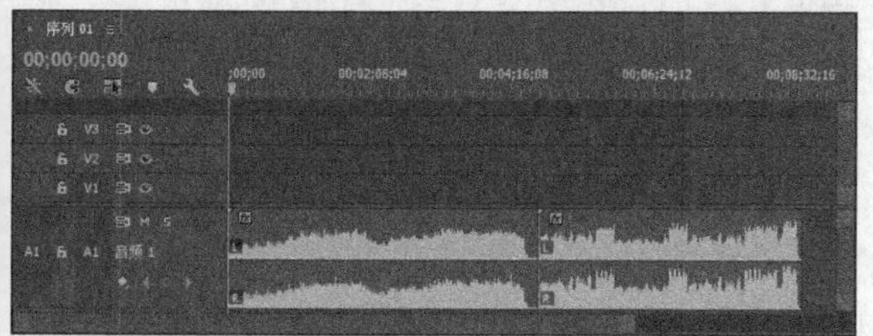

图13-31

02 在“效果”面板中选择“音频过渡>交叉淡化>恒定增益”滤镜，然后将其拖曳至两端音频之间，如图13-32所示。

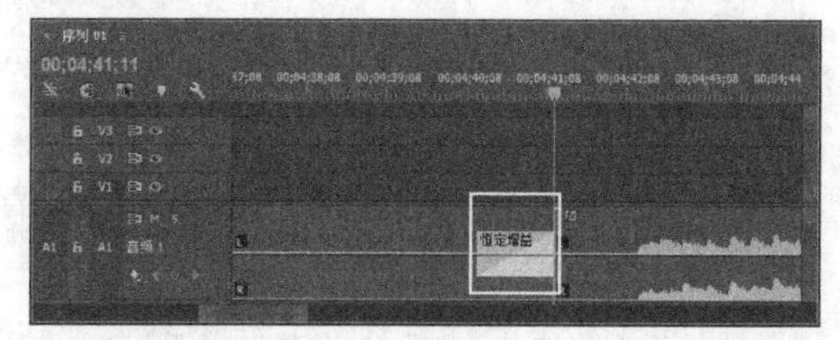

图13-32

技巧与提示

要删除音频素材中应用的音频过渡效果，可在时间轴中右键单击过渡效果图标，从打开的菜单中选择“清除”命令即可。

03 在音频轨道中选择“恒定增益”切换效果，然后在“效果控件”面板中设置“持续时间”为5秒，如图13-33所示。

图13-33

知识点 更改默认音频过渡持续时间

更改“音频过渡默认持续时间”属性，可以设置默认的音频持续时间。执行“编辑>首选项>常规”菜单命令或者“效果”面板菜单中的“设置默认过渡持续时间”命令，在打开的“首选项”对话框的“音频过渡默认持续时间”选项中进行更改，如图13-34所示。

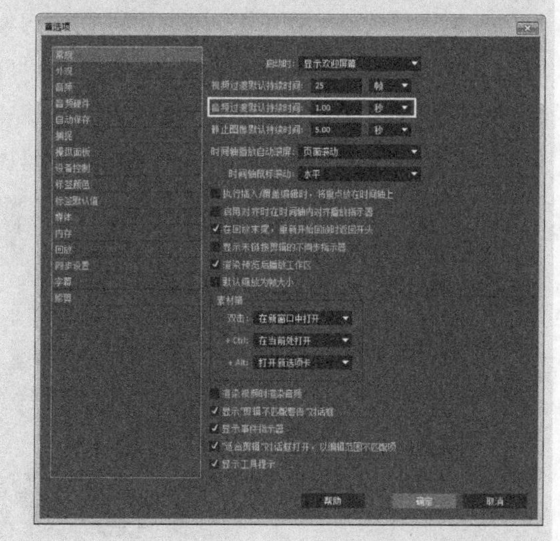

图13-34

13.7 导出音频文件

在编辑和优化音频轨道之后，可能想将它们作为独立声音文件导出，以便在其他节目或Premiere Pro项目中使用。

13.7.1 了解音轨混合器面板

如果没有在屏幕上打开音轨混合器，可以执行“窗口>音轨混合器”菜单命令将其打开。如果喜欢在Premiere Pro的音频工作区中打开“音轨混合器”，则可以执行“窗口>工作区>音频”菜单命令。当在界面上打开“音轨混合器”面板时，Premiere Pro会自动为当前活动序列显示至少两个轨道和主轨道，如图13-35所示。

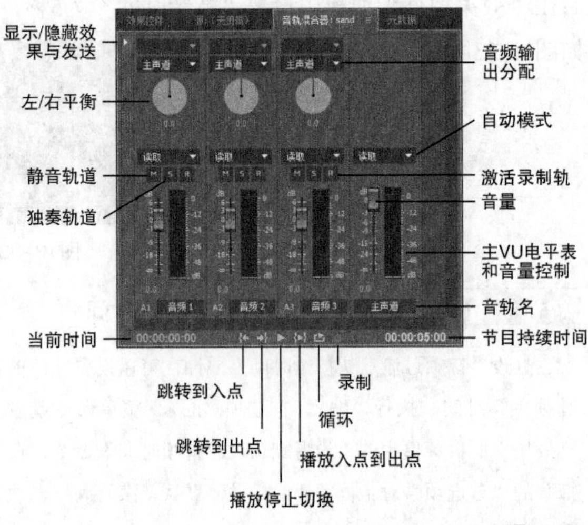

图13–35

如果在序列中拥有两个以上的音频轨道，可以拖曳“音轨混合器”面板的左右边缘或下方边缘来扩展面板。尽管看到许多旋钮和级别对音频工程师并不稀奇，但用户必须全面了解这些按钮和功能。音轨混合器提供了两个主要视图，分别是折叠视图和展开视图，前者没有显示效果区域，后者显示了用于不同轨道的效果，如图13-36所示。要在折叠视图和展开视图之间进行切换，可以单击“显示/隐藏效果与发送”按钮▶。

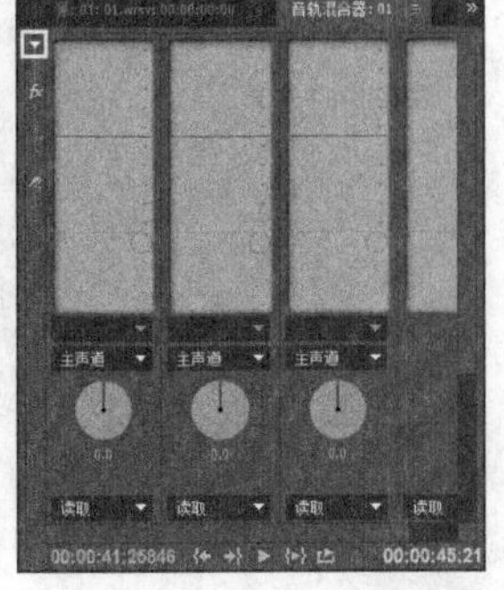

图13–36

知识点　轨道与素材

在开始使用Premiere Pro的音轨混合器之前，必须明白音轨混合器可以影响整个轨道中的音频。在音轨混合器中工作时，是对音频轨道进行调整，而不是对音频素材进行调整。

在音轨混合器中创建和更改效果后，是将音频效果应用于轨道，而不是将它们应用于特定素材。在“效果控件”面板中应用效果时，是将它们应用于素材。当前序列的“时间轴”面板可以提供对工作的概括，并且应该清楚素材或轨道关键帧是否在“时间轴”面板中显示。

对于素材图形线和轨道图形线，均可通过按住Ctrl键并单击“钢笔工具”来创建关键帧。使用“钢笔工具”拖曳关键帧，可以调整关键帧的位置。

要熟悉“音轨混合器”，可以从检查“音轨混合器”的轨道区域开始。垂直区域以轨道1开头，后面是轨道2，依此类推，这些轨道对应于活动序列上的轨道。在混合音频时，可以在每个轨道列的显示中看到音频级别，并且可以使用每个列中的控件进行调整。在进行调整时，音频被混合到主轨道或子混合轨道中。注意：每个轨道底部的下拉菜单都指示了当前轨道信号是发往子混合轨道还是主轨道。默认情况下，所有轨道都输出到主轨道。

轨道名称的下方是轨道的“自动模式”选项，“自动模式”选项被设置为“读取”。在“自动模式”选项设置为读取时，轨道调整写入带有关键帧的轨道，并且只供该轨道读取。如果将读取更改为“写入”“触动”或“闭锁”，那么在当前序列的音频轨道中创建并调整关键帧，会在“音轨混合器”中反映出来。

13.7.2 声像调节和平衡控件

在输出到立体声轨道或5.1轨道时，“左/右平衡”旋钮用于控制单声道轨道的级别。因此，通过声像平衡调节，可以增强声音效果（例如，随着树从视频监视器右边进入视野，右声道中发出鸟的鸣叫声）。

平衡用于重新分配立体声轨道和5.1轨道中的输出。在增加一个声道中的声音级别的同时，另一个声道的声音级别将减少，反之亦然。可以根据正在处理的轨道类型，使用“左/右平衡”旋钮控制均衡和声像调节。在使用声像调节或平衡时，可以在“左/右平衡”

旋钮上或旋钮下的数字读数上拖曳，如图13-37所示，还可以单击数字读数并用键盘键入一个值。

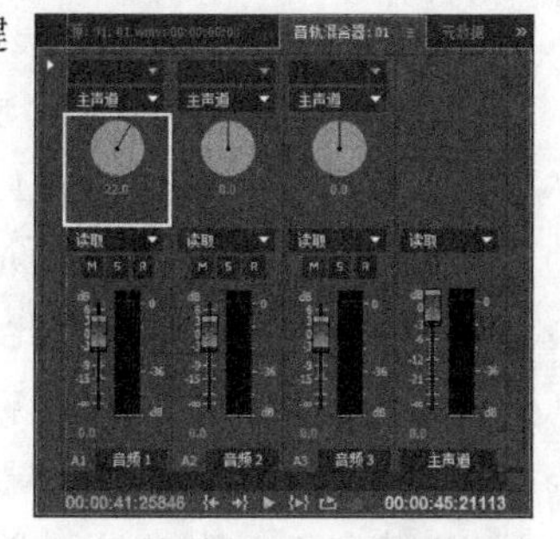

图13-37

13.7.3 音量控件

可以通过上下拖曳“音量”控件来调整轨道音量。音量以dB（分贝）为单位进行录制，dB（分贝）音量显示在“音量”控件中。在拖曳“音量”控件更改音频轨道的音量时，“音轨混合器”的自动化设置可以将关键帧放入时间轴面板中该轨道的音频图形线上。

使用“选择工具”在轨道中的图形线上拖曳关键帧，可以进一步调整音量。注意：当VU电平表（在音量控件的左边）变红时发出警告，指示可能发生剪辑失真或声音失真。还要注意的是，单声道轨道显示一个VU电平表，立体声轨道显示两个VU电平表，而5.1轨道则显示5个VU电平表。

13.7.4 静音轨道、独奏轨道和激活录制轨按钮

“静音轨道”和“独奏轨道”按钮用于选择使用或不使用的轨道，“激活录制轨”按钮用于录制模拟声音（该声音可能来自附属于计算机音频输入的麦克风）。

在音轨混合器重放期间，单击“静音轨道”按钮，使不想听到的轨道变为静音区。在单击“静音轨道”按钮时，轨道的音轨混合器音频级别电平表中没有显示音频级别。使用静音功能，可以设置听不到其他声音的一个或多个轨道的级别。例如，假定音频中包含音乐以及走近一池呱呱叫的青蛙的脚步声的声音效果，可以对音乐使用静音，只调整脚步声的级别，并将呱呱叫的青蛙作为视频，用这种方式显示将进入视野的池塘。

单击“独奏轨道”按钮，孤立或处理“音轨混合器”面板中的某个特定轨道。单击“独奏轨道”按钮时，Premiere Pro会对其他所有轨道使用静音（除了独奏轨道以外）。

单击“激活录制轨”按钮，录制激活的轨道。要录制音频，可以单击面板底部的“录制”按钮，然后单击“播放/停止切换”按钮。

13.7.5 效果和发送选项

效果和发送的下拉菜单出现在“音轨混合器”面板的展开视图中，如图13-38所示。要显示效果和发送，可以单击“自动模式”选项左边的“显示/隐藏效果和发送”图标。如果要添加效果和发送，那么选择“效果选择”和“发送分配选择”下拉菜单中的选项。

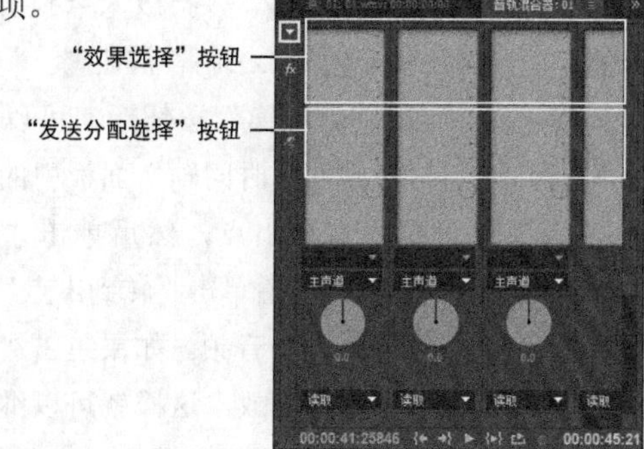

图13-38

1.选择音频效果

单击音频效果区域中的“效果选择”按钮，选择一个音频效果，如图13-39所示。在每个轨道的效果区域中，最多可以放置5个效果。在加载效果时，可以在效果区域的底部调整效果设置。图13-40显示了加载到音频效果区域中的“延迟”效果，效果区域的底部显示了“延迟”效果的调整控件。

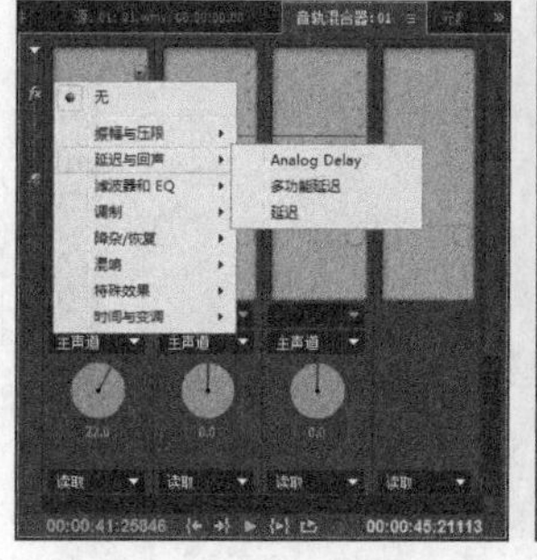

图13-39

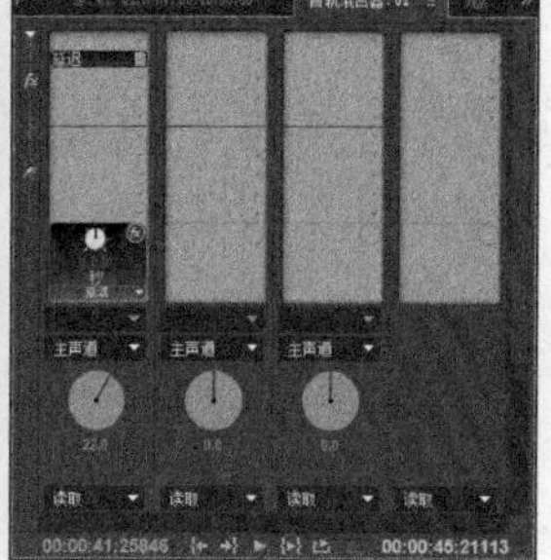

图13-40

2.效果发送区域

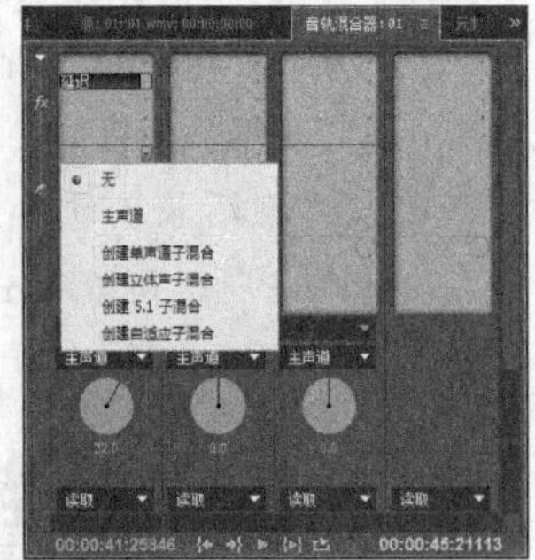

图13-41

效果区域下方是效果发送区域，图13-41显示了创建发送的打开菜单。该区域发送允许用户使用音量控制旋钮，将部分轨道信号发送到子混合轨道。

13.7.6 其他功能按钮

在“音轨混合器”面板的左下方有6个按钮，分别是“转到入点”按钮、“转到出点”按钮、“播放/停止切换”按钮、“播放入点到出点”按钮、“循环”按钮和“录制”按钮。

单击“播放/停止切换”按钮，可以播放音频素材。如果只想处理“时间轴”面板中的部分序列，则需要设置入点和出点，然后单击“转到入点”按钮转到入点，接着单击“转到出点”按钮只混合入点和出点之间的音频。如果单击“循环”按钮，那么可以重复播放，这样就可以继续微调入点和出点之间的音频，而无须开始和停止重放。

技巧与提示

单击“源”面板中的“标记入点”和“标记出点”，可以在序列中设置入点和出点。

13.7.7 音轨混合器面板菜单

音轨混合器包含很多的图标和控件，所以用户可能想自定义音轨混合器，以便只显示要使用的控件和功能。此列表介绍了在“音轨混合器”面板菜单中可以使用的自定义设置，如图13-42所示。

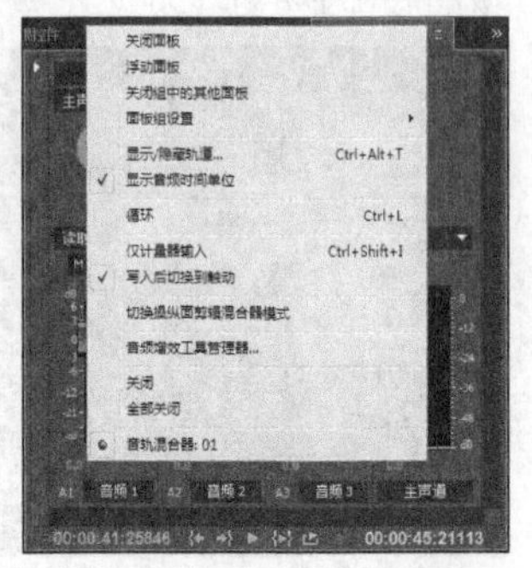

图13-42

常用命令介绍

显示/隐藏轨道：用于显示或隐藏个别轨道。

仅静音输入：在录制时显示硬件（而不是轨道）输入级别。要在VU电平表上显示硬件输入级别（而不是在Premiere Pro中显示轨道级别），可以选择“仅静音输入”命令。在选择此命令时，仍然可以监视Premiere Pro中没有录制的所有轨道的音频。

显示音频时间单位：将显示设置为音频单位。如果想以毫秒而不是音频样本为单位显示音频单位，可以执行“项目>项目设置>常规”菜单命令，在打开的“项目设置”对话框中更改此设置。

切换到写后触动：在使用“写入”自动模式后，自动将“自动模式”从“写入”模式切换到“触动”模式。

课堂案例

导出音频

素材文件　素材文件>第13章>课堂案例：导出音频

学习目标　导出音频的方法

01 打开学习资源中的“素材文件>第13章>课堂案例：导出音频>课堂案例：导出音频_I.prproj”文件，项目中有一段制作好的音频，如图13-43所示。

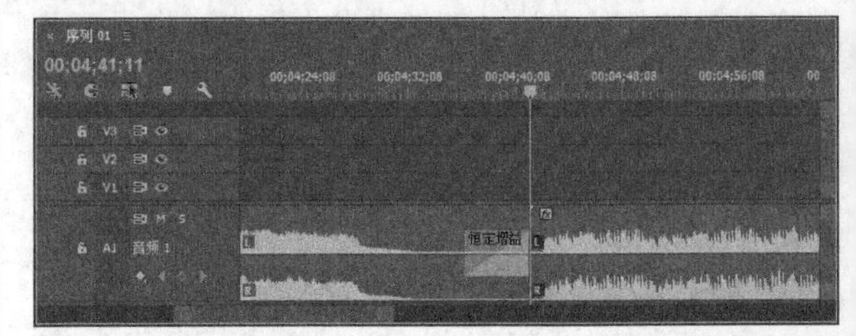

图13-43

02 在“项目”面板中选择“序列01”序列文件，然后执行“文件>导出>媒体”菜单命令，如图13-44所示。

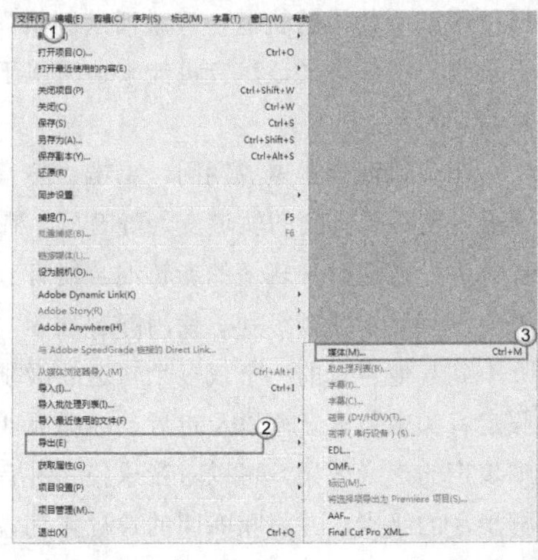

图13-44

03 在打开的“导出设置”对话框中设置“格式”为MP3，然后设置文件名和路径，接着单击“导出”按钮，如图13-45所示。

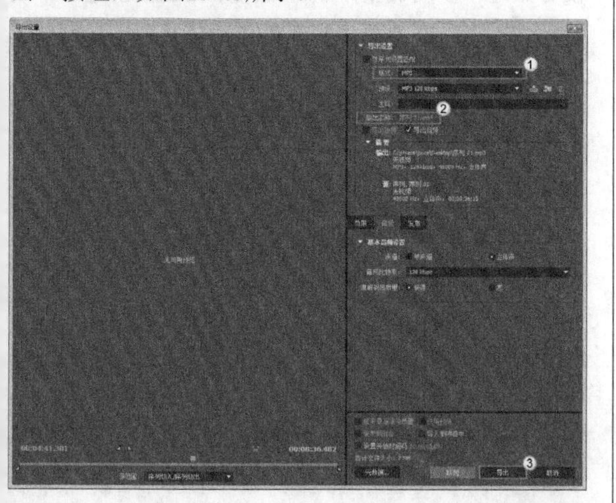

图13-45

13.8 声像调节和平衡

在音轨混合器中进行混合时，可以使用声像调节或平衡。声像调节用于调整单声道轨道，以便在多轨道输出中重点强调它。例如，用户可以创建声像效果，提高右声道中的声音效果级别，该轨道作为一个对象出现在视频监视器的右边。在将单声道轨道输出到立体声轨道或5.1轨道中时，可通过声像调节实现这一点。

平衡将重新分配多声道轨道中的声音。例如，在立体声轨道中，可以从一个声道中提取音频，将它添加到其他声道中。在使用声像调节或平衡时，必须认识到声像调节或平衡能力取决于正在播放的轨道以及作为输出目标的轨道。例如，如果输出到立体声轨道或5.1环绕声轨道中，那么可以平衡立体声轨道。如果将立体声轨道或5.1环绕声轨道输出到单声道轨道中，那么Premiere Pro会向下混合，或者将声音轨道放入更少的声道。

技巧与提示

通过选择“新建序列”对话框中的主轨道设置，可以将主轨道设置为单声道轨道、立体声轨道或5.1轨道。

如果对单声道轨道或立体声轨道使用声像调节或平衡，那么只需将输出内容输出到立体声子混合轨道或主轨道，并使用“左/右平衡”旋钮调整效果。如果对5.1子混合轨道或主轨道使用声像调节，那么音轨混合器会使用“托盘”图标替换旋钮，如图13-46所示。要使用托盘实现声像调节，可以在托盘区域中滑动圆盘图标。顺着托盘边摆放的“半圆”代表5个环绕声扬声器。拖曳“中心”百分比旋钮，可以调整中心声道。还可以通过拖曳“低音谱号”图标上方的旋钮，调整重低音声道。

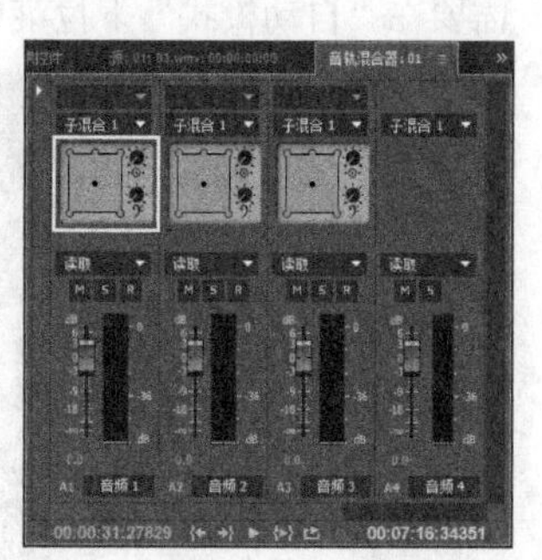

图13-46

在使用音轨混合器完成声像调节或平衡会话之后，就可以在“时间轴”面板中已调整音频轨道的关键帧图形线中看到记录的自动化调整。要查看图形线中的关键帧，可以在已调整轨道中单击“时间轴显示设置”按钮，然后在打开的菜单中选择“显示音频关键帧”命令。

技巧与提示

在“项目”面板中选择立体声素材，然后执行“剪辑>音频选项>拆解为单声道”菜单命令，可以将立体声轨道复制到两个单声道轨道中。

在时间轴中，无须使用音轨混合器就可以实现声像调节或均衡。为此，可以单击“时间轴显示设置”按钮，然后在打开的菜单中选择“显示音频关键帧”命令，并在图标上单击鼠标右键，在打开的菜单中选择“声像器>平衡”命令，使用“钢笔工具”调整图形线。若要创建关键帧，可以使用“钢笔工具”，再按住Ctrl键并单击轨道。

13.9 混合音频

使用音轨混合器混合音频时，Premiere Pro可以在“时间轴”面板中为当前选择的序列添加关键帧。在添加效果时，效果名称也会显示在“时间轴”面板轨道的打开菜单中。在将所有音频素材放入Premiere Pro轨道之后，就可以开始尝试混合音频了。在开始混合音频之前，应该了解音轨混合器的“自动模式”设置，因为这些设置控制着是否在音频轨道中创建关键帧。

除非在音轨混合器中对每个轨道的顶部进行正确设置，否则无法成功使用“自动模式”选项混合音频。例如，为了记录使用关键帧所进行的轨道调整，需要在“自动模式”下拉菜单中设置为“写入”“触动”或“闭锁”。在调整并停止音频播放之后，这些调整将通过关键帧反映在“时间轴”面板的轨道图形线中。图13-47所示的是显示了主音轨的“自动模式”菜单。

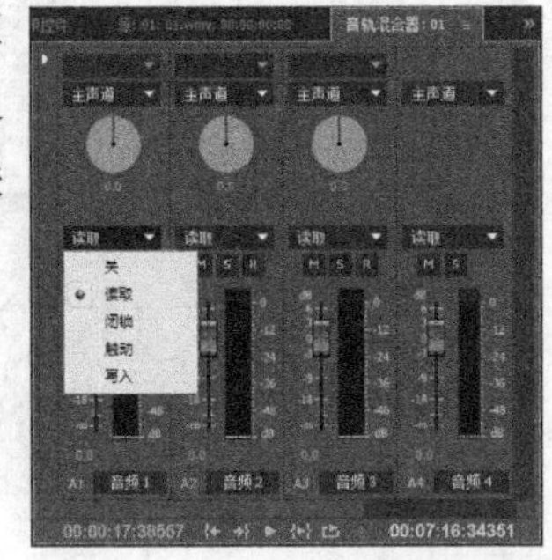

图13-47

参数介绍

关：在重放期间，此设置对存储的“自动模式”设置不予理睬。因此，如果使用“自动模式”设置（如“读取”）调整级别，并在将“自动模式”设置为“关”的情况下重放频道，则无法听到原始调整。

读取：在重放期间，此设置会播放每个轨道的自动模式设置。如果在重放期间调整设置（如音量），就会在轨道的VU电平表中听到和看到所做的更改，并且整个轨道仍然处于原来的级别。

技巧与提示

如果先使用自动模式进行调整（如使用“读取”模式记录轨道变化），然后在“读取”模式下重放，那么这些设置将返回停止“读取”模式调整之后的记录值。与“触动”自动模式类似，返回的速度取决于自动匹配时间参数。

闭锁：与“写入”一样，此设置会保存调整，并在时间轴中创建关键帧。但是，只有开始调整之后，自动化才开始。不过，如果在重放已记录自动模式设置的轨道时更改设置（如音量），那么这些设置在完成当前调整之后不会回到它们以前的级别。

触动：与“闭锁”一样，“触动”自动设置在时间轴中创建关键帧，并在更改控件值时才会进行调整。不过，如果在重放已记录自动模式设置的轨道时更改设置（例如音量），那么这些设置将回到它们以前的级别。

写入：此设置立刻把所做的调整保存到轨道，并在反映音频调整的“时间轴”面板中创建关键帧。与“闭锁”和“触动”设置不同，“写入”设置在开始重放时就开始写入，即使这些更改不是在音轨混合器中进行的。因此，如果将轨道设置为“写入”，然后更改音量设置，并随后开始重放该轨道，那么即使没有做进一步的调整，轨道的开始处也会创建一个关键帧。注意：在选择“写入”自动模式之后，可以选择“切换到写后触动”命令，这会将所有轨道从“写入”模式变为“触动”模式。

知识点 设置关键帧的时间间隔

右键单击“音量”控件的声像/音量或效果，然后选择“写入安全”命令，以此防止在使用“写入”自动模式设置时更改设置。还可以使用“音轨混合器”面板菜单中的“切换到写后触动”命令，在重放结束时自动将“写入”模式切换为“触动”模式。

在将“自动模式”设置为“触动”时，返回值的速度由“自动匹配时间”参数控制。可以执行“编辑>首选项>音频”菜单命令，然后在“首选项”对话框中更改“自动匹配时间”参数，默认时间是1秒。

Premiere Pro中的“自动模式”设置创建的关键帧之间的默认时间间隔是2000ms。如果要降低关键帧的时间间隔，可以执行“编辑>首选项>音频”菜单命令，在打开的“首选项”对话框中选择“减少最小时间间隔”选项，然后在字段中输入所需的值，此值以毫秒为单位，如图13-48所示。

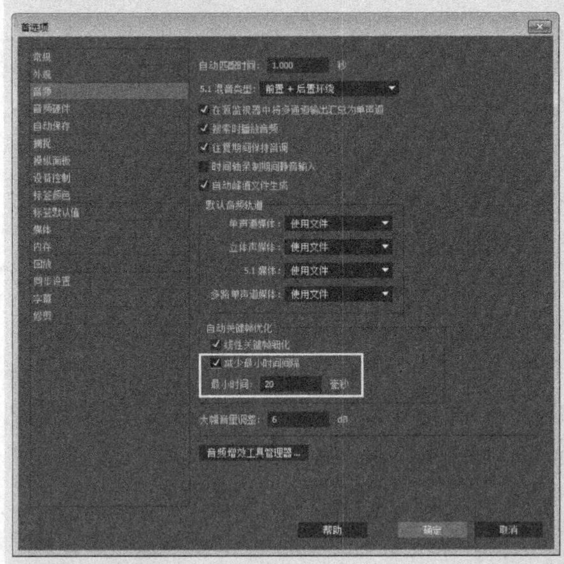

图13-48

课堂案例

创建混合音频

素材文件 素材文件>第13章>课堂案例：创建混合音频

学习目标 创建混合音频的方法

01 新建一个项目，然后导入学习资源中的“素材文件>第13章>课堂案例：创建混合音频>Canon.mp3和Turkey March.mp3”文件，接着将Canon.mp3文件拖曳至音频1轨道，Turkey March.mp3文件拖曳至音频2轨道，如图13-49所示。

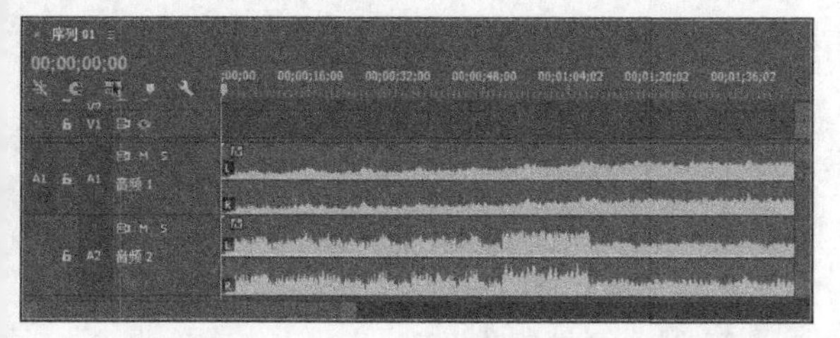

图13-49

02 在“音轨混合器”面板中将音频1的“自动模式”设置为“触动”，如图13-50所示。然后播放音频，接着随机调整音频1的音量滑块，如图13-51所示。

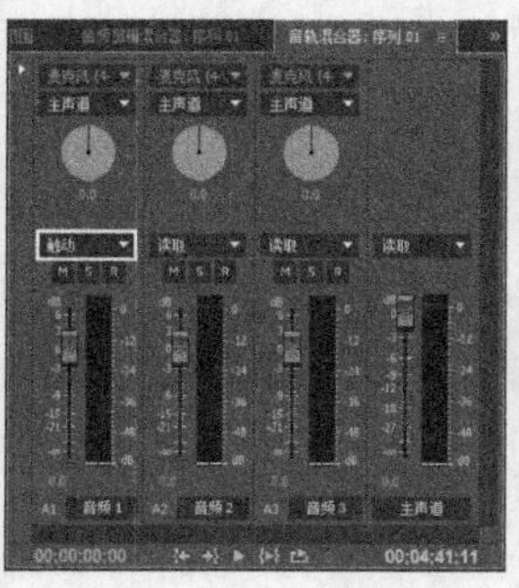

图13-50

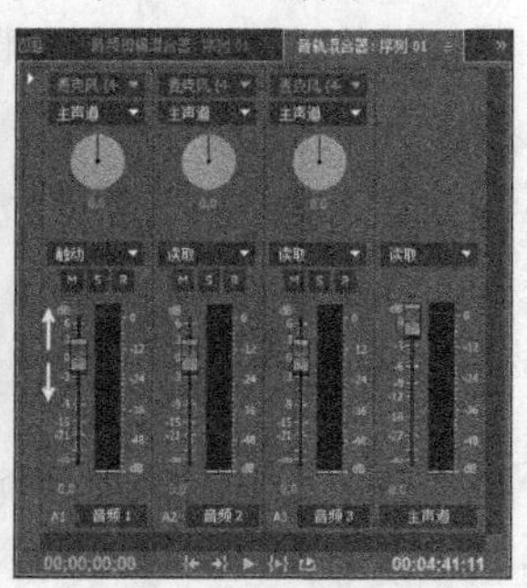

图13-51

03 停止播放后，单击“显示关键帧”按钮，在打开的菜单中选择“轨道关键帧>音量”命令，然后在音频1轨道中可以看到自动生成的关键帧，如图13-52所示。

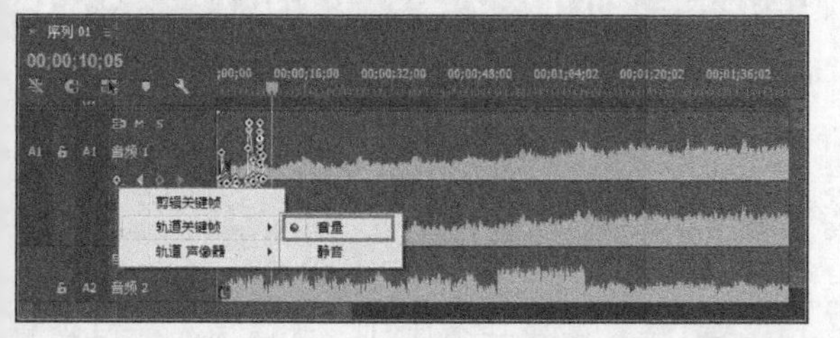

图13-52

13.10 在音轨混合器中应用效果

熟悉音轨混合器的动态调整音频的功能之后，可能想使用它为音频轨道应用和调整音频效果。

13.10.1 添加效果

将效果加载到“音轨混合器”的效果区域，然后调整效果的个别控件（一个控件显示为一个旋钮）。如果打算对轨道应用多种效果，则需要注意“音轨混合器”只允许添加5种音频效果。

13.10.2 移除效果

如果想从“音轨混合器”轨道中移除音频效果，可以单击该效果名称右边的“效果选择”按钮，然后选择下拉列表中的“无”命令，如图13-53所示。

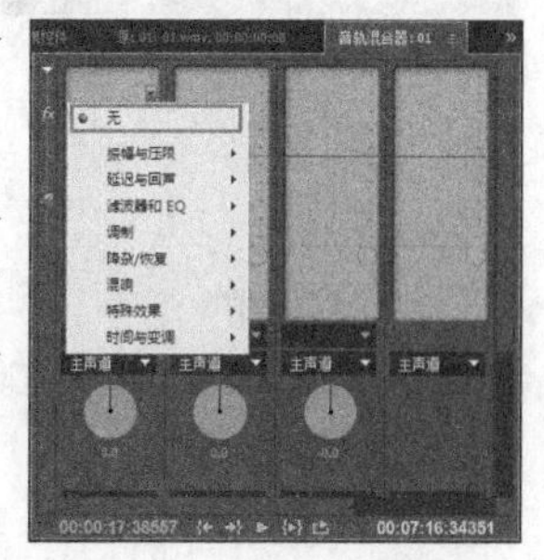

图13-53

13.10.3 使用旁路设置

单击出现在效果控件旋钮右边的图标，可关闭或者绕过一个效果。在单击图标之后，一条斜线会出现在该图标上，如图13-54所示。要重新打开该效果，只需要单击图标。

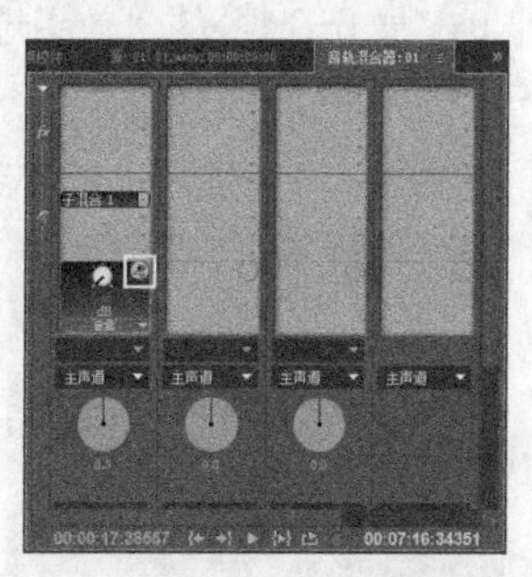

图13-54

课堂案例

在音轨混合器中应用音频效果

素材文件　素材文件>第13章>课堂案例：在音轨混合器中应用音频效果

学习目标　在“音轨混合器”中应用音频效果的方法

01 新建一个项目，然后导入学习资源中的“素材文件>第13章>课堂案例：在音轨混合器中应用音频效果>Canon.mp3和Turkey March.mp3”文件，接着将这两个文件拖曳至音频1轨道中，如图13-55所示。

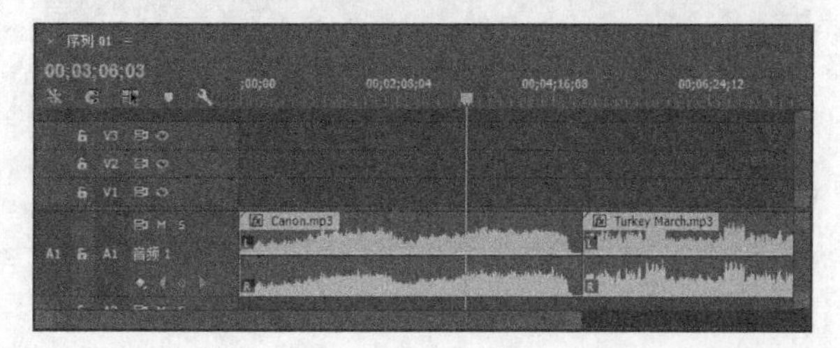

图13-55

02 展开音频1轨道，然后单击“显示关键帧”按钮◆在打开的菜单中再选择“轨道关键帧>音量”命令，如图13-56所示。

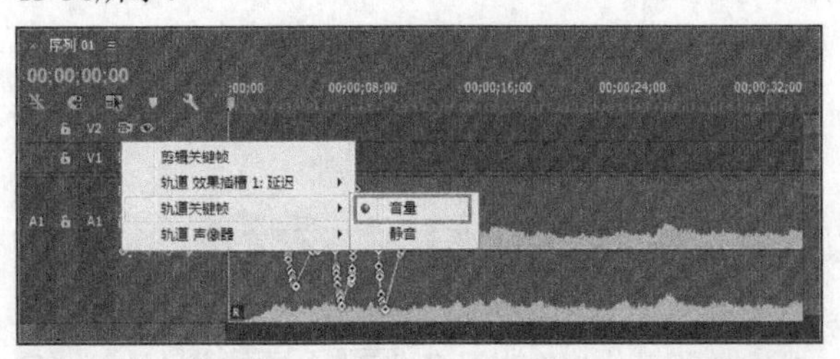

图13-56

03 在“音轨混合器”面板中单击左上角的“显示/隐藏效果和发送”按钮▶，展开音频的效果区域，如图13-57所示。

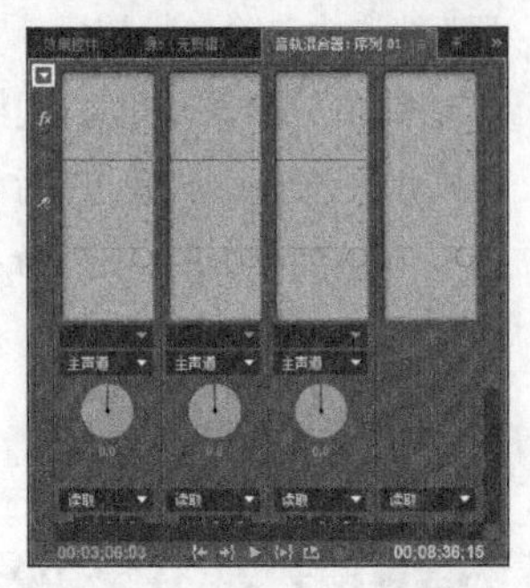

图13-57

04 展开音频1的“效果选择”下拉菜单，然后选择“延迟与回声>延迟”命令，如图13-58所示。此时，会在效果区域添加“延迟”效果，如图13-59所示。

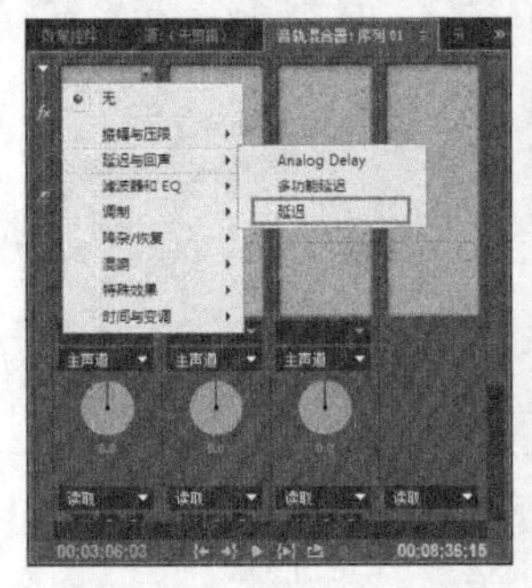

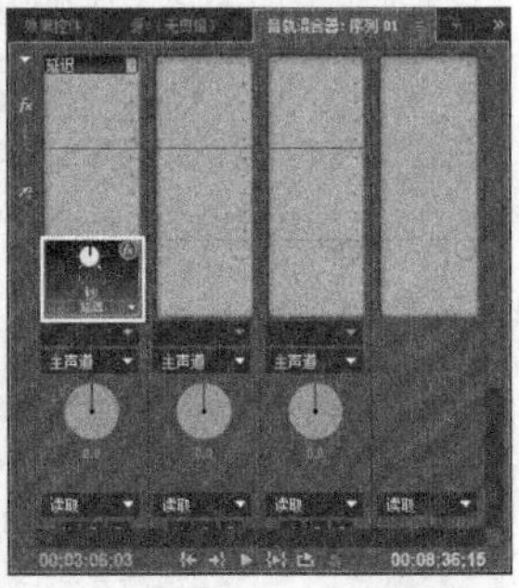

图13-58　　图13-59

05 将音频1的“自动模式”设置为“触动”，然后播放音频，接着调整音频1的音量滑块，为音频1添加关键帧，如图13-60所示。

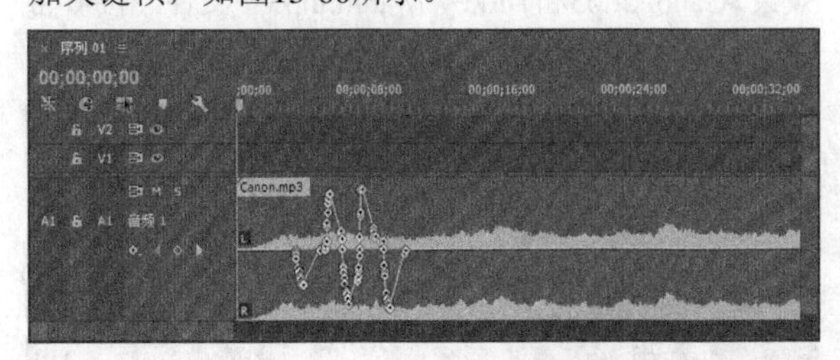

图13-60

13.11 音频处理顺序

因为所有控件都可以用于音频，所以用户可能想知道Premiere Pro处理音频时的顺序。例如，素材效果是在轨道效果之前处理，还是在轨道效果之后处理。Premiere Pro会根据“新建项目”对话框中的音频设置处理音频。在输出音频时，Premiere Pro按以下顺序进行操作。

第1步：使用Premiere Pro的“音频增益”命令调整的音频增益素材。

第2步：素材效果。

第3步：轨道效果设置，例如“预衰减”效果、“衰减”效果、“后衰减”效果和“声像/平衡”。

第4步：“音轨混合器”中从左到右的轨道音量，以及通过任意子混合轨道发送到主轨道的输出。

当然，不要求一定要记住这些，但在处理复杂项目时，对音频处理顺序有一个大致了解会很有用。

13.12 本章小结

本章介绍了编辑音频、调节音量、添加音频效果以及导出音频等内容。音频是影视作品中非常重要的元素，在Premiere Pro CC中可以处理音频，为音频添加效果或者混音等。建议读者根据画面内容和表达主题来处理音频素材。

13.13 课后习题：添加音频效果

素材文件　素材文件>第13章>课后习题：添加音频效果
学习目标　为音频添加特效以及特效的编辑方法

本例主要介绍如何为音频添加特效，以及编辑音频效果的修改方法。

操作提示

第1步：新建一个项目，然后导入学习资源中的“素材文件>第13章>课后习题：添加音频效果>Canon.mp3”文件。

第2步：选择“音频效果>参数均衡器”滤镜，然后将其添加给Canon.mp3素材，接着在“效果控件”面板中调整滤镜的参数。

第14章

高级编辑技术

Premiere Pro提供了多种编辑工具，包括选择工具、滚动编辑工具、内滑工具和外滑工具等。使用上述工具，可以快速、方便地编辑素材，制作出满意的剪辑作品。本章主要介绍Premiere Pro中的编辑工具、辅助编辑工具，以及多机位操作等。

知识索引

使用“剪辑”命令编辑素材

使用Premiere编辑工具

使用辅助编辑工具

使用“多机位”面板编辑素材

14.1 使用素材命令编辑素材

编辑作品时，为了在项目中保持素材的连贯，需要调整素材。例如，可能希望减慢素材的速度以填充作品的间隙，或者将一帧定格几秒钟。

“剪辑”菜单中的许多命令可用于编辑素材。在Premiere Pro中，执行“剪辑>速度/持续时间”菜单命令，可以改变素材的持续时间和速度。执行“剪辑>视频选项>帧定格”菜单命令，可以改变素材的帧比率，还可以定格视频画面。

14.1.1 速度/持续时间命令

执行“剪辑>速度/持续时间”菜单命令，可以改变素材的长度，加速或减慢素材的播放，或者使视频反向播放。

1.修改素材持续时间

选择视频轨道或“项目”面板上的素材，然后执行“剪辑>速度/持续时间”菜单命令，打开“剪辑速度/持续时间”对话框，接着输入一个持续时间值，单击“确定”按钮，如图14-1所示。

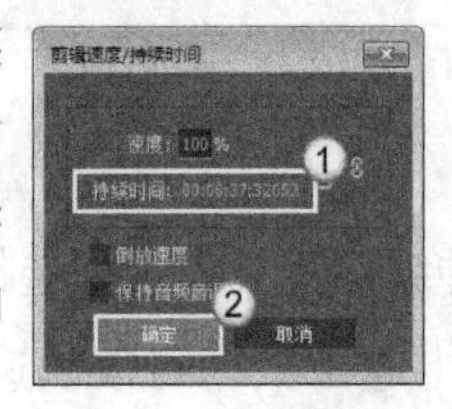

图14-1

技巧与提示

单击“链接”按钮，解除速度和持续时间之间的链接。

2.修改素材播放速度

选择视频轨道或“项目”面板上的素材，然后执行“剪辑>速度/持续时间”菜单命令打开“剪辑速度/持续时间”对话框，接着设置“速度”属性，单击“确定”按钮即可。输入大于100%的数值会提高速度，输入0~99%的数值将减小素材速度。

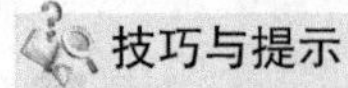

技巧与提示

选择“倒放速度”选项，可以反向播放素材。

14.1.2 帧定格命令

Premiere Pro的“帧定格”命令，用于定格素材中的某一帧，以便该帧出现在素材的入点到出点这段时间内。用户可以在入点、出点或标记点0处创建定格帧，其操作方法如下。

选择视频轨道上的素材（如果想要定格入点和出点以外的某一帧，可以在“源”监视器中为素材设置一个未编号的标记），然后执行“剪辑>视频选项>帧定格选项”菜单命令打开“帧定格选项”对话框，接着在下拉菜单中选择在“源时间码”“序列时间码”“入点”“出点”或“播放指示器”处创建定格帧，如图14-2所示。

图14-2

技巧与提示

如果要防止关键帧的效果被看到，则选择“定格滤镜”选项；如果要消除视频交错现象，则选择“反交错”选项。选择“反交错”复选框，系统会移除帧的两个场中的一个，然后重复另一个场，以此消除交错视频中的场痕迹。

14.1.3 更多素材命令和实用工具

在Premiere Pro中进行编辑时，可能会用到各种素材工具，其中一些工具已经在前面章节中介绍过了。这里对在编辑时非常有用的命令做一个总结。

“剪辑>编组”命令：这个命令将素材编组在一起，允许将这些素材作为一个实体进行移动或删除。编组素材可以避免不小心将某个轨道中的字幕和未链接的音频与其他轨道中的影片分离。素材编组在一起后，在“时间轴”面板上拖曳，可以同时编辑所有素材。如果要编组素材，那么选择所有素材，然后选择“剪辑>编组”命令。如果要取消编组，那么选择其中一个素材，然后选择“剪辑>取消编组”命令。如果要单独选择编组中的某个素材，按Alt键，然后拖曳该素材。注意：可以对一个编组中的素材同时应用“剪辑”菜单中的命令。

“剪辑>视频选项>缩放为当前画面大小”命令：这个命令用于调整素材的比例，使其与项目的画幅大小一致。

“剪辑>视频选项>帧混合”命令：“帧混合”命令可以避免在修改素材的速度或帧速率时产生波浪似的起伏。帧混合选项默认是选择的。

“剪辑>视频选项>场选项”命令：使用这个命令提供的选项，可以减少素材中的闪烁，并能消除交错。

“文件>获取属性>选择”命令：这个命令提供“项目”面板上选择文件的数据率、文件大小、图像大小和其他文件信息。

14.2 编辑工具

在序列时间轴上将两个素材编辑到一起后，可能会需要修改第一个素材的出点来微调编辑。虽然可以使用“选择工具”修改编辑点，但是使用Premiere Pro的编辑工具也许更便捷，如“滚动编辑工具”和“波纹编辑工具”。使用这两个工具，可以快速编辑相邻接素材的出点。

如果将3个素材编辑到了一起，那么使用“外滑工具”和“内滑工具”可以快速编辑中间素材的入点和出点。

本节将介绍如何使用“滚动编辑工具”和“波纹编辑工具”编辑相邻接素材，以及如何使用“外滑工具”和“内滑工具”编辑位于两个素材之间的素材。在练习使用这些工具时，打开“节目”面板，该面板能够显示素材的扩大效果视图。使用“外滑工具”和“内滑工具”时，节目监视器还能够显示编辑的帧数。

14.2.1 滚动编辑工具

使用“滚动编辑工具”，可以拖曳一个素材的编辑线，同时修改编辑线上下一个素材的入点或出点。当拖曳编辑线时，下一个素材的持续时间会根据前一个素材的变动自动调整。例如，如果第一个素材增加5帧，那么就会从下一个素材减去5帧。这样，使用“滚动编辑工具”编辑素材时，不会改变所编辑节目的持续时间。

14.2.2 波纹编辑工具

使用“波纹编辑工具”，可以编辑一个素材，而不影响相邻素材。应用波纹编辑与应用滚动编辑正好相反。在进行拖曳来扩展一个素材的出点时，Premiere Pro将下一个素材向右移动，而不改变下一个素材的入点，这样就形成了贯穿整个作品的波纹效果，从而改变整个持续时间。如果单击并向左拖曳来减小出点，Premiere Pro不会改变下一个素材的入点。为平衡这一更改，Premiere Pro会缩短序列的持续时间。

14.2.3 外滑工具

使用“外滑工具”，可以改变夹在另外两个素材之间的素材的入点和出点，而且保持中间素材的原有持续时间不变。拖曳素材时，素材左右两边的素材不会改变，序列的持续时间也不会改变。

14.2.4 内滑工具

与错落编辑类似，“内滑工具”也是用于编辑序列上位于两个素材之间的一个素材。不过，在使用“内滑工具”进行拖曳的过程中，会保持中间素材的入点和出点不变，而改变相邻素材的持续时间。

进行滑动编辑时，向右拖曳扩展前一个素材的出点，从而使下一个素材的入点发生时间延后。向左拖曳减小前一个素材的出点，从而使下一个素材的入点发生时间提前。这样，所编辑素材的持续时间和整个节目都没有改变。

课堂案例

外滑编辑素材的出点

素材文件　素材文件>第14章>课堂案例：外滑编辑素材的出点

学习目标　外滑编辑素材入点和出点的方法

01 新建一个项目，然后导入学习资源中的“素材文件>第14章>课堂案例：外滑编辑素材的出点>unbelievable animal_30.mp4和unbelievable animal_31.mp4.mov”文件，接着将unbelievable animal_30.mp4和unbelievable animal_31.mp4拖曳至视频1轨道，如图14-3所示。

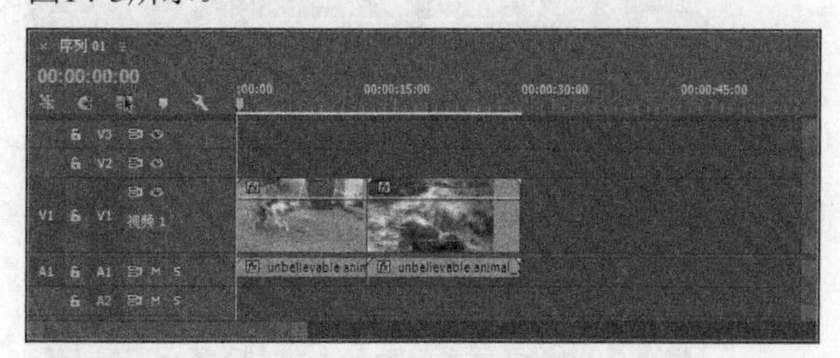

图14-3

02 在“源”面板中设置unbelievable animal_30.mp4的入点在第2秒处、出点在第8秒处，如图14-4所示。然后设置unbelievable animal_31.mp4的入点在第4秒处、出点在第11秒处，如图14-5所示。

图14-4

图14-5

03 在“时间轴”面板中调整设置完的素材，使它们首尾相接，如图14-6所示。然后使用“滚动编辑工具”在素材之间单击并向右拖曳，使unbelievable animal_30.mp4素材的持续时间增加4秒15帧，而unbelievable animal_31.mp4的持续时间减少4秒15帧，如图14-7所示。

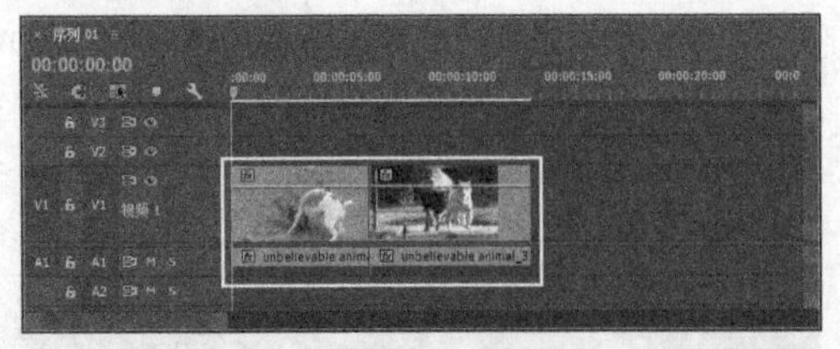

图14-6

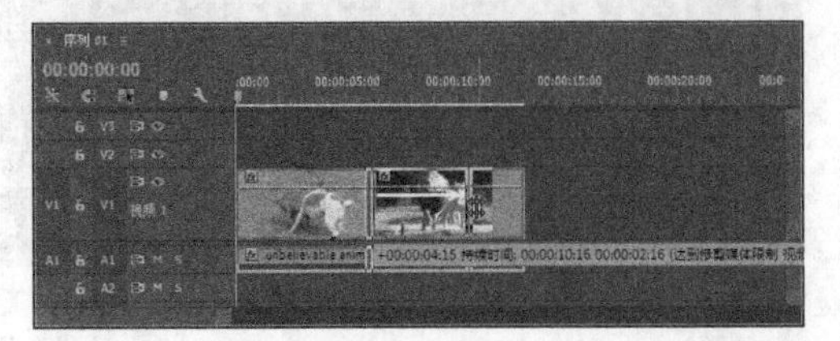

图14-7

课堂案例

错落编辑素材的入点和出点

素材文件　素材文件>第14章>课堂案例：错落编辑素材的入点和出点

学习目标　错落编辑素材入点和出点的方法

01 新建一个项目，然后导入学习资源中的“素材文件>第14章>课堂案例：错落编辑素材的入点和出点>unbelievable animal_27.mp4、unbelievable animal_28.mp4和unbelievable animal_29.mp4”文件，接着将unbelievable animal_28.mp4和unbelievable animal_29.mp4拖曳至视频1轨道，如图14-8所示。

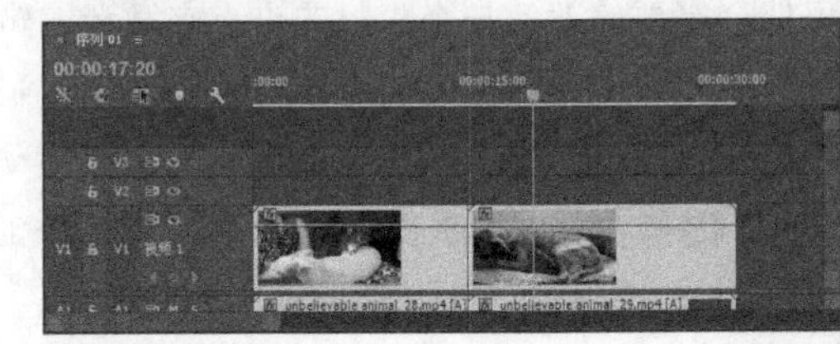

图14-8

02 在“项目”面板中双击unbelievable animal_27.mp4素材进入“源”面板，然后设置unbelievable animal_27.mp4的入点在第2秒处、出点在第8秒处，如图14-9所示。

图14-9

03 将unbelievable animal_27.mp4素材拖入视频1轨道上，并与前面两个素材相邻接，如图14-10所示。

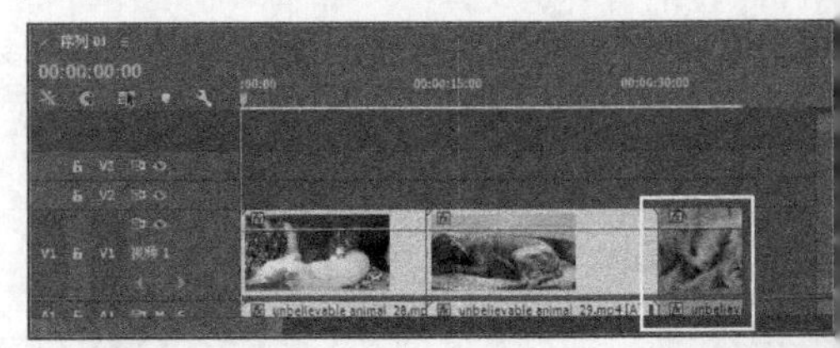

图14-10

04 选择“外滑工具”（或按Y键），然后在中间的素材上单击并拖曳，可以在不改变序列的持续时间的情况下改变素材的入点和出点，如图14-11和图14-12所示。

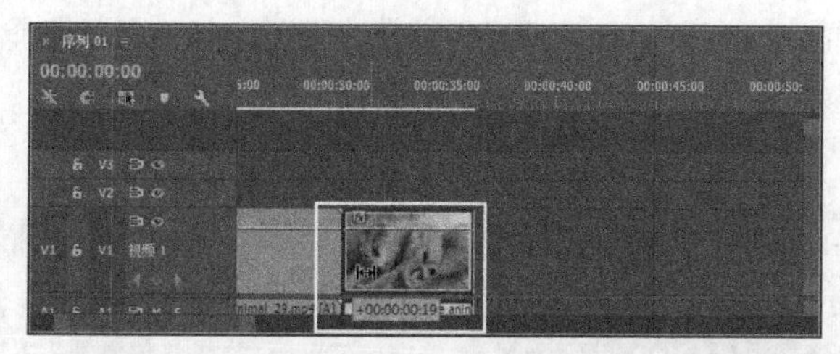

图14-11

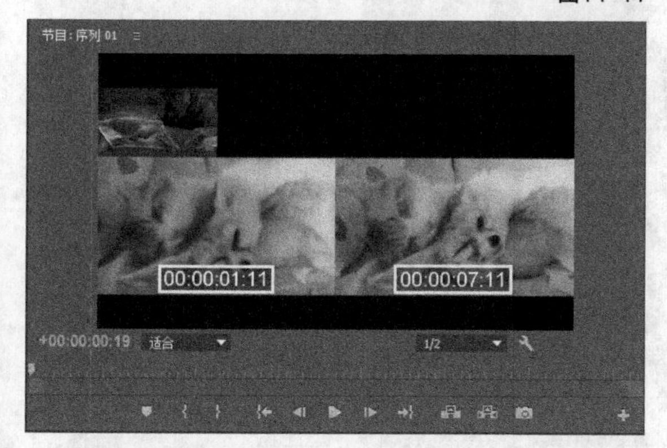

图14-12

技巧与提示

虽然“外滑工具”通常用来编辑两个素材之间的素材，但是即使素材不是位于另两个素材之间，也可以使用“外滑工具”编辑它的入点和出点。

课堂练习

内滑编辑素材的入点

素材文件　素材文件>第14章>课堂练习：内滑编辑素材的入点

学习目标　内滑编辑素材入点和出点的方法

操作提示

第1步：打开学习资源中的“素材文件>第14章>课堂练习：内滑编辑素材的入点>课堂练习：内滑编辑素材的入点_I .prproj”文件。

第2步：使用“内滑工具”（或按U键）在素材上单击并拖曳。

14.3 辅助编辑工具

有时用户要进行的编辑只是简单地将素材从一个地方复制粘贴到另一个地方。为帮助编辑，Premiere Pro可能会解除音频和视频之间的链接。本节将学习几种能够辅助编辑的命令，首先学习“历史记录”面板，使用这个面板可以快速撤销各种工作进程。

14.3.1 使用历史记录面板撤销操作

即使是很优秀的编辑人员，也会有改变主意和犯错误的时候。传统的非线性编辑系统允许在将源素材真正录制到节目录像带之前预览编辑。但是，传统的编辑系统提供的撤销级别没有Premiere Pro的“历史记录”面板提供的那样多，如图14-13所示。

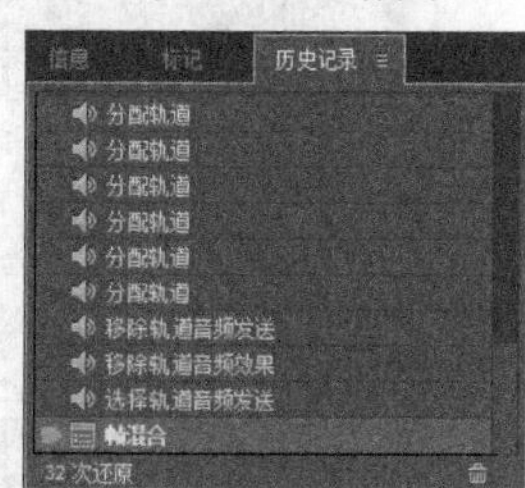

图14-13

14.3.2 删除序列间隙

在编辑过程中，可能不可避免地会在时间轴中留有间隙。有时由于“时间轴”面板的缩放比例，间隙根本看不出来。下面说明如何自动消除时间轴中的间隙。

右键单击时间轴的间隙处，可能一些小间隙需要放大才能看到。从打开的菜单中选择“波纹删除”命令，如图14-14所示，Premiere Pro就会将间隙清除。

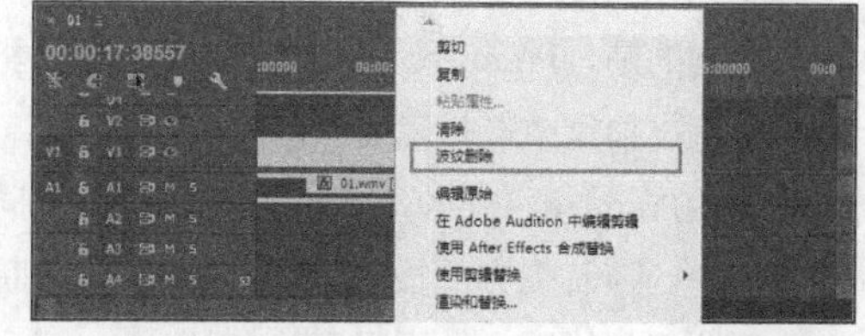

图14-14

14.3.3 参考监视器

参考监视器是另一种节目监视器，它独立于节目监视器显示节目。在节目监视器中编辑序列的前后，需要使用参考监视器显示影片，以帮助预览编辑的效果。还可以使用参考监视器显示Premiere的各种图形，如矢量图和YC波形，这样可以边播放节目边观察这些图形。

用户可能会希望将参考监视器和节目监视器绑定到一起，以便它们显示相同的帧，其中节目监视器显示视频，而参考监视器显示各种范围。

要查看参考监视器，执行“窗口>参考监视器”菜单命令即可。默认情况下，在“设置”菜单中已选择“绑定到参考监视器”命令，该命令会在屏幕中显示“参考监视器”时成为可访问状态，如图14-15所示。

图14-15

14.4 多机位编辑

如果采用了多机位对音乐会或舞蹈表演这种实况演出进行拍摄，那么将胶片按顺序编辑到一起非常耗时。幸运的是，Premiere Pro的多机位编辑功能能够模拟视频信号转换开关（模拟视频信号转换开关用来从工作的多机位拍摄中选择镜头）的一些功能。

使用Premiere Pro的“多机位”功能可以同时查看多个视频源，进而快速选择最佳的拍摄，将它录制到视频序列中。随着视频的播放，Premiere Pro不断从多个同步源中做出选择，进行视频源之间的镜头切换，还可以选择监视和使用来自不同源的音频。

虽然使用“多机位”功能进行编辑很简单，但要涉及以下4个设置。

第1个：将源胶片同步到一个时间轴序列上；

第2个：将这个源序列嵌入目标时间轴序列中（录制编辑处）；

第3个：激活多机位编辑功能；

第4个：开始在“节目”面板中进行录制。

完成一次多机位编辑会话后，还可以返回到这个序列，并且很容易就能够将一个机位拍摄的影片替换成另一个机位拍摄的影片。

14.4.1 创建多机位素材

将影片导入Premiere Pro后，就可以试着进行一次多机位编辑会话了。正如前面所述，可以创建一个最多源自4个视频源的多机位会话。

14.4.2 查看多机位影片

正确设置好源轨道和目标轨道，并激活多机位编辑后，就可以准备在多机位监视器中观看影片了。在“节目”面板播放多机位监视器中的影片，即可同时观看多个素材，如图14-16所示。

图14-16

技巧与提示

在多机位监视器中播放影片时，如果单击机位1、2、3或4，被单击的那个机位的边缘会变成黄色，并且对应的影片会自动录制到时间轴上。

课堂案例

建立多机位编辑

素材文件　素材文件>第14章>课堂案例：建立多机位编辑
学习目标　建立多机位编辑的方法

01 新建一个项目，导入学习资源中的“素材文件>第14章>课堂案例：建立多机位编辑>shot1.mp4、shot2.mp4、shot3.mp4和shot4.mp4”文件，然后将所有素材分别添加到“时间轴”面板中的不同视频轨道上，如图14-17所示。

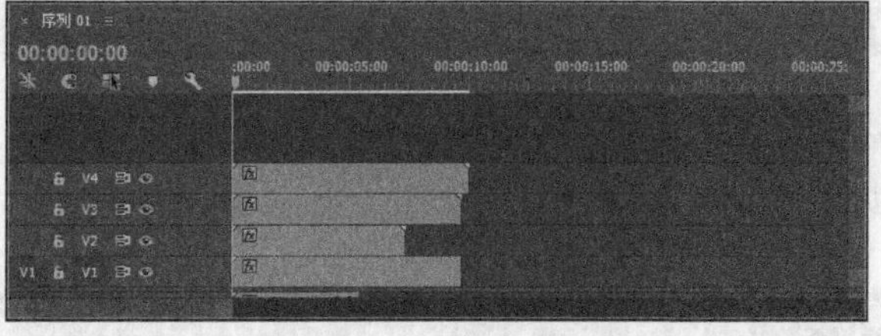

图14-17

02 同时选择轨道中的4个素材，然后执行“剪辑>同步”菜单命令，在打开的“同步剪辑”对话框中单击“确定”按钮，如图14-18所示。

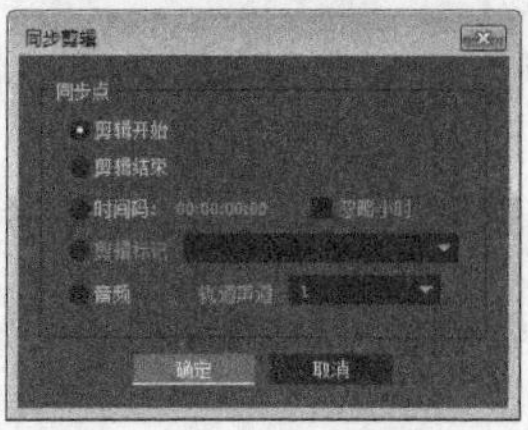

图14-18

03 同时选择轨道中的4个素材，然后单击鼠标右键，在打开的菜单中选择“嵌套”命令，如图14-19所示。

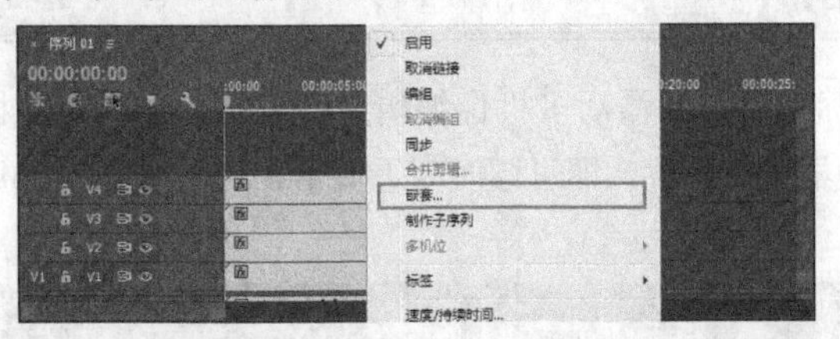

图14-19

04 选择嵌套序列，然后单击鼠标右键，接着在打开的菜单中选择“多机位>启用”命令，如图14-20所示。

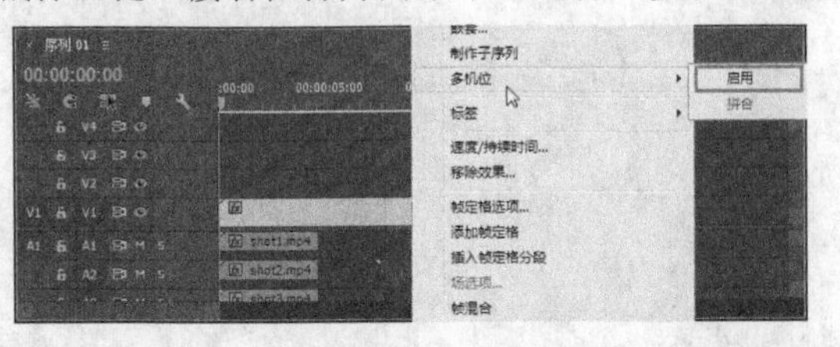

图14-20

05 在“节目”面板中单击“设置”按钮，然后在打开的菜单中选择“多机位”命令，如图14-21所示。

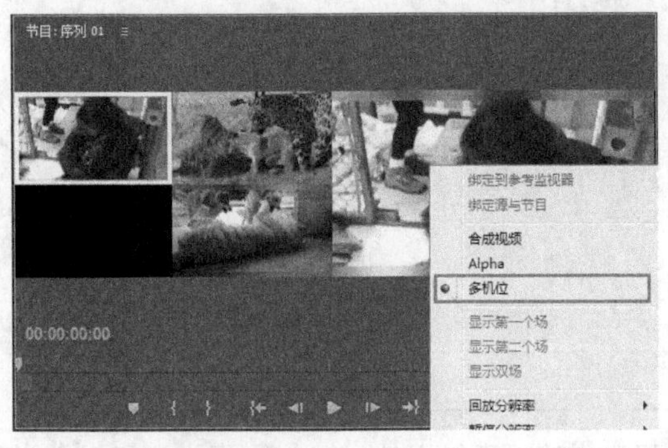

图14-21

14.5 本章小结

本章介绍了修改素材的持续时间、编辑工具的作用以及多机位操作等内容。Premiere Pro CC提供了很多实用的编辑工具，合理地使用这些工具，可以大大提高工作效率，增添剪辑效果。

14.6 课后习题：波纹编辑素材的入点或出点

素材位置　素材文件>第14章>课后习题：波纹编辑素材的入点或出点
学习目标　波纹编辑素材入点或出点的方法

本例主要介绍如何使用“波纹编辑工具”调整素材的入点或出点。

操作提示

第1步：新建一个项目，然后导入学习资源中的“素材文件>第14章>课后习题：波纹编辑素材的入点或出点>unbelievable animal_3.mp4/unbelievable animal_4.mp4”文件，接着将unbelievable animal_3.mp4和unbelievable animal_3.mp4拖曳至视频1轨道。

第2步：使用“波纹编辑工具”在两段素材的相邻处单击并拖曳，即可改变素材的入点或出点。

第15章 颜色校正

在实地拍摄时，由于天气和环境等因素，往往会导致视频偏暗、偏亮或颜色失真等。很多情况下，拍摄的素材都难以避免上述问题，这时可以使用Premiere Pro的颜色校正功能来调整画面颜色和亮度等。本章主要介绍颜色的基础知识，以及Premiere Pro的颜色校正滤镜。

知识索引

- 色彩的基础知识
- 认识视频波形
- 使用颜色校正滤镜
- 调整颜色校正滤镜

15.1 颜色的基础知识

在开始使用Premiere Pro校正颜色、亮度和对比度之前，先复习一些关于计算机颜色理论的重要概念。大多数Premiere Pro的图像增强效果不是基于视频世界的颜色机制。相反，它们基于计算机创建颜色的原理。

15.1.1 认识RGB颜色模式

计算机显示器上图像的颜色通过红色、绿色和蓝色光线的不同组合而生成。当需要选择或编辑颜色时，大多数计算机程序允许选择256种红、256种绿和256种蓝，这样就可以生成超过1760万种（256′256′256）颜色。在Premiere Pro和Photoshop中，一个图像的红色、绿色和蓝色成分都称为通道。

Premiere Pro的“拾色器”就是一个说明红色、绿色和蓝色通道创建颜色的例子。使用颜色拾取，可以通过指定红色、绿色和蓝色值选择颜色。要打开Premiere Pro的颜色拾取，必须首先在屏幕上创建一个项目，然后选择“文件>新建>颜色蒙版”命令。在“拾色器”对话框中注意红色（R）、绿色（G）和蓝色（B）输入字段，如图15-1所示。如果在颜色区中单击一种颜色，输入字段中的数值会变为创建那种颜色所用的红色、绿色和蓝色值。要改变颜色，也可以在红色（R）、绿色（G）和蓝色（B）输入字段中输入0~255的数值。

图15-1

如果想要使用Premiere Pro校正颜色，那么需要对红色、绿色和蓝色通道如何相互作用来创建红色、绿色和蓝色，以及它们的补色（相反色）——青色、洋红和黄色有一个基本了解。

下面列出的各种颜色组合有助于理解不同通道是如何创建颜色的。注意：数值越小颜色越暗，数值越大颜色越亮。红色为0、绿色为0、蓝色为0的组合，则为生成黑色，没有亮度。如果将红色、绿色和蓝色值都设置成255，就生成白色——亮度比较高的颜色。如果红色、绿色和蓝色都增加相同的数值，就生成深浅不同的灰色。较小的红、绿和蓝色值形成深灰，较大的值形成浅灰。

黑色：0 红色 + 0 绿色 + 0 蓝色

白色：255红 + 255绿 + 255蓝色

青色：255绿 + 255蓝

洋红：255红 + 255蓝

黄色：255红 + 255绿

注意：增加RGB颜色中的两个成分会生成青色、洋红或黄色，它们是红、绿、蓝的补色。理解这些关系很有用，因为它能够为工作提供指导方向。从上述颜色计算可以看出，绿色和蓝色值越大，生成的颜色越青；红色和蓝色值越大，生成的颜色就会更加洋红；红色和绿色值越大，生成的颜色就会更黄。

15.1.2 认识HLS颜色模式

正如将在本章的例子中所看到的那样，很多Premiere Pro的图像增强效果使用调整红、绿和蓝颜色通道的控件，这些效果不使用RGB颜色模式的“色相”“饱和度”和“亮度”控件。如果刚刚接触颜色校正，可能会有这样的疑问：为什么使用HLS（也称作HSL），而不使用RGB，RGB是计算机固有的颜色创建方法。答案就是：许多艺术家发现使用HLS创建和调整颜色比使用RGB更直观。在HLS颜色模式中，颜色的生成方式与颜色的感知方式非常相似。色相指颜色，亮度指颜色的明暗，饱和度指颜色的强度。

使用HLS，通过在颜色轮（或表示360度轮盘的滑块）上选择颜色并调整其强度和亮度，能够快速启动校正工作。这一技术通常比通过增减红、绿、蓝颜色值来微调颜色节省时间。

15.1.3 认识YUV颜色系统

如果正在向视频录像带导出信息，要牢记计算机屏幕能够显示的色域（组成图像的颜色范围）比电视屏幕的色域范围大。计算机监视器使用红绿蓝色磷光质涂层创建颜色。美国广播电视使用YCbCr标准（通常简称为YCC），YCbCr使用一个亮度通道和两个色度通道。

技巧与提示

“亮度”值指图像的明亮度。如果查看图像的亮度值，会以灰度方式显示图像。“色度”通常指“色相”和“饱和度”的结合，或者减去亮度后的颜色。

YCbCr基于YUV颜色系统（虽然经常用作YUV的同义词）。YUV是Premiere Pro和PAL模拟信号电视系统使用的颜色模式。YUV系统由一个亮度通道（Y）和两个色度通道（U和V）组成。亮度通道以黑白电视的亮度值为基础。由于延用这个值，所以适配颜色后，黑白电视的观众还能够看到彩色电视信号。

与RGB和HLS一样，YUV颜色值也显示在Adobe颜色拾取对话框中。YUV颜色可以通过RGB颜色值计算得到。例如，Y（亮度）分量可以由红绿蓝颜色的比例计算。U分量等于从RGB的蓝色值中减去亮度值后乘以一个常量。V分量等于从RGB的红色值中减去Y亮度值后乘以另一个常量。这就是为什么色度一词实际上是指基于减去亮度值后的颜色的信号。

如果打算制作高清项目，可以选择“序列>序列设置”命令打开“序列设置”对话框，选择“最大位深度”选项，这个选项可以使颜色深度达到32位，这取决于序列预置的“压缩”设置，如图15-2所示。选择“最大位深度”选项，能够提高视频效果的质量，但是会给计算机系统带来负担。

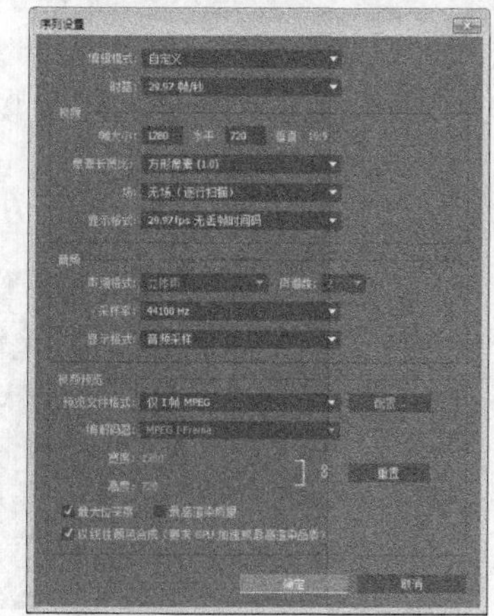

图15-2

技巧与提示

使用高清预置时，视频渲染中会出现一个YUV 4:2:2选项。4:2:2比率是从模拟信号到数字信号转换的颜色向下取样比率，其中4表示Y（亮度），2:2指色度值按亮度的二分之一取样。这个过程成为色度二次抽样。这一颜色的二次抽样可能是由于人眼对颜色变化的敏感度不如对亮度变化的敏感度强。

15.1.4 掌握颜色校正基础

在对素材进行颜色校正之前，首先要确定是否需要对素材的阴影、中间色和高光进行全面的调整，或者是否需要增强或修改素材的颜色。确定素材需要进行哪些调整的方法，就是查看素材的颜色和亮度分布。可以通过显示矢量图、YC波形、YCbCr检视和RGB检视来进行查看，这些选项位于监视器菜单中。一旦熟悉了图像的组成，就能够更好地使用颜色校正、调节或图像控制视频效果来调整素材的颜色亮度。

如果使用过Adobe Photoshop，就会知道查看素材直方图的重要性。试着使用“调整”文件夹中的“色阶”视频效果来熟悉素材直方图的含义。直方图显示素材的阴影、中间色、高光以及各个颜色通道，并允许对它们进行全面的调整。

15.2 设置颜色校正工作区

在开始校正视频之前，可以进行一些小小的工作区变动来改进效果。执行“窗口>工作区>颜色”菜单命令，将工作区设置为Premiere Pro的“颜色”工作区，如图15-3所示。

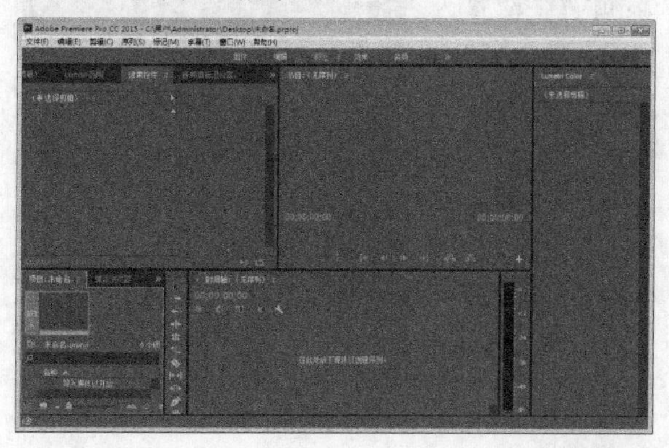

图15-3

使用“参考”面板就像使用屏幕上的另一个“节目”面板一样，因此能够同时查看同一个视频序列的两种不同的场景，一个在“参考”面板中，另一个在“节目”面板中。还可以通过“参考”面板查看Premiere Pro的视频波形，同时在“节目”面板中查看该波形表示的实际视频。

默认情况下，“参考”面板与“节目”面板嵌套在一起，进行同步播放。也可以取消选择“参考”面板菜单中的“绑定到节目监视器”命令，解除绑定“参考”面板。这样，就可以在“参考”面板中查看一个场景，而在“节目”面板中查看另一个场景。解除绑定“参考”面板的另一方法，是单击“参考”面板上的“绑定到节目监视器”按钮，如图15-4所示。

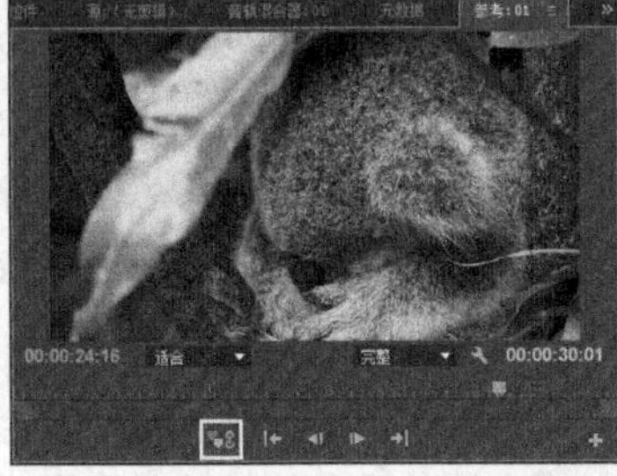

图15-4

在处理作品时，通常会改变Premiere Pro的“源”“节目”和“参考”面板的输出品质。在进行色彩调整时，可能会想要查看最高品质的输出，以便精确地判断色彩。要将监视器设置为最高品质，可以单击监视器面板菜单，然后选择“播放分辨率”或“暂停分辨率”中的“全分辨率”命令。

为了获得最高品质的输出，可以通过序列的预置“压缩”命令，将Premiere Pro的“视频预览”设置为“最大位深度”。执行“序列>序列设置”菜单命令，在“序列设置”对话框的“视频预览”区中，选择“最大位深度”选项，如图15-5所示。

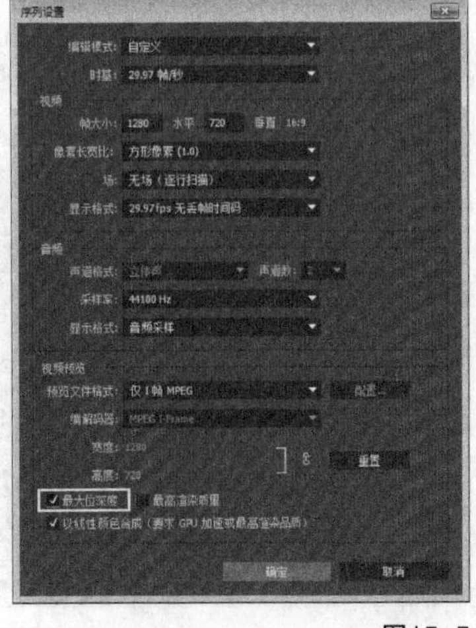

图15-5

如果项目将通过一个视频监视器播放，那么可以使用Premiere Pro的视频波形帮助确认视频电平是否超出专业视频的目标电平。

15.3 认识视频波形

Premiere Pro的视频波形提供对色彩信息的图形表示，这种特性可以模拟专业广播中使用的视频波形，而且对于想要输出NTSC或PAL视频的Premiere Pro用户来说尤其重要。其中一些波形输出的图形表示视频信号的色度（颜色和强度）与亮度（亮度值，尤其是黑色、白色和灰色值）。

如果要查看素材的波形读数，那么在“项目”面板上双击该素材，或者将当前时间指示器移到“时间轴”面板的一个序列中的素材上，然后在“Lumetri范围”面板中查看素材的波形。“Lumetri范围”面板提供了多种显示方式，如图15-6所示。

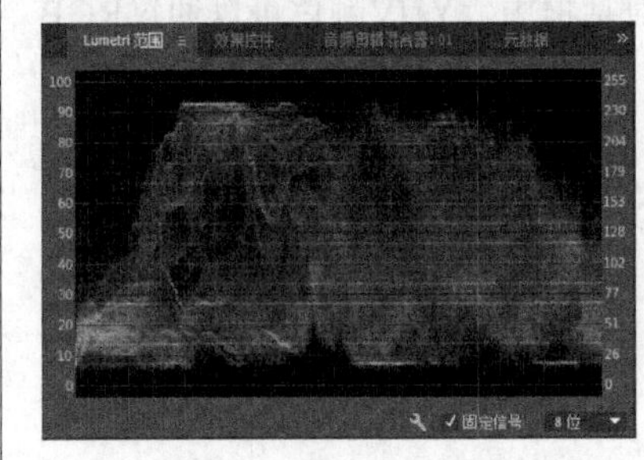

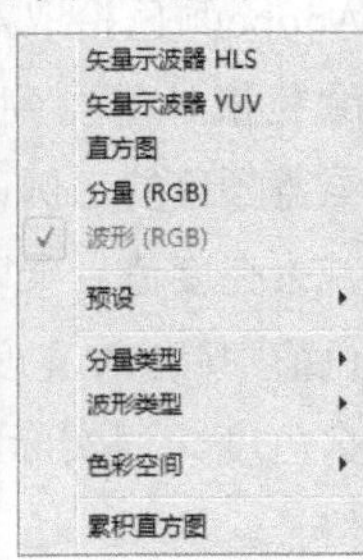

图15-6

15.3.1 矢量示波器

矢量示波器显示的图形表示与色相相关的素材色度，包括“矢量示波器HLS”和“矢量示波器YUV”两种。“矢量示波器HLS”可以一目了然地显示色相、饱和度、亮度和信号信息，如图15-7所示。“矢量示波器YUV”可以显示一个圆形图（类似于色轮），用于显示视频的色度信息，如图15-8所示。

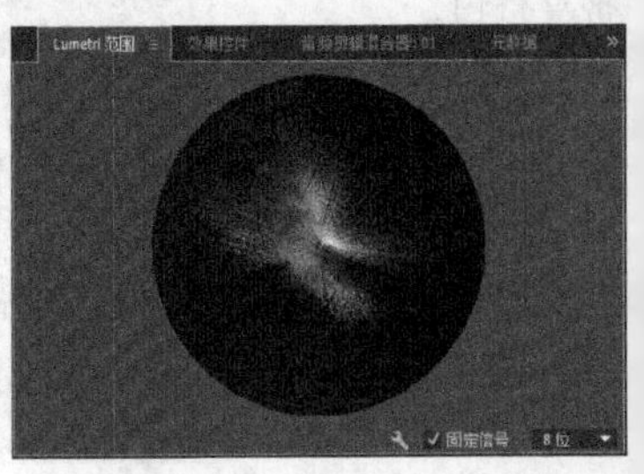

图15-7

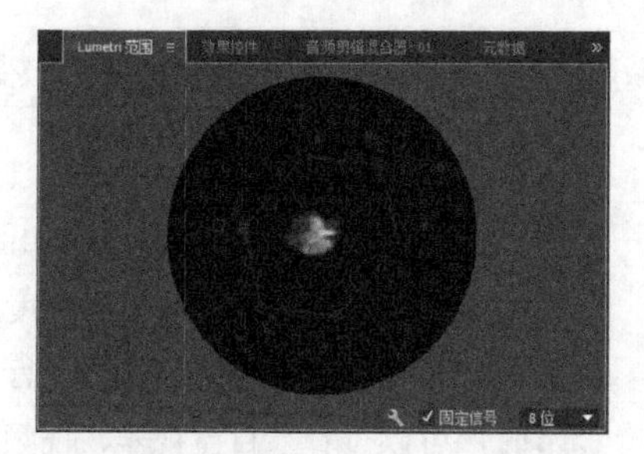

图15-8

15.3.2 直方图

“直方图”可以显示每个颜色强度级别上像素密度的统计分析，帮助用户准确评估阴影、中间调和高光，并调整总体的图像色调等级，如图15-9所示。

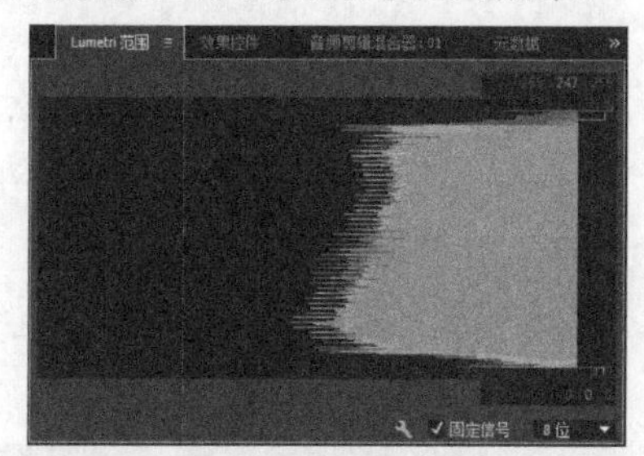

图15-9

15.3.3 分量

“分量”可以显示表示数字视频信号中的明亮度和色差通道级别的波形，用户可以从 RGB、YUV、“RGB白色”和“YUV白色”分量类型中进行选择，如图15-10~图15-13所示。

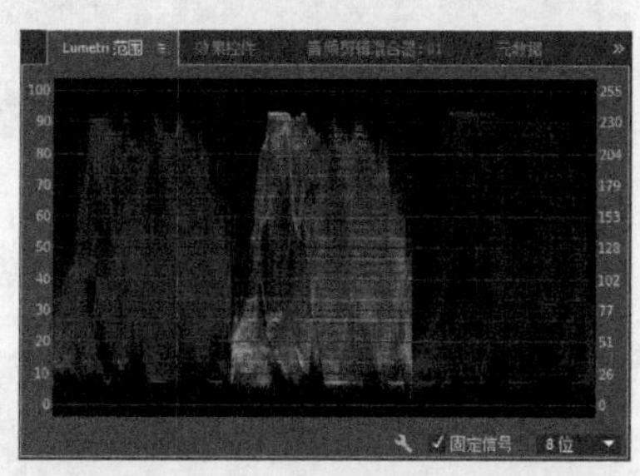

图15-10

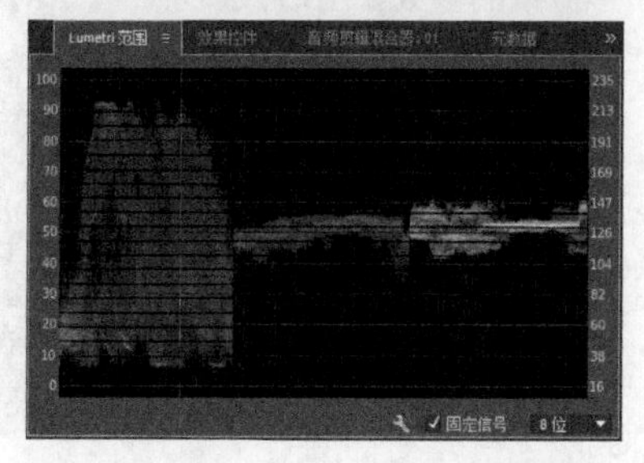

图15-11

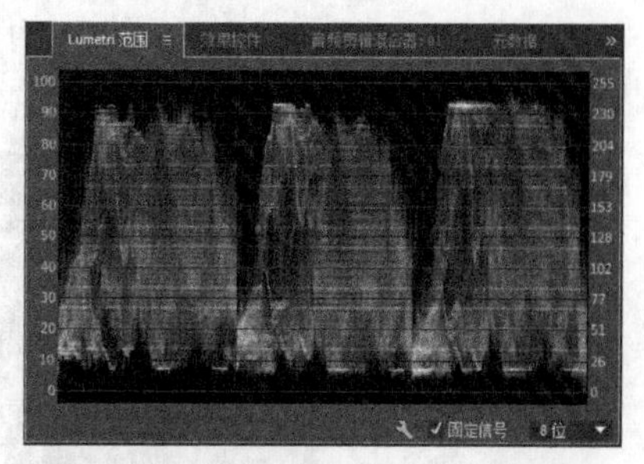

图15-12

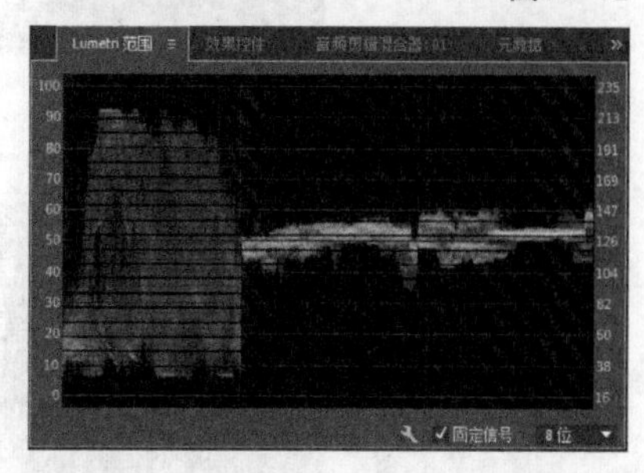

图15-13

15.3.4 波形

Premiere Pro CC中的波形主要有4种，分别为“波形（RGB）”“亮度波形”“YC波形”以及“YC 无色度波形”。

“波形（RGB）”可以显示被覆盖的 RGB 信号，以提供所有颜色通道的信号级别的快照视图，如图15-14所示。

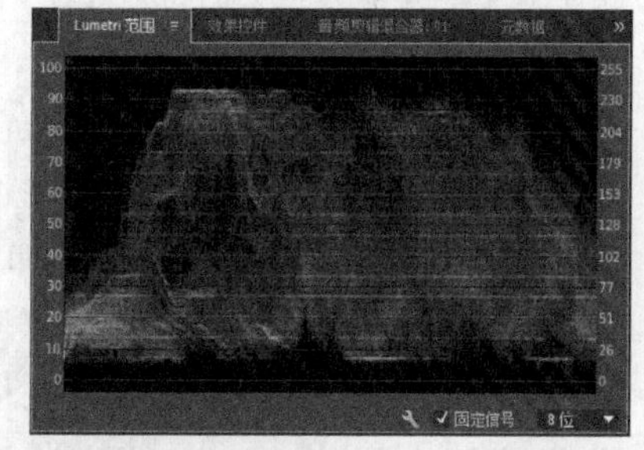

图15-14

“亮度波形”可以显示从-20到120的IRE值，让用户有效地分析镜头的亮度并测量对比度比率，如图15-15所示。

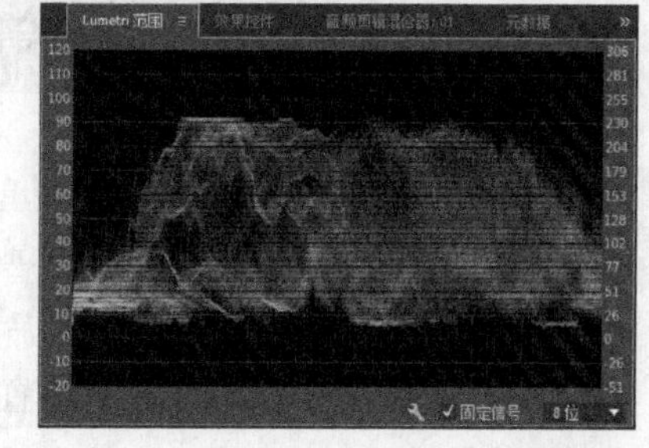

图15-15

"YC 波形"可以显示剪辑中的明亮度（在波形中表示为绿色）和色度（表示为蓝色）值，如图15-16所示。

图15-16

"YC 无色度波形"仅显示剪辑中的明亮度值，如图15-17所示。

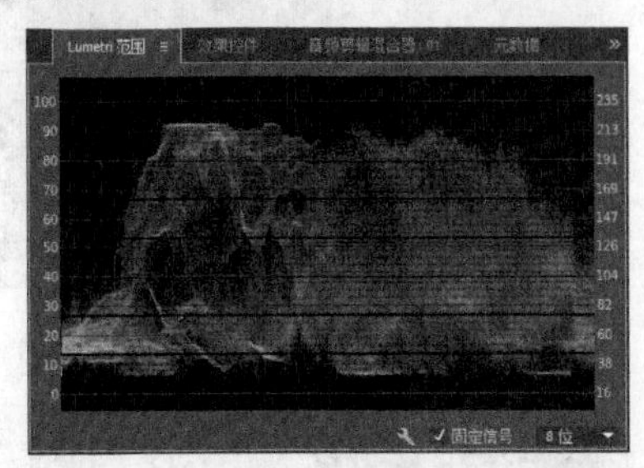

图15-17

15.4 调整和校正素材的色彩

Premiere Pro视频效果中的色彩增强工具分散在3个文件夹中，分别是"颜色校正""调整"和"图像控制"，大多数强大的特效位于"颜色校正"文件夹中。

应用"颜色校正"特效的方法与应用其他视频效果的方法相同。要应用一个特效，单击该特效并将其拖到"时间轴"面板的一个视频素材上即可。应用完特效后，可以使用"效果控件"面板调节特效，如图15-18所示。

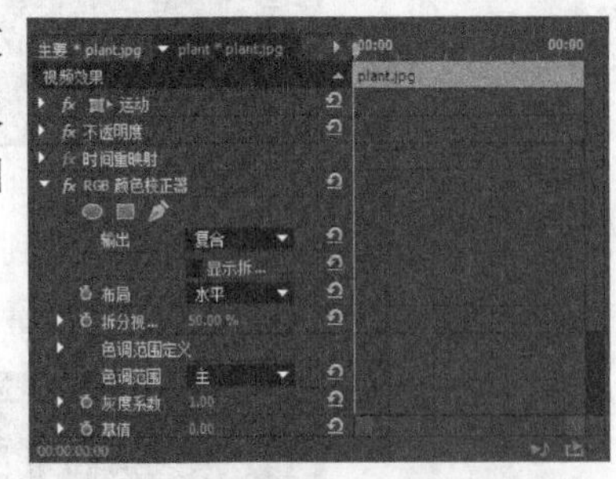

图15-18

同处理其他视频效果一样，可以单击"显示/隐藏时间轴"按钮查看面板上的时间轴。要创建关键帧，可以单击"切换动画"按钮，然后移动当前时间指示器进行调节；还可以单击"重置"按钮，取消效果设置。

15.4.1 使用原色校正工具

Premiere Pro最强大的颜色校正工具位于"效果"面板的"颜色校正"文件夹中，如图15-19所示。可以使用这些特效来微调视频中的色度（颜色）和亮度（亮度值）。在进行调节时，可以查看节目监视器、视频波形或Premiere Pro参考监视器中的效果。本节介绍的特效按照相似性进行分组，方便对不同特性进行比较。

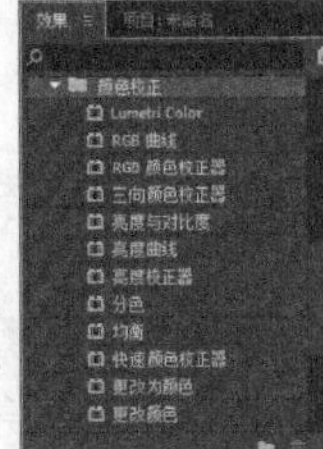

图15-19

使用颜色校正特效时，可能会注意到许多特效具有相似的特性，如图15-20和图15-21中的"快速颜色校正器"和"三向颜色校正器"特效控件。例如，每个特效选项都允许选择在节目监视器或参考监视器中选择查看校正场景的方式。

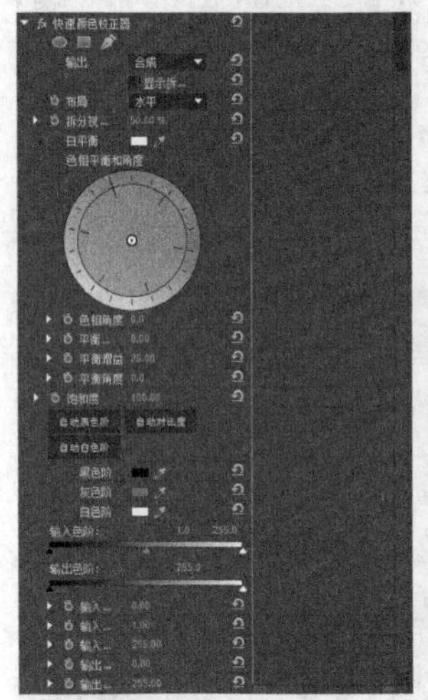

图15-20

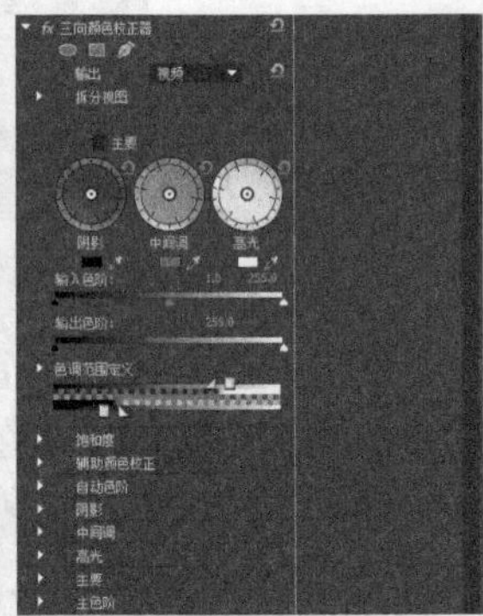

图15-21

1.使用快速颜色校正器滤镜

"快速颜色校正器"特效能够快速调节素材的色彩和亮度，该滤镜的参数如图15-22所示。

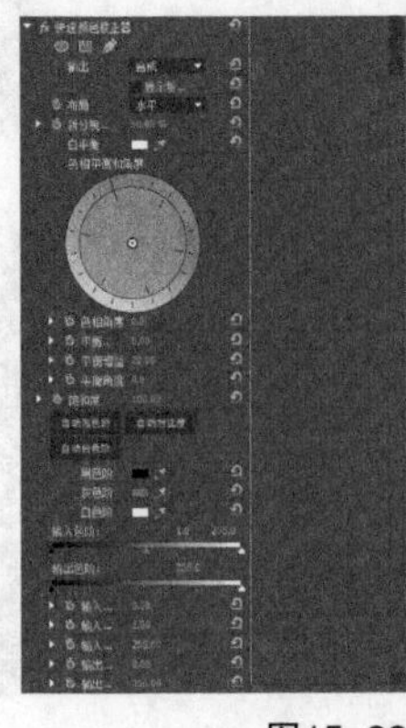

图15-22

常用参数介绍

输出：控制“节目”或“参考”面板输出的内容，包括“合成”和“亮度”。选择“合成”选项后，就像在“节目”或“参考”面板中正常显示的那样显示合成图像；选择“亮度”选项，显示亮度值（显示亮度和暗度值的灰度图像），如图15-23所示。

图15-23

显示拆分视图：将屏幕分割开来，使得可以对原始（未校正的）视频和经过调整的视频进行对比，如图15-24所示。

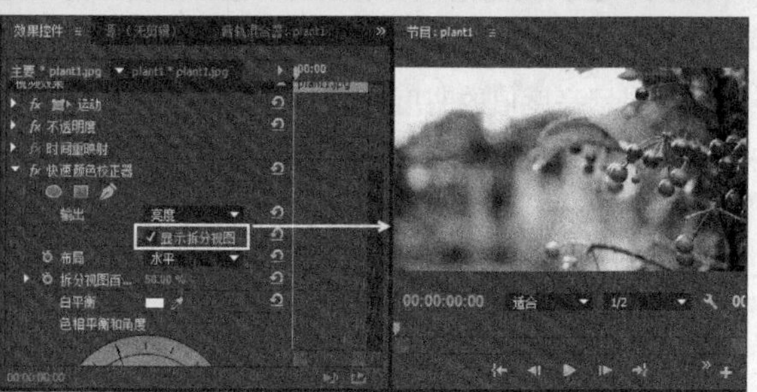

图15-24

布局：选择垂直分割视图或者水平分割视图。该属性决定以垂直分割屏幕还是水平分割屏幕的形式查看校正前后的区域，如图15-25所示。

图15-25

白平衡：使用“白平衡”控件可以清除色泽。选择吸管工具，并单击图像上应该为白色的区域，Premiere Pro会调节整个图像的色彩，如图15-26所示。

图15-26

色相平衡和角度：使用色轮可以快速选择色相位，并调节色相位强度。拖曳色轮外圈来改变色相位（该操作改变“色相位角度”值），然后拖曳轮盘中央的圆圈来控制色彩强度（该操作改变“平衡幅度”值）。修改角度会改变所指方向上的色彩；拖曳中央的条或控件可以进行微调。

色相角度：拖曳色轮外圈调节色相位，如图15-27所示。向左拖曳色轮外圈会旋转到绿颜色，而向右拖曳会旋转到红颜色。在拖曳时，色相位角度的读数表示色轮上的度数。

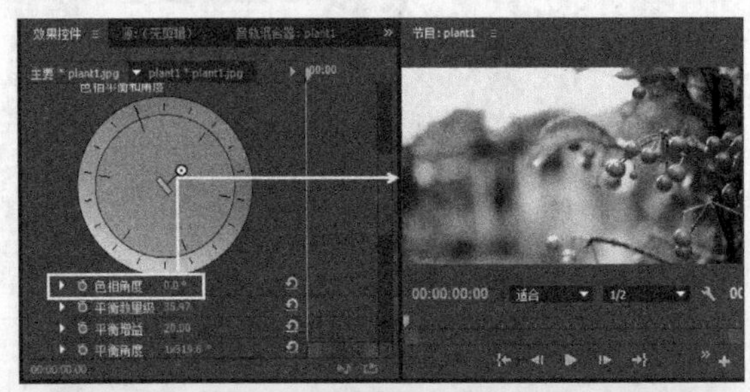

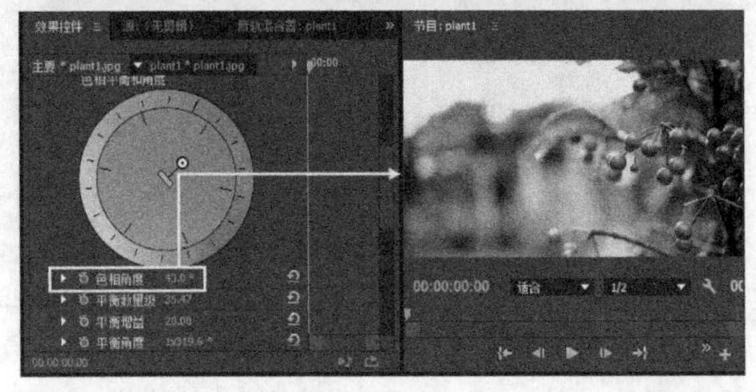

图15-27

平衡数量级：拖曳色轮中心朝向某一色相位的圆圈来控制色彩强度，如图15-28所示。向外拖曳时，色彩会变得更强烈（这种变化可以通过Premiere Pro的矢量图清晰地体现）。

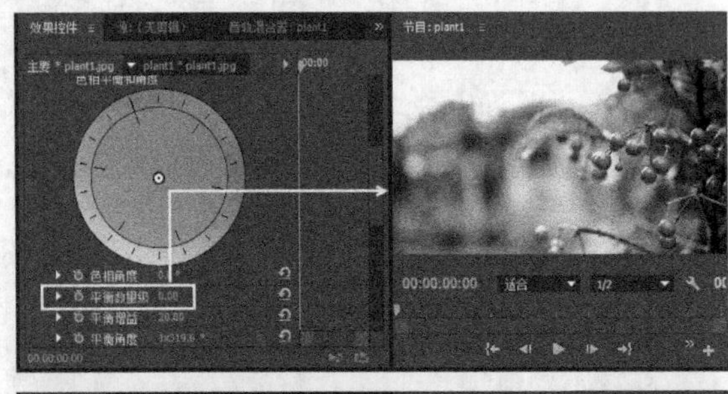

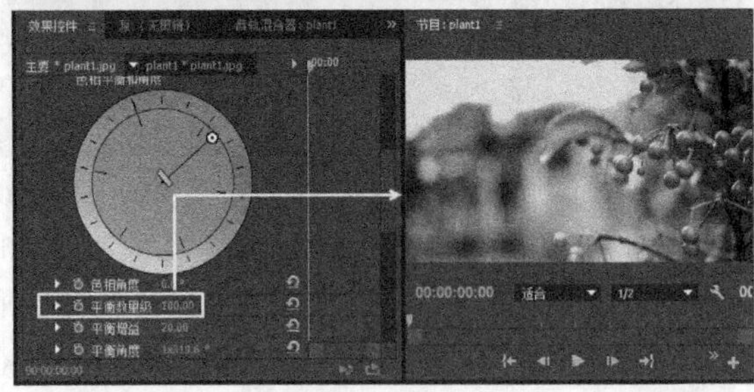

图15-28

平衡增益：可以微调平衡增益和平衡角度控件，如图15-29所示。向外拖曳控件会生产更粗糙的效果；将控件保持在中心附近，会生成更细腻的效果。

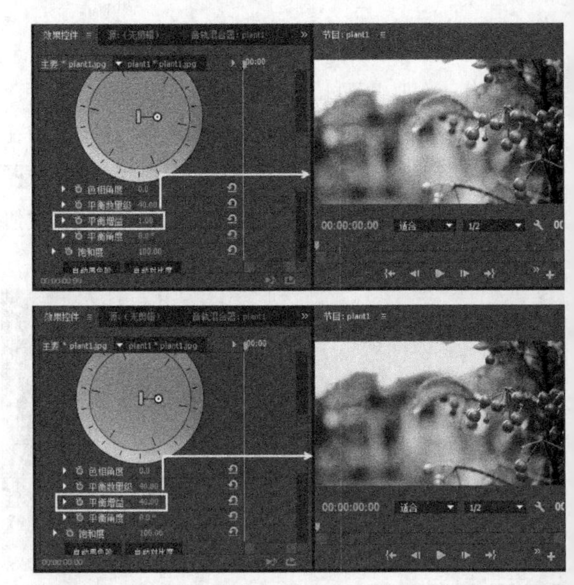

图15-29

平衡角度：拖曳平衡角度会改变控件所指方向上的颜色，如图15-30所示。

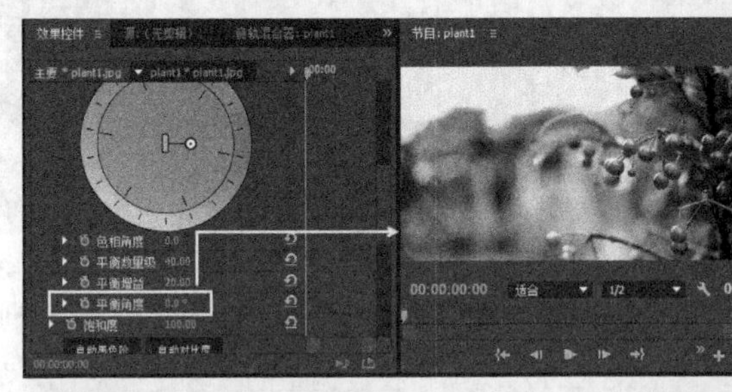

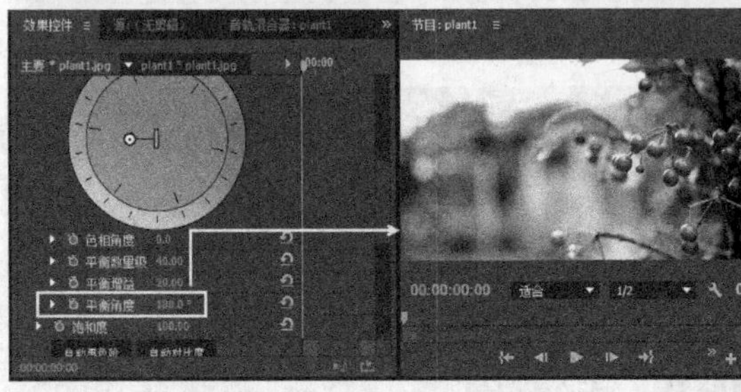

图15-30

饱和度：拖曳饱和度滑块调节色彩强度。向左拖曳滑块到0.0，将会清除颜色或降低饱和度（将颜色转换成只显示亮度值的灰度颜色），如图15-31所示。

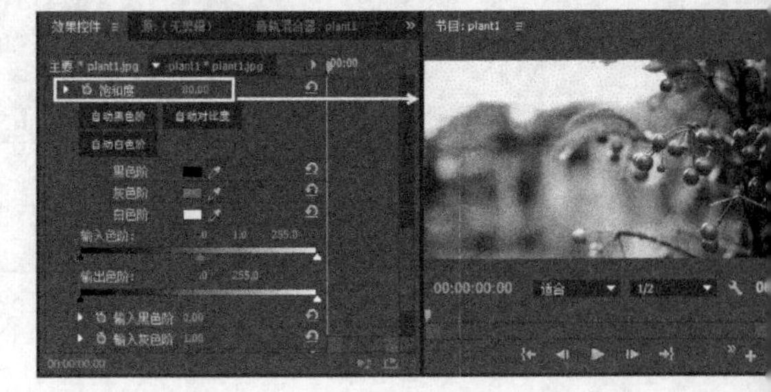

图15-31

图15-31（续）

自动黑色阶：单击该按钮，将黑电平增加到7.6IRE以上，将会有效地剪辑或切除较暗的电平并按比例重新分布像素值，通常会使阴影区域变亮。

自动对比度：单击该按钮的效果与同时应用“自动黑色阶”和“自动白色阶”的效果相同。阴影区域会变亮，而高光区域会变暗。这对增加素材的对比度很有用。

自动白色阶：单击自动白电平按钮会降低白电平，使高光区域不超过100IRE。这将会有效地剪辑或切除白电平。像素值按比例重新分布后，通常会使高光区域变暗。

黑/白/灰色阶：这些属性提供与自动对比度、自动白色阶和自动黑色阶相似的调节功能，只是需要单击图像或样本通过Adobe颜色拾取选择颜色来选择色阶。通过设置黑场和白场，可以指定哪些区域应该最亮，哪些区域应该最暗，因此可以扩大图像的中值色范围。设置黑场或白场时，应该单击图像中想要保留的最亮或最暗的区域。单击后，Premiere Pro基于新的白场调节图像的色调范围。例如，如果单击图像中的一个白色区域，Premiere Pro会将所有比该白场亮的区域变成白色，然后重新按比例映射像素。

输入/输出色阶：使用各种色阶控件调节对比度和亮度。“输入”与“输出”滑动条上的外部标记表示黑场和白场。输入滑块指定与输出色阶相关的白场和黑场。输入和输出色阶范围为0（黑色）到255（白色）。可以同时使用两个滑块一起来增加或减小图像中的对比度。但是，如果将白色输出滑块向左拖曳到230，将会重新映射图像，使230成为图像中的最亮值（Premiere Pro也会相应地重新映射图像中的其他像素）。

拖曳黑色的输入和输出滑块会反转白色输入和输出滑块产生的效果，向右拖曳黑色输入滑块会使图像变暗。如果向右拖曳黑色输出滑块，会使图像变亮。如果要改变中值色调，而不影响高光和阴影，可以拖曳“输入灰色阶”滑块。向右拖曳滑块会使中间色变亮，向左拖曳会使中间色变暗。

2.使用三向颜色校正器滤镜

三向颜色校正器提供完备的控件来校正色彩，包括阴影（图像中最暗的区域）、中间色调和高光（图像中最亮的区域），该滤镜的参数如图15-32所示。

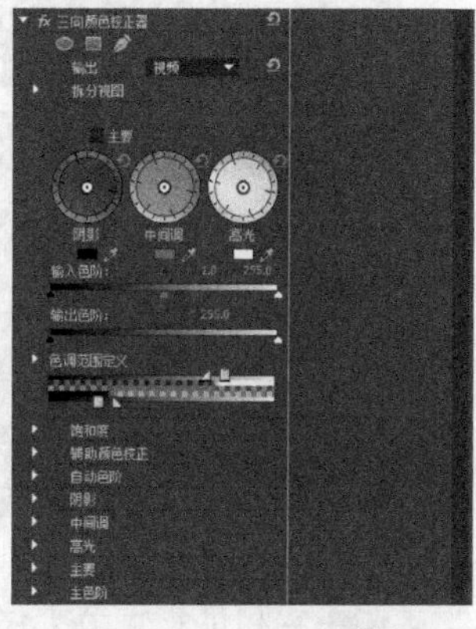

图15-32

常用参数介绍

色调范围定义：展开该属性组，如图15-33所示，然后拖曳来设置想要调节的阴影、中间调和高光的范围。拖曳矩形滑块控制阴影和高光界限（阴影和高光区域的上界和下界）。拖曳三角滑块控制阴影和高光柔化（淡化受影响和未受影响的区域间的界限）。柔化滑块实际上能实现更柔和的调节范围，也可以使用下面将要介绍的滑控件来设置校正的色调范围。

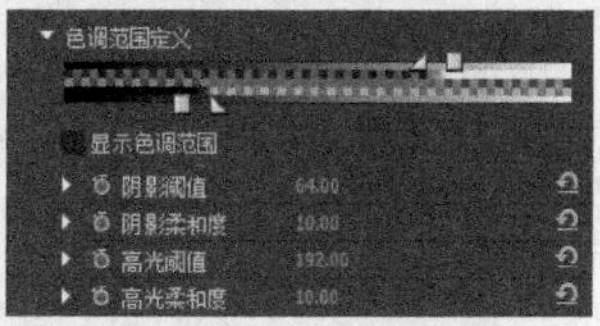

图15-33

显示色调范围：切换到色调显示模式，如图15-34所示。

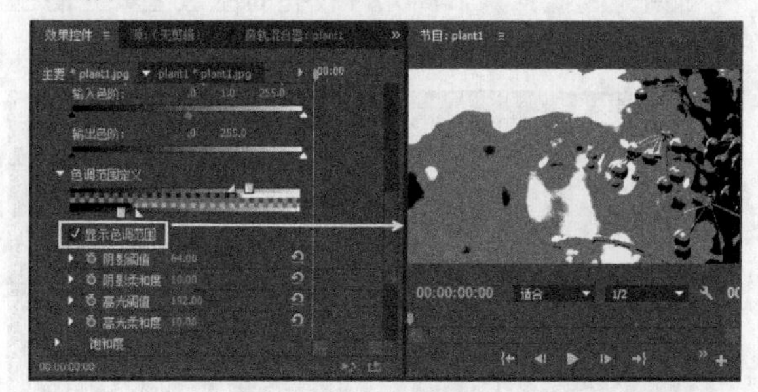

图15-34

阴影阈值：调节阴影（较暗区域）的色调范围，如图15-35所示。

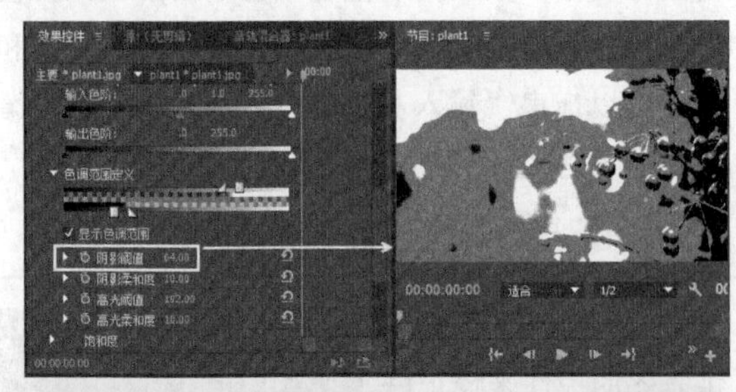

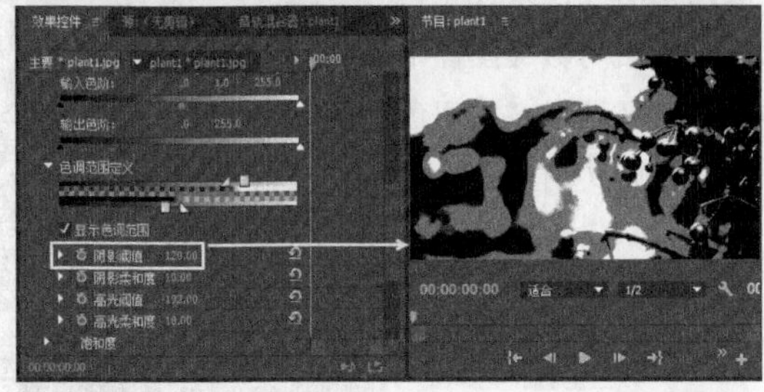

图15-35

阴影柔和度：调节柔化边缘的阴影色调范围，如图15-36所示。

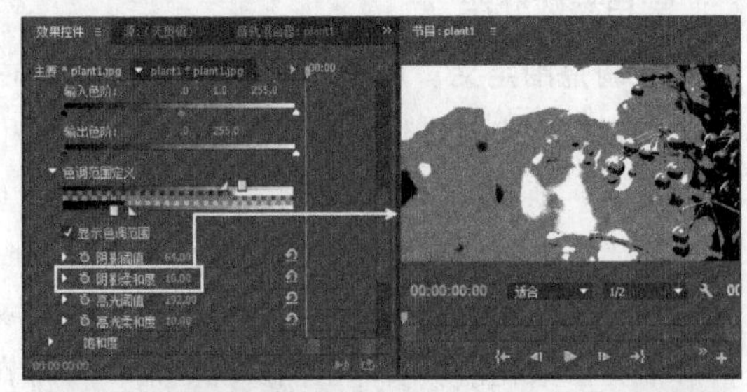

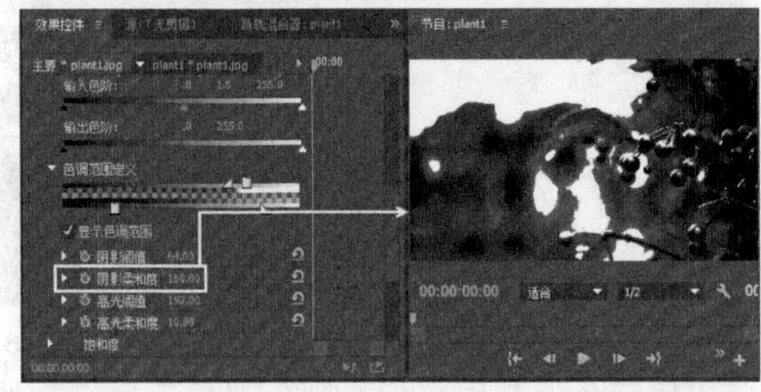

图15-36

高光阈值：调节高光（较亮的图像区域）的色调范围，如图15-37所示。

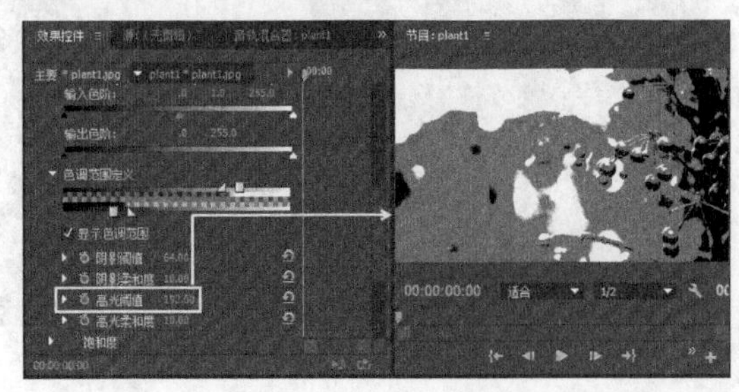

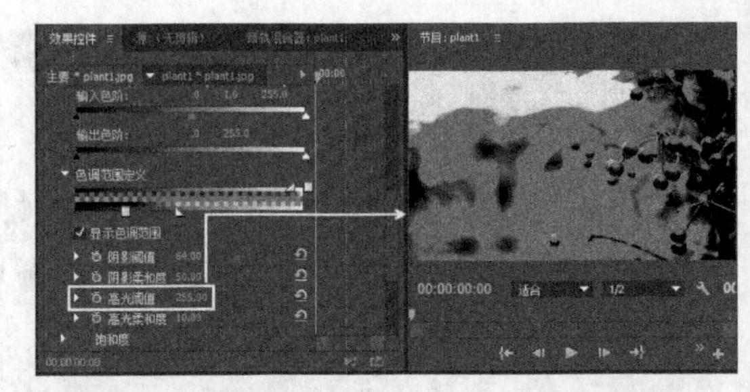

图15-37

高光柔和度：调节柔化边缘的高光色调范围，如图15-38所示。

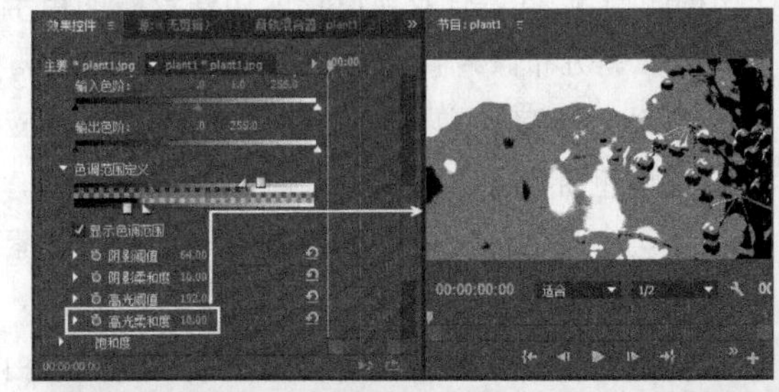

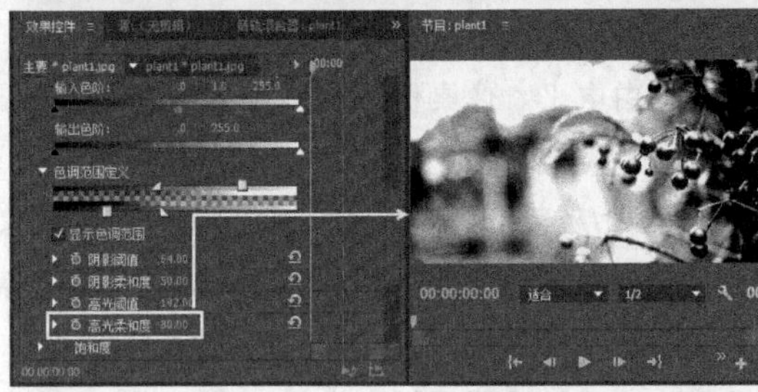

图15-38

饱和度：该属性组用来控制图像的饱和度，如图15-39所示。

图15-39

主饱和度：调整整体饱和度。

高光/中间调/阴影饱和度：调整高光、中间调或阴影中的颜色饱和度。

辅助颜色校正：该属性组主要用来指定由效果校正的颜色范围，如图15-40所示。

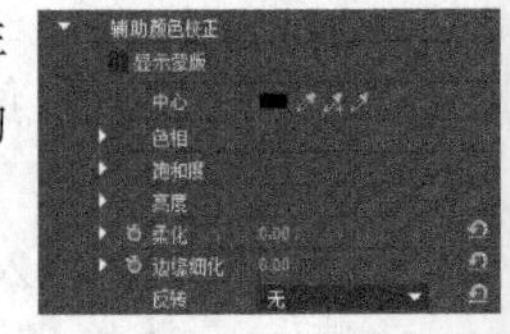

图15-40

中心：指定的范围中定义中心颜色。

色相/饱和度/亮度：根据色相、饱和度或明亮度指定要校正的颜色范围。

柔化：使指定区域的边界模糊，从而使校正更大程度上与原始图像混合。

边缘细化：使指定区域有更清晰的边界。

反转：校正所有颜色，使用“辅助颜色校正”设置指定的颜色范围除外。

自动色阶：包括“自动黑色阶”“自动对比度”和“自动白色阶”3种方式，如图15-41所示。

阴影：该属性组用来控制图像的阴影，如图15-42所示。

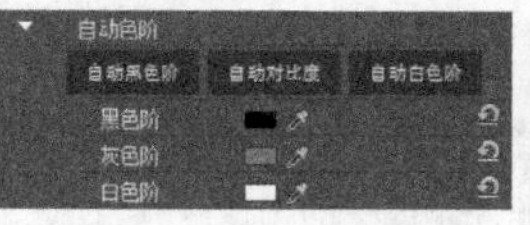

图15-41

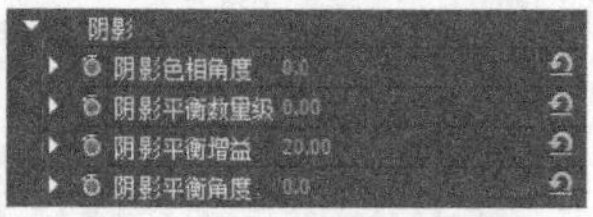

阴影
阴影色相角度 0.0
阴影平衡数量级 0.00
阴影平衡增益 20.00
阴影平衡角度 0.0

图15-42

中间调：调整中间调的色相角度、平衡数量级、平衡增益和平衡角度，如图15-43所示。

高光：调整高光的色相角度、平衡数量级、平衡增益和平衡角度，如图15-44所示。

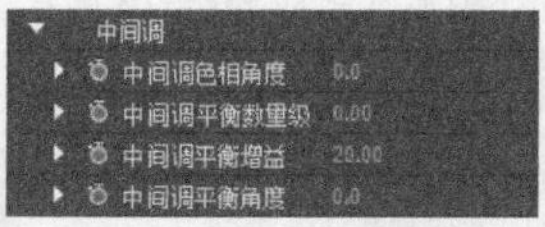

中间调
中间调色相角度 0.0
中间调平衡数量级 0.00
中间调平衡增益 20.00
中间调平衡角度 0.0

图15-43

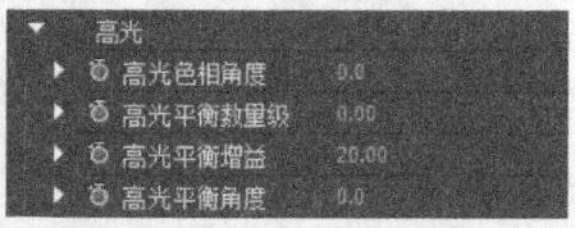

高光
高光色相角度 0.0
高光平衡数量级 0.00
高光平衡增益 20.00
高光平衡角度 0.0

图15-44

主要：调整主要的色相角度、平衡数量级、平衡增益和平衡角度，如图15-45所示。

主色阶：调整主要的输入黑色阶、输入灰色阶、输入白色阶、输出黑色阶和输出白色阶，如图15-46所示。

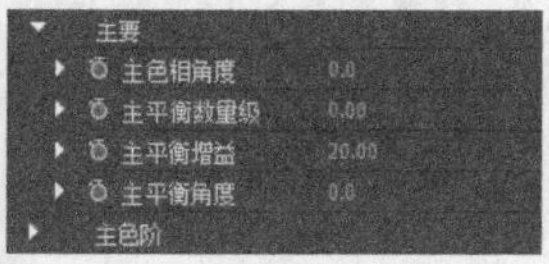

主要
主色相角度 0.0
主平衡数量级 0.00
主平衡增益 20.00
主平衡角度 0.0
主色阶

图15-45

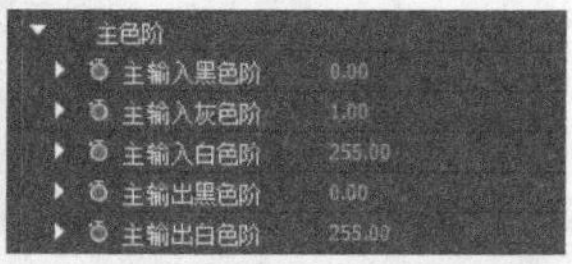

主色阶
主输入黑色阶 0.00
主输入灰色阶 1.00
主输入白色阶 255.00
主输出黑色阶 0.00
主输出白色阶 255.00

图15-46

如果要改变中间调，而不影响高光和阴影，拖曳“输入灰色阶”输入滑块。向右拖曳滑块会使中间色变亮，向左拖曳会使中间色变暗。

如同“快速颜色校正器”一节中所介绍的那样，“输入”和“输出”滑块指定白场和黑场。输入滑块指定与输出电平相关的白场和黑场，其取值范围为0～255。可以同时使用两个滑块一起来增加或减小图像中的对比度。例如，向右拖曳黑色输入滑块会使图像变暗。如果将黑色输入滑块设置成25，阴影变得更暗，阴影的数量也会增加。但是，如果将黑色输出滑块向右拖到25或更高值，将会重新映射图像，使新的输出值成为图像中最暗的值，Premiere Pro也会相应地重新映射图像中的像素，从而使图像变亮。

课堂案例

校正偏暗的素材

素材文件　素材文件>第15章>课堂案例：校正偏暗的素材
学习目标　使用“快速颜色校正器”滤镜校正偏暗素材的方法

本例主要介绍使用“快速颜色校正器”滤镜调整素材的亮度、饱和和色相，案例对比效果如图15-47所示。

图15-47

01 新建一个项目，然后导入学习资源中的“素材文件>第15章>课堂案例：校正偏暗的素材>river.jpg”文件，接着将river.jpg拖曳至视频1轨道，如图15-48所示。

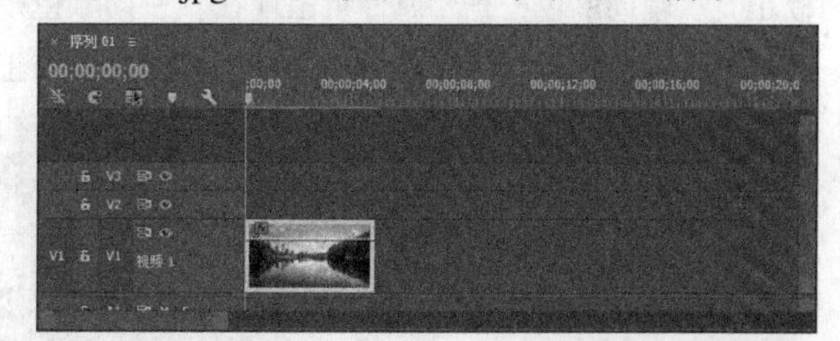

图15-48

02 在“效果”面板中选择“视频效果>颜色校正>快速颜色校正器”滤镜，如图15-49所示，然后将其添加给river.jpg素材。

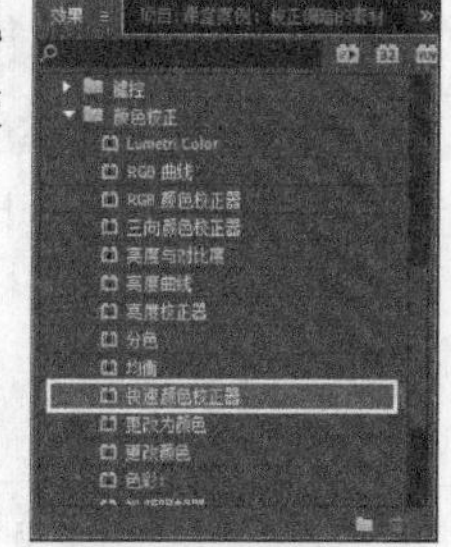

图15-49

03 在“效果控件”面板中设置“快速颜色校正器”滤镜的“色相角度”为-15°、“饱和度”为120、“输入灰色阶”为1.8，如图15-50所示。

图15-50

04 预览素材应用滤镜前后的效果，如图15-51所示。

图15-51

15.4.2 使用辅助颜色校正属性组

辅助颜色校正控件提供属性组来限制对素材中的特定范围或特定颜色进行颜色校正，该控件可以精确指定某一特定颜色或色调范围来进行校正，而不必担心影响其他范围的色彩。使用“辅助颜色校正”属性组，可以指定色相位、饱和度和亮度范围来限制颜色校正。“辅助颜色校正”属性组出现在“三向颜色校正器”“亮度校正器”“亮度曲线”“RGB颜色校正器”“RGB曲线”和“视频限幅器”等特效中。图15-52所示的是“辅助颜色校正”属性组的参数。

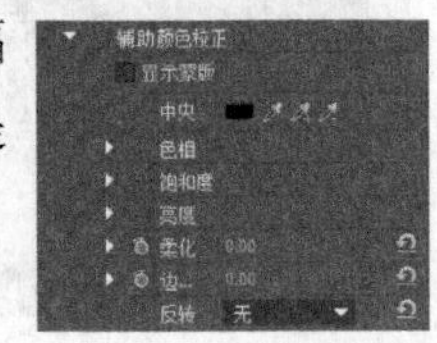

图15-52

按照以下步骤使用“辅助颜色校正”属性组。

第1步：单击工具，在“节目”面板或“参考”面板中的图像上选择想要修改的色彩区域。也可以拾取颜色样本，然后在Adobe颜色拾取对话框中选择一种颜色。

技巧与提示

如果要扩大颜色范围，可以使用工具；如果要缩小颜色范围，可以使用工具。如果扩大色相属性，那么设置“色相”属性组中的“起始阈值”和“结尾阈值”方形滑块，指定颜色范围。注意：可以通过拖曳彩色区域来添加色相滑动条上的可见颜色。

第2步：柔化想要校正的色彩范围与其相邻区域之间的差异，拖曳“起始柔和度”和“结尾柔和度”属性的矩形滑块，也可以拖曳“色相”缩小的三角滑块。

第3步：拖曳“饱和度”和“亮度”控件，调节饱和度以及亮度范围。

第4步：微调“边缘细化”属性。“边缘细化”能够淡化彩色边缘，从淡化 - 100到非常淡化的100。

第5步：如果想要调整选择范围以外的所有色彩，那么选择“反向限制色”选项。

第6步：如果要查看表示颜色更改的遮罩（单调的黑色、白色和灰度区域），选择“输出”下拉菜单中的“蒙版”选项。蒙版使只展示正在调整的图像区域变得更容易。

技巧与提示

将“输出”设置为“蒙版”时，会发生以下3种情况。

第1种：黑色表示被颜色校正完全改变的图像区域。

第2种：灰色表示部分改变的图像区域。

第3种：白色表示未改变的区域（被遮罩的）。

1.使用亮度校正器滤镜

“亮度校正器”滤镜能够调节素材的亮度或亮度值，其参数如图15-53所示。使用“亮度校正器”时，首先分离出想要校正的色调范围，然后使用亮度校正器的定义控件调节亮度和对比度。

图15-53

技巧与提示

为了帮助查看色调范围，可以设置“输出”为“色调范围”，这样“节目”或“参考”面板上就会显示受亮度校正器影响的色调范围。建立要校正的色调范围后，可以再将“输出”设置为“复合”或“亮度”。

常用参数介绍

色调范围：选择是对合成的主图像、高光、中间调，还是对阴影进行校正，如图15-54所示。

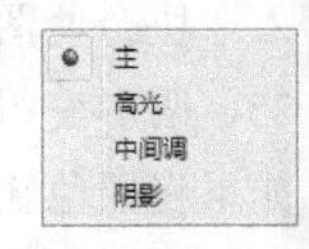

图15-54

亮度：设置素材中的黑电平。如果黑色没有显示成黑色，那么可以提高对比度，如图15-55所示。

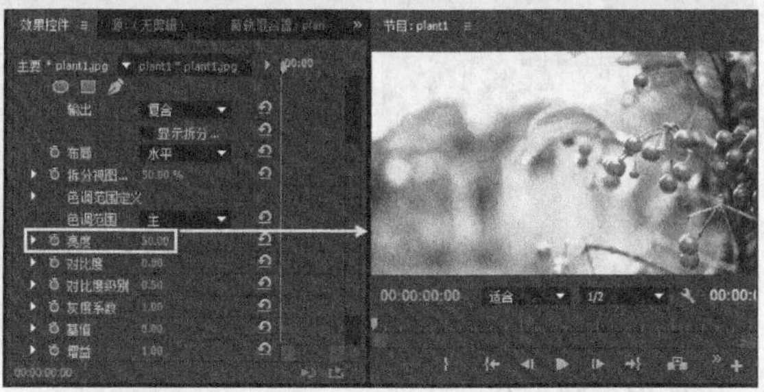

图15-55

对比度：基于对比度电平调节对比度，如图15-56所示。

图15-56

对比度级别：为调节对比度控件设置对比度等级，如图15-57所示。

图15-57

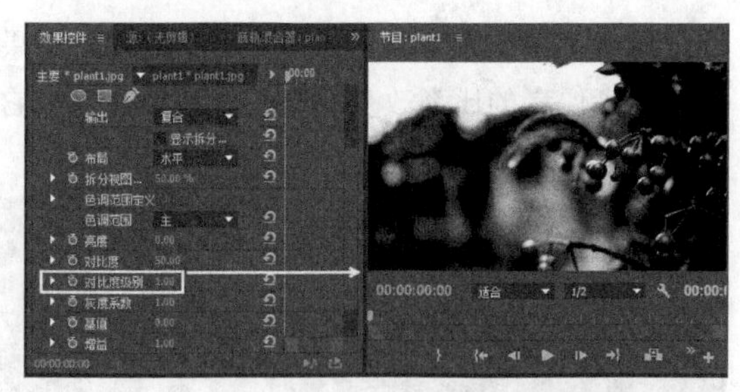

图15-57（续）

灰度系数：主要调节中间调色阶，如图15-58所示。因此，如果图像太暗或太亮，但阴影并不过暗，高光也不过亮，则应该使用灰度系数控件。

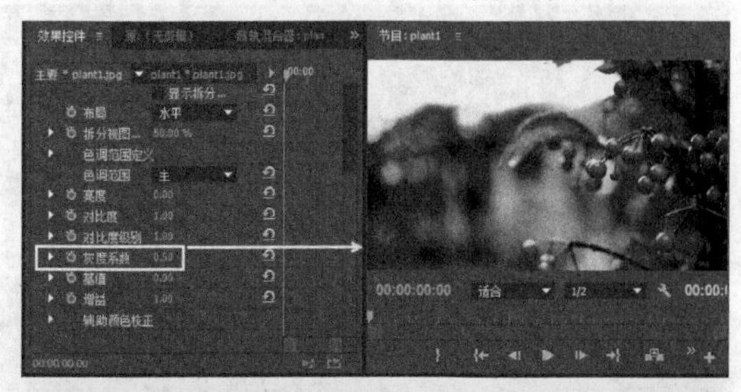

图15-58

基值：增加特定的偏移像素值。结合增益使用，基准能够使图像变亮，如图15-59所示。

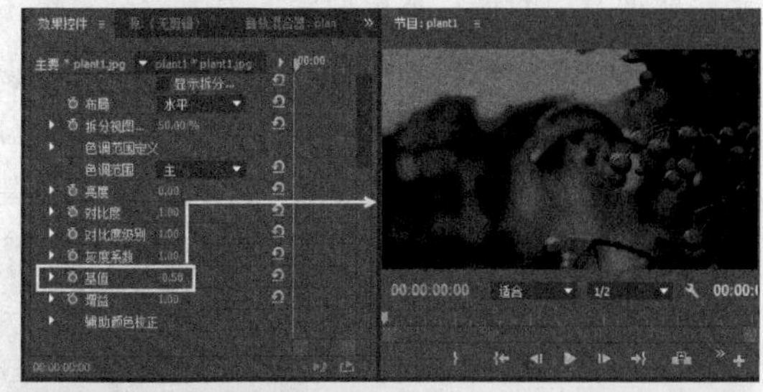

图15-59

增益：通过将像素值加倍来调节亮度，结果就是将较亮像素的比率改变成较暗像素的比率。它对较亮像素的影响更大，如图15-60所示。

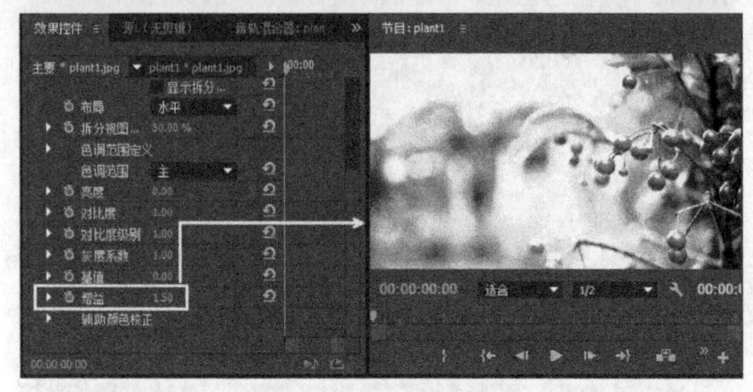

图15-60

2.使用亮度曲线滤镜

使用“亮度曲线”滤镜，可以通过拖曳代表素材亮度值的曲线来调节素材的亮度值。曲线的x轴表示原始图像值，y轴表示变化后的值。因为开始时所有点都是等价的，所以亮度曲线打开时显示的都是笔直的对角线。横轴的左边表示原始图像的暗区；亮区对应横轴的右边区域。

要调节中间调，拖曳曲线的中间部分。单击并向上拖曳会使图像变亮，单击并向下拖曳会使图像变暗。要使高光区域变暗，向下拖曳曲线的右上部分。向上拖曳曲线的左下部分，可以使阴影变亮。创建一条S形曲线，能够增加图像的对比度，如图15-61所示。

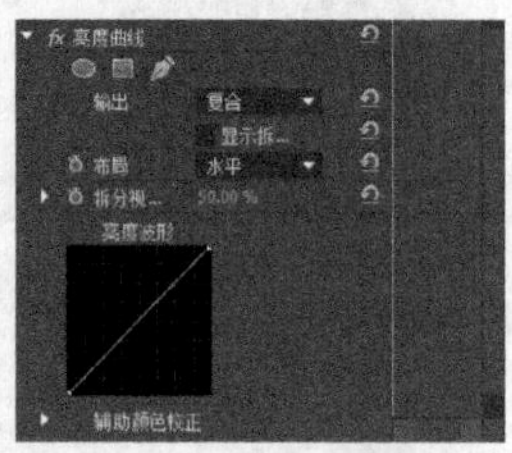

图15-61

要进行微调，可以单击曲线，在曲线上创建多个锚点，最多可以创建16个，然后拖曳这些锚点，或者拖曳锚点之间的区域。要删除锚点，则单击该锚点并将其拖离曲线。

3.使用RGB颜色校正器滤镜

使用“RGB颜色校正器”滤镜，能够通过RGB对颜色和亮度进行调整。“RGB颜色校正器”滤镜提供的控件中，有许多与“亮度校正器”中的相同，但增加了RGB颜色控件，如图15-62和图15-63所示。

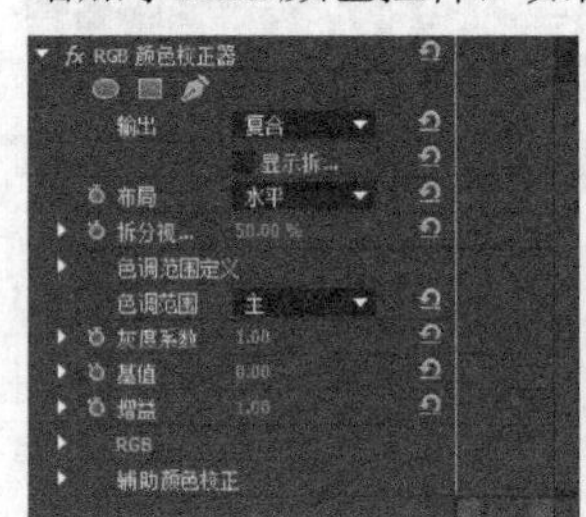

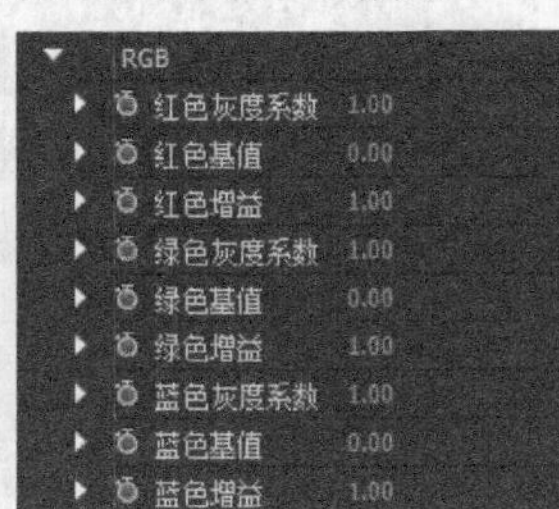

图15-62　　图15-63

常用参数介绍

红色灰度系数：调整红色通道的灰度系数，如图15-64所示。

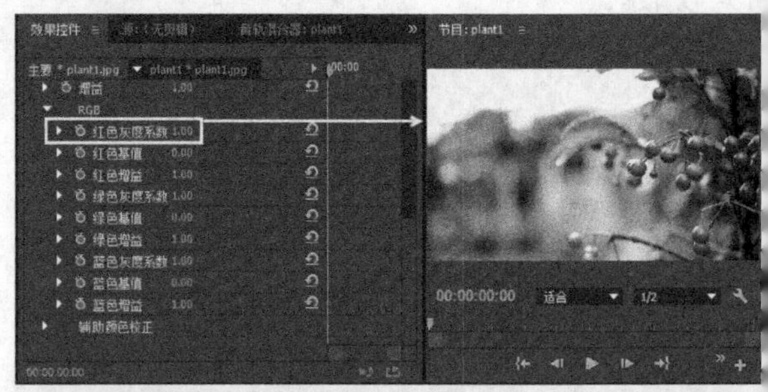

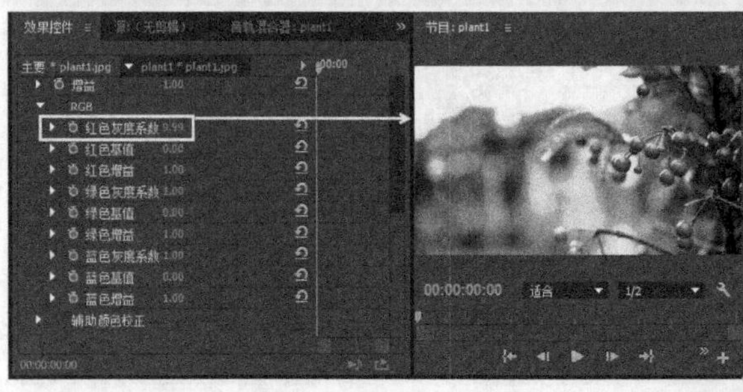

图15-64

红色基值：调整红色通道的基值，如图15-65所示。

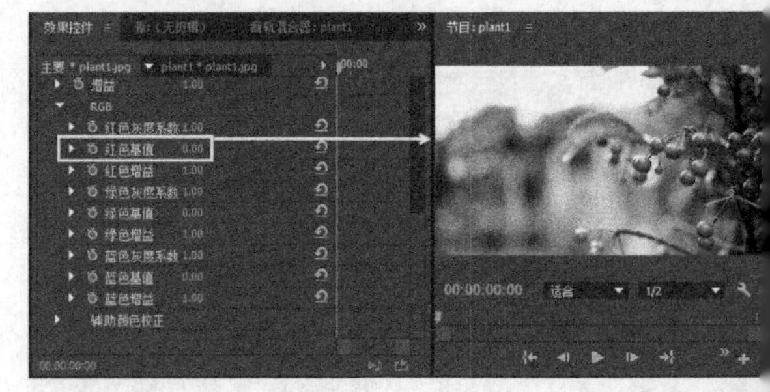

图15-65

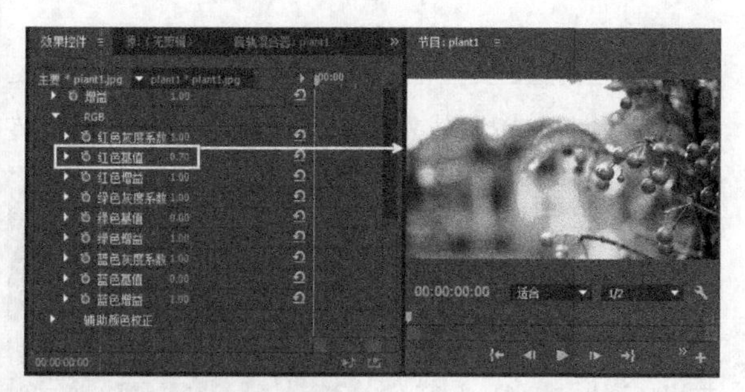

图15-65（续）

红色增益：调整红色通道的增益，如图15-66所示。

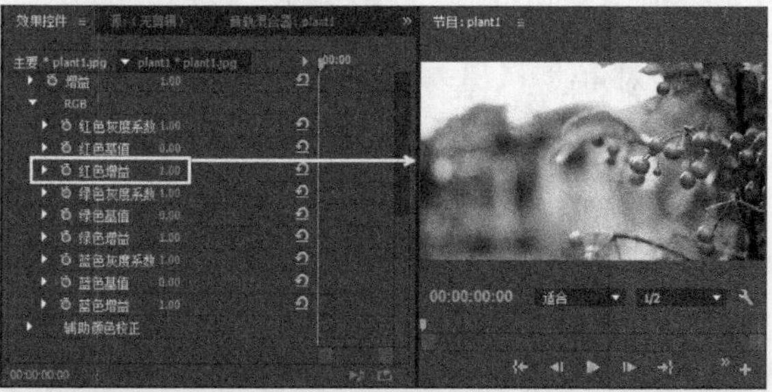

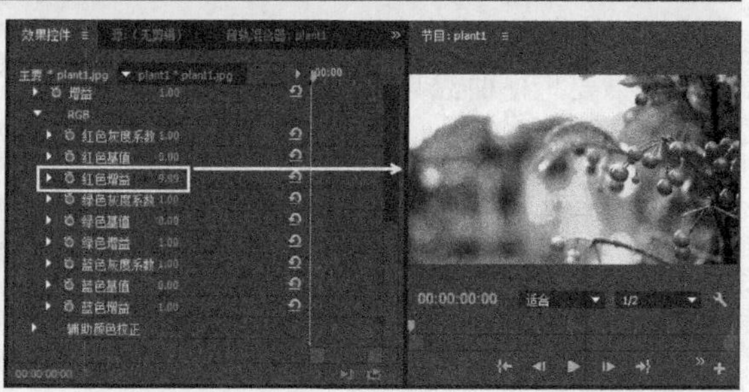

图15-66

绿色灰度系数：调整绿色通道的灰度系数，如图15-67所示。

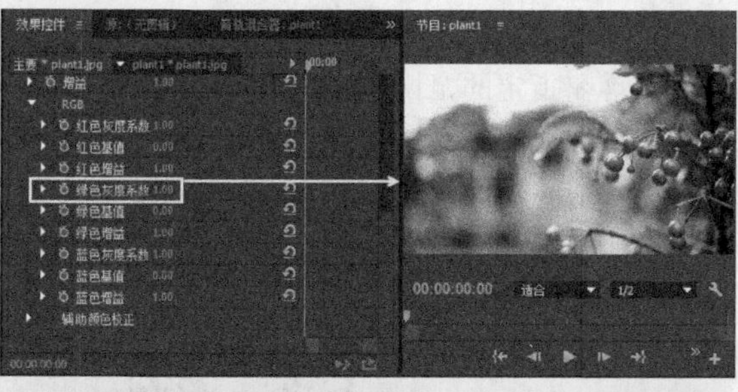

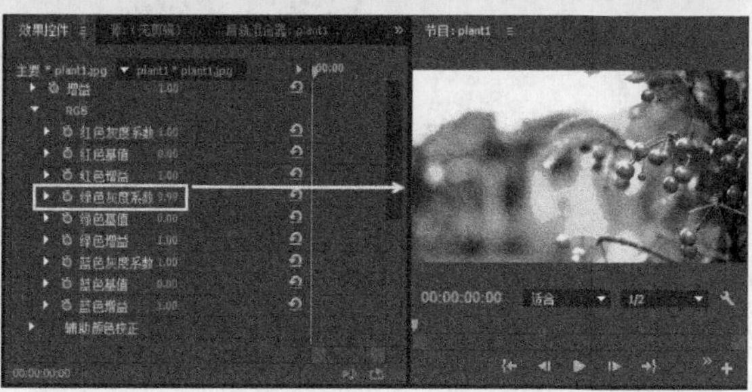

图15-67

绿色基值：调整绿色通道的基值，如图15-68所示。

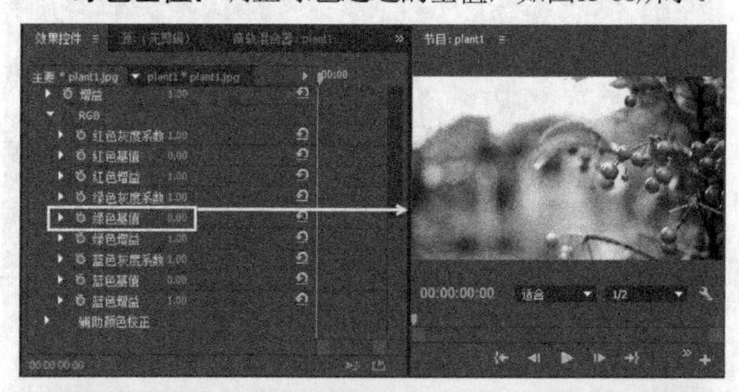

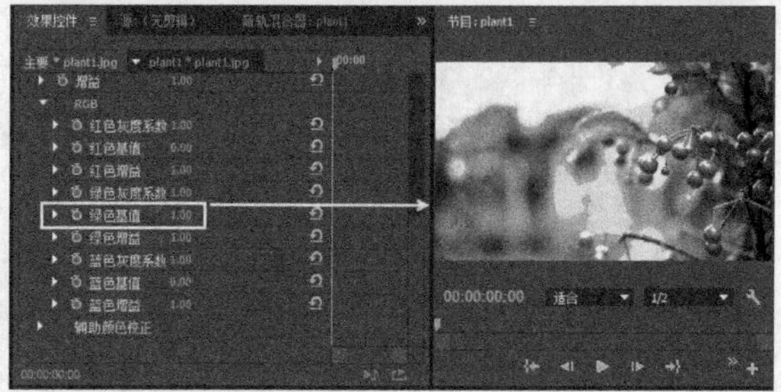

图15-68

绿色增益：调整绿色通道的增益，如图15-69所示。

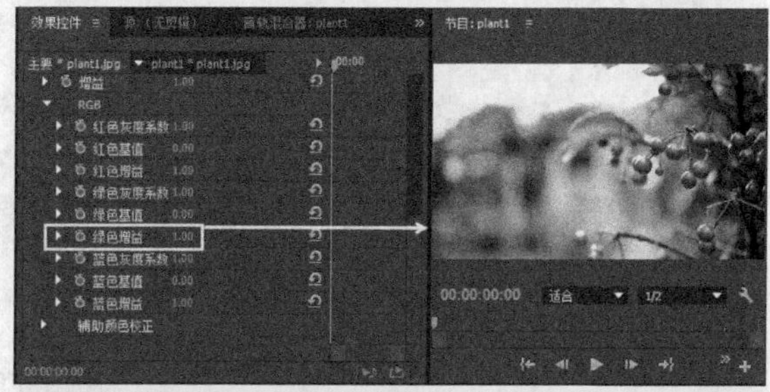

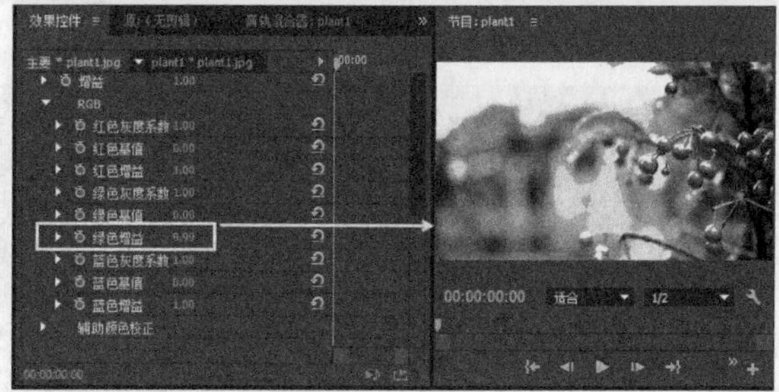

图15-69

蓝色灰度系数：调整蓝色通道的灰度系数，如图15-70所示。

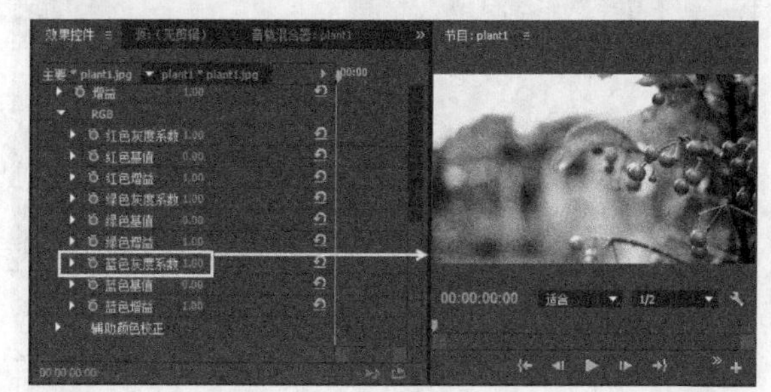

图15-70

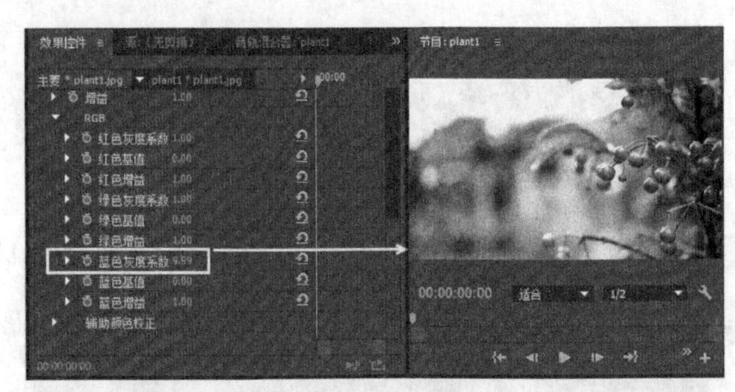

图15-70（续）

蓝色基值： 调整蓝色通道的基值，如图15-71所示。

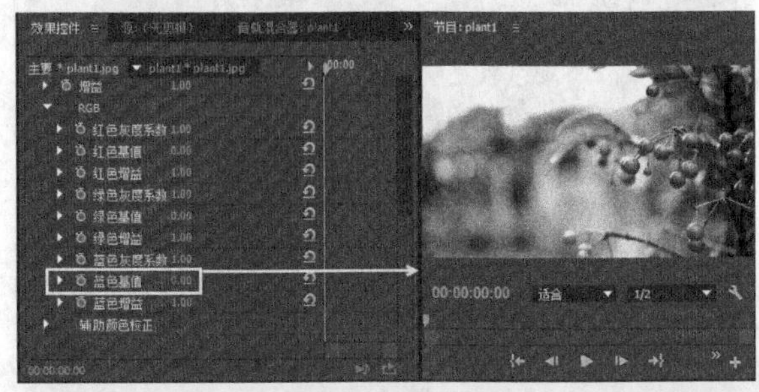

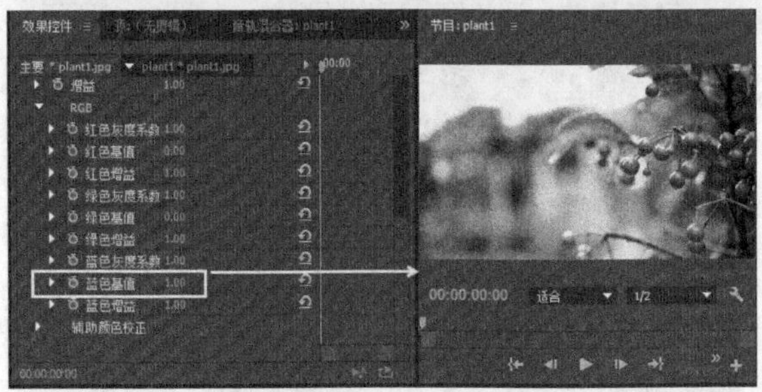

图15-71

蓝色增益： 调整蓝色通道的增益，如图15-72所示。

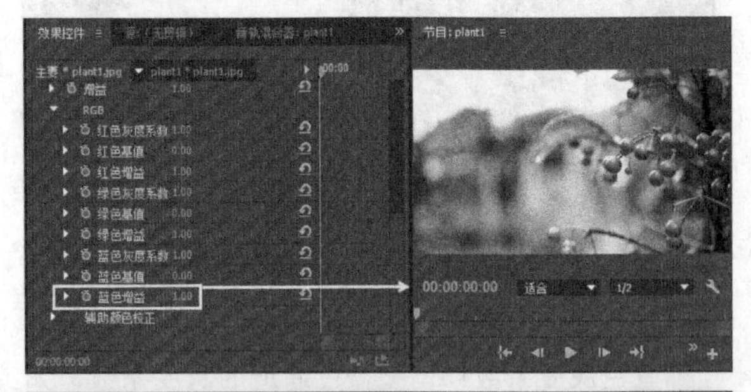

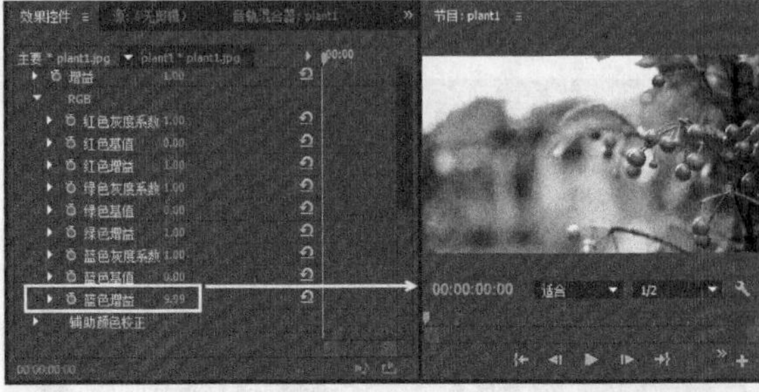

图15-72

4.使用RGB曲线滤镜

使用“RGB曲线”滤镜，可以通过曲线来调节RGB色彩值。在图15-73所示的“RGB曲线”滤镜中，曲线图中的*x*轴表示原始图像值，*y*轴表示变化后的值。因为开始时所有点都是等价的，所以曲线对话框打开时显示4条对角线。

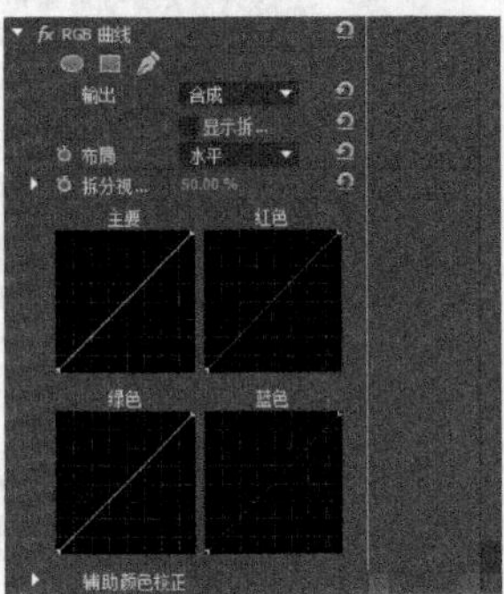

图15-73

每个曲线图上横轴的左边都表示原始图像中较暗的区域，横轴的右边表示较亮的区域。如果要使图像区域变亮，那么向上拖曳曲线；如果要使图像区域变暗，那么向下拖曳。在拖曳时，曲线会显示图像中其他像素的变化情况。

如果要想使曲线只局部改变，那么单击曲线设立锚点。在拖曳时，锚点会锁定曲线。如果要删除锚点，将它拖离曲线即可。如果拖曳表示通道的曲线，向上拖曳会增加图像中该通道的颜色，向下拖曳则会减小该颜色并增加其补色。例如，向上拖曳绿色通道曲线会增加更多绿色，而向下拖曳该曲线会增加更多的洋红色。

5.使用视频限幅器滤镜

在颜色校正后使用“视频限幅器”滤镜，以确保视频落在指定的范围内。用户可以为素材的“亮度”“色度”“色度和亮度”或者“智能限制”设置限幅。与“亮度校正器”和“RGB颜色校正器”一样，“视频限幅器”特效允许为特效制定色调范围。“视频限幅器”滤镜的参数如图15-74所示。

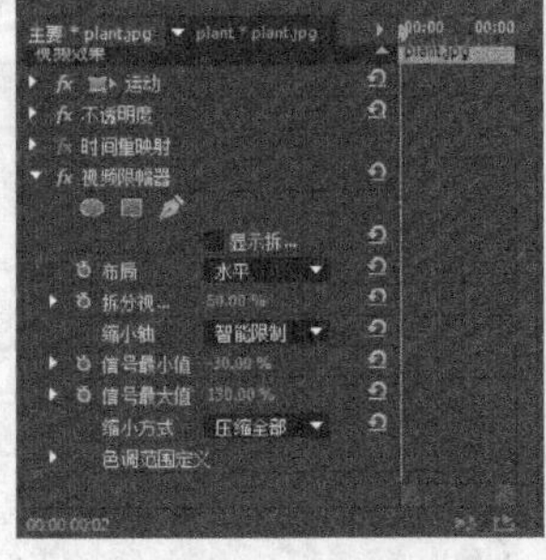

图15-74

常用参数介绍

缩小轴：限制的视频信号，包括“亮度”“色度”“色度和亮度”和“智能限制”4个选项，如图15-75所示。

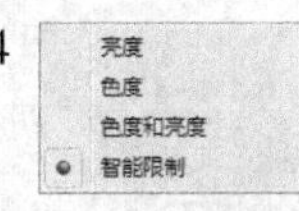

图15-75

信号最小/大值：设置“缩小轴”后，“信号最小值”和“信号最大值”滑块会基于“缩小轴”改变。因此，如果在“缩小轴”中选择“亮度”，那么可以为“亮度”设置最小值和最大值。

缩小方式：设置要压缩的特定色调范围，包括“高光压缩”“中间调压缩”“阴影压缩”“高光和阴影压缩”和“压缩全部”5个选项，如图15-76所示。选择一种缩减方式，有助于保持特定图像区域内的图像锐化状态。

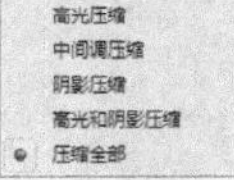

图15-76

课堂案例

使用RGB曲线调色

素材文件　素材文件>第15章>课堂案例：使用RGB曲线调色

学习目标　应用“RGB曲线”滤镜修改素材颜色的方法

本例主要介绍应用“RGB曲线”效果来改变颜色的操作，案例效果如图15-77所示。

图15-77

01 新建一个项目，然后导入学习资源中的“素材文件>第15章>课堂案例：使用RGB曲线调色>bubble.jpg”文件，接着将素材拖曳至视频1轨道上，如图15-78所示。

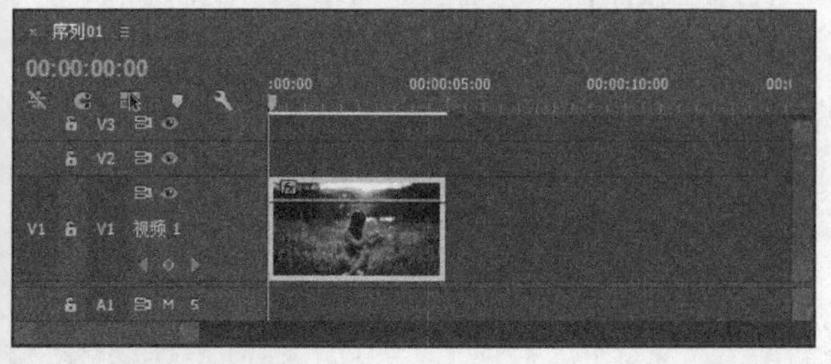

图15-78

02 在“效果”面板中选择“视频效果>颜色校正>RGB曲线”滤镜，如图15-79所示，然后将其添加给bubble.jpg素材。

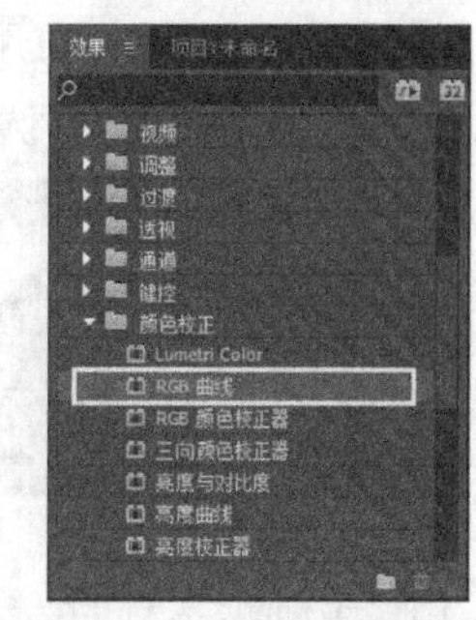

图15-79

03 在“效果控件”面板中调整“主要”“红色”和“绿色”通道的曲线，如图15-80所示。

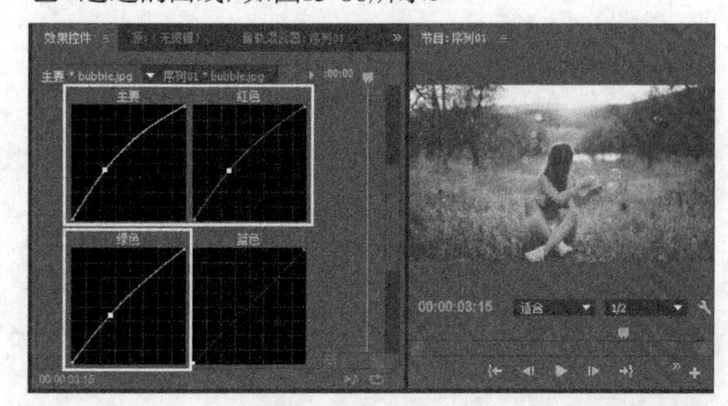

图15-80

04 展开“辅助颜色校正”属性组，设置“结尾柔和度”为50，如图15-81所示。

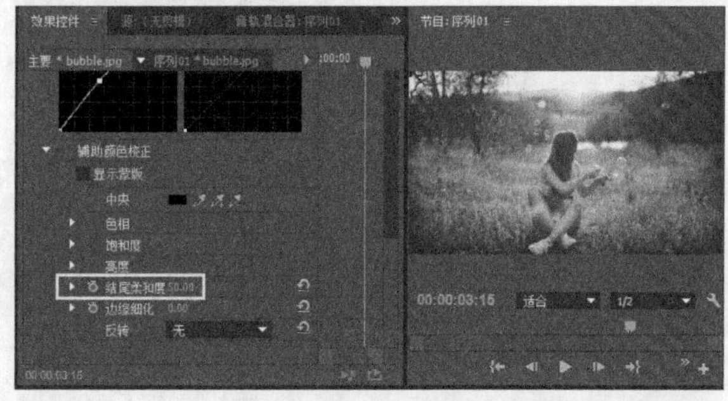

图15-81

05 预览素材应用滤镜前后的效果，如图15-82所示。

图15-82

课堂案例

使用RGB颜色校正器调色

素材文件　素材文件>第15章>课堂案例：使用RGB颜色校正器调色

学习目标　应用“RGB颜色校正器”滤镜修改素材颜色的方法

本例主要介绍应用“RGB颜色校正器”效果来改变颜色的操作，案例效果如图15-83所示。

图15-83

01 新建一个项目，然后导入学习资源中的“素材文件>第15章>课堂案例：使用RGB颜色校正器调色>kid.jpg”文件，接着将素材拖曳至视频1轨道上，如图15-84所示。

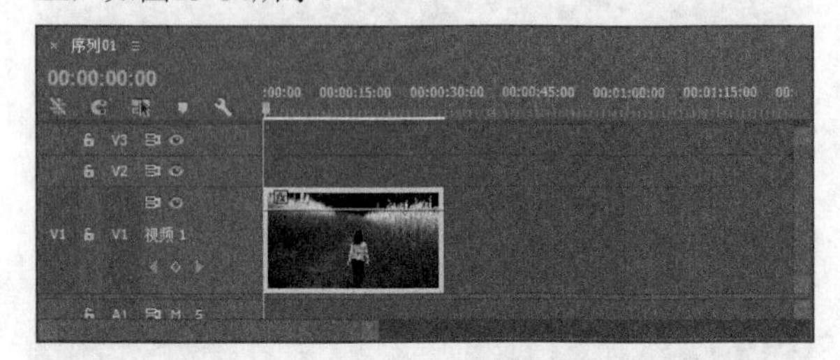

图15-84

02 在“效果”面板中选择“视频效果>颜色校正>RGB颜色校正器”滤镜，如图15-85所示，然后将其添加给kid.jpg素材。

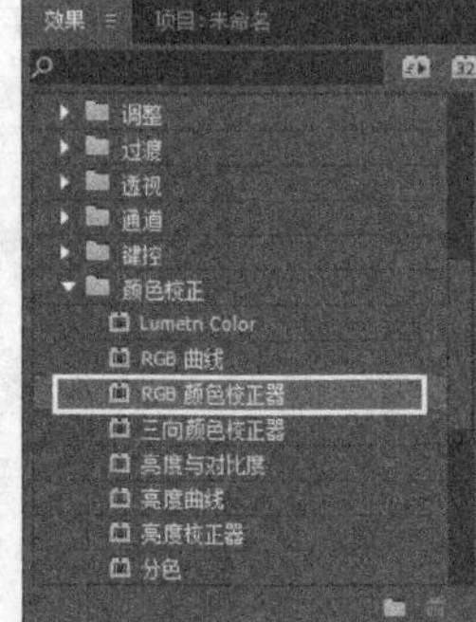

图15-85

03 在“效果控件”面板中设置“灰度系数”为1.5，然后展开RGB属性组，设置“红色灰度系数”为1.5，如图15-86所示。

图15-86

04 预览素材应用滤镜前后的效果，如图15-87所示。

图15-87

课堂案例

使用三向颜色校正器调色

素材文件 素材文件>第15章>课堂案例：使用三向颜色校正器调色
学习目标 应用“三向颜色校正器”滤镜修改素材颜色的方法

本例主要介绍应用“三向颜色校正器”效果来改变颜色的操作，案例效果如图15-88所示。

图15-88

01 新建一个项目，然后导入学习资源中的“素材文件>第15章>课堂案例：使用三向颜色校正器调色>girl.jpg”文件，接着将素材拖曳至视频1轨道上，如图15-89所示。

图15-89

02 在“效果”面板中选择“视频效果>颜色校正>三向颜色校正器”滤镜，如图15-90所示，然后将其添加给girl.jpg素材。

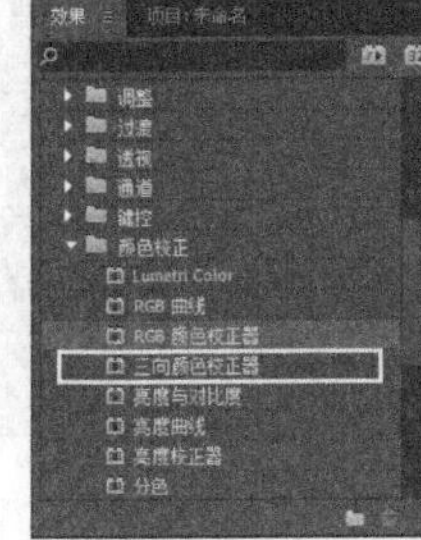

图15-90

03 在“效果控件”面板中调整“阴影”和“中间调”的色盘，如图15-91所示。

图15-91

04 展开“饱和度”属性组，然后设置“中间调饱和度”为150，如图15-92所示。

图15-92

05 预览素材应用滤镜前后的效果，如图15-93所示。

图15-93

15.4.3 使用颜色校正滤镜组

本节将介绍“颜色校正”文件夹中其他的一些比较有特点颜色校正视频效果。

1.亮度与对比度

“亮度与对比度”滤镜是较早使用的图像特效之一。对于亮度不够和缺少对比度的视频素材，使用该特效，可以有效地校正图像的色调问题。“亮度与对比度”滤镜的参数如图15-94所示。

图15-94

常用参数介绍

亮度：调整素材的亮度，如图15-95所示。

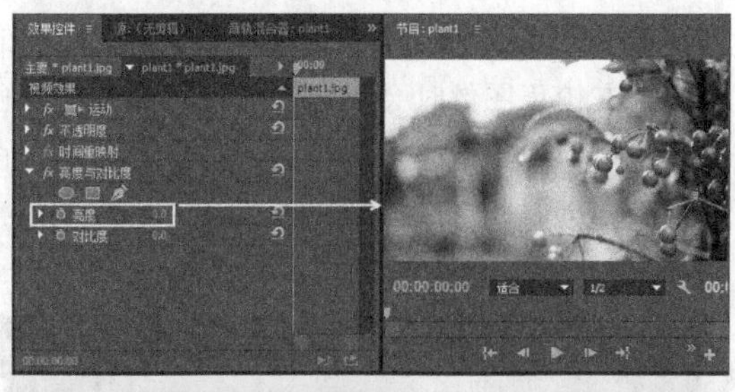

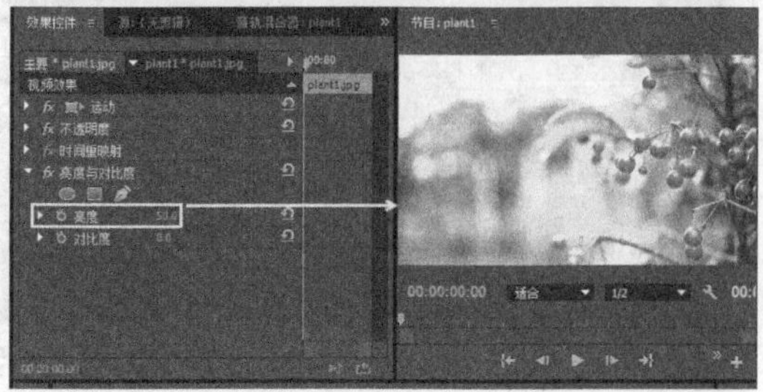

图15-95

对比度：调整素材的对比度，如图15-96所示。

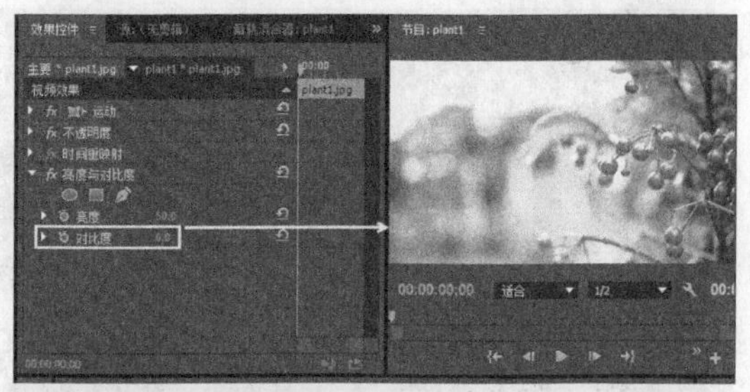

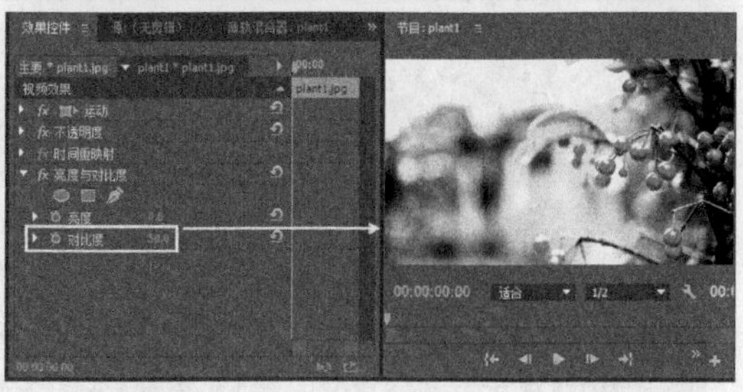

图15-96

2.更改颜色

“更改颜色”滤镜允许修改色相、饱和度以及指定颜色或颜色区域的亮度，该滤镜的参数如图15-97所示。

图15-97

常用参数介绍

视图：设置预览的模式，包括“校正的图层”和“颜色校正蒙版”两个选项。选择“校正的图层”，在校正图像时会显示该图像。选择“颜色校正蒙版”，会显示表示校正区域的黑白蒙版。白色区域是颜色调节影响到的区域。图15-98所示的是显示在“节目”面板中的颜色校正蒙版。

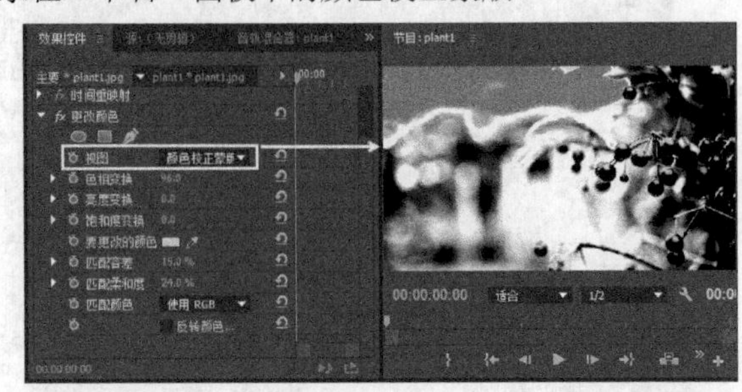

图15-98

色相变换：调节所应用颜色的色相，如图15-99所示。

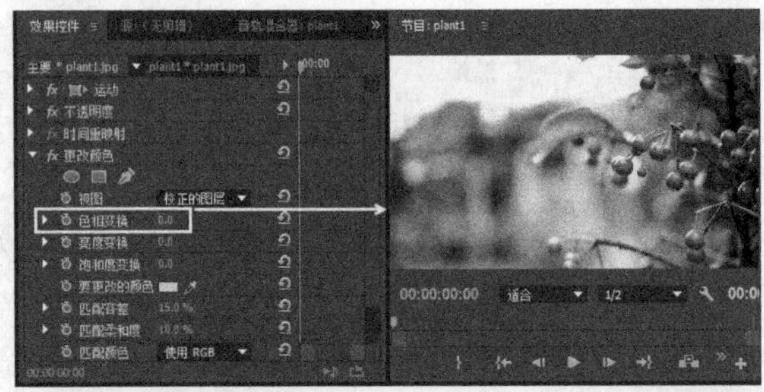

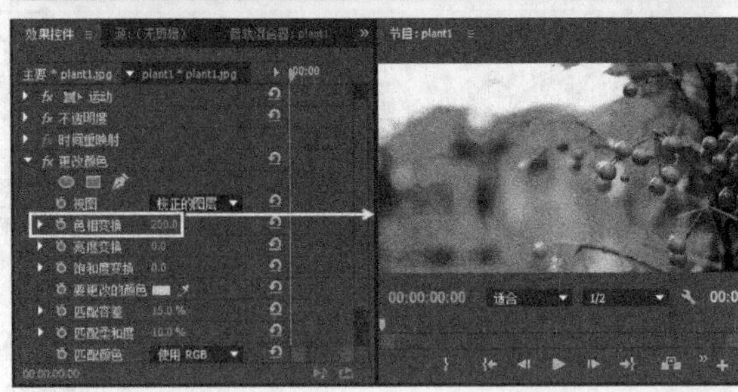

图15-99

亮度变换：调节颜色的亮度。使用正数值使图像变亮，负数值使图像变暗，如图15-100所示。

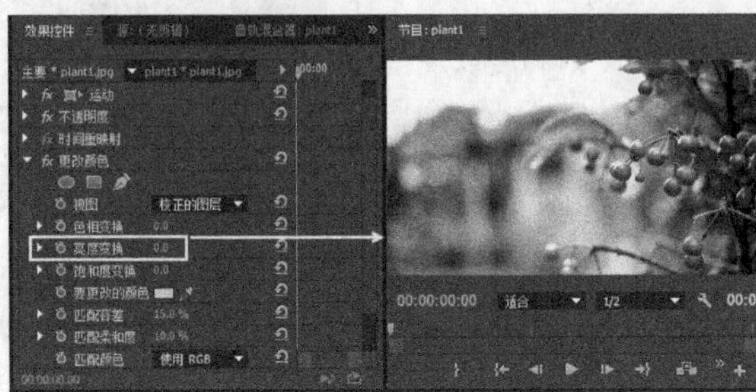

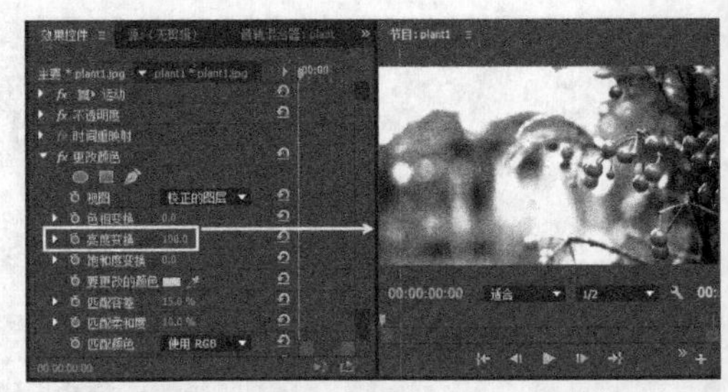

图15-100

饱和度变换：调节颜色的浓度，如图15-101所示。可以降低指定图像区域的饱和度，这样使图像的一部分变成灰色，而其他部分保持彩色，从而获得有趣的效果。

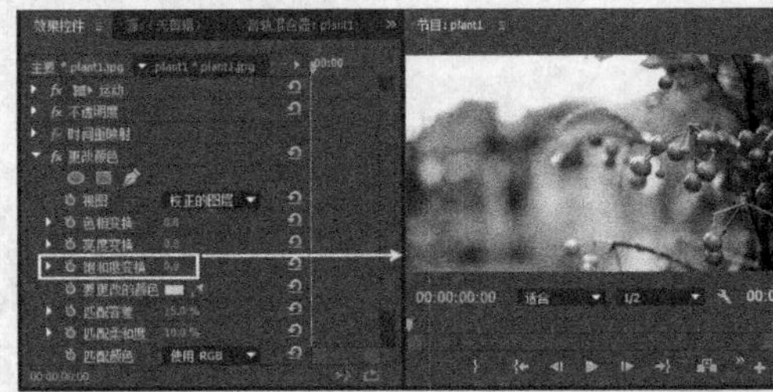

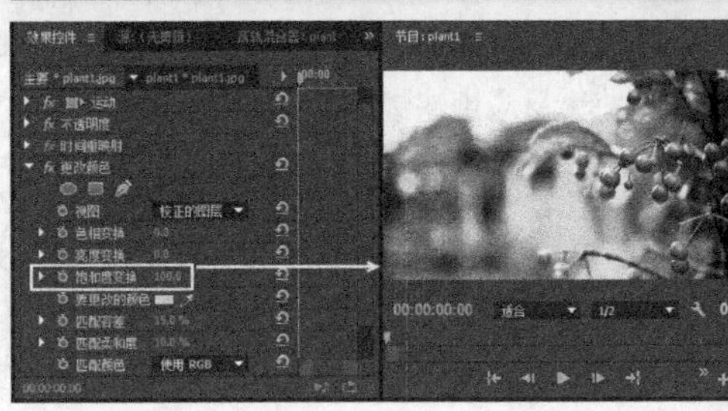

图15-101

要更改的颜色：使用吸管工具拾取图像选择想要修改的颜色，如图15-102所示。

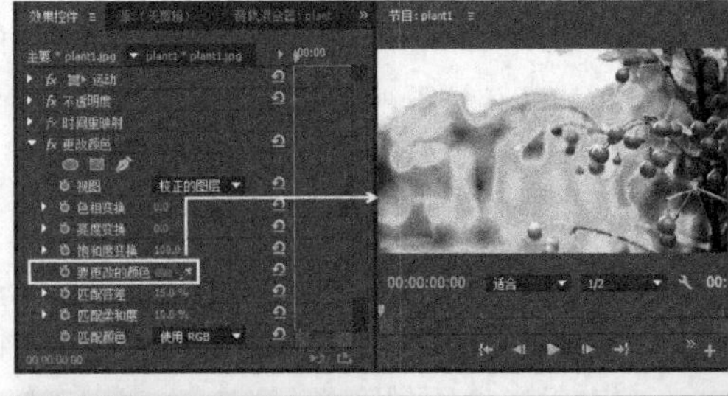

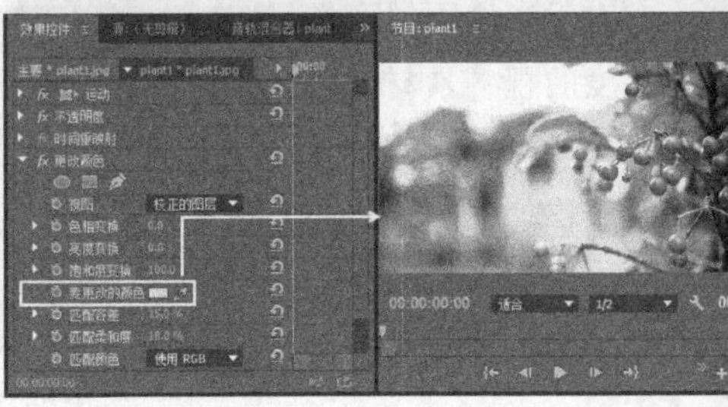

图15-102

匹配容差：控制要调整的颜色（基于色彩更改）的相似度，如图15-103所示。选择低的限度值，会影响与色彩更改相近的颜色。如果选择高的限度值，图像的大部分区域都会受到影响。

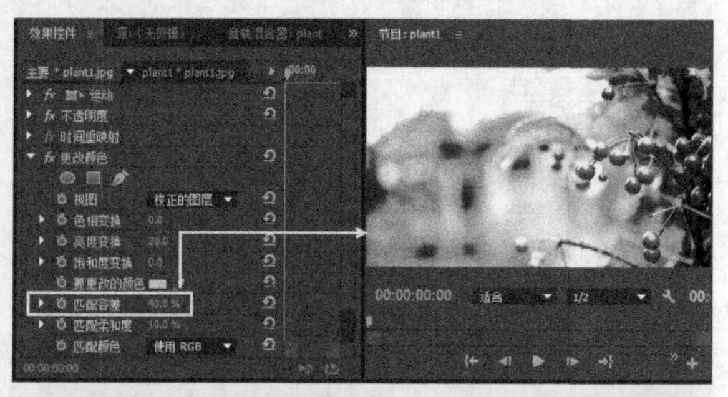

图15-103

匹配柔和度：柔化颜色校正蒙版，也可以柔化实际校正的图像，如图15-104所示。

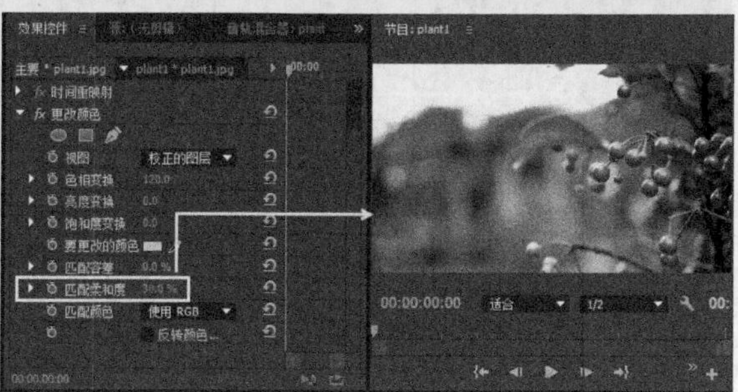

图15-104

匹配颜色：设置改变颜色的模式，包括“使用RGB”“使用色相”和“使用色度”3个选项，如图15-105所示。

图15-105

反转颜色校正蒙版：反转颜色校正蒙版，如图15-106所示。蒙版反转时，蒙版中的黑色区域受到颜色校正的影响，而不是蒙版的亮度区域。

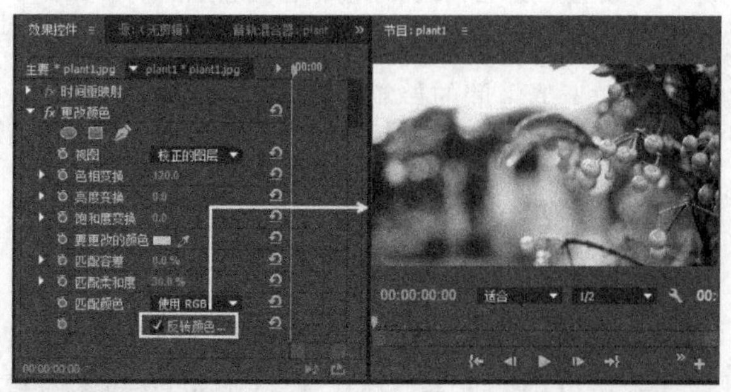

图15-106

3.更改为颜色

“更改为颜色”滤镜允许使用色相、饱和度和亮度快速地将选择颜色转换成另一种颜色。修改一种颜色时，其他颜色不会受到影响，该滤镜的参数如图15-107所示。

图15-107

常用参数介绍

自：拾取想要转换的颜色区域，或者单击样本使用Adobe颜色拾取选择一种颜色。

至：拾取图像中准备用作最终校正颜色的区域，如图15-108所示。

图15-108

更改：设置想要变化的HLS值组合，包括“色相”“色相和明度”“色相和饱和度”以及“色相、明度和饱和度”4个选项，如图15-109所示。

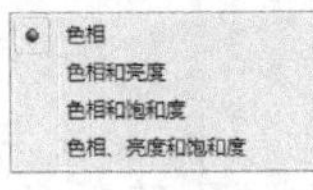

图15-109

更改方式：设置更改的模式，包括“设置为颜色”和“变换为颜色”两个选项，如图15-110所示。选择“设置为颜色”选项，直接修改颜色而无须任何插入。选择“变换为颜色”选项，变换基于“自”和“至”像素值之间的差额以及宽容度值。

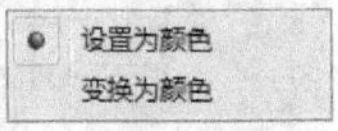

设置为颜色
变换为颜色

图15-110

容差：控制基于色相、亮度和饱和度值而变化的颜色范围，如图15-111所示。增加值会扩大图像变化的范围，减小值会减小范围。可以单击“查看校正蒙版”查看变化范围。

容差	
色相	10.0 %
亮度	100.0 %
饱和度	100.0 %

图15-111

查看校正遮罩：在“节目”或“参考”面板中显示黑白蒙版，这样就可以清晰地查看受影响的图像区域，如图15-112所示。白色区域是受影响区域，黑色区域是未受影响区域，灰色区域是部分受影响区域。

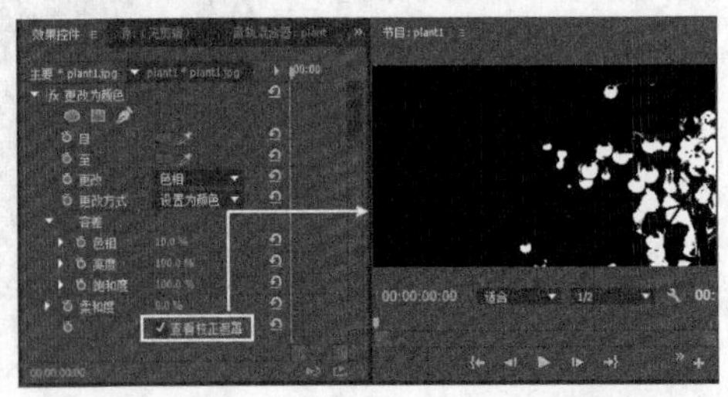

图15-112

4.颜色平衡

“颜色平衡”滤镜允许对素材中的红、绿和蓝色通道的阴影、中间调和高光进行修改，该滤镜的参数如图15-113所示。使用红、绿和蓝色通道时，应用的是RGB色彩理论。这就意味着增加某一颜色的值时，会添加更多该颜色到素材中；减少某一颜色值时，就会减少该颜色并添加其补色。记住红色的补色是青色，绿色的补色是洋红色，而蓝色的补色是黄色。

图15-113

常用参数介绍

阴影红色平衡：控制图像阴影中的红色占有量，如图15-114所示。

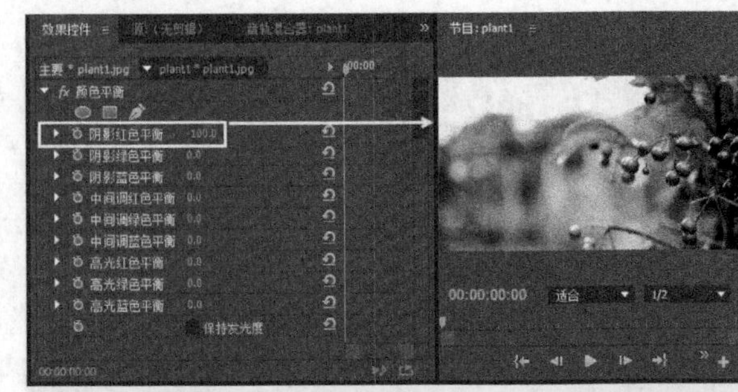

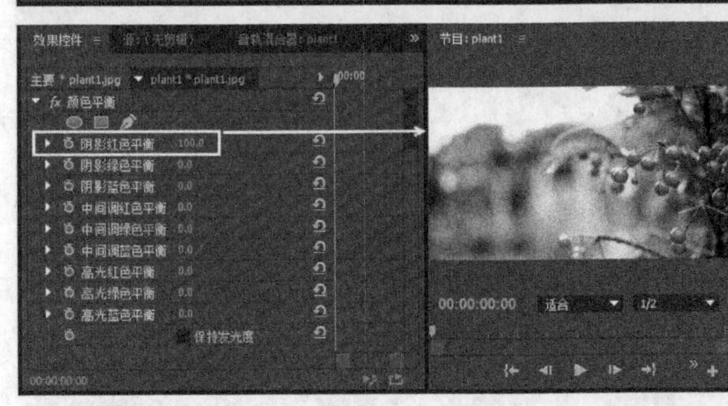

图15-114

阴影绿色平衡：控制图像阴影中的绿色占有量，如图15-115所示。

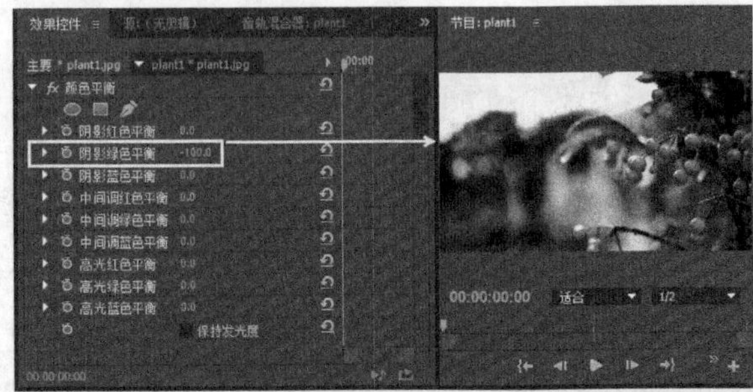

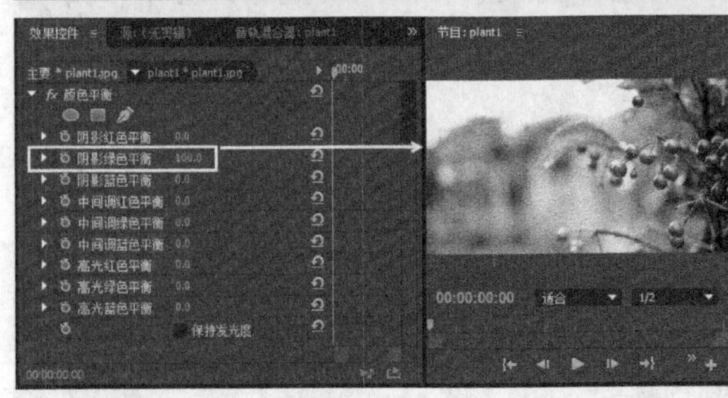

图15-115

阴影蓝色平衡：控制图像阴影中的蓝色占有量，如图15-116所示。

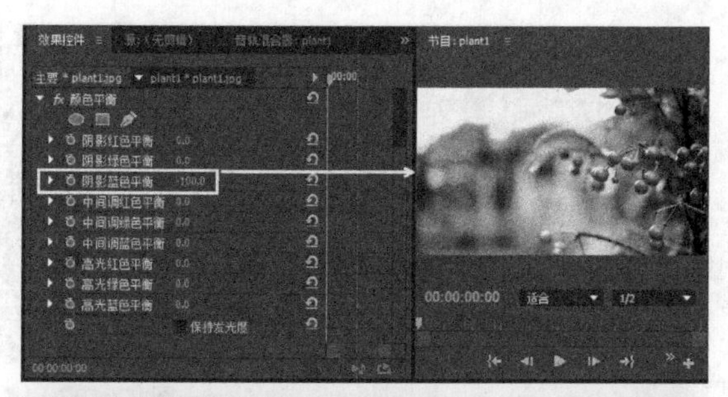

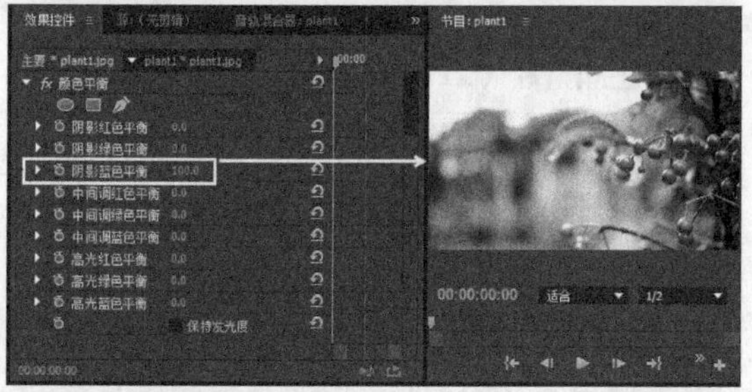

图15-116

中间调红色平衡：控制图像中间调中的红色占有量，如图15-117所示。

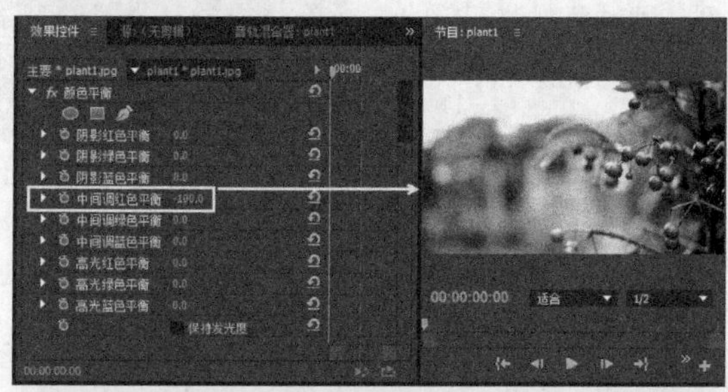

图15-117

中间调绿色平衡：控制图像中间调中的绿色占有量，如图15-118所示。

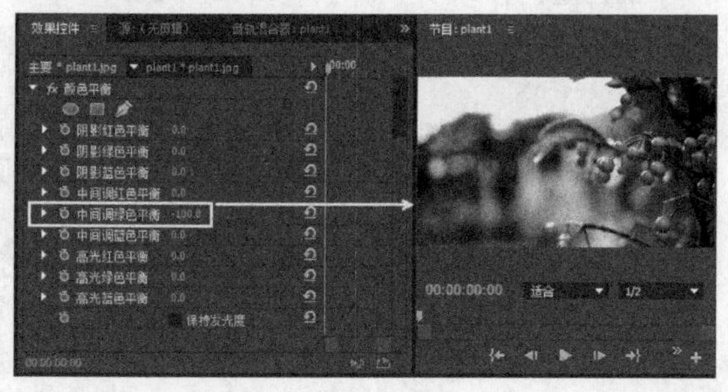

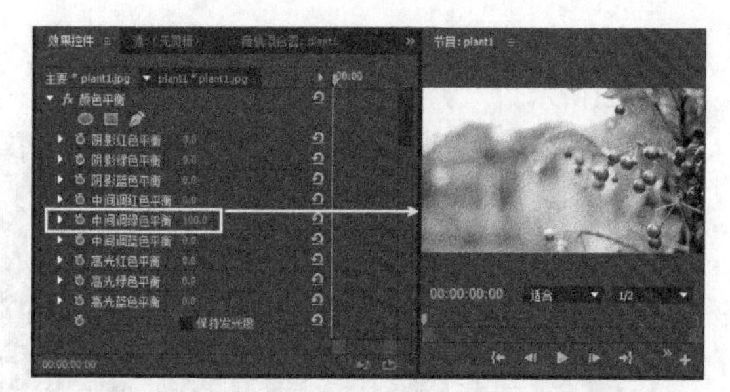

图15-118

中间调蓝色平衡：控制图像中间调中的蓝色占有量，如图15-119所示。

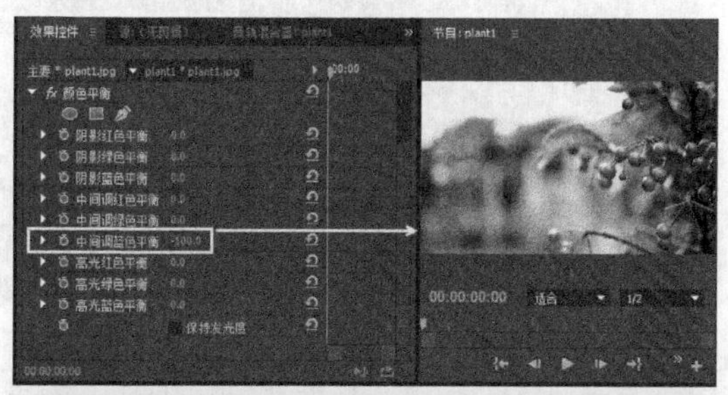

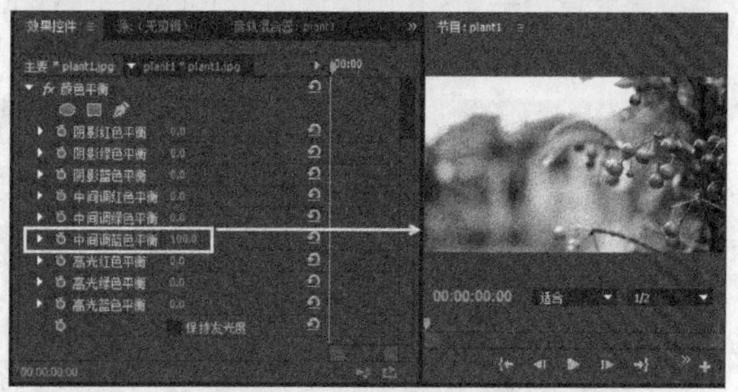

图15-119

高光红色平衡：控制图像高光中的红色占有量，如图15-120所示。

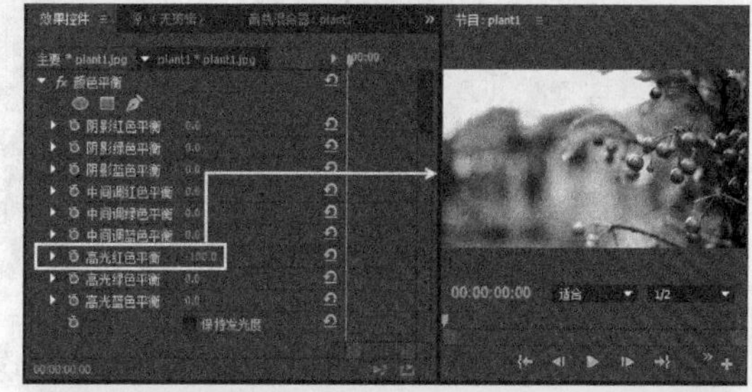

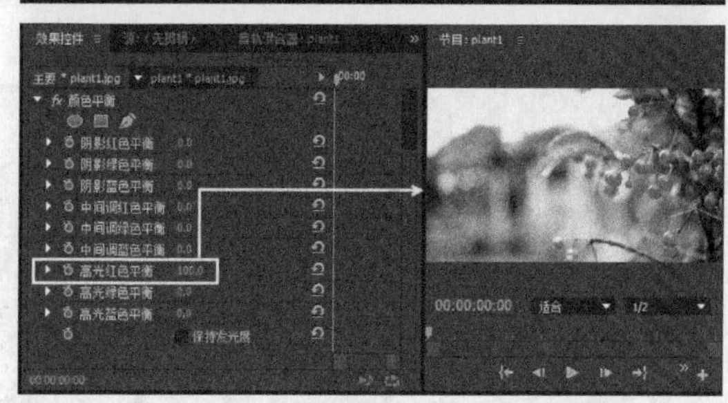

图15-120

高光绿色平衡：控制图像高光中的绿色占有量，如图15-121所示。

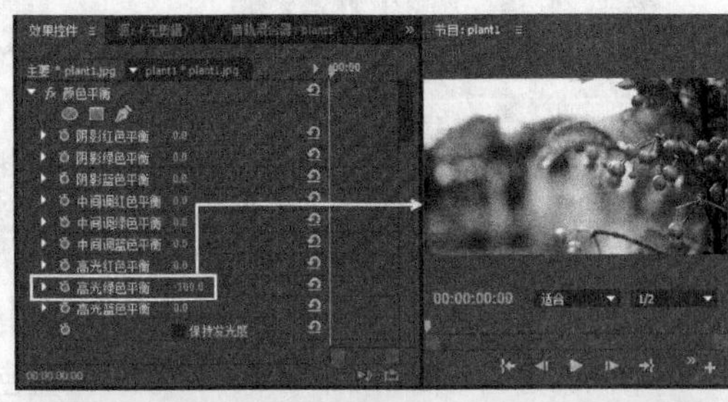

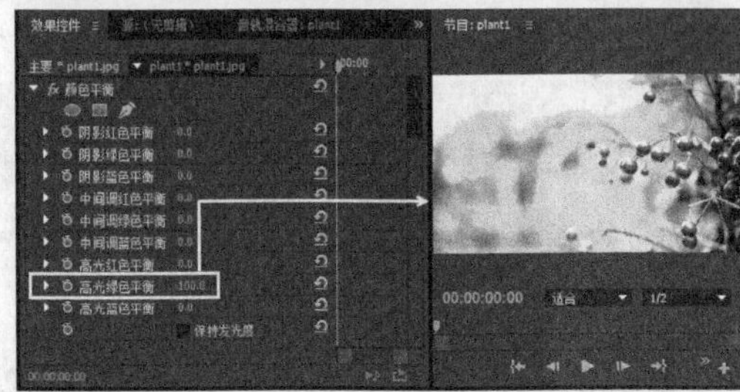

图15-121

高光蓝色平衡：控制图像高光中的蓝色占有量，如图15-122所示。

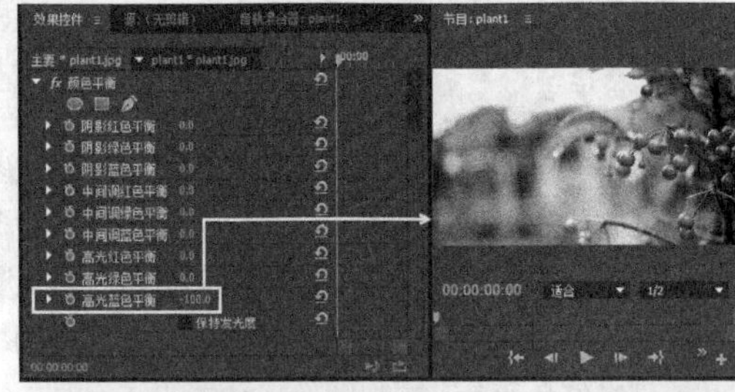

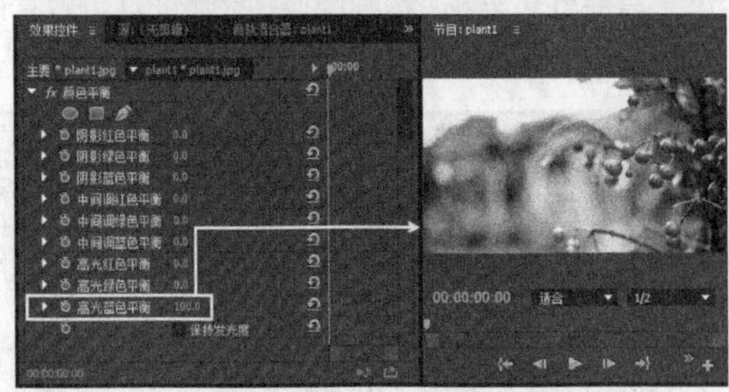

图15-122

保持发光度：在更改颜色时保持图像的平均亮度，如图15-123所示。

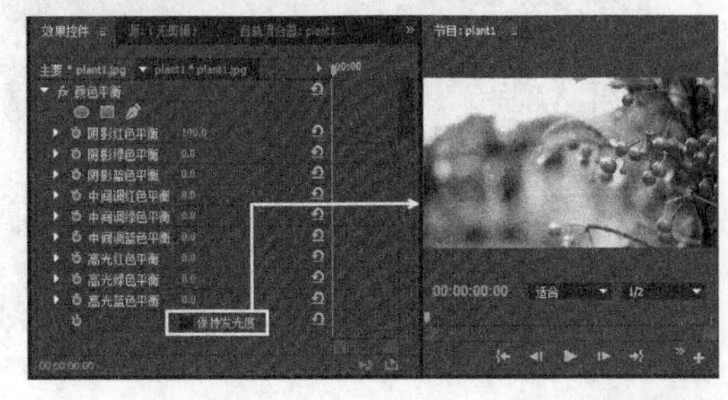

图15-123

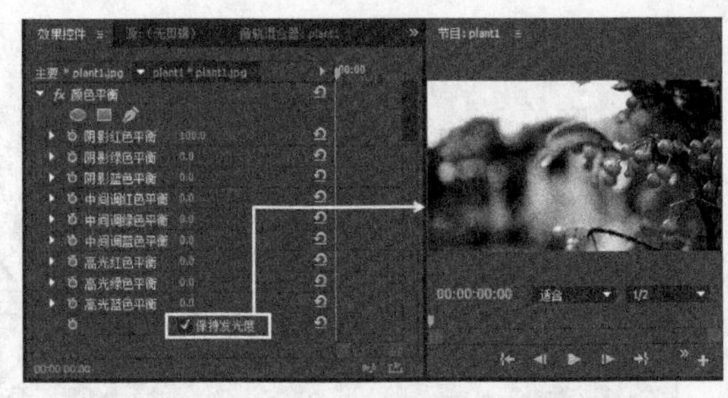

图15-123（续）

5.颜色平衡（HLS）

虽然计算机显示器采用RGB色彩模式创建颜色，但并不是非常直观。很多用户发现HLS色彩模式要更直观一些。正如前面所讨论的，色相是颜色，饱和度是颜色的强度，亮度是颜色的亮暗程度。使用“颜色平衡（HLS）”滤镜，可以调整“色相”色相得到一种颜色，该滤镜的参数如图15-124所示。

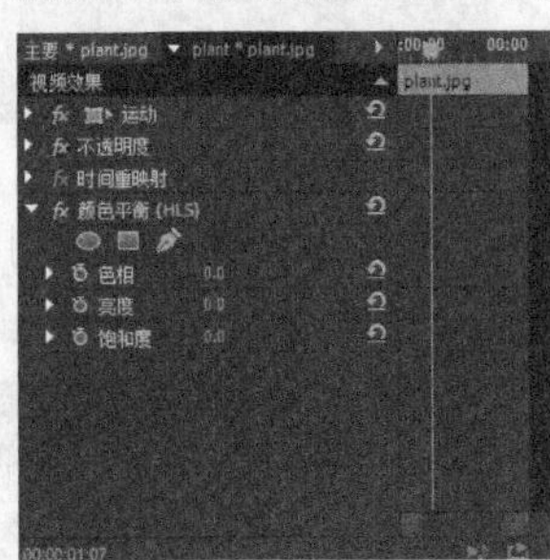

图15-124

6.分色

“分色”滤镜从剪辑中移除所有颜色，但类似“要保留的颜色”的颜色除外，如图15-125所示。

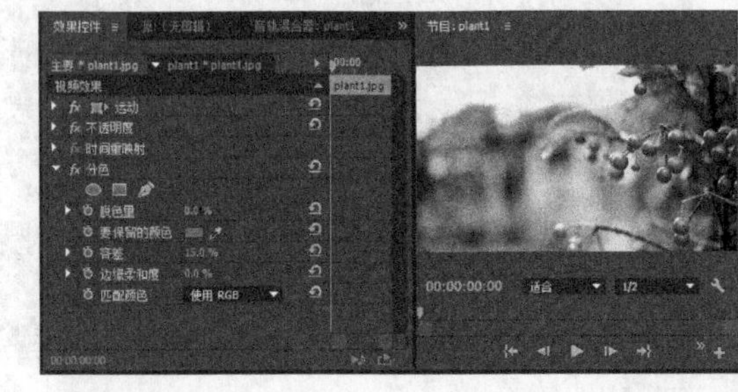

图15-125

常用参数介绍

脱色量：移除多少颜色，如图15-126所示。

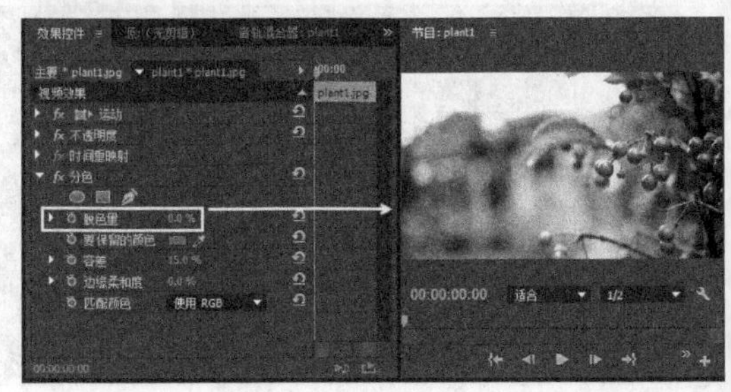

图15-126

图15-126（续）

要保留的颜色：使用吸管或拾色器来确定要保留的颜色，如图15-127所示。

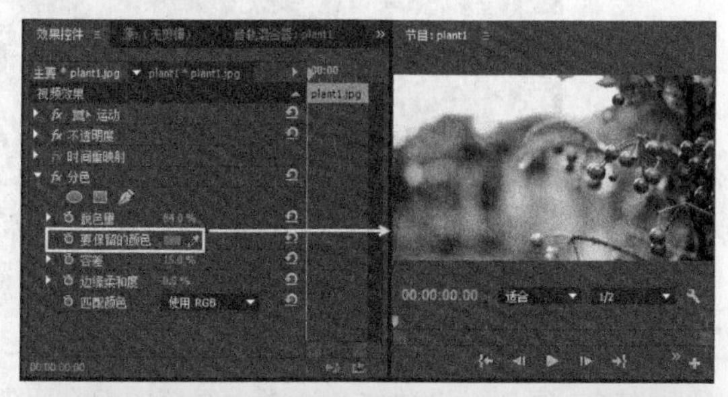

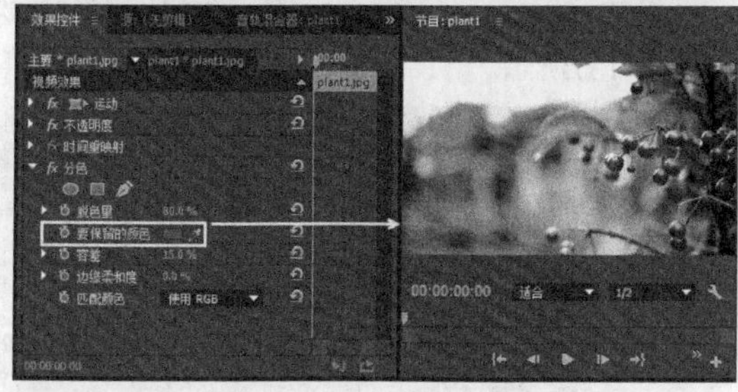

图15-127

容差：控制颜色匹配运算的灵活性，如图15-128所示。

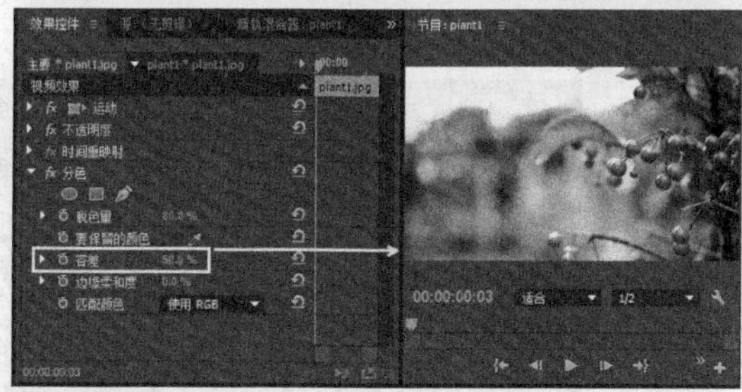

图15-128

边缘柔和度：控制颜色边界的柔和度，如图15-129所示。

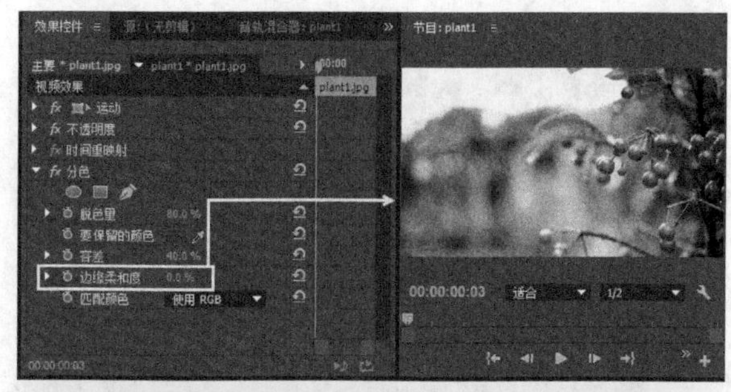

图15-129

匹配颜色：确定是要比较颜色的 RGB 值或还是色相值，如图15-130所示。

使用 RGB
使用色相

图15-130

7.均衡

“均衡”滤镜改变图像的像素值，以便产生更一致的亮度或颜色分量分布，如图15-131所示。

图15-131

常用参数介绍

脱色量：控制对图像均衡的方式，包括RGB、“亮度”和“Photoshop样式”3种，如图15-132所示。

图15-132

均衡量：重新分布亮度值的程度，如图15-133所示。

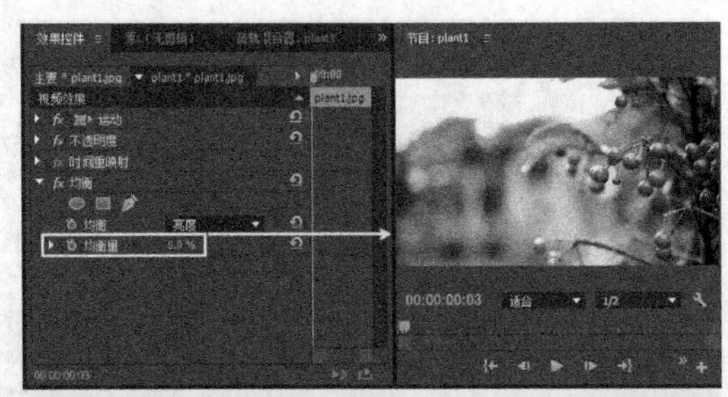

图15-133

8.色彩

“色彩”滤镜改变图像的颜色信息，对于每个像素，明亮度值指定了两种颜色之间的混合，如图15-134所示。

图15-134

9.通道混合器

“通道混合器”滤镜通过使用当前颜色通道的混合组合来修改颜色通道，如图15-135所示。

图15-135

常用参数介绍

红色-红色：设置红色通道中红色的混合比例，如图15-136所示。

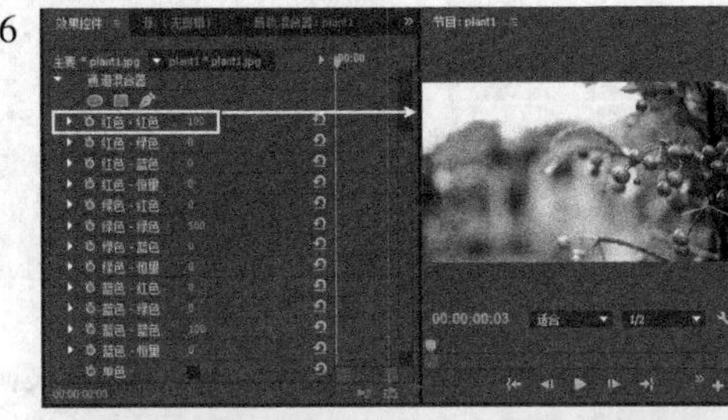

图15-136

红色-绿色：设置红色通道中绿色的混合比例，如图15-137所示。

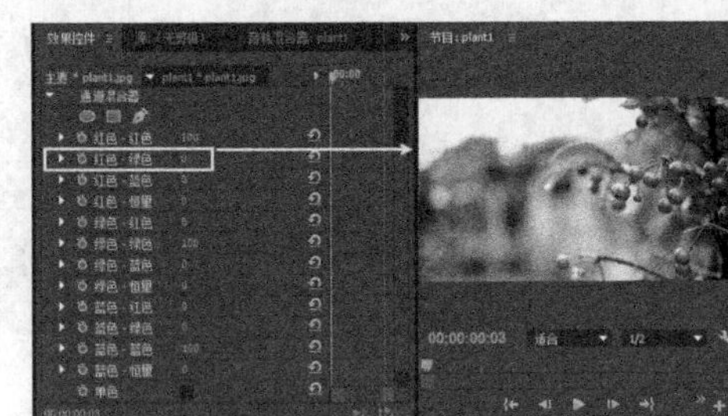

图15-137

红色-蓝色：设置红色通道中蓝色的混合比例，如图15-138所示。

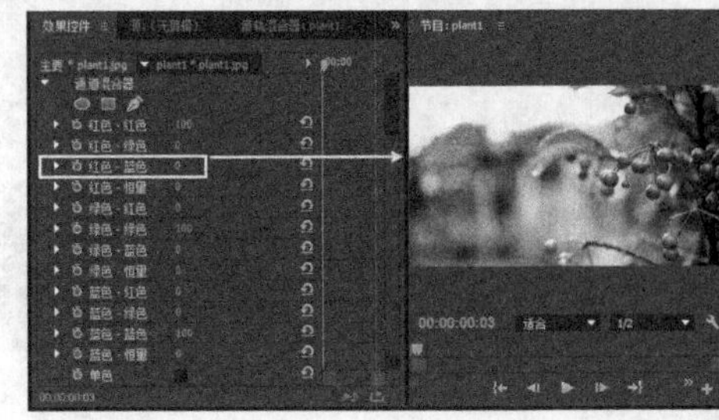

图15-138

图15-138（续）

红色-恒量：用来调整红色通道的对比度，如图15-139所示。

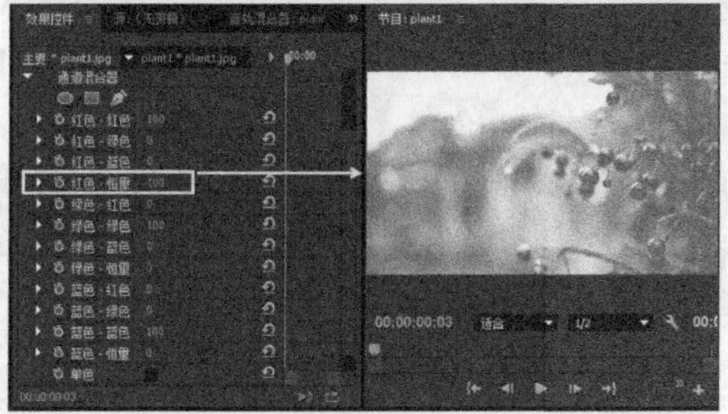

图15-139

绿色-红色：设置绿色通道中红色的混合比例，如图15-140所示。

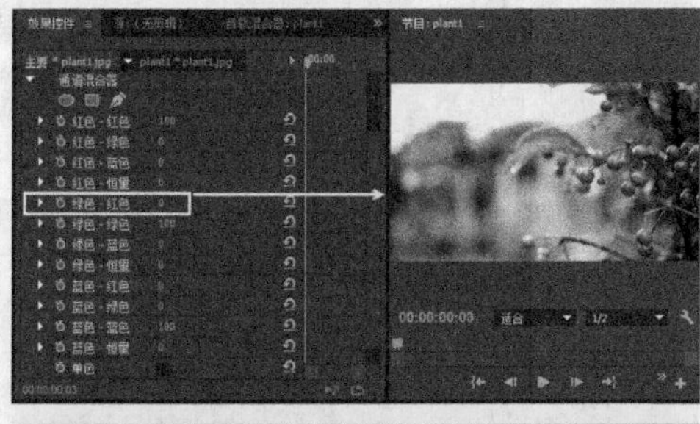

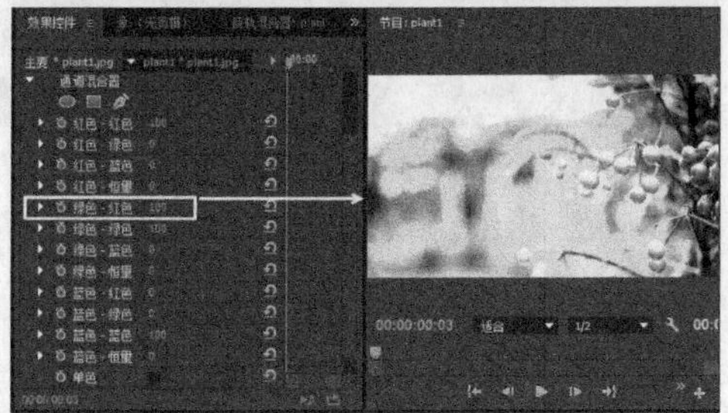

图15-140

绿色-绿色：设置绿色通道中绿色的混合比例，如图15-141所示。

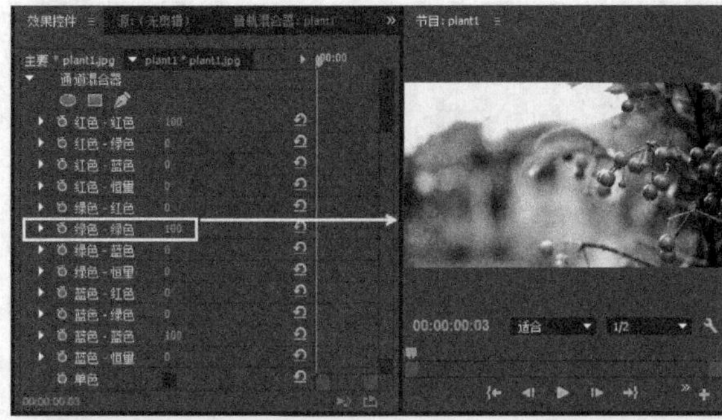

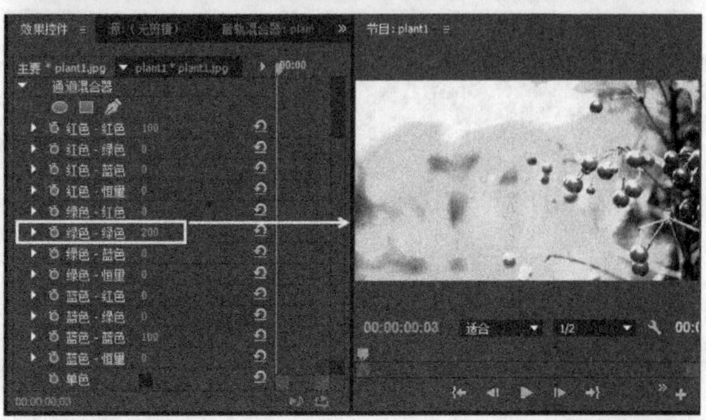

图15-141

绿色-蓝色：设置绿色通道中蓝色的混合比例，如图15-142所示。

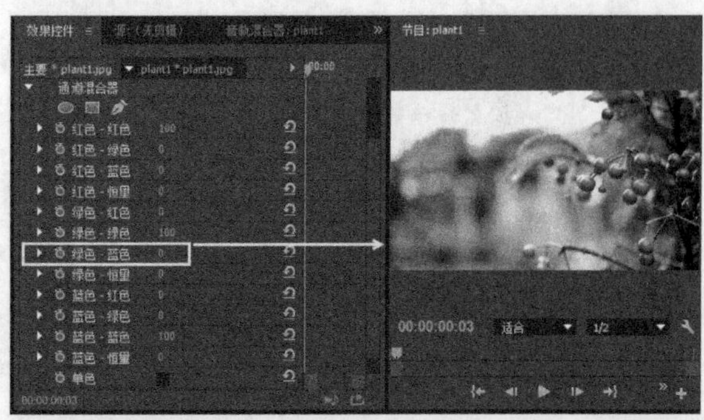

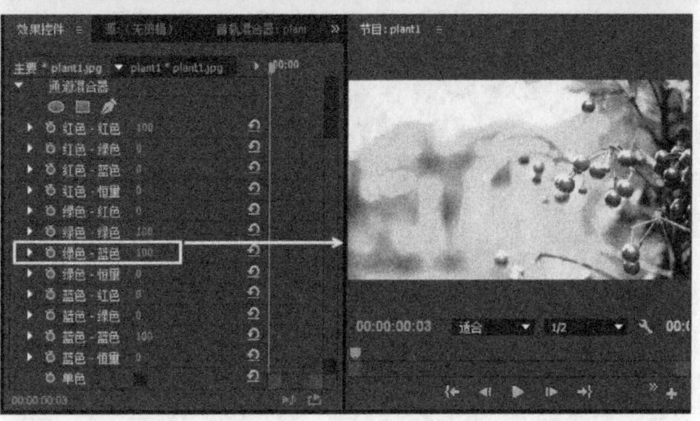

图15-142

绿色-恒量：用来调整绿色通道的对比度，如图15-143所示。

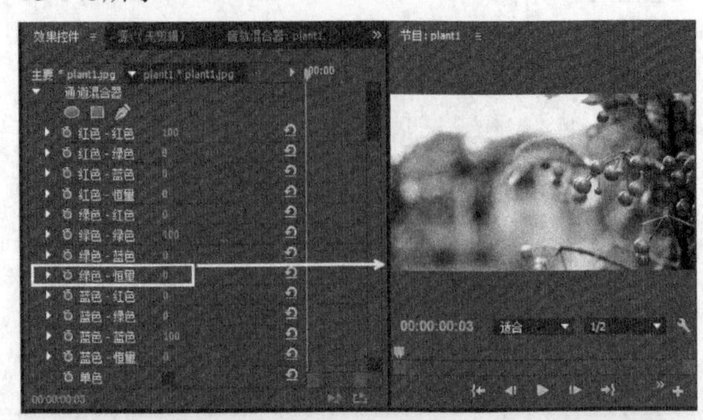

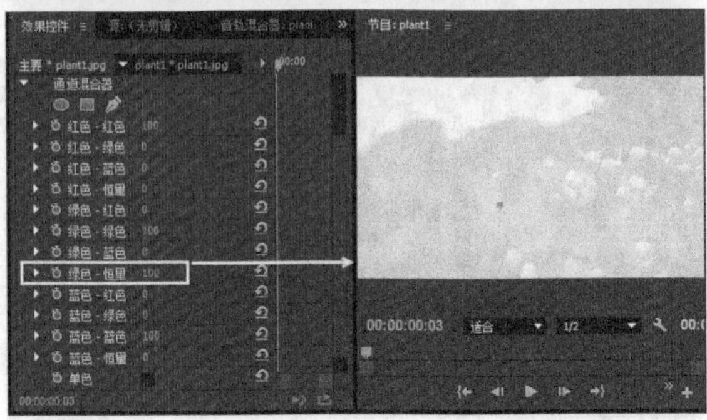

图15-143

蓝色-红色：设置蓝色通道中红色的混合比例，如图15-144所示。

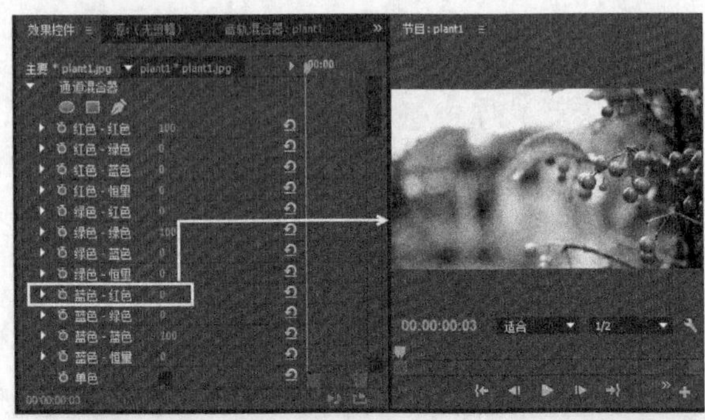

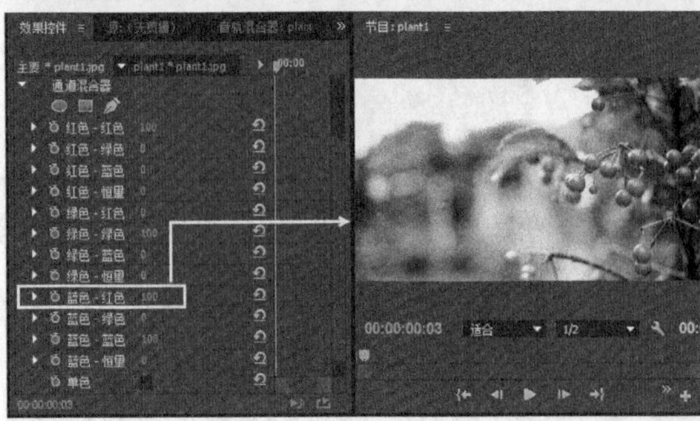

图15-144

蓝色-绿色：设置蓝色通道中绿色的混合比例，如图15-145所示。

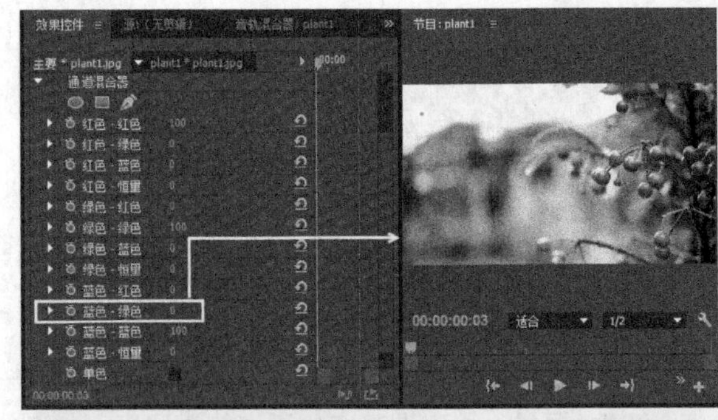

图15-145

蓝色-蓝色：设置蓝色通道中蓝色的混合比例，如图15-146所示。

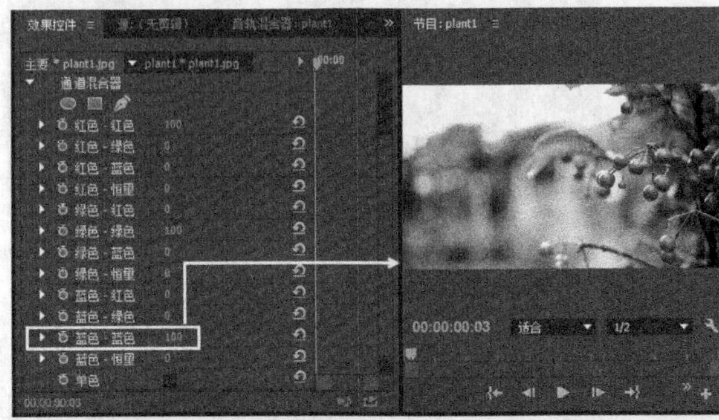

图15-146

蓝色-恒量：用来调整蓝色通道的对比度，如图15-147所示。

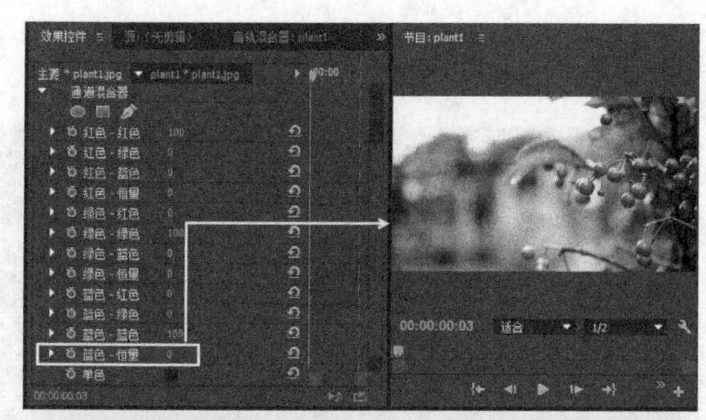

图15-147

单色：选择该选项后，彩色图像将转换为灰度图，如图15-148所示。

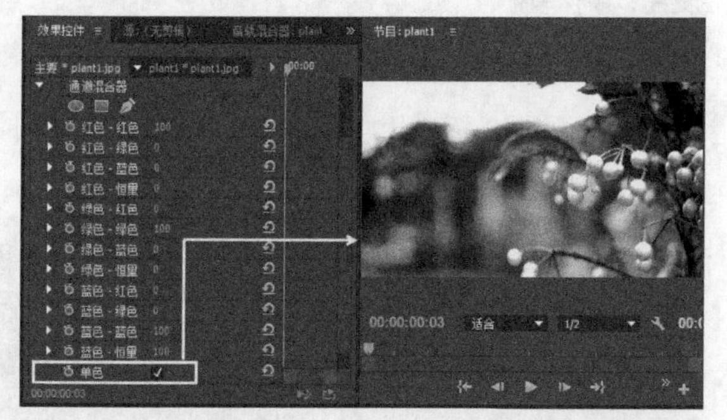

图15-148

10.Lumetri Color

Lumetri Color滤镜是一种功能强大的调色方案，主要通过“基本校正”“创意”“曲线”“色轮”和“晕影”5种方式来调色，如图15-149所示。

图15-149

“基本校正”属性组主要用来控制白平衡和色调等参数，如图15-150所示。

“创意”属性组主要用来控制锐化、饱和度和色彩平衡等参数，如图15-151所示。

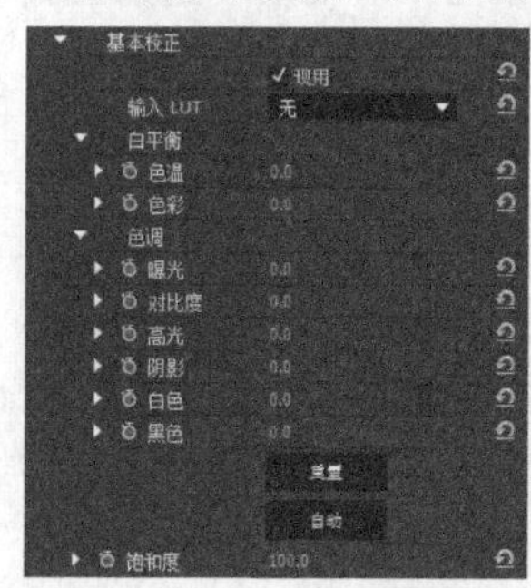

图15-150

图15-151

“曲线”属性组主要通过曲线和色盘来调整颜色，如图15-152所示。

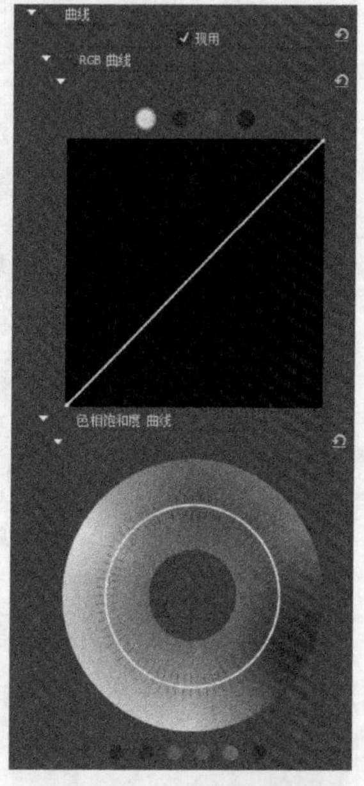

图15-152

“色轮”属性组主要通过中间调、阴影和高光的色轮来调整颜色，如图15-153所示。

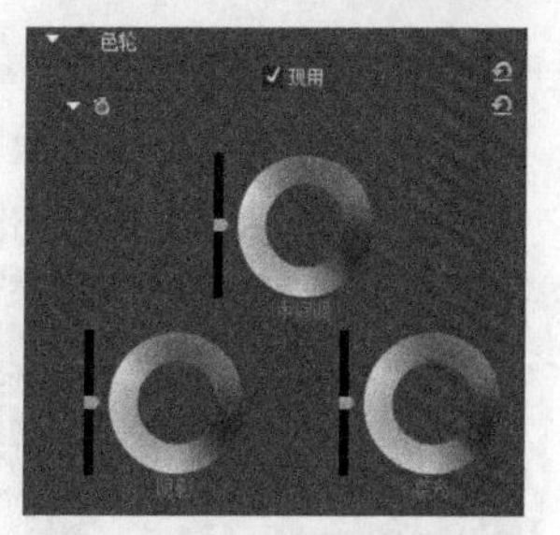

图15-153

“晕影”属性组主要用来调整数量、中点、圆度和羽化等参数，如图15-154所示。

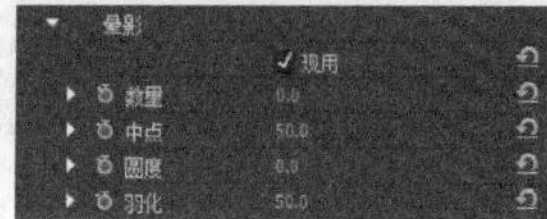

图15-154

课堂案例

使用分色调色

素材文件　素材文件>第15章>课堂案例：使用分色调色

学习目标　应用“分色”滤镜修改素材颜色的方法

本例主要介绍应用“分色”效果来改变颜色的操作，案例效果如图15-155所示。

图15-155

01 新建一个项目，然后导入学习资源中的“素材文件>第15章>课堂案例：使用分色调色>girl-face.jpg”文件，接着将素材拖曳至视频1轨道上，如图15-156所示。

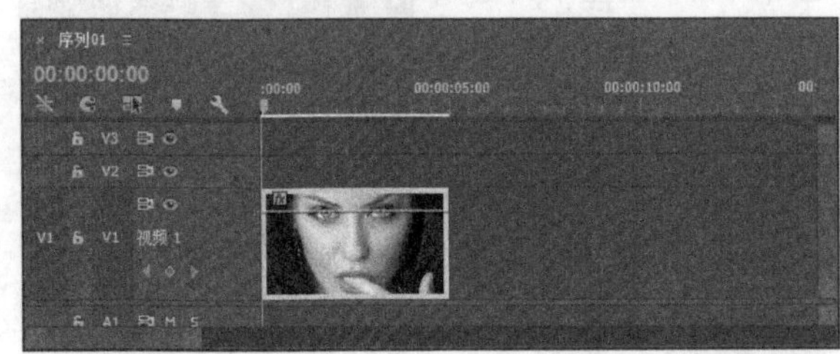

图15-156

02 在“效果”面板中选择“视频效果>颜色校正>分色”滤镜，如图15-157所示，然后将其添加给girl-face.jpg素材。

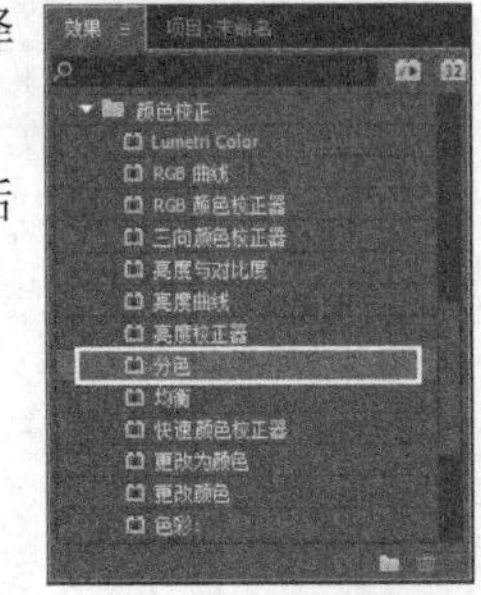

图15-157

03 在“效果控件”面板中使用吸管工具拾取人物眼睛中的蓝色，如图15-158所示。

图15-158

04 设置“脱色量”为100%、“容差”为15%、“边缘柔和度”为8%，如图15-159所示。

图15-159

05 预览素材应用滤镜前后的效果，如图15-160所示。

图15-160

课堂案例

使用均衡调色

素材文件　素材文件>第15章>课堂案例：使用均衡调色

学习目标　应用“均衡”滤镜修改素材颜色的方法

本例主要介绍应用“均衡”效果来改变颜色的操作，案例效果如图15-161所示。

图15-161

01 新建一个项目，然后导入学习资源中的“素材文件>第15章>课堂案例：使用均衡调色> river.jpg”文件，接着将素材拖曳至视频1轨道上，如图15-162所示。

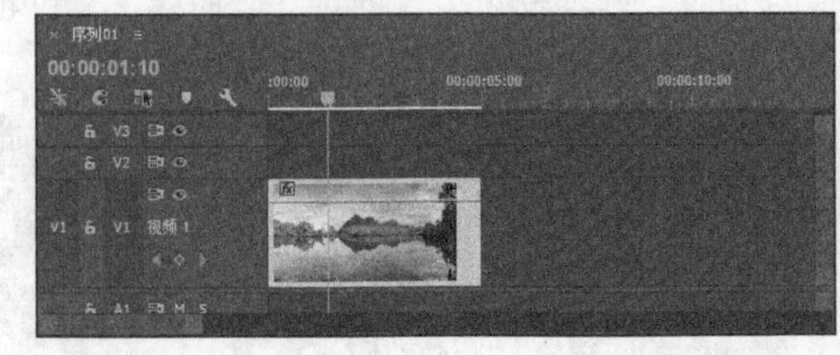

图15-162

02 在“效果”面板中选择“视频效果>颜色校正>均衡”滤镜，如图15-163所示，然后将其添加给river.jpg素材。

图15-163

03 在“效果控件”面板中设置“均衡”为“亮度”、“均衡量”为40%，如图15-164所示。

图15-164

04 预览素材应用滤镜前后的效果，如图15-165所示。

图15-165

课堂案例

使用颜色平衡调色

素材文件　素材文件>第15章>课堂案例：使用颜色平衡调色

学习目标　应用“颜色平衡”滤镜修改素材颜色的方法

本例主要介绍应用“颜色平衡”效果来改变颜色的操作，案例效果如图15-166所示。

图15-166

01 新建一个项目，然后导入学习资源中的“素材文件>第15章>课堂案例：使用颜色平衡调色>house.jpg”文件，接着将素材拖曳至视频1轨道上，如图15-167所示。

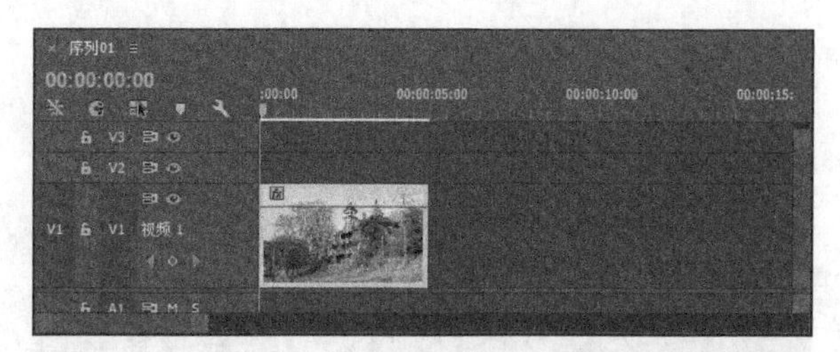

图15-167

02 在“效果”面板中选择“视频效果>颜色校正>颜色平衡”滤镜，如图15-168所示，然后将其添加给house.jpg素材。

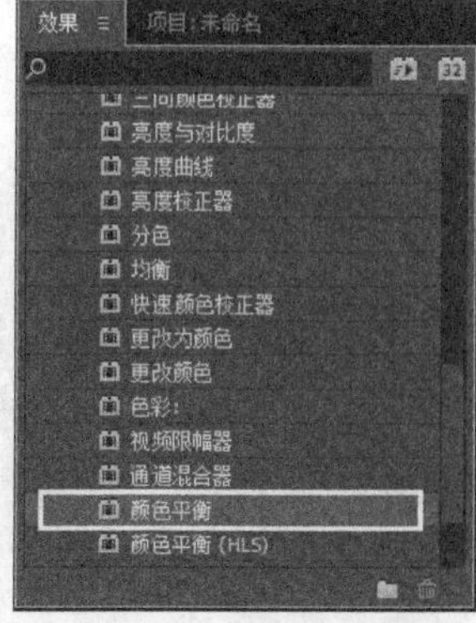

图15-168

03 在“效果控件”面板中设置参数，如图15-169所示。

图15-169

04 预览素材应用滤镜前后的效果，如图15-170所示。

图15-170

课堂案例

使用Lumetri Color调色

素材文件　素材文件>第15章>课堂案例：使用Lumetri Color调色

学习目标　应用“Lumetri Color”滤镜修改素材颜色的方法

本例主要介绍应用“Lumetri Color”效果来改变颜色的操作，案例效果如图15-171所示。

图15-171

01 新建一个项目，然后导入学习资源中的“素材文件>第15章>课堂案例：使用Lumetri Color调色>sunset.jpg”文件，接着将素材拖曳至视频1轨道上，如图15-172所示。

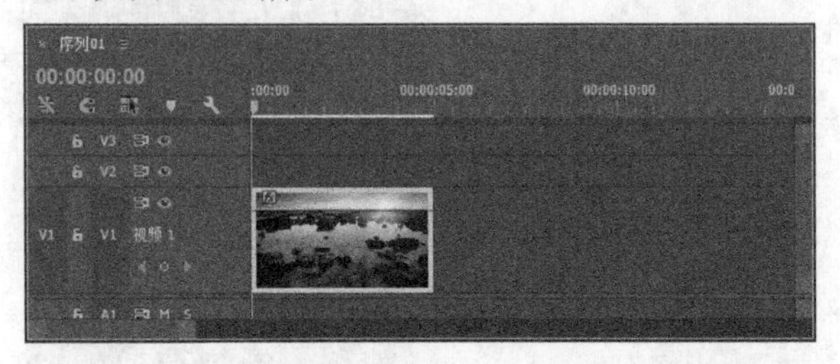

图15-172

02 在“效果”面板中选择“视频效果>颜色校正>Lumetri Color”滤镜，再将其添加给sunset.jpg素材，如图15-173所示。

图15-173

03 在“效果控件”面板中展开“基本校正>色调”属性组，设置“曝光”为1、“阴影”为5，如图15-174所示。

图15-174

04 展开“创意>调整”属性组，设置“自然饱和度”为-20，如图15-175所示。

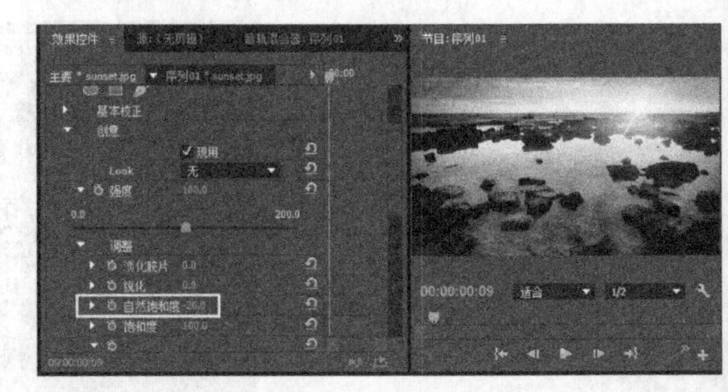

图15-175

05 展开“晕影”属性组，设置“数量”为1.5、“中点”为65，如图15-176所示。

图15-176

06 在“效果”面板中选择“视频效果>生成>镜头光晕”滤镜，如图15-177所示，然后将其添加给sunset.jpg素材。

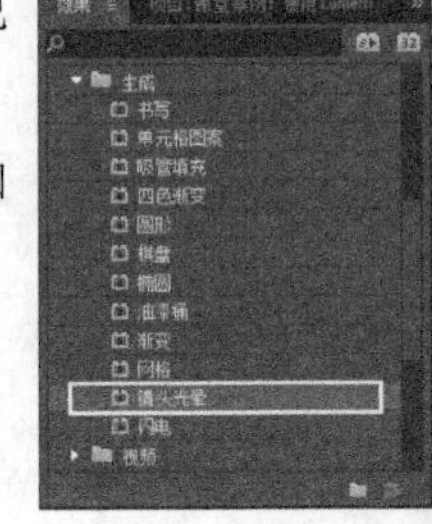

图15-177

07 在“效果控件”面板中设置“光晕中心”为（961，112）、“光晕亮度”为150%，如图15-178所示。

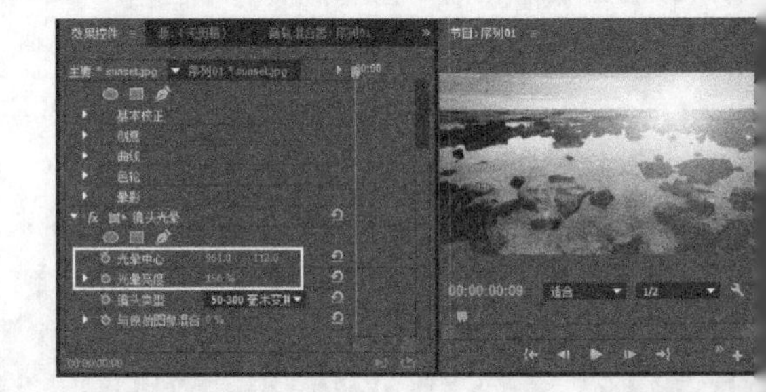

图15-178

08 预览素材应用滤镜前后的效果，如图15-179所示。

图15-179

15.4.4 使用图像控制滤镜组

Premiere Pro的“图像控制”文件夹中提供了多种颜色特效，包括“灰度系数校正”“颜色平衡（RGB）”“颜色替换”“颜色过滤”以及“黑白”等，如图15-180所示。下面对几种常用的滤镜进行介绍。

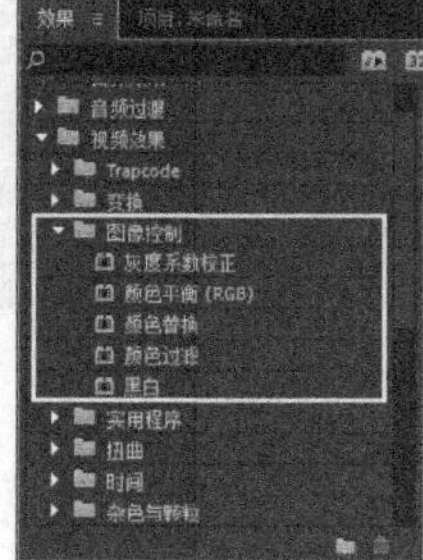

图15-180

1.灰度系数校正

该效果允许调整素材的中间调颜色级别。在“灰度系数校正”效果设置中，可以拖曳“灰度系数”滑块进行调整，向左拖曳会使中间调变亮，向右拖曳会使中间调变暗，如图15-181所示。

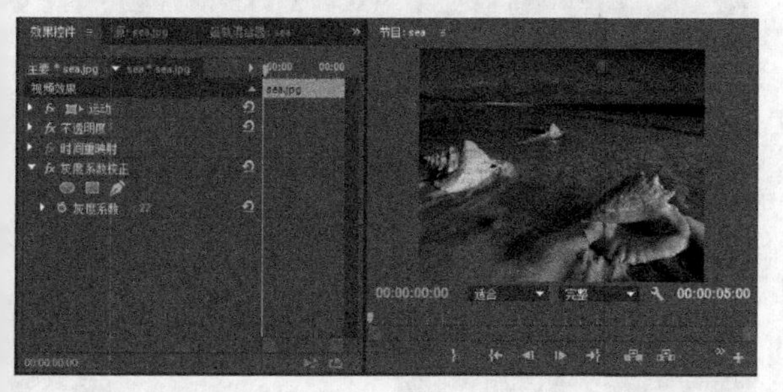

图15-181

2.颜色平衡（RGB）

该效果能够添加或减少素材中的红色、绿色或蓝色值。“颜色平衡（RGB）”效果的参数设置如图15-182所示。单击“效果控件”面板中的红、绿或蓝滑块，即可轻松地添加和减少颜色值。向左拖曳滑块会减少颜色的数量，向右拖曳滑块会增加颜色的数量。

图15-182

常用参数介绍

红色：控制图像中的红色，如图15-183所示。减少红色的同时，青色会增加。青色会增加，是因为现在图像中有更多的蓝色和绿色。如果要增加青色，那么可以增加蓝色和绿色。

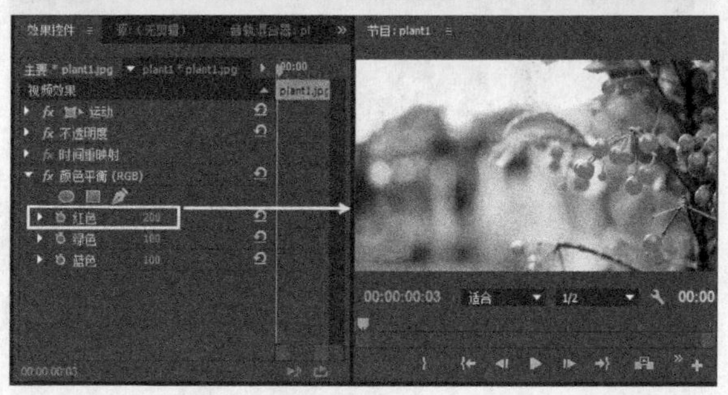

图15-183

绿色：控制图像中的绿色，如图15-184所示。减少绿色的同时，洋红色会增加。洋红色会增加，是因为图像中有比绿色更多的红色和蓝色出现。如果要增加洋红色，那么可以增加红色和蓝色。

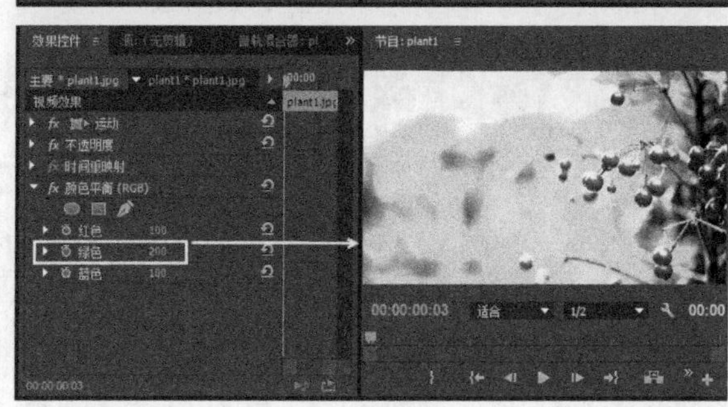

图15-184

蓝色：控制图像中的蓝色，如图15-185所示。减少蓝色的同时，黄色会增加。黄色会增加，是因为图像中有更多的红色和绿色出现。如果要增加黄色，那么可以增加红色和绿色。

图15-185

3.颜色替换

“颜色替换”滤镜将所有出现的选定颜色替换成新的颜色，同时保留灰色阶，如图15-186所示。

图15-186

常用参数介绍

相似性：控制颜色替换的范围，如图15-187所示。

图15-187

图15-187（续）

纯色：选择该选项将以纯色替换所选颜色，如图15-188所示。

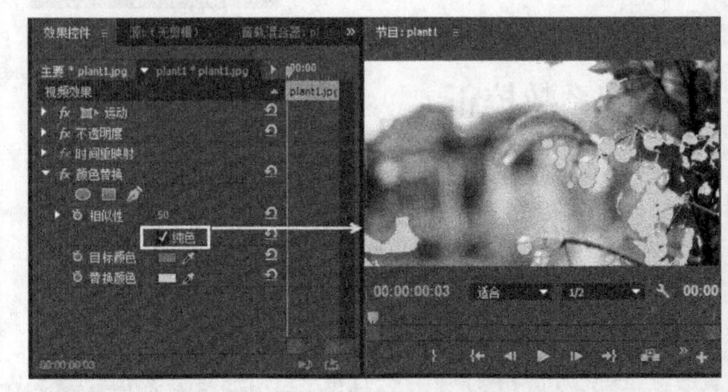

图15-188

4.颜色过滤

“颜色过滤”滤镜将剪辑转换成灰度，但不包括指定的单个颜色，如图15-189所示。

图15-189

常用参数介绍

相似性：控制颜色过滤的范围，如图15-190所示。

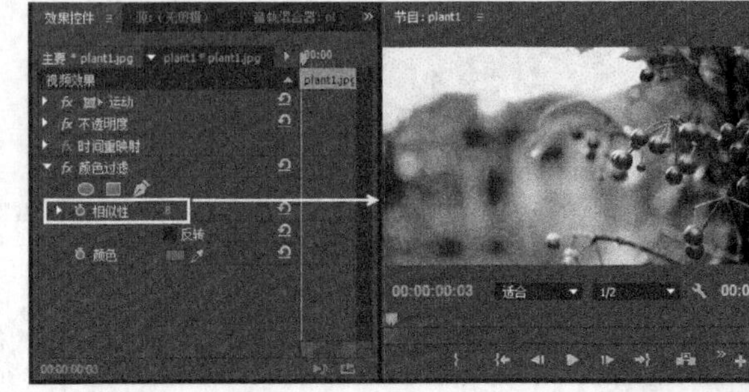

图15-190

图15-190（续）

反转：反转画面色彩，如图15-191所示。

图15-191

5.黑白

“黑白”滤镜将彩色剪辑转换成灰度，也就是颜色显示为灰度，如图15-192所示。

图15-192

课堂案例

使用图像控制滤镜调色

素材文件　素材文件>第15章>课堂案例：使用图像控制滤镜调色

学习目标　应用“灰度系数校正”和“颜色平衡（RGB）”滤镜修改素材颜色的方法

本例主要介绍应用“灰度系数校正”和“颜色平衡（RGB）”效果来改变颜色的操作，案例效果如图15-193所示。

图15-193

01 新建一个项目，然后导入学习资源中的“素材文件>第15章>课堂案例：使用图像控制滤镜调色>mountain.jpg”文件，接着将素材拖曳至视频1轨道上，如图15-194所示。

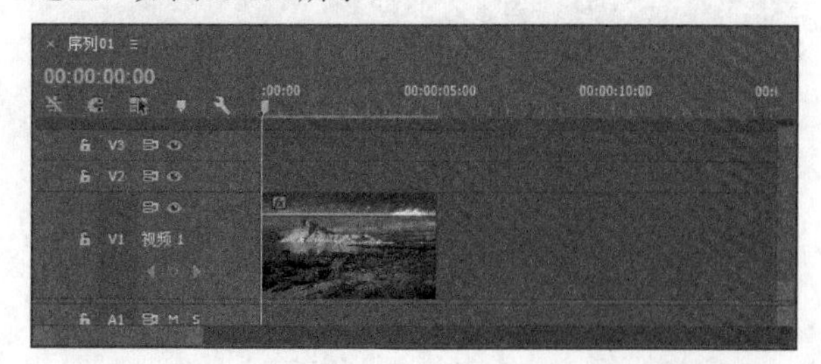

图15-194

02 在“效果”面板中选择“视频效果>图像控制>灰度系数校正”滤镜，如图15-195所示，然后将其添加给mountain.jpg素材。

图15-195

03 在“效果控件”面板中设置“灰度系数”为6，如图15-196所示。

图15-196

04 在“效果”面板中选择“视频效果>图像控制>颜色平衡（RGB）”滤镜，如图15-197所示，然后将其添加给mountain.jpg素材。

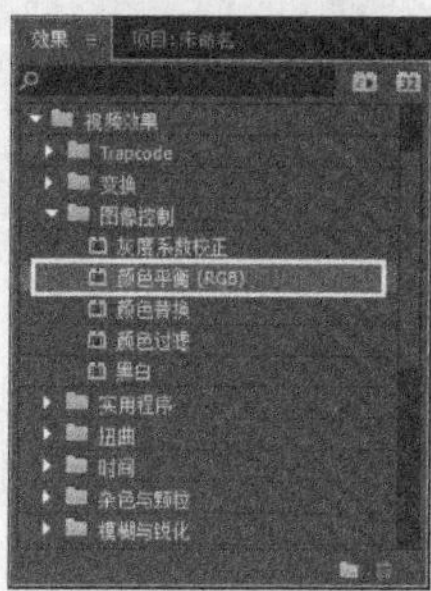

图15-197

05 在“效果控件”面板中设置“红色”为110，如图15-198所示。

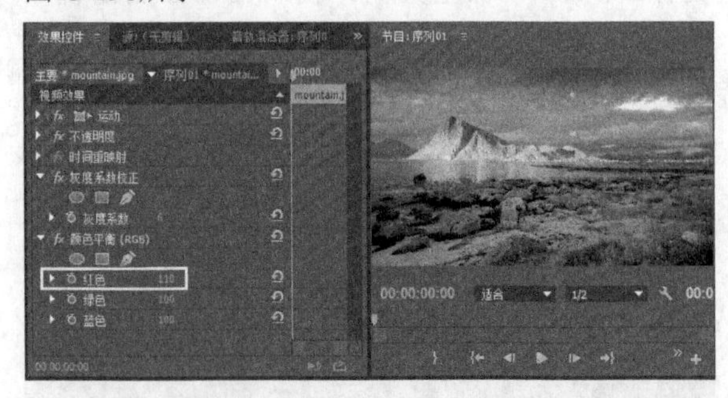

图15-198

06 预览素材应用滤镜前后的效果，如图15-199所示。

图15-199

课堂案例

替换颜色

素材文件　素材文件>第15章>课堂案例：替换颜色

学习目标　应用“颜色替换”滤镜修改素材颜色的方法

本例主要介绍应用“颜色替换”效果来改变颜色的操作，案例效果如图15-200所示。

图15-200

01 新建一个项目，然后导入学习资源中的“素材文件>第15章>课堂案例：替换颜色>autumn.jpg”文件，接着将素材拖曳至视频1轨道上，如图15-201所示。

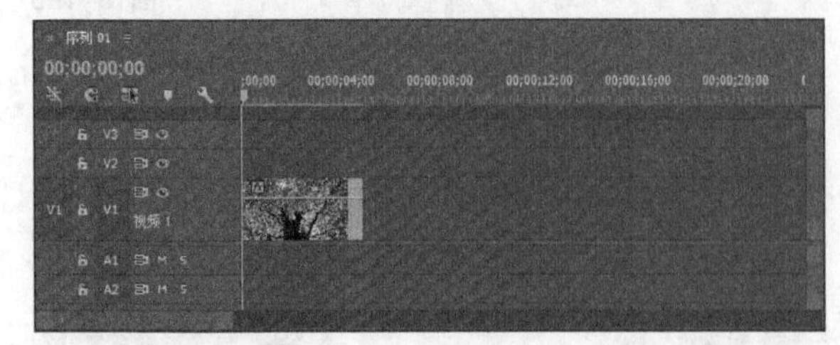

图15-201

02 在“效果”面板中选择“视频效果>图像控制>颜色替换”滤镜，如图15-202所示，然后将其添加给autumn.jpg素材。

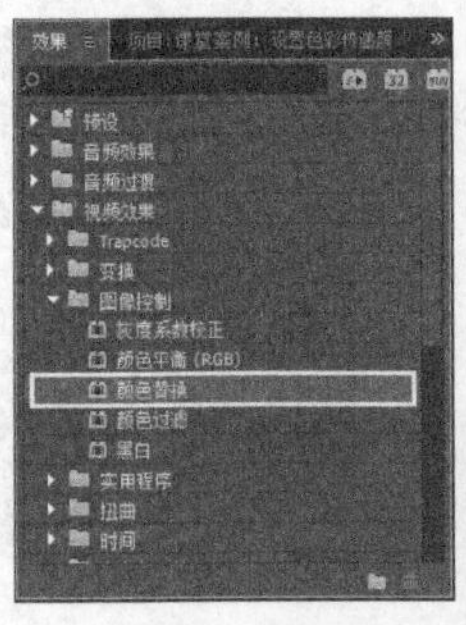

图15-202

03 在“效果控件”面板中设置“目标颜色”为（R:158，G:37，B:5）、“替换颜色”为（R:52，G:160，B:67），然后设置“相似性”为80，如图15-203所示。

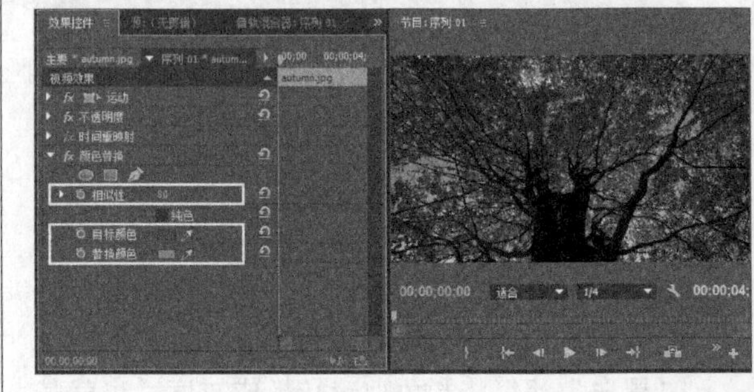

图15-203

04 预览素材应用滤镜前后的效果，如图15-204所示。

图15-204

15.4.5 使用调整滤镜组

“调整”文件夹中的视频效果包括“ProcAmp”“卷积内核”“提取”“光照效果”“自动对比度”“自动色阶”“自动颜色”“色阶”和“阴影/高光”等，如图15-205所示。

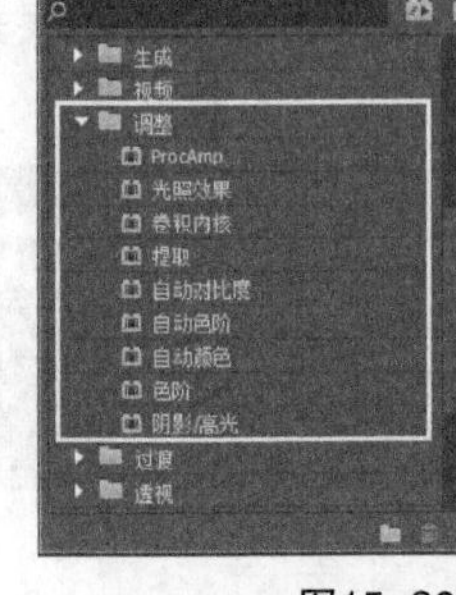

图15-205

1.ProcAmp

ProcAmp滤镜模仿标准电视设备上的处理放大器，可以调整剪辑图像的亮度、对比度、色相、饱和度以及拆分百分比，如图15-206所示。

图15-206

常用参数介绍

亮度：控制画面的亮度，如图15-207所示。

图15-207

对比度：控制画面的对比度，如图15-208所示。

图15-208

图15-208（续）

色相：控制画面的色相，如图15-209所示。

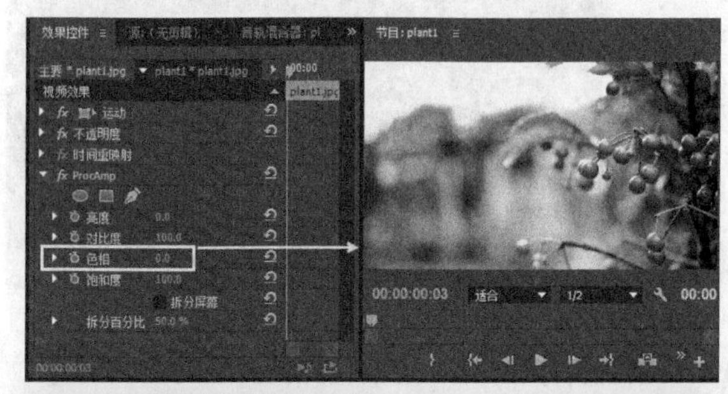

图15-209

饱和度：控制画面的饱和度，如图15-210所示。

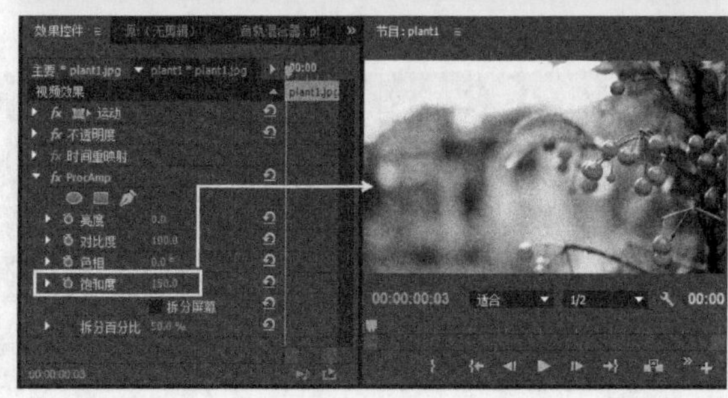

图15-210

拆分屏幕：选择该选项后将同时显示滤镜作用前后的效果，如图15-211所示。

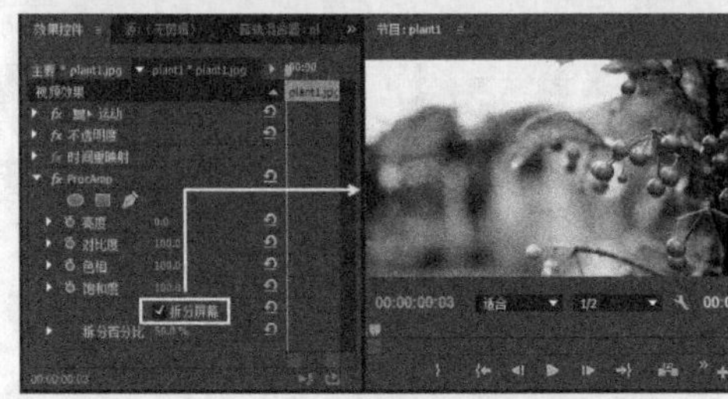

图15-211

拆分百分比：控制分屏的比例，如图15-212所示。

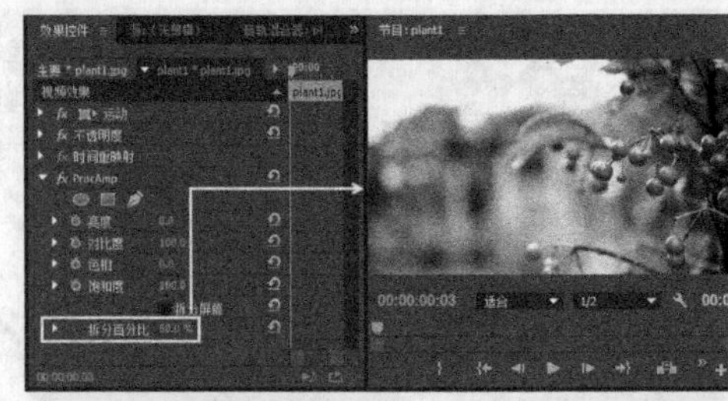

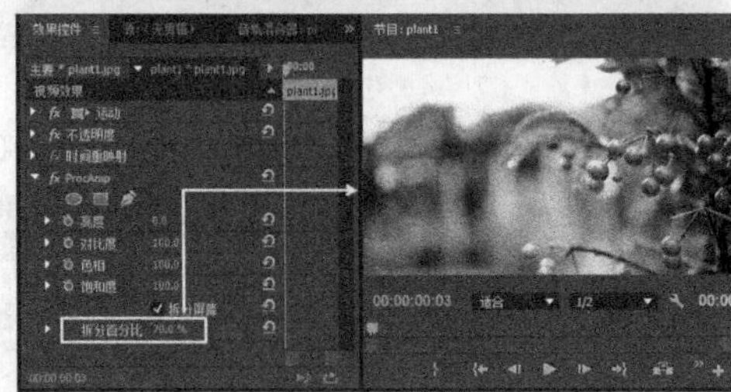

图15-212

2.光照效果

该效果可以用于创建有趣的背景效果，或者用作蒙版，如图15-213所示。

图15-213

常用参数介绍

光照：控制光照的外观和颜色等，如图15-214所示。

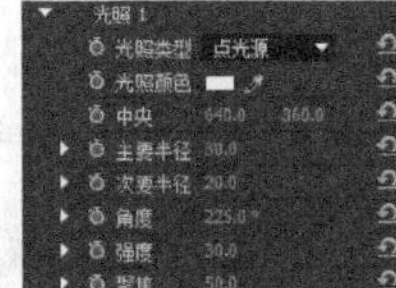

图15-214

光照类型：设置光照的类型，包括“无”“平行光”“全光源”和“点光源”4种，如图15-215所示。

无
平行光
全光源
点光源

图15-215

光照颜色：控制光照的颜色，如图15-216所示。

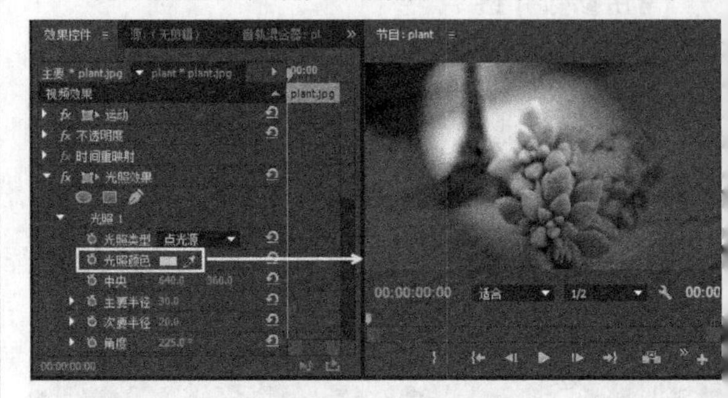

图15-216

中央：控制光照的位置，如图15-217所示。

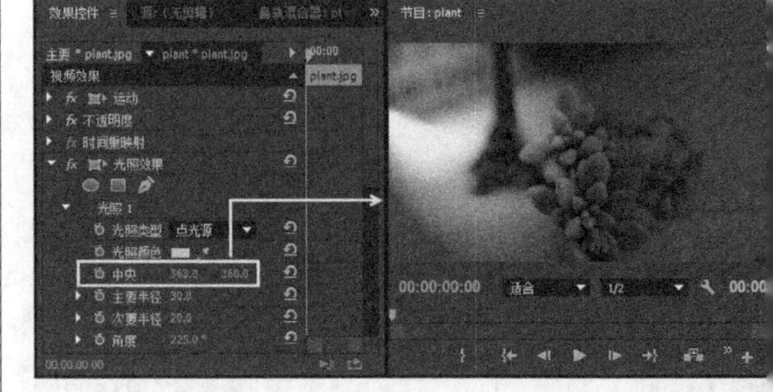

图15-217

主要半径：控制光照的主要半径，如图15-218所示。

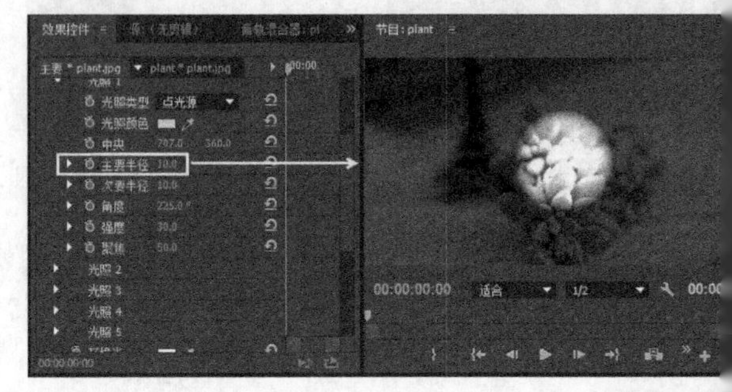

图15-218

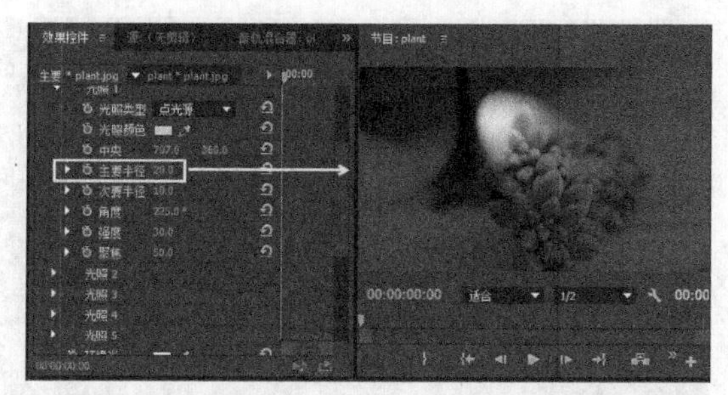

图15-218（续）

次要半径：控制光照的次要半径，如图15-219所示。

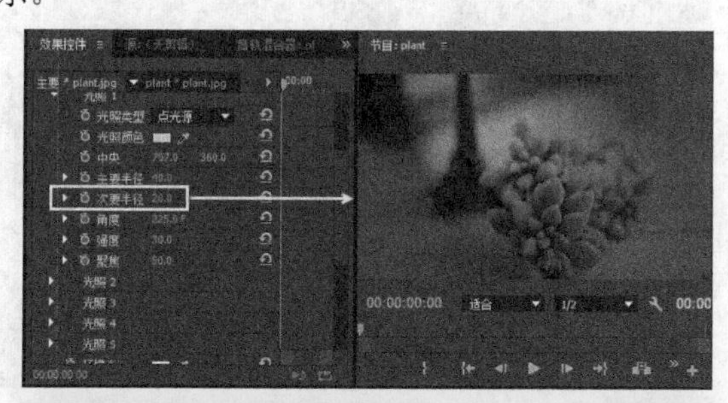

图15-219

角度：控制光照的角度，如图15-220所示。

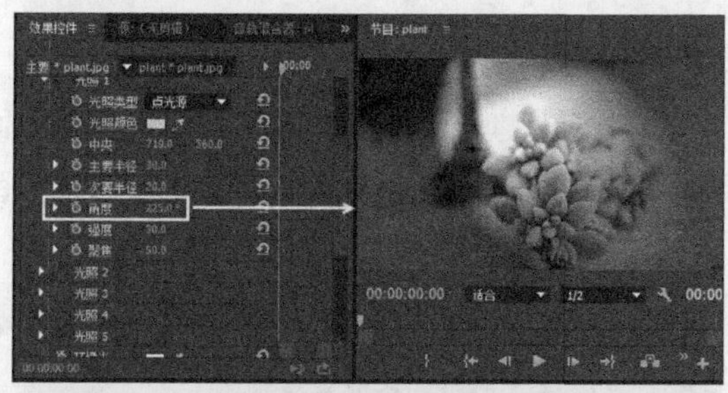

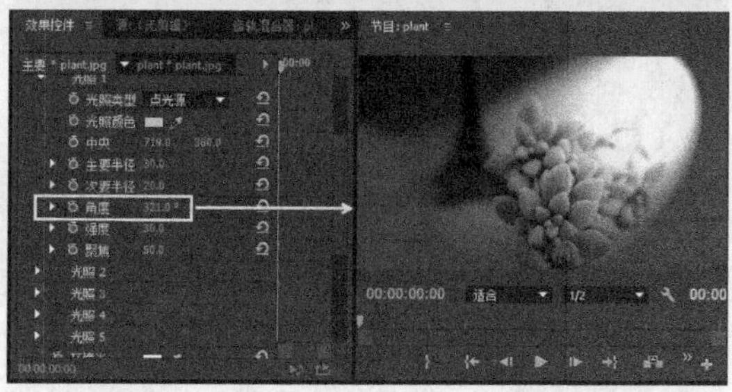

图15-220

强度：控制光照的强度，如图15-221所示。

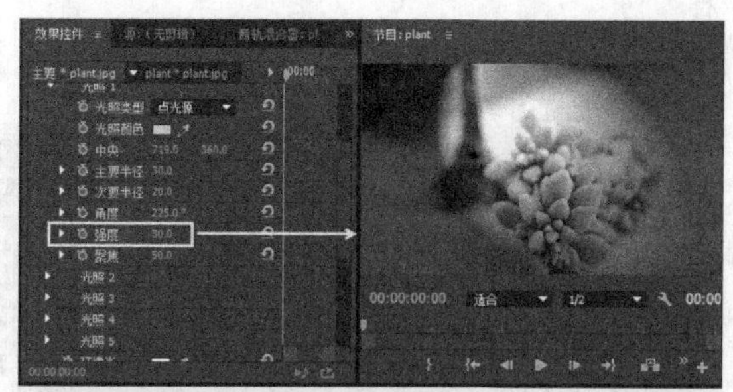

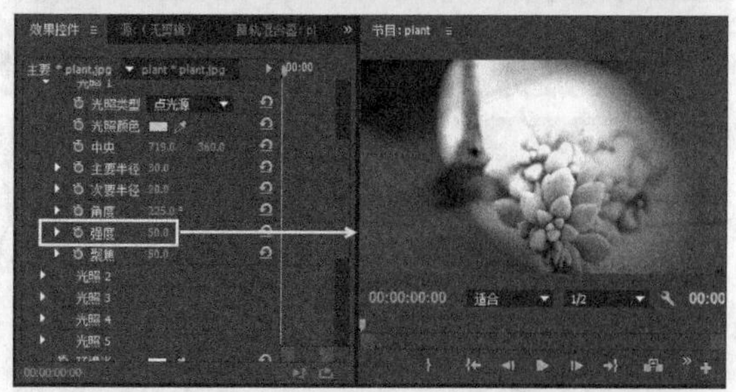

图15-221

聚焦：控制光照的羽化程度，如图15-222所示。

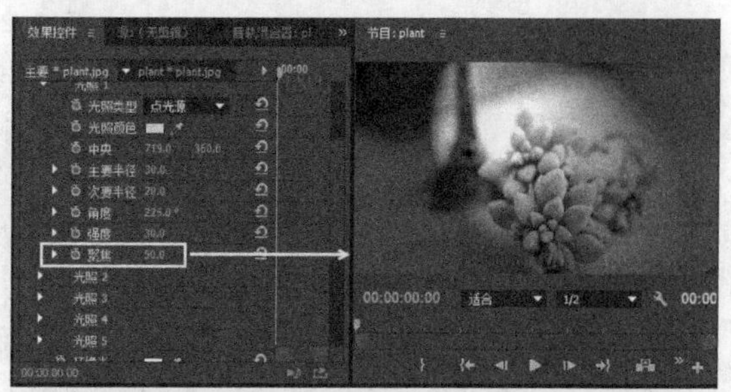

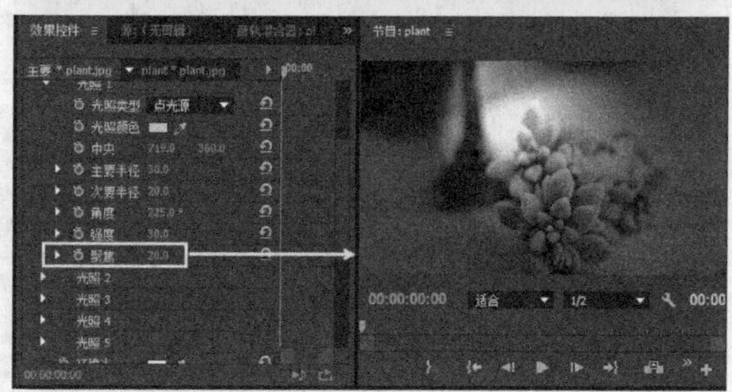

图15-222

环境光照颜色：控制环境光照的颜色，如图15-223所示。

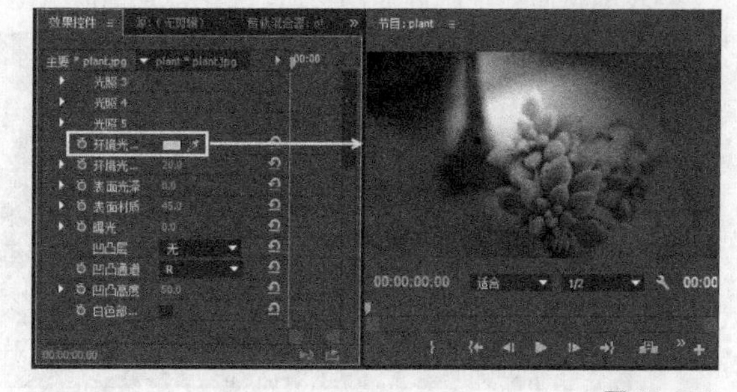

图15-223

环境光照强度：控制环境光照的强度，如图15-224所示。

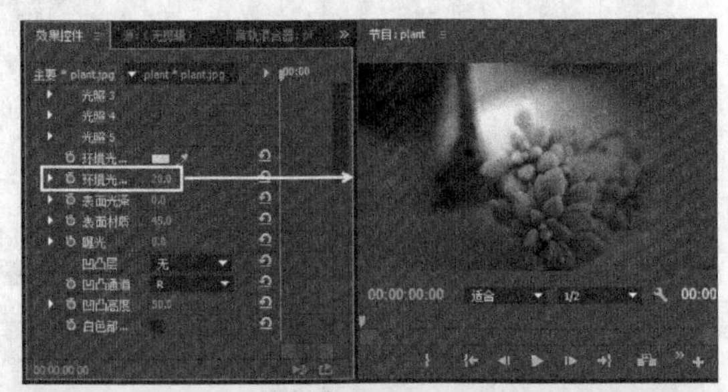

图15-224

表面光泽：控制光照的高光，如图15-225所示。

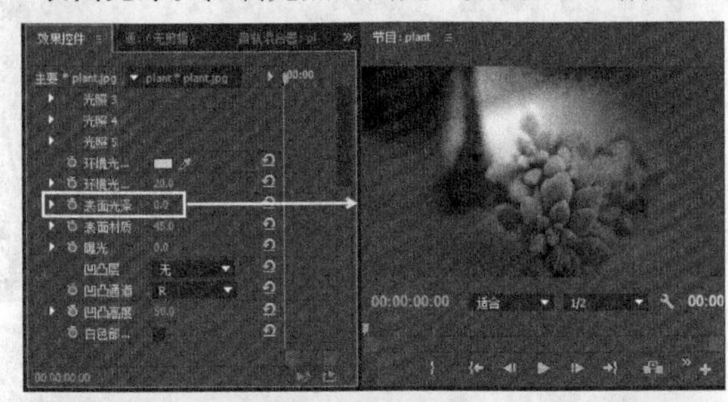

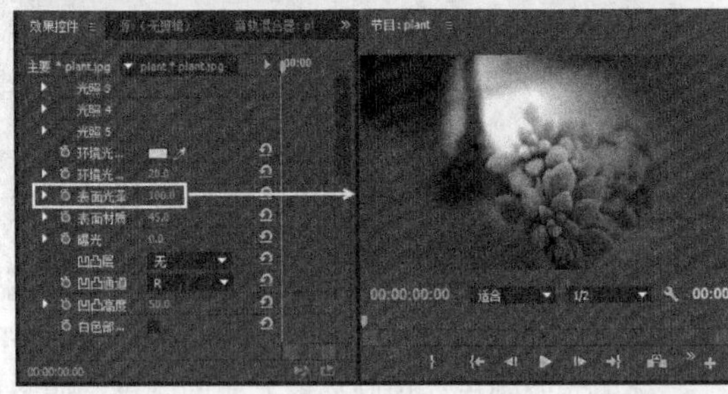

图15-225

表面材质：控制高光的材质，如图15-226所示。

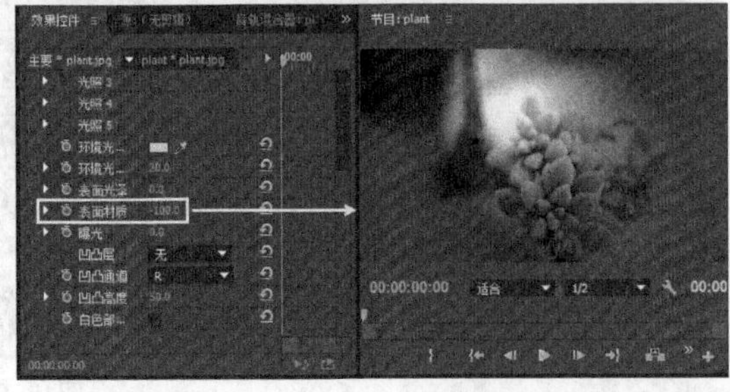

图15-226

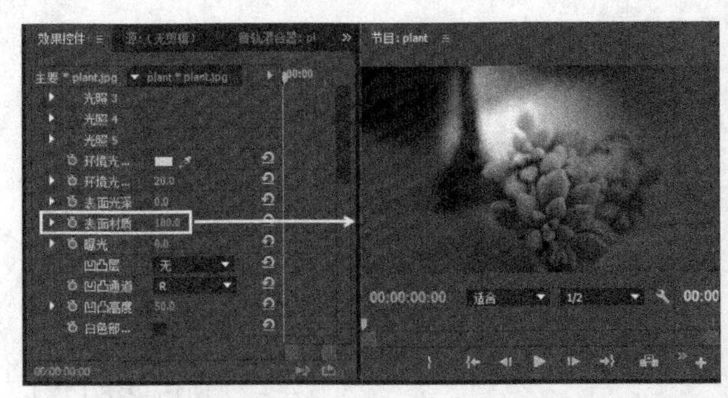

图15-226（续）

曝光：控制光照的曝光度，如图15-227所示。

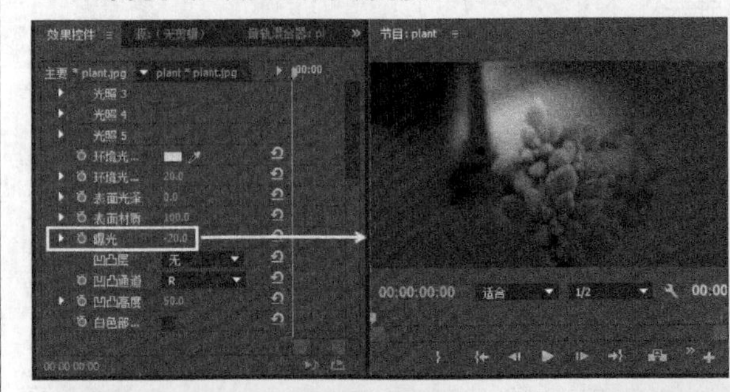

图15-227

3.卷积内核

该效果根据称为卷积的数学运算来更改剪辑中每个像素的亮度值，其效果控件设置及在“节目”面板中的预览效果如图15-228所示。

图15-228

“卷积内核”像素网格，显示矩阵中的每个控件的位置，如图15-229所示。

M11	M12	M13
M21	M22	M23
M31	M32	M33

图15-229

常用参数介绍

偏移：控制画面的亮度，该值越大，亮度越强，如图15-230所示。

图15-230

缩放：该属性的效果类似于曝光度，不同的是该值越大，亮度越弱，如图15-231所示。

图15-231

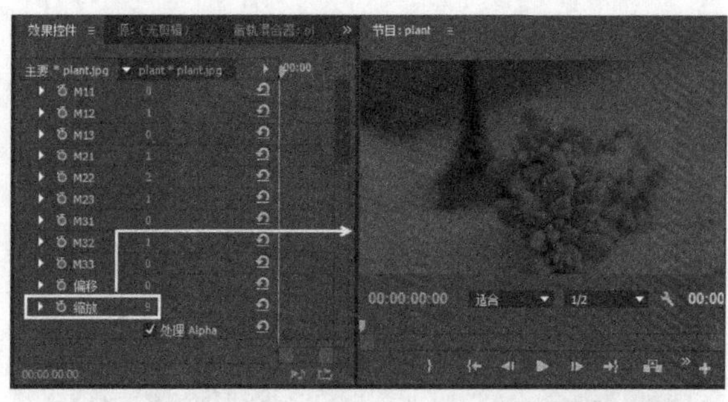

图15-231（续）

4.提取

该效果从视频剪辑中移除颜色，从而创建灰度图像，如图15-232所示。明亮度值小于输入黑色阶或大于输入白色阶的像素，将变为黑色。

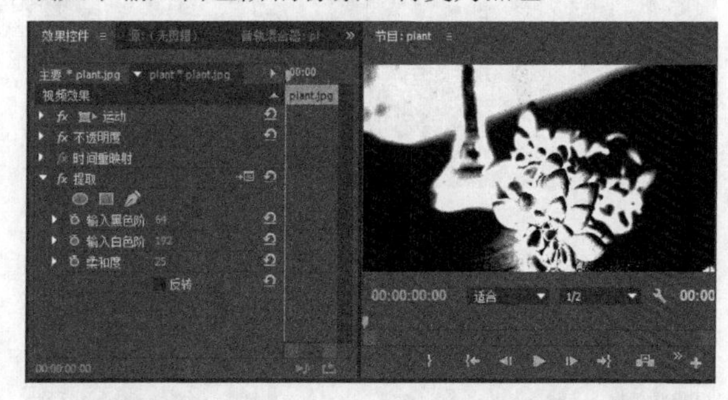

图15-232

常用参数介绍

输入黑色阶：控制黑色阶的范围，如图15-233所示。

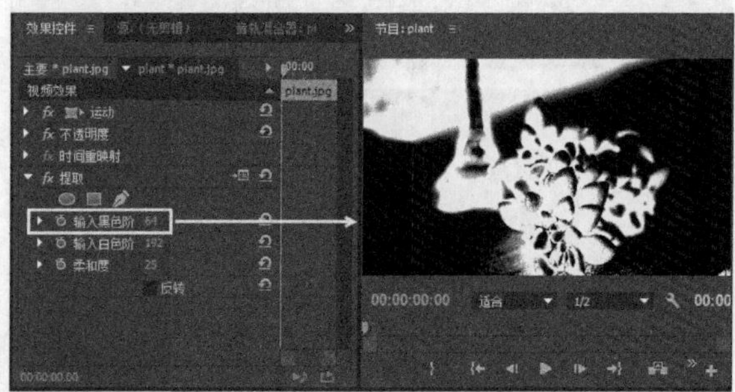

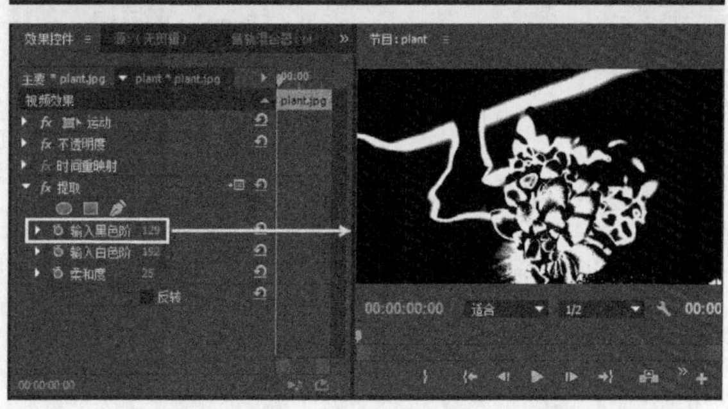

图15-233

输入白色阶：控制白色阶的范围，如图15-234所示。

图15-234

柔和度：控制画面的柔和度，如图15-235所示。

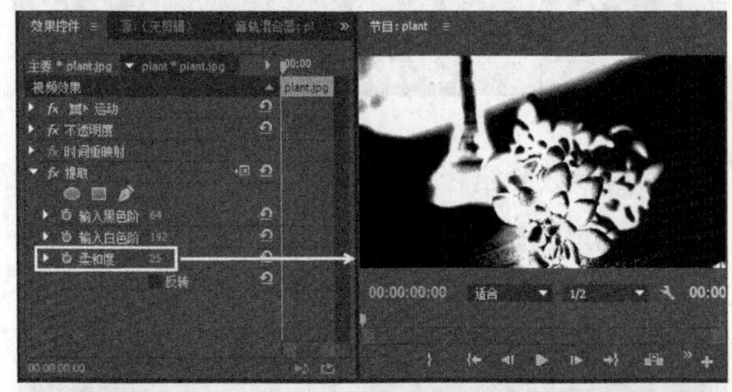

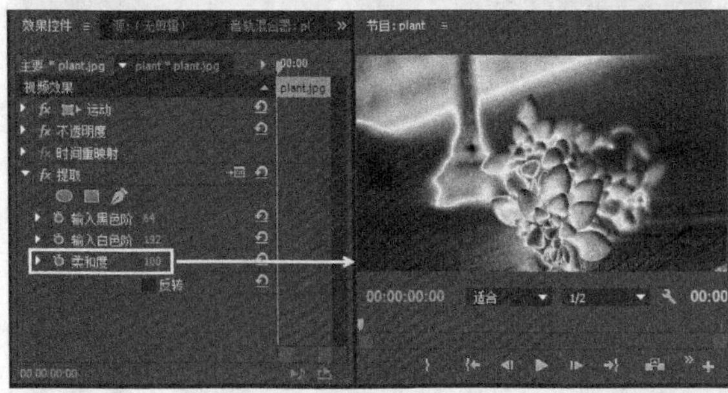

图15-235

5.自动对比度

该效果可以自动调节画面的对比度和颜色混合度。“自动对比度”效果不能单独调节通道，所以它不会引入或删除颜色信息，而只是将画面中最亮和最暗的部分映射为白色和黑色，这样就可以使高光部分变得更亮，而阴影部分则变得更暗，如图15-236所示。当图像中获取了最亮和最暗像素信息时，“自动对比度”效果会以0.5%的可变范围来裁切黑白像素。

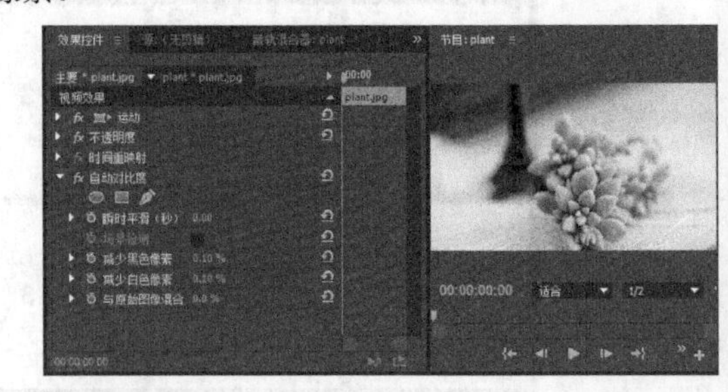

图15-236

常用参数介绍

瞬间平滑（秒）：指定围绕当前帧的持续时间。

场景检测：在为瞬时平滑分析周围的帧时，忽略超出场景变换的帧。

减少黑色像素：设置黑色像素的减弱程度，如图15-237所示。

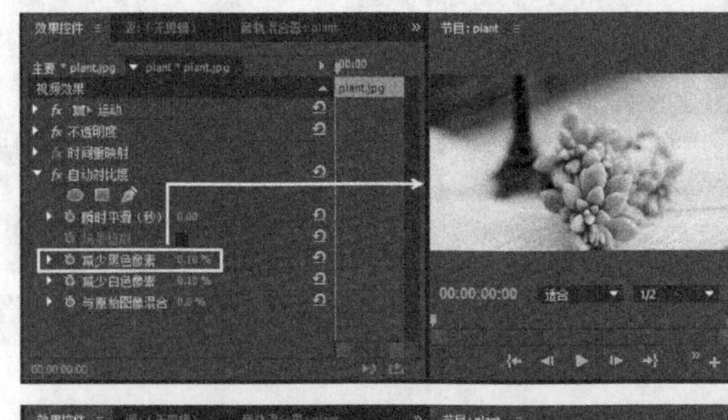

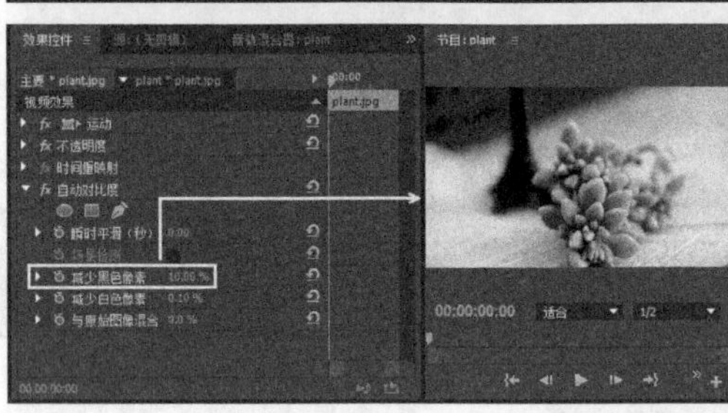

图15-237

减少白色像素：设置白色像素的减弱程度，如图15-238所示。

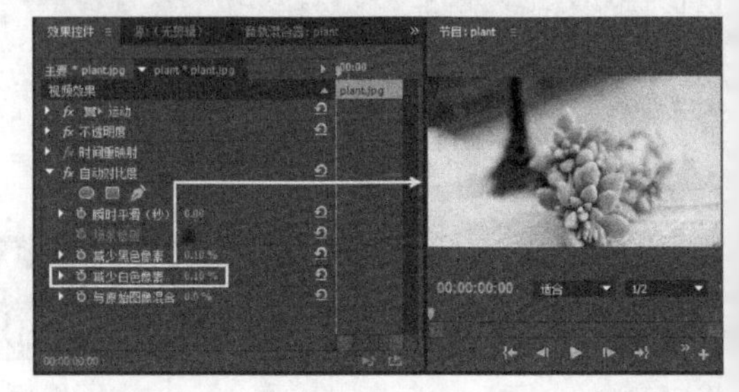

图15-238

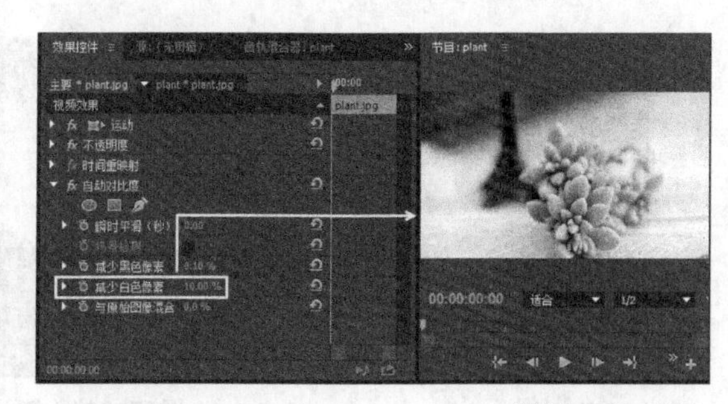

图15-238（续）

6.自动色阶

该效果可以定义每个颜色通道的最亮和最暗像素来作为纯白色和纯黑色，然后按比例来分布中间色阶并自动设置高光和阴影，如图15-239所示。注意：“自动色阶”效果可以分别调节每个颜色通道，所以可能会改变图像中的颜色信息。“自动色阶”效果以0.5%的单位来减少黑白像素，也就是说，它忽略了最亮和最暗的0.5%像素的区别，将它们一律视为纯黑或纯白像素。

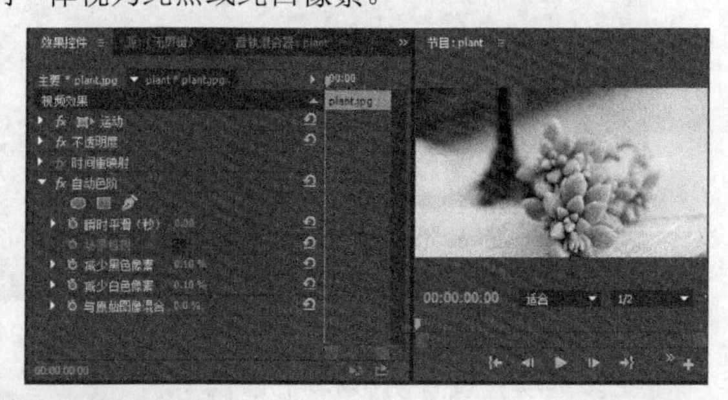

图15-239

7.自动颜色

该效果可以对图像中的阴影、中间影调和高光进行分析，然后自动调节图像的对比度和颜色。在默认情况下，“自动颜色”效果使用128阶灰度来压缩中间影调，同时以0.5%的范围来切除高光和阴影像素的颜色与对比度，如图15-240所示。

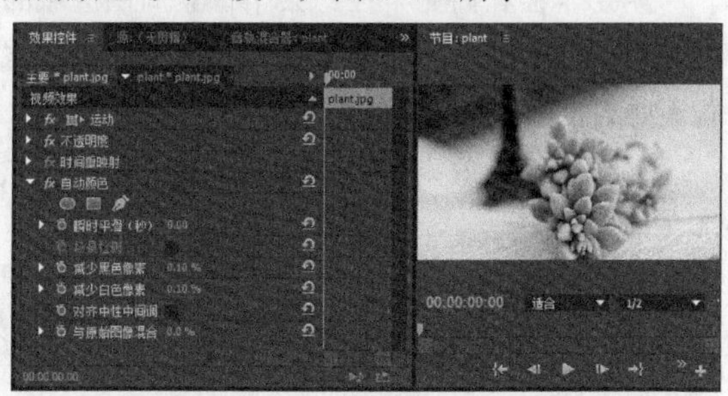

图15-240

常用参数介绍

对齐中性中间调：确定一个接近中性色彩的平均值，然后分析亮度值，使图像整体色彩适中。

8.色阶

该效果操控剪辑的亮度和对比度。此效果结合了颜色平衡、灰度系数校正、亮度与对比度和反转效果的功能，如图15-241所示。

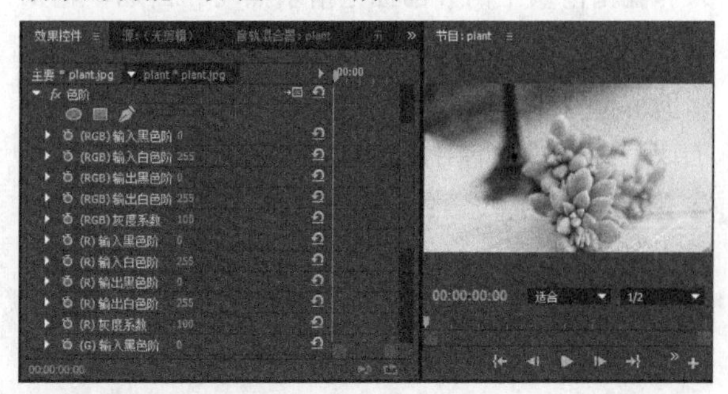

图15-241

常用参数介绍

（RGB）输入黑/白色阶：控制输入图像中的黑/白色阈值。

（RGB）输出黑/白色阶：控制输出图像中的黑/白色阈值。

（RGB）灰度系数：调节图像影调的阴影和高光的相对值。

（R/G/B）输入黑/白色阶：控制输入图像中的R/G/B阈值。

（R/G/B）输出黑/白色阶：控制输出图像中的R/G/B阈值。

（R/G/B）灰度系数：调节R/G/B通道的阴影和高光的相对值。

“调整”文件夹中的“色阶”滤镜，实际上类似于Adobe Photoshop中的“色阶”命令。单击“色阶”控件中的“设置”按钮，可以打开图15-242所示的“色阶设置”对话框。

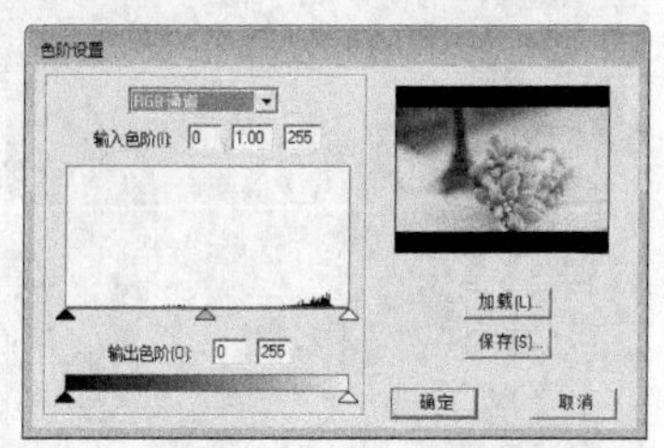

图15-242

在“色阶设置”对话框中，Premiere Pro显示图像的一个直方图。直方图表示图像中像素的亮度色阶，直方图的左边表示较暗的像素色阶，右边表示较亮的色阶。直方图中色阶线越高，在此亮度色阶处产生的像素数越多。色阶线越低，在此亮度色阶处产生的像素数越少。

使用“色阶”滤镜可以调节对比度和亮度。输入和输出滑块上的外部标记指示黑场和白场，输入滑块指定与输出色阶相关的白场和黑场，输入和输出的取值范围从0到255。可以同时使用两个滑块增加或减少图像中的对比度。如果想要使一个较暗图像变亮，向左拖曳白色输入滑块。

9.阴影/高光

阴影/高光效果增亮图像中的主体，而降低图像中的高光，如图15-243所示。此效果不会使整个图像变暗或变亮，它基于周围的像素独立调整阴影和高光。

图15-243

常用参数介绍

自动数量：选择该选项将忽略“阴影数量”和“高光数量”值，并使用适合变亮和恢复阴影细节的自动确定的数量。

阴影数量：使图像中的阴影变亮的程度，如图15-244所示。

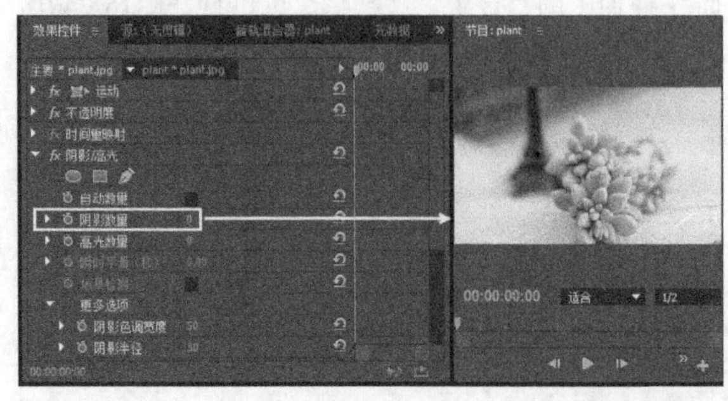

图15-244

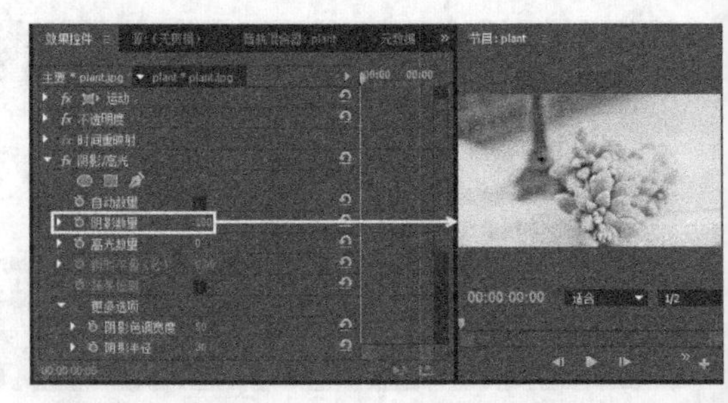

图15-244（续）

高光数量：使图像中的高光变暗的程度，如图15-245所示。

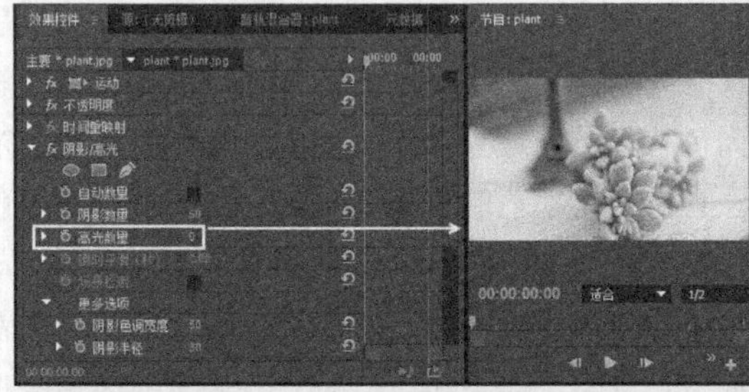

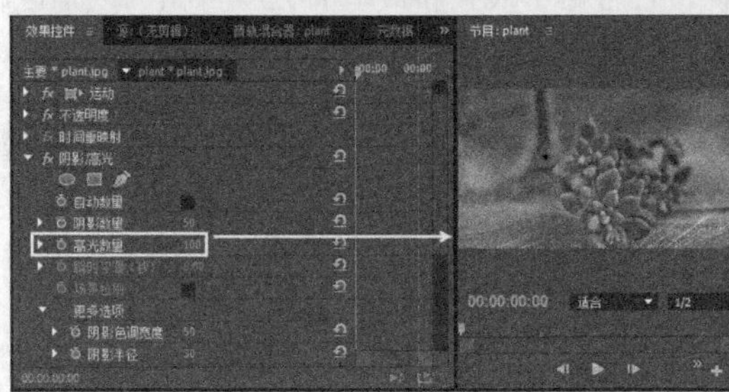

图15-245

更多选项：设置阴影和高光的细节，如图15-246所示。

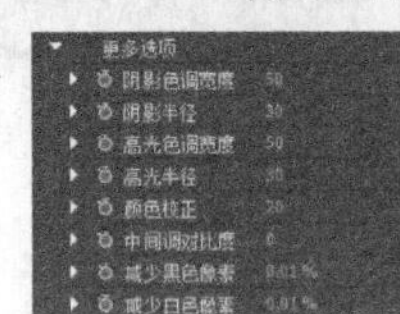

图15-246

阴影色调宽度和高光色调宽度：阴影和高光中的可调色调的范围。较低的值将可调范围分别限制到仅最暗和最亮的区域，较高的值会扩展可调范围。

阴影半径和高光半径：某个像素周围区域的半径（以像素为单位），效果使用此半径来确定这一像素是否位于阴影或高光中。

颜色校正：效果应用于所调整的阴影和高光的颜色校正量。

技巧与提示

如果希望在整个图像上更改颜色，那么先应用“阴影/高光”效果，然后使用“色相/饱和度”效果。

中间调对比度：效果应用于中间调的对比度的数量。较高的值单独增加中间调中的对比度，而同时使阴影变暗、高光变亮。

减少黑/白色像素：有多少阴影和高光被剪切到图像中新的极端阴影和高光颜色。注意：不要将剪切值设置得太大，这样会降低阴影或高光中的细节。

课堂案例

使用ProcAmp调色

素材文件　素材文件>第15章>课堂案例：使用ProcAmp调色
学习目标　应用ProcAmp滤镜修改素材颜色的方法

本例主要介绍应用ProcAmp效果来改变颜色的操作，案例效果如图15-247所示。

图15-247

01 新建一个项目，然后导入学习资源中的“素材文件>第15章>课堂案例：使用ProcAmp调色> food.jpg”文件，接着将素材拖曳至视频1轨道上，如图15-248所示。

图15-248

02 在“效果”面板中选择“视频效果>调整>ProcAmp”滤镜，如图15-249所示，然后将其添加给food.jpg素材。

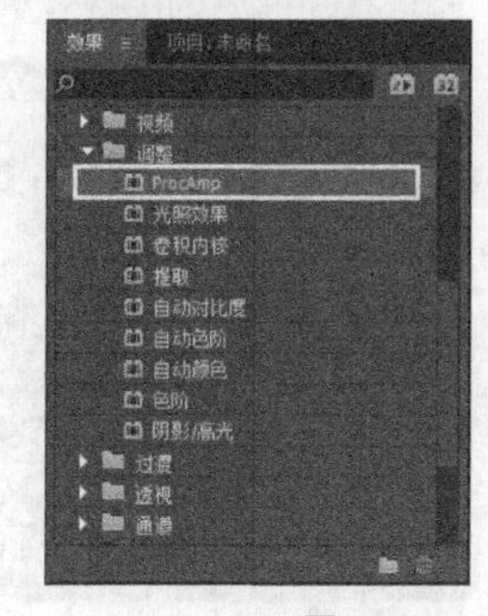

图15-249

03 在“效果控件”面板中设置“亮度”为5、“对比度”为120、“饱和度”为135，如图15-250所示。

图15-250

04 预览素材应用滤镜前后的效果，如图15-251所示。

图15-251

课堂案例

制作光照效果

素材文件　素材文件>第15章>课堂案例：制作光照效果
学习目标　应用“光照效果”滤镜制作光照效果的方法

本例主要介绍应用“光照效果”滤镜来改变颜色的操作，案例效果如图15-252所示。

图15-252

01 新建一个项目，然后导入学习资源中的“素材文件>第15章>课堂案例：制作光照效果>Old_book.jpg”文件，接着将素材拖曳至视频1轨道上，如图15-253所示。

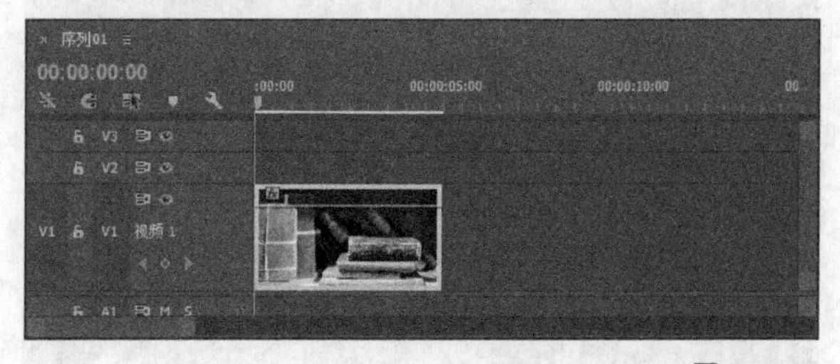

图15-253

02 在“效果”面板中选择“视频效果>调整>光照效果”滤镜，如图15-254所示，然后将其添加给Old_book.jpg素材。

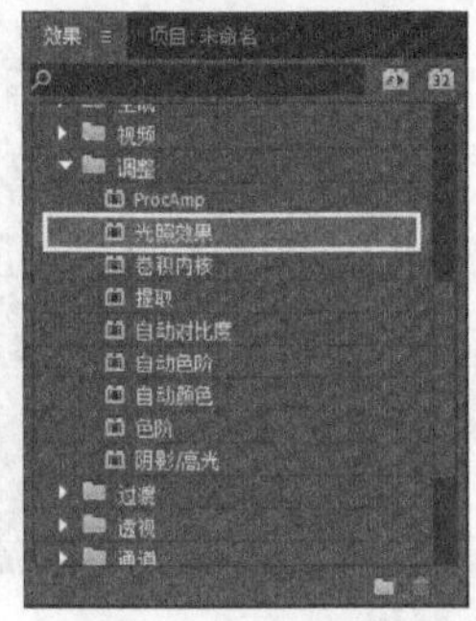

图15-254

03 在“效果控件”面板中展开“光照1”属性组，设置“光照颜色”为（R:255，G:242，B:201）、“中央”为（731.9，591.3）、“主要半径”为21.8、“次要半径”为10.6、“角度”为330°、“强度”为53、“聚焦”为82，如图15-255所示。

图15-255

04 设置“环节光照颜色”为（R:220，G:248，B:254）、“环境光照强度”为10，如图15-256所示。

图15-256

05 预览素材应用滤镜前后的效果，如图15-257所示。

图15-257

课堂案例

调整画面氛围

素材文件　素材文件>第15章>课堂案例：调整画面氛围

学习目标　应用“阴影/高光”和“色阶”滤镜调整画面氛围的方法

本例主要介绍应用“阴影/高光”和“色阶”滤镜来调整画面氛围的操作，案例效果如图15-258所示。

图15-258

01 新建一个项目，然后导入学习资源中的“素材文件>第15章>课堂案例：调整画面氛围>bench.jpg”文件，接着将素材拖曳至视频1轨道上，如图15-259所示。

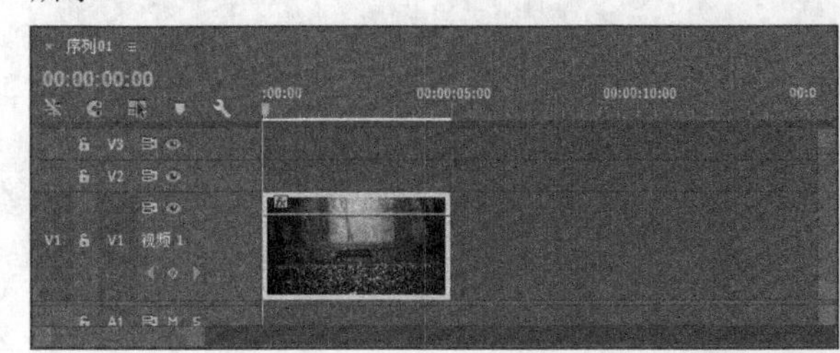

图15-259

02 在“效果”面板中选择“视频效果>调整>阴影/高光”滤镜，如图15-260所示，然后将其添加给bench.jpg素材。

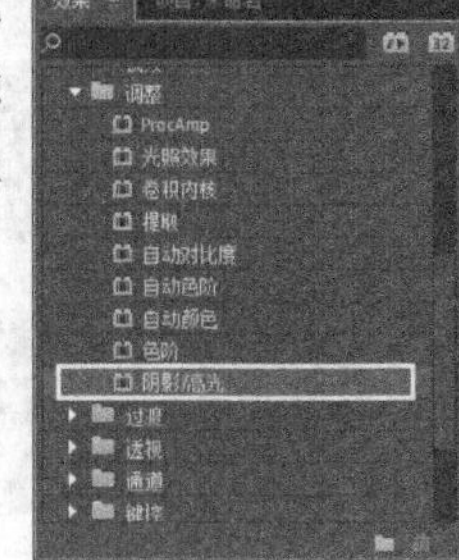

图15-260

03 在“效果控件”面板中设置“与原始图像混合”为50%，如图15-261所示。

图15-261

04 在“效果”面板中选择“视频效果>调整>色阶”滤镜，如图15-262所示，然后将其添加给bench.jpg素材。

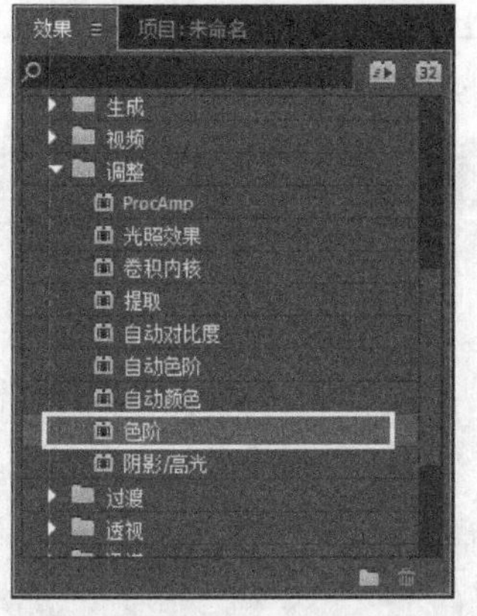

图15-262

05 在“效果控件”面板中设置“（R）灰度系数”为90、“（B）输入白色阶”为220、“（B）灰度系数”为120，如图15-263所示。

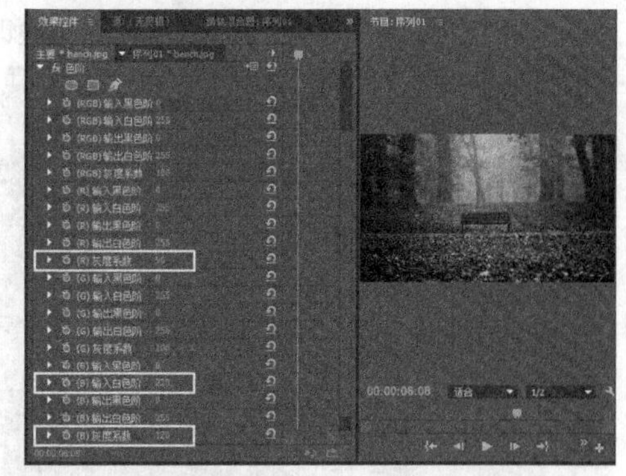

图15-263

06 预览素材应用滤镜前后的效果，如图15-264所示。

图15-264

课堂练习

校正图像亮度和对比度

素材文件　素材文件>第15章>课堂练习：校正图像亮度和对比度

学习目标　校正偏暗和缺少对比度的图像的方法

本例主要介绍使用“亮度校正器”滤镜调整素材的亮度和对比度，案例对比效果如图15-265所示。

图15-265

操作提示

第1步：打开学习资源中的“素材文件>第15章>课堂练习：校正图像亮度和对比度>课堂练习：校正图像亮度和对比度_I .prproj”文件。

第2步：为素材添加“视频效果>颜色校正>亮度校正器”滤镜，然后调整滤镜的参数。

15.5 本章小结

本章介绍了颜色的基础知识和颜色校正工具。颜色校正是影视作品中一个重要的环节，不仅可以修正颜色差异，还可以渲染画面气氛。Premiere Pro CC提供了大量的颜色校正滤镜，读者可以使用这些滤镜调整画面色彩。

15.6 课后习题：更改颜色

素材文件　素材文件>第15章>课后习题：更改颜色
学习目标　使用“更改为颜色”滤镜改变图像颜色的方法

本例主要介绍使用“更改为颜色”滤镜改变素材的颜色，案例效果如图15-266所示。

图15-266

操作提示

第1步：新建一个项目，然后导入学习资源中的“素材文件>第15章>课后习题：更改颜色>lavender.jpg”文件，接着将lavender.jpg拖曳至视频1轨道。

第2步：为lavender.jpg素材添加“更改为颜色”滤镜，然后调整滤镜的参数。

第16章

导出影片

在Adobe Premiere Pro中调整完素材后，就可以将项目导出为视频、音频或图像。Premiere Pro可以导出的格式有很多，包括AAC音频、MP3、AVI、FLV、QuickTime、MPEG、H.264、JPEG、PNG、Targa和TIFF等。本章将介绍如何在Premiere Pro中输出项目，以及如何设置输出的参数。

知识索引

- 使用章节标记
- 导出为MPEG格式
- 导出为AVI和QuickTime影片格式
- 设置导出的参数

16.1 使用章节标记

Premiere Pro的章节标记简化了制作交互式DVD的过程。Premiere Pro的章节标记可以用作导航链接目的地。因此，Premiere Pro的章节标记可以帮助用户管理DVD项目。

16.1.1 创建章节标记

在“时间轴”面板中，将当前时间指示器移到想创建章节标记的地方，然后执行“标记>添加章节标记”菜单命令打开“标记”对话框，如图16-1所示。为标记命名或输入一段描述性的文字，然后单击“确定”按钮，即可创建一个章节标记。图16-2所示的是在“时间轴”面板中创建的章节标记。

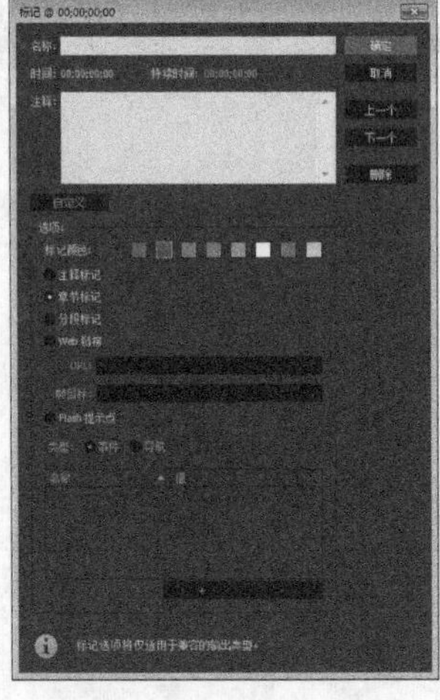

图16-1

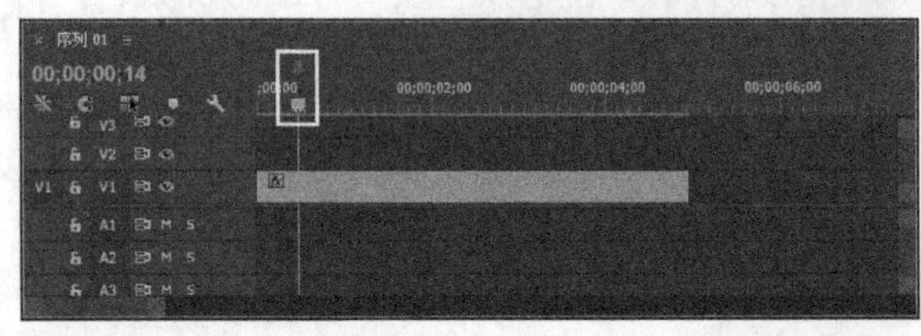

图16-2

16.1.2 操作章节标记

在创建了章节标记后，可以对章节标记进行移动、编辑和删除操作。如果想移动章节标记，只需将其拖曳到时间轴上要显示它的地方即可。要快速移动到章节标记，可以在时间轴上单击鼠标右键，从出现的下拉菜单中选择“转到上一个标记”或“转到下一个标记”命令即可，如图16-3所示。另外，也可以选择“标记>转到下一个标记”或“标记>转到上一个标记”命令。

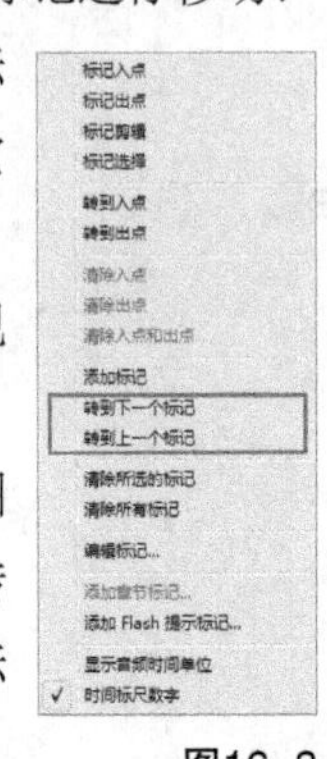

图16-3

如果想编辑章节标记，在时间轴上双击需要编辑的标记，打开“标记”对话框，在其中进行修改编辑即可。如果要删除时间轴中的所有章节标记，在标记上单击鼠标右键，然后从出现的菜单中选择“清除所有标记”命令即可。要删除其中一个标记，将当前时间指示器移动到需要删除的标记上，然后对标记单击鼠标右键，从打开的菜单中选择“清除当前标记”命令即可。

16.2 导出为MPEG格式

如果想将Premiere Pro项目导出到DVD，可以将其导出到Encore来进行编辑或刻录。如果要在Encore中编辑，Premiere Pro将MPEG2文件导出为音频和视频，并将音频和视频MPEG文件布置到Encore项目面板中，同时在Encore中为项目创建一个包含MPEG文件的时间轴。如果将文件导出到Encore只是为了刻录，那么Encore就会创建一个自动播放的DVD，该DVD在没有菜单的情况下会自动播放。

16.2.1 设置导出格式为MPEG

当视频编辑完成后，执行“文件>导出>媒体”菜单命令打开“导出设置”对话框，在“格式”下拉菜单中选择MPEG4格式，如图16-4所示。当选择MPEG4格式后，“导出设置”对话框的参数如图16-5所示。

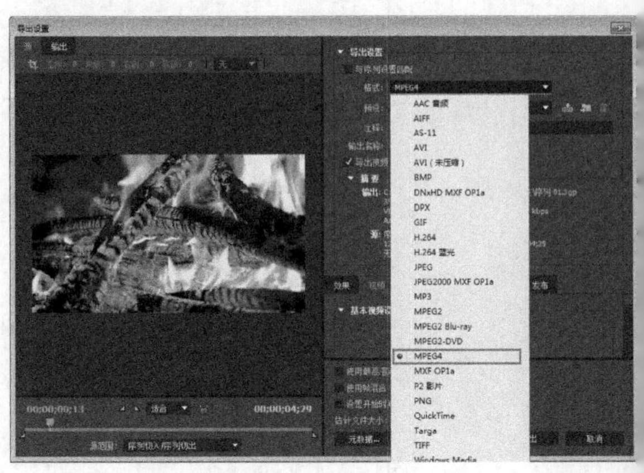

图16-4

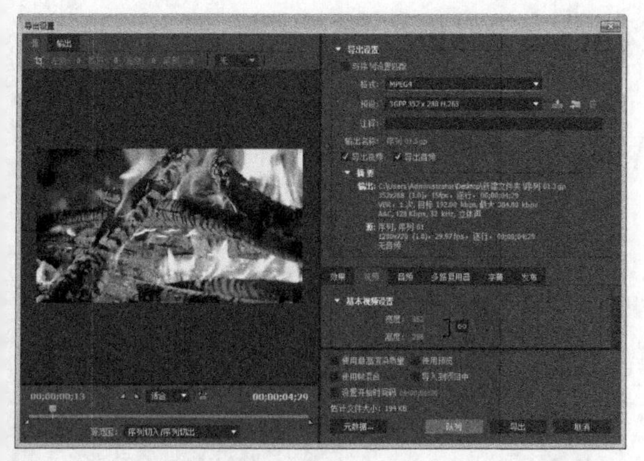

图16-5

在“导出设置”对话框中展开“源范围”下拉菜单，可以选择Premiere Pro项目要导出的内容，如“时间轴”面板的工作区或是整个序列，如图16-6所示。

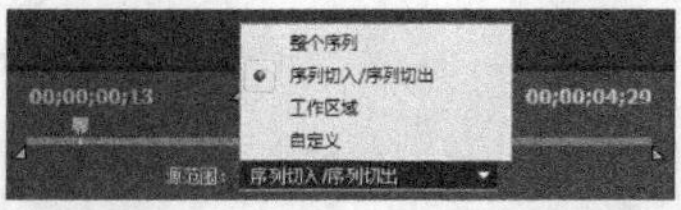

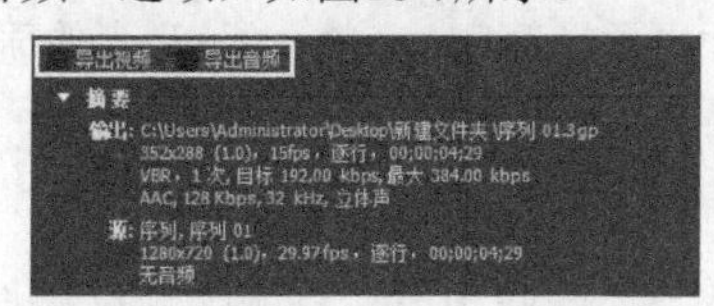

图16-6

如果不想导出视频或音频，可以取消选择“导出视频”或“导出音频”选项，如图16-7所示。

图16-7

如果想更改音频设置，可以选择“音频”选项卡，然后设置音频参数，如图16-8所示。

图16-8

展开“视频”选项卡，在其中可更改视频设置，如视频的高度和宽度、帧速率、纵横比和电视标准等，如图16-9所示。

图16-9

选择“效果”选项卡，然后选择“图像叠加”选项，可以应用“图像叠加”滤镜，如图16-10所示。

图16-10

16.2.2 导出为MPEG格式时的可选设置

在导出为MPEG格式时，“导出设置”对话框允许创建自定义预置，并允许裁切、预览视频和取消视频的交错。

1.预览

“导出设置”对话框提供了源文件的预览及视频输出的预览，如图16-11所示。如果要预览源文件，那么切换到“源”选项卡即可；如果要在“导出设置”对话框中预览基于设置的视频，那么切换到“输出”选项卡；如果要在“源”或“输出”选项卡中拖曳浏览视频，那么可以拖曳预览区底部的时间标尺。

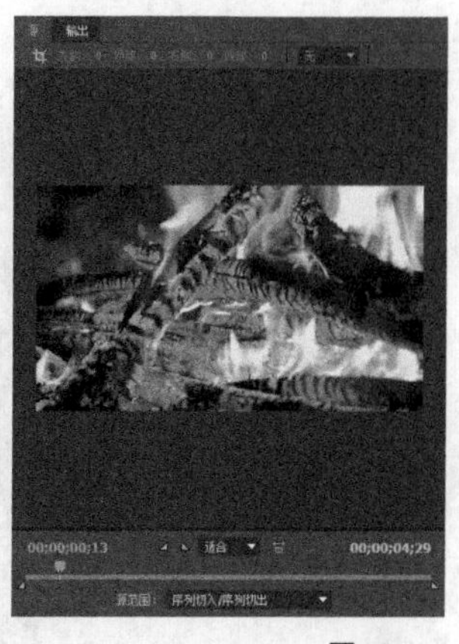

图16-11

2.裁剪和缩放

在导出文件前，可以裁剪源视频。裁剪的区域以黑色出现在效果视频中。切换到“源”选项卡，打开视频的“源”视图，然后使用“裁剪输出视频”工具进行裁剪，如图16-12所示。要使用像素维度精确地进行裁切，需要单击并在“左侧”“顶部”“右侧”或“底部”数字字段上拖曳。单击并拖曳时，裁剪区域显示在屏幕上面。另外，可以在想保留的视频区域上单击并拖曳一角。单击并拖曳时，会显示一个读数，表示以像素为单位的帧大小。

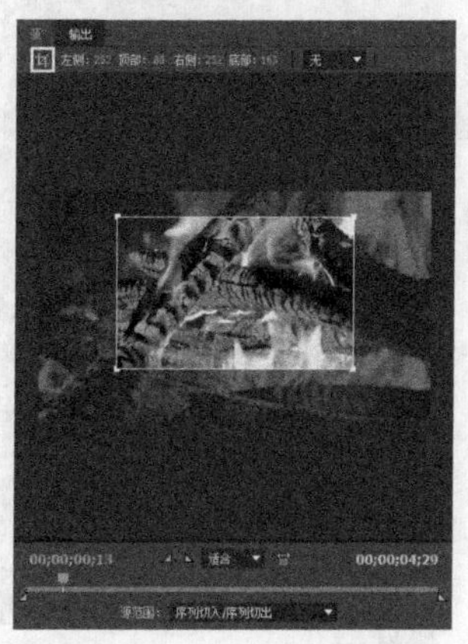

图16-12

如果想将裁切的纵横比更改到4∶3或16∶9，可以展开“裁剪比例”下拉菜单，然后选择裁剪纵横比，如图16-13所示。

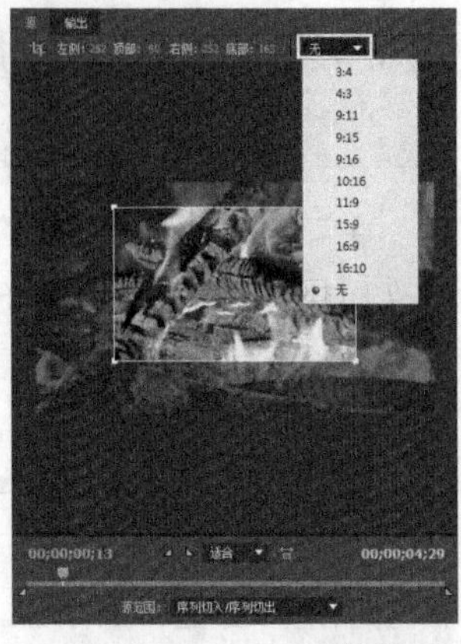

图16-13

要预览裁切的视频，可以切换到“输出”选项卡。如果想缩放视频的帧大小以适合裁切边框，可以在“裁剪设置”下拉菜单中选择“缩放以适合”选项，如图16-14所示。

图16-14

3.保存元数据

如果正在创建MPEG文件，在“导出设置”对话框中单击下方的“元数据”按钮，将打开如图16-15所示的“元数据导出”对话框，在其中可以输入版权信息及有关文件的描述性信息。完成后单击“确定”按钮，即可将原数据嵌入该文件。

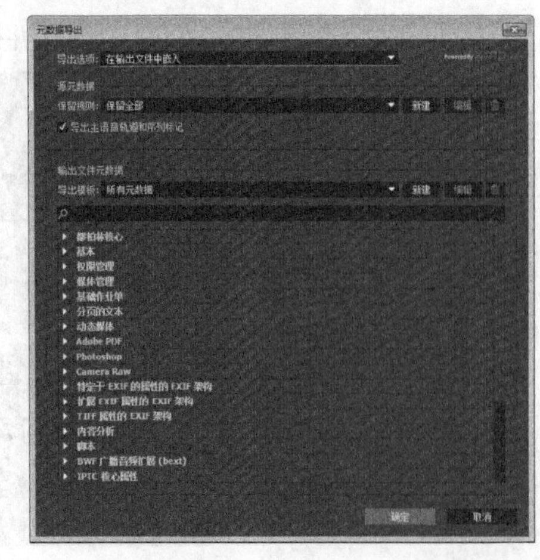

图16-15

4.保存、导出和删除预设

如果对预设进行更改，可以将自定义预设保存到磁盘中，以便以后使用。要保存一个编辑过的预置以备将来使用，或以之作为比较导出效果的样本，就单击“保存预设”按钮，如图16-16所示。在打开的“选择名称”对话框中输入名称。如果想保存“滤镜”选项卡设置，那么选择“保存滤镜设置”选项；如果要保存“FTP选项卡设置”，那么选择“保存FTP设置”选项。完成后单击“确定”按钮即可，如图16-17所示。

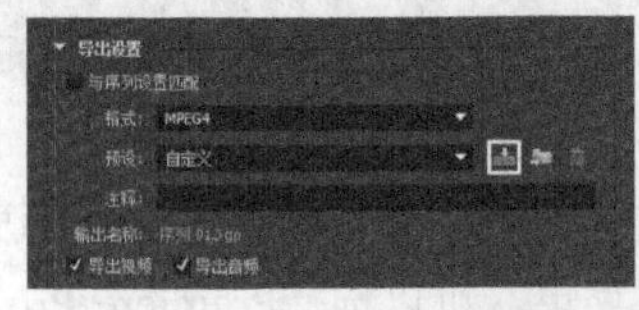

图16-16

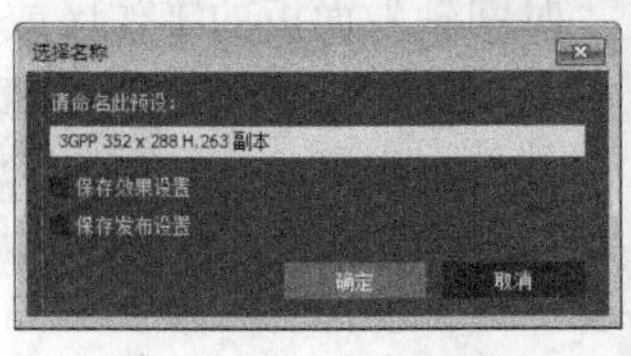

图16-17

导入预设：导入自定义预置最简单的方法是单击“预设”下拉菜单，并从列表的顶部选择预设选项。另外，可以单击“导入预设”按钮，然后从磁盘加载预设。预设文件的扩展名为.vpr。

删除预设：要删除预设，首先加载预设，然后单击“删除预设”按钮。此时会出现一条警告，警告此删除过程不可恢复。

16.3 导出为AVI和QuickTime影片格式

如果没有选择将影片作为DVD或以MPEG格式导出，那么可以导出为Windows AVI或QuickTime格式。如果以Video for Windows（在“导出设置”对话框中称为AVI）格式导出一个影片，影片就可以在运行Microsoft Windows的系统上观看。Mac用户也可以查看AVI影片，方法是将它们导入Apple的QuickTime Movie播放器的最新版本。在Web上，Microsoft已经从AVI格式切换到Advanced Windows Media格式。但是，AVI格式仍然可以导入许多多媒体软件程序。视频编辑程序（如Premiere Pro）使用Microsoft的DV AVI格式捕捉影片。

16.3.1 以AVI和QuickTime格式导出

以AVI和QuickTime格式导出项目的操作步骤如下。

第1步：在编辑自己的工作并预览作品后，选择想在时间轴中导出的序列，并执行“文件>导出>媒体”菜单命令，打开“导出设置”对话框。

第2步：在“导出设置”对话框的“格式”下拉列表中，选择AVI或QuickTime影片格式，如图16-18所示。

图16-18

第3步：在该对话框的底部，Premiere Pro显示当前视频和音频设置。如果想使用这些设置导出，只需命名文件并为文件设置存储路径，然后单击“导出”按钮即可。Premiere Pro用于渲染最终影片的时间长短取决于作品的大小、帧速率、画幅大小和压缩率。

16.3.2 更改影片导出设置

尽管用于制作Premiere Pro项目的视频和音频设置非常适用于编辑，但它们不可能为特定的观看环境带来最佳的质量。例如，画幅较大而帧速率较高的数字影片，在多媒体程序或Web上播放时可能会不流畅。因此，在以AVI或QuickTime影片格式导出Premiere Pro项目到磁盘前，可能需要更改几个配置设置。

以下是对导出为影片格式时，“导出设置”对话框中可用选项的描述。

格式：如果想切换文件格式，可以使用这个选项。除了选择QuickTime或AVI格式外，还可以选择将数字影片作为一系列静态帧以不同的文件格式（如GIF、TIFF或Windows Bitmap）进行保存。

源范围：可以选择导出时间轴上的整个序列或指定工作区。

导出视频：如果不想输出视频，则取消选择该选项。

导出音频：如果不想输出音频，则取消选择该选项。

16.3.3 设置视频选项卡

在“导出设置”对话框中选择“视频”选项卡，可以查看和更改视频设置，如图16-19所示。“视频”设置反映了当前使用的项目设置。在进行设置时，必须了解所做的选择可能会影响质量。如果输出到Web，就要缩小DV项目的画幅，并从非方形像素更改为方形像素。在导出到Web或多媒体应用程序时，应考虑下面的选项。

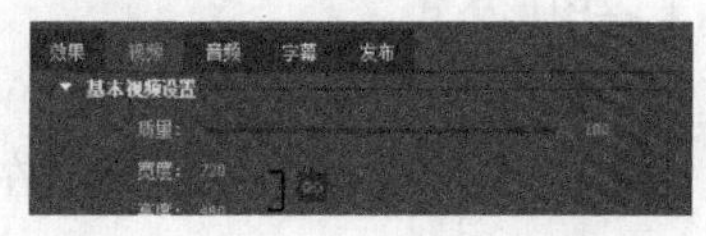

图16-19

如果要更改画幅大小，请确保画面的纵横比匹配项目的纵横比。例如，可以将DV图像从720×480像素更改为320×240像素或160×120像素，将像素的纵横比从4∶3更改到3∶2。将像素纵横比更改到方形像素后，导出才能维持4∶3的图像纵横比。

减少Web和多媒体输出的帧速率，使播放更流畅。如果导出的帧速率是原始帧速率的倍数，一些编码器能提供更好的质量。因此，在导出以每秒30帧拍摄的影片时，可将其设置为每秒15帧。

1.QuickTime的视频编解码器

创建一个项目、捕捉一个视频或导出Premiere Pro项目时，最重要的决定之一是选择合适的压缩设置。一个压缩器或编解码器准确地确定了计算机重构或删除数据后的方式，以使数字视频文件更小。尽管大多数压缩设置是用于压缩文件的，但不是所有这些设置都适用于所有类型的项目。技巧是为Premiere Pro项目选择最佳的编解码器，以获得最佳的质量和最小的文件大小。一些编解码器可能适合Web数字视频，而另一些编解码器则可能更适合处理包含动画的项目。

设置导出影片的格式为QuickTime后，在“视频编解码器”下拉菜单中可以选择视频编解码器，如图16-20所示。

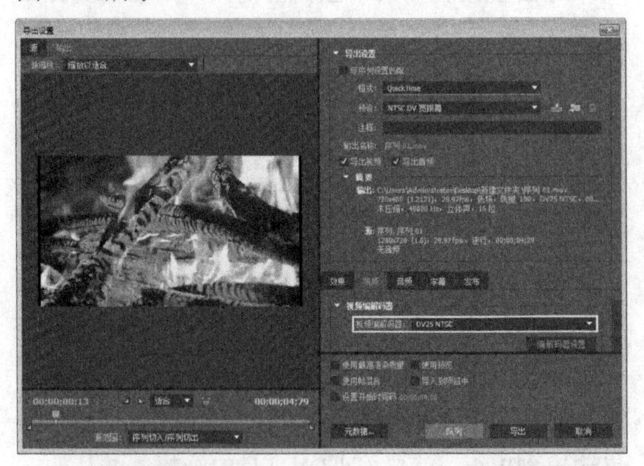

BMP
Cinepak
Component Video
DV/NTSC 24p
DV25 NTSC
DV25 PAL
DV50 NTSC
DV50 PAL
DVCPRO HD 1080i50
DVCPRO HD 1080i60
DVCPRO HD 1080p25
DVCPRO HD 1080p30
DVCPRO HD 720p50
DVCPRO HD 720p60
GoPro CineForm
H.261
H.263
H.264
JPEG 2000
MPEG-4 Video
Motion JPEG A
Motion JPEG B
PNG
Photo - JPEG
Planar RGB
Sorenson Video
Sorenson Video 3
TGA
TIFF
Video
动画
图形
无（8 位未压缩的 RGB）
未压缩 YUV 10 位 4:2:2
未压缩 YUV 8 位 4:2:2

图16-20

常用参数介绍

BMP：这是静帧图像的Windows兼容图形格式。

Cinepak：这种格式用于Web和多媒体工作。尽管它仍然用于在较慢的计算机系统上播放，但这个编解码器基本上已被淘汰，由Sorenson编解码器代替。当导出时，也可以使用Cinepak设置数据率，但要注意将数据率设置在30Kbit/s以下，否则会降低视频的质量。

Component Video：通常用于捕捉模拟视频。捕捉视频时，这可能是仅有的选择，取决于计算机上安装的视频捕获卡。

DV PAL和DV NTSC：这些是PAL和NTSC的DV格式（根据目标观众的地理位置选择合适的格式）。

H.263：此选项适用于视频会议，能提供比H.261编解码器更好的质量。不建议将此编解码器用于视频编辑。

Motion JPEG A、Motion JPEG B：这些格式用于编辑和捕捉视频。当质量设置到100%时，它们能提供非常好的效果。这两个编解码器都使用空间压缩，因此关键帧控件不可用。Motion JPEG的播放还对硬件有特别要求。

PNG：这个选项通常用于动态图像。该编解码器包含在QuickTime中，是以PNG Web格式或平面RGB动画保存静帧图像的一种方式。

Photo-JPEG：尽管此编解码器可以创建良好的图像质量，但较慢的解压缩使它不适合于桌面视频。

Plannar RGB：这是无损编解码器，适用于在绘画和3-D程序中创建动画，是动画编解码器的另一种替代。

Sorenson Video 3：这种格式用于Web或CD上的高质量桌面视频。编解码器能提供优于Cinepak的压缩效果，对于Cinepak提供的文件大小，编解码器可以将它减小3至4倍。注意：当从DV项目导出到Web或多媒体时，这个编解码器允许将像素纵横比更改到方形像素。Sorenson Video 3提供了更佳的质量，效果优于Sorenson Video 2，因此它应该代替Sorenson Video 2被使用。

TIFF：Fagged Information File Format（标签图像文件格式）的简写，这是静帧图像的一种打印格式。

Video（视频）：这是过时的编解码器，一般不再使用。

动画：这个设置可用于存储二维动画，特别是色彩单一的动画字幕。使用这个压缩器，可以将位深设置成百万种以上的颜色，这使得Alpha通道可以与影片一起导出。如果选择100%选项，动画会进行无损压缩，这将使文件变得很大。这个编解码器通常不适合“现实视频”电影胶片。它通常被认为对存储和制作很有用，而不是作为传送编解码器。

图形：用于具有256色或更少颜色的图形，这个编解码器通常不用于桌面视频。

技巧与提示

QuickTime编解码器列表可能包含计算机或主板厂商提供的特定硬件的编解码器。例如，Sony Vaio计算机所有者在QuickTime编解码器列表中能看到Sony DV格式。当选择这些编解码器之一时，需要遵守由捕捉板或计算机提供的说明。

2.AVI的视频编解码器

如果导出为AVI格式，视频编解码器选项将不同于QuickTime选项，AVI格式的视频编解码器如图16-21所示。

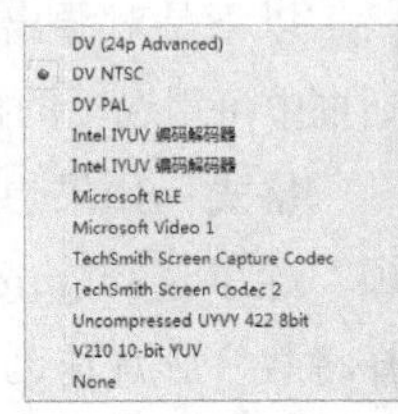

图16-21

部分参数介绍

Intel IYUV编码解码器：此编解码器由Intel（Pentium计算机芯片的生产商）出品，能提供较好的图像质量。通常用于捕捉原始数据，效果类似于使用Cincepak编解码器生成的桌面视频。

Microsoft RLE：此编解码器的位深限制为256种颜色，使它仅适合于以256色的绘图程序创建的动画或已经减少到256色的图像。当“质量”滑块被设置为“高”时，这个编解码器将生成无损压缩。

3.选择质量

由选定的编解码器控制的下一个选项是“质量”滑块，如图16-22所示。大多数编解码器允许拖曳来选择一种质量设置。质量越高，导出的影片文件也越大。

图16-22

在导出视频前，可能想减少帧速率或画幅大小以缩减最终文件的大小。帧速率是Premiere Pro每秒导出的帧数量。如果要更改画幅大小，可以确保以像素为单位指定水平和垂直宽度。

4.指定关键帧

可以控制导出文件大小的另一个视频导出设置是“视频”选项卡中“高级设置”部分的“关键帧距离”设置，如图16-23所示。

图16-23

当选择具有临时压缩功能的编解码器时，如Cinepak和Sorenson视频，可以更改关键帧设置。关键帧设置指定将完整的视频帧保存多少次。通常，创建的关键帧越多，视频质量越好，但同时产生的文件也越大。如果编解码器的关键帧设置以帧为单位指定，将以每秒30帧的速度每两秒创建一个帧。当编解码器压缩时，它会比较每个后续帧，并且只保存每个帧中更改的信息。这样，有效地使用关键帧，可以大大减小视频文件。

在创建关键帧之前，应该重新搜索选定的编解码器。例如，Sorensen 3编解码器每50帧自动创建一些关键帧。Sorenson文档推荐每35至65帧设置一个关键帧。当试验时，尝试保存尽可能少的关键帧。但是，注意动作较多的画面相比动作较少的画面，需要更多的关键帧。

5.选择数据速率

许多编解码器允许指定输出数据速率。图16-24所示的是限制数据速率设置。数据速率是在导出视频文件的播放期间必须处理的每秒数据量。数据速率的改变取决于播放作品的系统。例如，低速计算机上的CD播放数据速率远小于硬盘的数据速率。如果视频文件的数据速率太高，系统就无法处理播放。如果是这种情形，播放可能在帧被丢弃时变得混乱。

图16-24

16.3.4 设置音频选项卡

导出最终项目时，可能需要更改音频设置。要访问音频选项，可以在“导出设置”对话框中切换到“音频”选项卡。“导出设置”对话框中的“音频”选项卡设置如图16-25所示。

图16-25

参数介绍

音频编解码器：在“音频编解码器”下拉菜单下，选择一种压缩方式。图16-26所示的是导出QuickTime格式时的音频编码设置。当导出为AVI格式时，音频编码采用无压缩方式，如图16-27所示。

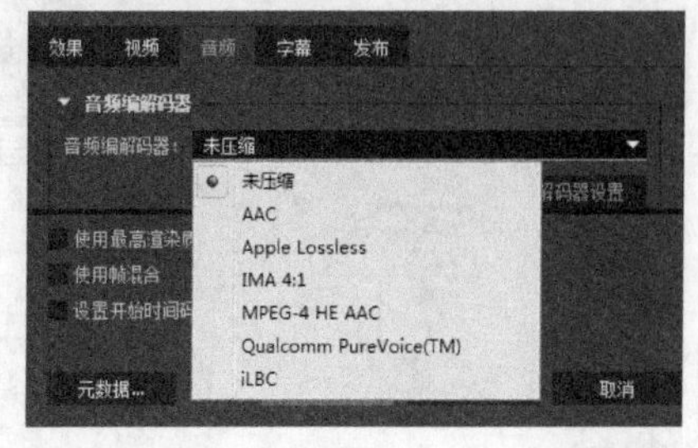

图16-26

图16-27

采样率：降低速率设置，可以减小文件大小，并加速最终产品的渲染。速率越高，质量越好，但处理时间也越长。例如，CD质量是44kHz。

声道：可以选择立体声（两个通道）或单声道（一个通道）。

样本大小：立体32位是最高设置，8位单声是最低设置。位深度越低，生成的文件越小，并能减少渲染时间。

课堂案例

输出影片

素材文件　素材文件>第16章>课堂案例：输出影片
学习目标　输出影片的方法

01 打开学习资源中的“素材文件>第16章>课堂案例：输出影片>课堂案例：输出影片_I.prproj”文件，序列中有一段视频，如图16-28所示。

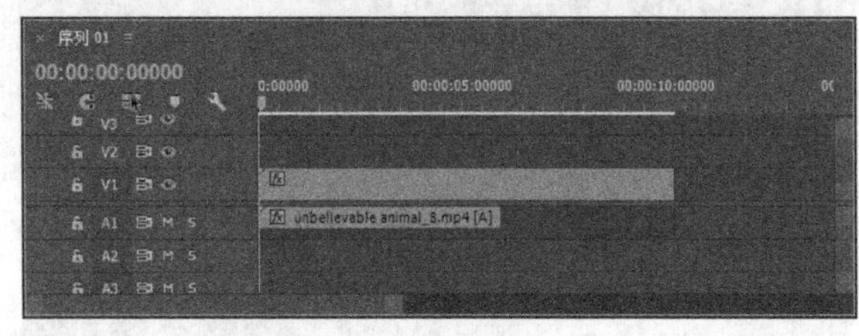

图16-28

02 在“项目”面板中选择序列，然后执行“文件>导出>媒体”菜单命令，如图16-29所示。

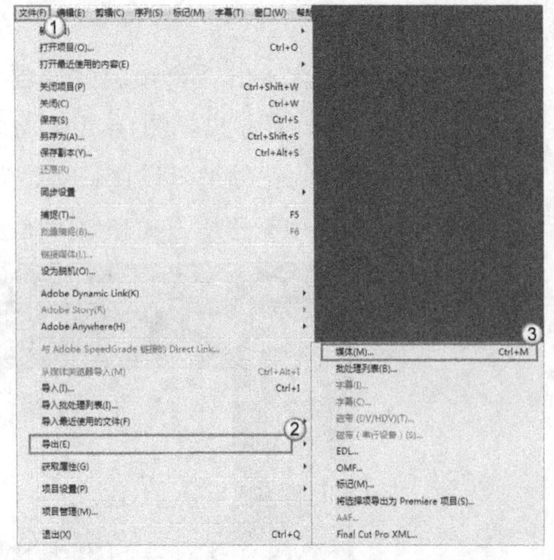

图16-29

03 在打开的“导出设置”对话框中设置“格式”为QuickTime、“预设”为PAL DV，然后设置输出的名称和路径，接着单击“导出”按钮，如图16-30所示。

图16-30

16.4 本章小结

本章介绍了Premiere Pro CC导出的格式和导出的属性设置。导出影片是Premiere Pro CC剪辑的最后一个环节，正确、合理地设置参数不仅可以保证影片的质量，也可以缩短渲染的时间。

16.5 课后习题：导出单帧影片

素材文件　无
学习目标　输出影片的方法

本例主要练习将项目序列中的某帧图像导出为图片，如图16-31所示。

图16-31

操作提示

第1步：先将时间指示器移到需要导出的单帧位置。

第2步：在“基本设置”选项组中取消选中“导出为序列”复选项，这样就可将视频影片导出为单帧影片。

第17章

综合实例

在前面的章节中，读者已经系统学习了Premiere的各种剪辑技术。本章将通过3个综合实例来巩固前面所学的知识和技术，这3个实例分别是影片倒计时片头、公益广告片和生日纪念影碟，讲述Premiere在专业领域和生活中的应用。

知识索引

制作影片倒计时片头

制作公益广告片

制作生日纪念影碟

17.1 制作影片倒计时片头

素材文件　素材文件>第17章>17.1>1~10.jpg、影片.avi 、报时.wav、音乐.wav
学习目标　制作影片倒计时片头的方法

本例将学习制作一个影片倒计时片头，影片的播放效果如图17-1所示。在本实例的制作过程中，首先在项目面板中导入图片素材，然后在时间轴面板中安排好素材的顺序和位置，接着为时间轴面板中的图片素材添加转场特效，制作出动态的图像显示效果，最后在影像的开始位置和结束位置添加关键帧，修改图像显示不透明性，为视频素材制作淡入、淡出的显示效果。

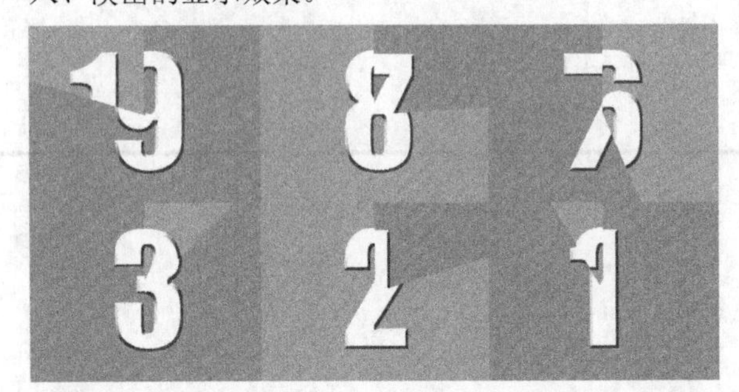

图17-1

17.1.1 导入素材

01 启动Premiere应用程序，在出现的欢迎界面中单击“新建项目”选项按钮，在“新建项目”对话框中设置文件的名称和路径，如图17-2所示。

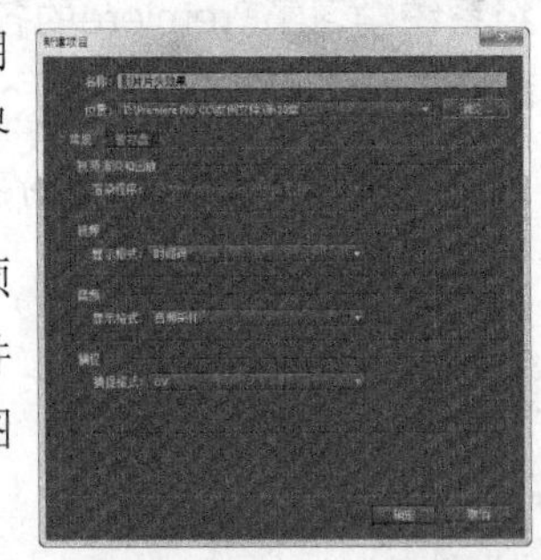

图17-2

02 选择“文件>新建>序列”命令，在“新建序列”对话框中选择“标准32kHz”预设序列，如图17-3所示，然后单击“确定”按钮创建一个序列。

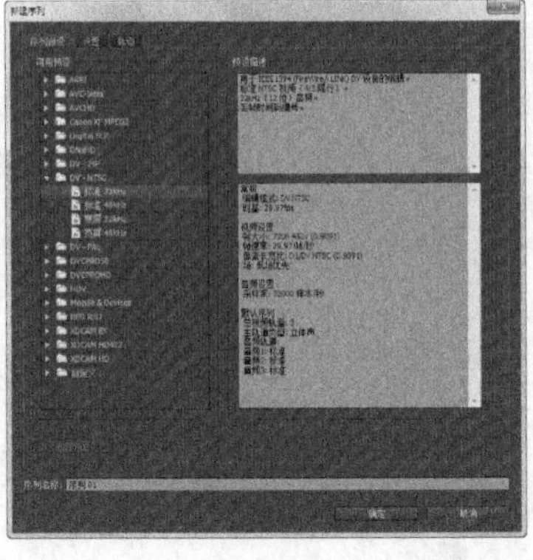

图17-3

03 选择“文件>导入”命令，打开“导入”对话框，然后选择实例需要的素材，如图17-4所示，将选择的素材导入项目文件，如图17-5所示。

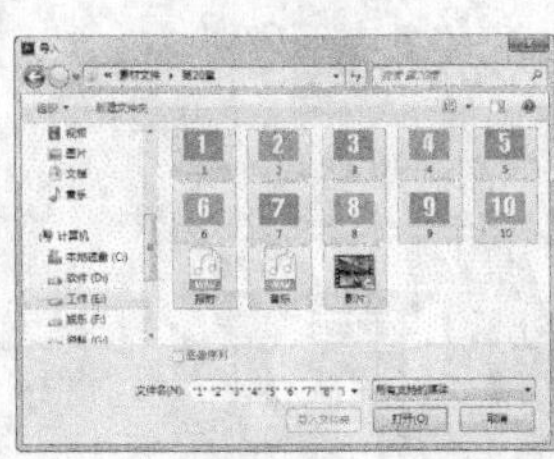

图17-4

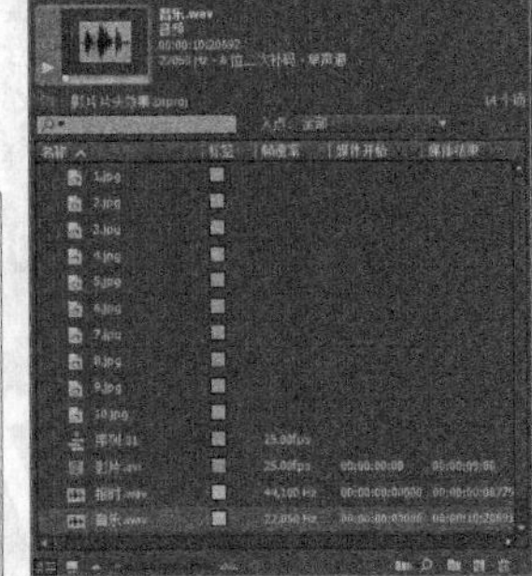

图17-5

04 在项目面板中单击工具栏中的“新建素材箱”按钮，创建一个新文件夹，将其命名为“数字”，如图17-6所示。

05 在项目面板中选择所有的数字图片，然后将这些图片拖入“数字”文件夹，如图17-7所示。

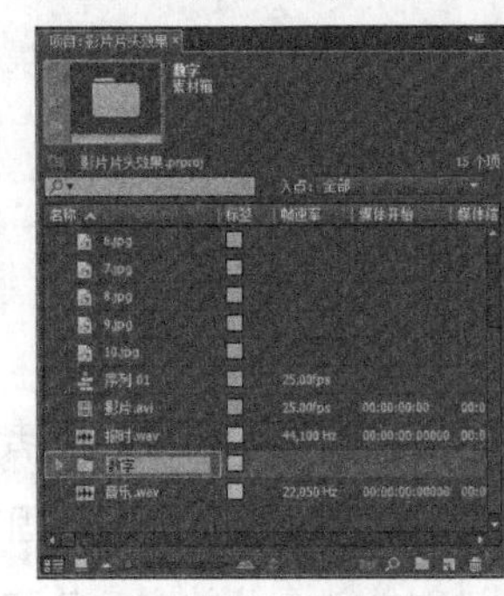

图17-6

图17-7

17.1.2 编辑倒计时素材

01 将“10.jpg”素材添加到时间轴面板的视频2轨道上，将其入点放在00:00:00:00的位置，如图17-8所示。

图17-8

02 在“10.jpg”素材上单击鼠标右键，在打开的快捷菜单中选择“速度/持续时间”命令，如图17-9所示。

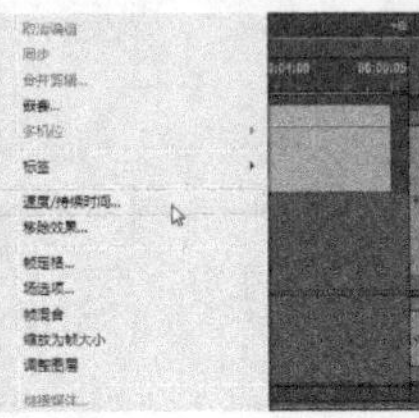

图17-9

03 在打开的“剪辑速度/持续时间”对话框中将素材的持续时间改为2秒，如图17-10所示。

04 将“9.jpg”素材添加到时间轴面板的视频1轨道中，将其入点放在00:00:01:00的位置，然后将其持续时间改为2秒，如图17-11所示。

图17-10

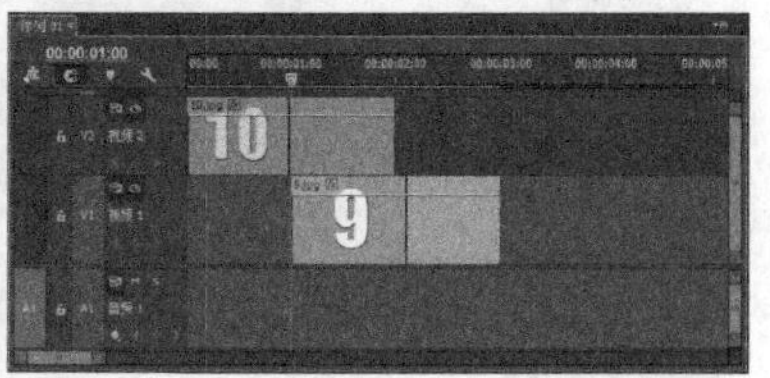

图17-11

05 选择“窗口>效果”命令，在打开的效果面板中展开“视频过渡”文件夹，如图17-12所示。

06 在效果面板中展开“擦除”文件夹，然后选择其中的“时钟式擦除”过渡效果，如图17-13所示。

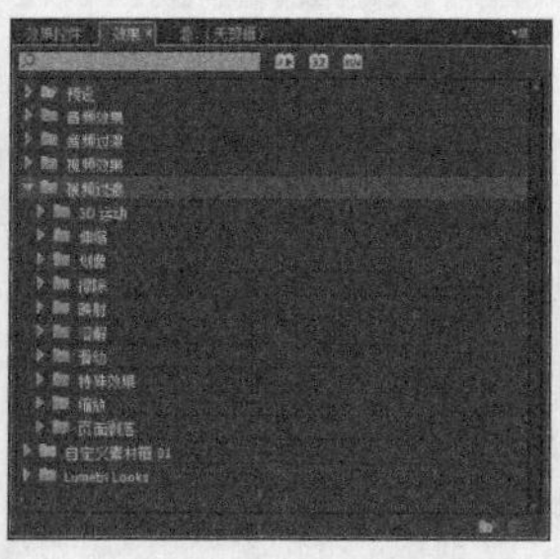

图17-12

图17-13

07 将“时钟式擦除”过渡效果拖动到时间轴面板中的“10.jpg”素材的出点处，在“10.jpg”与“9.jpg”之间添加时钟式擦除过渡效果，如图17-14所示。

08 在节目监视器面板中单击“播放/停止过渡”按钮▶，查看编辑好的视频效果，如图17-15所示。

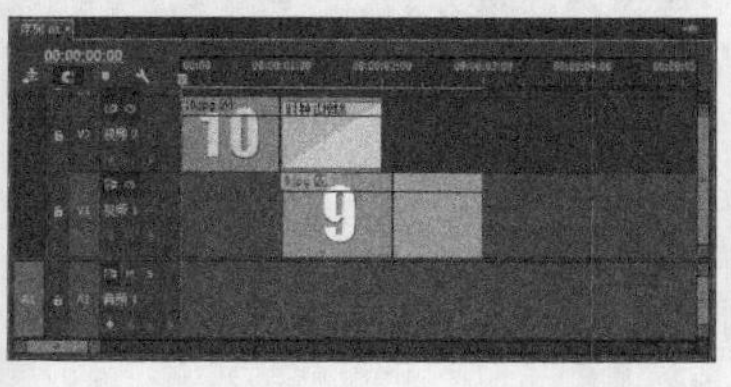

图17-14

图17-15

09 将“8.jpg”素材添加到时间轴面板的视频2轨道中，然后将其持续时间改为2秒，如图17-16所示。

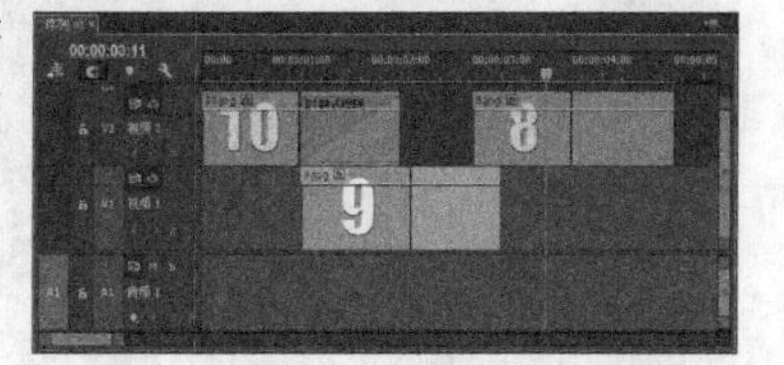

图17-16

10 将“时钟式擦除”过渡效果添加到时间轴面板中的“8.jpg”素材的入点处，如图17-17所示。

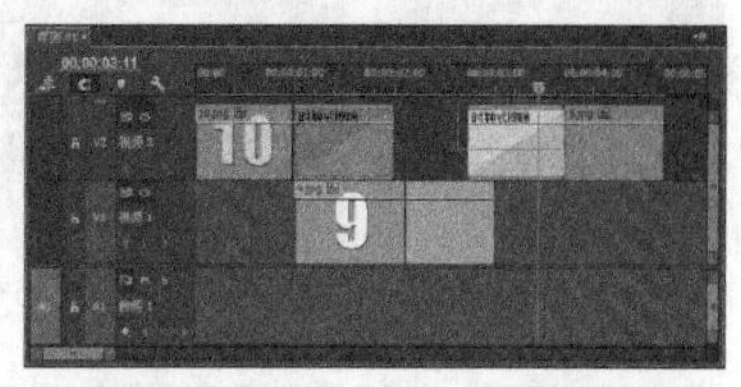

图17-17

11 将时间轴面板中的“8.jpg”素材向左移动，使其入点与“10.jpg”素材的出点相连接，如图17-18所示。

12 在节目监视器面板中单击“播放/停止过渡”按钮▶，查看编辑好的视频效果，如图17-19所示。

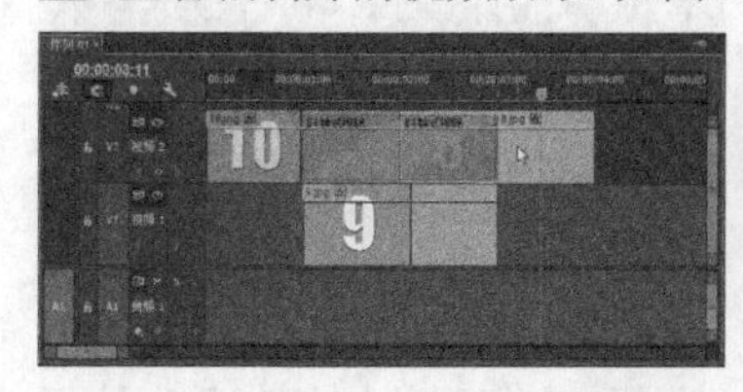

图17-18

图17-19

技巧与提示

在为“8.jpg”素材添加过渡效果之前，不能将“8.jpg”素材的入点与“10.jpg”素材的出点相连接，否则无法在“8.jpg”素材的入点处正确添加过渡效果。

13 将“7.jpg”素材添加到时间轴面板的视频1轨道中，将其持续时间改为2秒，然后将“时钟式擦除”过渡效果添加到时间轴面板中的“8.jpg”素材的出点处，如图17-20所示。

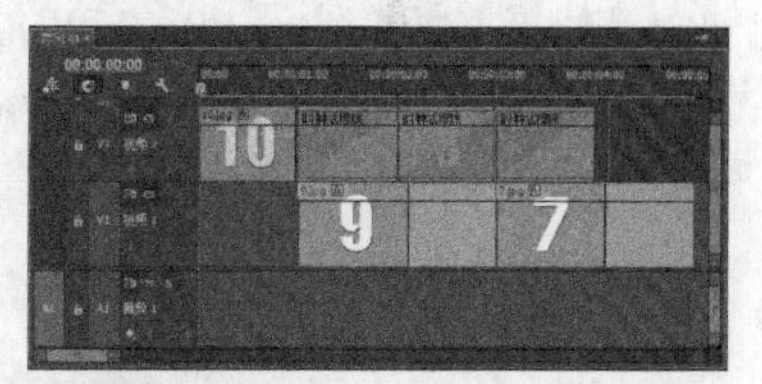

图17-20

14 使用同样的方法将其余的数字素材排列到时间轴窗口中，然后正确添加“时钟式擦除”过渡效果，接着修改各个素材的持续时间为2秒，如图17-21所示。

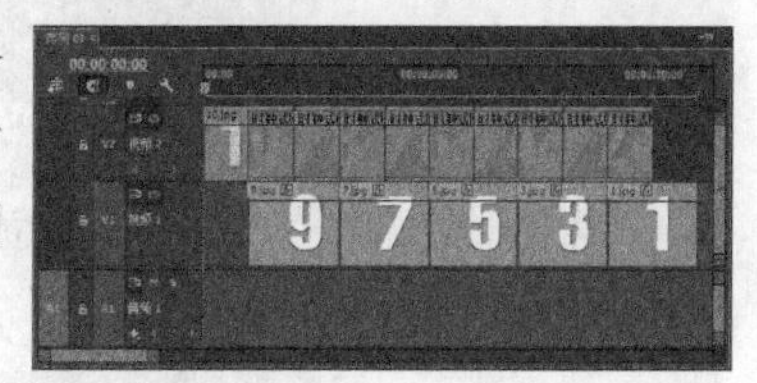

图17-21

15 在节目监视器面板中单击“播放/停止过渡”按钮▶，查看编辑好的倒计时视频效果，如图17-22~图17-24所示。

图17-22

图17-23

图17-24

17.1.3 制作淡入、淡出效果

01 将“影片.avi”素材添加到时间轴面板的视频1轨道上，将其入点放在00:00:11:00的位置，效果如图17-25所示。

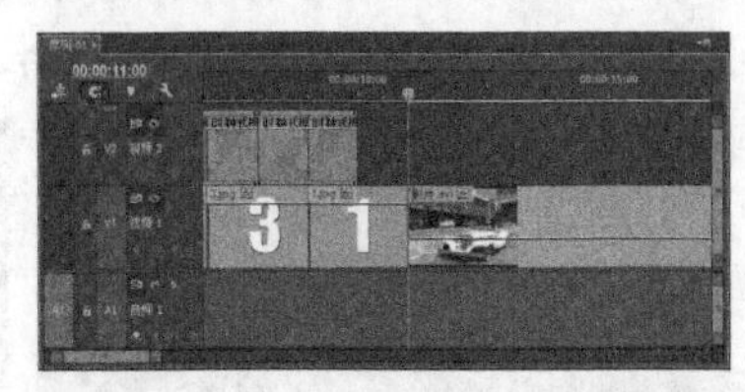

图17-25

02 单击素材上的fx图标，在打开的快捷菜单中选择“不透明度>不透明度”命令，如图17-26所示。

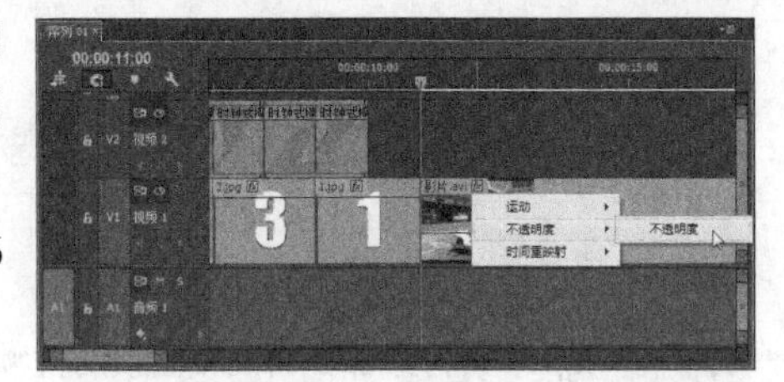

图17-26

03 将时间轴移到00:00:11:00的位置，选择“影片.avi”素材，然后单击“添加/移除关键帧”按钮，在此时间位置为“影片.avi”素材添加一个关键帧，如图17-27所示。

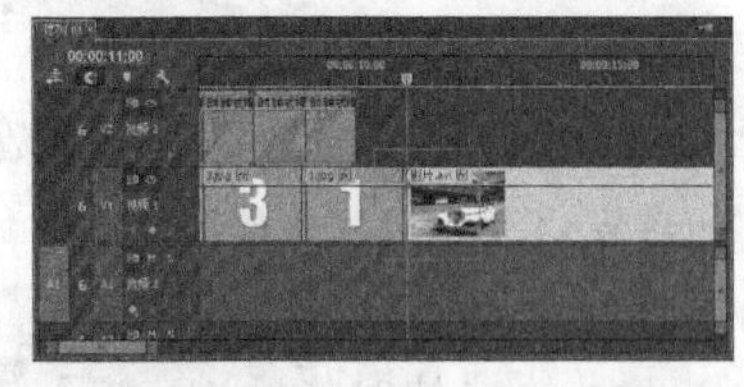

图17-27

04 将时间轴移到00:00:12:00的位置，为“影片.avi”素材添加一个关键帧，如图17-28所示。

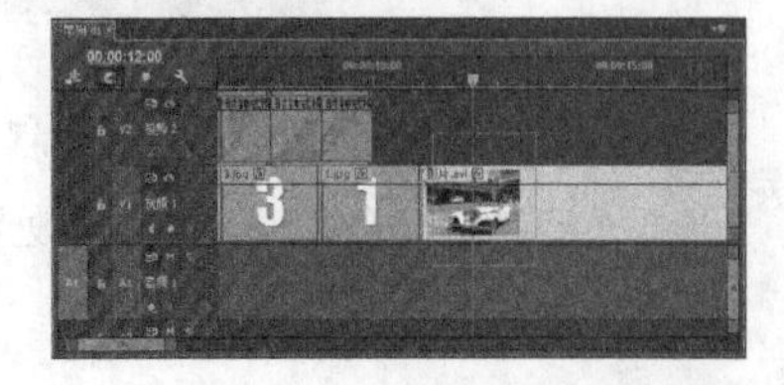

图17-28

05 将00:00:11:00位置的关键帧向下拖动，使该帧的不透明度降为0%，制作该素材的淡入效果，如图17-29所示。

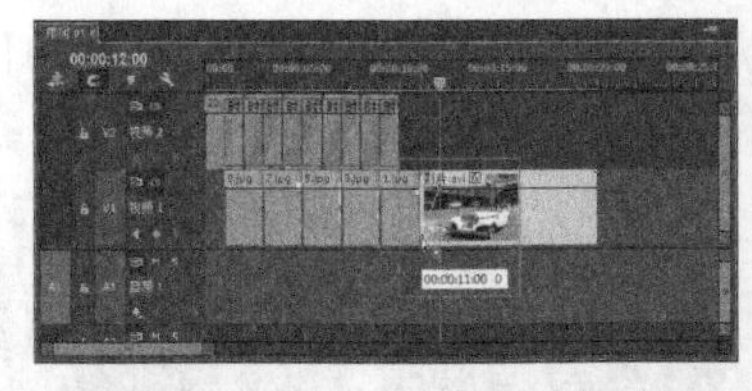

图17-29

06 将时间轴移到00:00:19:00的位置处，为“影片.avi”素材添加一个关键帧，如图17-30所示。

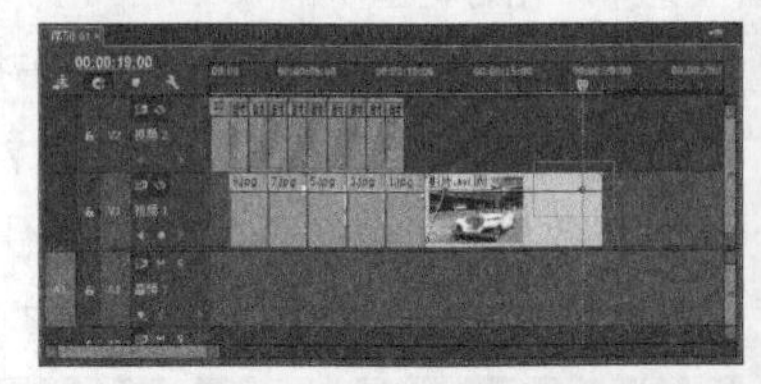

图17-30

07 将时间轴移到00:00:20:00的位置处，为“影片.avi”素材添加一个关键帧，如图17-31所示。

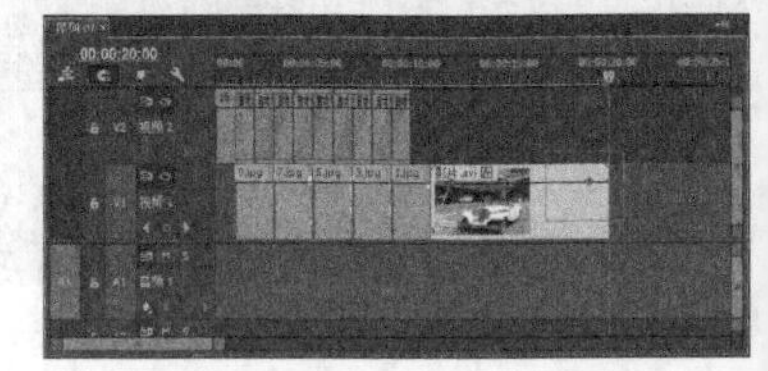

图17-31

08 将00:00:20:00位置的关键帧向下拖动，使该帧的不透明度降为0%，制作该素材的淡出效果，如图17-32所示。

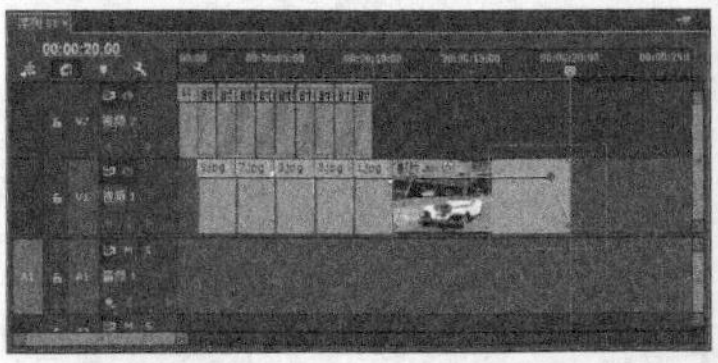

图17-32

09 在节目监视器面板中单击“播放/停止过渡”按钮，查看编辑好的淡出效果，如图17-33和图17-34所示。

图17-33

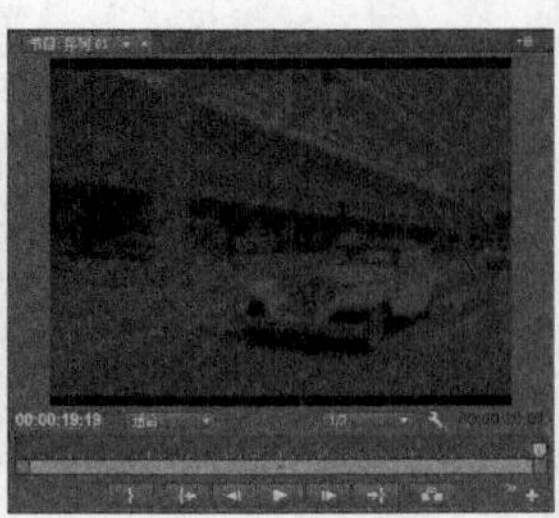

图17-34

17.1.4 添加音频效果

01 将时间轴移动到00:00:01:00的位置，然后将项目面板中的“报时.wav”素材添加到时间轴面板的音频1轨道上，将其入点放置在00:00:01:00的位置，如图17-35所示。

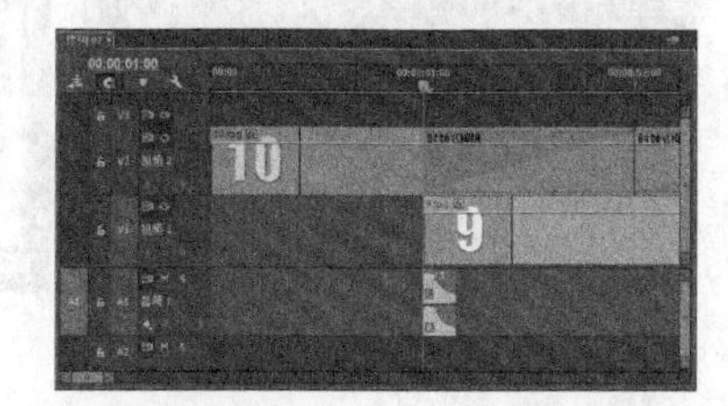

图17-35

02 使用同样的方法，继续将项目面板中的“报时.wav”素材添加到音频1轨道对应的倒计时位置上，如图17-36所示。

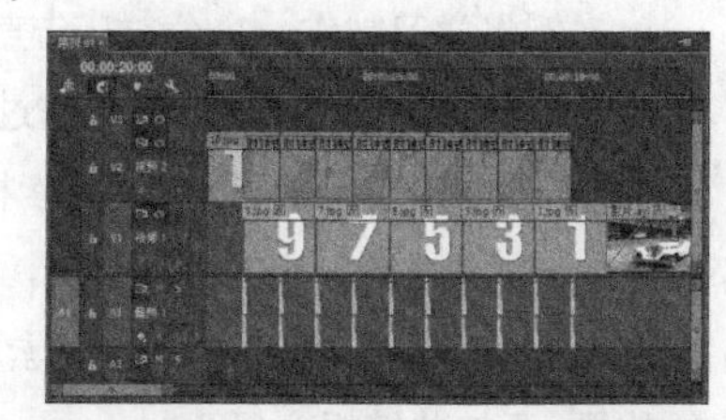

图17-36

03 将时间轴移动到00:00:11:00的位置，然后将项目面板中的“音乐.wav”素材添加到时间轴面板的音频1轨道上，将其入点放置在00:00:11:00的位置，如图17-37所示。

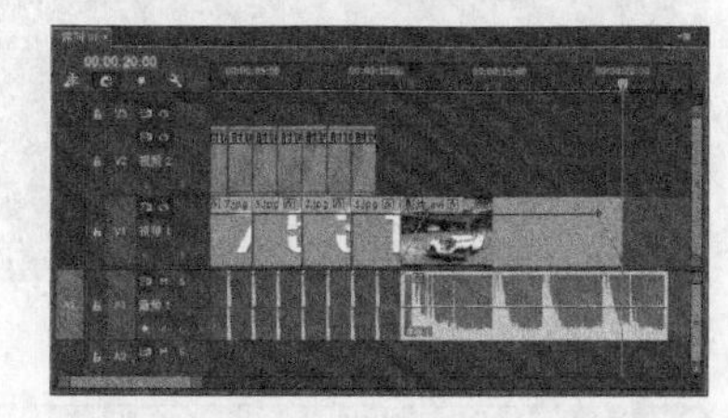

图17-37

04 将时间轴移动到00:00:20:00的位置，单击工具栏的“剃刀工具”按钮，然后在时间为00:00:20:00的位置处单击鼠标，将音频素材切断，如图17-38所示。

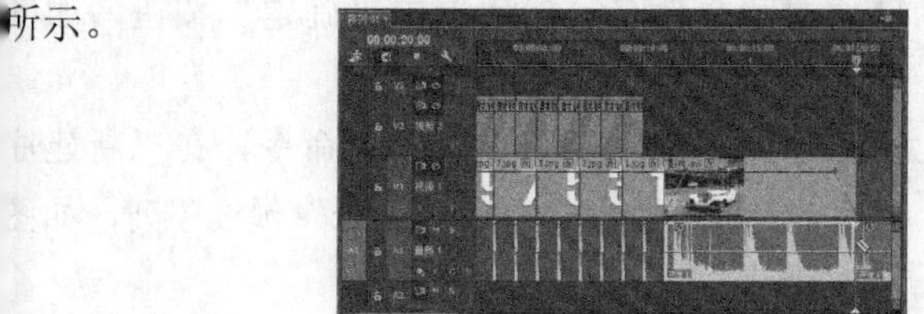

图17-38

05 单击工具栏中的“选择工具”按钮，然后选择音频素材后面的部分，按下Delete键将其清除，如图17-39所示。

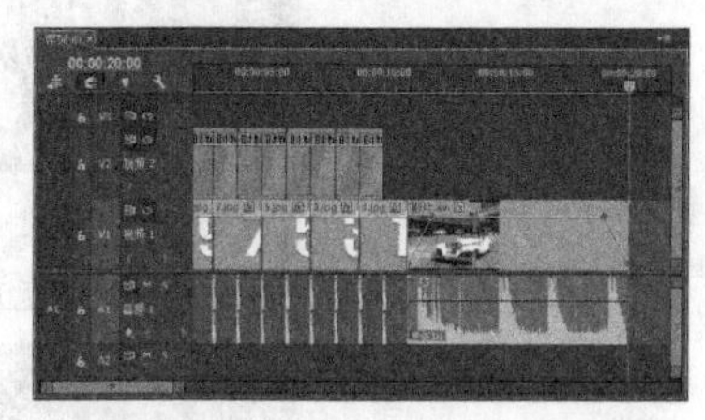

图17-39

06 单击音频1轨道上的fx图标，在打开的命令菜单中选择“音量>级别”命令，如图17-40所示。

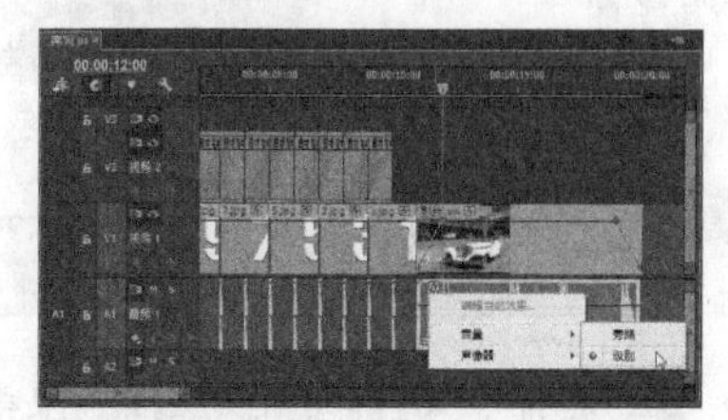

图17-40

07 将时间轴分别拖动到00:00:11:00和00:00:12:00的位置，单击“添加/删除关键帧”按钮，为音频素材添加两个关键帧，如图17-41所示。

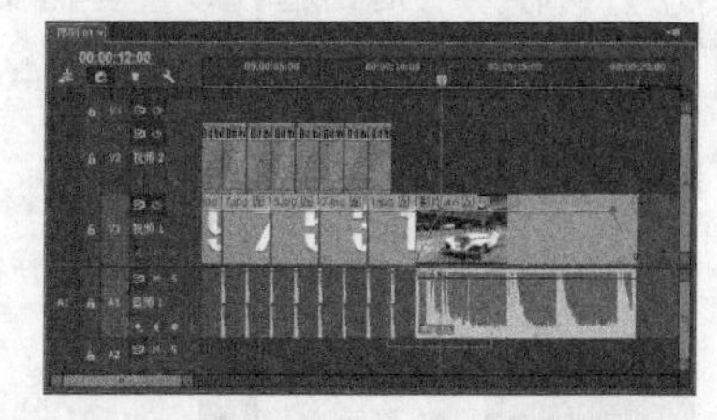

图17-41

08 将音频素材中00:00:11:00位置的关键帧向下拖动到最下端，如图17-42所示，制作出音频的淡入效果。

图17-42

09 将时间轴分别拖动到00:00:19:00和00:00:20:00的位置，单击“添加/删除关键帧”按钮，为音频素材添加两个关键帧，如图17-43所示。

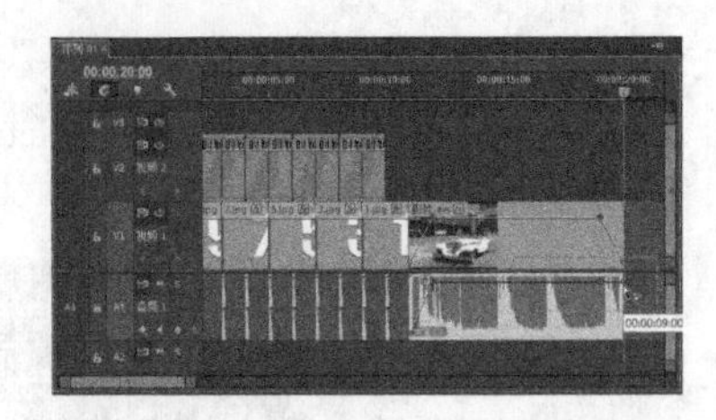

图17-43

10 将音频素材中00:00:20:00位置的关键帧向下拖动到最下端，如图17-44所示，制作出音频的淡出效果，然后按下快捷键Ctrl+S，对项目文件进行保存。

图17-44

17.1.5 输出影片

01 选择“文件>导出>媒体”菜单命令，打开“导出设置”对话框，在“格式”下拉列表框中选择一种影片格式，如图17-45所示。

02 在“输出名称”选项中单击输出的名称，打开“另存为”对话框，设置存储文件的名称和路径后，单击“保存”按钮，如图17-46所示。

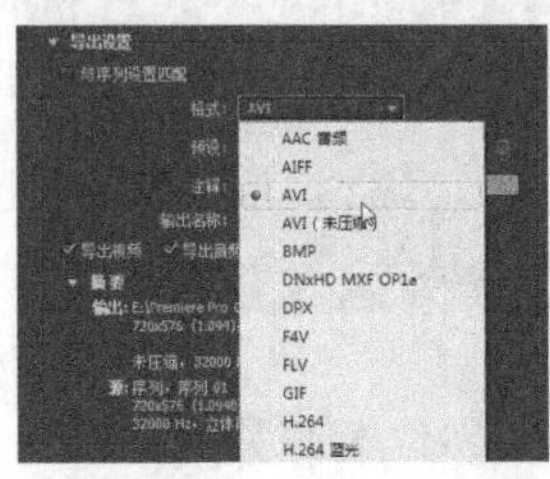

图17-45

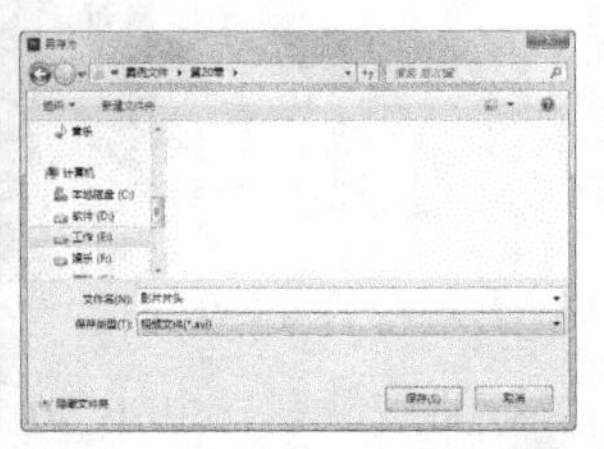

图17-46

03 返回“导出设置”对话框，在“视频”选项卡的“视频编解码器”下拉列表框中选择需要的编码器，如图17-47所示。

04 选择“音频”选项卡，然后在“采样率”下拉列表框中选择“32000Hz”音频采样率，如图17-48所示。

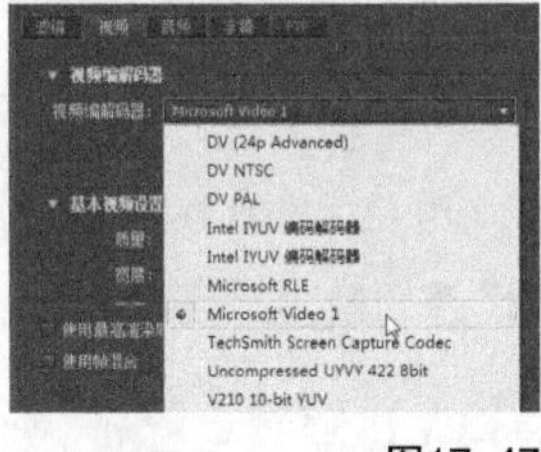

图17-47

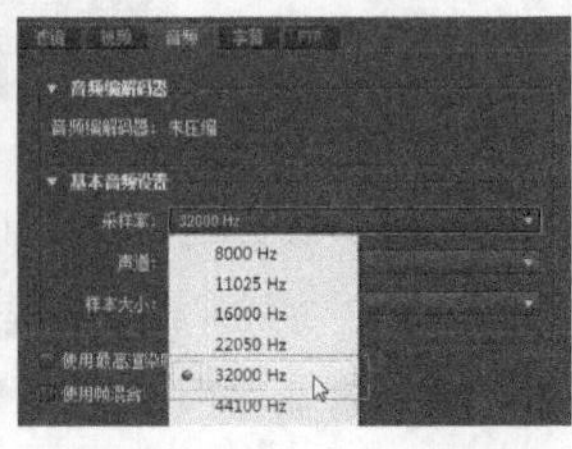

图17-48

05 选择“立体声”声道类型和“16位”采样类型，如图17-49所示。设置好导出参数后，单击“导出”按钮，将项目文件导出为影片文件。

06 将项目文件导出为影片文件后，可以在相应的位置找到导出的文件，并且可以使用媒体播放器对该文件进行播放，如图17-50所示。

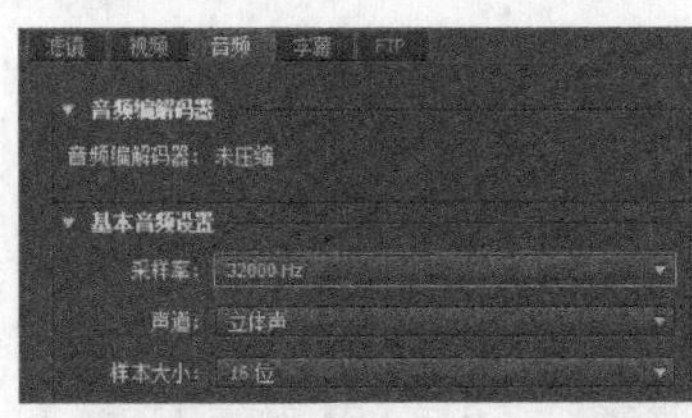

图17-49

图17-50

17.2 制作公益广告片

素材文件　素材文件>第17章>17.2>闪光.avi、音乐.wav、鸽子.png、手.png、心.png
学习目标　制作公益广告宣传片的方法

本例将学习制作一个公益广告宣传片，影片的播放效果如图17-51所示。在本例的制作过程中，首先需要导入素材，再创建字幕素材，然后将素材添加到时间轴面板中进行编辑。在影片编辑过程中，可以适当缩放各个素材，使其变为需要的大小，再对素材制作淡入、淡出的效果，添加并编辑音频素材。

图17-51

17.2.1 创建项目文件

01 启动Premiere应用程序，选择“文件>新建>项目”命令，在“新建项目”对话框中设置项目的存储位置和文件名，然后单击“确定”按钮，如图17-52所示。

02 选择“文件>新建>序列”命令，在“新建序列”对话框中选择“标准32kHz”预设序列，如图17-53所示。

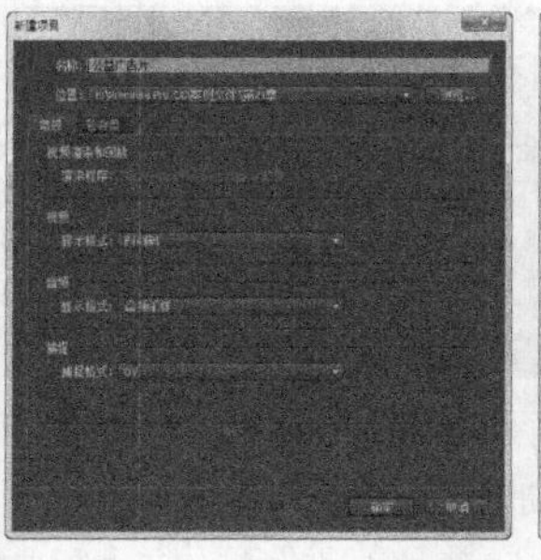

图17-52　图17-53

03 选择“设置”选项卡，设置编辑模式、时基和音频的采样率等参数，如图17-54所示，然后单击“确定”按钮进入Premiere的工作界面。

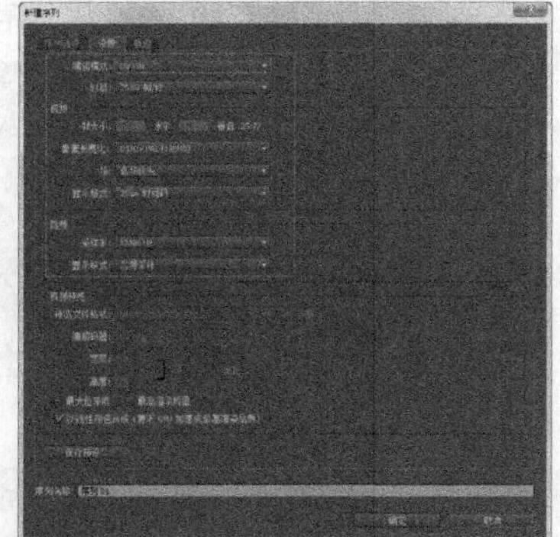

图17-54

17.2.2 创建素材

01 选择“文件>导入”菜单命令，打开“导入”对话框，然后选择实例需要的素材，如图17-55所示。将选择的素材导入项目文件，如图17-56所示。

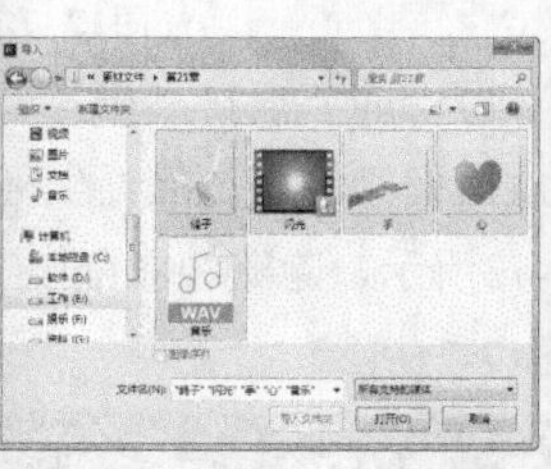

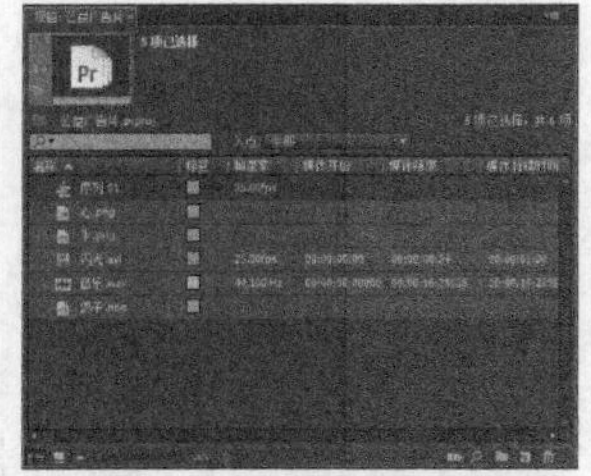

图17-55　图17-56

02 选择“文件>新建>字幕”菜单命令，打开“新建字幕”对话框，新建一个名为“字幕01”的字幕文件，如图17-57所示。确定后打开字幕窗口，如图17-58所示。

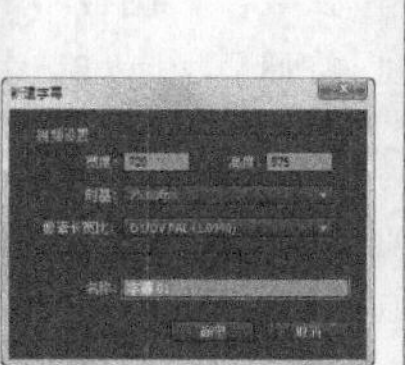

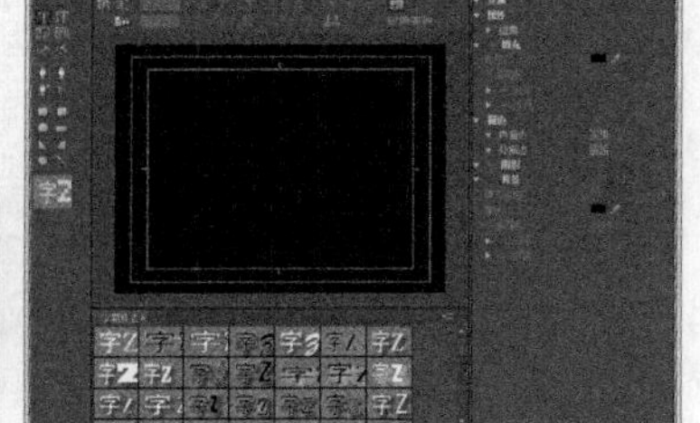

图17-57　图17-58

03 在文字工具栏中单击“文字工具”按钮T，然后在字幕预览区中单击鼠标并输入文字“奉献爱”，如图17-59所示。

04 在文字属性栏中设置文字的字体为“行楷体”、字体大小为80，保持其他参数不变，如图17-60所示。

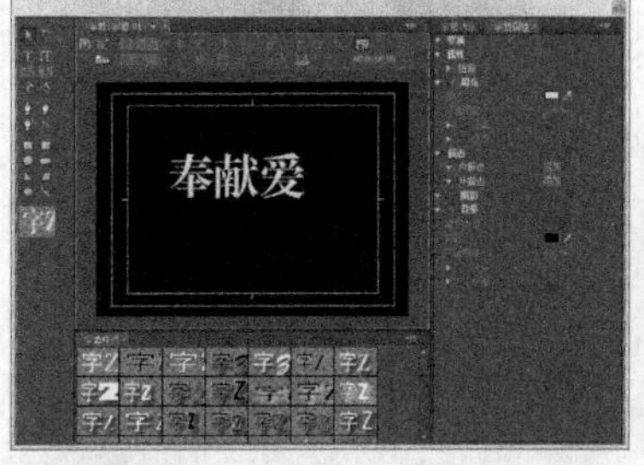

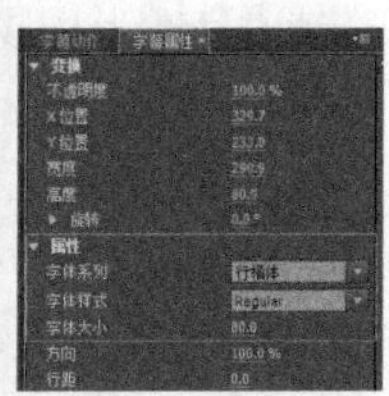

图17-59　图17-60

05 关闭字幕窗口，创建的字幕文件将生成在项目面板中，如图17-61所示。

06 使用同样的方法创建一个名为“字幕02”的字幕文件，文字内容为“放飞生命”，属性参数与字幕01相同，如图17-62所示。

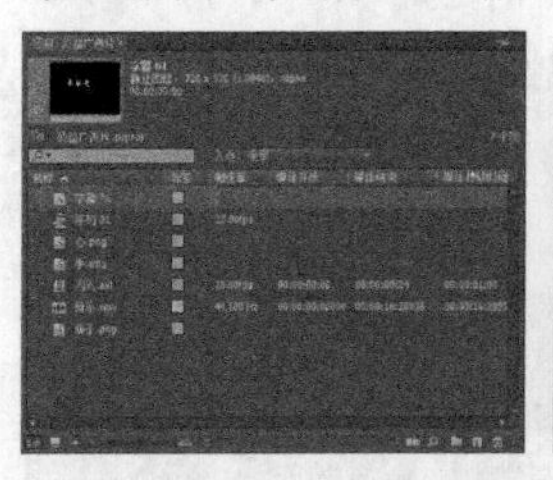

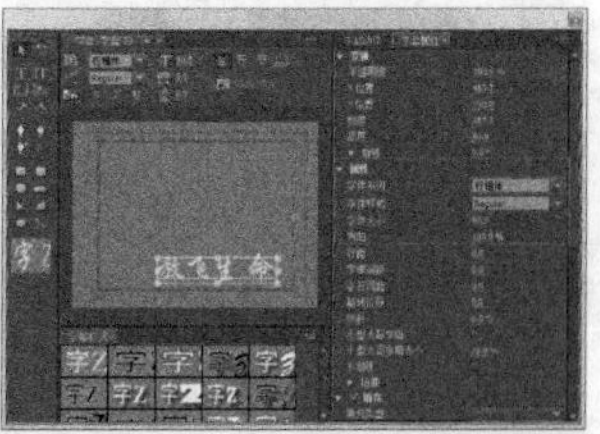

图17-61　图17-62

17.2.3 组接影片素材

01 将“闪光.avi”素材添加到时间轴面板的视频1轨道上，将其入点放在00:00:00:00的位置，如图17-63所示。

图17-63

02 在“闪光.avi”素材上单击鼠标右键，在打开的快捷菜单中选择“速度/持续时间”命令，如图17-64所示。

03 在打开的“剪辑速度/持续时间”对话框中将素材的持续时间改为3秒，如图17-65所示。

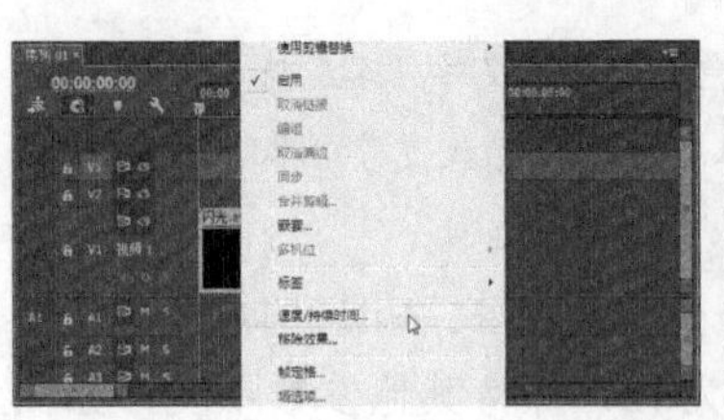

图17-64 图17-65

04 将“手.png”素材添加到时间轴面板的视频2轨道中，将其入点放在00:00:00:00的位置，然后将其持续时间改为10秒，如图17-66所示。

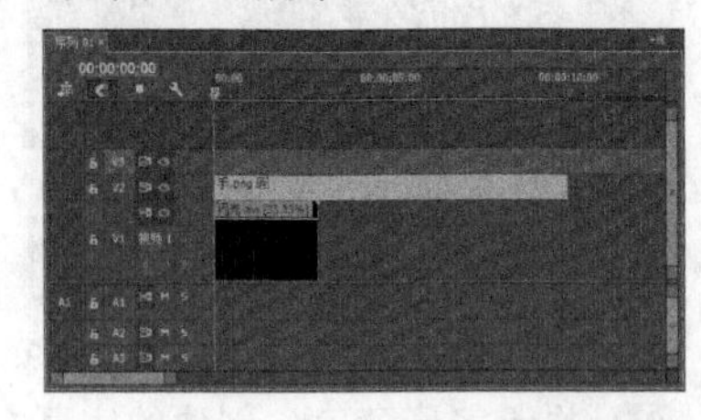

图17-66

05 将“鸽子.png”素材添加到时间轴面板的视频3轨道中，将其入点放在00:00:00:00的位置，然后将其持续时间改为10秒，如图17-67所示。

06 选择“序列>添加轨道”菜单命令，打开“添加轨道”对话框，设置添加视频轨道的数量为3，如图17-68所示，然后进行确定，为时间轴面板添加3个视频轨道。

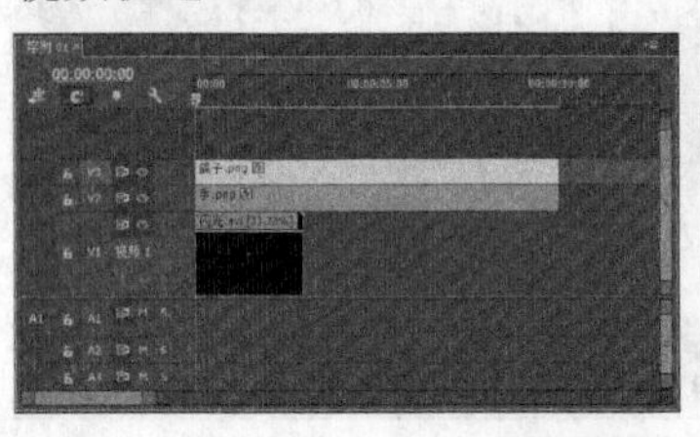

图17-67 图17-68

07 将“字幕01.prtl”素材添加到时间轴面板的视频4轨道中，将其入点放在00:00:03:00的位置，然后将其持续时间改为7秒，如图17-69所示。

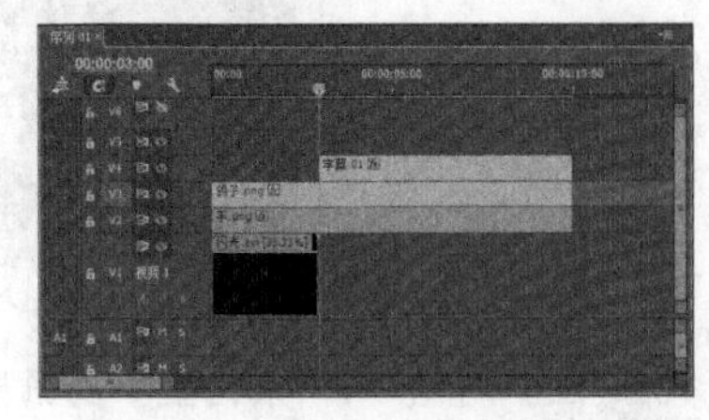

图17-69

08 将“字幕02.prtl”素材添加到时间轴面板的视频5轨道中，将其入点放在00:00:05:00的位置，然后将其持续时间改为5秒，如图17-70所示。

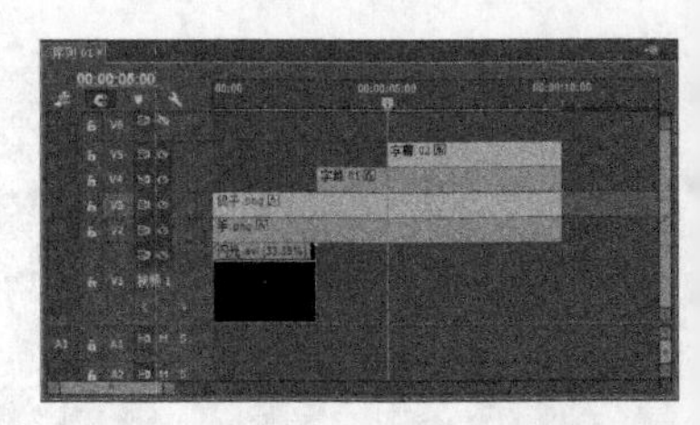

图17-70

09 将“心.png”素材添加到时间轴面板的视频6轨道中，将其入点放在00:00:04:00的位置，然后将其持续时间改为6秒，如图17-71所示。

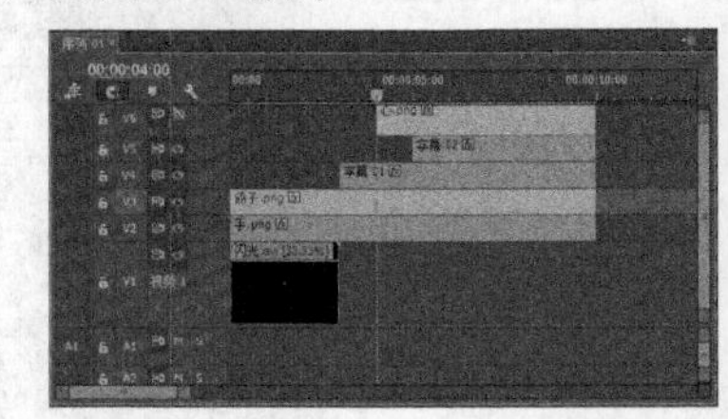

图17-71

17.2.4 编辑影片素材

01 选择视频1轨道上的“闪光.avi”素材，然后选择“窗口>效果控件”菜单命令，打开效果控件面板，设置素材的缩放比例为170%，如图17-72所示。

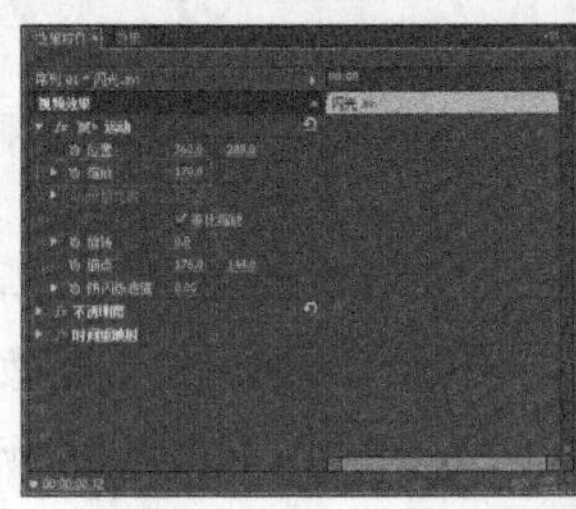

图17-72

02 选择视频3轨道上的“鸽子.png”素材，在效果控件面板中设置素材的缩放比例为25%，位置坐标为“412，223”，如图17-73所示，隐藏视频6轨道上的素材后的视频效果如图17-74所示。

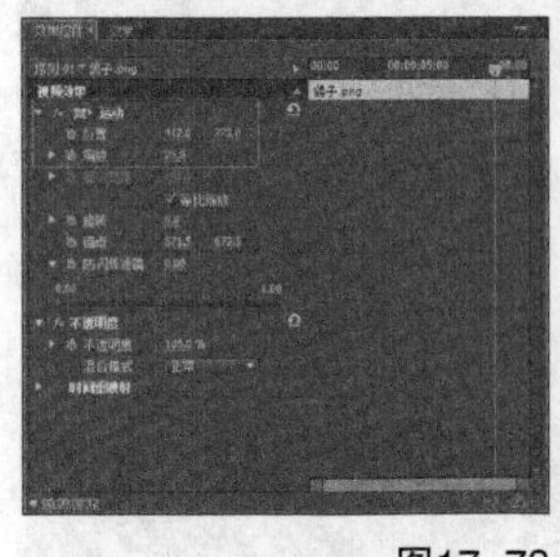

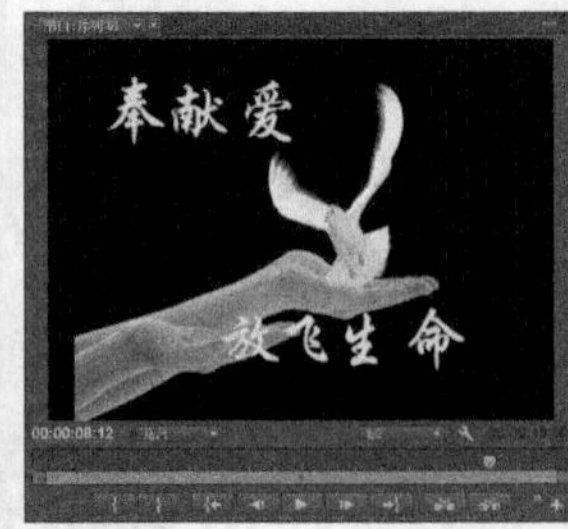

图17-73 图17-74

03 选择视频6轨道上的“心.png”素材，在效果控件面板中设置素材的缩放比例为25%，位置坐标为“428，112”，如图17-75所示，视频效果如图17-76所示。

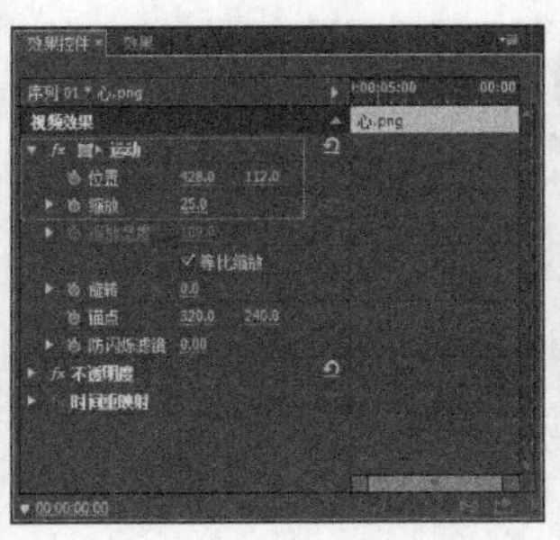

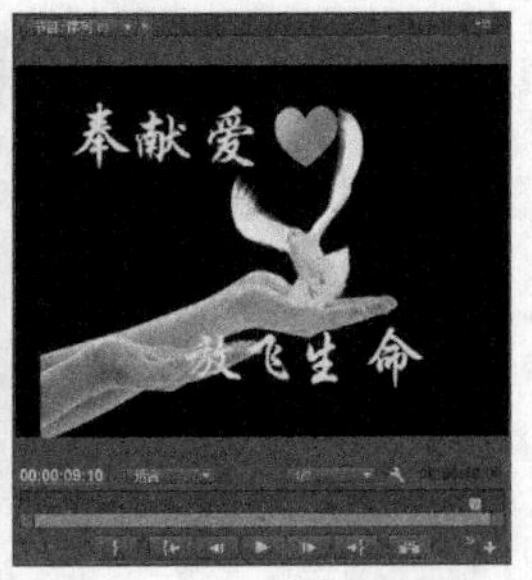

图17-75　　图17-76

04 选择视频2轨道上的“手.png”素材，在时间为00:00:00:00的位置为“不透明度”选项添加一个关键帧，设置不透明度为0%，如图17-77所示。

05 在时间为00:00:01:00的位置为“不透明度”选项添加一个关键帧，设置不透明度为100%，如图17-78所示。

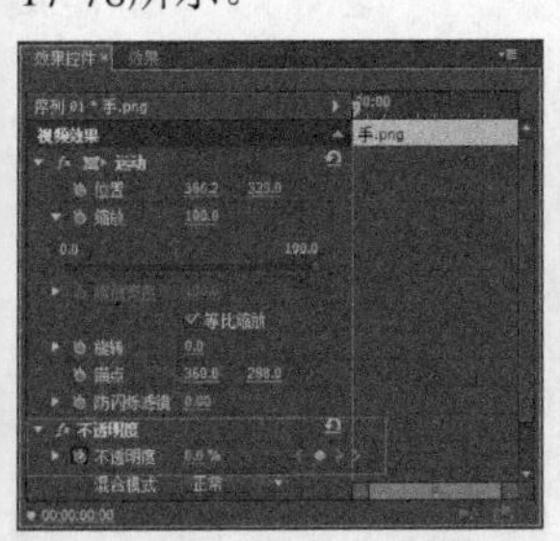

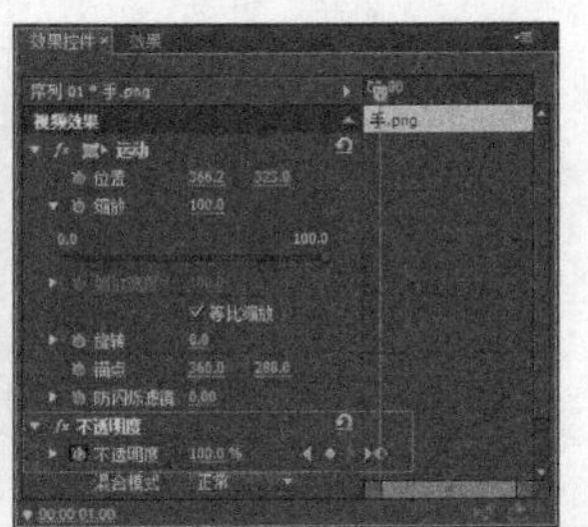

图17-77　　图17-78

06 选择视频3轨道上的“鸽子.png”素材，在时间为00:00:00:00的位置为“不透明度”选项添加一个关键帧，设置不透明度为0%，如图17-79所示。

07 在时间为00:00:01:00的位置为“不透明度”选项添加一个关键帧，设置不透明度为100%，如图17-80所示。

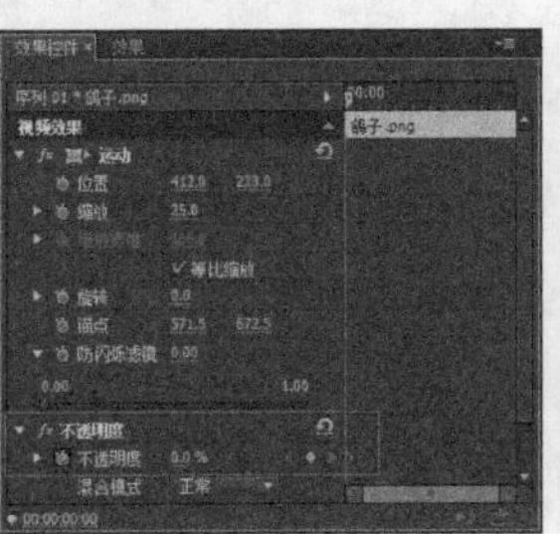

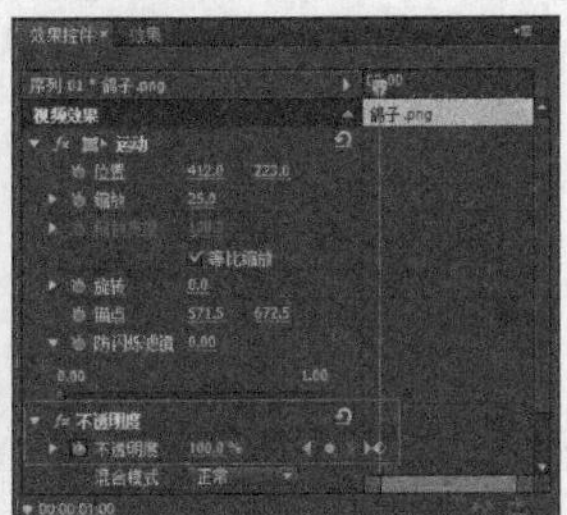

图17-79　　图17-80

08 选择效果面板，展开“视频过渡”文件夹，展开“擦除”文件夹，然后选择“划出”选项，如图17-81所示。

图17-81

09 将“划出”过渡效果添加到时间轴面板中视频4轨道的“字幕02.prtl”素材的入点处，如图17-82所示。

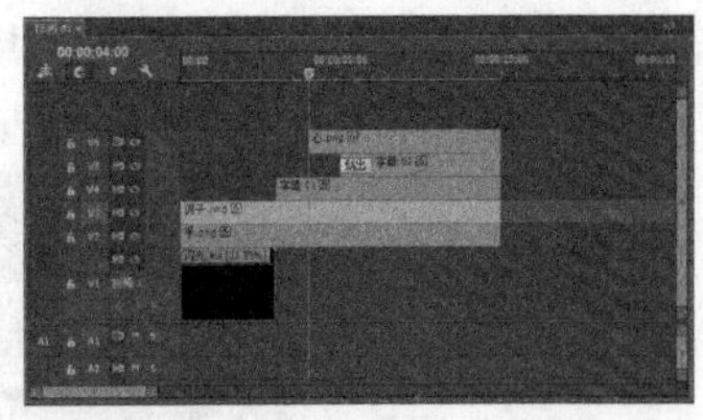

图17-82

10 展开时间轴面板中的视频6轨道，显示关键帧控件按钮，如图17-83所示。

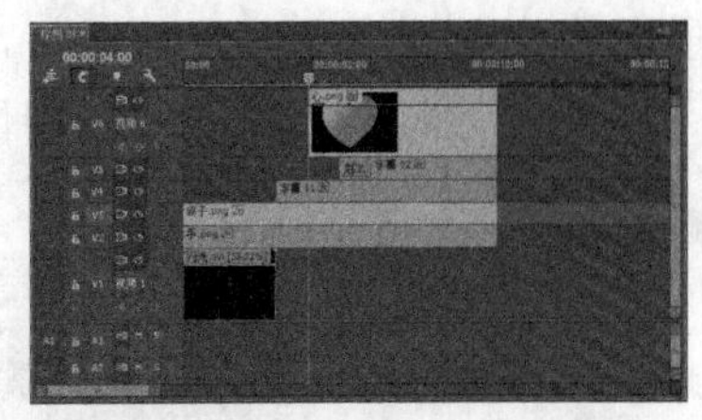

图17-83

11 将时间轴移到00:00:04:00的位置，选择“心.png”素材，然后单击“添加/移除关键帧”按钮◆，在此时间位置为“心.png”素材添加一个关键帧，如图17-84所示。

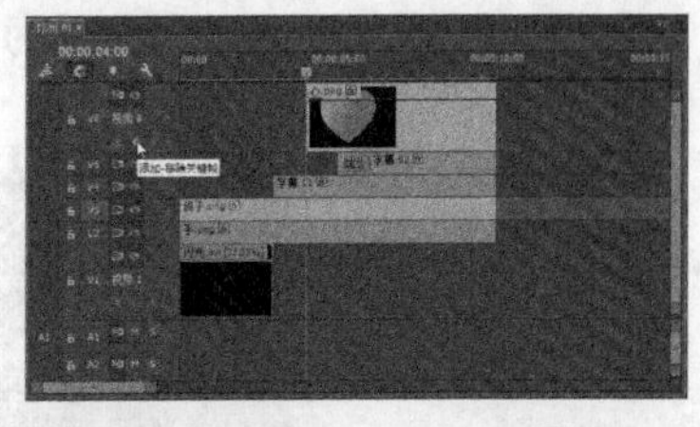

图17-84

12 在00:00:05:00的位置为“心.png”素材添加一个关键帧，如图17-85所示，然后将00:00:04:00位置的关键帧向下拖动，使该帧的不透明度降为0%，如图17-86所示。

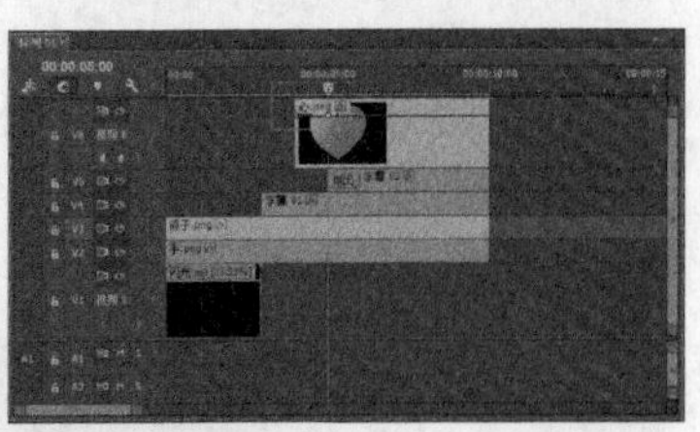

图17-85

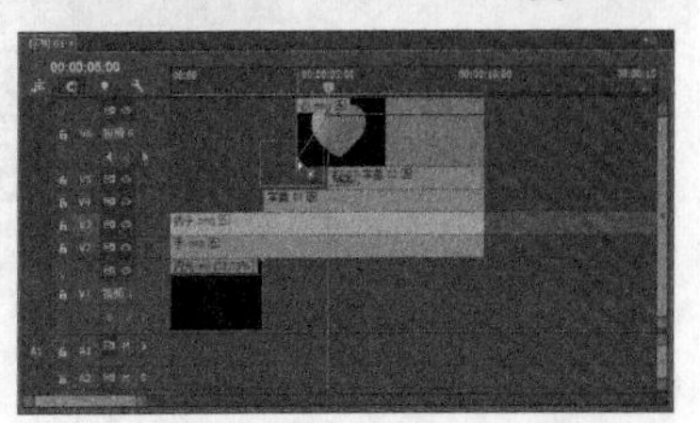

图17-86

17.2.5 编辑音频素材

01 将“音乐.wav”素材添加到时间轴面板中的音频1轨道上，将其入点放在00:00:00:00的位置，如图17-87所示。

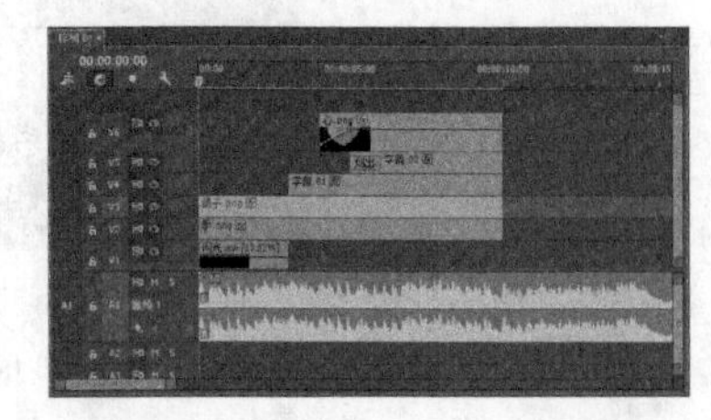

图17-87

02 将时间轴移到第10秒的位置，单击工具栏中的“剃刀工具”按钮，在此时间位置将音频素材切割开，如图17-88所示。

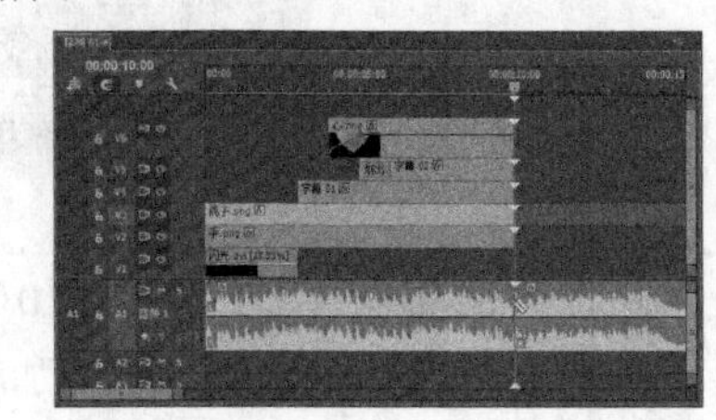

图17-88

03 删除后半部分的音频素材，然后在时间分别为00:00:00:00和00:00:01:00的位置为音频素材各添加一个关键帧，如图17-89所示。

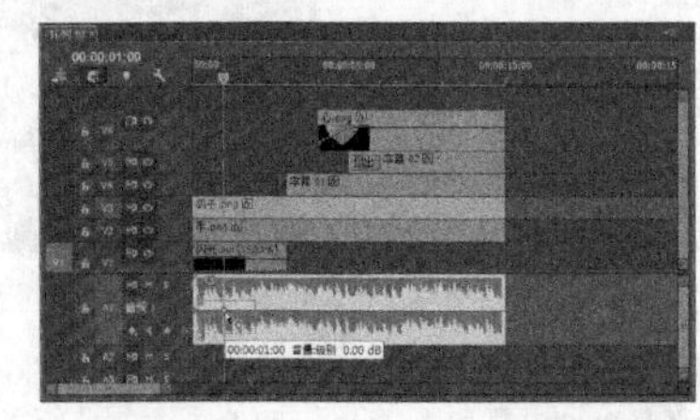

图17-89

04 将音频素材中的第一个关键帧向下拖动，使该帧的音量降为0，制作出声音淡入的效果，如图17-90所示。

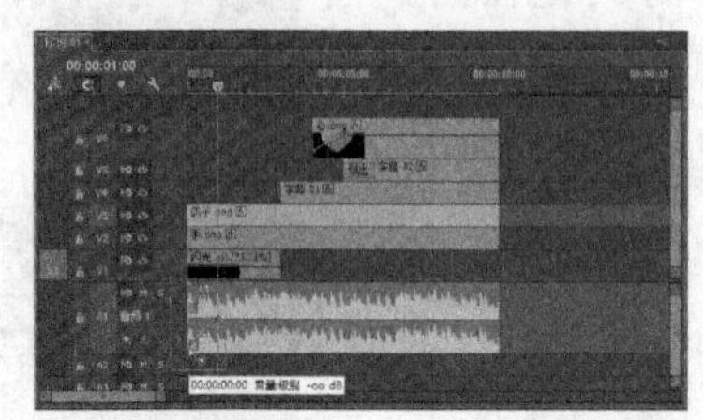

图17-90

17.2.6 输出影片文件

01 选择“文件>导出>媒体”菜单命令，打开“导出设置”对话框，在“格式”下拉列表框中选择一种影片格式，如图17-91所示。

02 在“输出名称”选项中单击输出的名称，打开“另存为”对话框，设置存储文件的名称和路径后，单击“保存”按钮，如图17-92所示。

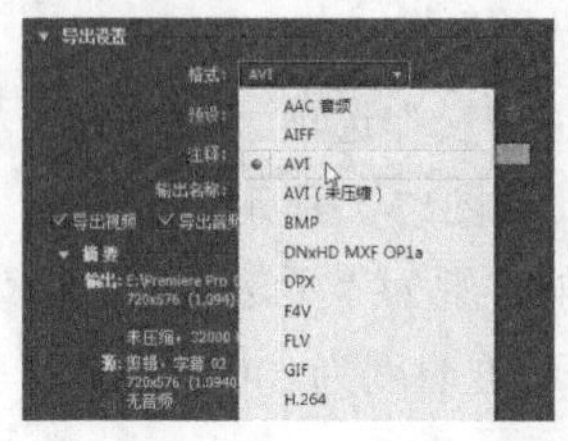

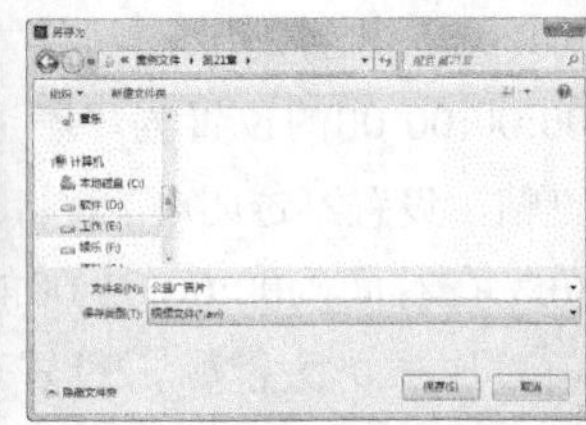

图17-91 图17-92

03 返回“导出设置”对话框，在“视频”选项卡中的“视频编解码器”下拉列表框中选择需要的编码器，如图17-93所示。

04 选择“音频”选项卡，在“采样率”下拉列表框中选择音频采样率，如图17-94所示。

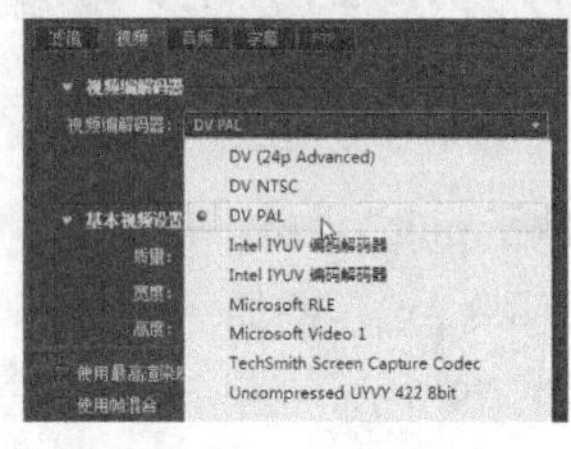

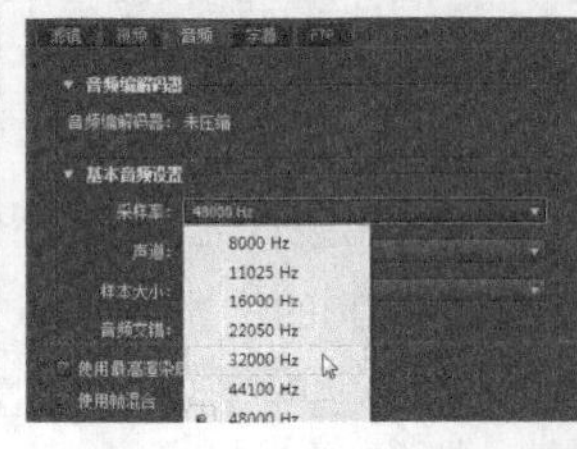

图17-93 图17-94

05 选择声道类型和采样类型，如图17-95所示，设置好导出参数后，单击“导出”按钮，将项目文件导出为影片文件。

06 将项目文件导出为影片文件后，可以在相应的位置找到导出的文件，并且可以使用媒体播放器对该文件进行播放，如图17-96所示。

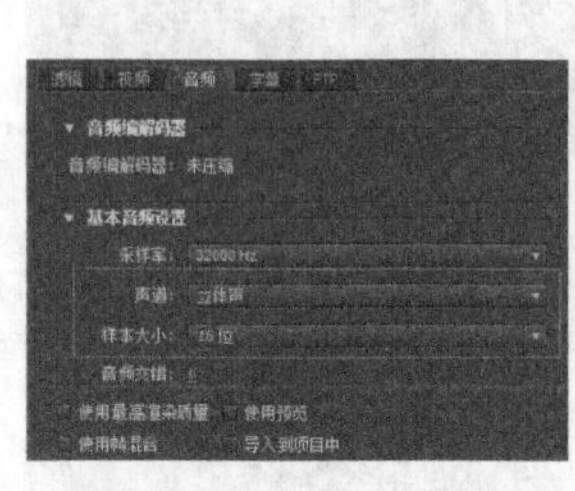

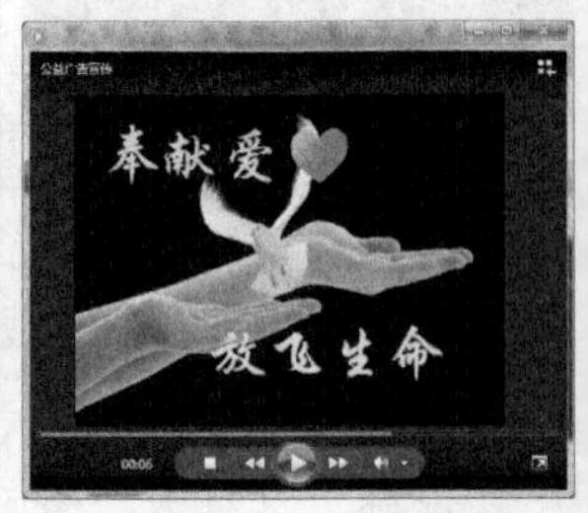

图17-95 图17-96

17.3 制作生日纪念影碟

素材文件 素材文件>第17章>17.3>音乐、光影、背景和照片素材
学习目标 制作生日纪念影碟的方法

本例将学习制作一张生日纪念影碟，影片的播放效果如图17-97所示。在本例的制作过程中，首先需要导入素材，然后创建彩色遮罩和字幕对象，再通过时间轴面板进行影片编辑。在影片编辑过程中，可以先编辑背景影片，接着进行片头字幕编辑，再进行照片效果编辑。为了丰富影片效果，可以对照片添加视频效果，或是对照片添加运动效果。在处理影片的过渡时，可以在各素材间添加视频过渡，或是对素材制作淡入、淡出的效果。

图17-97

17.3.1 导入影片素材

01 启动Premiere应用程序，选择“文件>新建>项目”命令，然后在打开的“新建项目”对话框中设置文件的名称，如图17-98所示。

02 选择“文件>新建>序列”命令，打开“新建序列”对话框，选择“标准32kHz”预设类型，然后在“设置”选项卡中设置编辑模式、时基和视频大小等参数，如图17-99所示。

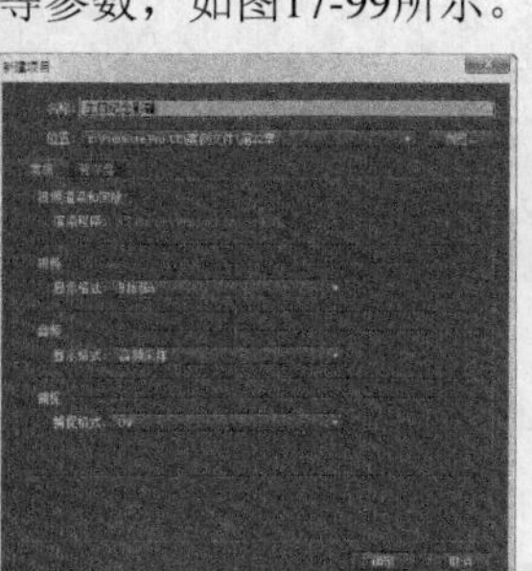

图17-98

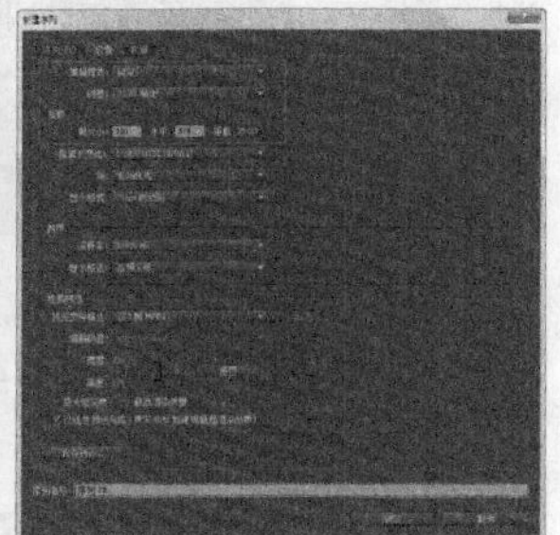

图17-99

03 选择“文件>导入”命令，打开“导入”对话框，然后选择实例需要的素材，如图17-100所示，将选择的素材导入项目文件，如图17-101所示。

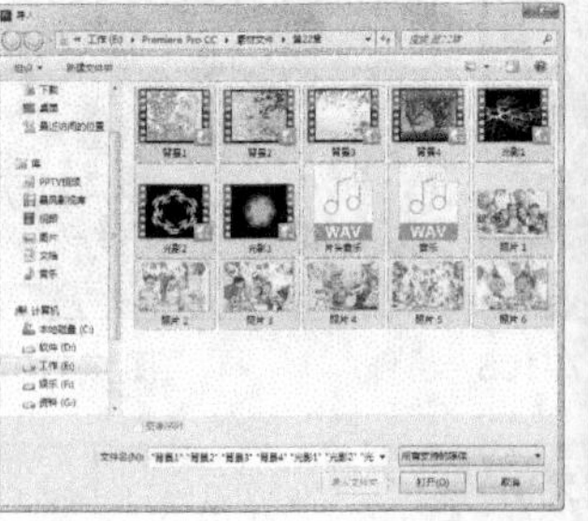

图17-100

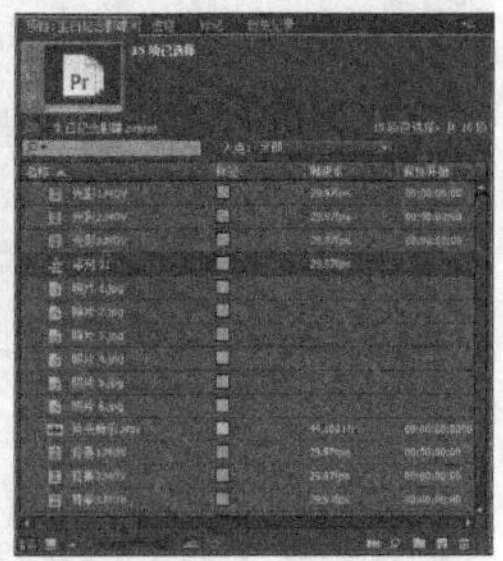

图17-101

04 在项目面板中单击“新建素材箱”按钮，创建4个新文件夹，分别命名为“光影”“照片”“背景”和“音乐”，如图17-102所示。

05 将项目面板中的素材分别拖入对应的文件夹中，对项目中的文件进行分类管理，如图17-103所示。

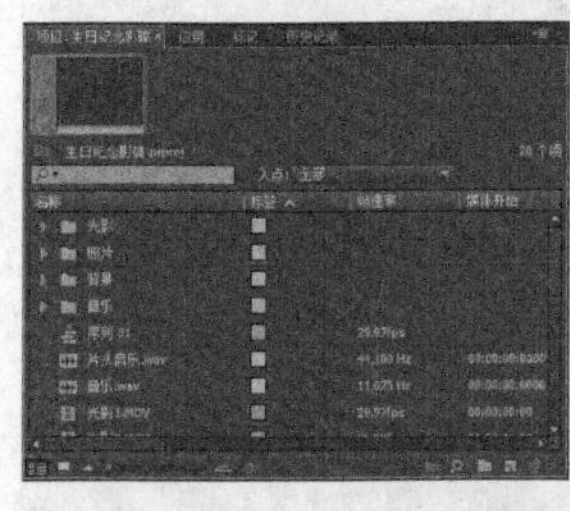

图17-102

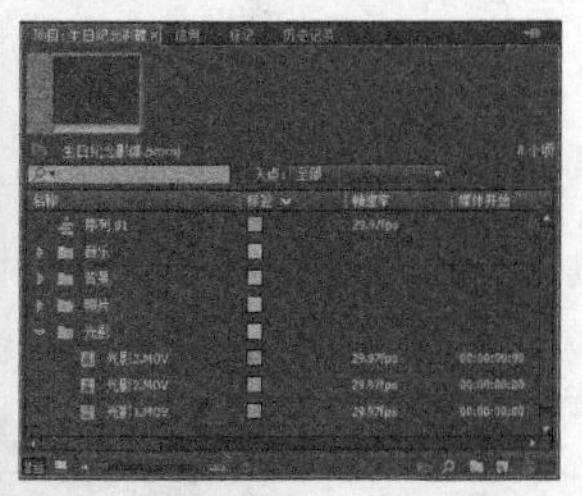

图17-103

17.3.2 创建背景素材

01 选择“文件>新建>颜色遮罩”命令，打开“新建颜色遮罩”对话框，设置颜色遮罩的宽度和高度并确定，如图17-104所示。

02 在打开的“拾色器”对话框中设置颜色遮罩的颜色为红色，如图17-105所示。

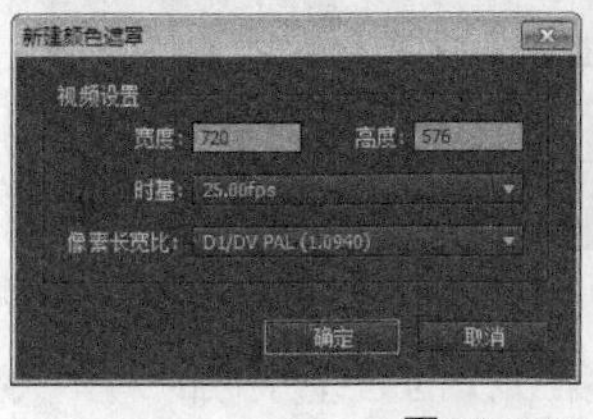

图17-104

图17-105

03 在“拾色器”对话框中单击“确定”按钮，即可新建一个颜色遮罩，并生成在项目面板中，如图17-106所示。

04 选中颜色遮罩对象，然后选择“剪辑>速度/持续时间”命令，打开“剪辑速度/持续时间”对话框，接着设置颜色遮罩的持续时间为8秒，如图17-107所示。

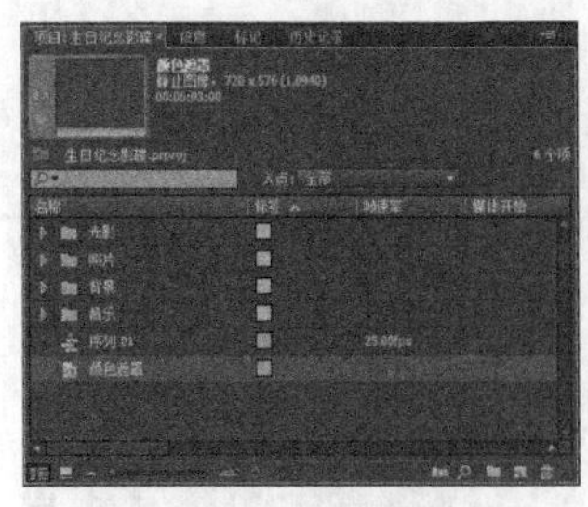
图17-106

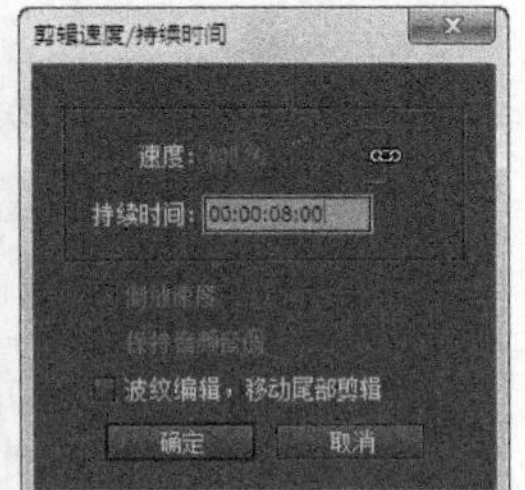

图17-107

17.3.3 编辑背景素材

01 选择“序列>添加轨道”命令，打开“添加轨道”对话框，设置添加视频轨道数为1，如图17-108所示。

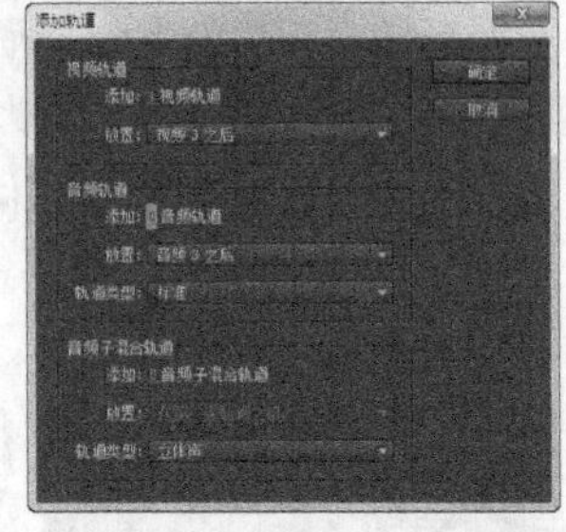

图17-108

02 在“添加轨道”对话框中单击“确定”按钮，即可在时间轴面板中添加一个视频轨道，使其视频轨道数为4，如图17-109所示。

图17-109

03 将创建的颜色遮罩添加到时间轴面板的视频1轨道中，设置其入点在第0秒的位置，如图17-110所示。

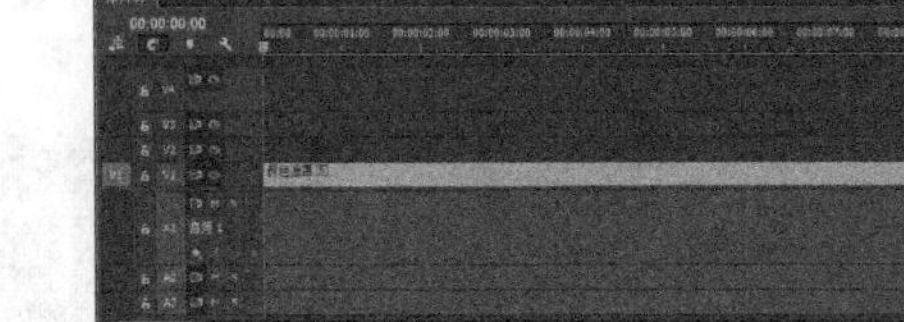
图17-110

04 展开视频轨道，在第0秒的位置添加一个关键帧，然后将时间指示器移到第1秒的位置，接着添加一个关键帧，如图17-111所示。

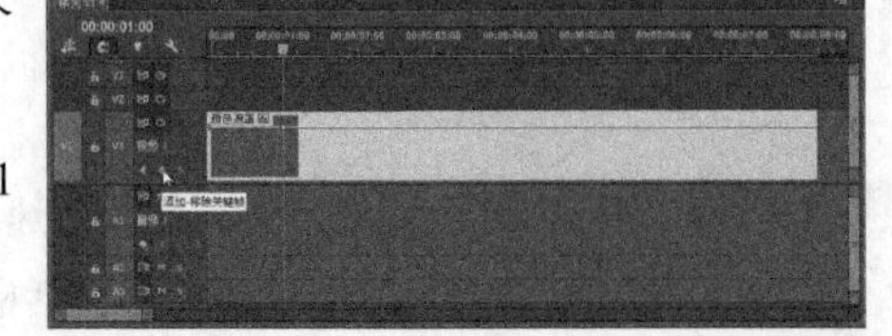
图17-111

05 向下拖曳第0秒的关键帧，使其不透明度为0%，如图17-112所示。

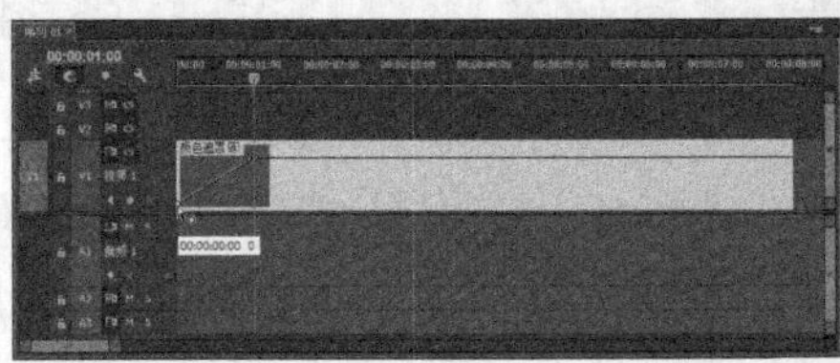
图17-112

06 将时间指示器移动到第7秒的位置，然后添加一个关键帧，如图17-113所示。

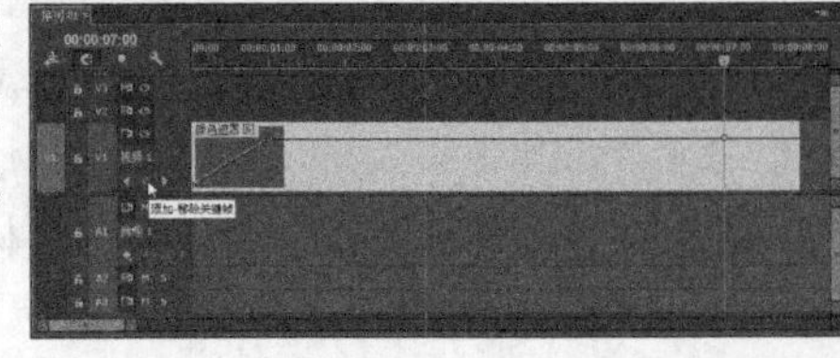
图17-113

07 将时间指示器移动到第7秒24帧的位置，然后添加一个关键帧，并向下拖曳该关键帧，使其不透明度为0%，如图17-114所示。

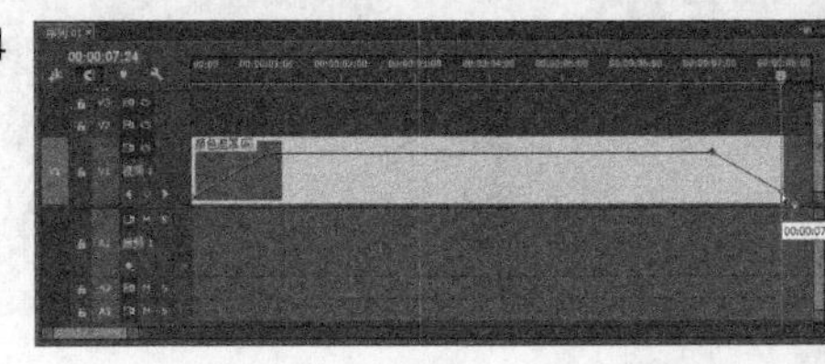
图17-114

08 将“背景1.mov”~“背景4.mov”素材依次添加到视频1轨道的颜色遮罩后方，如图17-115所示。

图17-115

09 将时间指示器移到第46秒的位置，在视频1轨道中添加一个关键帧，如图17-116所示。

图17-116

10 将时间指示器移到第47秒的位置，在视频1轨道中添加一个关键帧，并向下拖曳该关键帧，使其不透明度为0%，如图17-117所示。

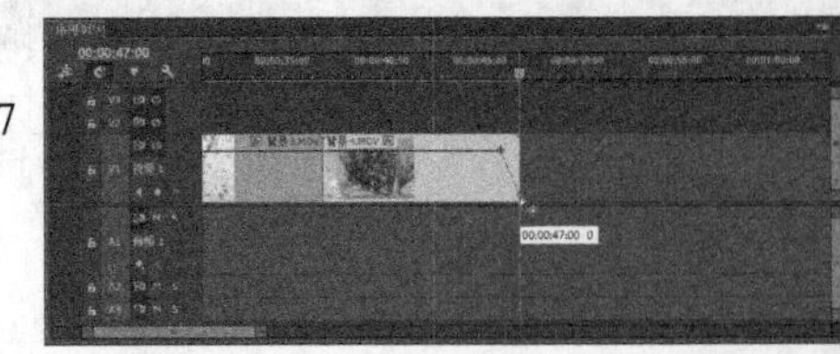
图17-117

17.3.4 创建片头字幕

01 选择“文件>新建>字幕”命令，打开“新建字幕”对话框，然后设置字幕视频大小和名称，如图17-118所示。

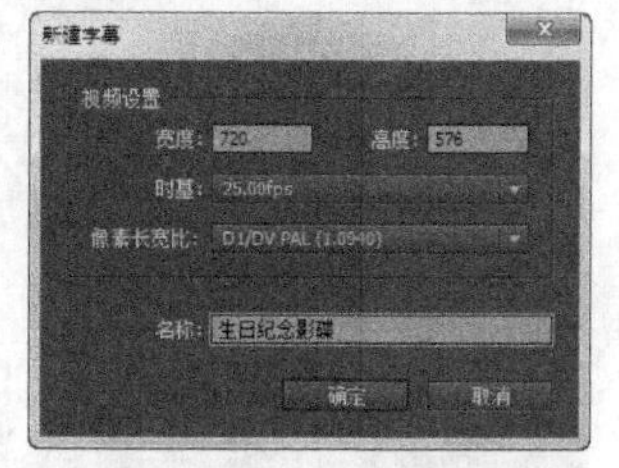

图17-118

02 在字幕窗口中单击工具栏上的“文字工具”按钮，在字幕预览区单击鼠标并输入文字“生日纪念影碟”，如图17-119所示。

图17-119

03 在“字幕样式”列表中选择HoboStd Slant Gold 80样式，如图17-120所示。

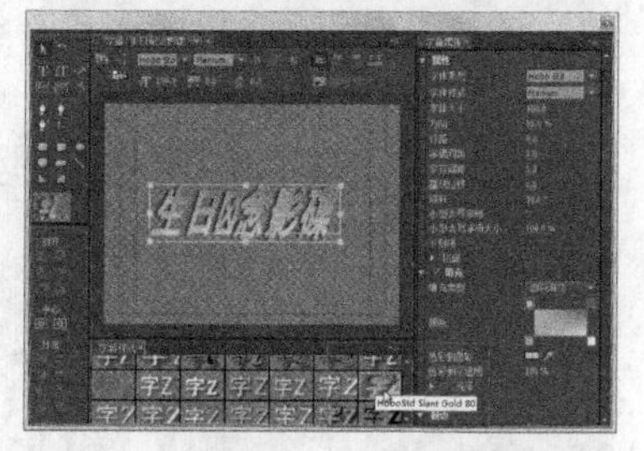

图17-120

04 在“字幕属性”选项卡中展开“属性”选项组，然后单击“字体系列”下拉列表框，选择“隶书”字体，设置方向为55%、倾斜为0，如图17-121所示。

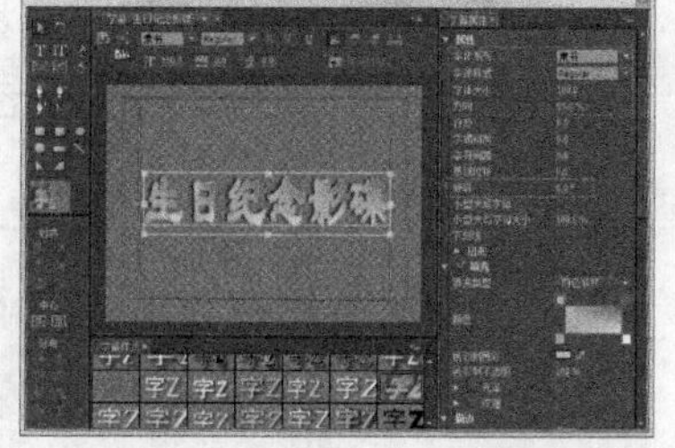

图17-121

05 将创建的字幕添加到视频2轨道中，入点在第0秒的位置，设置该字幕的持续时间为8秒，然后展开视频2轨道，如图17-122所示。

图17-122

06 将时间指示器分别移到第7秒和第8秒的位置，在视频2轨道中为素材添加两个关键帧，如图17-123所示。

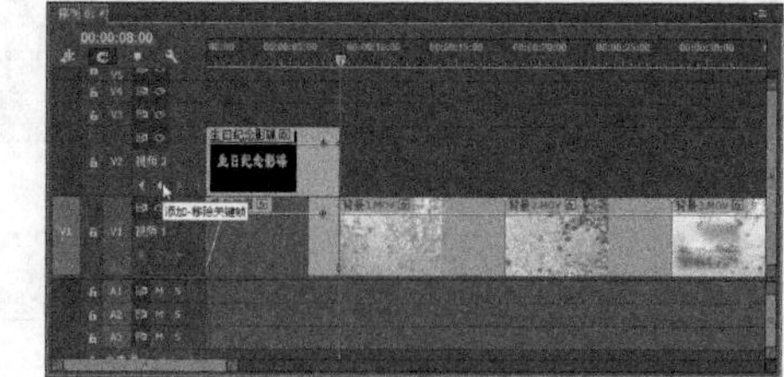

图17-123

07 向下拖曳第8秒位置的关键帧，使其不透明度为0%，如图17-124所示。

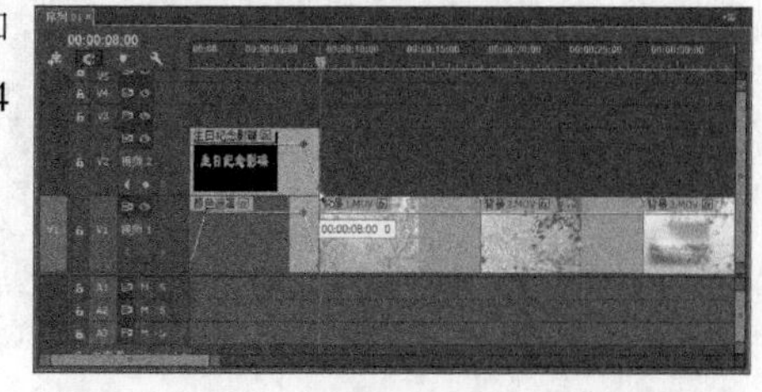

图17-124

08 打开“效果”面板，展开“视频过渡/擦除”文件夹，然后选择“划出”过渡效果，如图17-125所示。

图17-125

09 将“划出”过渡效果添加到字幕的入点处，如图17-126所示。

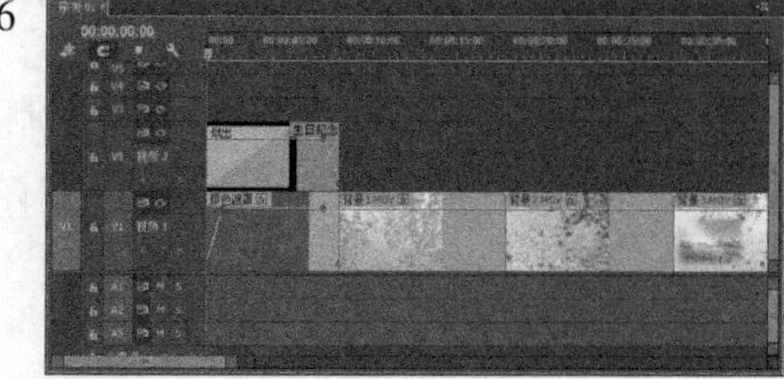

图17-126

10 选择添加的过渡效果，在“效果控件”面板中设置过渡持续时间为5秒，如图17-127所示。

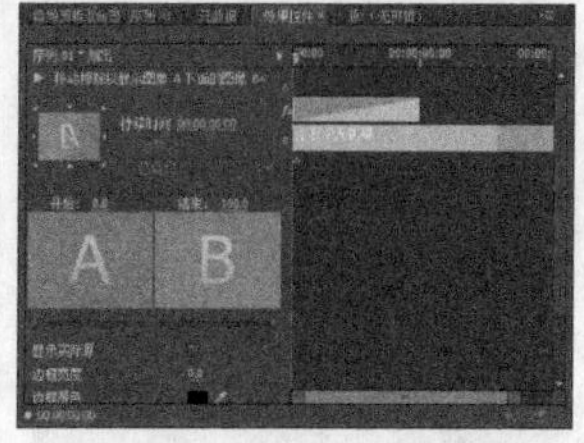

图17-127

11 在节目监视器面板中单击“播放/停止切换”按钮，可以观看字幕的划出效果，如图17-128所示。

图17-128

17.3.5 创建照片视频特效

01 将项目面板中的“照片1.jpg”添加到视频2轨道中，设置其入点在第8秒的位置，并设置该照片的持续时间为5秒，如图17-129所示。

图17-129

02 将项目面板中的“照片2.jpg”和“照片3.jpg”分别添加到视频3轨道和视频4轨道中，然后设置其入点在第8秒的位置，接着设置照片的持续时间为5秒，如图17-130所示。

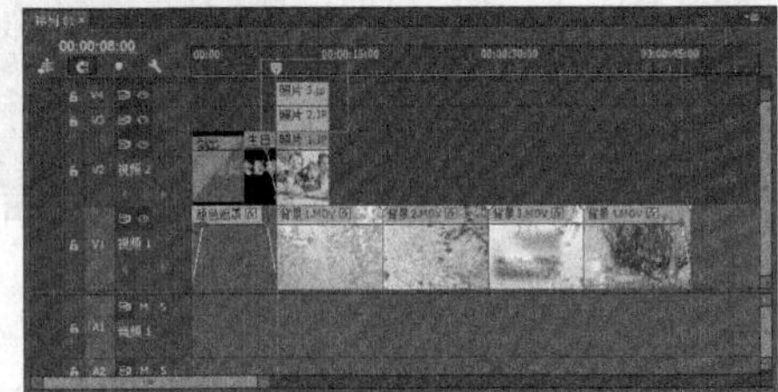
图17-130

03 在时间轴面板中选择照片1，切换到“效果控件”面板中，然后在第8秒的位置为“位置”和“缩放”选项各添加一个关键帧，接着修改“位置”参数，如图17-131所示。

04 将时间指示器移到第9秒的位置，然后为“位置”和“缩放”选项各添加一个关键帧，接着修改“位置”和“缩放”参数，如图17-132所示。

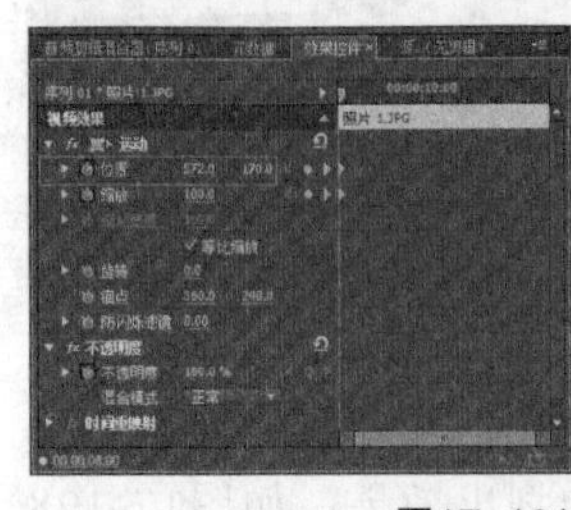
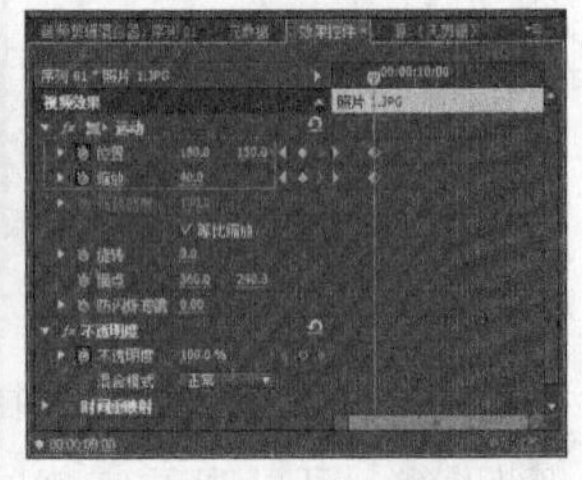
图17-131　图17-132

05 在时间轴面板中选择照片2，切换到“效果控件”面板中，然后在第8秒的位置为“位置”和“缩放”选项各添加一个关键帧，接着修改“位置”参数，如图17-133所示。

06 将时间指示器移到第9秒的位置，然后为“位置”和“缩放”选项各添加一个关键帧，接着修改“位置”和“缩放”参数，如图17-134所示。

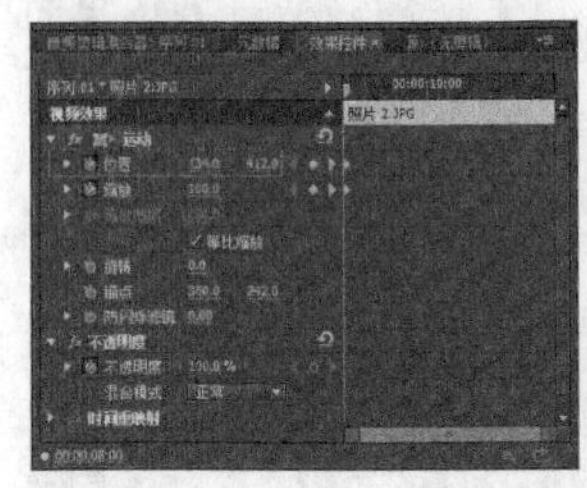

图17-133　图17-134

07 在时间轴面板中选择照片3，切换到“效果控件”面板中，然后在第8秒的位置为“缩放”选项添加一个关键帧，如图17-135所示。

08 将时间指示器移到第9秒的位置，然后为“缩放”选项添加一个关键帧，接着将该关键帧的缩放值设置为50，如图17-136所示。

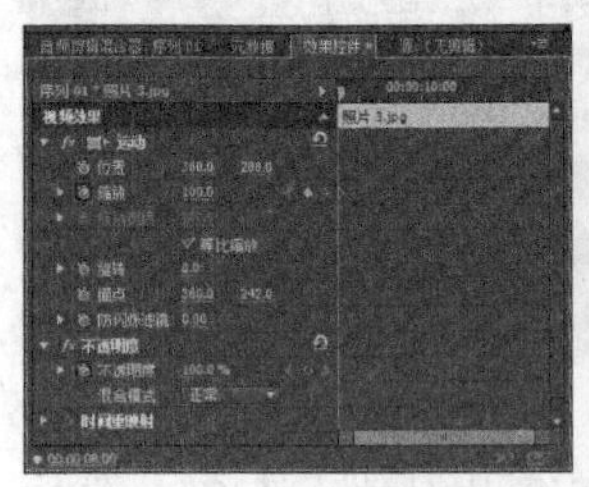

图17-135　图17-136

09 在节目监视器面板中单击“播放/停止切换”按钮▶，可以观看照片的缩放和运动效果，如图17-137所示。

图17-137

10 将项目面板中的“照片4.jpg”添加到视频2轨道中，设置其入点在第13秒的位置，并设置该照片的持续时间为5秒，如图17-138所示。

图17-138

11 将项目面板中的“照片5.jpg”添加到视频3轨道中，然后设置其入点在第14秒的位置，其出点与“照片4.jpg”对齐，接着设置该照片的持续时间为4秒，如图17-139所示。

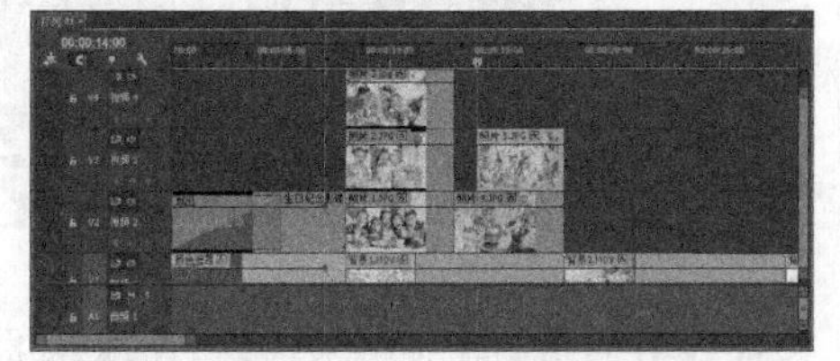

图17-139

12 将项目面板中的“照片6.jpg”添加到视频4轨道中，然后设置其入点在第15秒的位置，其出点与“照片4.jpg”对齐，接着设置该照片的持续时间为3秒，如图17-140所示。

图17-140

13 打开“效果”面板，将“视频过渡/滑动/推”过渡效果分别添加到照片4~照片6的入点处，如图17-141所示。

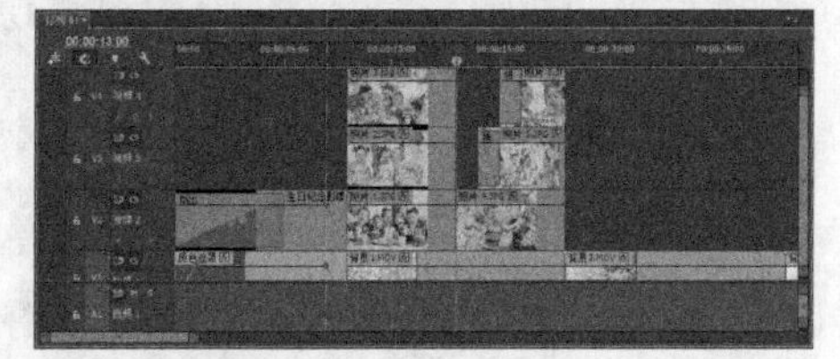

图17-141

14 执行“窗口>效果”命令，打开“效果”面板，展开“视频效果”文件夹，然后在“扭曲”文件夹中选择“边角定位”效果，如图17-142所示。

15 拖曳“边角定位”效果到时间轴面板中的“照片4.jpg”素材上，这时在“效果控件”面板上可以查看“边角定位”效果控件，如图17-143所示。

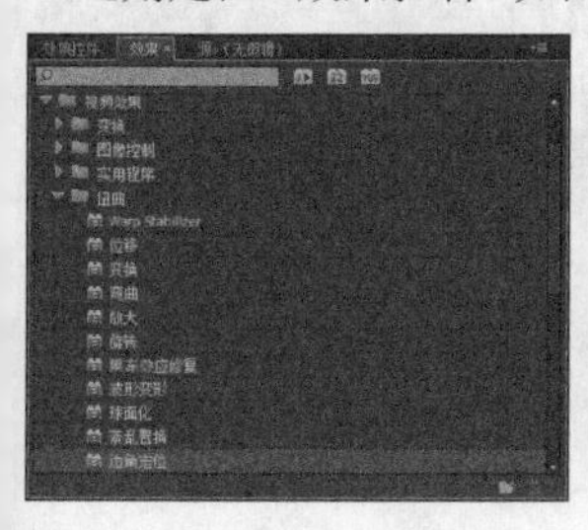

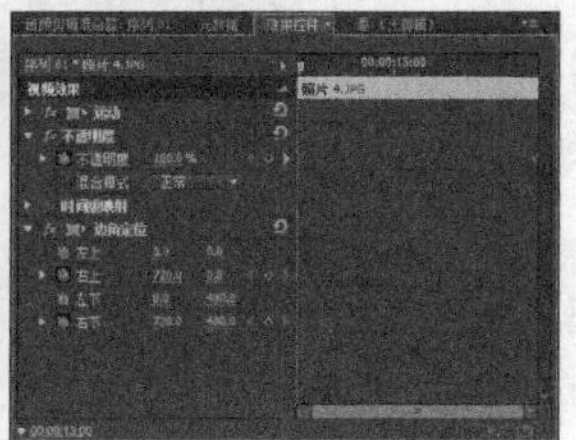

图17-142 图17-143

16 将当前时间指示器移动到第14秒的位置，单击“右上”和“右下”项前的切换动画按钮，在此位置添加开始关键帧，如图17-144所示。

17 将当前时间指示器移动到第14秒12帧的位置，将“右上”的坐标改为（324，0），将“右下”的坐标改为（324，480），这时将为“右上”和“右下”参数分别添加一个关键帧，如图17-145所示。

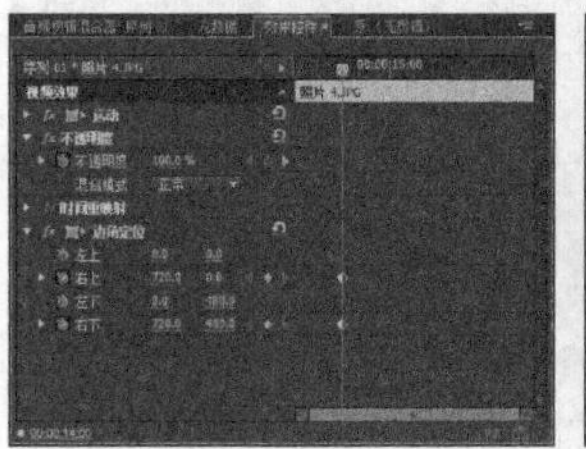

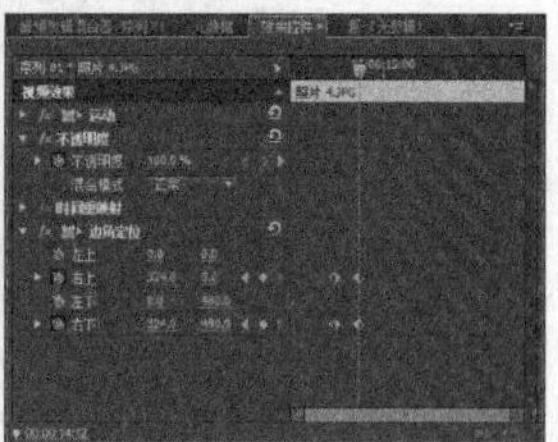

图17-144 图17-145

18 在时间轴面板中选择“照片5.jpg”素材，然后在“效果控件”面板中修改素材的位置和大小，如图17-146所示。

19 在时间轴面板中选择“照片6.jpg”素材，然后在“效果控件”面板中修改素材的位置和大小，如图17-147所示。

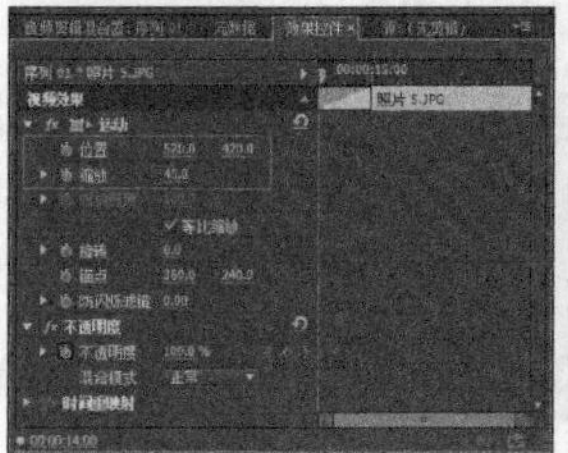

图17-146 图17-147

20 在节目监视器面板中单击“播放/停止切换”按钮▶，可以观看照片的过渡效果，如图17-148所示。

图17-148

21 将时间指示器移到第18秒的位置，然后将项目面板中的“照片1.jpg”~“照片6.jpg”素材依次添加到时间轴面板的视频2轨道中，接着将这些素材的持续时间修改为4秒，如图17-149所示。

22 打开“效果”面板，将“视频过渡/缩放/缩放”过渡效果分别添加到视频2轨道后面部分的“照片

1.jpg"~"照片6.jpg"入点处，如图17-150所示。

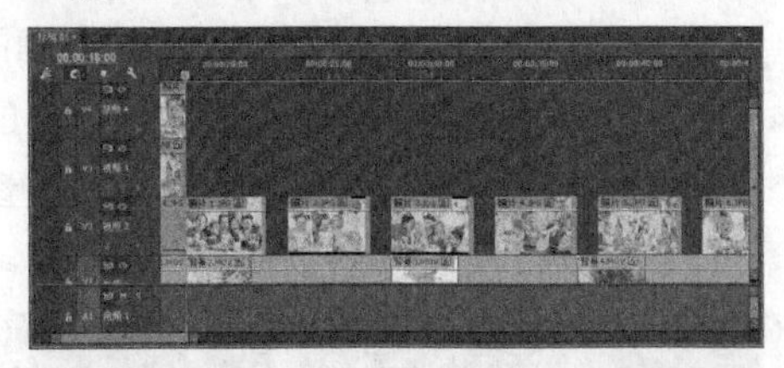

图17-149

图17-150

23 在节目监视器面板中单击"播放/停止切换"按钮▶，观看添加"缩放"过渡后的视频效果，如图17-151所示。

图17-151

17.3.6 编辑照片淡入、淡出效果

01 将时间指示器移到第8秒的位置，然后分别在视频2、视频3和视频4轨道中各添加一个关键帧，如图17-152所示。

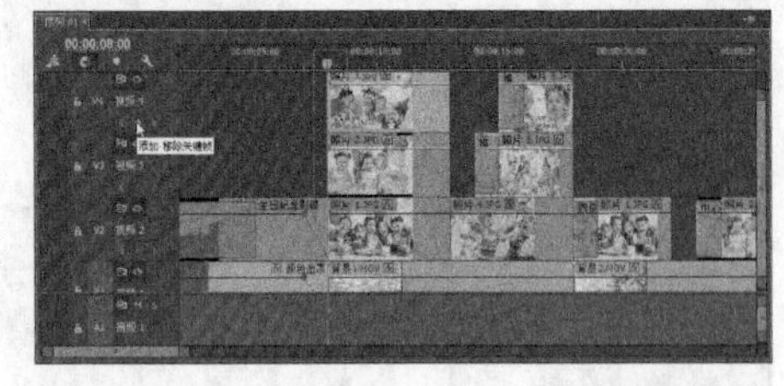

图17-152

02 将时间指示器移到第9秒的位置，然后分别在视频2、视频3和视频4轨道中各添加一个关键帧，如图17-153所示。

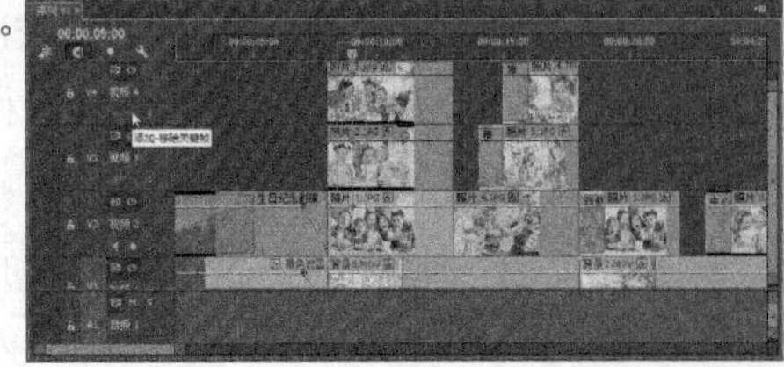

图17-153

03 将第8秒对应的关键帧向下拖曳，使其不透明度为0%，如图17-154所示。

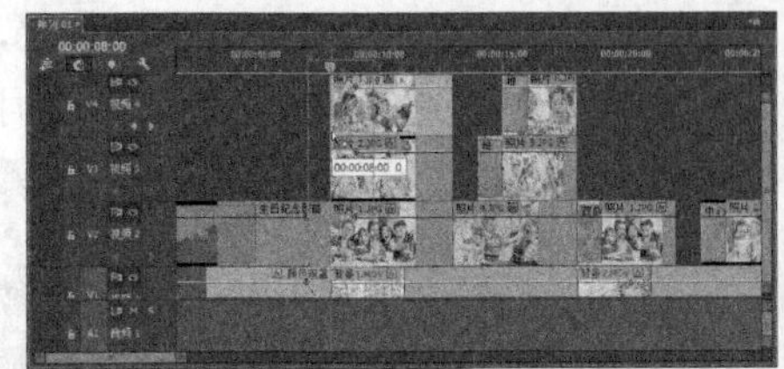

图17-154

04 将时间指示器移到第10秒的位置，然后分别在视频2、视频3和视频4轨道中各添加一个关键帧，接着将对应的关键帧向下拖曳，使其不透明度为50%，如图17-155所示。

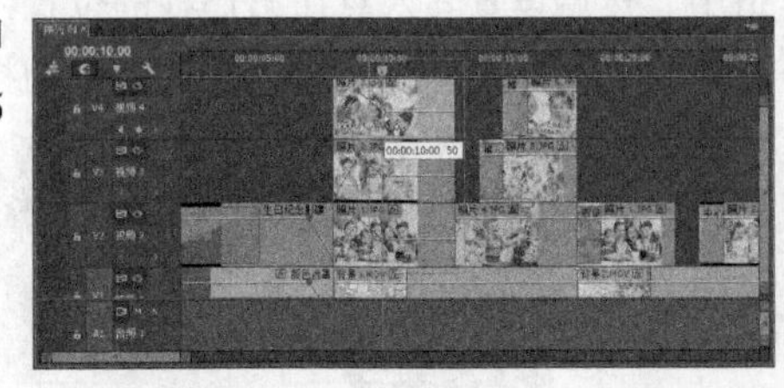

图17-155

05 将时间指示器移到第11秒的位置，然后分别在视频2、视频3和视频4轨道中各添加一个关键帧，接着将对应的关键帧向上拖曳，使其不透明度为100%，如图17-156所示。

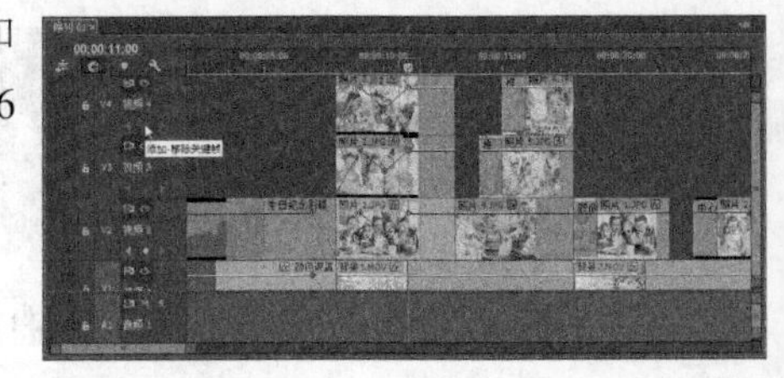

图17-156

06 在第12秒和第12秒24帧的位置分别在视频2、视频3和视频4轨道中各添加一个关键帧，然后将第12秒24帧对应的关键帧向下拖曳，使其不透明度为0%，如图17-157所示。

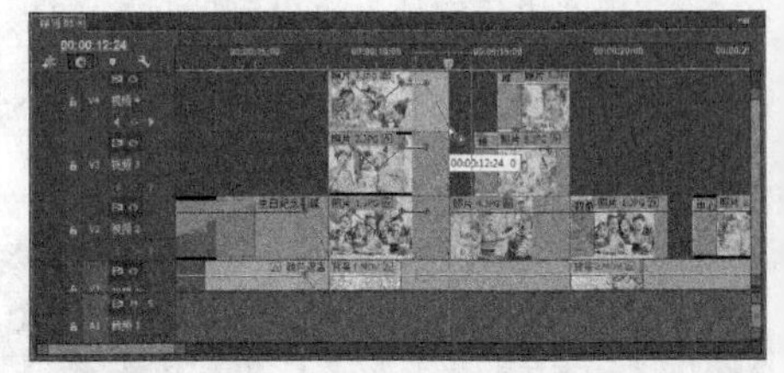

图17-157

07 将时间指示器分别移到第13秒和第14秒的位置，然后为视频2轨道中的素材添加两个关键帧，如图17-158所示。

08 将第13秒对应的关键帧向下拖曳，使其不透明度为0%，制作淡入的效果，如图17-159所示。

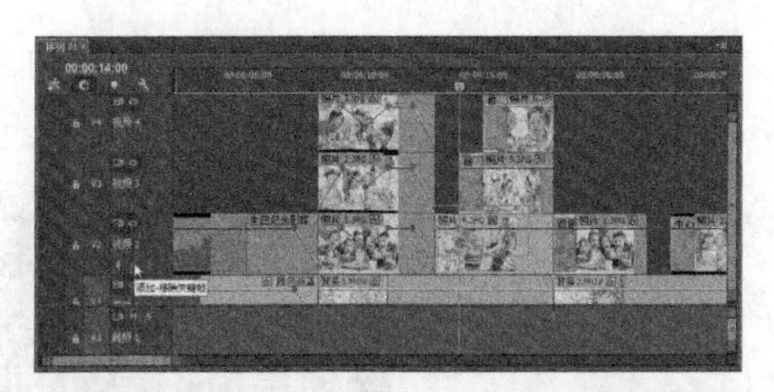

图17-158

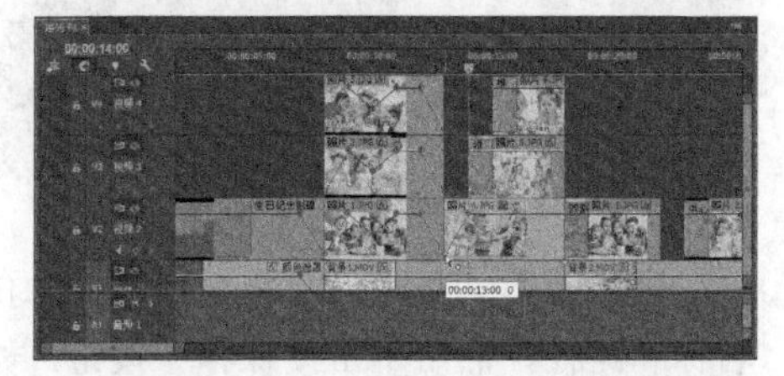

图17-159

09 将时间指示器移到第17秒的位置，然后分别在视频2、视频3和视频4轨道中各添加一个关键帧，如图17-160所示。

图17-160

10 将时间指示器移到第17秒24帧，然后分别在视频2、视频3和视频4轨道中各添加一个关键帧，接着将对应的关键帧向下拖曳，使其不透明度为0%，如图17-161所示。

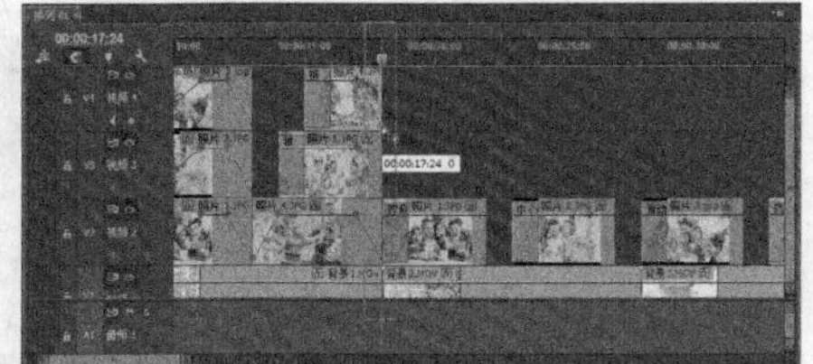

图17-161

11 将时间指示器移到第46秒的位置，然后在视频2轨道中添加一个关键帧，如图17-162所示。

图17-162

12 将时间指示器移到第46秒24帧的位置，在视频2轨道中添加一个关键帧，然后将关键帧向下拖曳，使其不透明度为0%，如图17-163所示。

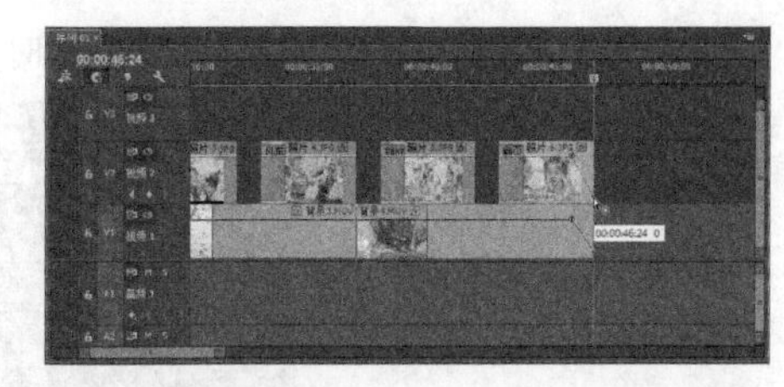

图17-163

13 将项目面板中的光影素材的持续时间修改为1秒，然后将其添加到时间轴面板的视频3轨道中，接着适当调整素材的入点，如图17-164所示。

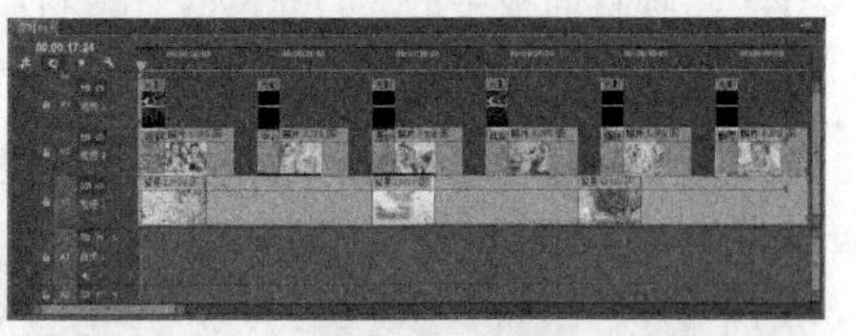

图17-164

14 在“效果控件”面板中修改各个光影素材的不透明度为50%，在节目监视器面板中单击“播放/停止切换”按钮▶，可以观看添加的光影效果，如图17-165所示。

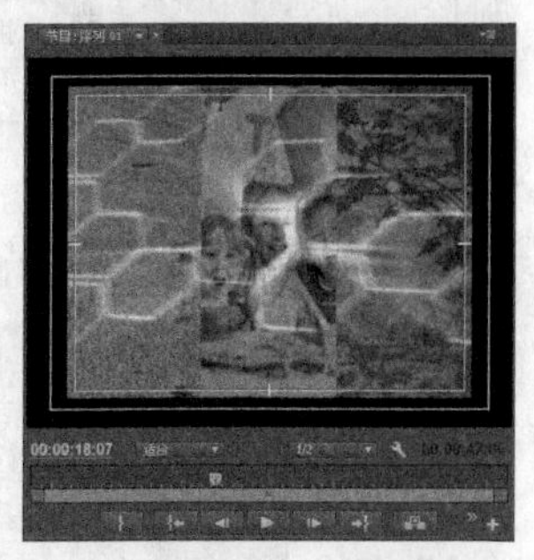

图17-165

17.3.7 添加音频素材

01 将项目面板中的“片头音乐.wav”素材添加到时间轴面板的音频1轨道中，将其入点放置在第0秒的位置，如图17-166所示。

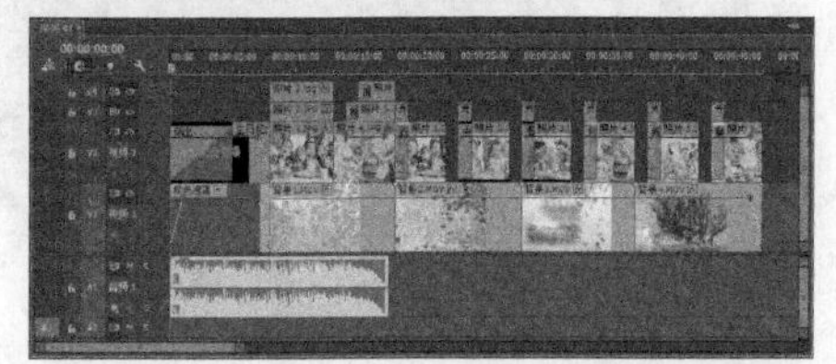

图17-166

02 在时间轴面板中将时间指示器移动到第7秒24帧的位置，将音频素材切割开，然后将后面部分的音频删除，如图17-167所示。

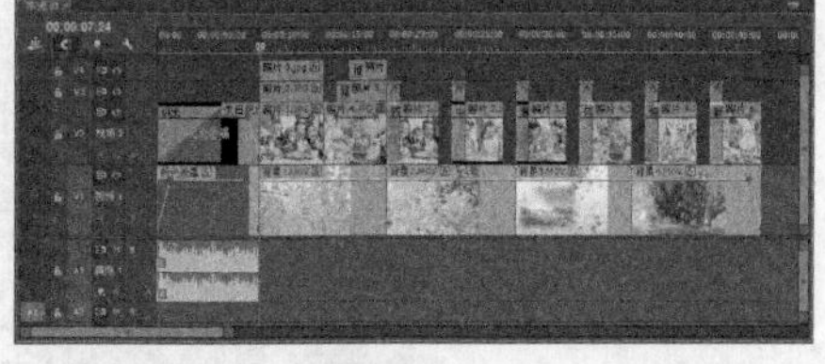

图17-167

03 选择时间轴中的音频素材，然后打开“效果控件”面板，将时间指示器移动到第7秒，接着为

“级别”选项添加一个关键帧，再将时间指示器移动到第7秒24帧，并为“级别”选项添加一个关键帧，将音量的级别值调到最小，如图17-168所示。

图17-168

04 将项目面板中的“音乐.wav”素材添加到时间轴面板的音频1轨道中，然后将其入点放置在第8秒的位置，接着在第46秒24帧的位置对素材进行切割，并将后面部分的音频删除，如图17-169所示。

图17-169

05 分别在第46秒和第46秒24帧的位置为音频1轨道各添加一个关键帧，如图17-170所示。

图17-170

06 在音频1轨道中将第46秒24帧的关键帧向下拖曳，将其音量设置为最小，如图17-171所示。

图17-171

17.3.8 输出影片

01 选择“文件>导出>媒体”命令，打开“导出设置”对话框，在“格式”下拉列表框中选择一种影片格式（如MPEG2），如图17-172所示。

图17-172

02 在“输出名称”选项中单击输出的名称，如图17-173所示。

图17-173

03 在打开的“另存为”对话框中设置存储文件的名称和路径，然后单击“保存”按钮，如图17-174所示。

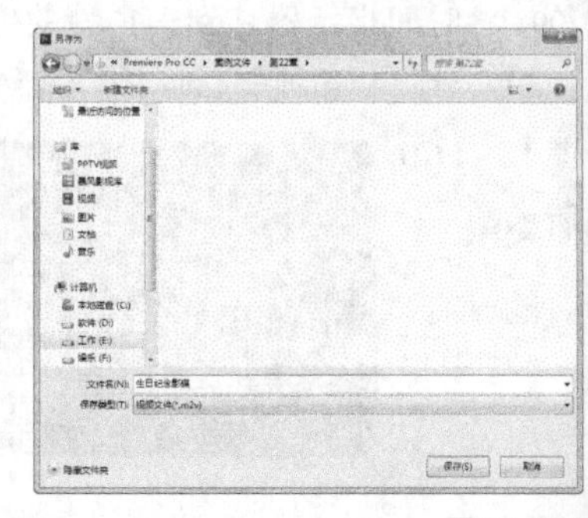

图17-174

04 在“导出设置”对话框中的“音频”选项卡下设置音频的参数，如图17-175所示，然后单击“导出”按钮，将项目文件导出为影片文件。

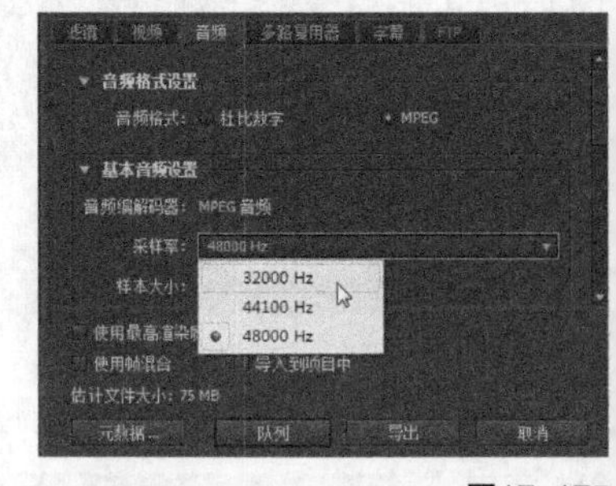

图17-175

05 将项目文件导出为影片文件后，可以在相应的位置找到导出的文件，并且可以使用媒体播放器对该文件进行播放，如图17-176所示。

图17-176